U0160987

"十二五"普通高等教育本科国家级规划教材

自动控制原理基础教程

（第五版）

胡寿松　姜　斌　张绍杰　主编

科学出版社

北　京

内 容 简 介

本书精练地阐述了自动控制的基本理论与应用。全书共九章：前八章着重介绍经典控制理论及应用的主要方面，最后一章介绍现代控制理论中的状态空间分析及综合法。

本书强化了工程应用背景，系统介绍了 MATLAB、Python 应用技术，包括建模、时域分析、根轨迹绘制、频域分析、前馈校正、离散系统分析、描述函数法计算，线性系统可控性、可观测性和李雅普诺夫稳定性判别以及综合设计等内容。

本书在数学基础、控制理论、工程应用、MATLAB 及 Python 仿真方面，具有系统性和统一性，适合工科高等院校使用。

本书可作为高等工科院校机械类、电气类、电子信息类、测控类、能源动力类、航空航天类、交通运输类等专业 56～64 学时的教材，也可供相关工程技术人员参考。

图书在版编目（CIP）数据

自动控制原理基础教程 / 胡寿松，姜斌，张绍杰主编. —5 版. —北京：科学出版社，2023.7

“十二五”普通高等教育本科国家级规划教材

ISBN 978-7-03-076077-7

Ⅰ. ①自… Ⅱ. ①胡… ②姜… ③张… Ⅲ. ①自动控制理论-高等学校-教材 Ⅳ. ①TP13

中国国家版本馆 CIP 数据核字（2023）第 134780 号

责任编辑：余江　毛莹　匡敏 / 责任校对：王瑞
责任印制：霍兵 / 封面设计：迷底书装

科学出版社 出版
北京东黄城根北街 16 号
邮政编码：100717
http://www.sciencep.com

天津市新科印刷有限公司印刷
科学出版社发行　各地新华书店经销

*

2003 年 8 月第一版　开本：787×1092　1/16
2008 年 2 月第二版　印张：26
2013 年 3 月第三版　字数：600 000
2017 年 1 月第四版　印数：441 001～451 000
2023 年 7 月第五版　2025 年 1 月第 44 次印刷

定价：72.00 元

（如有印装质量问题，我社负责调换）

前　言

自动控制技术已广泛应用于制造业、农业、交通、航空、航天等众多产业部门，极大地提高了社会劳动生产率，改善了人们的劳动条件，提高了人们的生活水平。自动化装置广泛应用于各种重大工程及人们的生产生活之中：20 世纪 90 年代实现了万米深海探测；通信和金融业已接近全面自动化；无人驾驶汽车在全球多国投入试运行；太空望远镜为研究宇宙提供了前所未有的机会；2005 年我国神舟六号载人航天飞行取得圆满成功；2020 年我国北斗导航系统面向全球提供服务；2022 年智能聊天机器人 ChatGPT 发布；2023 年我国自主研制的大型客机 C919 投入航线运营。

在控制技术需求推动下，控制理论本身也取得了显著进步。从线性近似到非线性系统的研究，都取得了新的成就。借助微分几何的固有非线性框架来研究非线性系统的控制，已成为目前重要的研究方向之一；离散事件动态系统理论的形成，扩展了对离散系统的描述和分析能力；分布参数系统的研究又有了新的突破；不确定性 H_∞控制及系统对外扰的鲁棒性分析和设计已扩展到无穷维空间。自动控制与人工智能等领域的结合正在广泛深入地拓展，自适应、自校正、自修复、自组织系统的研究和应用又有了新的发展。

为了进一步适应高等院校各有关专业对控制技术和控制理论的需求，我们对 2017 年出版的《自动控制原理基础教程（第四版）》再次进行了修订，以利于面向新科技革命下的高新技术和应用需求；强化控制理论与控制工程学科的实践性，突出理论联系实际，培养学生综合分析问题和解决问题的能力；增加控制系统仿真案例、重点难点微课视频等二维码数字资源，便于学生自学。此外，本版还完善了计算机辅助分析与设计的内容，在各章中系统地给出了应用 MATLAB、Python 进行控制系统建模，时域、复域和频域分析，前馈校正设计，离散系统与非线性系统分析，现代控制理论中的可控性、可观测性和稳定性的判别以及综合设计。本书采用双色印刷，图文编排美观，书中重要的基本概念部分均以蓝色字表示。本次修订，全面突出了新、精、准、美的特点。

毫无疑问，控制理论与科学是一个充满新奇和挑战的领域。一种重要而又有成效的学习方法是对前人已经得到的结果和方法重新发现与创新。因此，在学习本书时，建议与《自动控制原理习题解析》(科学出版社)及《自动控制原理题海与考研指导》(科学出版社)配套使用，从而进一步巩固知识、开阔眼界，扩大专业知识领域。此外，本书还可提供相应的课件，便于教学。

本书由胡寿松、姜斌、张绍杰主编。参加本版修订的还有陆宁云、刘剑慰、丁勇、唐超颖。

对于本书存在的疏漏和不妥之处，恳请广大读者不吝指正。

作　者

2023 年 6 月

前言

目　录

第一章　控制系统导论

本章导学

1-1　自动控制的基本原理

1. 自动控制技术及其应用

在现代科学技术的众多领域中，自动控制技术起着越来越重要的作用。所谓自动控制，是指在没有人直接参与的情况下，利用外加的设备或装置(称控制装置或控制器)，使机器、设备或生产过程(统称被控对象)的某个工作状态或参数(即被控量)自动地按照预定的规律运行。例如，数控车床按照预定程序自动地切削工件；化学反应炉的温度或压力自动地维持恒定；雷达和计算机组成的导弹发射和制导系统，自动地将导弹引导到敌方目标；无人驾驶飞机按照预定航迹自动升降和飞行；人造卫星准确地进入预定轨道运行并回收等，这一切都是以应用高水平的自动控制技术为前提的。

近几十年来，随着电子计算机技术的发展和应用，在宇宙航行、机器人控制、导弹制导以及核动力等高新技术领域中，自动控制技术具有特别重要的作用。不仅如此，自动控制技术的应用范围现已扩展到生物、医学、环境、经济管理和其他许多社会生活领域中，自动控制已成为现代社会活动中不可缺少的重要组成部分。

2. 自动控制理论

自动控制理论是研究自动控制共同规律的技术科学。它的发展初期，是以反馈理论为基础的自动调节原理，主要用于工业控制。第二次世界大战期间，为了设计和制造飞机及船用自动驾驶仪、火炮定位系统、雷达跟踪系统以及其他基于反馈原理的军用装备，进一步促进并完善了自动控制理论的发展。第二次世界大战之后，完整的自动控制理论体系已形成，这就是以传递函数为基础的经典控制理论，它主要研究单输入-单输出、线性定常系统的分析和设计问题。

钱学森与工程控制论

20 世纪 60 年代初期，随着现代应用数学新成果的推出和电子计算机技术的应用，为适应宇航技术的发展，自动控制理论跨入了一个新阶段——现代控制理论。它主要研究具有高性能、高精度的多变量变参数系统的最优控制问题，主要采用的方法是以状态为基础的状态空间法。目前，自动控制理论还在继续发展，正向以控制论、信息论、仿生学为基础的智能控制理论方向深入。

3. 反馈控制原理

为了实现各种复杂的控制任务，首先要将被控对象和控制装置按照一定的方式连接起来，组成一个有机总体，这就是自动控制系统。在自动控制系统中，被控对象的输出量即被控量是要求严格加以控制的物理量，它可以要求保持为某一恒定值，如温度、压力、液位等，也可以要求按照某个给定规律运行，如飞行航迹、记录曲线等；而控制装置则是对被控对象施加控制作用的机构的总体，它可以采用不同的原理和方式对被控对象进行控制，但最基本的一种是基于反馈控制原理组成的反馈控制系统。

在反馈控制系统中，控制装置对被控对象施加的控制作用，是取自被控量的反馈信息，用来不断修正被控量与输入量之间的偏差，从而实现对被控对象进行控制的任务，这就是反馈控制的原理。

其实，人的很多活动都体现出反馈控制的原理，人本身就是一个具有高度复杂控制能力的反馈控制系统。例如，人用手拿取桌上的书、汽车司机操纵方向盘驾驶汽车沿公路平稳行驶等，这些日常生活中习以为常的平凡动作都渗透着反馈控制的深奥原理。下面，通过剖析手从桌上取书的动作过程，透视一下它所包含的反馈控制机理。在这里，书位置是手运动的指令信息，一般称为输入信号。取书时，首先人要用眼睛连续目测手相对于书的位置，并将这个信息(称为反馈信息)送入大脑；然后由大脑判断手与书之间的距离，产生偏差信号，并根据其大小发出控制手臂移动的命令(称为控制作用或操纵量)，逐渐使手与书之间的距离(即偏差)减小。显然，只要这个偏差存在，上述过程就要反复进行，直到偏差减小为零，手便取到了书。可以看出，大脑控制手取书的过程，是一个利用偏差(手与书之间距离)产生控制作用，并不断使偏差减小直至消除的运动过程；同时，为了获取偏差信号，必须要有手位置的反馈信息，两者结合起来，就构成了反馈控制。显然，反馈控制实质上是一个按偏差进行控制的过程，因此，它也称为按偏差控制，反馈控制原理就是按偏差控制的原理。

人取物视为一个反馈控制系统时，手是被控对象，手位置是被控量(即系统的输出量)，产生控制作用的机构是眼睛、大脑和手臂，统称为控制装置。我们可以用图 1-1 的系统方框图(也称方块图)来展示这个反馈控制系统的基本组成及工作原理。

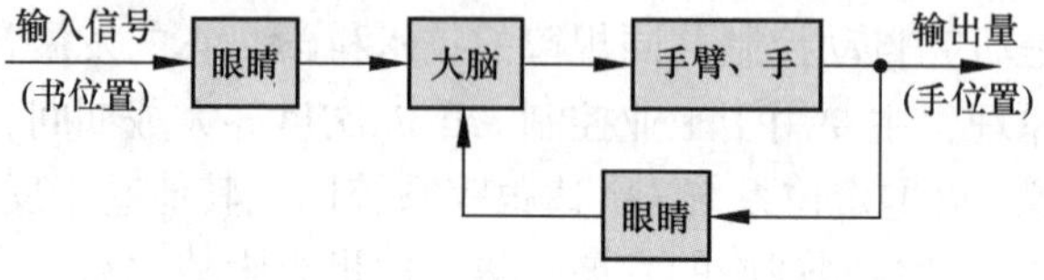

图 1-1 人取书的反馈控制系统方框图

通常，我们把取出输出量送回到输入端，并与输入信号相比较产生偏差信号的过程，称为反馈。若输入信号与反馈信号相减，使产生的偏差越来越小，称为负反馈；反之，则称为正反馈。反馈控制就是采用负反馈并利用偏差进行控制的过程，而且，由于引入了被控量的反馈信息，整个控制过程成为闭合过程，因此反馈控制也称闭环控制。

在工程实践中，为了实现对被控对象的反馈控制，系统中必须配置具有人的眼睛、大脑和手臂功能的设备，以便用来对被控量进行连续的测量、反馈和比较，并按偏差进行控制。这些设备依其功能分别称为测量元件、比较元件和执行元件，并统称为控制装置。

在工业控制中，龙门刨床速度控制系统就是按照反馈控制原理进行工作的。通常，当龙门刨床加工表面不平整的毛坯时，负载会有很大的波动，但为了保证加工精度和表面光洁度，一般不允许刨床速度变化过大，因此必须对速度进行控制。图 1-2 是利用速度反馈对刨床速度进行自动控制的原理示意图。图中，刨床主电动机 SM 是电枢控制的直流电动机，其电枢电压由晶闸管整流装置 KZ 提供，并通过调节触发器 CF 的控制电压 u_k 来改变电动机的电枢电压，从而改变电动机的速度(被控量)。测速发电机 TG 是测量元件，用来测量刨床速度并给出与速度成正比的电压 u_t。然后，将 u_t 反馈到输入端并与给定电压 u_0 反向串联便得到偏差电压 $\Delta u=u_0-u_t$。这里，u_0 是根据刨床工作情况预先设置的速度给定电压，它与反馈电压 u_t 相减便形成偏差电压，因此 u_t 称为负反馈电压。一般地，偏差电压比较微弱，须经放大器 FD 放大后才能作为触发器的控制电压。在这个系统中，被控对象是电动机，触发器和整流装置起了执行控制动作的作用，故称为执行元件。

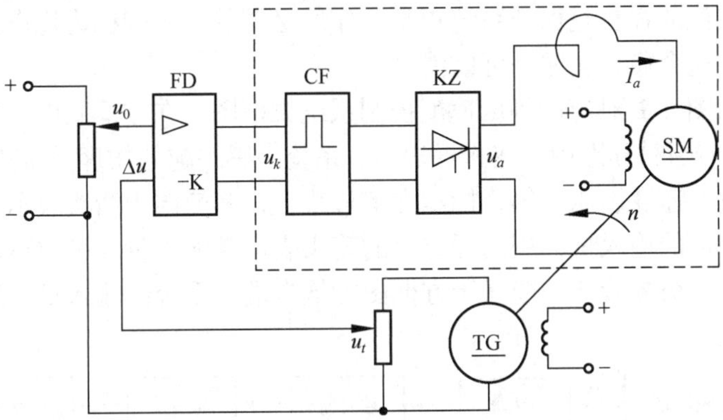

图 1-2　龙门刨床速度控制系统原理图

现在具体分析一下刨床速度自动控制的过程。当刨床正常工作时，对于某给定电压 u_0，电动机必有确定的速度给定值 n 相对应，同时亦有相应的测速发电机电压 u_t，以及相应的偏差电压 Δu 和触发器控制电压 u_k。如果刨床负载变化，例如增加负载，将使速度降低而偏离给定值，同时，测速发电机电压 u_t 将相应减小，偏差电压 Δu 将因此增大，触发器控制电压 u_k 也随之增大，从而使晶闸管整流电压 u_a 升高，逐步使速度回升到给定值附近。这个过程可用图 1-3 的一组曲线表明。由图可见，负载 M_1 在 t_1 时突增为 M_2，致使电动机速度由给定值 n_1 急剧下降。但随着 Δu 和 u_a 的增大，速度很快回升，t_2 时速度便回升到 n_2，它与给定值 n_1 已相差无几了。反之，如果刨床速度因减小负载致使速度上升，则各电压量反向变化，速度回落过程完全一样。另外，如果调整给定电压 u_0，便可改变刨床工作速度。因此，采用图 1-2 的自动控制系统，既可以在不同负载下自动维持刨床速度不变，也可以根据需要自

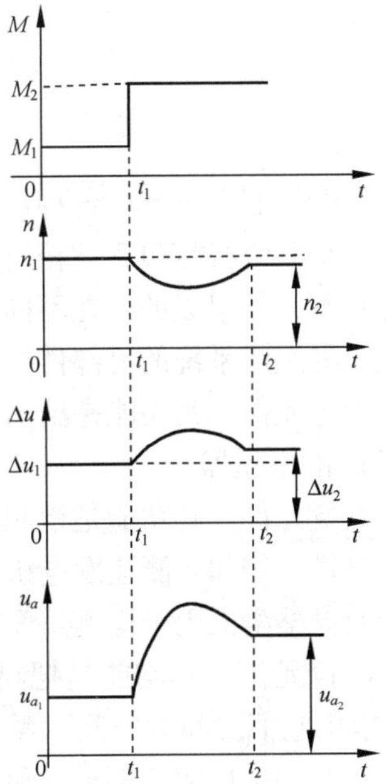

图 1-3　龙门刨床速度自动控制过程

动地改变刨床速度，其工作原理都是相同的。它们都是由测量元件(测速发电机)对被控量(速度)进行检测，并将它反馈至比较电路与给定值相减而得到偏差电压(速度负反馈)，经放大器放大、变换后，执行元件(触发器和晶闸管整流装置)便依据偏差电压的性质对被控量(速度)进行相应调节，从而使偏差消失或减小到允许范围。可见，这是一个由负反馈产生偏差，并利用偏差进行控制直到最后消除偏差的过程，这就是负反馈控制原理，简称反馈控制原理。

应当指出的是，图 1-2 的刨床速度控制系统是一个有静差系统。由图 1-3 的速度控制过程曲线可以看出，速度最终达到的稳态值 n_2 与原给定速度 n_1 之间始终有一个差值存在，这个差值是用来产生一个附加的电动机电枢电压，以补偿因增加负载而引起的速度下降。因此，差值的存在是保证系统正常工作所必需的，一般称为稳态误差。如果从结构上加以改进，这个稳态误差是可以消除的。

图 1-4 是与图 1-2 对应的刨床速度控制系统方框图。在方框图中，被控对象和控制装置的各元部件(硬件)分别用一些方框表示。系统中感兴趣的物理量(信号)，如电流、电压、温度、位置、速度、压力等，标示在信号线上，其流向用箭头表示。用进入方框的箭头表示各元部件的输入量，用离开方框的箭头表示其输出量，被控对象的输出量便是系统的输出量，即被控量，一般置于方框图的最右端；系统的输入量一般置于系统方框图的左端。

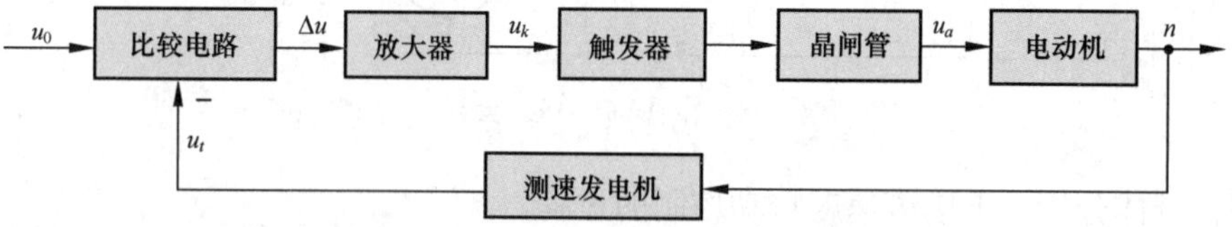

图 1-4　龙门刨床速度控制系统方框图

4. 反馈控制系统的组成

反馈控制系统是由各种结构不同的元部件组成的。从完成“自动控制”这一功能来看，一个系统必然包含被控对象和控制装置两大部分，而控制装置是由具有一定功能的各种基本元件组成的。在不同系统中，结构完全不同的元部件却可以具有相同的功能，因此，将组成系统的元部件按功能分类主要有以下几种：

给定元件　其功能是给出与期望的被控量相对应的系统输入量。例如图 1-2 中给出电压 u_0 的电位器。

测量元件　其功能是检测被控制的物理量，如果这个物理量是非电量，一般要再转换为电量。例如，测速发电机用于检测电动机轴的转速并转换为电压；电位器、旋转变压器或自整角机用于检测角度并转换为电压；热电偶用于检测温度并转换为电压等。

比较元件　其功能是把给定元件的输入量与测量元件检测的被控量实际值进行比较，求出它们之间的偏差。常用的比较元件有差动放大器、机械差动装置、电桥电路等。图 1-2 中，由于给定电压 u_0 和反馈电压 u_t 都是直流电压，故只需将它们反向串联便可得到偏差电压。

放大元件　其功能是将比较元件给出的偏差信号进行放大，用来推动执行元件去控制被控对象。电压偏差信号，可用集成电路、晶闸管等组成的电压放大级和功率放大级加以放大。

执行元件　其功能是直接推动被控对象，使其被控量发生变化。用来作为执行元件的有阀、电动机、液压马达等。

校正元件　也叫补偿元件，它是结构或参数便于调整的元部件，用串联或反馈的方式连接在系统中，以改善系统的性能。最简单的校正元件是由电阻、电容组成的无源或有源网络，复杂的则用电子计算机。

一个典型的反馈控制系统组成可用图 1-5 所示的方框图表示。图中，用“○”代表比较元件，它将输入量与测量元件检测到的被控量进行比较，“−”号表示两者符号相反，即负反馈；“+”号表示两者符号相同，即正反馈。信号从输入端沿箭头方向到达输出端的传输通路称前向通路；系统输出量经测量元件反馈到输入端的传输通路称主反馈通路。前向通路与主反馈通路共同构成主回路。此外，还有局部反馈通路以及由它构成的内回路。只包含一个主反馈通路的系统称单回路系统；有两个或两个以上反馈通路的系统称多回路系统。

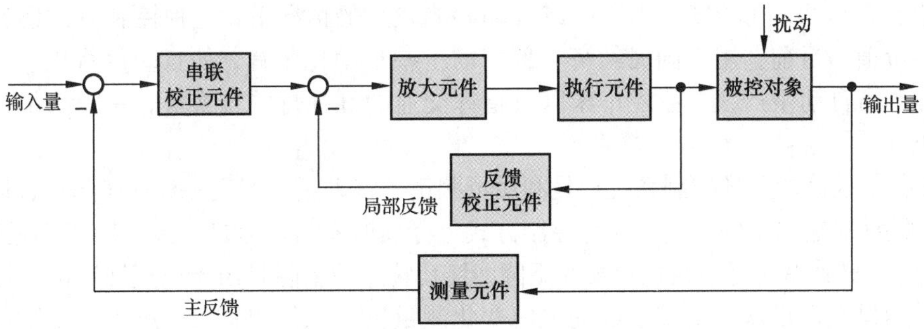

图 1-5　典型反馈控制系统方框图

一般，加到反馈控制系统上的外作用有两种类型：一种是有用输入；另一种是扰动。有用输入决定系统被控量的变化规律；而扰动是系统不希望有的外作用，它破坏有用输入对系统的控制。在实际系统中，扰动总是不可避免的，而且它可以作用于系统中的任何元部件上，也可能一个系统同时受到几种扰动作用。电源电压的波动，环境温度、压力以及负载的变化，飞行中气流的冲击，航海中的波浪等，都是现实中存在的扰动。在图 1-2 的速度控制系统中，切削工件外形及切削量的变化就是一种扰动，它直接影响电动机的负载转矩，进而引起刨床速度的变化。

5. 自动控制系统基本控制方式

反馈控制是自动控制系统最基本的控制方式，也是应用最广泛的一种控制方式。除此之外，还有开环控制方式和复合控制方式，它们都有其各自的特点和不同的适用场合。近几十年来，以现代数学为基础，引入电子计算机的新的控制方式也有了很大发展，例如最优控制、自适应控制、模糊控制等。

(1) 反馈控制方式

如前所述，反馈控制方式是按偏差进行控制的，其特点是不论什么原因使被控量偏离期望值而出现偏差时，必定会产生一个相应的控制作用去减小或消除这个偏差，使被控量与期望值趋于一致。可以说，按反馈控制方式组成的反馈控制系统，具有抑制任何内、外扰动对被控量产生影响的能力，有较高的控制精度。自动控制理论主要的研究对象就是用这种控制方式组成的系统。

开环与闭环控制示例

(2) 开环控制方式

开环控制方式是指控制装置与被控对象之间只有顺向作用而没有反向联系的控制过程，按这种方式组成的系统称为开环控制系统，其特点是系统的输出量不会对系统的控制作用发生影响。开环控制系统可以按给定量控制方式组成，也可以按扰动控制方式组成。

按给定量控制的开环控制系统，其控制作用直接由系统的输入量产生，给定一个输入量，就有一个输出量与之相对应，控制精度完全取决于所用的元件及校准的精度。在图 1-2 刨床速度控制系统中，若只考虑虚线框内的部件，便可视为按给定量控制的开环控制系统，刨床期望的速度值是事先调节触发器 CF 的控制电压 u_k 确定的。这样，在工作过程中，即使刨床速度偏离期望值，它也不会反过来影响控制电压 u_k，因此，这种开环控制方式没有自动修正偏差的能力，抗扰动性较差。但由于其结构简单、调整方便、成本低，在精度要求不高或扰动影响较小的情况下，这种控制方式还有一定的实用价值。目前，用于国民经济各部门的一些自动化装置，如自动售货机、自动洗衣机、产品自动生产线、数控车床以及指挥交通的红绿灯的转换等，一般都是开环控制系统。

按扰动控制的开环控制系统，是利用可测量的扰动量，产生一种补偿作用，以减小或抵消扰动对输出量的影响，这种控制方式也称顺馈控制。例如，在一般的直流速度控制系统中，转速常常随负载的增加而下降，且其转速的下降是由于电枢回路的电压降引起的。如果我们设法将负载引起的电流变化测量出来，并按其大小产生一个附加的控制作用，用以补偿由它引起的转速下降，这样就可以构成按扰动控制的开环控制系统，如图 1-6 所示。可见，这种按扰动控制的开环控制方式是直接从扰动取得信息，并据以改变被控量，因此，其抗扰动性好，控制精度也较高，但它只适用于扰动是可测量的场合。

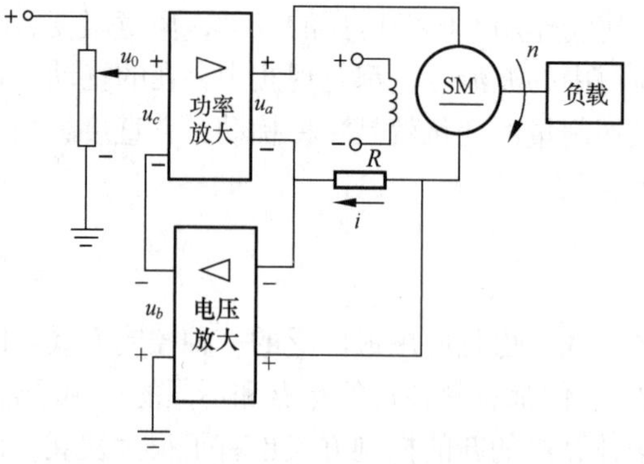

图 1-6　按扰动控制的速度控制系统原理图

(3) 复合控制方式

按扰动控制方式在技术上较按偏差控制方式简单，但它只适用于扰动是可测量的场合，而且一个补偿装置只能补偿一种扰动因素，对其余扰动均不起补偿作用。因此，比较合理的一种控制方式是把按偏差控制与按扰动控制结合起来，对于主要扰动采用适当的补偿装置实现按扰动控制，同时，再组成反馈控制系统实现按偏差控制，以消除其余扰动产生的偏差。这样，系统的主要扰动已被补偿，反馈控制系统就比较容易设计，控制效果也会更好。这种按偏差控制和按扰动控制相结合的控制方式称为复合控制方式。图 1-7 表示一种同时按偏差和扰动控制电动机速度的复合控制系统原理线路图和方框图。

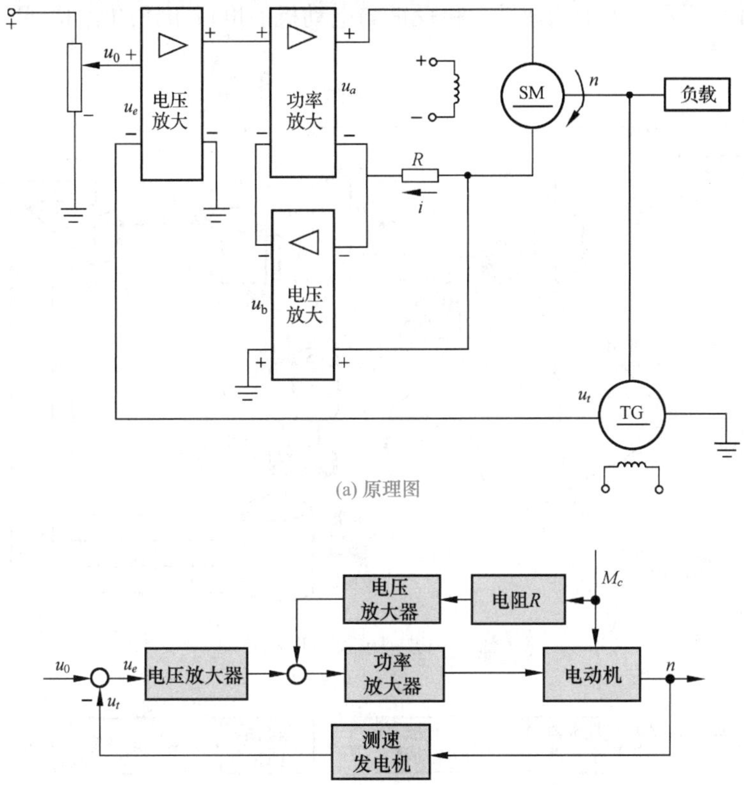

(a) 原理图

(b) 方框图

图 1-7 电动机速度复合控制系统

1-2 自动控制系统示例

1. 函数记录仪

函数记录仪是一种通用的自动记录仪，它可以在直角坐标上自动描绘两个电量的函数关系。同时，记录仪还带有走纸机构，用以描绘一个电量对时间的函数关系。

函数记录仪通常由衰减器、测量元件、放大元件、伺服电动机-测速机组、齿轮系及绳轮等组成，采用负反馈控制原理工作，其原理如图 1-8 所示。系统的输入是待记录电压，被控对象是记录笔，其位移即为被控量。系统的任务是控制记录笔位移，在记录纸上描绘出待记录的电压曲线。

在图 1-8 中，测量元件是由电位器 R_Q 和 R_M 组成的桥式测量电路，记录笔就固定在电位器 R_M 的滑臂上，因此，测量电路的输出电压 u_p 与记录笔位移成正比。当有慢变的输入电压 u_r 时，在放大元件输入口得到偏差电压 $\Delta u=u_r-u_p$，经放大后驱动伺服电动机，并通过齿轮系及绳轮带动记录笔移动，同时使偏差电压减小。当偏差电压 $\Delta u=0$ 时，电动机停止转动，记录笔也静止不动。此时，$u_p=u_r$，表明记录笔位移与输入电压相对应。如果输入电压随时间连续变化，记录笔便描绘出随时间连续变化的相应曲线。函数记录仪方框图如图 1-9 所示，图中测速发电机反馈与电动机速度成正比的电压，用以增加阻尼，改善系统性能。

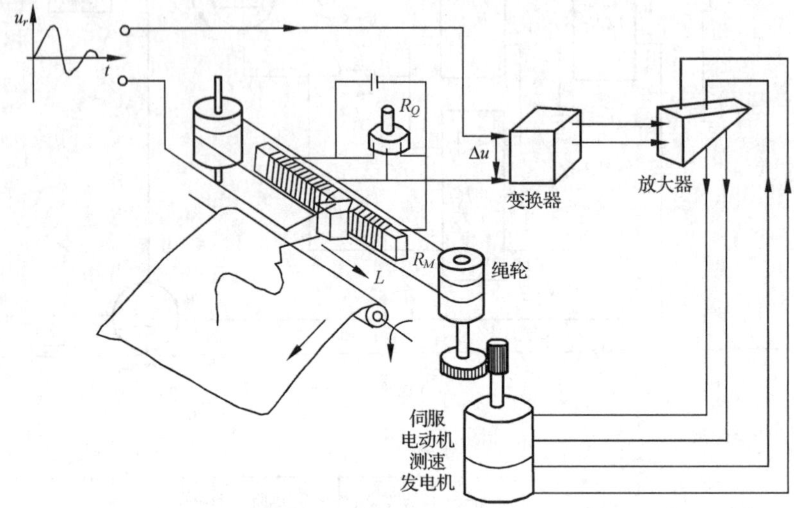

图 1-8　函数记录仪原理示意图

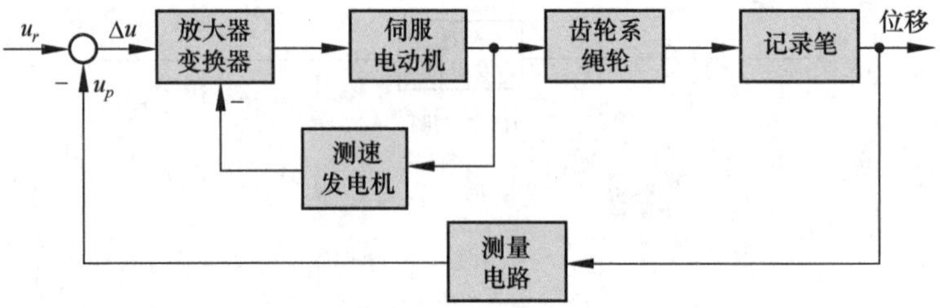

图 1-9　函数记录仪方框图

2. 电阻炉微型计算机温度控制系统

用于工业生产中炉温控制的微型计算机控制系统，具有精度高、功能强、经济性好、无噪声、显示醒目、读数直观、打印存档方便、操作简单、灵活性和适应性好等一系列优点。图 1-10 为某工厂电阻炉微型计算机温度控制系统原理示意图。图中，电阻丝通过晶闸管主电路加热，炉温期望值用计算机键盘预先设置，炉温实际值由热电偶检测，并转换成电压，经放大、滤波后，由 A/D 变换器将模拟量变换为数字量送入计算机，在计算机中与所设置的温度期望值比较后产生偏差信号，计算机便根据预定的控制算法(即控制规律)计算出相应的控制量，再经 D/A 变换器变换成电流，通过触发器控制晶闸管导通角，从而改变电阻丝中电流大小，达到控制炉温的目的。该系统既有精确的温度控制功能，还有实时屏幕显示和打印功能，以及超温、极值和电阻丝、热电偶损坏报警等功能。

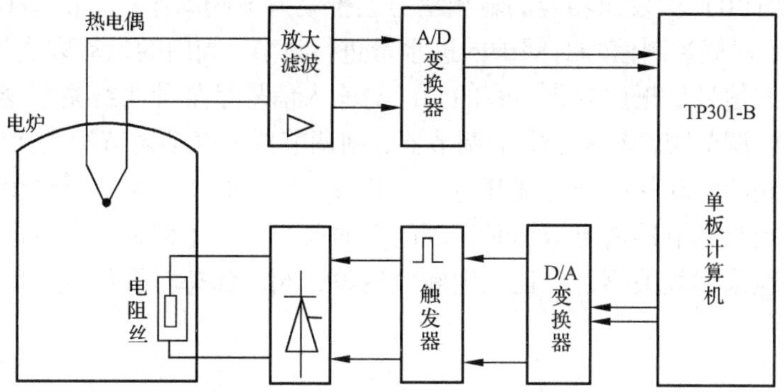

图 1-10 电阻炉温度微机控制系统示意图

3. 锅炉液位控制系统

锅炉是电厂和化工厂里常见的生产蒸汽的设备。为了保证锅炉正常运行，需要维持锅炉液位为正常标准值。锅炉液位过低，易烧干锅而发生严重事故；锅炉液位过高，则易使蒸汽带水并有溢出危险。因此，必须通过调节器严格控制锅炉液位的高低，以保证锅炉正常安全地运行。常见的锅炉液位控制系统示意图如图 1-11 所示。

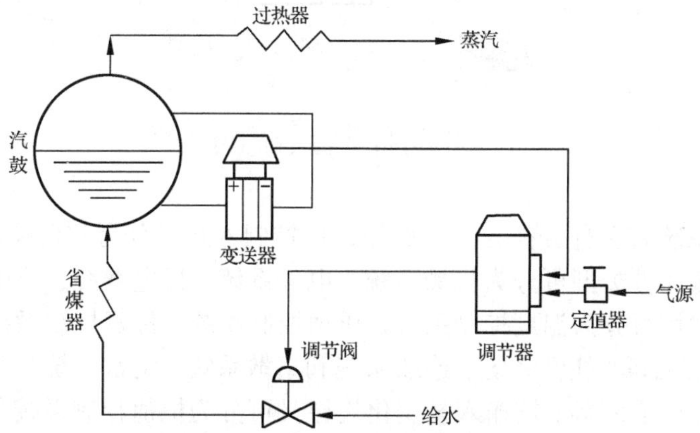

图 1-11 锅炉液位控制系统示意图

当蒸汽的耗汽量与锅炉进水量相等时，液位保持为正常标准值。当锅炉的给水量不变，而蒸汽负荷突然增加或减少时，液位就会下降或上升；或者，当蒸汽负荷不变，而给水管道水压发生变化时，引起锅炉液位发生变化。不论出现哪种情况，只要实际液位高度与正常给定液位之间出现了偏差，调节器均应立即进行控制，去开大或关小给水阀门，使液位恢复到给定值。

图 1-12 是锅炉液位控制系统方框图。图中，锅炉为被控对象，其输出为被控参数液位，作用于锅炉上的扰动是指给水压力变化或蒸汽负荷变化等产生的内外扰动；测量变送器为差压变送器，用来测量锅炉液位，并转变为一定的信号输至调节器；调节器是锅炉液位控制系统中的控制器，有电动、气动等形式，在调节器内将测量液位与给定液位进行比较，得出偏差值，然后根据偏差情况按一定的控制律[如比例(P)、比例-积分(PI)、

比例-积分-微分(PID)等]发出相应的输出信号去推动调节阀动作；调节阀在控制系统中起执行元件作用，根据控制信号对锅炉的进水量进行调节，阀门的运动取决于阀门的特性，有的阀门与输入信号呈正比变化，有的阀门与输入信号呈某种曲线关系变化。大多数调节阀为气动薄膜调节阀，若采用电动调节器，则调节器与气动调节阀之间应有电-气转换器。气动调节阀的气动阀门分为气开与气关两种。气开阀指当调节器输出增加时，阀门开大；气关阀指当调节器输出增加时，阀门反而关小。为了保证安全生产，蒸汽锅炉的给水调节阀一般采用气关阀，一旦发生断气现象，阀门保持打开位置，以保证汽鼓不致烧干损坏。

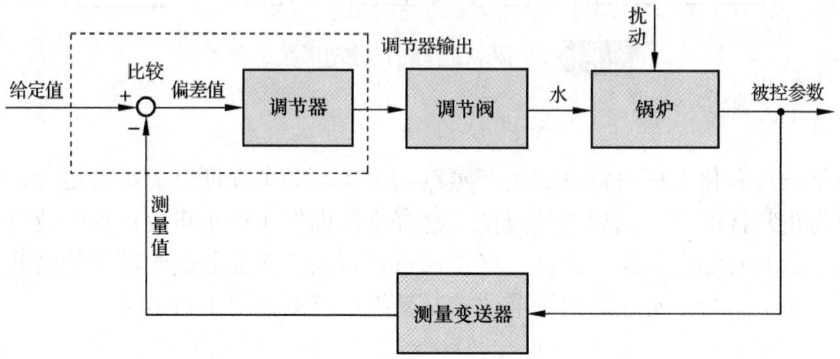

图 1-12　锅炉液位控制系统方框图

自动控制系统的分类

1-3　自动控制系统的分类

自动控制系统有多种分类方法。例如，按控制方式可分为开环控制、闭环控制、复合控制等；按元件类型可分为机械系统、电气系统、机电系统、液压系统、气动系统等；按系统功用可分为温度控制系统、压力控制系统、位置控制系统等；按系统特性可分为线性系统和非线性系统、连续系统和离散系统、定常系统和时变系统、确定性系统和不确定性系统等；按输入量变化规律又可分为恒值控制系统、随动系统和程序控制系统等。一般，为了全面反映自动控制系统的特点，常常将上述各种分类方法组合应用。

1. 按系统特性分类

(1) 线性连续控制系统

这类系统可以用线性微分方程式描述，其一般形式为

$$a_0\frac{\mathrm{d}^n}{\mathrm{d}t^n}c(t)+a_1\frac{\mathrm{d}^{n-1}}{\mathrm{d}t^{n-1}}c(t)+\cdots+a_{n-1}\frac{\mathrm{d}}{\mathrm{d}t}c(t)+a_nc(t)$$
$$=b_0\frac{\mathrm{d}^m}{\mathrm{d}t^m}r(t)+b_1\frac{\mathrm{d}^{m-1}}{\mathrm{d}t^{m-1}}r(t)+\cdots+b_{m-1}\frac{\mathrm{d}}{\mathrm{d}t}r(t)+b_mr(t)$$

式中，$c(t)$是被控量；$r(t)$是系统输入量。系数 a_0，a_1，…，a_n，b_0，b_1，…，b_m 是常数时，称为定常系统；系数 a_0，a_1，…，a_n，b_0，b_1，…，b_m 随时间变化时，称为时变系统。

(2) 线性离散控制系统

离散系统是指系统的某处或多处的信号为脉冲序列或数码形式，因而信号在时间上是离散的。连续信号经过采样开关的采样就可以转换成离散信号。一般，在离散系统中既有连续的模拟信号，也有离散的数字信号，因此离散系统要用差分方程描述，线性差分方程的一般形式为

$$\begin{aligned}&a_0c(k+n)+a_1c(k+n-1)+\cdots+a_{n-1}c(k+1)+a_nc(k)\\&=b_0r(k+m)+b_1r(k+m-1)+\cdots+b_{m-1}r(k+1)+b_mr(k)\end{aligned}$$

式中，$m\leqslant n$，n 为差分方程的次数；a_0，a_1，…，a_n，b_0，b_1，…，b_m 为系数；$r(k)$，$c(k)$ 分别为输入和输出采样序列。

工业计算机控制系统就是典型的离散系统，如示例中的炉温微机控制系统等。

(3) 非线性控制系统

系统中只要有一个元部件的输入-输出特性是非线性的，这类系统就称为非线性控制系统，这时，要用非线性微分(或差分)方程描述其特性。非线性方程的特点是系数与变量有关，或者方程中含有变量及其导数的高次幂或乘积项，例如

$$\ddot{y}(t)+y(t)\dot{y}(t)+y^2(t)=r(t)$$

严格地说，实际物理系统中都含有程度不同的非线性元部件，例如放大器和电磁元件的饱和特性，运动部件的死区、间隙和摩擦特性等。由于非线性方程在数学处理上较困难，目前对不同类型的非线性控制系统的研究还没有统一的方法。但对于非线性程度不太严重的元部件，可采用在一定范围内线性化的方法，从而将非线性控制系统近似为线性化控制系统。

2. 按输入量变化规律分类

(1) 恒值控制系统

这类控制系统的输入量是一个常值，要求被控量亦等于一个常值，故又称为调节器。但由于扰动的影响，被控量会偏离输入量而出现偏差，控制系统便根据偏差产生控制作用，以克服扰动的影响，使被控量恢复到给定的常值。因此，恒值控制系统分析、设计的重点是研究各种扰动对被控对象的影响以及抗扰动的措施。在恒值控制系统中，输入量可以随生成条件的变化而改变，但是，一经调整后，被控量就应与调整好的输入量保持一致。图 1-2 刨床速度控制系统就是一种恒值控制系统，其输入量 u_0 是常值。此外，还有温度控制系统、压力控制系统、液位控制系统等。在工业控制中，如果被控量是温度、流量、压力、液位等生产过程参量时，这种控制系统则称为过程控制系统，它们大多数都属于恒值控制系统。

(2) 随动系统

这类控制系统的输入量是预先未知的随时间任意变化的函数，要求被控量以尽可能小的误差跟随输入量的变化，故又称为跟踪系统。在随动系统中，扰动的影响是次要的，系统分析、设计的重点是研究被控量跟随的快速性和准确性。示例中的函数记录仪便是典型的随动系统。

在随动系统中，如果被控量是机械位置或其导数时，这类系统称为伺服系统。

(3) 程序控制系统

这类控制系统的输入量是按预定规律随时间变化的函数，要求被控量迅速、准确地加以复现。机械加工使用的数字程序控制机床便是一例。程序控制系统和随动系统的输入量都是时间函数，不同之处在于前者是已知的时间函数，后者则是未知的任意时间函数，而恒值控制系统也可视为程序控制系统的特例。

1-4　自动控制系统的基本要求

1. 基本要求的提法

自动控制理论是研究自动控制共同规律的一门科学。尽管自动控制系统有不同的类型，对每个系统也都有不同的特殊要求，但对于各类系统来说，在已知系统的结构和参数时，我们感兴趣的都是系统在某种典型输入信号下，其被控量变化的全过程。例如，对恒值控制系统是研究扰动作用引起被控量变化的全过程；对随动系统是研究被控量如何克服扰动影响并跟随输入量的变化全过程。但是，对每一类系统被控量变化全过程提出的共同基本要求都是一样的，且可以归结为稳定性、快速性和准确性，即稳、快、准的要求。

(1) 稳定性

稳定性是保证控制系统正常工作的先决条件。一个稳定的控制系统，其被控量偏离期望值的初始偏差应随时间的增长逐渐减小并趋于零。具体来说，对于稳定的恒值控制系统，被控量因扰动而偏离期望值后，经过一个时间过渡过程，被控量应恢复到原来的期望值状态；对于稳定的随动系统，被控量应能始终跟踪输入量的变化。反之，不稳定的控制系统，其被控量偏离期望值的初始偏差将随时间的增长而发散，因此，不稳定的控制系统无法完成预定的控制任务。

线性自动控制系统的稳定性是由系统结构和参数所决定的，与外界因素无关。这是因为控制系统中一般含有储能元件或惯性元件，如绕组的电感、电枢转动惯量、电炉热容量、物体质量等，储能元件的能量不可能突变，因此，当系统受到扰动或有输入量时，控制过程不会立即完成，而是有一定的延缓，这就使得被控量恢复到期望值或跟踪输入量有一个时间过程，称为过渡过程。例如，在反馈控制系统中，由于被控对象的惯性，会使控制动作不能瞬时纠正被控量的偏差；控制装置的惯性则会使偏差信号不能及时完全转化为控制动作。这样，在控制过程中，当被控量已经回到期望值而使偏差为零时，执行机构本应立即停止工作，但由于控制装置的惯性，控制动作仍继续向原来方向进行，致使被控量超过期望值又产生符号相反的偏差，导致执行机构向相反方向动作，以减小这个新的偏差；另一方面，当控制动作已经到位时，又由于被控对象的惯性，偏差并未减小为零，因而执行机构继续向原来方向运动，使被控量又产生符号相反的偏差；如此反复进行，致使被控量在期望值附近来回波动，过渡过程呈现振荡形式。如果这个振荡过程是逐渐减弱的，系统最后可以达到平衡状态，控制目的得以实现，我们称为稳定系统；反之，如果振荡过程逐步增强，系统被控量将失控，则称为不稳定系统。

(2) 快速性

为了很好完成控制任务，控制系统仅仅满足稳定性要求是不够的，还必须对其过渡过程的形式和快慢提出要求，一般称为动态性能。例如，对于稳定的高射炮射角随动系统，虽然炮身最终能跟踪目标，但如果目标变动迅速，而炮身跟踪目标所需过渡过程时间过长，就不可能击中目标。又如，函数记录仪记录输入电压时，如果记录笔移动很慢或摆动幅度过大，不仅使记录曲线失真，而且还会损坏记录笔，或使电器元件承受过电压。因此，对控制系统过渡过程的时间(即快速性)和最大振荡幅度(即超调量)一般都有具体要求。

(3) 准确性

理想情况下，当过渡过程结束后，被控量达到的稳态值(即平衡状态)应与期望值一致。但实际上，由于系统结构、外作用形式、摩擦和间隙等非线性因素的影响，被控量的稳态值与期望值之间会有误差存在，称为稳态误差。稳态误差是衡量控制系统控制精度的重要标志，在技术指标中一般都有具体要求。

2. 典型外作用

在工程实践中，自动控制系统承受的外作用形式多种多样，既有确定性外作用，又有随机性外作用。对不同形式的外作用，系统被控量的变化情况(即响应)各不相同，为了便于用统一的方法研究和比较控制系统的性能，通常选用几种确定性函数作为典型外作用。可选作典型外作用的函数应具备以下条件：

1) 这种函数在现场或实验室中容易实现；

2) 控制系统在这种函数作用下的性能应代表在实际工作条件下的性能；

3) 这种函数的数学表达式简单，便于理论计算。

目前，在控制工程设计中常用的典型外作用函数有阶跃函数、斜坡函数、脉冲函数以及正弦函数等确定性函数，此外，还有伪随机函数。

(1) 阶跃函数

阶跃函数的数学表达式为

$$f(t)=\begin{cases}0, & t<0\\ R, & t\geqslant 0\end{cases} \tag{1-1}$$

式(1-1)表示一个在 t=0 时出现的幅值为 R 的阶跃变化函数，如图 1-13 所示。在实际系统中，这意味着 t=0 时突然加到系统上的一个幅值不变的外作用。幅值 R=1 的阶跃函数，称单位阶跃函数，用 $1(t)$表示；幅值为 R 的阶跃函数便可表示为 $f(t)=R\cdot 1(t)$。在任意时刻 t_0 出现的阶跃函数可表示为 $f(t-t_0)=R\cdot 1(t-t_0)$。

阶跃函数是自动控制系统在实际工作条件下经常遇到的一种外作用形式。例如，电源电压突然跳动、负载突然增大或减小、飞机飞行中遇到的常值阵风扰动等，都可视为阶跃函数形式的外作用。在控制系统的分析设计工作中，一般将阶跃函数作用下系统的响应特性作为评价系统动态性能指标的依据。

(2) 斜坡函数

斜坡函数的数学表达式为

$$f(t)=\begin{cases}0, & t<0\\ Rt, & t\geqslant 0\end{cases} \tag{1-2}$$

式(1-2)表示在 $t = 0$ 时刻开始，以恒定速率 R 随时间而变化的函数，如图 1-14 所示。在工程实践中，某些随动系统就常常工作于这种外作用下，例如雷达-高射炮防空系统，当雷达跟踪的目标以恒定速率飞行时，便可视为该系统工作于斜坡函数作用之下。

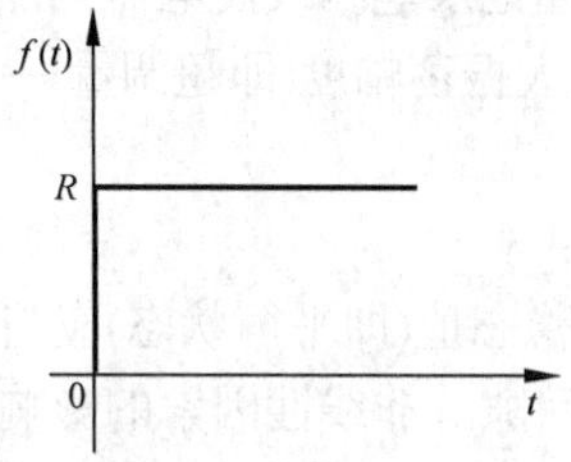

图 1-13　阶跃函数特性

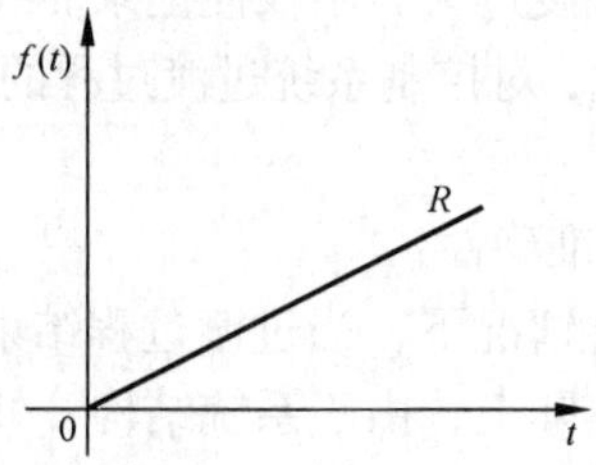

图 1-14　斜坡函数特性

(3) 脉冲函数

脉冲函数定义为

$$f(t)=\lim_{t_0\to 0}\frac{A}{t_0}\left[1(t)-1(t-t_0)\right] \tag{1-3}$$

式中，$(A/t_0)[1(t)-1(t-t_0)]$是由两个阶跃函数合成的脉动函数，其面积 $A = (A/t_0)t_0$，如图 1-15(a)所示。当宽度 t_0 趋于零时，脉动函数的极限便是脉冲函数，它是一个宽度为零、幅值为无穷大、面积为 A 的极限脉冲，如图 1-15(b)所示。脉冲函数的强度通常用其面积表示。面积 $A = 1$ 的脉冲函数称为单位脉冲函数或δ函数；强度为 A 的脉冲函数可表示为 $f(t) = A\delta(t)$。在 t_0 时刻出现的单位脉冲函数则表示为$\delta(t-t_0)$。

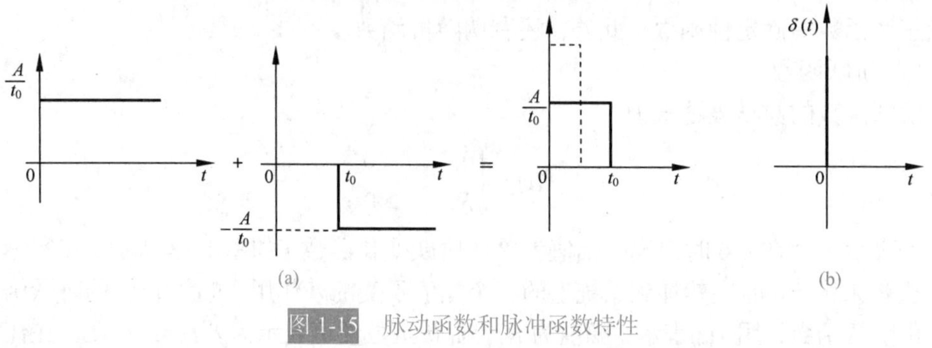

图 1-15　脉动函数和脉冲函数特性

必须指出，脉冲函数在现实中是不存在的，只有数学上的定义，但它却是一个重要而有效的数学工具，在自动控制理论研究中，它也具有重要作用。例如，一个任意形式的外作用，可以分解成不同时刻的一系列脉冲函数之和，这样，通过研究控制系统在脉冲函数作用下的响应特性，便可以了解在任意形式外作用下的响应特性。

(4) 正弦函数

正弦函数的数学表达式为

$$f(t) = A\sin(\omega t-\varphi) \tag{1-4}$$

式中，A 为正弦函数的振幅；$\omega=2\pi f$ 为正弦函数角频率；φ为初始相角。

正弦函数是控制系统常用的一种典型外作用，很多实际的随动系统就是经常在这种正弦函数外作用下工作的。例如，舰船的消摆系统、稳定平台的随动系统等，就是处于形如正弦函数的波浪下工作的。更为重要的是系统在正弦函数作用下的响应，即频率响应，是自动控制理论中研究控制系统频域性能的重要依据(详见第五章)。

1-5　自动控制系统的分析与设计工具

对自动控制系统进行分析与设计，除了掌握基本的自动控制系统分析和设计方法外，对于比较复杂的系统还需要借助软件工具进行。目前常用的软件工具有MATLAB、Python等，本书将结合控制系统分析和设计实例，用 MATLAB 或 Python 给出仿真方法和结果。

1. MATLAB 工具

MATLAB(matrix laboratory，矩阵实验室)是一种科学与工程计算语言，广泛应用于自动控制、数学运算、信号分析、计算机技术、航空航天等领域。作为目前国际上应用广泛的科学与工程计算软件，MATLAB 具有语言简单易用、代码高效、功能丰富、出色的图形处理和系统仿真功能等优势和特点，而且具有图形交互式仿真环境 Simulink，为 MATLAB 的应用拓展了广阔的空间。

MATLAB 还提供了种类丰富的工具箱，与控制系统设计、仿真和分析相关的工具箱有控制系统工具箱(control system toolbox)、系统辨识工具箱(system identification toolbox)、鲁棒控制工具箱(robust control toolbox)、模糊逻辑工具箱(fuzzy logic toolbox)、优化工具箱(optimization toolbox)等。本书提供了典型的控制系统设计实例，读者在学习本书知识的过程中可以结合需要进行针对性的拓展学习和应用。本书主要使用控制系统工具箱。

(1) 控制系统工具箱

控制系统工具箱(control system toolbox)主要处理以传递函数为主要特征的经典控制和以状态空间描述为主要特征的现代控制中的主要问题，对控制系统，尤其是 LTI 线性时不变系统的建模、分析和设计提供了一个完整的解决方案。主要功能如下：

系统建模　能够建立连续或离散系统的状态空间表达式、传递函数、零极点增益模型，并可实现任意两者之间的转换；可通过串联、并联、反馈连接及更一般的框图连接建立复杂系统的模型；可通过多种方式实现连续时间系统的离散化，离散时间系统的连续化及多重采样。

系统分析　既支持连续和离散系统，也适用于 SISO 和 MIMO 系统。在时域分析方面，可对系统的单位脉冲响应、单位阶跃响应、零输入响应及其更一般的任意输入响应进行仿真。在频域分析方面，可对系统的 Bode 图、Nichols 图、Nyquist 图进行计算和绘制。另外，该工具箱还提供了一个框图式操作界面工具——LTI 观测器，支持对 10 种不同类型的系统进行响应分析，大大简化了系统分析和图形绘制过程。

系统设计　可计算系统的各种特性，如可控和可观 Gramain 矩阵、系统的可控性和可观性矩阵、传递零极点、Lyapunov 方程、稳定裕度、阻尼系数以及根轨迹的增益选择等；支持系统的可控、可观标准型实现、最小实现、均衡实现、降阶实现以及输入延时的 Pade 设计；可对系统进行极点配置、观测器设计以及 LQ 和 LQG 最优控制等。该工具箱还提供了另一个框图式操作界面工具——SISO 系统设计工具，可用于单输入单输出反馈控制系统的补偿器校正设计。

(2) MATLAB 辅助分析与设计

本书将结合各章内容，介绍运用 MATLAB 进行控制系统分析与设计的过程，并结合具体实例深入探讨。控制系统设计常用的命令索引如表 1-1 所示。

表 1-1　MATLAB 常用命令索引

函 数 名	功 能 说 明
abs	求绝对值或复数幅值
acker	SISO 系统的极点配置
acos	计算反余弦
angle	计算相角
ans	为表达式而创建的缺省变量
asin	计算反正弦
atan	计算反正切
axis	设定坐标轴的范围
bode	生成 Bode 频率响应图
break	中断循环执行语句
c2d	将连续系统变换成离散系统
care	求解代数黎卡提方程
clc	清除命令窗口显示
clear	删除内存中的变量和函数
clf	清除当前图形窗口
collect	符号计算中同类项合并
conj	求共轭复数
conv	多项式相乘或卷积
cos	计算余弦
ctrb	计算可控性矩阵
ctrbf	对系统进行可控性分解
d2c	将离散系统变换成连续系统
deconv	多项式相除或逆卷积
det	计算矩阵的行列式
diag	建立对角矩阵或获取对角元素
diff	差分函数或近似微分
dlyap	求解离散系统的李雅普诺夫方程

续表

函数名	功能说明
eig	计算矩阵的特征值和特征向量
else	与 if 一起使用的转移语句
elseif	条件转移语句
end	结束控制语句
exp	计算以 e 为底的指数函数
expm	计算以 e 为底的矩阵指数函数
eye	生成单位矩阵
feedback	两个系统的反馈连接
figure	创建图形窗口
for	循环控制语句
format	设置输出格式
global	定义全局变量
grid	在图形上加网格线
gtext	在鼠标指定的位置添加说明
help	打开帮助主题的清单
hold off	取消当前图形保持，与 hold on 相对应
hold on	当前图形保持，与 hold off 相对应
i	$\sqrt{-1}$
if	条件转移语句
ilaplace	拉普拉斯反变换，与 laplace 相对应
imag	计算复数虚部
impulse	计算系统的单位脉冲响应
initial	计算系统的零输入响应
inv	求矩阵的逆
iztrans	z 反变换，与 ztrans 相对应
j	虚数单位
laplace	拉普拉斯变换，与 ilaplace 相对应
limit	计算极限值
log	求自然对数
log10	求常用对数
loglog	全对数坐标图形绘制
lsim	计算系统在任意输入和初始条件下的时间响应
lyap	求解连续系统的李雅普诺夫方程
margin	从频率响应中求幅值裕度、相角裕度及其对应的截止频率、穿越频率
max	求向量中的最大元素

续表

函 数 名	功 能 说 明
mesh	三维网格图形绘制
min	求向量中的最小元素
minreal	求系统的最小实现或零极点对消后的传递函数
NaN	不定式表示
norm	计算矩阵的范数
nyquist	绘制 Nyquist 图
obsv	计算可观测性矩阵
obsvf	对系统进行可观测性分解
ode23	微分方程低阶数值解法
ode45	微分方程高阶数值解法
ones	生成元素全部为 1 的矩阵
parallel	两个系统的并联连接
pi	圆周率π
place	MIMO 系统的极点配置
plot	绘制线性坐标图形
ploy	求矩阵的特征多项式
prod	对向量中各元素求积
pzmap	绘制线性系统的零极点图
quad	低阶法计算数值积分
quad8	高阶法计算数值积分
rank	求矩阵的秩
real	计算复数实部
rem	求除法的余数
residue	部分分式展开
rlocfind	由根轨迹的一组根确定相应的增益
rlocus	计算根轨迹
roots	求多项式的根
semilogx	绘制 x 轴半对数坐标图形
semilogy	绘制 y 轴半对数坐标图形
series	两个系统的串联连接
sign	符号函数
sin	计算正弦
size	查询矩阵的维数
solve	求解代数方程
sqrt	计算平方根

续表

函 数 名	功 能 说 明
ss	系统的状态空间描述
ss2ss	状态空间的相似变换
ss2tf	将状态空间形式转变为传递函数形式
step	计算系统的单位阶跃响应
subplot	将图形窗口分割为若干子窗口
sum	对向量中各元素求和
syms	创建符号对象
tan	计算正切
text	在图形上添加文字说明
tf	系统的传递函数描述
tf2ss	将传递函数形式转变为状态空间形式
tf2zp	将传递函数模型转换成零极点模型
title	在当前图形中添加标题
trace	求矩阵的迹
tzero	求传递零点
while	循环控制语句
xlabel	在图形上添加 x 坐标说明
ylabel	在图形上添加 y 坐标说明
zeros	生成零矩阵
zp2tf	将零极点模型转换成传递函数模型
zpk	系统的零极点描述
ztrans	z 变换，与 iztrans 相对应

2. Python 工具

Python 是 20 世纪 90 年代初诞生的一种编程语言，提供了高效的高级数据结构，还能简单有效地面向对象编程。Python 具有简单易学、免费开源、扩展性强、算法资源库丰富等特点，逐渐被用于独立的、大型项目的开发。近年来在人工智能、科学计算和统计、网络开发等领域得到了应用，在自动控制与人工智能的结合等领域具有广泛的应用前景。

Python 进行控制系统仿真，常使用以下模块：

(1) Numpy(numerical python)

Numpy 科学计算基础包，可以进行数值计算、统计处理和信号处理，支持数组与矩阵运算，提供了矩阵、线性代数、傅里叶变换等的解决方案，是 Python 数据分析的基础。

(2) Scipy(scientific python)

Scipy 数值计算算法扩展包，提供信号处理，以及控制系统分析和设计相关函数，包括统计、优化、整合、线性代数模块、傅里叶变换、信号和图像处理、常微分方程求解器等。Scipy 依赖于 Numpy，并提供许多对用户友好的和有效的数值例程，如数值积分和优化。

(3) Sympy(symbol python)

Sympy 是用于符号计算的 Python 库，用强大的符号计算体系完成如多项式求值、求极限、解方程、求积分、微分方程、级数展开、矩阵运算等计算问题。

(4) Matplotlib

Matplotlib 是数据绘图包，适用于创建静态、动画和交互式可视化，用于数据的分析和展示，并提供了一整套和 MATLAB 相似的命令 API，用来绘制各种静态、动态、交互式的图表，如线图、散点图、等高线图、条形图、柱状图、3D 图形等。

(5) Python-control

Python-control 可以实现反馈控制系统的分析和设计的常用操作。主要功能包括状态空间和频域中的线性输入/输出系统、结构图变换、时间响应、频率响应、控制分析、控制设计、估计器设计等。

习　题

1-1　图 1-16 是液位自动控制系统原理示意图。在任意情况下，希望液面高度 c 维持不变，试说明系统工作原理并画出系统方框图。

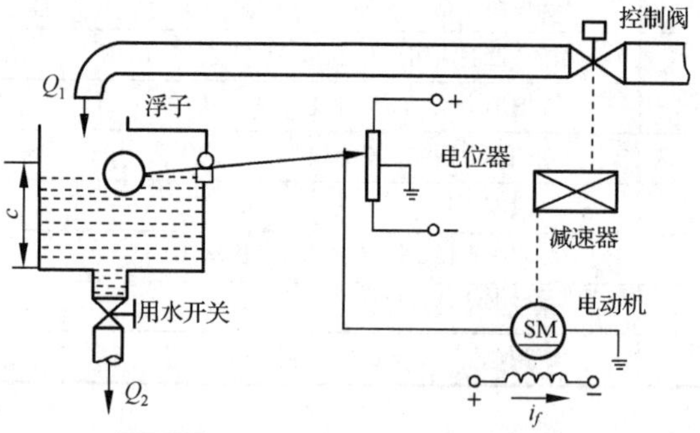

图 1-16　液位自动控制系统原理图

1-2　图 1-17 是仓库大门自动控制系统原理示意图。试说明系统自动控制大门开闭的工作原理并画出系统方框图。

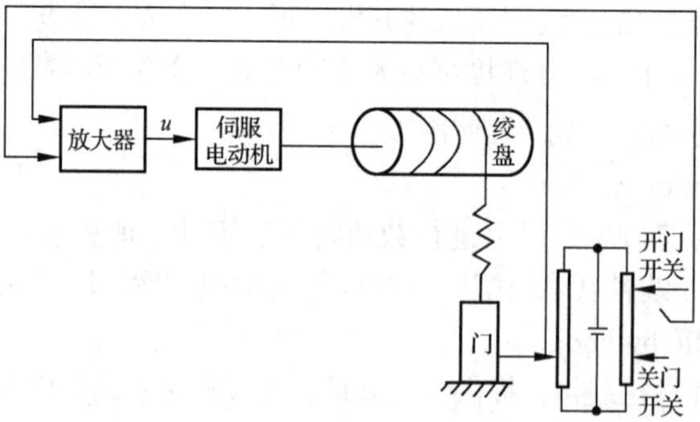

图 1-17　仓库大门自动开闭控制系统原理图

1-3　图 1-18(a)和(b)均为自动调压系统。设空载时，图(a)与图(b)的发电机端电压均为 110V。试问带上负载后，图(a)与图(b)中哪个系统能保持 110V 电压不变？哪个系统的电压会稍低于 110V？为什么？

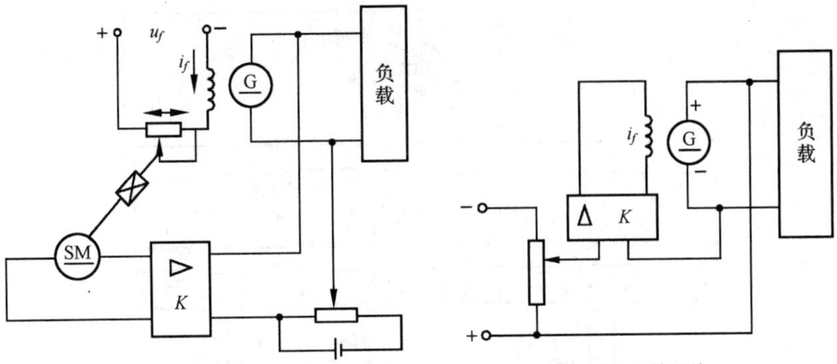

(a) 无差系统　　(b) 有差系统

图 1-18 自动调压系统原理图

1-4 图 1-19 为水温控制系统原理图。冷水在热交换器中由通入的蒸汽加热，从而得到一定温度的热水。冷水流量变化用流量计测量。试绘制系统方框图，并说明为了保持热水温度为期望值，系统是如何工作的？系统的被控对象和控制装置各是什么？

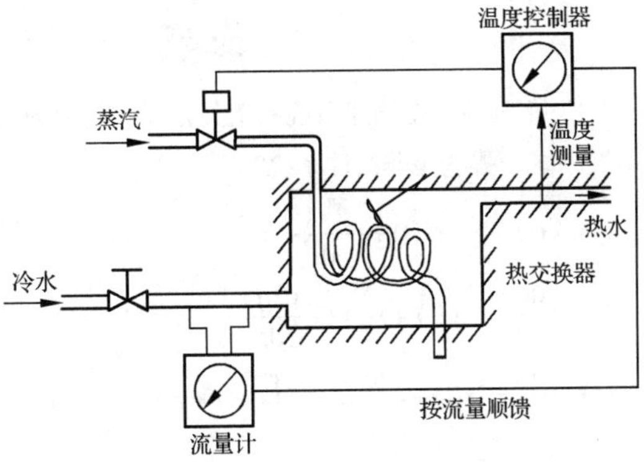

图 1-19 水温控制系统原理图

1-5 图 1-20 是电炉温度控制系统原理示意图。试分析系统保持电炉温度恒定的工作过程，指出系统的被控对象、被控量以及各部件的作用，最后画出系统方框图。

1-6 图 1-21 为谷物湿度控制系统示意图。在谷物磨粉的生产过程中，有一种出粉最多的湿度，因此磨粉之前要给谷物加水以达到给定的湿度。图中，谷物用传送装置按一定流量通过加水点，加水量由自动阀门控制。加水过程中，谷物流量、加水前谷物湿度以及水压都是对谷物湿度控制的扰动作用。为了提高控制精度，系统中采用了谷物湿度的顺馈控制，试画出系统方框图。

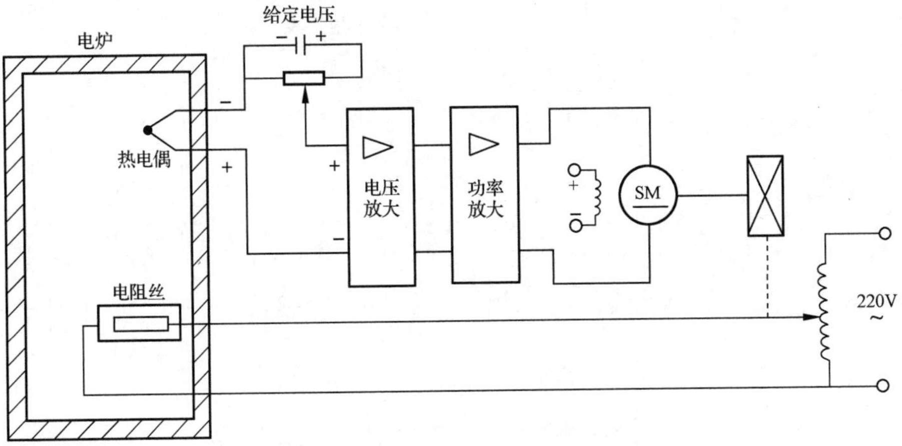

图 1-20 电炉温度控制系统原理图

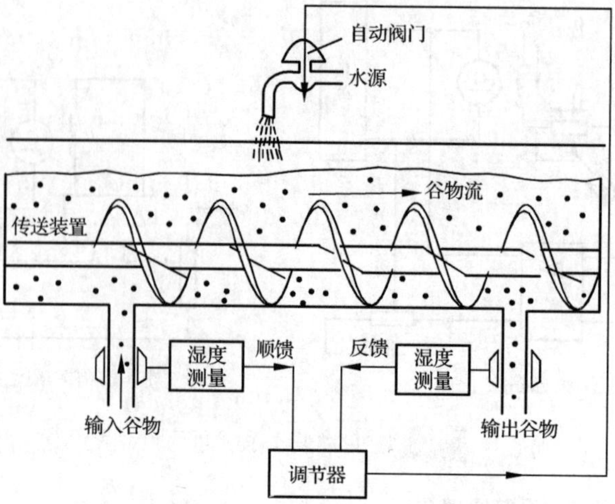

图 1-21　谷物湿度控制系统原理图

1-7　下列各式是描述系统的微分方程，其中 $c(t)$为输出量，$r(t)$为输入量，试判断哪些是线性定常或时变系统，哪些是非线性系统？

(1) $c(t)=5+r^2(t)+t\dfrac{\mathrm{d}^2r(t)}{\mathrm{d}t^2}$；

(2) $\dfrac{\mathrm{d}^3c(t)}{\mathrm{d}t^3}+3\dfrac{\mathrm{d}^2c(t)}{\mathrm{d}t^2}+6\dfrac{\mathrm{d}c(t)}{\mathrm{d}t}+8c(t)=r(t)$；

(3) $t\dfrac{\mathrm{d}c(t)}{\mathrm{d}t}+c(t)=r(t)+3\dfrac{\mathrm{d}r(t)}{\mathrm{d}t}$；

(4) $c(t)=r(t)\cos\omega t+5$；

(5) $c(t)=3r(t)+6\dfrac{\mathrm{d}r(t)}{\mathrm{d}t}+5\int_{-\infty}^{t}r(\tau)\mathrm{d}\tau$；

(6) $c(t)=r^2(t)$。

第二章　控制系统的数学模型

本章导学

在控制系统的分析和设计中，首先要建立系统的数学模型。控制系统的数学模型是描述系统内部物理量(或变量)之间关系的数学表达式。在静态条件(即变量各阶导数为零)下，描述变量之间关系的代数方程叫静态数学模型；而描述变量各阶导数之间关系的微分方程叫动态数学模型。如果已知输入量及变量的初始条件，对微分方程求解，就可以得到系统输出量的表达式，并由此可对系统进行性能分析。因此，建立控制系统的数学模型是分析和设计控制系统的首要工作。

建立控制系统数学模型的方法有分析法和实验法两种。分析法是对系统各部分的运动机制进行分析，根据它们所依据的物理规律或化学规律分别列写相应的运动方程。例如，电学中的基尔霍夫定律、力学中的牛顿定律、热力学中的热力学定律等。实验法是人为地给系统施加某种测试信号，记录其输出响应，并用适当的数学模型去逼近，这种方法称为系统辨识。近年来，系统辨识已发展成一门独立的学科分支。本章重点研究用分析法建立系统数学模型的方法。

在自动控制理论中，数学模型有多种形式。时域中常用的数学模型有微分方程、差分方程和状态方程；复数域中有传递函数、结构图；频域中有频率特性等。本章只研究微分方程、传递函数和结构图等数学模型的建立和应用，其数学基础为傅里叶变换与拉普拉斯变换。

2-1　傅里叶变换与拉普拉斯变换

傅里叶变换(简称傅氏变换)和拉普拉斯变换(简称拉氏变换)，是工程实践中用来求解线性常微分方程的简便工具；同时，也是建立系统在复数域和频率域的数学模型——传递函数和频率特性的数学基础。

傅氏变换和拉氏变换有其内在的联系。但一般来说，对一个函数进行傅氏变换，要求它满足的条件较高，因此有些函数就不能进行傅氏变换，而拉氏变换就比傅氏变换易于实现，所以拉氏变换的应用更为广泛。

1. 傅里叶级数

周期函数的傅里叶级数(简称傅氏级数)是由正弦和余弦项组成的三角级数。

周期为 T 的任一周期函数 $f(t)$，若满足下列狄利克雷条件：

1) 在一个周期内只有有限个不连续点；
2) 在一个周期内只有有限个极大和极小值；
3) 积分 $\int_{-T/2}^{T/2}|f(t)|\,\mathrm{d}t$ 存在，则 $f(t)$ 可展开为如下的傅氏级数：

$$f(t)=\frac{1}{2}a_0+\sum_{n=1}^{\infty}(a_n\cos n\omega t+b_n\sin n\omega t) \tag{2-1}$$

式中，系数 a_n 和 b_n 由下式给出：

$$a_n=\frac{2}{T}\int_{-T/2}^{T/2}f(t)\cos n\omega t\mathrm{d}t,\quad n=0,1,2,\cdots,\infty \tag{2-2}$$

$$b_n=\frac{2}{T}\int_{-T/2}^{T/2}f(t)\sin n\omega t\mathrm{d}t,\quad n=1,2,\cdots,\infty \tag{2-3}$$

式中，$\omega=2\pi/T$ 称为角频率。

周期函数 $f(t)$ 的傅氏级数还可以写为复数形式(或指数形式)

$$f(t)=\sum_{n=-\infty}^{\infty}a_n\mathrm{e}^{\mathrm{j}n\omega t} \tag{2-4}$$

式中

$$a_n=\frac{1}{T}\int_{-T/2}^{T/2}f(t)\mathrm{e}^{-\mathrm{j}n\omega t}\mathrm{d}t \tag{2-5}$$

如果周期函数 $f(t)$ 具有某种对称性质，如为偶函数、奇函数，或只有奇次或偶次谐波，则傅氏级数中的某些项为零，系数公式可以简化。表 2-1 列出了具有几种对称性质的周期函数 $f(t)$ 的傅氏级数简化结果。

表 2-1　周期函数 $f(t)$ 的对称性质

	对　称　性	傅氏级数特点	a_n	b_n
$f_1(t)$	偶函数 $f_1(t)=f_1(-t)$	只有余弦项	$\frac{4}{T}\int_0^{T/2}f_1(t)\cos n\omega t\mathrm{d}t$	0
$f_2(t)$	奇函数 $f_2(t)=-f_2(-t)$	只有正弦项	0	$\frac{4}{T}\int_0^{T/2}f_2(t)\sin n\omega t\mathrm{d}t$
$f_3(t)$	只有偶次谐波 $f_3\left(t\pm\frac{T}{2}\right)=f_3(t)$	只有偶数 n	$\frac{4}{T}\int_0^{T/2}f_3(t)\cos n\omega t\mathrm{d}t$	$\frac{4}{T}\int_0^{T/2}f_3(t)\sin n\omega t\mathrm{d}t$
$f_4(t)$	只有奇次谐波 $f_4\left(t\pm\frac{T}{2}\right)=-f_4(t)$	只有奇数 n	$\frac{4}{T}\int_0^{T/2}f_4(t)\cos n\omega t\mathrm{d}t$	$\frac{4}{T}\int_0^{T/2}f_4(t)\sin n\omega t\mathrm{d}t$

例 2-1　试求图 2-1 所示周期方波的傅氏级数展开式。

解　首先写出方波在一个周期内的数学表达式

$$f(t)=\begin{cases}0, & -\dfrac{T}{2}<t<-\dfrac{T}{4}\\ A, & -\dfrac{T}{4}<t<\dfrac{T}{4}\\ 0, & \dfrac{T}{4}<t<\dfrac{T}{2}\end{cases}$$

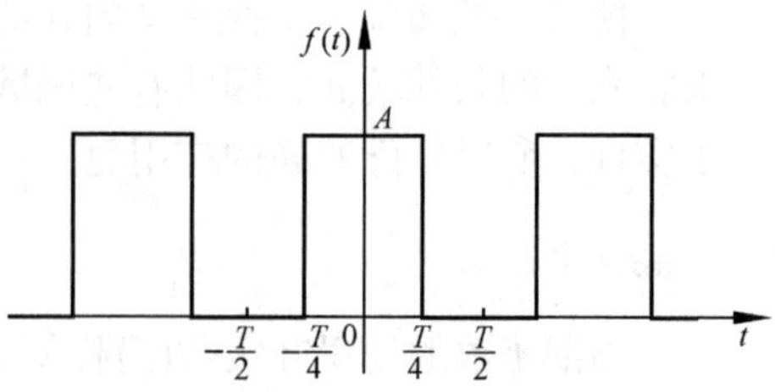

图 2-1　周期方波特性

因为 $f(t)=f(-t)$，为偶函数，故只需计算系数 a_n。由表 2-1 有

$$a_n=\frac{4}{T}\int_0^{T/4}f(t)\cos n\omega t\mathrm{d}t=\frac{4}{T}\int_0^{T/4}A\cos n\omega t\mathrm{d}t=\frac{2A}{n\pi}\sin\left(\frac{n\pi}{2}\right)$$

依次取 n=0，1，2，3，…计算，得 $a_0=A$，$a_1=2A/\pi$，$a_2=0$，$a_3=-2A/(3\pi)$，$a_4=0$，$a_5=2A/(5\pi)$，…，其中 a_0 是应用洛必达法则求得的。由式(2-1)可求出方波的傅氏级数展开式为

$$f(t)=\frac{A}{2}+\frac{2A}{\pi}\left(\cos\omega t-\frac{1}{3}\cos 3\omega t+\frac{1}{5}\cos 5\omega t-\cdots\right)$$

上述表明，方波可以分解为各种频率的谐波分量。换句话说，用不同频率的谐波合成可以得到方波。

2. 傅里叶积分和傅里叶变换

任一周期函数，只要满足狄利克雷条件，便可以展开为傅氏级数。对于非周期函数，因为其周期 T 趋于无穷大，不能直接用傅氏级数展开式，而要做某些修改，这样就引出了傅里叶积分式。

若 $f(t)$为非周期函数，则可视它为周期 T 趋于无穷大，角频率($\omega_0=2\pi/T$)趋于零的周期函数。这时，在傅氏级数展开式(2-1)～式(2-5)中，各个相邻的谐波频率之差$\Delta\omega=(n+1)\omega_0-n\omega_0=\omega_0$很小，谐波频率 $n\omega_0$ 须用一个变量ω代替(注意，此处ω不同于式(2-1)中的角频率)。这样，式(2-4)和式(2-5)可改写为

$$f(t)=\sum_{\omega=-\infty}^{\infty}\alpha_{\omega}e^{j\omega t} \tag{2-6}$$

$$\alpha_{\omega}=\frac{\Delta\omega}{2\pi}\int_{-T/2}^{T/2}f(t)e^{-j\omega t}dt \tag{2-7}$$

将式(2-7)代入式(2-6)，得

$$f(t)=\sum_{\omega=-\infty}^{\infty}\left[\frac{\Delta\omega}{2\pi}\int_{-T/2}^{T/2}f(t)e^{-j\omega t}dt\right]e^{j\omega t}=\frac{1}{2\pi}\sum_{\omega=-\infty}^{\infty}\left[\int_{-T/2}^{T/2}f(t)e^{-j\omega t}dt\right]e^{j\omega t}\Delta\omega$$

当 $T\to\infty$时，$\Delta\omega\to d\omega$，求和式变为积分式，上式可写为

$$f(t)=\frac{1}{2\pi}\int_{-\infty}^{\infty}\left[\int_{-\infty}^{\infty}f(t)e^{-j\omega t}dt\right]e^{j\omega t}d\omega \tag{2-8}$$

式(2-8)是非周期函数$f(t)$的傅里叶积分形式之一。

在式(2-8)中，若令

$$F(\omega)=\int_{-\infty}^{\infty}f(t)e^{-j\omega t}dt \tag{2-9}$$

则式(2-8)可写为

$$f(t)=\frac{1}{2\pi}\int_{-\infty}^{\infty}F(\omega)e^{j\omega t}d\omega \tag{2-10}$$

式(2-9)和式(2-10)给出的两个积分式称为傅氏变换对，$F(\omega)$称为 $f(t)$的傅氏变换，记为$F(\omega)=\mathscr{F}[f(t)]$，而$f(t)$称为 $F(\omega)$的傅氏反变换，记为$f(t)=\mathscr{F}^{-1}[F(\omega)]$。

非周期函数 $f(t)$必须满足狄利克雷条件才可进行傅氏变换，而且狄利克雷的第三条件这时应修改为积分$\int_{-\infty}^{\infty}|f(t)|dt$存在。

例 2-2　试求图 2-2 方波的傅氏变换。

解　图 2-2 方波可用下式表示：

$$f(t)=\begin{cases}A, & -a<t<a\\ 0, & t>a, t<-a\end{cases}$$

显然，$f(t)$不是周期函数。由式(2-9)得

$$F(\omega)=\int_{-\infty}^{\infty}f(t)\mathrm{e}^{-\mathrm{j}\omega t}\mathrm{d}t=\int_{-a}^{a}A\mathrm{e}^{-\mathrm{j}\omega t}\mathrm{d}t=\frac{2A}{\omega}\sin a\omega$$

频谱函数 $F(\omega)$的模$|F(\omega)|$称为频谱(特性)，方波的频谱$|F(\omega)|=2A|\sin a\omega/\omega|$，它与频率$\omega$的关系曲线如图 2-3 所示。

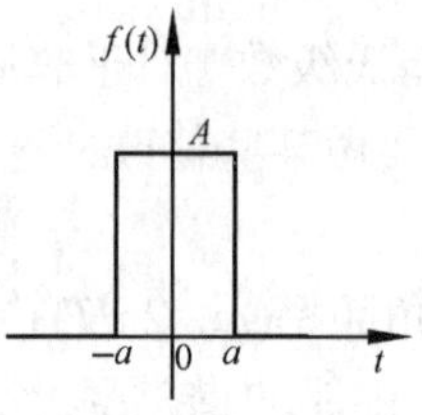

图 2-2　方波特性

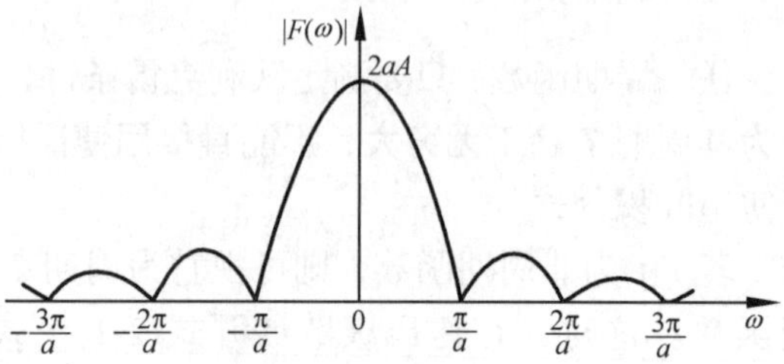

图 2-3　方波的频谱特性

工程技术上常用傅里叶方法分析线性系统，因为任何周期函数都可展开为含有许多正弦分量或余弦分量的傅氏级数，而任何非周期函数都可表示为傅氏积分，从而可将一个时间域的函数变换为频率域的函数。在我们研究输入为非正弦函数的线性系统时，应用傅氏级数和傅氏变换的这个性质，可以通过系统对各种频率正弦波的响应特性来了解系统对非正弦输入的响应特性。研究自动控制系统的频率域方法，就是建立在这个基础之上的。

3. 拉普拉斯变换

拉普拉斯变换

工程实践中常用的一些函数，如阶跃函数，它们往往不能满足傅氏变换的条件，如果对这种函数稍加处理，一般都能进行傅氏变换，于是就引入了拉氏变换。例如，对于单位阶跃函数$f(t)=1(t)$的傅氏变换，由式(2-9)可求得为

$$F(\omega)=\mathscr{F}\left[f(t)\right]=\int_{-\infty}^{\infty}f(t)\mathrm{e}^{-\mathrm{j}\omega t}\mathrm{d}t=\int_{0}^{\infty}\mathrm{e}^{-\mathrm{j}\omega t}\mathrm{d}t=\frac{1}{\omega}(\sin\omega t+\mathrm{j}\cos\omega t)\Big|_{0}^{\infty}$$

显然，$F(\omega)$无法计算出来，这是因为单位阶跃函数不满足狄利克雷第三条件，亦即 $\int_{-\infty}^{\infty}|f(t)|\,\mathrm{d}t$ 不存在。

为了解决这个困难，我们用指数衰减函数 $\mathrm{e}^{-\sigma t}1(t)$ 代替 $1(t)$，因为当$\sigma\to 0$ 时，$\mathrm{e}^{-\sigma t}1(t)$ 趋于 $1(t)$。$\mathrm{e}^{-\sigma t}1(t)$ 可表示为

$$\mathrm{e}^{-\sigma t}1(t)=\begin{cases}\mathrm{e}^{-\sigma t}, & t>0(\sigma>0)\\ 0, & t<0\end{cases}$$

将这个函数代入式(2-9)，求得它的傅氏变换为

$$F_{\sigma}(\omega)=\mathscr{F}\left[\mathrm{e}^{-\sigma t}1(t)\right]=\int_{-\infty}^{\infty}\mathrm{e}^{-\sigma t}1(t)\mathrm{e}^{-\mathrm{j}\omega t}\mathrm{d}t=\int_{0}^{\infty}\mathrm{e}^{-\sigma t}\mathrm{e}^{-\mathrm{j}\omega t}\mathrm{d}t=\frac{1}{\sigma+\mathrm{j}\omega}$$

上式说明，单位阶跃函数乘以因子 $e^{-\sigma t}$ 后，便可以进行傅氏变换。这时，由于进行变换的函数已经过处理，而且只考虑 $t>0$ 的时间区间，因此称之为单边广义傅里叶变换。

对于任意函数 $f(t)$，如果不满足狄利克雷第三条件，一般是因为当 $t\to\infty$ 时，$f(t)$ 衰减太慢。仿照单位阶跃函数的处理方法，也用因子 $e^{-\sigma t}$ $(\sigma>0)$ 乘以 $f(t)$，则当 $t\to\infty$ 时，衰减就快得多。通常把 $e^{-\sigma t}$ 称为收敛因子。但由于它在 $t\to-\infty$ 时起相反作用，为此，假设 $t<0$ 时 $f(t)=0$。这个假设在实际上是可以做到的，因为我们总可以把外作用加到系统上的开始瞬间选为 $t=0$，而 $t<0$ 时的行为，即外作用加到系统之前的行为，可以在初始条件内考虑。这样，对函数 $f(t)$ 的研究，就变为在时间 $t=0\to\infty$ 区间对函数 $f(t)e^{-\sigma t}$ 的研究，并称之为 $f(t)$ 的广义函数，它的傅里叶变换为单边傅氏变换，即

$$F_\sigma(\omega)=\int_0^\infty f(t)e^{-\sigma t}e^{-j\omega t}dt=\int_0^\infty f(t)e^{-(\sigma+j\omega)t}dt$$

若令 $s=\sigma+j\omega$，则上式可写为

$$F_\sigma\left(\frac{s-\sigma}{j}\right)=F(s)=\int_0^\infty f(t)e^{-st}dt \tag{2-11}$$

而 $F_\sigma(\omega)$ 的傅氏反变换则由式(2-10)有

$$f(t)e^{-\sigma t}=\mathscr{F}^{-1}\left[F_\sigma(\omega)\right]=\frac{1}{2\pi}\int_{-\infty}^{\infty}F_\sigma(\omega)e^{j\omega t}d\omega$$

等式两边同乘以 $e^{\sigma t}$，得

$$f(t)=\frac{1}{2\pi}\int_{-\infty}^{\infty}F_\sigma(\omega)e^{(\sigma+j\omega)t}d\omega$$

以 $s=\sigma+j\omega$ 代之，可得

$$f(t)=\frac{1}{2\pi j}\int_{\sigma-j\infty}^{\sigma+j\infty}F(s)e^{st}ds \tag{2-12}$$

在式(2-11)和式(2-12)中，$s=\sigma+j\omega$ 是复数，只要其实部 $\sigma>0$ 足够大，式(2-12)的积分就存在。式(2-11)和式(2-12)的两个积分式称为拉氏变换对。$F(s)$ 称为 $f(t)$ 的拉氏变换，也称象函数，记为 $F(s)=\mathscr{L}[f(t)]$；$f(t)$ 称为 $F(s)$ 的拉氏反变换，也称原函数，记为 $f(t)=\mathscr{L}^{-1}[F(s)]$。

例 2-3 求正弦函数 $f(t)=\sin\omega t$ 的拉氏变换。

解 由欧拉公式

$$\sin\omega t=\frac{1}{2j}(e^{j\omega t}-e^{-j\omega t})$$

及式(2-11)，可得

$$F(s)=\mathscr{L}\left[\sin\omega t\right]=\int_0^\infty \sin\omega t e^{-st}dt=\int_0^\infty\frac{1}{2j}(e^{j\omega t}-e^{-j\omega t})e^{-st}dt$$

$$=\frac{1}{2j}\left(\frac{1}{s-j\omega}-\frac{1}{s+j\omega}\right)=\frac{\omega}{s^2+\omega^2}$$

例 2-4 求单位脉冲函数 $\delta(t)$ 的拉氏变换。

解　将 $f(t)=\delta(t)=\lim\limits_{t_0\to 0}[1(t)-1(t-t_0)]/t_0$ 代入式(2-11)，可得

$$\mathscr{L}[\delta(t)]=\int_0^{\infty}\lim_{t_0\to 0}\frac{1}{t_0}[1(t)-1(t-t_0)]\mathrm{e}^{-st}\mathrm{d}t=\lim_{t_0\to 0}\frac{1}{t_0}\int_0^{\infty}[1(t)-1(t-t_0)]\mathrm{e}^{-st}\mathrm{d}t$$

$$=\lim_{t_0\to 0}\frac{1}{t_0 s}\left[1-\mathrm{e}^{-t_0 s}\right]=\lim_{t_0\to 0}\frac{\mathrm{d}\left[1-\mathrm{e}^{-t_0 s}\right]/\mathrm{d}t_0}{\mathrm{d}t_0 s/\mathrm{d}t_0}=1$$

因此，单位脉冲函数$\delta(t)$的拉氏变换为 1。显然，强度为 A 的脉冲函数 $A\delta(t)$的拉氏变换就等于它的强度 A，即 $\mathscr{L}[A\delta(t)]=A$。

4. 拉普拉斯变换的积分下限

拉氏变换定义式中，积分下限为零，但有 0 的右极限 0_+和 0 的左极限 0_-之分。对于在 $t=0$ 处连续或只有第一类间断点的函数，0_+型和 0_-型的拉氏变换是相同的；对于在 $t=0$ 处有无穷跳跃的函数，例如单位脉冲函数(δ 函数)，两种变换的结果并不一致。

δ 函数是脉冲面积为 1，在 $t=0$ 瞬时出现无穷跳跃的特殊函数，其数学表达式为

$$\delta(t)=\begin{cases}0, & t\neq 0\\ \infty, & t=0\end{cases}$$

且有

$$\int_{-\infty}^{\infty}\delta(t)\mathrm{d}t=1$$

取$\delta(t)$的 0_+型拉氏变换

$$\int_{0_+}^{\infty}\delta(t)\mathrm{e}^{-st}\mathrm{d}t=0$$

而$\delta(t)$的 0_-型拉氏变换

$$\int_{0_-}^{\infty}\delta(t)\mathrm{e}^{-st}\mathrm{d}t=\int_{0_-}^{0_+}\delta(t)\mathrm{e}^{-st}\mathrm{d}t+\int_{0_+}^{\infty}\delta(t)\mathrm{e}^{-st}\mathrm{d}t=1$$

实质上，0_+型拉氏变换并没有反映出δ函数在[0_-，0_+]区间内的跳跃特性，而 0_-型拉氏变换则包含了这一区间。因此，0_-型拉氏变换反映了客观实际情况。在拉氏变换过程中，若不特别指出是 0_+或 0_-，均认是 0_-型变换。

5. 拉普拉斯变换定理

常用的拉氏变换定理汇列如下，以供查阅。

(1) 线性性质

设 $F_1(s)=\mathscr{L}[f_1(t)]$，$F_2(s)=\mathscr{L}[f_2(t)]$，$a$，$b$ 为常数，则有

$$\mathscr{L}\left[af_1(t)+bf_2(t)\right]=a\mathscr{L}\left[f_1(t)\right]+b\mathscr{L}\left[f_2(t)\right]=aF_1(s)+bF_2(s)$$

(2) 微分定理

设 $F(s)=\mathscr{L}[f(t)]$，则有

$$\mathscr{L}\left[\frac{\mathrm{d}f(t)}{\mathrm{d}t}\right]=sF(s)-f(0)$$

式中，$f(0)$是函数 $f(t)$在 $t=0$ 时的值。

证明　由式(2-11)有

$$\mathscr{L}\left[\frac{\mathrm{d}f(t)}{\mathrm{d}t}\right]=\int_0^{\infty}\frac{\mathrm{d}f(t)}{\mathrm{d}t}\mathrm{e}^{-st}\mathrm{d}t$$

用分部积分法，令 $u=\mathrm{e}^{-st}$，$\mathrm{d}v=\dfrac{\mathrm{d}f(t)}{\mathrm{d}t}\mathrm{d}t$，则

$$\mathscr{L}\left[\frac{\mathrm{d}f(t)}{\mathrm{d}t}\right]=\left[\mathrm{e}^{-st}f(t)\right]_0^{\infty}+s\int_0^{\infty}f(t)\mathrm{e}^{-st}\mathrm{d}t=sF(s)-f(0)$$

同理，函数 $f(t)$ 的高阶导数的拉氏变换为

$$\mathscr{L}\left[\frac{\mathrm{d}^n f(t)}{\mathrm{d}t^n}\right]=s^nF(s)-\left[s^{n-1}f(0)+s^{n-2}\dot{f}(0)+\cdots+f^{(n-1)}(0)\right]$$

式中，$f(0),\dot{f}(0),\ddot{f}(0),\cdots,f^{(n-1)}(0)$ 为 $f(t)$ 及其各阶导数在 $t=0$ 时的值。

显然，如果原函数 $f(t)$ 及其各阶导数的初始值都等于零，则原函数 $f(t)$ 的 n 阶导数的拉氏变换就等于其象函数 $F(s)$ 乘以 s^n，即

$$\mathscr{L}\left[\frac{\mathrm{d}^n f(t)}{\mathrm{d}t^n}\right]=s^nF(s)$$

(3) 积分定理

设 $F(s)=\mathscr{L}[f(t)]$，则有

$$\mathscr{L}\left[\int f(t)\mathrm{d}t\right]=\frac{1}{s}F(s)+\frac{1}{s}f^{(-1)}(0)$$

式中，$f^{(-1)}(0)$ 是 $\int f(t)\mathrm{d}t$ 在 $t=0$ 时的值。

证明　由式(2-11)有

$$\mathscr{L}\left[\int f(t)\mathrm{d}t\right]=\int_0^{\infty}\left[\int f(t)\mathrm{d}t\right]\mathrm{e}^{-st}\mathrm{d}t$$

用分部积分法，令 $u=\int f(t)\mathrm{d}t$，$\mathrm{d}v=\mathrm{e}^{-st}\mathrm{d}t$，则有

$$\mathscr{L}\left[\int f(t)\mathrm{d}t\right]=\left[-\frac{1}{s}\mathrm{e}^{-st}\int f(t)\mathrm{d}t\right]_0^{\infty}+\frac{1}{s}\int_0^{\infty}f(t)\mathrm{e}^{-st}\mathrm{d}t=\frac{1}{s}f^{(-1)}(0)+\frac{1}{s}F(s)$$

同理，对于 $f(t)$ 的多重积分的拉氏变换，有

$$\mathscr{L}\left[\underbrace{\int\cdots\int}_{n} f(t)(\mathrm{d}t)^n\right]=\frac{1}{s^n}F(s)+\frac{1}{s^n}f^{(-1)}(0)+\cdots+\frac{1}{s}f^{(-n)}(0)$$

式中，$f^{(-1)}(0),f^{(-2)}(0),\cdots,f^{(-n)}(0)$ 为 $f(t)$ 的各重积分在 $t=0$ 时的值。如果 $f^{(-1)}(0)=f^{(-2)}(0)=\cdots=f^{(-n)}(0)=0$，则有

$$\mathscr{L}\left[\underbrace{\int\cdots\int}_{n} f(t)(\mathrm{d}t)^n\right]=\frac{1}{s^n}F(s)$$

即原函数 $f(t)$ 的 n 重积分的拉氏变换等于其象函数 $F(s)$ 除以 s^n。

(4) 初值定理

若函数 $f(t)$ 及其一阶导数都是可拉氏变换的，则函数 $f(t)$ 的初值为

$$f(0_+)=\lim_{t\to 0_+}f(t)=\lim_{s\to\infty}sF(s)$$

即原函数 $f(t)$ 在自变量趋于零(从正向趋于零)时的极限值，取决于其象函数 $F(s)$ 在自变量趋于无穷大时的极限值。

证明　由微分定理，有

$$\int_0^\infty \frac{\mathrm{d}f(t)}{\mathrm{d}t}\mathrm{e}^{-st}\mathrm{d}t=sF(s)-f(0)$$

令 $s\to\infty$，对等式两边取极限，得

$$\lim_{s\to\infty}\int_0^\infty \frac{\mathrm{d}f(t)}{\mathrm{d}t}\mathrm{e}^{-st}\mathrm{d}t=\lim_{s\to\infty}\left[sF(s)-f(0)\right]$$

在 $0_+<t<\infty$ 的时间区间，当 $s\to\infty$ 时，e^{-st} 趋于零，因此等式左边为

$$\lim_{s\to\infty}\int_{0_+}^\infty \frac{\mathrm{d}f(t)}{\mathrm{d}t}\mathrm{e}^{-st}\mathrm{d}t=\int_{0_+}^\infty \frac{\mathrm{d}f(t)}{\mathrm{d}t}\lim_{s\to\infty}\mathrm{e}^{-st}\mathrm{d}t=0$$

于是 $\lim\limits_{s\to\infty}\left[sF(s)-f(0_+)\right]=0$，即

$$f(0_+)=\lim_{t\to 0_+}f(t)=\lim_{s\to\infty}sF(s)$$

式中，$f(0_+)$ 表示 $f(t)$ 在 $t=0$ 右极限时的值。

(5) 终值定理

若函数 $f(t)$ 及其一阶导数都是可拉氏变换的，则函数 $f(t)$ 的终值为

$$\lim_{t\to\infty}f(t)=\lim_{s\to 0}sF(s)$$

即原函数 $f(t)$ 在自变量趋于无穷大时的极限值，取决于象函数 $F(s)$ 在自变量趋于零时的极限值。

证明　由微分定理，有

$$\int_0^\infty \frac{\mathrm{d}f(t)}{\mathrm{d}t}\mathrm{e}^{-st}\mathrm{d}t=sF(s)-f(0)$$

令 $s\to 0$，对等式两边取极限，得

$$\lim_{s\to 0}\int_0^\infty \frac{\mathrm{d}f(t)}{\mathrm{d}t}\mathrm{e}^{-st}\mathrm{d}t=\lim_{s\to 0}\left[sF(s)-f(0)\right]$$

等式左边为

$$\lim_{s\to 0}\int_0^\infty \frac{\mathrm{d}f(t)}{\mathrm{d}t}\mathrm{e}^{-st}\mathrm{d}t=\int_0^\infty \frac{\mathrm{d}f(t)}{\mathrm{d}t}\lim_{s\to 0}\mathrm{e}^{-st}\mathrm{d}t=\int_0^\infty \mathrm{d}f(t)=\lim_{t\to\infty}\int_0^t \mathrm{d}f(t)=\lim_{t\to\infty}\left[f(t)-f(0)\right]$$

于是

$$\lim_{t\to\infty}f(t)=\lim_{s\to 0}sF(s)$$

注意，当 $f(t)$ 是周期函数，如正弦函数 $\sin\omega t$ 时，由于它没有终值，故终值定理不适用。

(6) 位移定理

设 $F(s)=\mathscr{L}[f(t)]$，则有

$$\mathscr{L}\left[f(t-\tau_0)\right]=\mathrm{e}^{-\tau_0 s}F(s)$$

$$\mathscr{L}\left[\mathrm{e}^{\alpha t}f(t)\right]=F(s-\alpha)$$

它们分别表示实域中的位移定理和复域中的位移定理。

证明 由式(2-11)得

$$\mathscr{L}\left[f(t-\tau_0)\right]=\int_0^{\infty}f(t-\tau_0)\mathrm{e}^{-st}\mathrm{d}t$$

令 $t-\tau_0=\tau$，则有

$$\mathscr{L}\left[f(t-\tau_0)\right]=\int_{-\tau_0}^{\infty}f(\tau)\mathrm{e}^{-s(\tau+\tau_0)}\mathrm{d}\tau=\mathrm{e}^{-\tau_0 s}\int_{-\tau_0}^{\infty}f(\tau)\mathrm{e}^{-\tau s}\mathrm{d}\tau=\mathrm{e}^{-\tau_0 s}F(s)$$

上式表示实域中的位移定理，即当原函数 $f(t)$沿时间轴平移 τ_0 时，相应于其象函数 $F(s)$乘以 $\mathrm{e}^{-\tau_0 s}$。

同样，由式(2-11)，有

$$\mathscr{L}\left[\mathrm{e}^{\alpha t}f(t)\right]=\int_0^{\infty}\mathrm{e}^{\alpha t}f(t)\mathrm{e}^{-st}\mathrm{d}t=\int_0^{\infty}f(t)\mathrm{e}^{-(s-\alpha)t}\mathrm{d}t=F(s-\alpha)$$

上式表示复域中的位移定理，即当象函数 $F(s)$的自变量 s 位移 α 时，相应于其原函数 $f(t)$ 乘以 $\mathrm{e}^{\alpha t}$。

位移定理在工程上很有用，可方便地求一些复杂函数的拉氏变换。例如，由

$$\mathscr{L}\left[\sin\omega t\right]=\frac{\omega}{s^2+\omega^2}$$

可直接求得

$$\mathscr{L}\left[\mathrm{e}^{-\alpha t}\sin\omega t\right]=\frac{\omega}{(s+\alpha)^2+\omega^2}$$

(7) 相似定理

设 $F(s)=\mathscr{L}[f(t)]$，则有

$$\mathscr{L}\left[f\left(\frac{t}{a}\right)\right]=aF(as)$$

式中，a 为实常数。

上式表示，原函数 $f(t)$自变量 t 的比例尺改变时(图 2-4)，其象函数 $F(s)$具有类似的形式。

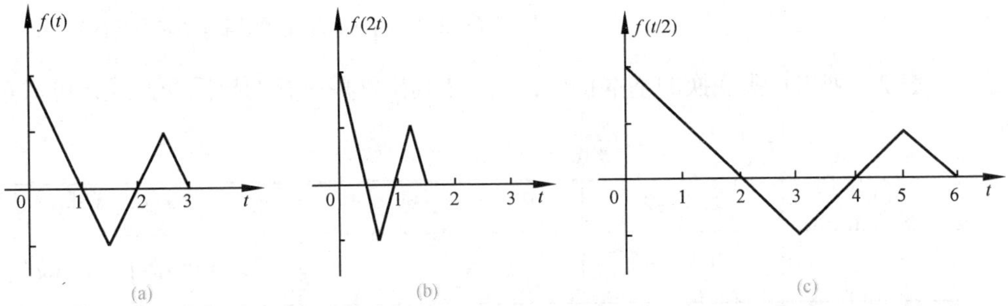

图 2-4 函数 $f(t)$，$f(2t)$，$f(t/2)$特性

证明　由式(2-11)，有

$$\mathscr{L}\left[f\left(\frac{t}{a}\right)\right]=\int_0^{\infty}f\left(\frac{t}{a}\right)\mathrm{e}^{-st}\mathrm{d}t$$

令 $t/a=\tau$，则有

$$\mathscr{L}\left[f\left(\frac{t}{a}\right)\right]=a\int_0^{\infty}f\left(\tau\right)\mathrm{e}^{-as\tau}\mathrm{d}\tau=aF(as)$$

(8) 卷积定理

设 $F_1(s)=\mathscr{L}[f_1(t)]$，$F_2(s)=\mathscr{L}[f_2(t)]$，则有

$$F_1(s)F_2(s)=\mathscr{L}\left[\int_0^t f_1(t-\tau)f_2(\tau)\mathrm{d}\tau\right]$$

式中，$\int_0^t f_1(t-\tau)f_2(\tau)\mathrm{d}\tau$ 为 $f_1(t)$和 $f_2(t)$的卷积，可写为 $f_1(t)*f_2(t)$。因此，上式表示，两个原函数的卷积相应于它们象函数的乘积。

证明　由式(2-11)，有

$$\mathscr{L}\left[\int_0^t f_1(t-\tau)f_2(\tau)\mathrm{d}\tau\right]=\int_0^{\infty}\left[\int_0^t f_1(t-\tau)f_2(\tau)\mathrm{d}\tau\right]\mathrm{e}^{-st}\mathrm{d}t$$

为了变积分限为 0 到∞，引入单位阶跃函数 $1(t-\tau)$，即有

$$f_1(t-\tau)1(t-\tau)=\begin{cases}0, & t<\tau\\ f_1(t-\tau), & t>\tau\end{cases}$$

因此
$$\int_0^t f_1(t-\tau)f_2(\tau)\mathrm{d}\tau=\int_0^{\infty}f_1(t-\tau)1(t-\tau)f_2(\tau)\mathrm{d}\tau$$

所以
$$\begin{aligned}\mathscr{L}\left[\int_0^t f_1(t-\tau)f_2(\tau)\mathrm{d}\tau\right]&=\int_0^{\infty}\int_0^{\infty}f_1(t-\tau)1(t-\tau)f_2(\tau)\mathrm{d}\tau\mathrm{e}^{-st}\mathrm{d}t\\&=\int_0^{\infty}f_2(\tau)\mathrm{d}\tau\int_0^{\infty}f_1(t-\tau)1(t-\tau)\mathrm{e}^{-st}\mathrm{d}t\\&=\int_0^{\infty}f_2(\tau)\mathrm{d}\tau\int_{\tau}^{\infty}f_1(t-\tau)\mathrm{e}^{-st}\mathrm{d}t\end{aligned}$$

令 $t-\tau=\lambda$，可得

$$\begin{aligned}\mathscr{L}\left[\int_0^t f_1(t-\tau)f_2(\tau)\mathrm{d}\tau\right]&=\int_0^{\infty}f_2(\tau)\mathrm{d}\tau\int_0^{\infty}f_1(\lambda)\mathrm{e}^{-s\lambda}\mathrm{e}^{-s\tau}\mathrm{d}\lambda\\&=\int_0^{\infty}f_2(\tau)\mathrm{e}^{-s\tau}\mathrm{d}\tau\int_0^{\infty}f_1(\lambda)\mathrm{e}^{-s\lambda}\mathrm{d}\lambda=F_2(s)F_1(s)\end{aligned}$$

表 2-2 列出拉氏变换的基本特性，表 2-3 列出常用函数的拉氏变换式，可供查用。

表 2-2　拉普拉斯变换的基本特性

序号	基本运算	$f(t)$	$F(s)=\mathscr{L}[f(t)]$
1	拉氏变换定义	$f(t)$	$F(s)=\int_0^{\infty}f(t)\mathrm{e}^{-st}\mathrm{d}t$
2	位移(时间域)	$f(t-\tau_0)1(t-\tau_0)$	$\mathrm{e}^{-\tau_0 s}F(s),\tau_0>0$

续表

序号	基本运算	$f(t)$	$F(s)=\mathscr{L}[f(t)]$
3	相似性	$f(at)$	$\frac{1}{a}F\left(\frac{s}{a}\right),a>0$
4	一阶导数	$\frac{\mathrm{d}f(t)}{\mathrm{d}t}$	$sF(s)-f(0)$
5	n 阶导数	$\frac{\mathrm{d}^n}{\mathrm{d}t^n}f(t)$	$s^nF(s)-s^{n-1}f(0)-s^{n-2}f'(0)-\cdots-f^{(n-1)}(0)$
6	不定积分	$\int f(t)\mathrm{d}t$	$\frac{1}{s}\left[F(s)+f^{(-1)}(0)\right]$
7	定积分	$\int_0^t f(t)\mathrm{d}t$	$\frac{1}{s}F(s)$
8	函数乘以 t	$tf(t)$	$-\frac{\mathrm{d}}{\mathrm{d}s}F(s)$
9	函数除以 t	$\frac{1}{t}f(t)$	$\int_s^{\infty}F(s)\mathrm{d}s$
10	位移(s 域)	$\mathrm{e}^{-at}f(t)$	$F(s+a)$
11	初始值	$\lim\limits_{t\to 0_+}f(t)$	$\lim\limits_{s\to\infty}sF(s)$
12	终值	$\lim\limits_{t\to\infty}f(t)$	$\lim\limits_{s\to 0}sF(s)$
13	卷积	$f_1(t)*f_2(t)=\int_0^t f_1(\tau)f_2(t-\tau)\mathrm{d}\tau$	$F_1(s)F_2(s)$

表 2-3　常用函数拉普拉斯变换对照表

序号	象函数 $F(s)$	原函数 $f(t)$
1	1	$\delta(t)$
2	$\frac{1}{s}$	$1(t)$
3	$\frac{1}{s^2}$	t
4	$\frac{1}{s^n}$	$\frac{t^{n-1}}{(n-1)!}$
5	$\frac{1}{s+a}$	e^{-at}
6	$\frac{1}{(s+a)(s+b)}$	$\frac{1}{b-a}(\mathrm{e}^{-at}-\mathrm{e}^{-bt})$
7	$\frac{s+a_0}{(s+a)(s+b)}$	$\frac{1}{b-a}\left[(a_0-a)\mathrm{e}^{-at}-(a_0-b)\mathrm{e}^{-bt}\right]$
8	$\frac{1}{s(s+a)(s+b)}$	$\frac{1}{ab}+\frac{1}{ab(a-b)}(b\mathrm{e}^{-at}-a\mathrm{e}^{-bt})$
9	$\frac{1}{s^2+\omega^2}$	$\frac{1}{\omega}\sin\omega t$
10	$\frac{s}{s^2+\omega^2}$	$\cos\omega t$

续表

序号	象函数 $F(s)$	原函数 $f(t)$
11	$\dfrac{s+a_0}{s^2+\omega^2}$	$\dfrac{1}{\omega}(a_0^2+\omega^2)^{1/2}\sin(\omega t+\varphi),\varphi \triangleq \arctan\dfrac{\omega}{a_0}$
12	$\dfrac{1}{s(s^2+\omega^2)}$	$\dfrac{1}{\omega^2}(1-\cos\omega t)$
13	$\dfrac{s+a_0}{s(s^2+\omega^2)}$	$\dfrac{a_0}{\omega^2}-\dfrac{(a_0^2+\omega^2)^{1/2}}{\omega^2}\cos(\omega t+\varphi),\varphi \triangleq \arctan\dfrac{\omega}{a_0}$
14	$\dfrac{s+a_0}{(s+a)(s^2+\omega^2)}$	$\dfrac{a_0-a}{a^2+\omega^2}\mathrm{e}^{-at}+\dfrac{1}{\omega}\left(\dfrac{a_0^2+\omega^2}{a^2+\omega^2}\right)^{1/2}\sin(\omega t+\varphi)$ $\varphi \triangleq \arctan\dfrac{\omega}{a_0}-\arctan\dfrac{\omega}{a}$
15	$\dfrac{1}{(s+a)^2+\omega^2}$	$\dfrac{1}{\omega}\mathrm{e}^{-at}\sin\omega t$
16	$\dfrac{s+a_0}{(s+a)^2+\omega^2}$	$\dfrac{1}{\omega}\left[(a_0-a)^2+\omega^2\right]^{1/2}\mathrm{e}^{-at}\sin(\omega t+\varphi)$ $\varphi \triangleq \arctan\dfrac{\omega}{a_0-a}$
17	$\dfrac{s+a}{(s+a)^2+\omega^2}$	$\mathrm{e}^{-at}\cos\omega t$
18	$\dfrac{1}{s^2(s+a)}$	$\dfrac{\mathrm{e}^{-at}+at-1}{a^2}$
19	$\dfrac{s+a_0}{s^2(s+a)}$	$\dfrac{a_0-a}{a^2}\mathrm{e}^{-at}+\dfrac{a_0}{a}t+\dfrac{a-a_0}{a^2}$
20	$\dfrac{s+a_0}{(s+a)^2}$	$\left[(a_0-a)t+1\right]\mathrm{e}^{-at}$
21	$\dfrac{1}{(s+a)^n}$	$\dfrac{1}{(n-1)!}t^{n-1}\mathrm{e}^{-at}$
22	$\dfrac{1}{s(s+a)^2}$	$\dfrac{1-(1+at)\mathrm{e}^{-at}}{a^2}$
23	$\dfrac{1}{s(s+a)}$	$\dfrac{1}{a}(1-\mathrm{e}^{-at})$
24	$\dfrac{s+a_0}{s(s+a)}$	$\dfrac{1}{a}\left[a_0-(a_0-a)\mathrm{e}^{-at}\right]$
25	$\dfrac{s}{s^2+2\zeta\omega_n s+\omega_n^2}$	$\dfrac{-1}{\sqrt{1-\zeta^2}}\mathrm{e}^{-\zeta\omega_n t}\sin(\omega_n\sqrt{1-\zeta^2}t-\varphi),\varphi=\arctan\sqrt{1-\zeta^2}/\zeta$
26	$\dfrac{\omega_n^2}{s^2+2\zeta\omega_n s+\omega_n^2}$	$\dfrac{\omega_n}{\sqrt{1-\zeta^2}}\mathrm{e}^{-\zeta\omega_n t}\sin(\omega_n\sqrt{1-\zeta^2}t)$
27	$\dfrac{\omega_n^2}{s(s^2+2\zeta\omega_n s+\omega_n^2)}$	$1-\dfrac{1}{\sqrt{1-\zeta^2}}\mathrm{e}^{-\zeta\omega_n t}\sin(\omega_n\sqrt{1-\zeta^2}t+\varphi),\varphi=\arctan\sqrt{1-\zeta^2}/\zeta$

6. 拉普拉斯反变换

由象函数 $F(s)$求原函数 $f(t)$，可根据式(2-12)拉氏反变换公式计算。对于简单的象函数，可直接应用拉氏变换对照表 2-3，查出相应的原函数。工程实践中，求复杂象函数的原函数时，通常先用部分分式展开法(也称赫维赛德展开定理)将复杂函数展成简单函数的和，再应用拉氏变换对照表。

一般，象函数 $F(s)$是复变数 s 的有理代数分式，即 $F(s)$可表示为如下两个 s 多项式比的形式：

$$F(s)=\frac{B(s)}{A(s)}=\frac{b_0 s^m+b_1 s^{m-1}+\cdots+b_{m-1}s+b_m}{s^n+a_1 s^{n-1}+\cdots+a_{n-1}s+a_n}$$

式中，系数 $a_1, a_2, \cdots, a_n$，$b_0, b_1, \cdots, b_m$ 都是实常数；m，n 是正整数，通常 $m<n$。为了将 $F(s)$写为部分分式形式，首先把 $F(s)$的分母因式分解，则有

$$F(s)=\frac{B(s)}{A(s)}=\frac{b_0 s^m+b_1 s^{m-1}+\cdots+b_{m-1}s+b_m}{(s-s_1)(s-s_2)\cdots(s-s_n)}$$

式中，$s_1, s_2, \cdots, s_n$ 是 $A(s)=0$ 的根，称为 $F(s)$的极点。按照这些根的性质，分以下两种情况研究。

(1) $A(s)=0$ 无重根

这时，$F(s)$可展开为 n 个简单的部分分式之和，每个部分分式都以 $A(s)$的一个因式作为其分母，即

$$F(s)=\frac{c_1}{s-s_1}+\frac{c_2}{s-s_2}+\cdots+\frac{c_i}{s-s_i}+\cdots+\frac{c_n}{s-s_n}=\sum_{i=1}^{n}\frac{c_i}{s-s_i} \tag{2-13}$$

式中，c_i 为待定常数，称为 $F(s)$在极点 s_i 处的留数，可按下式计算：

$$c_i=\lim_{s\to s_i}(s-s_i)F(s) \tag{2-14}$$

或

$$c_i=\left.\frac{B(s)}{\dot{A}(s)}\right|_{s=s_i} \tag{2-15}$$

式中，$\dot{A}(s)$ 为 $A(s)$对 s 求一阶导数。

根据拉氏变换的线性性质，从式(2-13)可求得原函数

$$f(t)=\mathscr{L}^{-1}[F(s)]=\mathscr{L}^{-1}\left[\sum_{i=1}^{n}\frac{c_i}{s-s_i}\right]=\sum_{i=1}^{n}c_i \mathrm{e}^{s_i t} \tag{2-16}$$

上述表明，有理代数分式函数的拉氏反变换，可表示为若干指数项之和。

例 2-5 求 $F(s)=\dfrac{s+2}{s^2+4s+3}$ 的原函数 $f(t)$。

解 将 $F(s)$的分母因式分解为

$$s^2+4s+3=(s+1)(s+3)$$

则

$$F(s)=\frac{s+2}{s^2+4s+3}=\frac{s+2}{(s+1)(s+3)}=\frac{c_1}{s+1}+\frac{c_2}{s+3}$$

按式(2-14)计算，得

$$c_1=\lim_{s\to -1}(s+1)F(s)=\lim_{s\to -1}\frac{s+2}{s+3}=\frac{1}{2}$$

$$c_2=\lim_{s\to -3}(s+3)F(s)=\lim_{s\to -3}\frac{s+2}{s+1}=\frac{1}{2}$$

因此，由式(2-16)可求得原函数

$$f(t)=\frac{1}{2}(\mathrm{e}^{-t}+\mathrm{e}^{-3t})$$

(2) $A(s)=0$ 有重根

设 $A(s)=0$ 有 r 个重根 s_1，则 $F(s)$可写为

$$F(s)=\frac{B(s)}{(s-s_1)^r(s-s_{r+1})\cdots(s-s_n)}$$
$$=\frac{c_r}{(s-s_1)^r}+\frac{c_{r-1}}{(s-s_1)^{r-1}}+\cdots+\frac{c_1}{s-s_1}+\frac{c_{r+1}}{s-s_{r+1}}+\cdots+\frac{c_n}{s-s_n}$$

式中，s_1为 $F(s)$的重极点，$s_{r+1},\cdots,s_n$ 为 $F(s)$的$(n-r)$个非重极点；$c_r,c_{r-1},\cdots,c_1$，$c_{r+1},\cdots,c_n$为待定常数，其中，$c_{r+1},\cdots,c_n$ 按式(2-14)或式(2-15)计算，但 $c_r,c_{r-1},\cdots,c_1$ 应按下式计算：

$$\begin{aligned}
c_r&=\lim_{s\to s_1}(s-s_1)^rF(s)\\
c_{r-1}&=\lim_{s\to s_1}\frac{\mathrm{d}}{\mathrm{d}s}\left[(s-s_1)^rF(s)\right]\\
&\vdots\\
c_{r-j}&=\frac{1}{j!}\lim_{s\to s_1}\frac{\mathrm{d}^{(j)}}{\mathrm{d}s^j}\left[(s-s_1)^rF(s)\right]\\
&\vdots\\
c_1&=\frac{1}{(r-1)!}\lim_{s\to s_1}\frac{\mathrm{d}^{(r-1)}}{\mathrm{d}s^{r-1}}\left[(s-s_1)^rF(s)\right]
\end{aligned}\tag{2-17}$$

因此，原函数$f(t)$为

$$\begin{aligned}
f(t)&=\mathscr{L}^{-1}\left[F(s)\right]=\mathscr{L}^{-1}\left[\frac{c_r}{(s-s_1)^r}+\frac{c_{r-1}}{(s-s_1)^{r-1}}+\cdots+\frac{c_1}{s-s_1}+\frac{c_{r+1}}{s-s_{r+1}}+\cdots+\frac{c_n}{s-s_n}\right]\\
&=\left[\frac{c_r}{(r-1)!}t^{r-1}+\frac{c_{r-1}}{(r-2)!}t^{r-2}+\cdots+c_2t+c_1\right]\mathrm{e}^{s_1t}+\sum_{i=r+1}^{n}c_i\mathrm{e}^{s_it}
\end{aligned}\tag{2-18}$$

例 2-6　求 $F(s)=\dfrac{s+2}{s(s+1)^2(s+3)}$ 的原函数$f(t)$。

解　分母 $A(s)=0$ 有四个根，即二重根 $s_1=s_2=-1$，$s_3=0$，$s_4=-3$。将 $F(s)$展为部分分式，则有

$$F(s)=\frac{s+2}{s(s+1)^2(s+3)}=\frac{c_2}{(s+1)^2}+\frac{c_1}{s+1}+\frac{c_3}{s}+\frac{c_4}{s+3}$$

按式(2-17)计算得

$$c_2 = \lim_{s\to -1}(s+1)^2 \cdot \frac{s+2}{s(s+1)^2(s+3)} = -\frac{1}{2}$$

$$c_1 = \lim_{s\to -1}\frac{\mathrm{d}}{\mathrm{d}s}\left[(s+1)^2 \cdot \frac{s+2}{s(s+1)^2(s+3)}\right] = -\frac{3}{4}$$

按式(2-14)计算得

$$c_3 = \lim_{s\to 0} s \cdot \frac{s+2}{s(s+1)^2(s+3)} = \frac{2}{3}$$

$$c_4 = \lim_{s\to -3}(s+3) \cdot \frac{s+2}{s(s+1)^2(s+3)} = \frac{1}{12}$$

最后由式(2-18)写出原函数为

$$f(t) = \mathscr{L}^{-1}\left[\frac{s+2}{s(s+1)^2(s+3)}\right] = \frac{2}{3} - \frac{1}{2}\mathrm{e}^{-t}\left(t+\frac{3}{2}\right) + \frac{1}{12}\mathrm{e}^{-3t}$$

2-2　控制系统的时域数学模型

本节着重研究描述线性、定常、集总参量控制系统的微分方程的建立和求解方法。

1. 线性元件的微分方程

现举例说明控制系统中常用的电气元件、力学元件等微分方程的列写。

例 2-7　图 2-5 是由电阻 R、电感 L 和电容 C 组成的无源网络，试列写以 $u_i(t)$为输入量，以 $u_o(t)$为输出量的网络微分方程。

解　设回路电流为 $i(t)$，由基尔霍夫定律可写出回路方程为

$$L\frac{\mathrm{d}i(t)}{\mathrm{d}t} + \frac{1}{C}\int i(t)\mathrm{d}t + Ri(t) = u_i(t)$$

$$u_o(t) = \frac{1}{C}\int i(t)\mathrm{d}t$$

消去中间变量 $i(t)$，便得到描述网络输入输出关系的微分方程

$$LC\frac{\mathrm{d}^2u_o(t)}{\mathrm{d}t^2} + RC\frac{\mathrm{d}u_o(t)}{\mathrm{d}t} + u_o(t) = u_i(t) \qquad (2\text{-}19)$$

显然，这是一个二阶线性微分方程，也就是图 2-5 无源网络的时域数学模型。

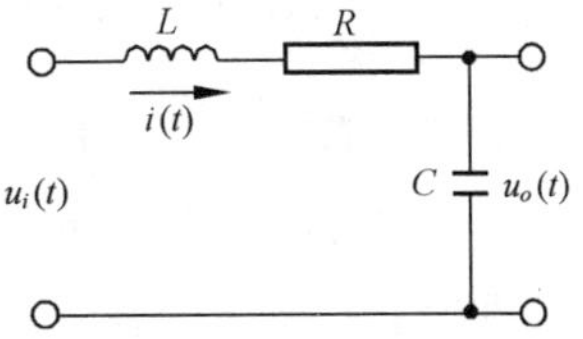

图 2-5　RLC 无源网络

例 2-8　试列写图 2-6 所示电枢控制直流电动机的微分方程，要求取电枢电压 $u_a(t)$为输入量，电动机转速 $\omega_m(t)$为输出量。图中 R_a，L_a 分别是电枢电路的电阻和电感；M_c 是折合到电动机轴上的总负载转矩。激磁磁通设为常值。

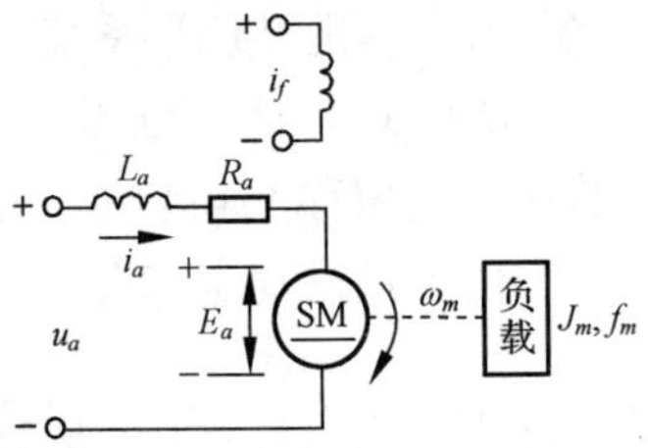

图 2-6　电枢控制直流电动机原理图

解　电枢控制直流电动机的工作实质是将输入的电能转换为机械能，也就是由输入的电枢电压 $u_a(t)$

在电枢回路中产生电枢电流 $i_a(t)$，再由电流 $i_a(t)$与激磁磁通相互作用产生电磁转矩 $M_m(t)$，从而拖动负载运动。因此，直流电动机的运动方程可由以下三部分组成：

电枢回路电压平衡方程

$$u_a(t)=L_a\frac{\mathrm{d}i_a(t)}{\mathrm{d}t}+R_ai_a(t)+E_a \tag{2-20}$$

式中，E_a是电枢反电势，它是电枢旋转时产生的反电势，其大小与激磁磁通及转速成正比，方向与电枢电压 $u_a(t)$相反，即 $E_a=C_e\omega_m(t)$，C_e是反电势系数。

电磁转矩方程

$$M_m(t)=C_mi_a(t) \tag{2-21}$$

式中，C_m是电动机转矩系数；$M_m(t)$是电枢电流产生的电磁转矩。

电动机轴上的转矩平衡方程

$$J_m\frac{\mathrm{d}\omega_m(t)}{\mathrm{d}t}+f_m\omega_m(t)=M_m(t)-M_c(t) \tag{2-22}$$

式中，f_m是电动机和负载折合到电动机轴上的黏性摩擦系数；J_m是电动机和负载折合到电动机轴上的转动惯量。

在式(2-20)～式(2-22)中消去中间变量 $i_a(t)$，E_a及 $M_m(t)$，便可得到以$\omega_m(t)$为输出量，$u_a(t)$为输入量的直流电动机微分方程

$$\begin{aligned}&L_aJ_m\frac{\mathrm{d}^2\omega_m(t)}{\mathrm{d}t^2}+(L_af_m+R_aJ_m)\frac{\mathrm{d}\omega_m(t)}{\mathrm{d}t}+(R_af_m+C_mC_e)\omega_m(t)\\&=C_mu_a(t)-L_a\frac{\mathrm{d}M_c(t)}{\mathrm{d}t}-R_aM_c(t)\end{aligned} \tag{2-23}$$

在工程应用中，由于电枢电路电感 L_a较小，通常忽略不计，因而式(2-23)可简化为

$$T_m\frac{\mathrm{d}\omega_m(t)}{\mathrm{d}t}+\omega_m(t)=K_mu_a(t)-K_cM_c(t) \tag{2-24}$$

式中，$T_m=R_aJ_m/(R_af_m+C_mC_e)$是电动机机电时间常数；$K_m=C_m/(R_af_m+C_mC_e)$，$K_c=R_a/(R_af_m+C_mC_e)$是电动机传递系数。

如果电枢电阻 R_a和电动机的转动惯量 J_m都很小而可忽略不计时，式(2-24)还可进一步简化为

$$C_e\omega_m(t)=u_a(t) \tag{2-25}$$

这时，电动机的转速$\omega_m(t)$与电枢电压 $u_a(t)$成正比，于是，电动机可作为测速发电机使用。

例 2-9 图 2-7 是弹簧-质量-阻尼器机械位移系统。试列写质量 m 在外力 $F(t)$作用下，位移 $x(t)$的运动方程。

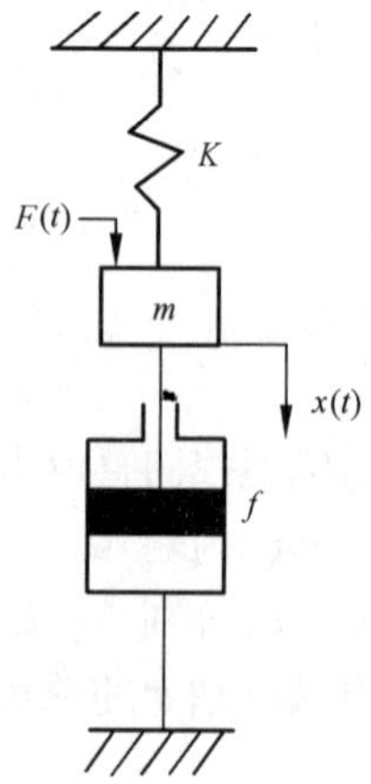

图 2-7 弹簧-质量-阻尼器机械位移系统原理图

解 设质量 m 相对于初始状态的位移、速度、加速度分别为 $x(t)$，$\mathrm{d}x(t)/\mathrm{d}t$，$\mathrm{d}^2x(t)/\mathrm{d}t^2$。由牛顿运动定律有

$$m\frac{\mathrm{d}^2x(t)}{\mathrm{d}t^2}=F(t)-F_1(t)-F_2(t) \tag{2-26}$$

式中，$F_1(t)=f\cdot \mathrm{d}x(t)/\mathrm{d}t$ 是阻尼器的阻尼力，其方向与运动方向相反，大小与运动速度成比例；f 是阻尼系数；$F_2(t)=Kx(t)$ 是弹簧的弹力，其方向与运动方向相反，其大小与位移成比例，K 是弹性系数。将 $F_1(t)$ 和 $F_2(t)$ 代入式(2-26)中，经整理后即得该系统的微分方程为

$$m\frac{\mathrm{d}^2x(t)}{\mathrm{d}t^2}+f\frac{\mathrm{d}x(t)}{\mathrm{d}t}+Kx(t)=F(t) \tag{2-27}$$

例 2-10　试列写图 2-8 齿轮系的运动方程。图中齿轮 1 和齿轮 2 的转速、齿数和半径分别用 ω_1，Z_1，r_1 和 ω_2，Z_2，r_2 表示；其黏性摩擦系数及转动惯量分别是 f_1，J_1 和 f_2，J_2；齿轮 1 和齿轮 2 的原动转矩及负载转矩分别是 M_m，M_1 和 M_2，M_c。

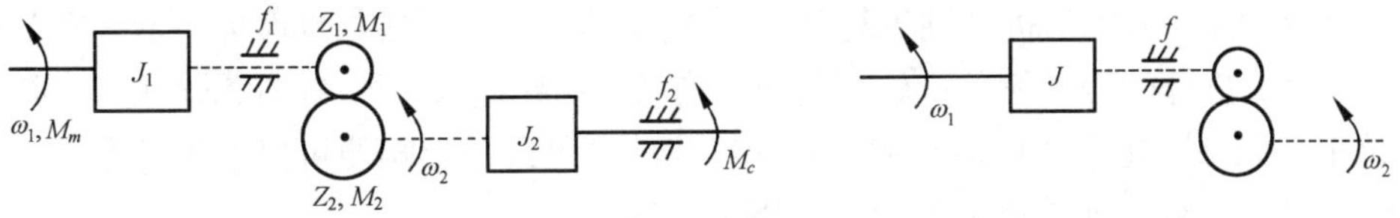

图 2-8　齿轮系原理图

解　控制系统的执行元件与负载之间往往通过齿轮系进行运动传递，以便实现减速和增大力矩的目的。在齿轮传动中，两个啮合齿轮的线速度相同，传送的功率亦相同，因此有关系式

$$M_1\omega_1=M_2\omega_2 \tag{2-28}$$

$$\omega_1 r_1=\omega_2 r_2 \tag{2-29}$$

又因为齿数与半径成正比，即

$$\frac{r_1}{r_2}=\frac{Z_1}{Z_2} \tag{2-30}$$

于是可推得关系式

$$\omega_2=\frac{Z_1}{Z_2}\omega_1 \tag{2-31}$$

$$M_1=\frac{Z_1}{Z_2}M_2 \tag{2-32}$$

根据力学中定轴转动的动静法，可分别写出齿轮 1 和齿轮 2 的运动方程为

$$J_1\frac{\mathrm{d}\omega_1}{\mathrm{d}t}+f_1\omega_1+M_1=M_m \tag{2-33}$$

$$J_2\frac{\mathrm{d}\omega_2}{\mathrm{d}t}+f_2\omega_2+M_c=M_2 \tag{2-34}$$

由上述方程中消去中间变量 ω_2，M_1，M_2，可得

$$M_m=\left[J_1+\left(\frac{Z_1}{Z_2}\right)^2 J_2\right]\frac{\mathrm{d}\omega_1}{\mathrm{d}t}+\left[f_1+\left(\frac{Z_1}{Z_2}\right)^2 f_2\right]\omega_1+M_c\cdot\frac{Z_1}{Z_2} \tag{2-35}$$

令
$$J = J_1 + \left(\frac{Z_1}{Z_2}\right)^2 J_2 \tag{2-36}$$

$$f = f_1 + \left(\frac{Z_1}{Z_2}\right)^2 f_2 \tag{2-37}$$

$$M_c' = M_c \cdot \frac{Z_1}{Z_2} \tag{2-38}$$

则得齿轮系微分方程为

$$J\frac{\mathrm{d}\omega_1}{\mathrm{d}t} + f\omega_1 + M_c' = M_m \tag{2-39}$$

式中，J，f 及 M_c' 分别是折合到齿轮 1 的等效转动惯量、等效黏性摩擦系数及等效负载转矩。显然，折算的等效值与齿轮系的速比有关，速比越大，即 Z_2/Z_1 值越大，折算的等效值越小。如果齿轮系速比足够大，则后级齿轮及负载的影响便可以不予考虑。

综上所述，列写元件微分方程的步骤可归纳如下：

1) 根据元件的工作原理及其在控制系统中的作用，确定其输入量和输出量；

2) 分析元件工作中所遵循的物理规律或化学规律，列写相应的微分方程；

3) 消去中间变量，得到输出量与输入量之间关系的微分方程，便是元件的时域数学模型。一般情况下，应将微分方程写为标准形式，即与输入量有关的项写在方程的右端，与输出量有关的项写在方程的左端，方程两端变量的导数项均按降幂排列。

2. 控制系统微分方程的建立

建立控制系统的微分方程时，一般先由系统原理图画出系统方框图，并分别列写组成系统各元件的微分方程；然后，消去中间变量便得到描述系统输出量与输入量之间关系的微分方程。列写系统各元件的微分方程时，一是应注意信号传递的单向性，即前一个元件的输出是后一个元件的输入，一级一级地单向传送；二是应注意前后连接的两个元件中，后级对前级的负载效应，例如，无源网络输入阻抗对前级的影响，齿轮系对电动机转动惯量的影响等。

例 2-11 试列写图 2-9 所示速度控制系统的微分方程。

解 控制系统的被控对象是电动机(带负载)，系统的输出量是转速ω，输入量是 u_i。控制系统由给定电位器、运算放大器Ⅰ(含比较作用)、运算放大器Ⅱ(含 RC 校正网络)、功率放大器、直流电动机、测速发电机、减速器等部分组成。现分别列写各元部件的微分方程：

运算放大器Ⅰ　输入量(即给定电压)u_i 与速度反馈电压 u_t 在此合成，产生偏差电压并经放大，即

$$u_1 = K_1(u_i - u_t) = K_1 u_e \tag{2-40}$$

式中，$K_1=R_2/R_1$ 为运算放大器Ⅰ的放大系数。

运算放大器Ⅱ　考虑 RC 校正网络，u_2 与 u_1 之间的微分方程为

$$u_2 = K_2\left(\tau\frac{\mathrm{d}u_1}{\mathrm{d}t} + u_1\right) \tag{2-41}$$

式中，$K_2=R_2/R_1$ 为运算放大器Ⅱ的放大系数；$\tau=R_1C$ 是微分时间常数。

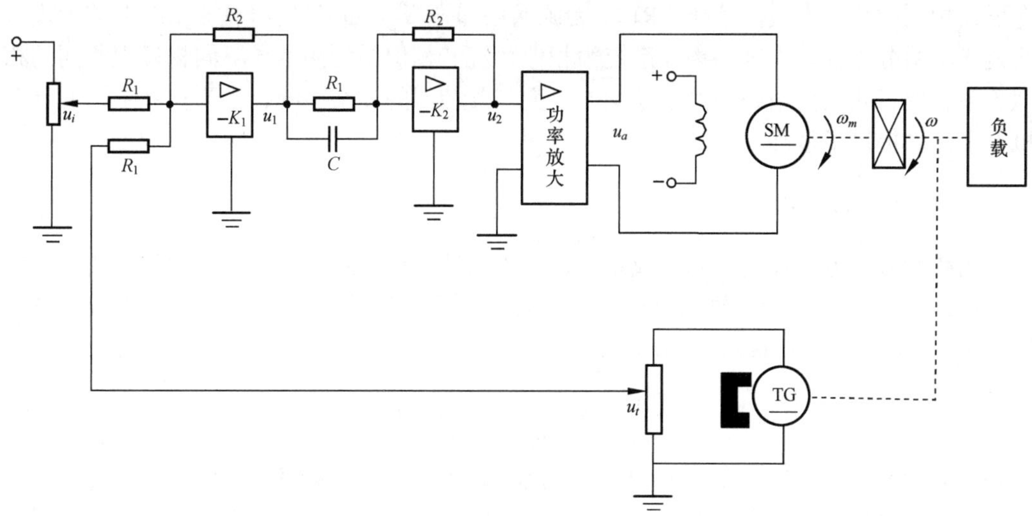

图 2-9　速度控制系统原理图

功率放大器　本系统采用晶闸管整流装置，它包括触发电路和晶闸管主回路。忽略晶闸管控制电路的时间滞后，其输入输出方程为

$$u_a = K_3 u_2 \tag{2-42}$$

式中，K_3为功放系数。

直流电动机　直接引用例 2-8 所求得的直流电动机微分方程式(2-24)

$$T_m \frac{\mathrm{d}\omega_m}{\mathrm{d}t} + \omega_m = K_m u_a - K_c M_c' \tag{2-43}$$

式中，T_m，K_m，K_c及M_c'均为考虑齿轮系和负载后，折算到电动机轴上的等效值。

齿轮系　设齿轮系的速比为 i，则电动机转速ω_m经齿轮系减速后变为ω，故有

$$\omega = \frac{1}{i}\omega_m \tag{2-44}$$

测速发电机　测速发电机的输出电压 u_t与其转速ω成正比，即有

$$u_t = K_t \omega \tag{2-45}$$

式中，K_t为测速发电机比例系数。

从上述各方程中消去中间变量 u_t，u_1，u_2，u_a及ω_m，整理后得到控制系统的微分方程

$$T_m' \frac{\mathrm{d}\omega}{\mathrm{d}t} + \omega = K_g' \frac{\mathrm{d}u_i}{\mathrm{d}t} + K_g u_i - K_c' M_c' \tag{2-46}$$

式中

$$T_m' = \frac{iT_m + K_1K_2K_3K_mK_t\tau}{i + K_1K_2K_3K_mK_t}, \qquad K_g' = \frac{K_1K_2K_3K_m\tau}{i + K_1K_2K_3K_mK_t}$$

$$K_g = \frac{K_1K_2K_3K_m}{i + K_1K_2K_3K_mK_t}, \qquad K_c' = \frac{K_c}{i + K_1K_2K_3K_mK_t}$$

式(2-46)可用于研究在给定电压 u_i或有负载扰动转矩 M_c时，速度控制系统的动态性能。

从上述各控制系统的元件或系统的微分方程可以发现，不同类型的元件或系统可具

有形式相同的数学模型。例如，RLC 无源网络和弹簧-质量-阻尼器机械系统的数学模型均是二阶微分方程，称这些物理系统为相似系统。相似系统揭示了不同物理现象间的相似关系，便于我们使用一个简单模型去研究与其相似的复杂系统，也为控制系统的计算机数字仿真提供了基础。

3. 线性系统的基本特性

用线性微分方程描述的元件或系统，称为线性元件或线性系统。线性系统的重要性质是可以应用叠加原理。叠加原理有两重含义，即系统具有可叠加性和均匀性(或齐次性)。现举例说明：设有线性微分方程为

$$\frac{\mathrm{d}^2c(t)}{\mathrm{d}t^2}+\frac{\mathrm{d}c(t)}{\mathrm{d}t}+c(t)=f(t)$$

当 $f(t)=f_1(t)$时，上述方程的解为 $c_1(t)$；当 $f(t)=f_2(t)$时，其解为 $c_2(t)$。如果 $f(t)=f_1(t)+f_2(t)$，容易验证，方程的解必为 $c(t)=c_1(t)+c_2(t)$，这就是可叠加性。而当 $f(t)=Af_1(t)$时，式中 A 为常数，则方程的解必为 $c(t)=Ac_1(t)$，这就是均匀性。

线性系统的叠加原理表明，两个外作用同时加于系统所产生的总输出，等于各个外作用单独作用时分别产生的输出之和，且外作用的数值增大若干倍时，其输出亦相应增大同样的倍数。因此，对线性系统进行分析和设计时，如果有几个外作用同时加于系统，则可以将它们分别处理，依次求出各个外作用单独加入时系统的输出，然后将它们叠加。此外，每个外作用在数值上可只取单位值，从而大大简化了线性系统的研究工作。

4. 线性定常微分方程的求解

建立控制系统数学模型的目的之一是为了用数学方法定量研究控制系统的工作特性。当系统微分方程列写出来后，只要给定输入量和初始条件，便可对微分方程求解，并由此了解系统输出量随时间变化的特性。线性定常微分方程的求解方法有经典法和拉氏变换法两种，也可借助 MATLAB、Python 软件求解。本小节只研究用拉氏变换法求解微分方程的方法，同时分析微分方程解的组成，为今后引出传递函数概念奠定基础。

例 2-12　在例 2-7 中，若已知 L=1H，C=1F，R=1Ω，且电容上初始电压 $u_o(0)$=0.1V，初始电流 $i(0)$=0.1A，电源电压 $u_i(t)$=1V。试求电路突然接通电源时，电容电压 $u_o(t)$的变化规律。

解　在例 2-7 中已求得网络微分方程为

$$LC\frac{\mathrm{d}^2u_o(t)}{\mathrm{d}t^2}+RC\frac{\mathrm{d}u_o(t)}{\mathrm{d}t}+u_o(t)=u_i(t) \tag{2-47}$$

令 $U_i(s)=\mathscr{L}[u_i(t)]$，$U_o(s)=\mathscr{L}[u_o(t)]$，且

$$\mathscr{L}\left[\frac{\mathrm{d}u_o(t)}{\mathrm{d}t}\right]=sU_o(s)-u_o(0)$$

$$\mathscr{L}\left[\frac{\mathrm{d}^2u_o(t)}{\mathrm{d}t^2}\right]=s^2U_o(s)-su_o(0)-u'_o(0)$$

式中，$u'_o(0)$ 是 $\mathrm{d}u_o(t)/\mathrm{d}t$ 在 t=0 时的值，即

$$u_o'=\left.\frac{\mathrm{d}u_o(t)}{\mathrm{d}t}\right|_{t=0}=\left.\frac{1}{C}i(t)\right|_{t=0}=\frac{1}{C}i(0)$$

现在分别对式(2-47)中各项求拉氏变换并代入已知数据，经整理后有

$$U_o(s)=\frac{U_i(s)}{s^2+s+1}+\frac{0.1s+0.2}{s^2+s+1} \tag{2-48}$$

由于电路是突然接通电源的，故 $u_i(t)$可视为阶跃输入量，即 $u_i(t)=1(t)$，或 $U_i(s)=1/s$。对式(2-48)的 $U_o(s)$求拉氏反变换，便得到式(2-47)网络微分方程的解 $u_o(t)$，即

$$\begin{aligned}u_o(t)&=\mathscr{L}^{-1}\left[U_o(s)\right]=\mathscr{L}^{-1}\left[\frac{1}{s(s^2+s+1)}+\frac{0.1s+0.2}{s^2+s+1}\right]\\&=1+1.15\mathrm{e}^{-0.5t}\sin(0.866t-120°)+0.2\mathrm{e}^{-0.5t}\sin(0.866t+30°)\end{aligned} \tag{2-49}$$

在式(2-49)中，前两项是由网络输入电压产生的输出分量，与初始条件无关，故称为零初始条件响应；后一项则是由初始条件产生的输出分量，与输入电压无关，故称为零输入响应，它们统称为网络的单位阶跃响应。如果输入电压是单位脉冲量$\delta(t)$，相当于电路突然接通电源又立即断开的情况，此时 $U_i(s)=\mathscr{L}[\delta(t)]=1$，网络的输出则称为单位脉冲响应，即为

$$\begin{aligned}u_o(t)&=\mathscr{L}^{-1}\left[\frac{1}{s^2+s+1}+\frac{0.1s+0.2}{s^2+s+1}\right]\\&=1.15\mathrm{e}^{-0.5t}\sin 0.866t+0.2\mathrm{e}^{-0.5t}\sin(0.866t+30°)\end{aligned} \tag{2-50}$$

利用拉氏变换的初值定理和终值定理，可以直接从式(2-48)中了解网络中电压 $u_o(t)$的初始值和终值。当 $u_i(t)=1(t)$时，$u_o(t)$的初始值为

$$u_o(0)=\lim_{t\to 0}u_o(t)=\lim_{s\to\infty}s\cdot U_o(s)=\lim_{s\to\infty}s\left[\frac{1}{s(s^2+s+1)}+\frac{0.1s+0.2}{s^2+s+1}\right]=0.1(\mathrm{V})$$

$u_o(t)$的终值为

$$u_o(\infty)=\lim_{t\to\infty}u_o(t)=\lim_{s\to 0}sU_o(s)=\lim_{s\to 0}s\left[\frac{1}{s(s^2+s+1)}+\frac{0.1s+0.2}{s^2+s+1}\right]=1(\mathrm{V})$$

其结果与从式(2-49)中求得的数值一致。

用拉氏变换法求解线性定常微分方程的过程可归结如下：

1) 考虑初始条件，对微分方程中的每一项分别进行拉氏变换，将微分方程转换为变量 s 的代数方程；

2) 由代数方程求出输出量拉氏变换函数的表达式；

3) 对输出量拉氏变换函数求反变换，得到输出量的时域表达式，即为所求微分方程的解。

5. 非线性微分方程的线性化

严格地说，实际物理元件或系统都是非线性的。例如，弹簧的刚度与其形变有关系，因此弹性系数 K 实际上是其位移 x 的函数，并非常值；电阻、电容、电感等参数值与周围环境(温度、湿度、压力等)及流经它们的电流有关，也并非常值；电动机本身的摩擦、死区等非线性因素会使其运动方程复杂化而成为非线性方程。当然，在一定条件下，为

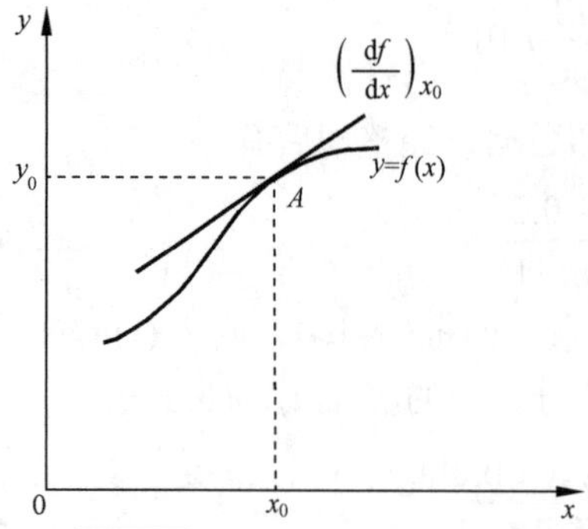

图 2-10　小偏差线性化示意图

了简化数学模型，可以忽略它们的影响，将这些元件视为线性元件，这就是通常使用的一种线性化方法。此外，还有一种线性化方法，称为切线法或小偏差法，这种线性化方法特别适合于具有连续变化的非线性特性函数，其实质是在一个很小的范围内，将非线性特性用一段直线来代替，具体方法如下所述。

设连续变化的非线性函数为 $y=f(x)$，如图 2-10 所示。取某平衡状态 A 为工作点，对应有 $y_0=f(x_0)$。当 $x=x_0+\Delta x$ 时，有 $y=y_0+\Delta y$。设函数 $y=f(x)$在(x_0，y_0)点连续可微，则将它在该点附近用泰勒级数展开为

$$y=f(x)=f(x_0)+\left(\frac{\mathrm{d}f(x)}{\mathrm{d}x}\right)_{x_0}(x-x_0)+\frac{1}{2!}\left(\frac{\mathrm{d}^2 f(x)}{\mathrm{d}x^2}\right)_{x_0}(x-x_0)^2+\cdots$$

当增量($x-x_0$)很小时，略去其高次幂项，则有

$$y-y_0=f(x)-f(x_0)=\left(\frac{\mathrm{d}f(x)}{\mathrm{d}x}\right)_{x_0}(x-x_0)$$

令$\Delta y=y-y_0=f(x)-f(x_0)$，$\Delta x=x-x_0$，$K=(\mathrm{d}f(x)/\mathrm{d}x)_{x_0}$，则线性化方程可简记为

$$\Delta y=K\Delta x$$

略去增量符号Δ，便得函数 $y=f(x)$在工作点 A 附近的线性化方程

$$y=Kx$$

式中，$K=(\mathrm{d}f(x)/\mathrm{d}x)_{x_0}$是比例系数，它是函数 $f(x)$在 A 点的切线斜率。

对于有两个自变量 x_1，x_2 的非线性函数 $f(x_1, x_2)$，同样可在某工作点(x_{10}，x_{20})附近用泰勒级数展开为

$$\begin{aligned}y=f(x_1,x_2)&=f(x_{10},x_{20})+\left[\left(\frac{\partial f}{\partial x_1}\right)_{x_{10},x_{20}}(x_1-x_{10})+\left(\frac{\partial f}{\partial x_2}\right)_{x_{10},x_{20}}(x_2-x_{20})\right]\\&+\frac{1}{2!}\left[\left(\frac{\partial^2 f}{\partial x_1^2}\right)_{x_{10},x_{20}}(x_1-x_{10})^2+2\left(\frac{\partial^2 f}{\partial x_1\partial x_2}\right)_{x_{10},x_{20}}(x_1-x_{10})(x_2-x_{20})\right.\\&\left.+\left(\frac{\partial^2 f}{\partial x_2^2}\right)_{x_{10},x_{20}}(x_2-x_{20})^2\right]+\cdots\end{aligned}$$

略去二阶以上导数项，并令$\Delta y=y-f(x_{10}, x_{20})$，$\Delta x_1=x_1-x_{10}$，$\Delta x_2=x_2-x_{20}$，可得增量线性化方程为

$$\Delta y=\left(\frac{\partial f}{\partial x_1}\right)_{x_{10},x_{20}}\Delta x_1+\left(\frac{\partial f}{\partial x_2}\right)_{x_{10},x_{20}}\Delta x_2=K_1\Delta x_1+K_2\Delta x_2$$

式中，$K_1=(\partial f/\partial x_1)_{x_{10},x_{20}}$；$K_2=(\partial f/\partial x_2)_{x_{10},x_{20}}$。

这种小偏差线性化方法对于控制系统大多数工作状态是可行的。事实上，自动控制

系统在正常情况下都处于一个稳定的工作状态，即平衡状态，这时被控量与期望值保持一致，控制系统也不进行控制动作。一旦被控量偏离期望值产生偏差时，控制系统便开始控制动作，以便减小或消除这个偏差，因此，控制系统中被控量的偏差一般不会很大，只是“小偏差”。在建立控制系统的数学模型时，通常是将系统的稳定工作状态作为起始状态，仅仅研究小偏差的运动情况，也就是只研究相对于平衡状态下，系统输入量和输出量的运动特性，这正是增量线性化方程所描述的系统特性。

例 2-13 设铁心线圈电路如图 2-11(a)所示，其磁通 ϕ 与线圈中电流 i 之间关系如图 2-11(b)所示。试列写以 u_r 为输入量，i 为输出量的电路微分方程。

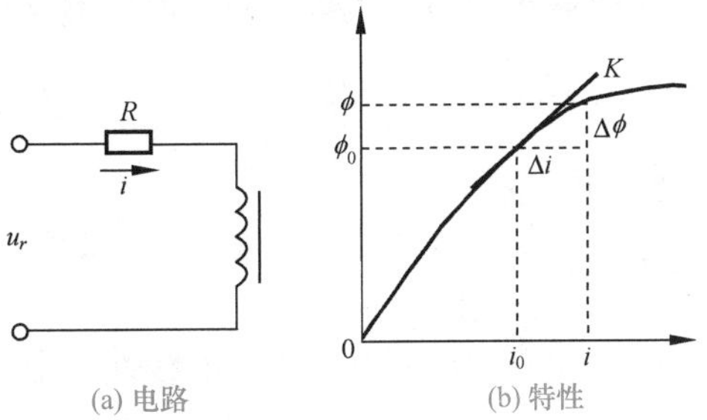

图 2-11 铁心线圈电路及其特性

解 设铁心线圈磁通变化时产生的感应电势为

$$u_\phi = K_1 \frac{\mathrm{d}\phi(i)}{\mathrm{d}t}$$

根据基尔霍夫定律写出电路微分方程为

$$u_r = K_1 \frac{\mathrm{d}\phi(i)}{\mathrm{d}t} + Ri = K_1 \frac{\mathrm{d}\phi(i)}{\mathrm{d}i}\frac{\mathrm{d}i}{\mathrm{d}t} + Ri \tag{2-51}$$

式中，$\mathrm{d}\phi(i)/\mathrm{d}i$ 是线圈中电流 i 的非线性函数，因此，式(2-51)是一个非线性微分方程。

在工程应用中，如果电路的电压和电流只在某平衡点(u_0，i_0)附近作微小变化，则可设 u_r 相对于 u_0 的增量是Δu_r，i 相对于 i_0 的增量是Δi，并设$\phi(i)$在 i_0 的邻域内连续可导，这样可将$\phi(i)$在 i_0 附近用泰勒级数展开为

$$\phi(i) = \phi(i_0) + \left(\frac{\mathrm{d}\phi(i)}{\mathrm{d}i}\right)_{i_0} \Delta i + \frac{1}{2!}\left(\frac{\mathrm{d}^2\phi(i)}{\mathrm{d}i^2}\right)_{i_0} (\Delta i)^2 + \cdots$$

当Δi 足够小时，略去高阶导数项，可得

$$\phi(i) - \phi(i_0) = \left(\frac{\mathrm{d}\phi(i)}{\mathrm{d}i}\right)_{i_0} \Delta i = K\Delta i$$

式中，$K=(\mathrm{d}\phi(i)/\mathrm{d}i)_{i_0}$，令$\Delta\phi=\phi(i)-\phi(i_0)$，并略去增量符号$\Delta$，便得到磁通$\phi$与电流 i 之间的增量线性化方程为

$$\phi(i) = Ki \tag{2-52}$$

由式(2-52)可求得 $\mathrm{d}\phi(i)/\mathrm{d}i=K$，代入式(2-51)，有

$$K_1 K \frac{\mathrm{d}i}{\mathrm{d}t} + Ri = u_r \tag{2-53}$$

式(2-53)便是铁心线圈电路在平衡点(u_0，i_0)的增量线性化微分方程，若平衡点变动时，K 值亦相应改变。

2-3 控制系统的复数域数学模型

控制系统的微分方程是在时间域描述系统动态性能的数学模型，在给定外作用及初

始条件下，求解微分方程可以得到系统的输出响应。这种方法比较直观，特别是借助于MATLAB、Python 等软件可以迅速而准确地求得结果。但是如果系统的结构改变或某个参数变化时，就要重新列写并求解微分方程，不便于对系统进行分析和设计。

用拉氏变换法求解线性系统的微分方程时，可以得到控制系统在复数域中的数学模型——传递函数。传递函数不仅可以表征系统的动态性能，而且可以用来研究系统的结构或参数变化对系统性能的影响。经典控制理论中广泛应用的频率法和根轨迹法，就是以传递函数为基础建立起来的，传递函数是经典控制理论中最基本和最重要的概念。

1. 传递函数的定义和性质

(1) 传递函数定义

线性定常系统的传递函数，定义为零初始条件下，系统输出量的拉氏变换与输入量的拉氏变换之比。

设线性定常系统由下述 n 阶线性常微分方程描述：

$$\begin{aligned} & a_0\frac{\mathrm{d}^n}{\mathrm{d}t^n}c(t)+a_1\frac{\mathrm{d}^{n-1}}{\mathrm{d}t^{n-1}}c(t)+\cdots+a_{n-1}\frac{\mathrm{d}}{\mathrm{d}t}c(t)+a_nc(t) \\ & =b_0\frac{\mathrm{d}^m}{\mathrm{d}t^m}r(t)+b_1\frac{\mathrm{d}^{m-1}}{\mathrm{d}t^{m-1}}r(t)+\cdots+b_{m-1}\frac{\mathrm{d}}{\mathrm{d}t}r(t)+b_mr(t) \end{aligned} \tag{2-54}$$

式中，$c(t)$是系统输出量；$r(t)$是系统输入量；$a_i(i=0, 1, 2, \cdots, n)$和 $b_j(j=0, 1, 2, \cdots, m)$是与系统结构和参数有关的常系数。设 $r(t)$和 $c(t)$及其各阶导数在 t=0 时的值均为零，即零初始条件，则对式(2-54)中各项分别求拉氏变换，可得 s 的代数方程为

$$\left[a_0s^n+a_1s^{n-1}+\cdots+a_{n-1}s+a_n\right]C(s)=\left[b_0s^m+b_1s^{m-1}+\cdots+b_{m-1}s+b_m\right]R(s)$$

于是，由定义得系统传递函数为

$$G(s)=\frac{C(s)}{R(s)}=\frac{b_0s^m+b_1s^{m-1}+\cdots+b_{m-1}s+b_m}{a_0s^n+a_1s^{n-1}+\cdots+a_{n-1}s+a_n}=\frac{M(s)}{N(s)} \tag{2-55}$$

式中

$$M(s)=b_0s^m+b_1s^{m-1}+\cdots+b_{m-1}s+b_m$$
$$N(s)=a_0s^n+a_1s^{n-1}+\cdots+a_{n-1}s+a_n$$

例 2-14　试求例 2-7 RLC 无源网络的传递函数 $U_o(s)/U_i(s)$。

解　RLC 网络的微分方程用式(2-19)表示为

$$LC\frac{\mathrm{d}^2u_o(t)}{\mathrm{d}t^2}+RC\frac{\mathrm{d}u_o(t)}{\mathrm{d}t}+u_o(t)=u_i(t)$$

在零初始条件下，对上述方程中各项求拉氏变换，可得 s 的代数方程为

$$(LCs^2+RCs+1)U_o(s)=U_i(s)$$

由传递函数定义，网络传递函数为

$$G(s)=\frac{U_o(s)}{U_i(s)}=\frac{1}{LCs^2+RCs+1} \tag{2-56}$$

(2) 传递函数性质

1) 传递函数是复变量 s 的有理分式函数，具有复变函数的所有性质；$m \leqslant n$，且所有系数均为实数。

2) 传递函数是一种用系统参数表示输出量与输入量之间关系的表达式，它只取决于系统或元件的结构和参数，而与输入量的形式无关，也不反映系统内部的任何信息。因此，可以用图 2-12 的方框图来表示一个具有传递函数 $G(s)$的线性系统。图中表明，系统输入量与输出量的因果关系可以用传递函数联系起来。

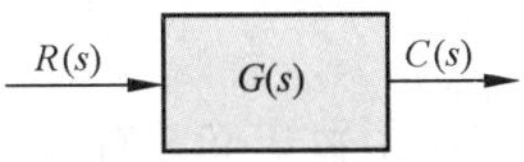

图 2-12 传递函数的图示

3) 传递函数与微分方程有相通性。传递函数分子多项式系数及分母多项式系数，分别与相应微分方程的右端及左端微分算符多项式系数相对应。故在零初始条件下，将微分方程的算符 d/dt 用复数 s 置换便得到传递函数；反之，将传递函数多项式中的变量 s 用算符 d/dt 置换便得到微分方程。例如，由传递函数

$$G(s)=\frac{C(s)}{R(s)}=\frac{b_1 s+b_2}{a_0 s^2+a_1 s+a_2}$$

可得 s 的代数方程

$$(a_0 s^2+a_1 s+a_2)C(s)=(b_1 s+b_2)R(s)$$

在零初始条件下，用微分算符 d/dt 置换 s，便得到相应的微分方程

$$a_0\frac{\mathrm{d}^2}{\mathrm{d}t^2}c(t)+a_1\frac{\mathrm{d}}{\mathrm{d}t}c(t)+a_2 c(t)=b_1\frac{\mathrm{d}}{\mathrm{d}t}r(t)+b_2 r(t)$$

4) 传递函数 $G(s)$的拉氏反变换是系统的脉冲响应 $g(t)$。脉冲响应(也称脉冲过渡函数)$g(t)$是系统在单位脉冲$\delta(t)$输入时的输出响应，此时 $R(s)=\mathscr{L}[\delta(t)]=1$，故有 $g(t)=\mathscr{L}^{-1}[C(s)]=\mathscr{L}^{-1}[G(s)R(s)]=\mathscr{L}^{-1}[G(s)]$。

传递函数是在零初始条件下定义的。控制系统的零初始条件有两方面的含义：一是指输入量是在 $t \geqslant 0$ 时才作用于系统，因此，在 $t=0_-$时，输入量及其各阶导数均为零；二是指输入量加于系统之前，系统处于稳定的工作状态，即输出量及其各阶导数在 $t=0_-$时的值也为零，现实的工程控制系统多属此类情况。因此，传递函数可表征控制系统的动态性能，并用以求出在给定输入量时系统的零初始条件响应，即由拉氏变换的卷积定理，有

$$c(t)=\mathscr{L}^{-1}\left[G(s)R(s)\right]=\int_0^t r(\tau)g(t-\tau)\mathrm{d}\tau=\int_0^t r(t-\tau)g(\tau)\mathrm{d}\tau$$

式中，$g(t)=\mathscr{L}^{-1}[G(s)]$是系统的脉冲响应。

例 2-15 试求例 2-8 电枢控制直流电动机的传递函数$\Omega_m(s)/U_a(s)$。

解 在例 2-8 中已求得电枢控制直流电动机简化后的微分方程为

$$T_m\frac{\mathrm{d}\omega_m(t)}{\mathrm{d}t}+\omega_m(t)=K_m u_a(t)-K_c M_c(t)$$

式中，$M_c(t)$可视为负载扰动转矩。根据线性系统的叠加原理，可分别求 $u_a(t)$到$\omega_m(t)$和 $M_c(t)$到$\omega_m(t)$的传递函数，以便研究在 $u_a(t)$和 $M_c(t)$分别作用下电动机转速$\omega_m(t)$的性能，

将它们叠加后，便是电动机转速的响应特性。为求$\Omega_m(s)/U_a(s)$，令$M_c(t)=0$，则有

$$T_m \frac{\mathrm{d}\omega_m(t)}{\mathrm{d}t}+\omega_m(t)=K_m u_a(t)$$

在零初始条件下，即$\omega_m(0)=\omega'_m(0)=0$时，对上式各项求拉氏变换，得$s$的代数方程为

$$(T_m s+1)\Omega_m(s)=K_m U_a(s)$$

由传递函数定义，有

$$G(s)=\frac{\Omega_m(s)}{U_a(s)}=\frac{K_m}{T_m s+1} \tag{2-57}$$

$G(s)$便是电枢电压$u_a(t)$到转速$\omega_m(t)$的传递函数。令$u_a(t)=0$时，用同样方法可求得负载扰动转矩$M_c(t)$到转速$\omega_m(t)$的传递函数为

$$G_m(s)=\frac{\Omega_m(s)}{M_c(s)}=\frac{-K_c}{T_m s+1} \tag{2-58}$$

由式(2-57)和式(2-58)可求得，电动机转速$\omega_m(t)$在电枢电压$u_a(t)$和负载转矩$M_c(t)$同时作用下的响应特性为

$$\begin{aligned}\omega_m(t)&=\mathscr{L}^{-1}[\Omega_m(s)]=\mathscr{L}^{-1}\left[\frac{K_m}{T_m s+1}U_a(s)-\frac{K_c}{T_m s+1}M_c(s)\right]\\&=\mathscr{L}^{-1}\left[\frac{K_m}{T_m s+1}U_a(s)\right]+\mathscr{L}^{-1}\left[\frac{-K_c}{T_m s+1}M_c(s)\right]=\omega_1(t)+\omega_2(t)\end{aligned}$$

式中，$\omega_1(t)$是电枢电压$u_a(t)$作用下的转速特性；$\omega_2(t)$是负载转矩$M_c(t)$作用下的转速特性。

2. 传递函数的零点和极点

传递函数的分子多项式和分母多项式经因式分解后可写为如下形式：

$$G(s)=\frac{b_0(s-z_1)(s-z_2)\cdots(s-z_m)}{a_0(s-p_1)(s-p_2)\cdots(s-p_n)}=K^*\frac{\prod_{i=1}^{m}(s-z_i)}{\prod_{j=1}^{n}(s-p_j)} \tag{2-59}$$

式中，$z_i(i=1, 2, \cdots, m)$是分子多项式的零点，称为传递函数的零点；$p_j(j=1, 2, \cdots, n)$是分母多项式的零点，称为传递函数的极点。传递函数的零点和极点可以是实数，也可是复数；系数$K^*=b_0/a_0$称为根轨迹增益。这种用零点和极点表示传递函数的方法在根轨迹法中使用较多。

在复数平面上表示传递函数的零点和极点的图形，称为传递函数的零极点分布图。在图中一般用“◦”表示零点，用“×”表示极点。传递函数的零极点分布图可以更形象地反映系统的全面特性(详见第四章)。

传递函数的分子多项式和分母多项式经因式分解后也可写为如下因子连乘的形式：

$$G(s)=\frac{b_m(\tau_1 s+1)(\tau_2^2 s^2+2\zeta\tau_2 s+1)\cdots(\tau_i s+1)}{a_n(T_1 s+1)(T_2^2 s^2+2\zeta T_2 s+1)\cdots(T_j s+1)} \tag{2-60}$$

式中，一次因子对应于实数零极点，二次因子对应于共轭复数零极点，τ_i和T_j称为时间常数，$K=b_m/a_n=K^*\prod_{i=1}^{m}(-z_i)/\prod_{j=1}^{n}(-p_j)$称为传递系数或增益。传递函数的这种表示形

式在频率法中使用较多。

3. 传递函数的极点和零点对输出的影响

系统传递函数的极点就是系统微分方程的特征根，因此它们决定了所描述系统自由运动的形态，称之为模态，而且在强迫运动中(即零初始条件响应中)也会包含这些自由运动的模态。现举例说明。

设某系统传递函数为

$$G(s)=\frac{C(s)}{R(s)}=\frac{6(s+3)}{(s+1)(s+2)}$$

显然，其极点 $p_1=-1$，$p_2=-2$，零点 $z_1=-3$，自由运动的模态是 e^{-t} 和 e^{-2t}。当 $r(t)=R_1+R_2e^{-5t}$，即 $R(s)=(R_1/s)+[R_2/(s+5)]$时，可求得系统的零初始条件响应为

$$c(t)=\mathscr{L}^{-1}[C(s)]=\mathscr{L}^{-1}\left[\frac{6(s+3)}{(s+1)(s+2)}\left(\frac{R_1}{s}+\frac{R_2}{s+5}\right)\right]$$
$$=9R_1-R_2e^{-5t}+(3R_2-12R_1)e^{-t}+(3R_1-2R_2)e^{-2t}$$

式中，前两项具有与输入函数 $r(t)$相同的模态，后两项中包含了由极点-1 和-2 形成的自由运动模态。这是系统“固有”的成分，但其系数却与输入函数有关，因此可以认为这两项是受输入函数激发而形成的。这意味着传递函数的极点可以受输入函数的激发，在输出响应中形成自由运动的模态。

传递函数的零点并不形成自由运动的模态，但它们却影响各模态响应中所占的比重，因而也影响响应曲线的形状。设具有相同极点但零点不同的传递函数分别为

$$G_1(s)=\frac{4s+2}{(s+1)(s+2)},\qquad G_2(s)=\frac{1.5s+2}{(s+1)(s+2)}$$

其极点都是-1 和-2，$G_1(s)$的零点 $z_1=-0.5$，$G_2(s)$的零点 $z_2=-1.33$，它们的零极点分布图如图 2-13(a)所示。在零初始条件下，它们的单位阶跃响应分别是

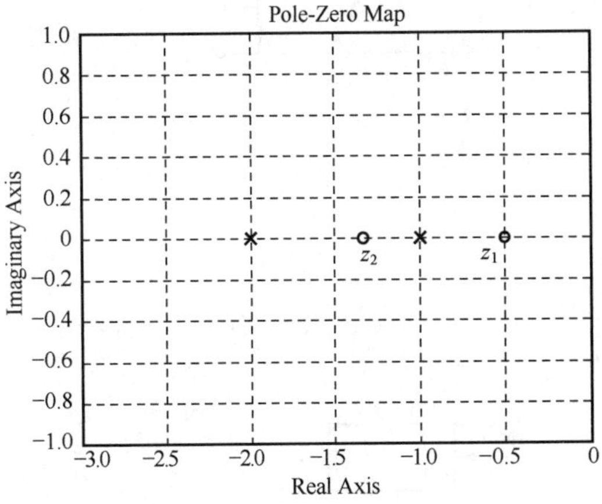

(a) 零极点分布

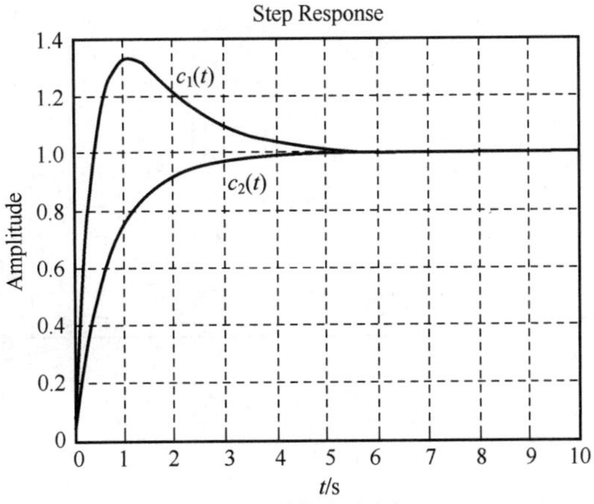

(b) 单位阶跃响应

图 2-13 零极点对输出响应的影响(MATLAB)

$$c_1(t)=\mathscr{L}^{-1}\left[\frac{4s+2}{s(s+1)(s+2)}\right]=1+2\mathrm{e}^{-t}-3\mathrm{e}^{-2t}$$

$$c_2(t)=\mathscr{L}^{-1}\left[\frac{1.5s+2}{s(s+1)(s+2)}\right]=1-0.5\mathrm{e}^{-t}-0.5\mathrm{e}^{-2t}$$

上述结果表明，模态 e^{-t} 和 e^{-2t} 在两个系统的单位阶跃响应中所占的比重是不同的，它取决于极点之间的距离和极点与零点之间的距离，以及零点与原点之间的距离。在极点相同的情况下，$G_1(s)$的零点 z_1 接近原点，距两个极点的距离都比较远，因此，两个模态所占比重大且零点 z_1 的作用明显；而 $G_2(s)$的零点 z_2 距原点较远且与两个极点均相距较近，因此两个模态所占比重就小。这样，尽管两个系统的模态相同，但由于零点的位置不同，其单位阶跃响应 $c_1(t)$和 $c_2(t)$却具有不同的形状，如图 2-13(b)所示。

4. 典型元部件的传递函数

自动控制系统是由各种元部件相互连接组成的，它们一般是机械的、电子的、液压的、光学的或其他类型的装置。为建立控制系统的数学模型，必须首先了解各种元部件的数学模型及其特性。

电位器　电位器是一种把线位移或角位移变换为电压量的装置。在控制系统中，单个电位器用作信号变换装置，如图 2-14(a)所示；一对电位器可组成误差检测器，如图 2-14(b)所示。

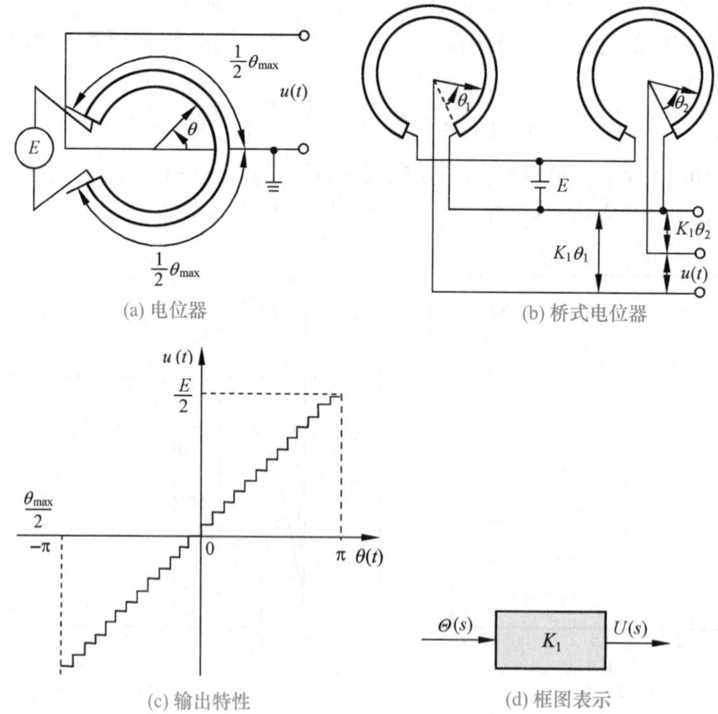

图 2-14　电位器及其特性

空载时，单个电位器的电刷角位移$\theta(t)$与输出电压$u(t)$的关系曲线如图2-14(c)所示。图中阶梯形状是由绕线线径产生的误差，理论分析时可用直线近似。由图可得输出电压为

$$u(t) = K_1\theta(t) \tag{2-61}$$

式中，$K_1=E/\theta_{max}$，是电刷单位角位移对应的输出电压，称为电位器传递系数，其中E是电位器电源电压，θ_{max}是电位器最大工作角。对式(2-61)求拉氏变换，可求得电位器传递函数为

$$G(s) = \frac{U(s)}{\Theta(s)} = K_1 \tag{2-62}$$

式(2-62)表明，电位器的传递函数是一个常值，它取决于电源电压E和电位器最大工作角度θ_{max}。电位器可用图2-14(d)的方框图表示。

用一对相同的电位器组成误差检测器时，其输出电压为

$$u(t) = u_1(t) - u_2(t) = K_1\left[\theta_1(t) - \theta_2(t)\right] = K_1\Delta\theta(t)$$

式中，K_1是单个电位器的传递系数；$\Delta\theta(t)=\theta_1(t)-\theta_2(t)$是两个电位器电刷角位移之差，称为误差角。因此，以误差角为输入量时，误差检测器的传递函数与单个电位器传递函数相同，即为

$$G(s) = \frac{U(s)}{\Delta\Theta(s)} = K_1 \tag{2-63}$$

在使用电位器时要注意负载效应。所谓负载效应，是指在电位器输出端接有负载时所产生的影响。图2-15表示电位器输出端接有负载电阻R_l时的电路图，设电位器电阻是R_p，可求得电位器输出电压为

$$u(t) = \frac{E}{\dfrac{R_p}{R_p'} + \dfrac{R_p}{R_l}\left(1 - \dfrac{R_p'}{R_p}\right)} = \frac{E\theta(t)}{\theta_{max}\left[1 + \dfrac{R_p}{R_l}\dfrac{\theta(t)}{\theta_{max}}\left(1 - \dfrac{\theta(t)}{\theta_{max}}\right)\right]}$$

可见，由于负载电阻R_l的影响，输出电压$u(t)$与电刷角位移$\theta(t)$之间不再保持线性关系，因而也求不出电位器的传递函数。但是，如果负载电阻R_l很大，例如$R_l \geqslant 10R_p$时，可以近似得到$u(t) \approx E\theta(t)/\theta_{max}=K_1\theta(t)$。因此，当电位器接负载时，只有在负载阻抗足够大时，才能将电位器视为线性元件，其输出电压与电刷角位移之间才有线性关系。

测速发电机　测速发电机是用于测量角速度并将它转换成电压量的装置。在控制系统中常用的有直流和交流测速发电机，如图2-16所示。图2-16(a)是永磁式直流测速发电机的原理线路图。测速发电机的转子与待测量的轴相连接，在电枢两端输出与转子角速度成正比的直流电压，即

$$u(t) = K_t\omega(t) = K_t\frac{\mathrm{d}\theta(t)}{\mathrm{d}t} \tag{2-64}$$

式中，$\theta(t)$是转子角位移；$\omega(t)=\mathrm{d}\theta(t)/\mathrm{d}t$是转子角速度；$K_t$是测速发电机输出斜率，表示单位角速度的输出电压。在零初始条件下，对式(2-64)求拉氏变换可得直流测速发电机的传递函数为

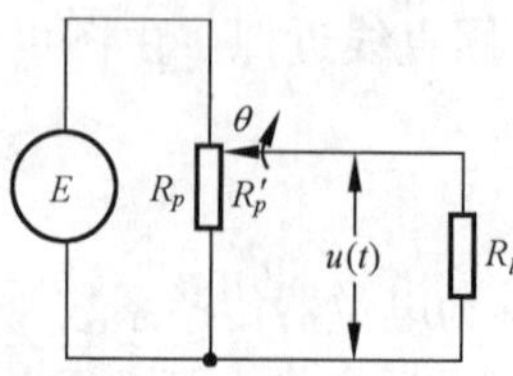

图 2-15　负载效应示意图

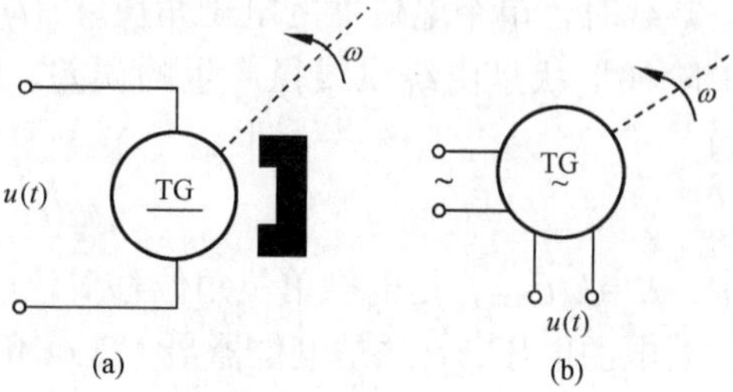

图 2-16　测速发电机示意图

$$G(s) = \frac{U(s)}{\Omega(s)} = K_t \tag{2-65}$$

或

$$G(s) = \frac{U(s)}{\Theta(s)} = K_t s \tag{2-66}$$

式(2-65)和式(2-66)可分别用图 2-17 中的两个方框图表示。

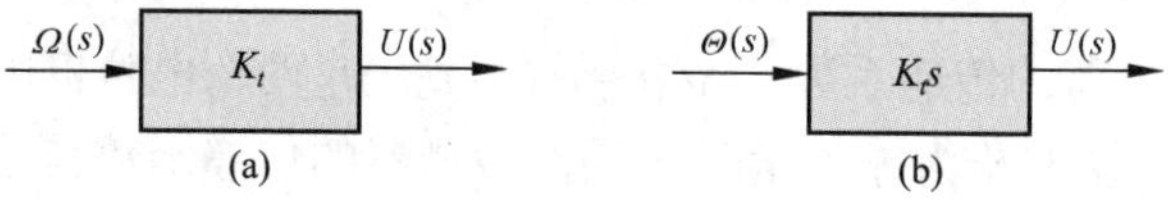

图 2-17　测速发电机的方框图

图 2-16(b)是交流测速发电机的示意图。在结构上它有两个互相垂直放置的线圈，其中一个是激磁绕组，接入一定频率的正弦额定电压，另一个是输出绕组。当转子旋转时，输出绕组产生与转子角速度成比例的交流电压 $u(t)$，其频率与激磁电压频率相同，其包络线也可用式(2-64)表示，因此其传递函数及方框图亦同直流测速发电机。

电枢控制直流伺服电动机　电枢控制的直流伺服电动机在控制系统中广泛用作执行机构，用来对被控对象的机械运动实现快速控制。根据式(2-57)和式(2-58)可用图 2-18 的方框图表示三种情况下的电枢控制直流伺服电动机。

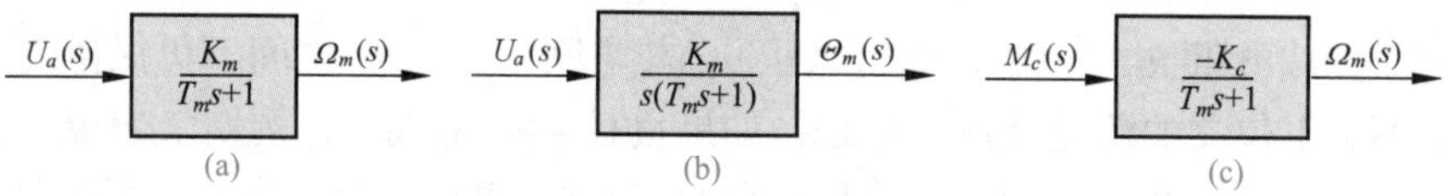

图 2-18　直流伺服电动机方框图

两相伺服电动机　两相伺服电动机具有重量轻、惯性小、加速特性好的优点，是控制系统中广泛应用的一种小功率交流执行机构。

两相伺服电动机由互相垂直配置的两相定子线圈和一个高电阻值的转子组成。定子线圈的一相是激磁绕组，另一相是控制绕组，通常接在功率放大器的输出端，提供数值和极性可变的交流控制电压。

两相伺服电动机的转矩-速度特性曲线有负的斜率，且呈非线性。图 2-19(b)是在不同控制电压 u_a 时，实验测取的一组机械特性曲线。考虑到在控制系统中，伺服电动机一般工作在零转速附近，作为线性化的一种方法，通常把低速部分的线性段延伸到高速范围，用低速直线近似代替非线性特性，如图 2-19(b)中虚线所示。此外，也可用小偏差线性化

方法。一般，两相伺服电动机机械特性的线性化方程可表示为

$$M_m = -C_\omega \omega_m + M_s \tag{2-67}$$

式中，M_m是电动机输出转矩；ω_m是电动机角速度；$C_\omega = \mathrm{d}M_m/\mathrm{d}\omega_m$是阻尼系数，即机械特性线性化的直线斜率；$M_s$是堵转转矩，由图 2-19(b)可求得 $M_s=C_m u_a$，其中 C_m 可用额定电压 $u_a=E$ 时的堵转转矩确定，即 $C_m=M_s/E$。

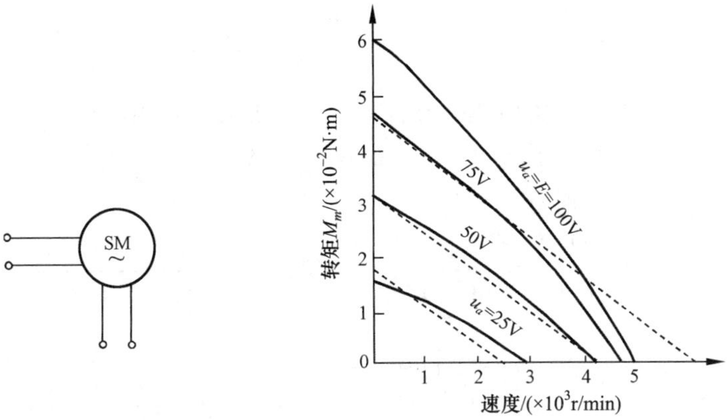

(a) 两相伺服电动机　(b) 电动机的转矩-速度特性

图 2-19　两相伺服电动机及其特性曲线

若暂不考虑负载转矩，则电动机输出转矩 M_m 用来驱动负载并克服黏性摩擦，故得转矩平衡方程为

$$M_m = J_m \frac{\mathrm{d}^2\theta_m}{\mathrm{d}t^2} + f_m \frac{\mathrm{d}\theta_m}{\mathrm{d}t} \tag{2-68}$$

式中，θ_m是电动机转子角位移；J_m和f_m分别是折算到电动机轴上的总转动惯量和总黏性摩擦系数。

由式(2-67)和式(2-68)消去中间变量 M_s 和 M_m，并在零初始条件下求拉氏变换，可求得两相伺服电动机的传递函数为

$$G(s) = \frac{\Theta_m(s)}{U_a(s)} = \frac{C_m}{s(J_m s + f_m + C_\omega)} = \frac{K_m}{s(T_m s + 1)} \tag{2-69}$$

式中，$K_m=C_m/(f_m+C_\omega)$是电动机传递系数；$T_m=J_m/(f_m+C_\omega)$是电动机时间常数。由于$\Omega_m(s)=s\Theta(s)$，故式(2-69)也可写为

$$G(s) = \frac{\Omega_m(s)}{U_a(s)} = \frac{K_m}{T_m s + 1} \tag{2-70}$$

式(2-69)和式(2-70)是两相伺服电动机传递函数的两种不同形式，它们与直流电动机的传递函数在形式上完全相同。

无源网络　为了改善控制系统的性能，常在系统中引入无源网络作为校正元件。无源网络通常由电阻、电容和电感组成。

可以用两种方法求取无源网络的传递函数。一种方法是先列写网络的微分方程，然后在零初始条件下进行拉氏变换，从而得到输出变量与输入变量之间的传递函数，

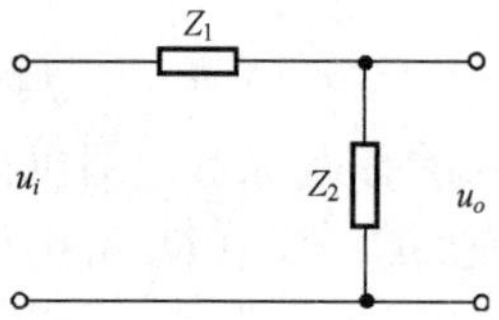

图 2-20 用复数阻抗表示的 RLC 电路

如例 2-14 所用方法；另一种方法是引用复数阻抗直接列写网络的代数方程，然后求其传递函数。在例 2-14 中，用复数阻抗表示电阻时仍为 R，电容 C 的复数阻抗为 $1/(Cs)$，电感 L 的复数阻抗为 Ls。这样，图 2-5 的 RLC 无源网络用复数阻抗表示后的电路如图 2-20 所示。图中，$Z_1=R+Ls$，$Z_2=1/(Cs)$。由图可直接写出电路的传递函数为

$$\frac{U_o(s)}{U_i(s)}=\frac{Z_2}{Z_1+Z_2}=\frac{1}{LCs^2+RCs+1}$$

应该注意，求取无源网络传递函数时，一般假设网络输出端接有无穷大负载阻抗，输入内阻为零，否则应考虑负载效应。例如在图 2-21 中，两个 RC 网络不相连接时，可视为空载，其传递函数分别是

$$G_1(s)=\frac{U(s)}{U_i(s)}=\frac{1}{R_1C_1s+1}, \qquad G_2(s)=\frac{U_o(s)}{U(s)}=\frac{1}{R_2C_2s+1}$$

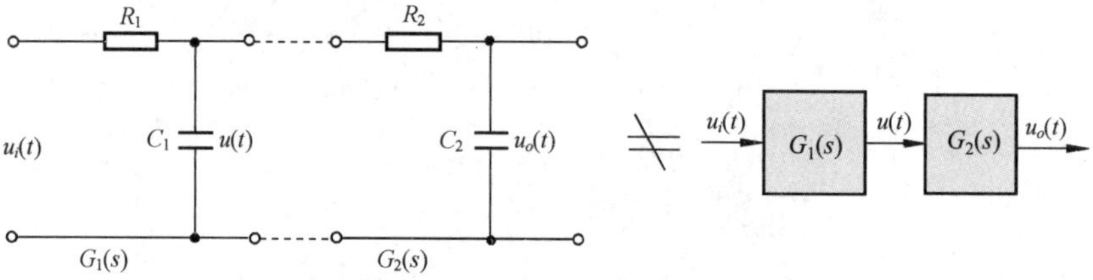

图 2-21 负载效应示例

若将 $G_1(s)$与 $G_2(s)$两个方框串联连接，如图 2-21 右端，则其传递函数

$$\frac{U_o(s)}{U_i(s)}=\frac{U(s)}{U_i(s)}\cdot\frac{U_o(s)}{U(s)}=G_1(s)G_2(s)=\frac{1}{R_1R_2C_1C_2s^2+(R_1C_1+R_2C_2)s+1}$$

若将两个 RC 网络直接连接，则由电路微分方程可求得连接后电路的传递函数为

$$G(s)=\frac{U_o(s)}{U_i(s)}=\frac{1}{R_1R_2C_1C_2s^2+(R_1C_1+R_2C_2+R_1C_2)s+1}$$

显然，$G(s)\neq G_1(s)G_2(s)$，$G(s)$中增加的项 R_1C_2 是由负载效应产生的。如果 R_1C_2 与其余项相比数值很小可略而不计时，则有 $G(s)\approx G_1(s)G_2(s)$。这时，要求后级网络的输入阻抗足够大，或要求前级网络的输出阻抗趋于零，或在两级网络之间接入隔离放大器。

单容水槽　水槽是常见的水位控制系统的被控对象。设单容水槽如图 2-22 所示，水流通过控制阀门不断地流入水槽，同时也有水通过负载阀不断地流出贮水槽。水流入量 Q_i 由调节阀开度 u 加以控制，流出量 Q_o 则由用户根据需要通过负载阀来改变。被调量为水位 h，它反映水的流入与流出之间的

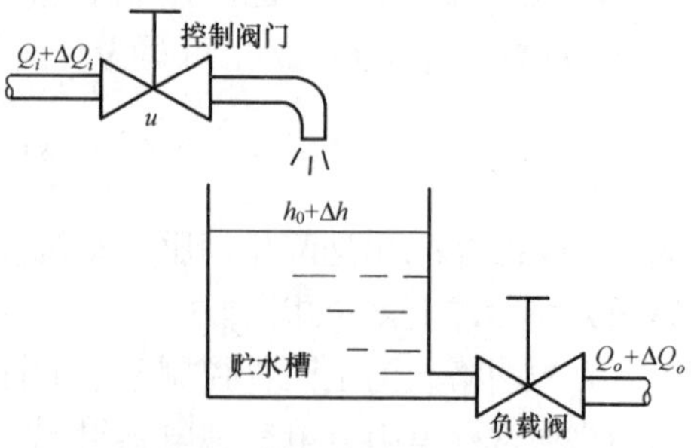

图 2-22 单容水槽原理图

平衡关系。

令 Q_i 表示输入水流量的稳态值，ΔQ_i 表示输入水流量的增量，Q_o 表示输出水流量的稳态值，ΔQ_o 表示输出水流量的增量，h 表示液位高度，h_0 表示液位的稳态值，Δh 表示液位的增量，u 表示调节阀的开度。

设 A 为液槽横截面积，R 为流出端负载阀门的阻力即液阻。根据物料平衡关系，在正常工作状态下，初始时刻处于平衡状态：$Q_o=Q_i$，$h=h_0$，当调节阀开度发生变化 Δu 时，液位随之发生变化。在流出端负载阀开度不变的情况下，液位的变化将使流出量改变。

流入量与流出量之差为

$$\Delta Q_i - \Delta Q_o = \frac{\mathrm{d}V}{\mathrm{d}t} = A\frac{\mathrm{d}\Delta h}{\mathrm{d}t} \tag{2-71}$$

式中，V 为液槽液体储存量；ΔQ_i 由调节阀开度变化 Δu 引起，当阀前后压差不变时，有

$$\Delta Q_i = K_u \Delta u \tag{2-72}$$

其中 K_u 为阀门流量系数。

流出量与液位高度的关系为

$$Q_o = A_o\sqrt{2gh}$$

这是一个非线性关系式，可在平衡点(h_0，Q_0)附近进行线性化，得到液阻表达式

$$R = \frac{\Delta h}{\Delta Q_o} \tag{2-73}$$

将式(2-72)和式(2-73)代入式(2-71)，可得

$$T\frac{\mathrm{d}\Delta h}{\mathrm{d}t} + \Delta h = K\Delta u \tag{2-74}$$

式中，$T=RA$，$K=K_uR$。在零初始条件下，对式(2-74)两端进行拉氏变换，得到单容水槽的传递函数为

$$G(s) = \frac{\Delta H(s)}{\Delta U(s)} = \frac{K}{Ts+1} \tag{2-75}$$

电加热炉　在工业生产中，电加热炉是常见的热处理设备，其示意图如图 2-23 所示。图中，u 为电热丝两端电压，T_1 为炉内温度。设电热丝质量为 M，比热为 C，传热系数为 H，传热面积为 A，未加温前炉内温度为 T_0，加温后的温度为 T_1，单位时间内电热丝产生的热量为 Q_i，则根据热力学知识，有

$$MC\frac{\mathrm{d}(T_1 - T_0)}{\mathrm{d}t} + HA(T_1 - T_0) = Q_i$$

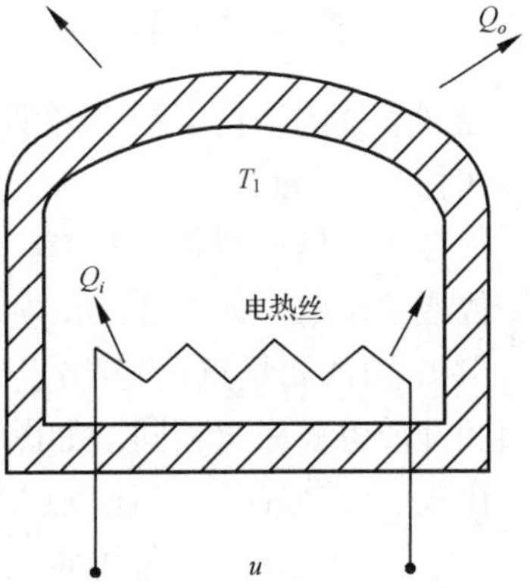

图 2-23　电加热炉原理图

由于 Q_i 与外加电压 u 的平方成比例，故 Q_i 与 u 呈非线性关系，可在平衡点(Q_0，u_0)附近进行线性化，得 $K_u=\Delta Q_i/\Delta u$，于是可得电加热炉的增量微分方程

$$T\frac{\mathrm{d}\Delta T}{\mathrm{d}t}+\Delta T=K\Delta u \tag{2-76}$$

式中，$\Delta T=T_1-T_0$ 为温度差；$T=MC/(HA)$为电加热炉时间常数；$K=K_u/(HA)$为电加热炉传递系数。

在零初始条件下，对式(2-76)两端进行拉氏变换，可得炉内温度变化量对控制电压变化量之间的电加热炉传递函数为

$$G(s)=\frac{\Delta T(s)}{\Delta U(s)}=\frac{K}{Ts+1} \tag{2-77}$$

有纯延迟的单容水槽　在图 2-22 单容水槽中，若调节阀 1 距储水槽 2 有一段较长的距离，则调节阀开度变化所引起的流入量变化ΔQ_i，需要经过一段传输时间τ才能对水槽液位产生影响，其中τ通常称为纯延迟时间。

参照式(2-74)的推导过程，可得有纯延迟单容水槽的微分方程为

$$T\frac{\mathrm{d}\Delta h}{\mathrm{d}t}+\Delta h=K\Delta u(t-\tau) \tag{2-78}$$

在零初始条件下，对式(2-78)两端进行拉氏变换，即得到有纯延迟单容水槽的传递函数

$$G(s)=\frac{\Delta H(s)}{\Delta U(s)}=\frac{K}{Ts+1}\mathrm{e}^{-\tau s} \tag{2-79}$$

式(2-79)与单容水槽传递函数(2-75)相比，多了一个延迟因子$\mathrm{e}^{-\tau s}$。

2-4　控制系统的结构图与信号流图

控制系统的结构图和信号流图都是描述系统各元部件之间信号传递关系的数学图形，它们表示了系统中各变量之间的因果关系以及对各变量所进行的运算，是控制理论中描述复杂系统的一种简便方法。与结构图相比，信号流图符号简单，更便于绘制和应用。但是，信号流图只适用于线性系统，而结构图也可用于非线性系统。

1. 系统结构图的组成和绘制

控制系统的结构图是由许多对信号进行单向运算的方框和一些信号流向线组成，它包含四种基本单元：

信号线　信号线是带有箭头的直线，箭头表示信号的流向，在直线旁标记信号的时间函数或象函数，如图 2-24(a)所示。

引出点(或测量点)　引出点表示信号引出或测量的位置，从同一位置引出的信号在数值和性质方面完全相同，如图 2-24(b)所示。

比较点(或综合点)　比较点表示对两个以上的信号进行加减运算，“+”号表示相加，“−”号表示相减，“+”号可省略不写，如图 2-24(c)所示。

方框(或环节)　方框表示对信号进行的数学变换，方框中写入元部件或系统的传递函数，如图 2-24(d)所示。显然，方框的输出变量等于方框的输入变量与传递函数的乘积，即

$$C(s)=G(s)U(s)$$

因此，方框可视作单向运算的算子。

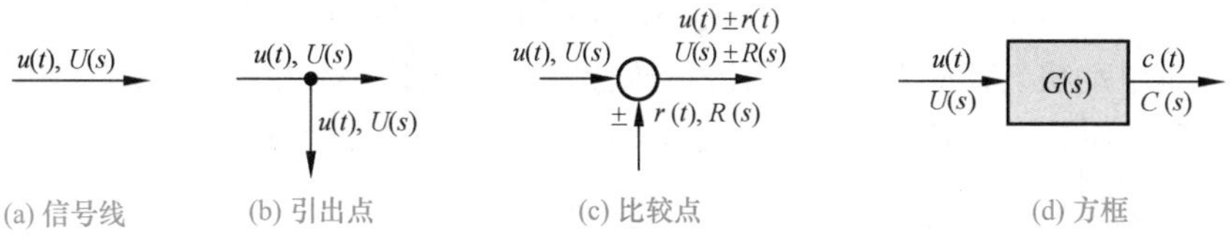

图 2-24　结构图的基本组成单元

绘制系统结构图时，首先考虑负载效应分别列写系统各元部件的微分方程或传递函数，并将它们用方框表示；然后，根据各元部件的信号流向，用信号线依次将各方框连接便得到系统的结构图。因此，系统结构图实质上是系统原理图与数学方程两者的结合，既补充了原理图所缺少的定量描述，又避免了纯数学的抽象运算。从结构图上可以用方框进行数学运算，也可以直观了解各元部件的相互关系及其在系统中所起的作用；更重要的是，从系统结构图可以方便地求得系统的传递函数。所以，系统结构图也是控制系统的一种数学模型。

要指出的是，虽然系统结构图是从系统元部件的数学模型得到的，但结构图中的方框与实际系统的元部件并非是一一对应的。一个实际元部件可以用一个方框或几个方框表示；而一个方框也可以代表几个元部件或是一个子系统，或是一个大的复杂系统。

下面举例说明系统结构图的绘制方法。

例 2-16　图 2-25 是一个电压测量装置，也是一个反馈控制系统。e_1 是待测量电压，e_2 是指示的电压测量值。如果 e_2 不同于 e_1，就产生误差电压 $e=e_1-e_2$，经调制、放大以后，驱动两相伺服电动机运转，并带动测量指针移动，直至 $e_2=e_1$。这时指针指示的电压值即是待测量的电压值。试绘制该系统的结构图。

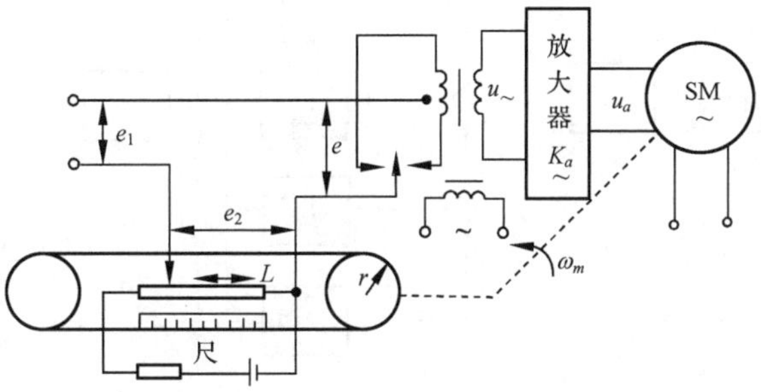

图 2-25　电压测量装置原理图

解　系统由比较电路、机械调制器、放大器、两相伺服电动机及指针机构组成。首先，考虑负载效应分别列写各元部件的运动方程，并在零初始条件下进行拉氏变换，于是有

比较电路　$E(s)=E_1(s)-E_2(s)$

调制器　$U_\sim(s)=E(s)$

放大器　$U_a(s)=K_aE(s)$

两相伺服电动机

$$M_m = -C_\omega s\Theta_m(s) + M_s$$
$$M_s = C_m U_a(s)$$
$$M_m = J_m s^2\Theta_m(s) + f_m s\Theta_m(s)$$

式中，M_m是电动机转矩；M_s是电动机堵转转矩；$U_a(s)$是控制电压；$\Theta_m(s)$是电动机角位移；J_m和f_m分别是折算到电动机轴上的总转动惯量及总黏性摩擦系数。

绳轮传动机构

$$L(s) = r\Theta_m(s)$$

式中，r是绳轮半径；L是指针位移。

测量电位器

$$E_2(s) = K_1 L(s)$$

式中，K_1是电位器传递系数。然后，根据各元部件在系统中的工作关系，确定其输入量和输出量，并按照各自的运动方程分别画出每个元部件的方框图，如图 2-26(a)～(g)所示。最后，用信号线按信号流向依次将各元部件的方框连接起来，便得到系统结构图，如图 2-26(h)所示。如果两相伺服电动机直接用式(2-69)表示，则系统结构图可简化为图 2-26(i)。

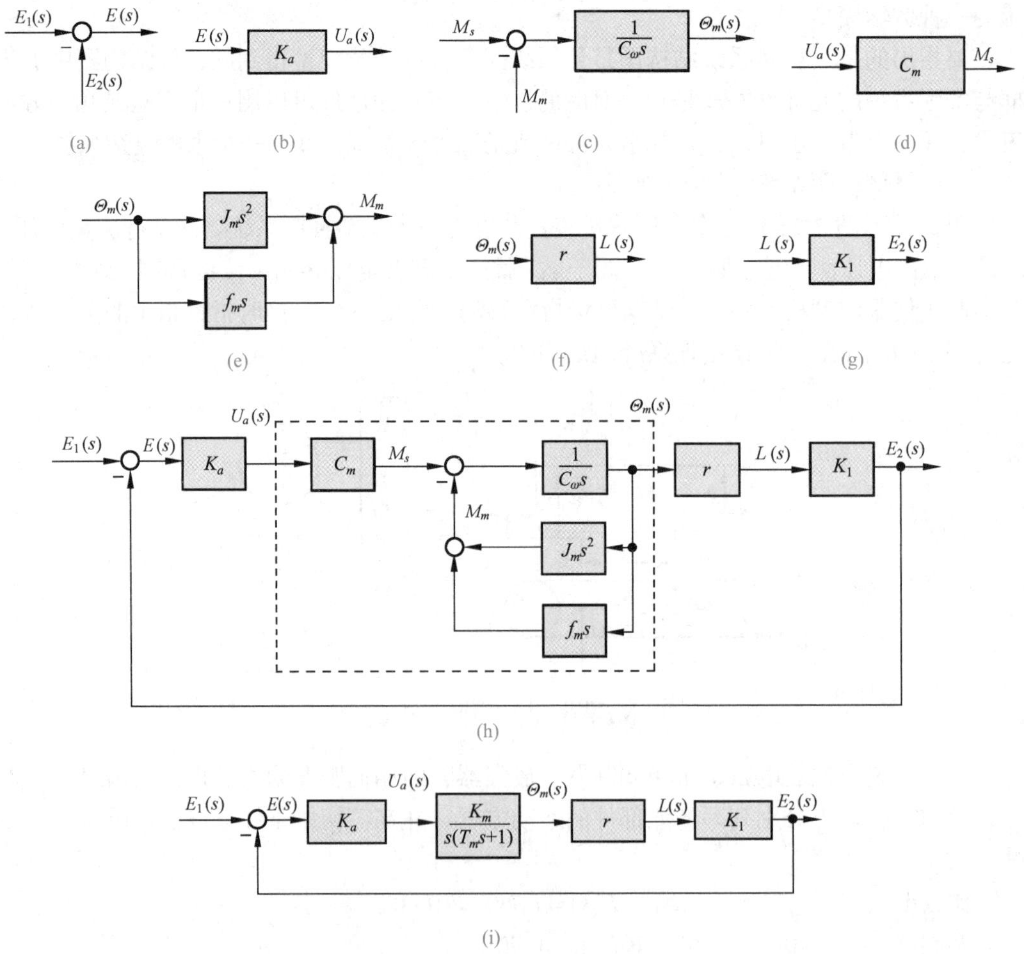

图 2-26　电压测量装置系统结构图

2. 结构图的等效变换和简化

由控制系统的结构图通过等效变换(或简化)可以方便地求取闭环系统的传递函数或系统输出量的响应。实际上，这个过程对应于由元部件运动方程消去中间变量求取系统传递函数的过程。例如，在例 2-16 中，由两相伺服电动机三个方程式消去中间变量 M_m 及 M_s 得到传递函数$\Theta_m(s)/U_a(s)$的过程，对应于将图 2-26(h)虚线内的四个方框简化为图 2-26(i)中的一个方框的过程。

一个复杂的系统结构图，其方框间的连接必然是错综复杂的，但方框间的基本连接方式只有串联、并联和反馈连接三种。因此，结构图简化的一般方法是移动引出点或比较点，交换比较点，进行方框运算将串联、并联和反馈连接的方框合并。在简化过程中应遵循变换前后变量关系保持等效的原则。

(1) 串联方框的简化(等效)

传递函数分别为 $G_1(s)$和 $G_2(s)$的两个方框，若 $G_1(s)$的输出量作为 $G_2(s)$的输入量，则 $G_1(s)$与 $G_2(s)$称为串联连接，见图 2-27(a)。(注意，两个串联连接元件的方框图应考虑负载效应。)

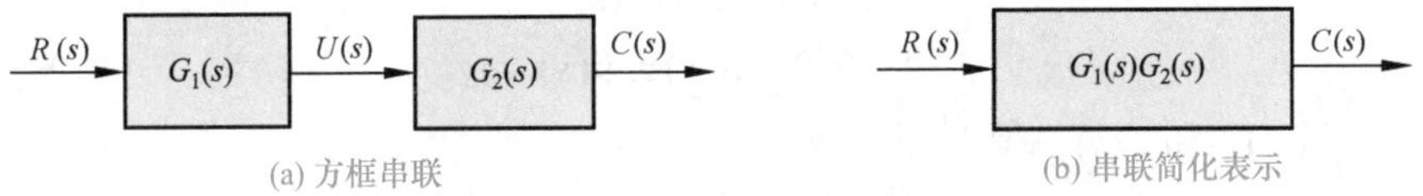

图 2-27　方框串联连接及其简化

由图 2-27(a)有

$$U(s)=G_1(s)R(s)$$

$$C(s)=G_2(s)U(s)$$

由上两式消去 $U(s)$，得

$$C(s)=G_1(s)G_2(s)R(s)=G(s)R(s) \tag{2-80}$$

式中，$G(s)=G_1(s)G_2(s)$，是串联方框的等效传递函数，可用图 2-27(b)的方框表示。由此可知，两个方框串联连接的等效方框，等于各个方框传递函数之乘积。这个结论可推广到 n 个串联方框情况。

(2) 并联方框的简化(等效)

传递函数分别为 $G_1(s)$和 $G_2(s)$的两个方框，如果它们有相同输入量，而输出量等于两个方框输出量的代数和，则 $G_1(s)$与 $G_2(s)$称为并联连接，如图 2-28(a)所示。

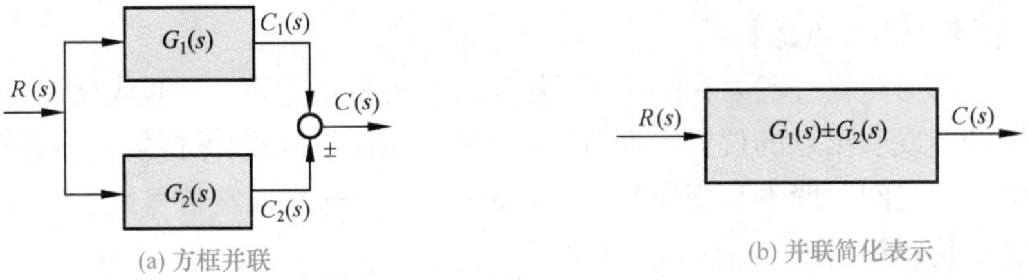

图 2-28　方框并联连接及其简化

由图 2-28(a)，有

$$C_1(s)=G_1(s)R(s)$$
$$C_2(s)=G_2(s)R(s)$$
$$C(s)=C_1(s)\pm C_2(s)$$

由上述三式消去 $C_1(s)$和 $C_2(s)$，得

$$C(s)=\left[G_1(s)\pm G_2(s)\right]R(s)=G(s)R(s) \tag{2-81}$$

式中，$G(s)=G_1(s)\pm G_2(s)$是并联方框的等效传递函数，可用图 2-28(b)的方框表示。由此可知，两个方框并联连接的等效方框，等于各个方框传递函数的代数和。这个结论可推广到 n 个并联连接的方框情况。

(3) 反馈连接方框的简化(等效)

若传递函数分别为 $G(s)$和 $H(s)$的两个方框，如图 2-29(a)形式连接，则称为反馈连接。“+”号为正反馈，表示输入信号与反馈信号相加；“–”号则表示相减，是负反馈。

由图 2-29(a)有

$$C(s)=G(s)E(s)$$
$$B(s)=H(s)C(s)$$
$$E(s)=R(s)\pm B(s)$$

消去中间变量 $E(s)$和 $B(s)$，得

$$C(s)=G(s)\left[R(s)\pm H(s)C(s)\right]$$

于是有

$$C(s)=\frac{G(s)}{1\mp G(s)H(s)}R(s)=\Phi(s)R(s) \tag{2-82}$$

式中

$$\Phi(s)=\frac{G(s)}{1\mp G(s)H(s)} \tag{2-83}$$

称为闭环传递函数，是方框反馈连接的等效传递函数，式中负号对应正反馈连接，正号对应负反馈连接，式(2-82)可用图 2-29(b)的方框表示。

图 2-29　方框的反馈连接及其简化

(4) 比较点和引出点的移动

在系统结构图简化过程中，有时为了便于进行方框的串联、并联或反馈连接的运算，需要移动比较点或引出点的位置。这时应注意在移动前后必须保持信号的等效性，而且比较点和引出点之间一般不宜交换其位置。此外，“–”号可以在信号线上越过方框移动，但不能越过比较点和引出点。

表 2-4 汇集了结构图简化(等效变换)的基本规则，可供查用。

表 2-4　结构图简化(等效变换)规则

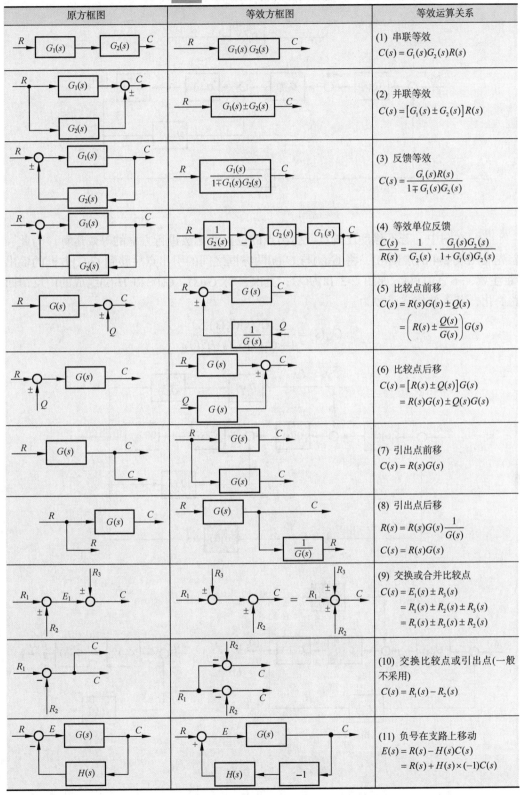

原方框图	等效方框图	等效运算关系
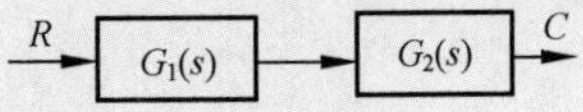	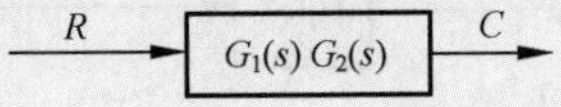	(1) 串联等效 $C(s)=G_1(s)G_2(s)R(s)$
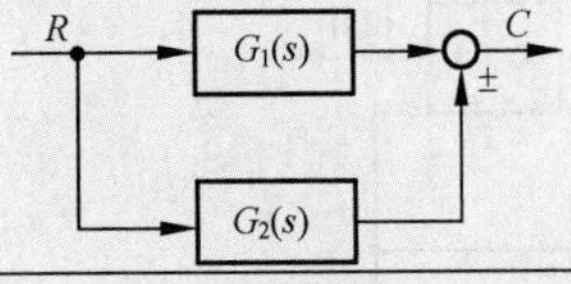	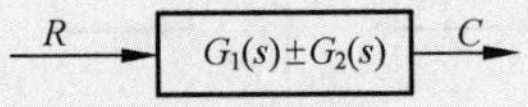	(2) 并联等效 $C(s)=[G_1(s)\pm G_2(s)]R(s)$
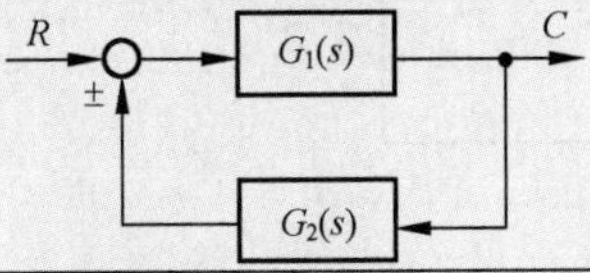	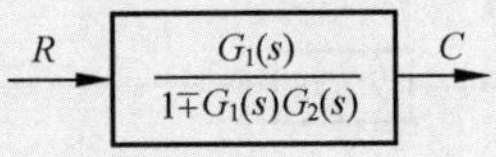	(3) 反馈等效 $C(s)=\dfrac{G_1(s)R(s)}{1\mp G_1(s)G_2(s)}$
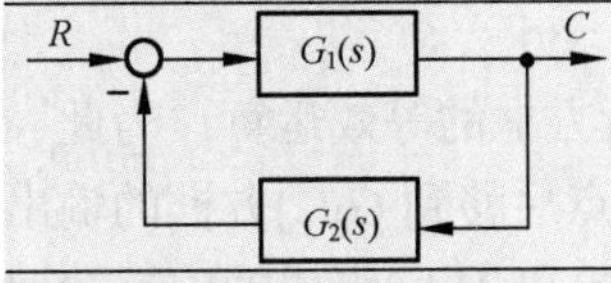	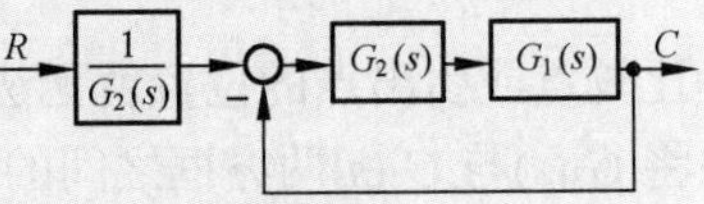	(4) 等效单位反馈 $\dfrac{C(s)}{R(s)}=\dfrac{1}{G_2(s)}\cdot\dfrac{G_1(s)G_2(s)}{1+G_1(s)G_2(s)}$
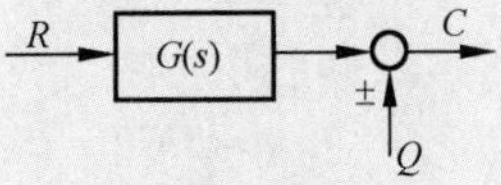	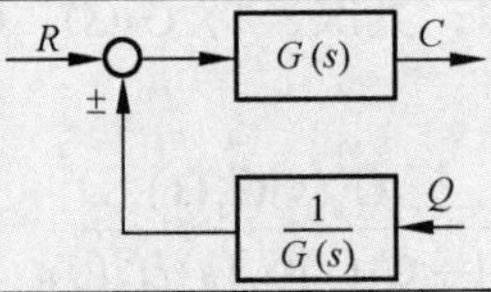	(5) 比较点前移 $C(s)=R(s)G(s)\pm Q(s)$ $=\left(R(s)\pm\dfrac{Q(s)}{G(s)}\right)G(s)$
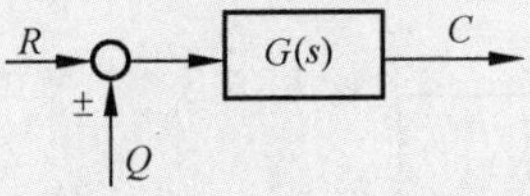	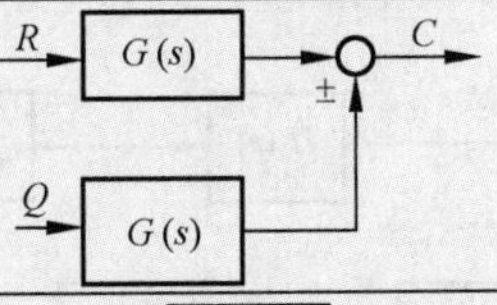	(6) 比较点后移 $C(s)=[R(s)\pm Q(s)]G(s)$ $=R(s)G(s)\pm Q(s)G(s)$
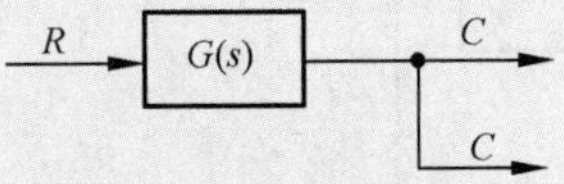	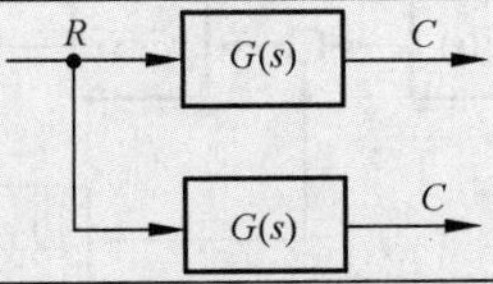	(7) 引出点前移 $C(s)=R(s)G(s)$
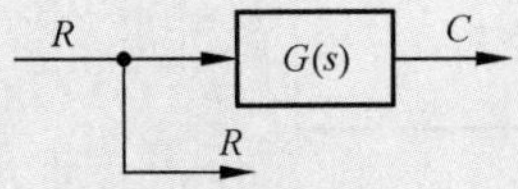	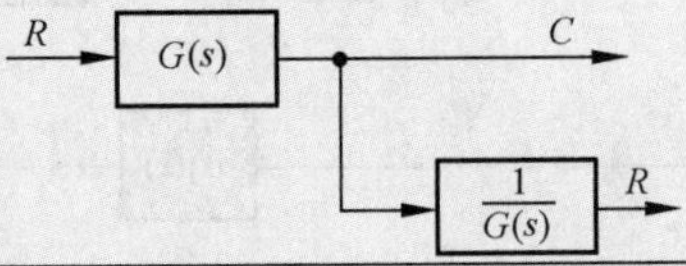	(8) 引出点后移 $R(s)=R(s)G(s)\dfrac{1}{G(s)}$ $C(s)=R(s)G(s)$
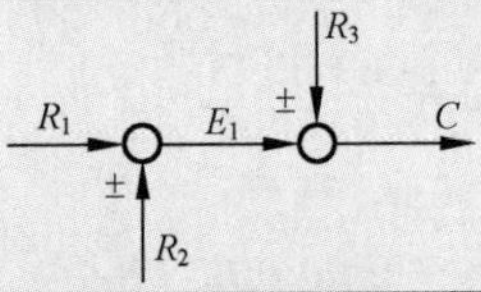	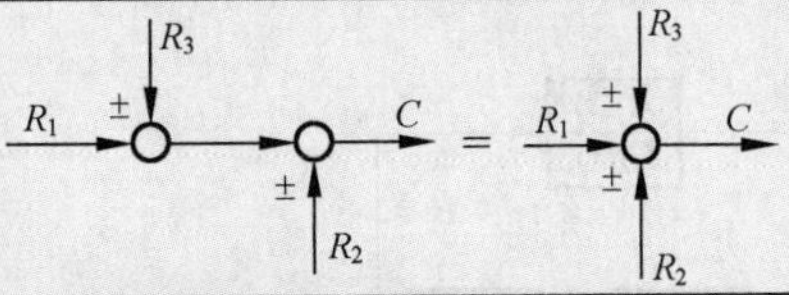	(9) 交换或合并比较点 $C(s)=E_1(s)\pm R_3(s)$ $=R_1(s)\pm R_2(s)\pm R_3(s)$ $=R_1(s)\pm R_3(s)\pm R_2(s)$
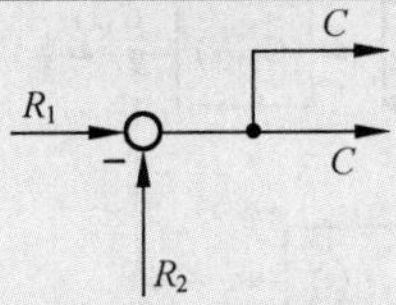	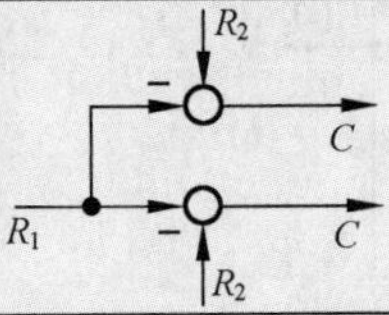	(10) 交换比较点或引出点(一般不采用) $C(s)=R_1(s)-R_2(s)$
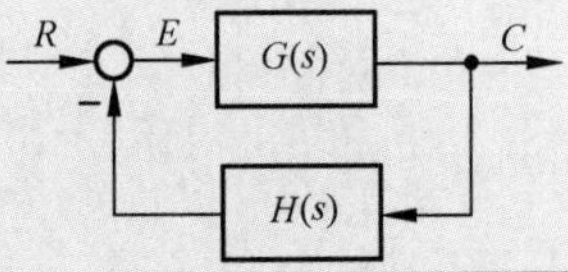	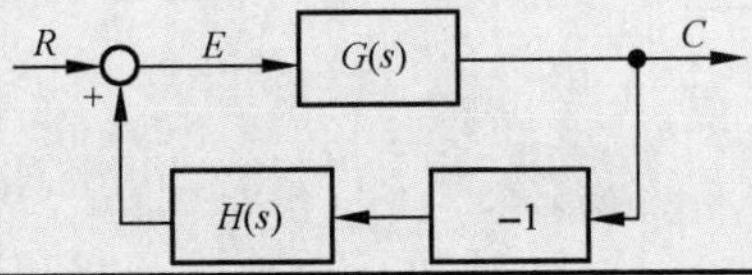	(11) 负号在支路上移动 $E(s)=R(s)-H(s)C(s)$ $=R(s)+H(s)\times(-1)C(s)$

例 2-17　试简化图 2-30 系统结构图，并求系统传递函数 $C(s)/R(s)$。

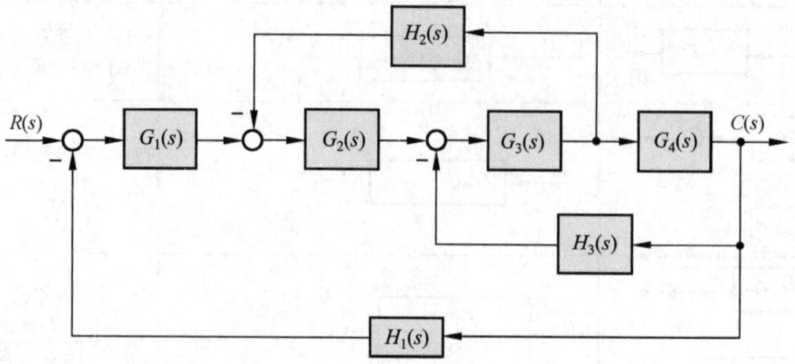

图 2-30　例 2-17 系统结构图

解　在图中，若不移动比较点或引出点的位置就无法进行方框的等效运算。为此，首先应用表 2-4 的规则(8)，将 $G_3(s)$与 $G_4(s)$两方框之间的引出点后移到 $G_4(s)$方框的输出端(注意，不宜前移)，如图 2-31(a)所示；其次，将 $G_3(s)$，$G_4(s)$和 $H_3(s)$组成的内反馈回路简化，其等效传递函数为

$$G_{34}(s) = \frac{G_3(s)G_4(s)}{1 + G_3(s)G_4(s)H_3(s)}$$

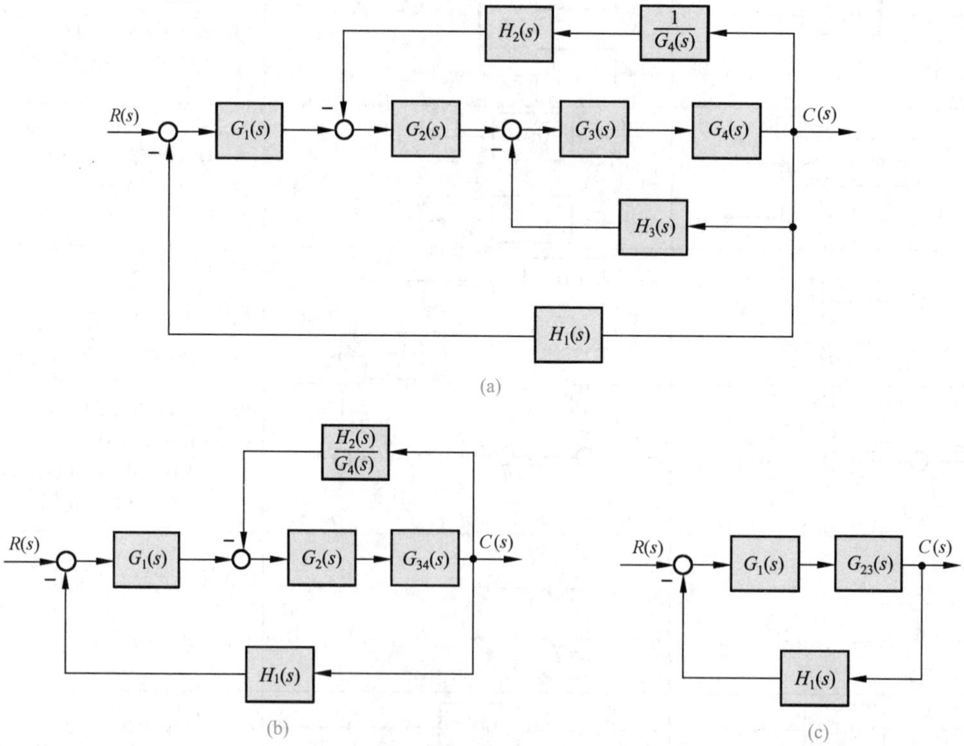

图 2-31　例 2-17 系统结构图简化

如图 2-31(b)所示；然后，将 $G_2(s)$，$G_{34}(s)$和 $H_2(s)/G_4(s)$组成的内反馈回路简化，其等效传递函数为

$$G_{23}(s)=\frac{G_2(s)G_3(s)G_4(s)}{1+G_3(s)G_4(s)H_3(s)+G_2(s)G_3(s)H_2(s)}$$

如图 2-31(c)所示；最后，将 $G_1(s)$，$G_{23}(s)$和 $H_1(s)$组成的反馈回路简化便求得系统的传递函数

$$\Phi(s)=\frac{C(s)}{R(s)}=\frac{G_1(s)G_2(s)G_3(s)G_4(s)}{1+G_2(s)G_3(s)H_2(s)+G_3(s)G_4(s)H_3(s)+G_1(s)G_2(s)G_3(s)G_4(s)H_1(s)}$$

本例还有其他变换方法。例如，可以先将 $G_4(s)$后的引出点前移到 $G_4(s)$方框的输入端，或者将比较点移动到同一点再加以合并等，读者不妨一试。

在进行结构图等效变换时，变换前后应注意保持信号的等效性。例如，图 2-30 中 $H_2(s)$的输入信号是 $G_3(s)$的输出，当将该引出点后移时，$H_2(s)$的输入信号变为 $G_4(s)$的输出信号了。为保持 $H_2(s)$的输入信号不变，应将 $G_4(s)$的输出信号乘以 $1/G_4(s)$便可还原为 $G_3(s)$的输出信号，故有图 2-31(a)的系统结构图。再如，若将 $G_2(s)$输入端的比较点按规则(6)后移到 $G_2(s)$的输出端，虽然 $G_2(s)$的输入信号减少了一项(来自 $H_2(s)$的输出信号)，由于在 $G_2(s)$的输出信号中补入了来自 $H_2(s)G_2(s)$的输出信号，故保持了 $G_2(s)$的输出信号在变换前后的等效性，而且回路 $G_2(s)G_3(s)H_2(s)$的乘积保持不变。

例 2-18　试简化图 2-32 系统结构图，并求系统传递函数 $C(s)/R(s)$。

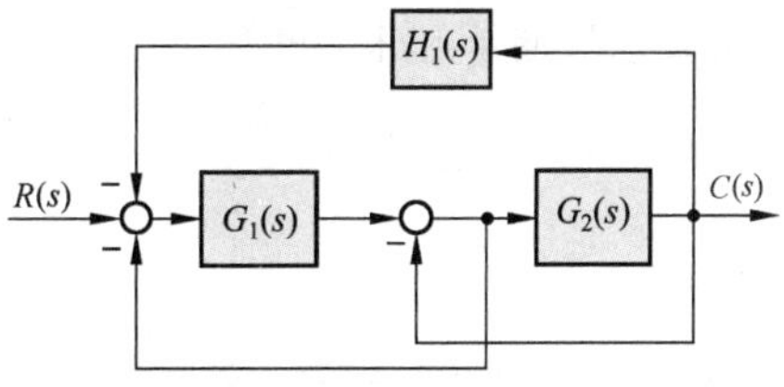

图 2-32　例 2-18 系统结构图

解　在图中，由于 $G_1(s)$与 $G_2(s)$之间有交叉的比较点和引出点，不能直接进行方框运算，但也不可简单地互换其位置。最简便的方法是按规则(5)和规则(8)分别将比较点前移，引出点后移，如图 2-33(a)所示；然后按规则(2)进一步简化为图 2-33(b)；最后按规则(3)便求得系统传递函数为

$$\frac{C(s)}{R(s)}=\frac{G_1(s)G_2(s)}{1+G_1(s)+G_2(s)+G_1(s)G_2(s)H_1(s)}$$

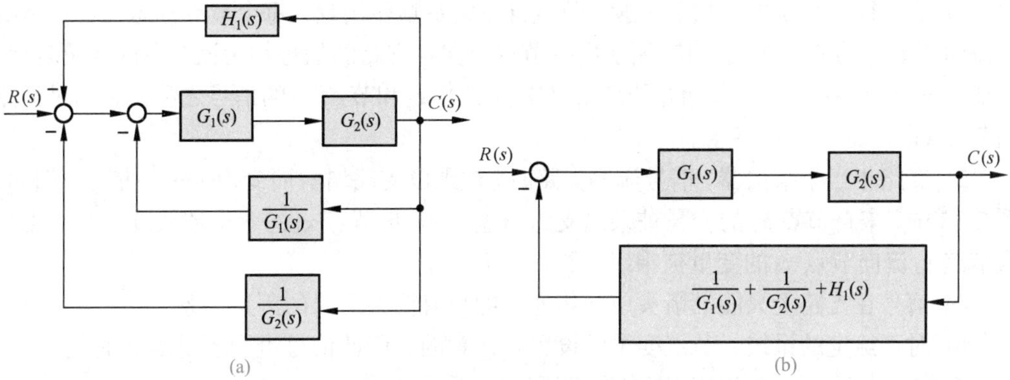

图 2-33　例 2-18 系统结构图简化

3. 信号流图的组成及性质

梅森与信号流图

信号流图起源于梅森利用图示法来描述一个或一组线性代数方程式，它是由节点和支路组成的一种信号传递网络。图中节点代表方程式中的变量，以小圆圈表示；支路是连接两个节点的定向线段，用支路增益表示方程式中两个变量的因果关系，因此支路相当于乘法器。

图 2-34(a)是有两个节点和一条支路的信号流图，其中两个节点分别代表电流 I 和电压 U，支路增益是电阻 R。该图表明，电流 I 沿支路传递并增大 R 倍而得到电压 U，即 $U=IR$，这正是众所熟知的欧姆定律，它决定了通过电阻 R 的电流与电压间的定量关系，如图 2-34(b)所示。图 2-35 是由五个节点和八条支路组成的信号流图，图中五个节点分别代表 x_1，x_2，x_3，x_4 和 x_5 五个变量，每条支路增益分别是 a，b，c，d，e，f，g 和 1。由图可以写出描述五个变量因果关系的一组代数方程式为

$$x_2 = x_1 + ex_3$$
$$x_3 = ax_2 + fx_4$$
$$x_4 = bx_3$$
$$x_5 = dx_2 + cx_4 + gx_5$$

上述每个方程式左端的变量取决于右端有关变量的线性组合。一般，方程式右端的变量作为原因，左端的变量作为右端变量产生的结果，这样，信号流图便把各个变量之间的因果关系贯通了起来。

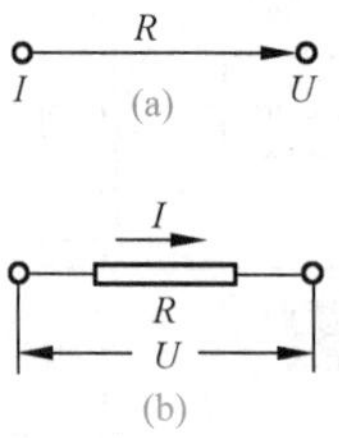

图 2-34　欧姆定律与信号流图

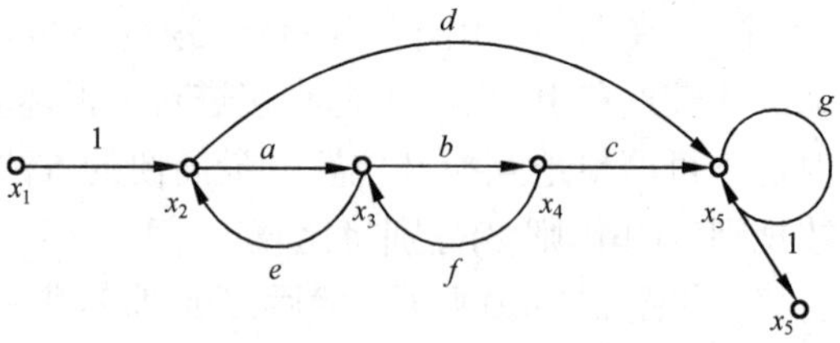

图 2-35　典型的信号流图

至此，信号流图的基本性质可归纳如下：

1) 节点标志系统的变量。一般，节点自左向右顺序设置，每个节点标志的变量是所有流向该节点的信号之代数和，而从同一节点流向各支路的信号均用该节点的变量表示。例如，图 2-35 中，节点 x_3 标志的变量是来自节点 x_2 和节点 x_4 的信号之和，它同时又流向节点 x_4。

2) 支路相当于乘法器，信号流经支路时，被乘以支路增益而变换为另一信号。例如，图 2-35 中，来自节点 x_2 的变量被乘以支路增益 a，来自节点 x_4 的变量被乘以支路增益 f，自节点 x_3 流向节点 x_4 的变量被乘以支路增益 b。

3) 信号在支路上只能沿箭头单向传递，即只有前因后果的因果关系。

4) 对于给定的系统，节点变量的设置是任意的，因此信号流图不是唯一的。

在信号流图中，常使用以下名词术语：

源节点(或输入节点)　在源节点上，只有信号输出的支路(即输出支路)，而没有信号输入的支路(即输入支路)，它一般代表系统的输入变量，故也称为输入节点。图 2-35 中的节点 x_1 就是源节点。

阱节点(或输出节点)　在阱节点上，只有输入支路而没有输出支路，它一般代表系统的输出变量，故也称为输出节点。图 2-34 中的节点 U 就是阱节点。

混合节点　在混合节点上，既有输入支路又有输出支路。图 2-35 中的节点 x_2，x_3，x_4，x_5 均是混合节点。若从混合节点引出一条具有单位增益的支路，可将混合节点变为阱节点，成为系统的输出变量，如图 2-35 中用单位增益支路引出的节点 x_5。

前向通路　信号从输入节点到输出节点传递时，每个节点只通过一次的通路，称为前向通路。前向通路上各支路增益之乘积，称为前向通路增益，一般用 p_k 表示。在图 2-35 中，从源节点 x_1 到阱节点 x_5，共有两条前向通路：一条是 $x_1 \to x_2 \to x_3 \to x_4 \to x_5$，其前向通路增益 $p_1=abc$；另一条是 $x_1 \to x_2 \to x_5$，其前向通路增益 $p_2=d$。

回路　起点和终点在同一节点，而且信号通过每一节点不多于一次的闭合通路称为单独回路，简称回路。回路中所有支路增益之乘积称为回路增益，用 L_a 表示。在图 2-35 中共有三个回路：一个是起于节点 x_2，经过节点 x_3 最后回到节点 x_2 的回路，其回路增益 $L_1=ae$；第二个是起于节点 x_3，经过节点 x_4 最后回到节点 x_3 的回路，其回路增益 $L_2=bf$；第三个是起于节点 x_5 并回到节点 x_5 的自回路，其回路增益是 g。

不接触回路　回路之间没有公共节点时，这种回路称为不接触回路。在信号流图中，可以有两个或两个以上不接触的回路。在图 2-35 中，有两对不接触的回路：一对是 $x_2 \to x_3 \to x_2$ 和 $x_5 \to x_5$；另一对是 $x_3 \to x_4 \to x_3$ 和 $x_5 \to x_5$。

4. 信号流图的绘制

信号流图可以根据微分方程绘制，也可以从系统结构图按照对应关系得到。

(1) 由系统微分方程绘制信号流图

任何线性方程都可以用信号流图表示，但含有微分或积分的线性方程，一般应通过拉氏变换，将微分方程或积分方程变换为 s 的代数方程后再画信号流图。绘制信号流图时，首先要对系统的每个变量指定一个节点，并按照系统中变量的因果关系，从左向右顺序排列；然后，用标明支路增益的支路，根据数学方程式将各节点变量正确连接，便可得到系统的信号流图。

(2) 由系统结构图绘制信号流图

在结构图中，由于传递的信号标记在信号线上，方框则是对变量进行变换或运算的算子。因此，从系统结构图绘制信号流图时，只需根据结构图的信号线明确传递的信号，便得到节点；用标有传递函数的线段代替结构图中的方框，便得到支路，于是，结构图也就变换为相应的信号流图了。例如，由图 2-36(a)的结构图绘制信号流图的过程示于图 2-36 中。

从系统结构图绘制信号流图时应尽量精简节点的数目。例如，支路增益为 1 的相邻两个节点，一般可以合并为一个节点，但对于源节点或阱节点却不能合并掉。又如，图 2-36(b)中的节点 M_s 和节点 M_m 可以合并成一个节点，其变量是 M_s-M_m；但源节点 E_1

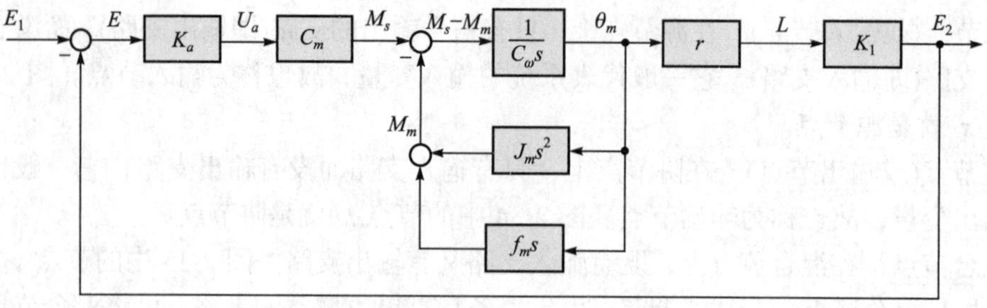

(a) 结构图

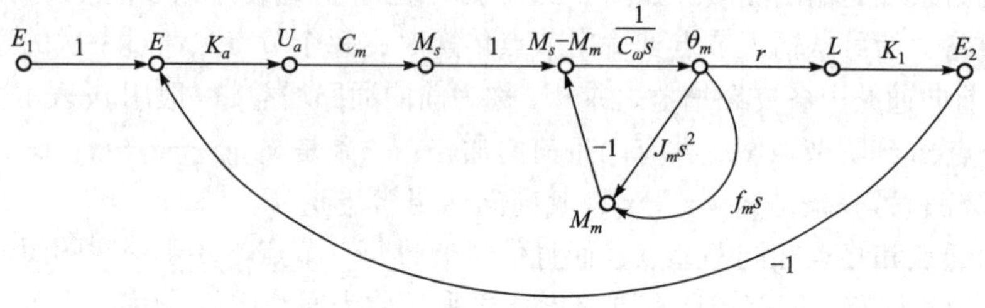

(b) 信号流图

图 2-36　由结构图绘制信号流图的过程

和节点 E 却不允许合并。再如，在结构图比较点之前没有引出点(但在比较点之后可以有引出点)时，只需在比较点后设置一个节点便可，如图 2-37(a)所示；但若在比较点之前有引出点时，就需在引出点和比较点各设置一个节点，分别标志两个变量，它们之间的支路增益是 1，如图 2-37(b)所示。

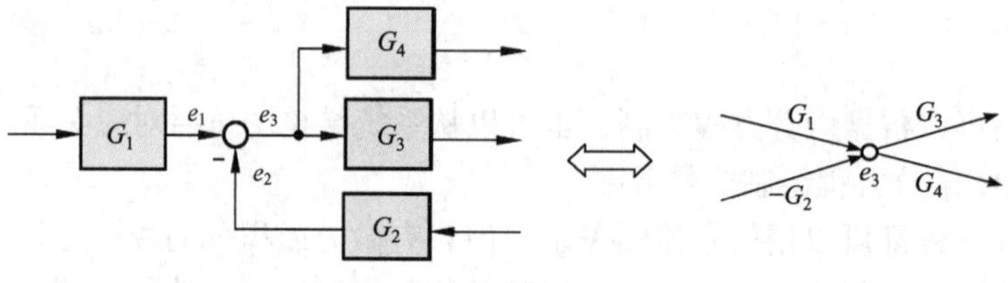

(a)

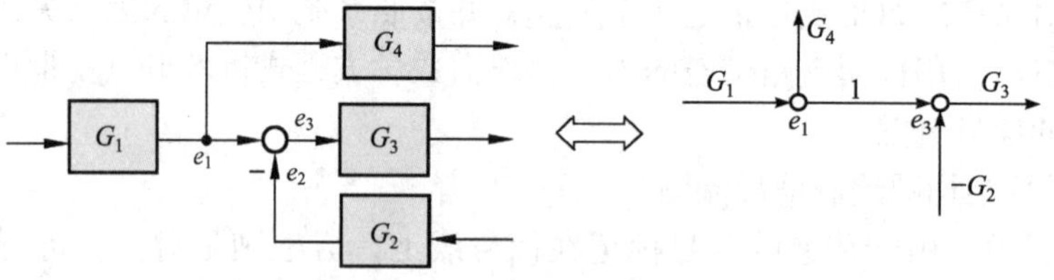

(b)

图 2-37　比较点与节点对应关系

例 2-19　试绘制图 2-38 所示系统结构图对应的信号流图。

解　首先，在系统结构图的信号线上，标注各变量对应的名称，代表信号流图中的节点，如图 2-38 所示。其次，将各节点按原来顺序自左向右排列，连接各节点的支路与结构图中的方框相对应，即将结构图中的方框用具有相应增益的支路代替，并连接有关的节点，便得到系统的信号流图，如图 2-39 所示。

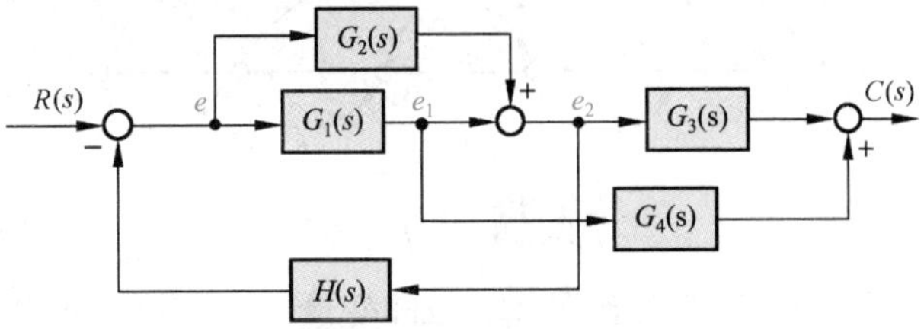

图 2-38 例 2-19 系统的结构图

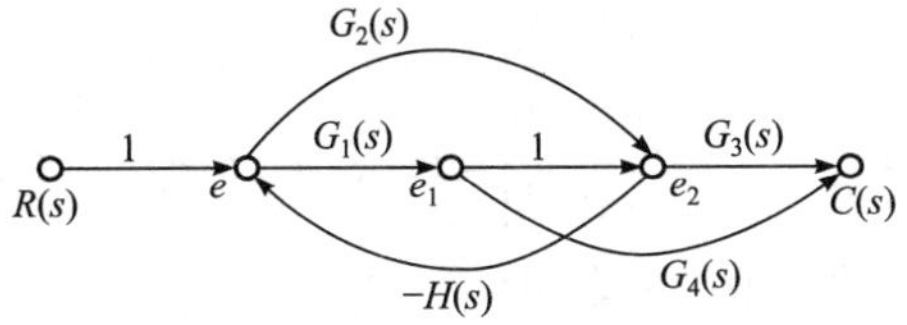

图 2-39 例 2-19 系统的信号流图

5. 梅森增益公式

从一个复杂的系统信号流图上，经过简化可以求出系统的传递函数，而且，结构图的等效变换规则亦适用于信号流图的简化，但这个过程毕竟还是很麻烦的。控制工程中常应用梅森(Mason)增益公式直接求取从源节点到阱节点的传递函数，而不需简化信号流图，这就为信号流图的广泛应用提供了方便。当然，由于系统结构图与信号流图之间有对应关系，因此，梅森增益公式也可直接用于系统结构图。

梅森增益公式的来源是按克拉默(Cramer)法则求解线性联立方程式组时，将解的分子多项式及分母多项式与信号流图(即拓扑图)巧妙联系的结果。

在图 2-40 的典型信号流图中，变量 U_i 和 U_o 分别用源节点 U_i 和阱节点 U_o 表示，由图可得相应的一组代数方程式为

$$\begin{aligned} X_1 &= aU_i + fX_2 \\ X_2 &= bX_1 + gX_3 \\ X_3 &= cX_2 + hX_4 \\ X_4 &= dX_3 + eU_i \\ U_o &= X_4 \end{aligned}$$

经整理后得

$$\begin{aligned} X_1 - fX_2 &= aU_i \\ bX_1 - X_2 + gX_3 &= 0 \\ cX_2 - X_3 + hX_4 &= 0 \\ -dX_3 + X_4 &= eU_i \end{aligned}$$

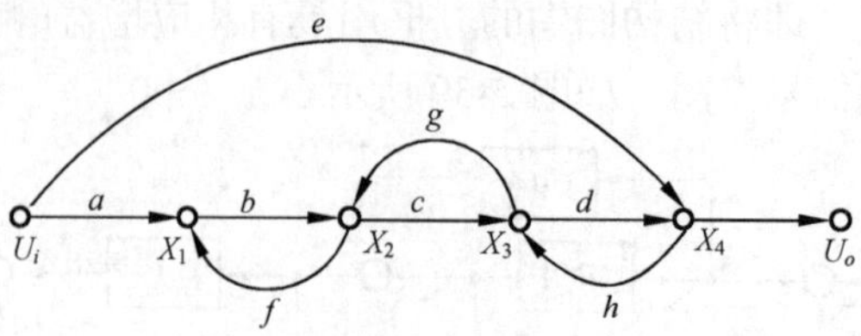

图 2-40　典型信号流图

现在用克拉默法则求上述方程组的解 X_4(即变量 U_o)，并进而求出系统的传递函数 U_o/U_i。由克拉默法则，方程式组的系数行列式为

$$\Delta=\begin{vmatrix}1 & -f & 0 & 0\\ b & -1 & g & 0\\ 0 & c & -1 & h\\ 0 & 0 & -d & 1\end{vmatrix}=1-dh-gc-fb+fbdh \tag{2-84}$$

$$\Delta_4=\begin{vmatrix}1 & -f & 0 & aU_i\\ b & -1 & g & 0\\ 0 & c & -1 & 0\\ 0 & 0 & -d & eU_i\end{vmatrix}=abcdU_i+eU_i(1-gc-bf) \tag{2-85}$$

因此，$X_4=U_o=\Delta_4/\Delta$，即有

$$\frac{U_o}{U_i}=\frac{X_4}{U_i}=\frac{abcd+e(1-gc-bf)}{1-dh-gc-fb+fbdh} \tag{2-86}$$

对上述传递函数的分母多项式及分子多项式进行分析后，可以得到它们与系数行列式Δ，Δ_4 及信号流图之间的巧妙联系。首先可以发现，传递函数的分母多项式即是系数行列式Δ，而且其中包含有信号流图中的三个单独回路增益之和项，即$-(fb+gc+dh)$，以及两个不接触的回路增益之乘积项，即 $fbdh$。这个特点可以用信号流图的名词术语写成如下形式：

$$\Delta=1-\sum L_a+\sum L_bL_c \tag{2-87}$$

式中，$\sum L_a$ 表示信号流图中所有单独回路的回路增益之和项，即$\sum L_a=fb+gc+dh$；$\sum L_bL_c$ 表示信号流图中每两个互不接触的回路增益之乘积的和项，即$\sum L_bL_c=fbdh$。其次可以看到，传递函数的分子多项式与系数行列式Δ_4相对应，而且其中包含有两条前向通路增益之和项，即 $abcd+e$，以及与前向通路 e 不接触的两个单独回路的回路增益与该前向通路增益之乘积的和项，即$-(gce+bfe)$。这个特点也可以用信号流图的名词术语写成如下形式：

$$\frac{\Delta_4}{U_i}=\sum_{k=1}^{2}p_k-\sum_{i=2}p_iL_i \tag{2-88}$$

式中，p_k是第 k 条前向通路增益，本例中共有两条前向通路，故$\sum p_k=p_1+p_2=abcd+e$；L_i 为与第 i 条前向通路不接触回路的回路增益，本例中有两个回路与第二条前向通路不接触，故$\sum p_2L_2=gce+bfe$。进一步分析还可以发现 L_i 与系数行列式Δ之间有着微妙的联系，即 L_i 是系数行列式 Δ 中与第 i 条前向通路不接触的所有回路的回路增益项。例如，第二条前向通路 e 与回路增益为 gc 和 bf 的两个回路均不接触，它正好是系数行列式 Δ 中的两项 $-(gc+fb)$。若前向通路与所有回路都接触时，则 $L_i=0$。令 $\Delta_i=1-L_i$，则传递函数分子多项式还可进一步简记为

$$\frac{\Delta_4}{U_i}=\sum_{k=1}^{2}p_k\Delta_k \tag{2-89}$$

式中，Δ_k 是与第 k 条前向通路对应的余因子式，它等于系数行列式 Δ 中，去掉与第 k 条前向通路接触的所有回路的回路增益项后的余项式。本例中，$k=1$ 时，$p_1=abcd$，$\Delta_1=1$；$k=2$ 时，$p_2=e$，$\Delta_2=1-gc-bf$。于是，使用信号流图的名词术语后，式(2-86)系统传递函数可写为

$$\frac{U_o}{U_i}=\frac{p_1\Delta_1+p_2\Delta_2}{\Delta}=\frac{1}{\Delta}\sum_{k=1}^{2}p_k\Delta_k \tag{2-90}$$

上述表达式建立了信号流图的某些特征量(如前向通路增益、回路增益等)与系统传递函数(或输出量)之间的直观联系，这就是梅森增益公式的雏形。根据这个公式，可以从信号流图上直接写出从源节点到阱节点的传递函数的输出量表达式。

推而广之，具有任意条前向通路及任意个单独回路和不接触回路的复杂信号流图，求取从任意源节点到任意阱节点之间传递函数的梅森增益公式记为

$$P=\frac{1}{\Delta}\sum_{k=1}^{n}p_k\Delta_k \tag{2-91}$$

梅森公式

式中，P 为从源节点到阱节点的传递函数(或总增益)；n 为从源节点到阱节点的前向通路总数；p_k 为从源节点到阱节点的第 k 条前向通路增益；$\Delta=1-\sum L_a+\sum L_bL_c-\sum L_dL_eL_f+\cdots$，称为流图特征式，其中 $\sum L_a$ 为所有单独回路增益之和；$\sum L_bL_c$ 为所有互不接触的单独回路中，每次取其中两个回路的回路增益的乘积之和；$\sum L_dL_eL_f$ 为所有互不接触的单独回路中，每次取其中三个回路的回路增益的乘积之和；Δk 为流图余因子式，它等于流图特征式中除去与第 k 条前向通路相接触的回路增益项(包括回路增益的乘积项)以后的余项式。

例 2-20　试用梅森公式求例 2-17 系统的传递函数 $C(s)/R(s)$。

解　在系统结构图中使用梅森公式时，应特别注意区分不接触回路。为便于观察，将与图 2-30 的系统结构图对应的信号流图绘于图 2-41 中。由图可见，从源节点 R 到阱节点 C 有一条前向通路，其增益①$p_1=G_1G_2G_3G_4$；有三个单独回路，回路增益分别是 $L_1=-G_2G_3H_2$，$L_2=-G_3G_4H_3$，$L_3=-G_1G_2G_3G_4H_1$；没有不接触回路，且前向通路与所有回路均接触，故余因子式 $\Delta_1=1$。因此，由梅森增益公式求得系统传递函数为

$$\frac{C(s)}{R(s)}=P_{RC}=\frac{1}{\Delta}p_1\Delta_1=\frac{G_1G_2G_3G_4}{1+G_1G_2G_3G_4H_1+G_2G_3H_2+G_3G_4H_3}$$

显然，上述结果与例 2-17 用结构图变换所得结果相同。

① 为便于书写，$G(s)$有时简写为 G。

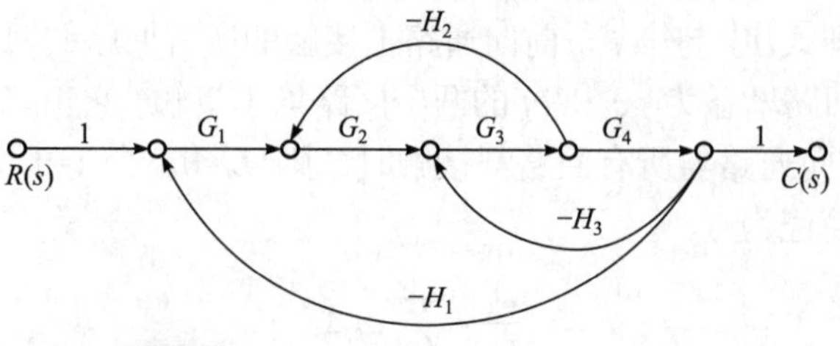

图 2-41 与图 2-30 对应的系统信号流图

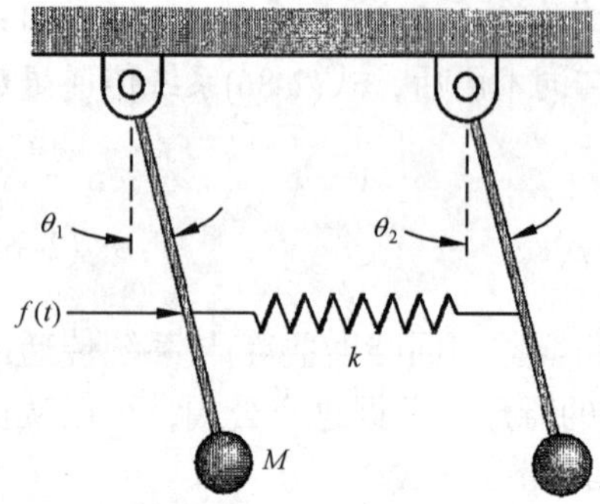

图 2-42 双摆系统示意图

例 2-21 图 2-42 所示为双摆系统。双摆悬挂在无摩擦的旋轴上，并且用弹簧把它们的中点连在一起。假定：摆的质量为 M；摆杆长度为 l；摆杆质量不计；弹簧置于摆杆的 $l/2$ 处，其弹性系数为 k；摆的角位移很小，$\sin\theta$，$\cos\theta$ 均可进行线性近似处理；当 $\theta_1=\theta_2$ 时，位于杆中间的弹簧无变形，且外力输入 $f(t)$只作用于左侧的杆。若令 $a=g/l+k/(4M)$，$b=k/(4M)$，要求：1) 列写双摆系统的运动方程；2) 确定传递函数 $\Theta_1(s)/F(s)$；3) 画出双摆系统的结构图和信号流图。

解 本题为系统数学模型建立的微分方程法、传递函数法、结构图法和信号流图法的综合运用，其结果可以相互转化与验证。

1) 运动方程。弹簧所受到的压力为

$$F = k\frac{l}{2}(\sin\theta_1 - \sin\theta_2)$$

左边摆杆的受力方程为

$$f(t)\frac{l}{2}\cos\theta_1 - F\frac{l}{2}\cos\theta_1 - Mgl\sin\theta_1 = Ml^2\frac{\mathrm{d}^2\theta_1}{\mathrm{d}t^2}$$

即
$$\frac{\mathrm{d}^2\theta_1}{\mathrm{d}t^2} = \frac{f(t)\cos\theta_1}{2Ml} - \frac{F\cos\theta_1}{2Ml} - \frac{g\sin\theta_1}{l}$$

右边摆杆的受力方程为

$$F\frac{l}{2}\cos\theta_2 - Mgl\sin\theta_2 = Ml^2\frac{\mathrm{d}^2\theta_2}{\mathrm{d}t^2}$$

即
$$\frac{\mathrm{d}^2\theta_2}{\mathrm{d}t^2} = \frac{F\cos\theta_2}{2Ml} - \frac{g\sin\theta_2}{l}$$

因 θ_1 与 θ_2 很小，故近似有

$$\sin\theta_1 = \theta_1,\quad \cos\theta_1 = 1$$
$$\sin\theta_2 = \theta_2,\quad \cos\theta_2 = 1$$

将 $F=k\frac{l}{2}(\sin\theta_1-\sin\theta_2)$ 代入左右摆杆的受力方程，并对受力方程作线性化处理，得到两个方程

$$\ddot{\theta}_1=\frac{1}{2Ml}f(t)-\left(\frac{g}{l}+\frac{k}{4M}\right)\theta_1+\frac{k}{4M}\theta_2$$

$$\ddot{\theta}_2=\frac{k}{4M}\theta_1-\left(\frac{g}{l}+\frac{k}{4M}\right)\theta_2$$

将 $a=g/l+k/4M$，$b=k/4M$ 代入以上两个方程，并令 $\omega_1=\dot{\theta}_1$，$\omega_2=\dot{\theta}_2$，得到双摆系统的运动方程

$$\frac{\mathrm{d}\omega_1}{\mathrm{d}t}=\ddot{\theta}_1=-a\theta_1(t)+b\theta_2(t)+\frac{1}{2Ml}f(t)$$

$$\frac{\mathrm{d}\omega_2}{\mathrm{d}t}=\ddot{\theta}_2=b\theta_1(t)-a\theta_2(t)$$

2) 传递函数。设全部初始条件为零，对系统运动方程进行拉氏变换，有

$$s^2\Theta_1(s)=-a\Theta_1(s)+b\Theta_2(s)+\frac{1}{2Ml}F(s)$$

$$s^2\Theta_2(s)=b\Theta_1(s)-a\Theta_2(s)$$

显然

$$\Theta_2(s)=\frac{b}{s^2+a}\Theta_1(s)$$

故

$$\left(s^2+a-\frac{b}{s^2+a}\right)\Theta_1(s)=\frac{1}{2Ml}F(s)$$

求出

$$\frac{\Theta_1(s)}{F(s)}=\frac{1}{2Ml}\cdot\frac{s^2+a}{(s^2+a)^2-b^2}$$

3) 结构图与信号流图。依据信号的传递关系，画出系统结构图和信号流图如图 2-43 及图 2-44 所示。

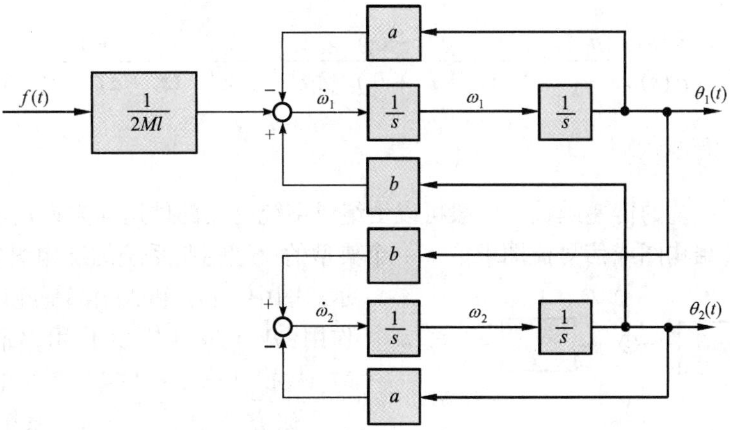

图 2-43　双摆系统结构图

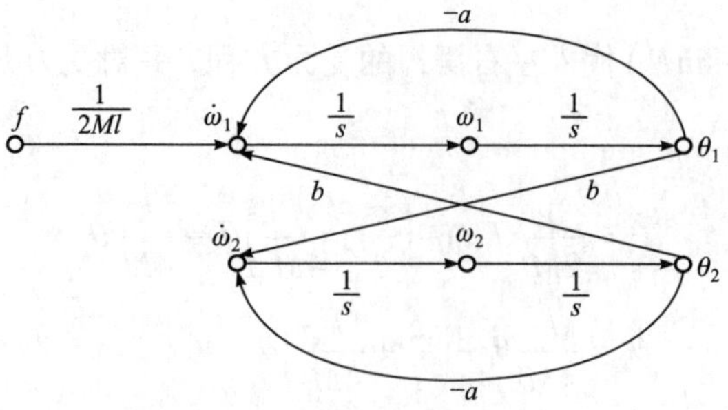

图 2-44　双摆系统信号流图

4) 信号流图与传递函数。为了便于观察，将信号流图改画为图 2-45 所示。由图知，有

$$L_1=-\frac{a}{s^2},\quad L_2=\frac{b^2}{s^4},\quad L_3=-\frac{a}{s^2}$$

$$\Delta=1-(L_1+L_2+L_3)+L_1L_3,\quad p_1=\frac{1}{2Mls^2},\quad \Delta_1=1-L_3$$

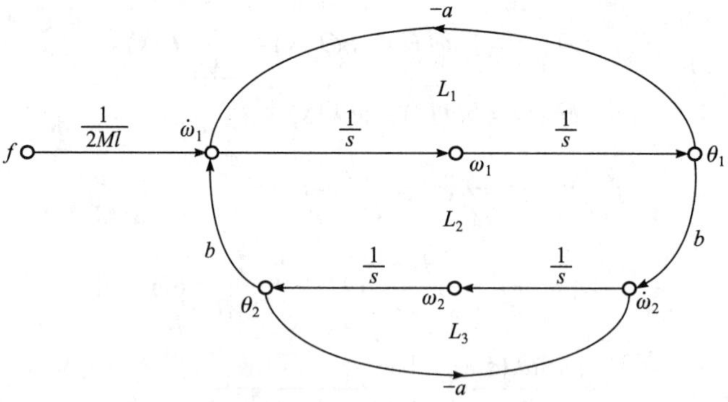

图 2-45　双摆系统信号流图

应用梅森增益公式，立即求得

$$\frac{\Theta_1(s)}{F(s)}=\frac{p_1\Delta_1}{\Delta}=\frac{p_1(1-L_3)}{1-(L_1+L_2+L_3)+L_1L_3}=\frac{1}{2Ml}\cdot\frac{s^2+a}{(s^2+a)^2-b^2}$$

6. 闭环系统的传递函数

反馈控制系统的传递函数，一般可以由组成系统的元部件运动方程式求得，但更方便的是由系统结构图或信号流图求取。一个典型的反馈控制系统的结构图如图 2-46 所示。图中，$R(s)$和 $N(s)$都是施加于系统的外作用，$R(s)$是有用输入作用，简称输入信号；$N(s)$是扰动作用；$C(s)$是系统的输出信号。为了研究有用输入作用对系统输出 $C(s)$的影响，需要求有用输入作用下的闭环传递函数 $C(s)/R(s)$。同样，为了研究扰动作用 $N(s)$

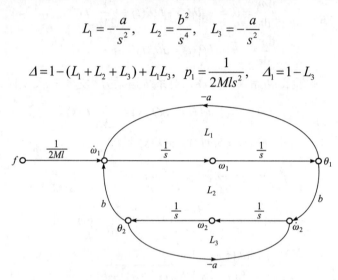

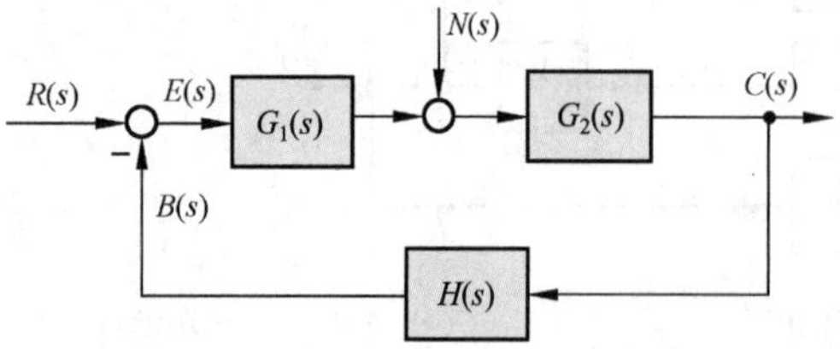

图 2-46　反馈控制系统的典型结构图

对系统输出 $C(s)$的影响，也需要求取扰动作用下的闭环传递函数 $C(s)/N(s)$。此外，在控制系统的分析和设计中，还常用到在输入信号 $R(s)$或扰动 $N(s)$作用下，以误差信号 $E(s)$作为输出量的闭环误差传递函数 $E(s)/R(s)$或 $E(s)/N(s)$。以下分别进行研究。

(1) 输入信号下的闭环传递函数

应用叠加原理，令 $N(s)=0$，可直接求得输入信号 $R(s)$到输出信号 $C(s)$之间的传递函数为

$$\Phi(s)=\frac{C(s)}{R(s)}=\frac{G_1(s)G_2(s)}{1+G_1(s)G_2(s)H(s)} \tag{2-92}$$

由$\Phi(s)$可进一步求得在输入信号下系统的输出量 $C(s)$为

$$C(s)=\Phi(s)R(s)=\frac{G_1(s)G_2(s)}{1+G_1(s)G_2(s)H(s)}R(s) \tag{2-93}$$

式(2-93)表明，系统在输入信号作用下的输出响应 $C(s)$取决于闭环传递函数 $C(s)/R(s)$及输入信号 $R(s)$的形式。

(2) 扰动作用下的闭环传递函数

应用叠加原理，令 $R(s)=0$，可直接由梅森公式求得扰动作用 $N(s)$到输出信号 $C(s)$之间的闭环传递函数

$$\Phi_n(s)=\frac{C(s)}{N(s)}=\frac{G_2(s)}{1+G_1(s)G_2(s)H(s)} \tag{2-94}$$

式(2-94)也可从图 2-46 的系统结构图改画为图 2-47 的系统结构图后求得。同样，由此可求得系统在扰动作用下的输出 $C(s)$为

$$C(s)=\Phi_n(s)N(s)=\frac{G_2(s)}{1+G_1(s)G_2(s)H(s)}N(s)$$

显然，当输入信号 $R(s)$和扰动作用 $N(s)$同时作用时系统的输出为

$$\begin{aligned}\sum C(s)&=\Phi(s)\cdot R(s)+\Phi_n(s)\cdot N(s)\\&=\frac{1}{1+G_1(s)G_2(s)H(s)}\left[G_1(s)G_2(s)R(s)+G_2(s)N(s)\right]\end{aligned}$$

在上式中，如果满足$|G_1(s)G_2(s)H(s)|\gg 1$ 和 $|G_1(s)H(s)|\gg 1$ 的条件，则可简化为

$$\sum C(s)\approx\frac{1}{H(s)}R(s) \tag{2-95}$$

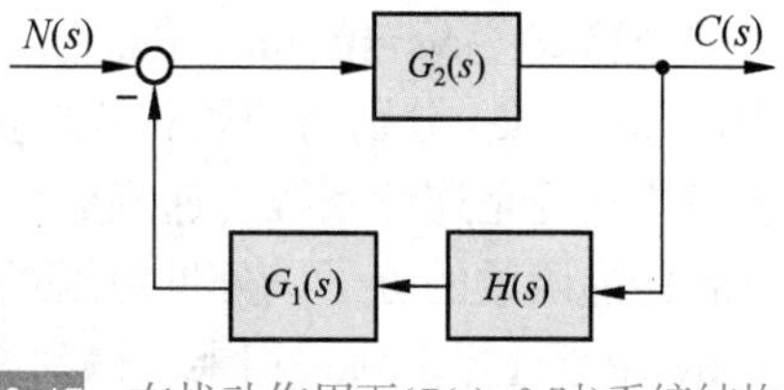

图 2-47　在扰动作用下($R(s)=0$ 时)系统结构图

式(2-95)表明，在一定条件下，系统的输出只取决于反馈通路传递函数 $H(s)$及输入信号 $R(s)$，既与前向通路传递函数无关，也不受扰动作用的影响。特别是当 $H(s)=1$，即单位反馈时，$C(s)\approx R(s)$，从而近似实现了对输入信号的完全复现，且对扰动具有较强的抑制能力。

(3) 闭环系统的误差传递函数

闭环系统在输入信号和扰动作用时，以误差信号 $E(s)$作为输出量时的传递函数称为误差传递函数。它们可以由梅森增益公式或由图 2-46 经结构图等效变换后求得为

$$\Phi_e(s)=\frac{E(s)}{R(s)}=\frac{1}{1+G_1(s)G_2(s)H(s)} \tag{2-96}$$

$$\Phi_{en}(s)=\frac{E(s)}{N(s)}=\frac{-G_2(s)H(s)}{1+G_1(s)G_2(s)H(s)} \tag{2-97}$$

最后要指出的是，对于图 2-46 的典型反馈控制系统，其各种闭环系统传递函数的分母形式均相同，这是因为它们都是同一个特征式，即$\Delta=1+G_1(s)G_2(s)H(s)$，式中 $G_1(s)G_2(s)H(s)$ 称为图 2-46 系统的开环传递函数，它等效为主反馈断开时，从输入信号 $R(s)$到反馈信号 $B(s)$之间的传递函数。此外，对于图 2-46 的线性系统，应用叠加原理可以研究系统在各种情况下的输出量 $C(s)$或误差量 $E(s)$，然后进行叠加，求出$\sum C(s)$或$\sum E(s)$。但绝不允许将各种闭环传递函数进行叠加后求其输出响应。

2-5　控制系统建模的仿真方法

在控制系统的分析和设计中，首先要建立系统的数学模型。常用的系统模型有传递函数模型、零极点模型以及状态空间模型等，在 MATLAB 和 Python 中，函数调用格式一致。下面结合图 2-48，介绍这些建模方法。

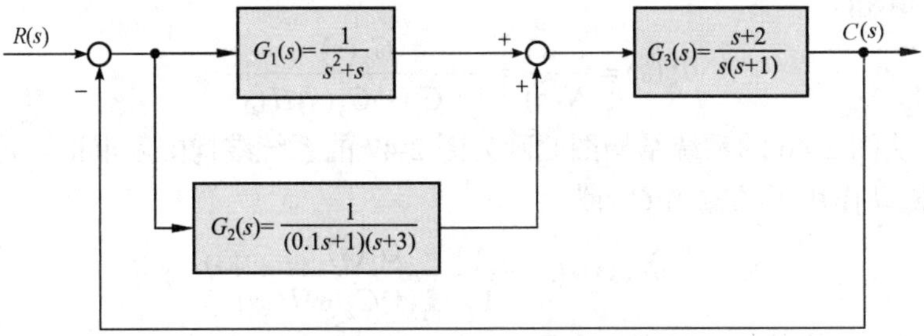

图 2-48　控制系统结构图

1. 控制系统模型描述

(1) 系统传递函数模型描述

命令格式：sys=**tf**(num, den, Ts)

其中，num，den 分别为分子和分母多项式中按降幂排列的系数向量；Ts 表示采样时间，缺省时描述的是连续系统传递函数。图 2-48 中的 $G_1(s)$可描述为 G1=tf ([1], [1 1 0])。

若传递函数的分子、分母为因式连乘形式，如图 2-48 中 $G_2(s)$所示，则可以考虑采用 conv 命令进行多项式相乘，得到展开后的分子、分母多项式按降幂排列的系数向量，再用 tf 命令建模。如 $G_2(s)$可描述为 num=1;den=conv([0.1 1], [1 3]);G2=tf (num, den)。

(2) 系统零极点模型描述

命令格式：sys=**zpk**(z, p, k, Ts)

其中，z，p，k 分别表示系统的零点、极点及增益，若无零、极点，则用[ ]表示；Ts 表示采样时间，缺省时描述的是连续系统。图 2-48 中的 $G_3(s)$可描述为 G3=zpk([−2], [0−1], 1)。

(3) 系统状态空间模型描述

该方法将在第九章结合实例介绍。

2. 模型转换

控制系统分析与设计中有时需要特定的模型描述形式，采用下述函数可进行传递函数模型与零极点模型之间的转换。

命令格式：[num, den]=**zp2tf**(z, p, k)

[z,p,k]=**tf2zp**(num, den)

其中，zp2tf 可以将零极点模型转换成传递函数模型，而 tf2zp 可以将传递函数模型转换成零极点模型。图 2-48 中的 $G_1(s)$转换成零极点模型为[z, p, k]=tf2zp([1], [1 1 0])，$G_3(s)$转换成传递函数模型为[num, den]=zp2tf([−2], [0−1], 1)。

3. 系统连接

一个控制系统通常由多个子系统相互连接而成，而最基本的三种连接方式为图 2-48 中所示的串联、并联和反馈连接形式。

(1) 两个系统的并联连接

命令格式：sys=**parallel**(sys1, sys2)

对于 SISO 系统，parallel 命令相当于符号“+”。对于图 2-48 中由 $G_1(s)$和 $G_2(s)$并联组成的子系统 $G_{12}(s)$，可描述为 G12= parallel(G1,G2)。

(2) 两个系统的串联连接

命令格式：sys=**series**(sys1,sys2)

对于 SISO 系统，series 命令相当于符号“*”。对于图 2-48 中由 $G_{12}(s)$和 $G_3(s)$串联组成的开环传递函数，可描述为 G= series(G12,G3)。

(3) 两个系统的反馈连接

命令格式：sys=**feedback**(sys1,sys2,sign)

其中，sign 用于说明反馈性质(正、负)。sign 缺省时，默认为负，即 sign=−1。由于图 2-48 系统为单位负反馈系统，所以系统的闭环传递函数可描述为 sys=feedback(G, 1, −1)。其中 G 表示开环传递函数，“1”表示是单位反馈，“−1”表示是负反馈，可缺省。

4. 综合应用：结构图化简及其闭环传递函数的求取

例 2-22　已知多回路反馈系统的结构图如图 2-49 所示，求闭环系统的传递函数

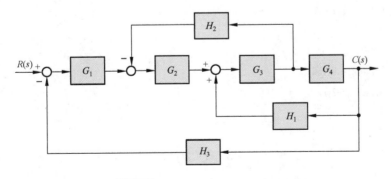

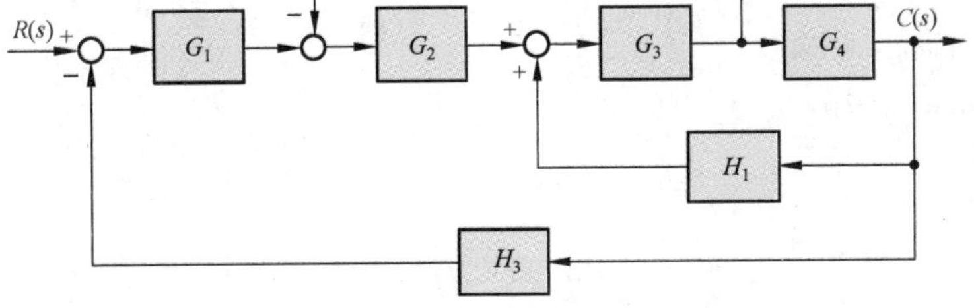

图 2-49　多回路反馈系统结构图

$\dfrac{C(s)}{R(s)}$。其中，$G_1(s)=\dfrac{1}{s+10}$，$G_2(s)=\dfrac{1}{s+1}$，$G_3(s)=\dfrac{s^2+1}{s^2+4s+4}$，$G_4(s)=\dfrac{s+1}{s+6}$，$H_1(s)=\dfrac{s+1}{s+2}$，$H_2(s)=2$，$H_3(s)=1$。

解 MATLAB 程序如下：

```
G1=tf ([1], [1 10]); G2=tf ([1],[1 1]); G3=tf ([1 0 1], [1 4 4]);
numg4=[1 1]; deng4=[1 6]; G4=tf (numg4, deng4);
H1=zpk([-1], [-2], 1);
numh2=[2]; denh2=[1]; H3=1;                          %建立各个方框子系统模型
nh2=conv(numh2, deng4); dh2=conv(denh2, numg4);
H2=tf (nh2, dh2);                                    %先将 H2 移至 G4 之后
sys1=series(G3,G4);
sys2=feedback(sys1, H1, +1);      %计算由 G3、G4 和 H1 回路组成的子系统模型
sys3=series(G2,sys2);
sys4=feedback(sys3, H2);          %计算由 H2 构成反馈回路的子系统模型
sys5=series(G1,sys4);
sys=feedback(sys5,H3)             %计算由 H3 构成反馈主回路的系统闭环传递函数
```

在 MATLAB 中运行上述程序后，求得系统的闭环传递函数为

```
Zero/pole/gain:

                0.083333 (s+1)^2 (s+2) (s^2+1)
      ---------------------------------------------

  (s+10.12) (s+2.44) (s+2.349) (s+1) (s^2+1.176s+1.023)
```

式中“^”表示乘方运算。

Python 程序如下：

```
import control as ctr
import numpy as np

G1 = ctr.tf([1],[1,10])
G2 = ctr.tf([1],[1,1])
G3 = ctr.tf([1,0,1],[1,4,4])
numg4 = [1,1]
deng4 = [1,6]
G4 = ctr.tf(numg4,deng4)
H1 = ctr.tf([1,1],[1,2])
numh2 = [2]
denh2 = [1]
H3 = 1                               #建立各个方框子系统模型

nh2 = np.convolve(numh2, denh2)
```

```
dh2 = np.convolve(denh2, numg4)
H2= ctr.tf(nh2, dh2)                    #先将 H2 移至 G4 之后

sys1 = ctr.series(G3, G4)
sys2 = ctr.feedback(sys1, H1, +1)       #计算由 G3,G4 和 H1 回路组成的子系统模型

sys3 = ctr.series(G2, sys2)
sys4 = ctr.feedback(sys3, H2)           #计算由 H2 构成反馈回路的子系统模型

sys5 = ctr.series(G1, sys4)
sys = ctr.feedback(sys5, H3)            #计算由 H3 构成反馈主回路的系统闭环传递函数模型

print(sys)                              #输出求得的系统闭环传递函数
```

习　题

2-1　在图 1-16 的液位自动控制系统中，设容器横截面积为 F，希望液位为 c_0。若液位高度变化率与液体流量差 Q_1-Q_2 成正比，试列写以液位为输出量的微分方程式。

2-2　设机械系统如图 2-50 所示，其中 x_i 是输入位移，x_o 是输出位移。试分别列写各系统的微分方程式。

2-3　试证明图 2-51(a)的电网络与(b)的机械系统有相同的数学模型。

2-4　在液压系统管道中，设通过阀门的流量 Q 满足如下流量方程：

$$Q = K\sqrt{P}$$

式中，K 为比例常数；P 为阀门前后的压差。若流量 Q 与压差 P 在其平衡点(Q_0, P_0)附近作微小变化，试导出线性化流量方程。

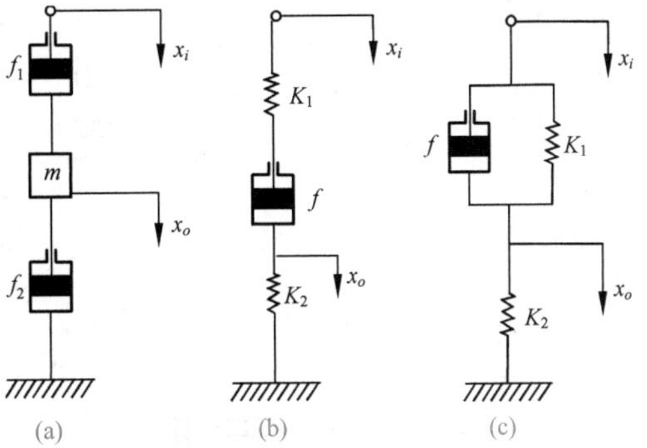

图 2-50　机械系统原理图

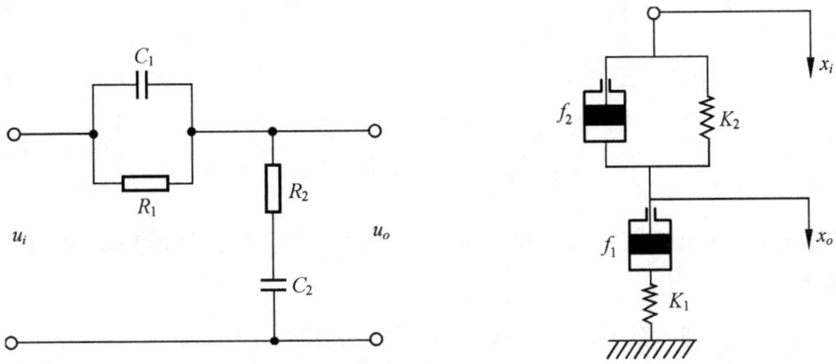

(a) 电网络　　(b) 机械系统

图 2-51　电网络与机械系统原理图

2-5　设弹簧特性由下式描述：

$$F = 12.65y^{1.1}$$

其中，F 是弹簧力；y 是变形位移。若弹簧在变形位移 0.25 附近作微小变化，试推导 ΔF 的线性化方程。

2-6　若某系统在阶跃输入 $r(t)=1(t)$时，零初始条件下的输出响应 $c(t)=1-e^{-2t}+e^{-t}$，试求系统的传递函数和脉冲响应。

2-7　设系统传递函数为

$$\frac{C(s)}{R(s)} = \frac{2}{s^2+3s+2}$$

且初始条件 $c(0)=-1, \dot{c}(0)=0$。试求阶跃输入 $r(t)=1(t)$时，系统的输出响应 $c(t)$。

2-8　在图 2-52 中，已知 $G(s)$和 $H(s)$两方框相对应的微分方程分别是

$$6\frac{\mathrm{d}c(t)}{\mathrm{d}t} + 10c(t) = 20e(t)$$

$$20\frac{\mathrm{d}b(t)}{\mathrm{d}t} + 5b(t) = 10c(t)$$

且初始条件均为零，试求传递函数 $C(s)/R(s)$及 $E(s)/R(s)$。

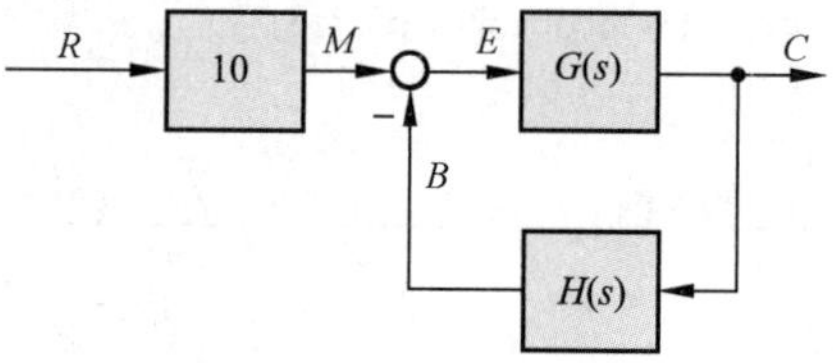

图 2-52　题 2-8 的系统结构图

2-9　求图 2-53 所示有源网络的传递函数 $U_o(s)/U_i(s)$。

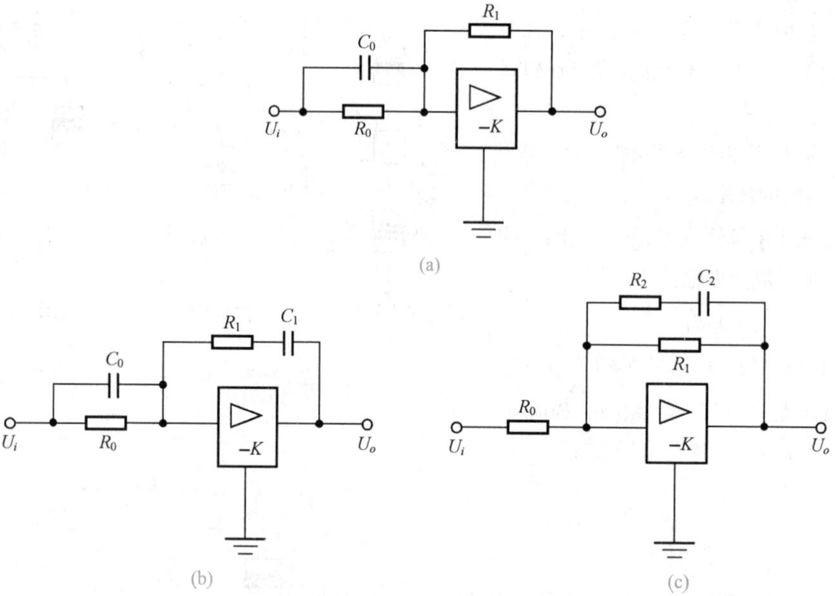

图 2-53　有源网络电路图

2-10　某位置随动系统原理图如图 2-54 所示。已知电位器最大工作角度 $\theta_{max}=330°$，功率放大级放大系数为 K_3，要求：

(1) 分别求出电位器传递系数 K_0，第一级和第二级放大器的比例系数 K_1 和 K_2；

(2) 画出系统结构图；

(3) 简化结构图，求系统传递函数 $\Theta_o(s)/\Theta_i(s)$。

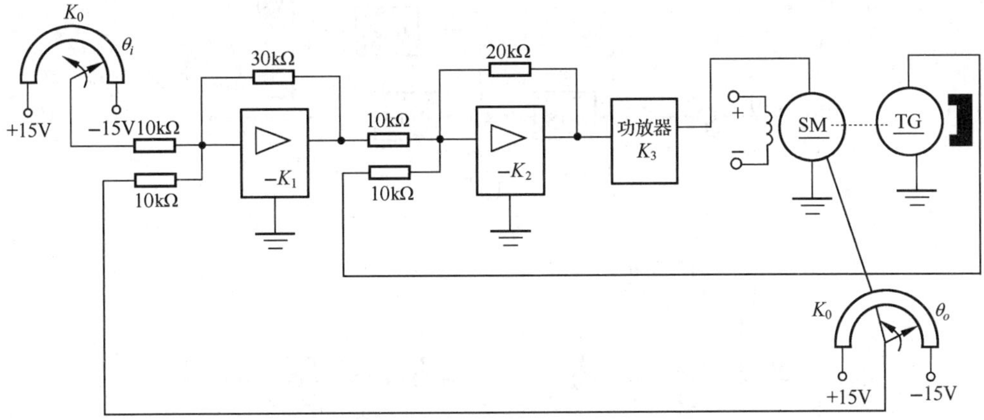

图 2-54　位置随动系统原理图

2-11　已知控制系统结构图如图 2-55 所示。试通过结构图等效变换求系统传递函数 $C(s)/R(s)$。

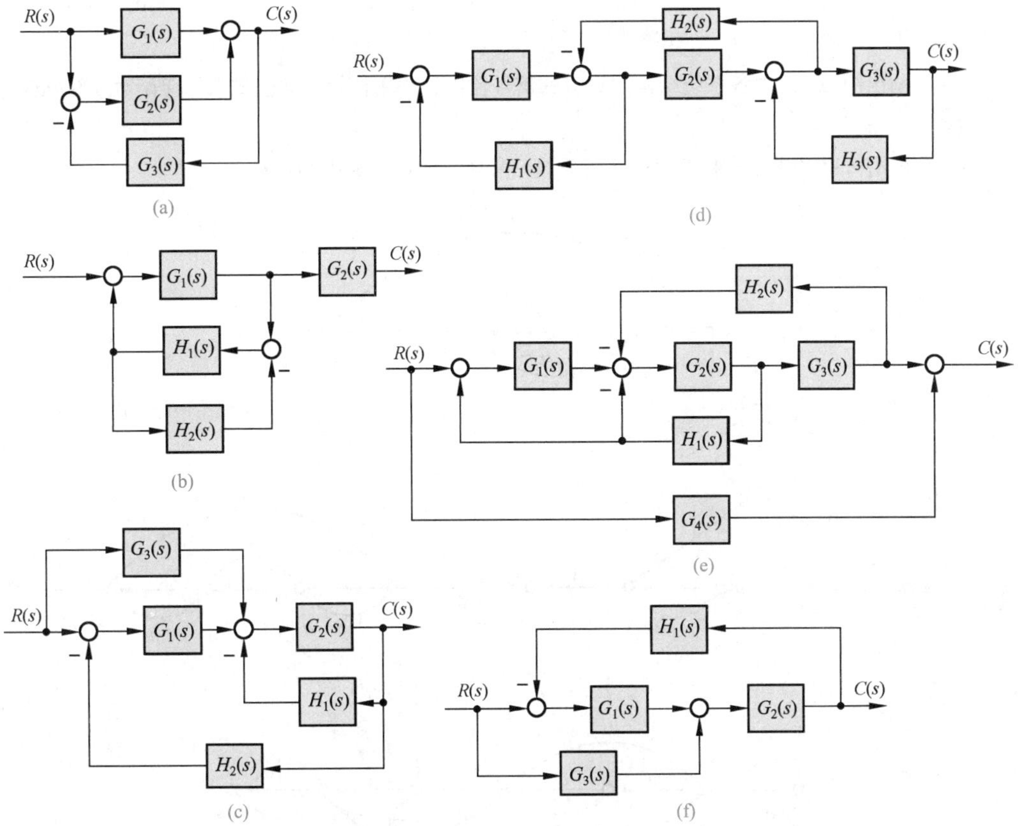

图 2-55　题 2-11 的系统结构图

2-12　试简化图 2-56 中的系统结构图，并求传递函数 $C(s)/R(s)$和 $C(s)/N(s)$。

2-13　试绘制图 2-55 中各系统结构图对应的信号流图，并用梅森增益公式求各系统的传递函数 $C(s)/R(s)$。

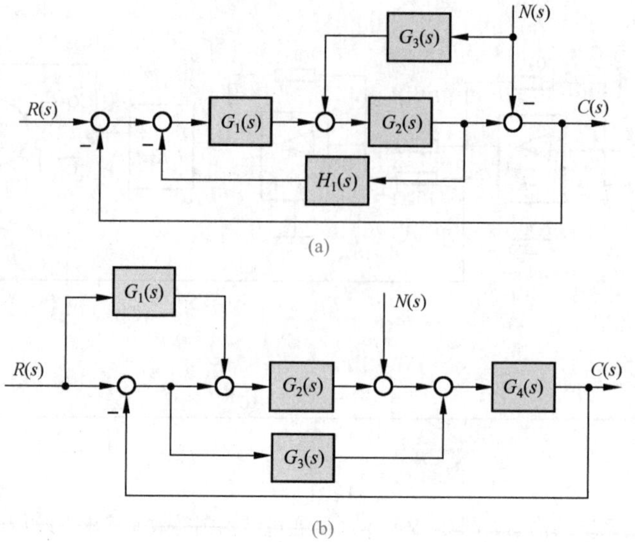

图 2-56　题 2-12 的系统结构图

2-14　画出图 2-56 中各系统结构图对应的信号流图，并用梅森增益公式求传递函数 $C(s)/R(s)$和$C(s)/N(s)$。

2-15　试用梅森增益公式求图 2-57 中各系统信号流图的传递函数 $C(s)/R(s)$。

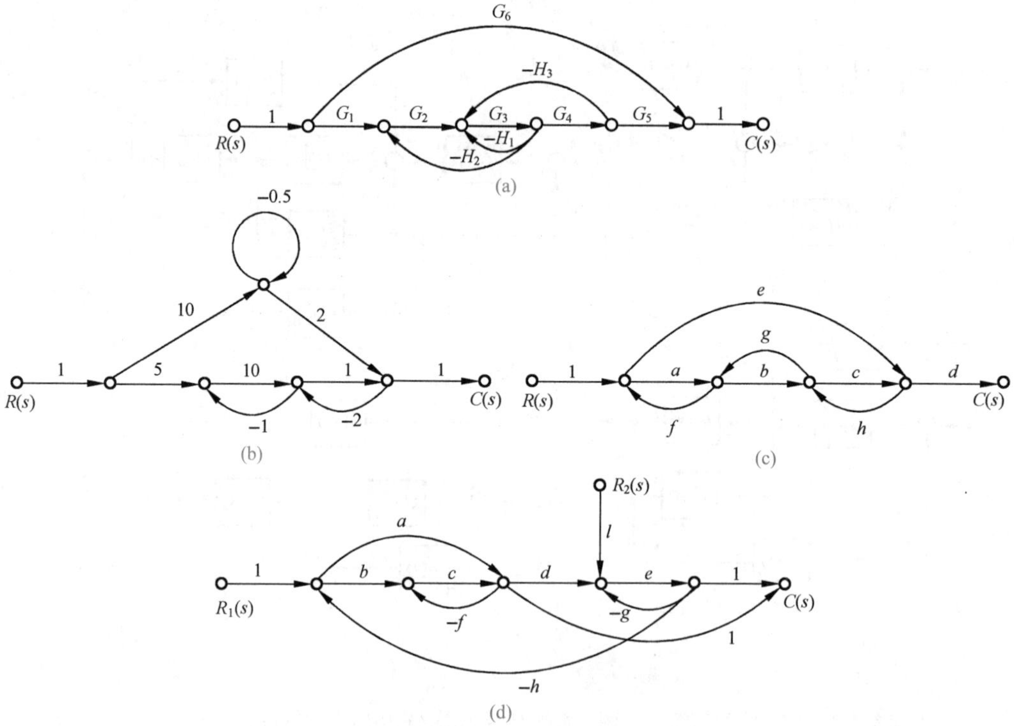

图 2-57　系统信号流图

第三章　线性系统的时域分析法

本章导学

在确定系统的数学模型后，便可以用几种不同的方法去分析控制系统的动态性能和稳态性能。在经典控制理论中，常用时域分析法、根轨迹法或频域分析法来分析线性控制系统的性能。显然，不同的方法有不同的特点和适用范围，但是比较而言，时域分析法是一种直接在时间域中对系统进行分析的方法，具有直观、准确的优点，并且可以提供系统时间响应的全部信息。本章主要研究线性控制系统性能分析的时域法。

3-1　系统的时域性能指标

控制系统性能的评价分为动态性能指标和稳态性能指标两类。为了求解系统的时间响应，必须了解输入信号(即外作用)的解析表达式。然而，在一般情况下，控制系统的外加输入信号具有随机性而无法预先确定，因此需要选择若干典型输入信号。

1. 典型输入信号

一般说来，我们是针对某一类输入信号来设计控制系统的。某些系统，例如室温系统或水位调节系统，其输入信号为要求的室温高低或水位高度，这是设计者所熟知的。但是在大多数情况下，控制系统的输入信号以无法预测的方式变化。例如，在防空火炮系统中，敌机的位置和速度无法预料，使火炮控制系统的输入信号具有了随机性，从而给规定系统的性能要求以及分析和设计工作带来了困难。为了便于进行分析和设计，同时也为了便于对各种控制系统的性能进行比较，我们需要假定一些基本的输入函数形式，称之为典型输入信号。**所谓典型输入信号，是指根据系统常遇到的输入信号形式，在数学描述上加以理想化的一些基本输入函数。**控制系统中常用的典型输入信号有：单位阶跃函数、单位斜坡(速度)函数、单位加速度(抛物线)函数、单位脉冲函数和正弦函数，如表 3-1 所示。这些函数都是简单的时间函数，便于数学分析和实验研究。

实际应用时究竟采用哪一种典型输入信号，取决于系统常见的工作状态；同时，在所有可能的输入信号中，往往选取最不利的信号作为系统的典型输入信号。这种处理方法在许多场合是可行的。例如，室温调节系统和水位调节系统，以及工作状态突然改变或突然受到恒定输入作用的控制系统，都可以采用阶跃函数作为典型输入信号；跟踪通信卫星的天线控制系统，以及输入信号随时间恒速变化的控制系统，斜坡函数是比较合适的典型输入；加速度函数可用来作为宇宙飞船控制系统的典型输入；当控制系统的输入信号是冲击输入量时，采用脉冲函数最为合适；当系统的输入作用具有周期性的变化时，可选择正弦函数作为典型输入。同一系统中，不同形式的输入信号所对应的输出响应是不同的，但对于线性控制系统来说，它们所表征的系统性能是一致的。通常以单位阶跃函数作为典型输入作用，则可在一个统一的基础上对各种控制系统的特性进行比较和研究。

表 3-1　典型输入信号

名　称	时域表达式	复域表达式
单位阶跃函数	$1(t),\ t\geqslant 0$	$\frac{1}{s}$
单位斜坡函数	$t,\ t\geqslant 0$	$\frac{1}{s^2}$
单位加速度函数	$\frac{1}{2}t^2,\ t\geqslant 0$	$\frac{1}{s^3}$
单位脉冲函数	$\delta(t),\ t=0$	1
正弦函数	$A\sin\omega t$	$\frac{A\omega}{s^2+\omega^2}$

应当指出，有些控制系统的实际输入信号是变化无常的随机信号，例如定位雷达天线控制系统，其输入信号中既有运动目标的不规则信号，又包含有许多随机噪声分量，此时就不能用上述确定性的典型输入信号去代替实际输入信号，而必须采用随机过程理论进行处理。

为了评价线性系统的时域性能指标，需要研究控制系统在典型输入信号作用下的时间响应过程。

2. 动态过程与稳态过程

在典型输入信号作用下，任何一个控制系统的时间响应都由动态过程和稳态过程两部分组成。

(1) 动态过程

动态过程又称过渡过程或瞬态过程，指系统在典型输入信号作用下，系统输出量从初始状态到最终状态的响应过程。由于实际控制系统具有惯性、摩擦以及其他一些原因，系统输出量不可能完全复现输入量的变化。根据系统结构和参数选择情况，动态过程表现为衰减、发散或等幅振荡形式。显然，一个可以实际运行的控制系统，其动态过程必须是衰减的，换句话说，系统必须是稳定的。动态过程除提供系统稳定性的信息外，还可以提供响应速度及阻尼情况等信息。这些信息用动态性能描述。

(2) 稳态过程

稳态过程指系统在典型输入信号作用下，当时间 t 趋于无穷时，系统输出量的表现方式。稳态过程又称稳态响应，表征系统输出量最终复现输入量的程度，提供系统有关稳态误差的信息，用稳态性能描述。

由此可见，控制系统在典型输入信号作用下的性能指标，通常由动态性能和稳态性能两部分组成。

3. 动态性能与稳态性能

稳定是控制系统能够运行的首要条件，因此只有当动态过程收敛时，研究系统的动态性能才有意义。

(1) 动态性能

通常在阶跃函数作用下，测定或计算系统的动态性能。一般认为，阶跃输入对系统来说是最严峻的工作状态。如果系统在阶跃函数作用下的动态性能满足要求，那么系统在其他形式的函数作用下，其动态性能也是令人满意的。

描述稳定的系统在单位阶跃函数作用下，动态过程随时间 t 的变化状况的指标，称为动态性能指标。为了便于分析和比较，假定系统在单位阶跃输入信号作用前处于静止状态，而且输出量及其各阶导数均等于零。对于大多数控制系统来说，这种假设是符合实际情况的。对于图 3-1 所示单位阶跃响应 $c(t)$，其动态性能指标通常如下：

上升时间(rise time)t_r　指响应从终值 10%上升到终值 90%所需的时间；对于有振荡的系统，亦可定义为响应从零第一次上升到终值所需的时间。上升时间是系统响应速度的一种度量。上升时间越短，响应速度越快。

峰值时间(peak time)t_p　指响应超过其终值到达第一个峰值所需的时间。

调节时间(settling time)t_s　指响应到达并保持在终值±5%或±2%误差内所需的最短时间。

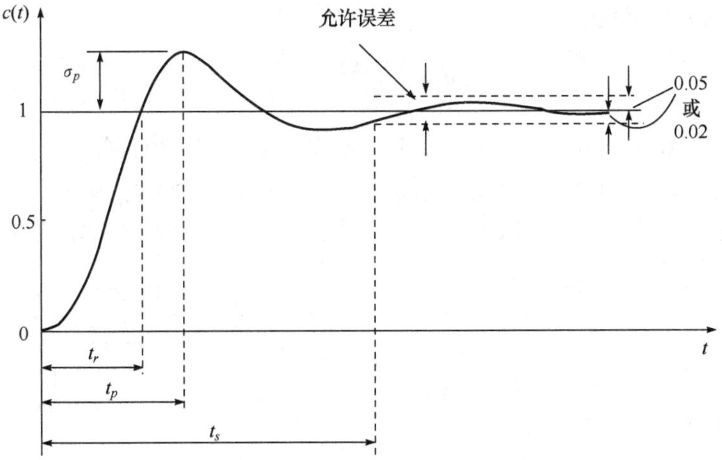

系统动态性能指标的定义

图 3-1　单位阶跃响应曲线

超调量$\sigma\%$　指响应的最大偏离量 $c(t_p)$与终值 $c(\infty)$的差σ_p与终值 $c(\infty)$比的百分数，即

$$\sigma\% = \frac{c(t_p) - c(\infty)}{c(\infty)} \times 100\% \tag{3-1}$$

若 $c(t_p)<c(\infty)$，则响应无超调。超调量亦称为最大超调量，或百分比超调量。

上述四个动态性能指标，基本上可以体现系统动态过程的特征。在实际应用中，常用的动态性能指标多为上升时间、调节时间和超调量。通常，用 t_r或 t_p评价系统的响应速度；用$\sigma\%$或σ_p评价系统的阻尼程度；而 t_s是同时反映响应速度和阻尼程度的综合性指标。应当指出，除简单的一、二阶系统外，要精确确定这些动态性能指标的解析表达式是很困难的。

(2) 稳态性能

稳态误差是描述系统稳态性能的一种性能指标，通常在阶跃函数、斜坡函数或加速度函数作用下进行测定或计算。若时间趋于无穷时，系统的输出量不等于输入量或输入量的确定函数，则系统存在稳态误差。稳态误差是系统控制精度或抗扰动能力的一种度量。

3-2 一阶系统的时域分析

凡以一阶微分方程描述运动方程的控制系统，称为一阶系统。在工程实践中，一阶系统不乏其例。有些高阶系统的特性，常可用一阶系统的特性来近似表征。

1. 一阶系统的数学模型

研究图 3-2(a)所示 RC 电路，其运动微分方程为

$$T\dot{c}(t)+c(t)=r(t) \tag{3-2}$$

式中，$c(t)$为电路输出电压；$r(t)$为电路输入电压；$T=RC$ 为时间常数。当该电路的初始条件为零时，其传递函数为

$$\Phi(s)=\frac{C(s)}{R(s)}=\frac{1}{Ts+1} \tag{3-3}$$

相应的结构图如图 3-2(b)所示。可以证明，室温调节系统、恒温箱以及水位调节系统的闭环传递函数形式与式(3-3)完全相同，仅时间常数含义有所区别。因此，式(3-2)或式(3-3)称为一阶系统的数学模型。在以下的分析和计算中，均假定系统初始条件为零。

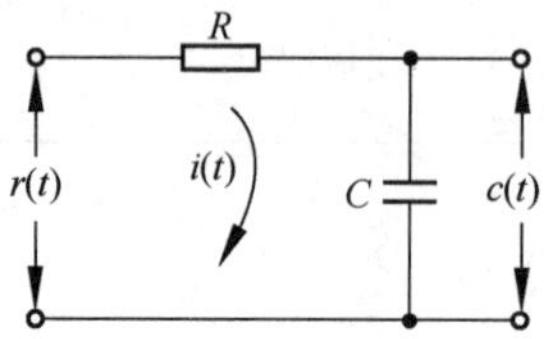

(a) 电路图

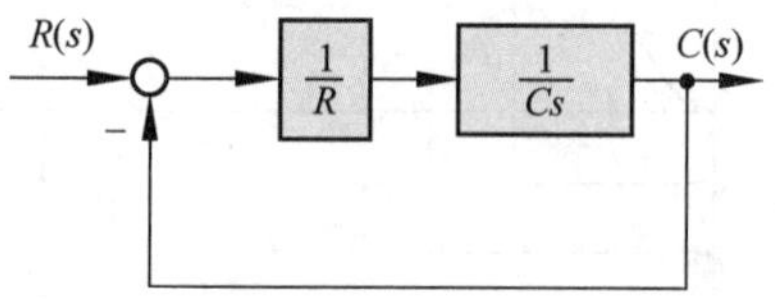

(b) 结构图

图 3-2 一阶控制系统

应当指出，具有同一运动方程或传递函数的所有线性系统，对同一输入信号的响应是相同的。当然，对于不同形式或不同功能的一阶系统，其响应特性的数学表达式具有不同的物理意义。

2. 一阶系统的单位阶跃响应

设一阶系统的输入信号为单位阶跃函数 $r(t)=1(t)$，则由式(3-3)可得一阶系统的单位阶跃响应为

$$c(t)=1-\mathrm{e}^{-t/T},\quad t\geqslant 0 \tag{3-4}$$

由式(3-4)可见，一阶系统的单位阶跃响应是一条初始值为零，以指数规律上升到终值 $c_{ss}=1$ 的曲线，如图 3-3 所示。

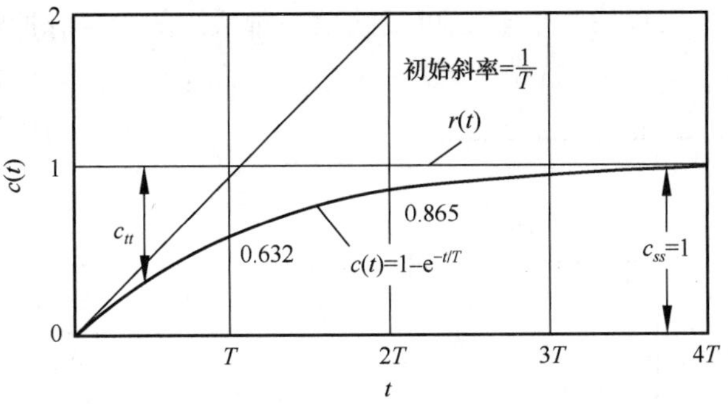

图 3-3　一阶系统的单位阶跃响应曲线

图 3-3 表明，一阶系统的单位阶跃响应为非周期响应，具备如下两个重要特点：

1) 可用时间常数 T 去度量系统输出量的数值。例如，当 $t=T$ 时，$c(T)=0.632$；而当 t 分别等于 $2T$，$3T$ 和 $4T$ 时，$c(t)$的数值将分别等于终值的 86.5%，95%和 98.2%。根据这一特点，可用实验方法测定一阶系统的时间常数，或判定所测系统是否属于一阶系统。

2) 响应曲线的斜率初始值为 $1/T$，并随时间的推移而下降。例如

$$\left.\frac{\mathrm{d}c(t)}{\mathrm{d}t}\right|_{t=0}=\frac{1}{T}$$

$$\left.\frac{\mathrm{d}c(t)}{\mathrm{d}t}\right|_{t=T}=0.368\frac{1}{T}$$

$$\left.\frac{\mathrm{d}c(t)}{\mathrm{d}t}\right|_{t=\infty}=0$$

从而使单位阶跃响应完成全部变化量所需的时间为无限长，即有 $c(\infty)=1$。此外，初始斜率特性，也是常用的确定一阶系统时间常数的方法之一。

根据动态性能指标的定义，一阶系统的动态性能指标为

$$t_r=2.20T$$

$$t_s=3T(\Delta=5\%)\quad 或\quad t_s=4T(\Delta=2\%)$$

一阶系统的动态性能指标

显然，峰值时间 t_p 和超调量σ%都不存在。

由于时间常数 T 反映系统的惯性，因此一阶系统的惯性越小，其响应过程越快；反之，惯性越大，响应越慢。

3. 一阶系统的单位脉冲响应

当输入信号为理想单位脉冲函数时，由于 $R(s)=1$，所以系统输出量的拉氏变换式与系统的传递函数相同，即

$$C(s)=\frac{1}{Ts+1}$$

这时系统的输出称为脉冲响应，其表达式为

$$c(t)=\frac{1}{T}\mathrm{e}^{-t/T},\quad t\geqslant 0 \tag{3-5}$$

如果令 t 分别等于 T，$2T$，$3T$ 和 $4T$，可以绘出一阶系统的单位脉冲响应曲线，如图 3-4 所示。

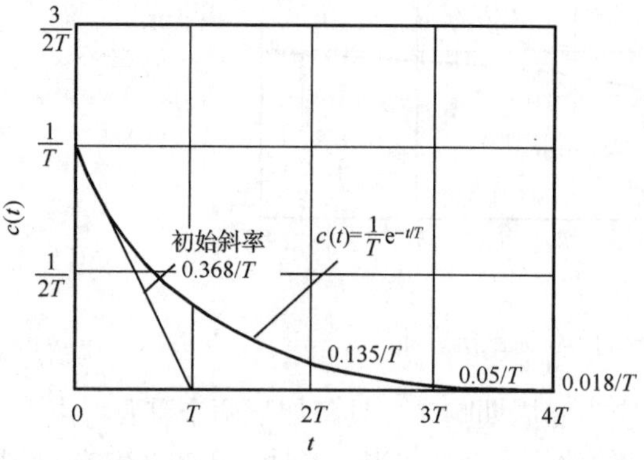

图 3-4　一阶系统的单位脉冲响应曲线

由式(3-5)可以算出响应曲线的各处斜率为

$$\left.\frac{\mathrm{d}c(t)}{\mathrm{d}t}\right|_{t=0}=-\frac{1}{T^2}$$

$$\left.\frac{\mathrm{d}c(t)}{\mathrm{d}t}\right|_{t=T}=-0.368\frac{1}{T^2}$$

$$\left.\frac{\mathrm{d}c(t)}{\mathrm{d}t}\right|_{t=\infty}=0$$

由图 3-4 可见，一阶系统的脉冲响应为一单调下降的指数曲线。若定义该指数曲线衰减到其初始的 5%所需的时间为脉冲响应调节时间，则仍有 $t_s=3T$。故系统的惯性越小，响应过程的快速性越好。

在初始条件为零的情况下，一阶系统的闭环传递函数与脉冲响应函数之间，包含着相同的动态过程信息。这一特点同样适用于其他各阶线性定常系统，因此常以单位脉冲输入信号作用于系统，根据被测定系统的单位脉冲响应，可以求得被测系统的闭环传递函数。

鉴于工程上无法得到理想单位脉冲函数，因此常用具有一定脉宽 b 和有限幅度的矩形脉动函数来代替。为了得到近似度较高的脉冲响应函数，要求实际脉动函数的宽度 b 远小于系统的时间常数 T，一般规定 $b<0.1T$。

4. 一阶系统的单位斜坡响应

设系统的输入信号为单位斜坡函数，则由式(3-3)可以求得一阶系统的单位斜坡响应为

$$c(t)=(t-T)+T\mathrm{e}^{-t/T},\quad t\geqslant 0 \tag{3-6}$$

式中，$(t-T)$为稳态分量；$T\mathrm{e}^{-t/T}$为瞬态分量。

式(3-6)表明：一阶系统的单位斜坡响应的稳态分量，是一个与输入斜坡函数的斜率相同但时间滞后 T 的斜坡函数，因此在位置上存在稳态跟踪误差，其值正好等于时间常数 T；一阶系统单位斜坡响应的瞬态分量为衰减非周期函数。

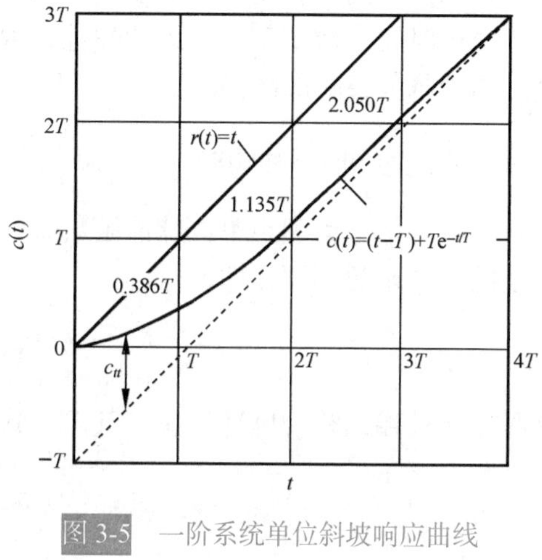

图 3-5　一阶系统单位斜坡响应曲线

根据式(3-6)绘出的一阶系统的单位斜坡响应曲线如图 3-5 所示。比较图 3-3 和图 3-5 可以发现一个有趣现象：在阶跃响应曲线中，输出量和输入量之间的位置误差

随时间而减小，最后趋于零，而在初始状态下，位置误差最大，响应曲线的初始斜率也最大；在斜坡响应曲线中，输出量和输入量之间的位置误差随时间而增大，最后趋于常值 T，惯性越小，跟踪的准确度越高，而在初始状态下，初始位置和初始斜率均为零，因为

$$\left.\frac{\mathrm{d}c(t)}{\mathrm{d}t}\right|_{t=0} = 1-\mathrm{e}^{-t/T}\Big|_{t=0} = 0$$

显然，在初始状态下，输出速度和输入速度之间误差最大。

5. 一阶系统的单位加速度响应

设系统的输入信号为单位加速度函数，则由式(3-3)可以求得一阶系统的单位加速度响应为

$$c(t)=\frac{1}{2}t^2-Tt+T^2(1-\mathrm{e}^{-t/T}), \quad t \geqslant 0 \tag{3-7}$$

因此系统的跟踪误差为

$$e(t)=r(t)-c(t)=Tt-T^2(1-\mathrm{e}^{-t/T})$$

上式表明，跟踪误差随时间推移而增大，直至无限大。因此，一阶系统不能实现对加速度输入函数的跟踪。

一阶系统对上述典型输入信号的响应归纳于表 3-2 之中。由表 3-2 可见，单位脉冲函数与单位阶跃函数的一阶导数及单位斜坡函数的二阶导数的等价关系，对应有单位脉冲响应与单位阶跃响应的一阶导数及单位斜坡响应的二阶导数的等价关系。这个等价对应关系表明：系统对输入信号导数的响应，就等于系统对该输入信号响应的导数；或者，系统对输入信号积分的响应，就等于系统对该输入信号响应的积分，而积分常数由零输出初始条件确定。这是线性定常系统的一个重要特性，适用于任何阶线性定常系统，但不适用于线性时变系统和非线性系统。因此，研究线性定常系统的时间响应，不必对每种输入信号形式进行测定和计算，往往只取其中一种典型形式进行研究。

表 3-2 一阶系统对典型输入信号的输出响应

输入信号	输出响应
$1(t)$	$1-\mathrm{e}^{-t/T}, \ t \geqslant 0$
$\delta(t)$	$\frac{1}{T}\mathrm{e}^{-t/T}, \ t \geqslant 0$
t	$t-T+T\mathrm{e}^{-t/T}, \ t \geqslant 0$
$\frac{1}{2}t^2$	$\frac{1}{2}t^2-Tt+T^2(1-\mathrm{e}^{-t/T}), \ t \geqslant 0$

3-3 二阶系统的时域分析

凡以二阶微分方程描述运动方程的控制系统，称为二阶系统。在控制工程中，不仅二阶系统的典型应用极为普遍，而且不少高阶系统的特性在一定条件下可用二阶系统的特性来表征。因此，着重研究二阶系统的分析和计算方法，具有较大的实际意义。

1. 二阶系统的数学模型

设位置控制系统如图 3-6 所示，其任务是控制有黏性摩擦和转动惯量的负载，使负载位置与输入手柄位置协调。

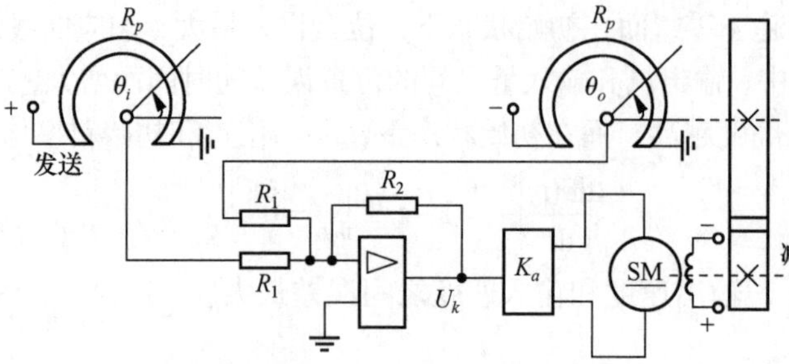

图 3-6　位置控制系统原理图

利用上章介绍的传递函数列写和结构图绘制方法，不难画出位置控制系统的结构图，如图 3-7 所示。由图得系统的开环传递函数为

$$G(s)=\frac{K_sK_aC_m/i}{s\left[(L_as+R_a)(Js+f)+C_mC_e\right]}$$

式中，L_a 和 R_a 分别为电动机电枢绕组的电感和电阻；C_m 为电动机的转矩系数；C_e 为与电动机反电势有关的比例系数；K_s 为桥式电位器传递系数；K_a 为放大器增益；i 为减速器速比；J 和 f 分别为折算到电动机轴上的总转动惯量和总黏性摩擦系数。如果略去电枢电感 L_a，且令

$$K_1=K_sK_aC_m/(iR_a)$$
$$F=f+C_mC_e/R_a$$

式中，K_1 称为增益；F 称为阻尼系数。那么在不考虑负载力矩的情况下，位置控制系统的开环传递函数可以简化为

$$G(s)=\frac{K}{s(T_ms+1)} \tag{3-8}$$

式中，$K=K_1/F$，称为开环增益；$T_m=J/F$，称为机电时间常数。相应的闭环传递函数是

$$\varPhi(s)=\frac{\varTheta_o(s)}{\varTheta_i(s)}=\frac{K}{T_ms^2+s+K} \tag{3-9}$$

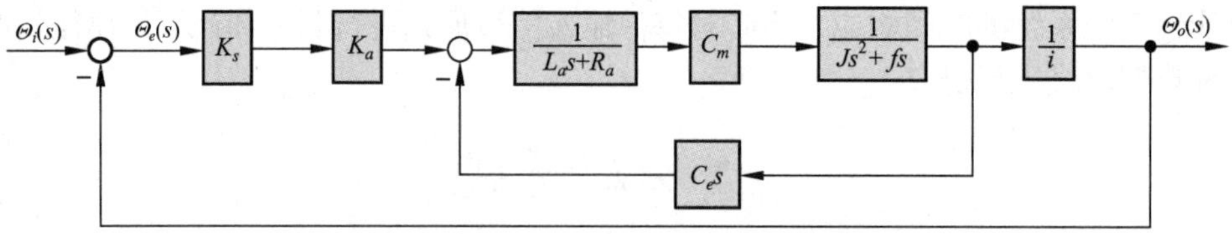

图 3-7　位置控制系统结构图

显然，上述系统闭环传递函数对应如下二阶运动微分方程：

$$T_m\frac{\mathrm{d}^2\theta_o(t)}{\mathrm{d}t^2}+\frac{\mathrm{d}\theta_o(t)}{\mathrm{d}t}+K\theta_o(t)=K\theta_i(t) \tag{3-10}$$

所以图 3-6 所示位置控制系统在简化情况下是一个二阶系统。

为了使研究的结果具有普遍的意义，可将式(3-9)表示为如下标准形式：

$$\Phi(s)=\frac{C(s)}{R(s)}=\frac{\omega_n^2}{s^2+2\zeta\omega_n s+\omega_n^2} \tag{3-11}$$

相应的结构图如图 3-8 所示。图中

$\omega_n=\sqrt{\dfrac{K}{T_m}}$ 为自然频率(或无阻尼振荡频率)，

$\zeta=\dfrac{1}{2\sqrt{T_m K}}$ 为阻尼比(或相对阻尼系数)。

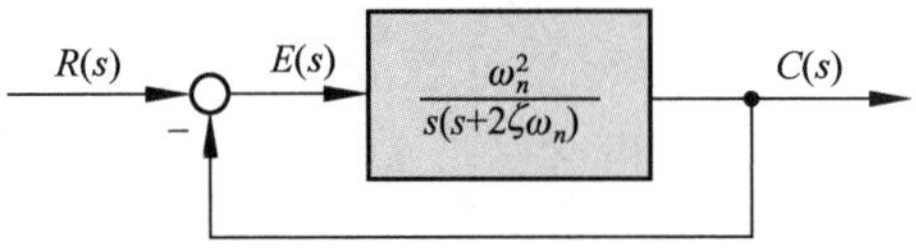

图 3-8　标准形式的二阶系统结构图

令式(3-11)的分母多项式为零，得二阶系统的特征方程

$$s^2+2\zeta\omega_n s+\omega_n^2=0 \tag{3-12}$$

其两个根(闭环极点)为

$$s_{1,2}=-\zeta\omega_n\pm\omega_n\sqrt{\zeta^2-1} \tag{3-13}$$

显然，二阶系统的时间响应取决于ζ和ω_n这两个参数。下面将根据式(3-11)这一数学模型，研究二阶系统时间响应及动态性能指标的求法。应当指出，对于结构和功用不同的二阶系统，ζ和ω_n的物理含义是不同的。

2. 二阶系统的单位阶跃响应

式(3-13)表明，二阶系统特征根的性质取决于ζ值的大小。若$\zeta<0$，则二阶系统具有两个正实部的特征根，其单位阶跃响应为

$$c(t)=1-\frac{e^{-\zeta\omega_n t}}{\sqrt{1-\zeta^2}}\sin(\omega_n\sqrt{1-\zeta^2}\,t+\beta);\quad -1<\zeta<0,\quad t\geqslant 0$$

式中，$\beta=\arctan\left(\sqrt{1-\zeta^2}/\zeta\right)$。或者

$$c(t)=1+\frac{e^{-(\zeta+\sqrt{\zeta^2-1})\omega_n t}}{2\sqrt{\zeta^2-1}(\zeta+\sqrt{\zeta^2-1})}-\frac{e^{-(\zeta-\sqrt{\zeta^2-1})\omega_n t}}{2\sqrt{\zeta^2-1}(\zeta-\sqrt{\zeta^2-1})};\quad \zeta<-1,\quad t\geqslant 0$$

由于阻尼比ζ为负，指数因子具有正幂指数，因此系统的动态过程为发散正弦振荡或单调发散的形式，从而表明$\zeta<0$ 的二阶系统是不稳定的。如果$\zeta=0$，则特征方程有一对纯虚根，$s_{1,2}=\pm j\omega_n$，对应于 s 平面虚轴上一对共轭极点，可以算出系统的阶跃响应为等幅振荡，此时系统相当于无阻尼情况。如果 $0<\zeta<1$，则特征方程有一对具有负实部的共轭复根，$s_{1,2}=-\zeta\omega_n\pm j\omega_n\sqrt{1-\zeta^2}$，对应于 s 平面左半部的共轭复数极点，相应的阶跃响应为衰减振荡过程，此时系统处于欠阻尼情况。如果$\zeta=1$，则特征方程具有两个相等的负实根，$s_{1,2}=-\omega_n$，对应于 s 平面负实轴上的两个相等实极点，相应的阶跃响应非周期地趋于稳态输出，此时系统处于临界阻尼情况。如果$\zeta>1$，则特征方程有两个不相等的负实根，$s_{1,2}=-\zeta\omega_n\pm\omega_n\sqrt{\zeta^2-1}$，对应于 s 平面负实轴上的两个不等实极点，相应的单位阶跃响应也是非周期地趋于稳态输出，但响应速度比临界阻尼情况缓慢，因此称为过阻尼情况。上述各种情况的闭环极点分布，如图 3-9 所示。

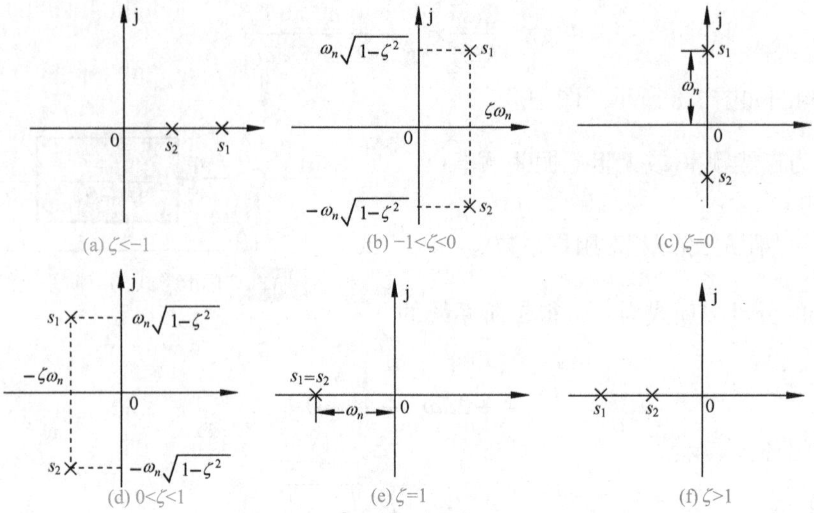

图 3-9　二阶系统的闭环极点分布

由此可见，ζ 值的大小决定了系统的阻尼程度。对于图 3-6 所示的位置控制系统，有

$$\zeta=\frac{1}{2\sqrt{T_m K}}=\frac{F}{F_c}$$

式中，$F_c=2\sqrt{JK_1}$ 为 $\zeta=1$ 时的阻尼系数；称为临界阻尼系数。所以，ζ 是阻尼系数 F 与临界阻尼系数 F_c 之比，故称为阻尼比或相对阻尼系数。

下面分别研究欠阻尼、临界阻尼、过阻尼二阶系统的单位阶跃响应。

(1) 欠阻尼($0<\zeta<1$)二阶系统的单位阶跃响应

极点分布与响应曲线的关系

若令 $\sigma=\zeta\omega_n$，$\omega_d=\omega_n\sqrt{1-\zeta^2}$，则有

$$s_{1,2}=-\sigma\pm \mathrm{j}\omega_d$$

式中，σ 为衰减系数；ω_d 为阻尼振荡频率。

当 $R(s)=1/s$ 时，由式(3-11)得

$$C(s)=\frac{\omega_n^2}{s^2+2\zeta\omega_n s+\omega_n^2}\cdot\frac{1}{s}=\frac{1}{s}-\frac{s+\zeta\omega_n}{(s+\zeta\omega_n)^2+\omega_d^2}-\frac{\zeta\omega_n}{(s+\zeta\omega_n)^2+\omega_d^2}$$

对上式取拉氏反变换，求得单位阶跃响应为

$$\begin{aligned}c(t)&=1-\mathrm{e}^{-\zeta\omega_n t}\left(\cos\omega_d t+\frac{\zeta}{\sqrt{1-\zeta^2}}\sin\omega_d t\right)\\&=1-\frac{1}{\sqrt{1-\zeta^2}}\mathrm{e}^{-\zeta\omega_n t}(\sqrt{1-\zeta^2}\cos\omega_d t+\zeta\sin\omega_d t)\\&=1-\frac{1}{\sqrt{1-\zeta^2}}\mathrm{e}^{-\zeta\omega_n t}\sin(\omega_d t+\beta),\quad t\geqslant 0\end{aligned}\tag{3-14}$$

式中，$\beta=\arctan(\sqrt{1-\zeta^2}/\zeta)$，或$\beta=\arccos\zeta$。

式(3-14)表明，欠阻尼二阶系统的单位阶跃响应由两部分组成：稳态分量为 1，表明图 3-8 系统在单位阶跃函数作用下不存在稳态位置误差；瞬态分量为阻尼正弦振荡项，其振荡频率为ω_d，故称为阻尼振荡频率。由于瞬态分量衰减的快慢程度取决于包络线 $1\pm \mathrm{e}^{-\zeta\omega_n t}/\sqrt{1-\zeta^2}$ 收敛的速度，当ζ一定时，包络线的收敛速度又取决于指数函数 $\mathrm{e}^{-\zeta\omega_n t}$ 的幂，所以$\sigma=\zeta\omega_n$称为衰减系数。

若$\zeta=0$，则二阶系统无阻尼时的单位阶跃响应为

$$c(t)=1-\cos\omega_n t,\quad t\geqslant 0 \tag{3-15}$$

这是一条平均值为 1 的正、余弦形式的等幅振荡，其振荡频率为ω_n，故可称为无阻尼振荡频率。由图 3-6 位置控制系统可知，ω_n由系统本身的结构参数K和T_m或K_1和J确定，故ω_n常称为自然频率。

应当指出，实际的控制系统通常都有一定的阻尼比，因此不可能通过实验方法测得ω_n，而只能测得ω_d，其值总小于自然频率ω_n。只有在$\zeta=0$时，才有$\omega_d=\omega_n$。当阻尼比ζ增大时，阻尼振荡频率ω_d将减小。如果$\zeta\geqslant 1$，ω_d将不复存在，系统的响应不再出现振荡。但是，为了便于分析和叙述，ω_n和ω_d的符号和名称在$\zeta\geqslant 1$时仍将沿用下去。

(2) 临界阻尼($\zeta=1$)二阶系统的单位阶跃响应

设输入信号为单位阶跃函数，则系统输出量的拉氏变换可写为

$$C(s)=\frac{\omega_n^2}{s(s+\omega_n)^2}=\frac{1}{s}-\frac{\omega_n}{(s+\omega_n)^2}-\frac{1}{s+\omega_n}$$

对上式取拉氏反变换，得临界阻尼二阶系统的单位阶跃响应为

$$c(t)=1-\mathrm{e}^{-\omega_n t}(1+\omega_n t),\quad t\geqslant 0 \tag{3-16}$$

上式表明，当$\zeta=1$时，二阶系统的单位阶跃响应是稳态值为 1 的无超调单调上升过程，其变化率

$$\frac{\mathrm{d}c(t)}{\mathrm{d}t}=\omega_n^2 t\mathrm{e}^{-\omega_n t}$$

当$t=0$时，响应过程的变化率为零；当$t>0$时，响应过程的变化率为正，响应过程单调上升；当$t\to\infty$时，响应过程的变化率趋于零，响应过程趋于常值 1。通常，临界阻尼情况下的二阶系统的单位阶跃响应称为临界阻尼响应。

(3) 过阻尼($\zeta>1$)二阶系统的单位阶跃响应

设输入信号为单位阶跃函数，且令

$$T_1=\frac{1}{\omega_n(\zeta-\sqrt{\zeta^2-1})},\quad T_2=\frac{1}{\omega_n(\zeta+\sqrt{\zeta^2-1})}$$

则过阻尼二阶系统的输出量拉氏变换为

$$C(s)=\frac{\omega_n^2}{s(s+1/T_1)(s+1/T_2)}$$

其中，T_1和T_2称为过阻尼二阶系统的时间常数，且有$T_1>T_2$。对上式取拉氏反变换，得

$$c(t)=1+\frac{e^{-t/T_1}}{T_2/T_1-1}+\frac{e^{-t/T_2}}{T_1/T_2-1},\quad t\geqslant 0 \tag{3-17}$$

上式表明，响应特性包含着两个单调衰减的指数项，其代数和绝不会超过稳态值 1，因而过阻尼二阶系统的单位阶跃响应是非振荡的，通常称为过阻尼响应。

以上三种情况的单位阶跃响应曲线如图 3-10 所示，其横坐标为无因次时间$\omega_n t$。

单位阶跃响应曲线与阻尼比的关系

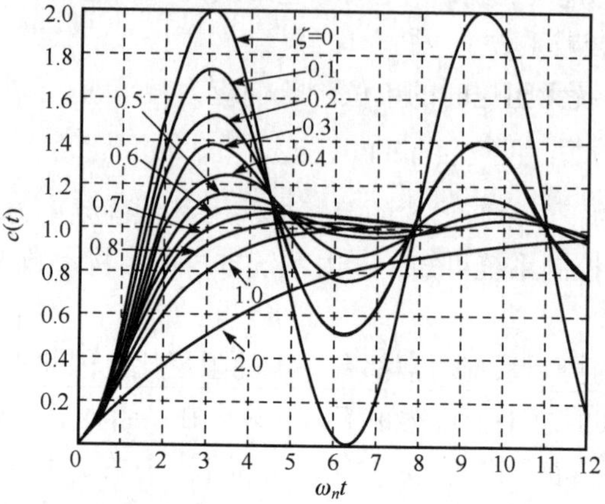

图 3-10　二阶系统的单位阶跃响应曲线

由图 3-10 可见：在过阻尼和临界阻尼响应曲线中，临界阻尼响应具有最短的上升时间，响应速度最快；在欠阻尼($0<\zeta<1$)响应曲线中，阻尼比越小，超调量越大，上升时间越短，通常取$\zeta=0.4\sim0.8$为宜，此时超调量适度，调节时间较短；若二阶系统具有相同的ζ和不同的ω_n，则其振荡特性相同但响应速度不同，ω_n越大，响应速度越快。

由于欠阻尼二阶系统与过阻尼(含临界阻尼)二阶系统具有不同形式的响应曲线，因此它们的动态性能指标的估算方法也不尽相同。下面将分别加以讨论。

3. 欠阻尼二阶系统的动态过程分析

在控制工程中，除了那些不容许产生振荡响应的系统外，通常都希望控制系统具有适度的阻尼、较快的响应速度和较短的调节时间。因此，二阶控制系统的设计，一般取$\zeta=0.4\sim0.8$，其各项动态性能指标，除峰值时间、超调量和上升时间可用ζ与ω_n准确表示外，调节时间很难用ζ与ω_n准确描述，不得不采用工程上的近似计算方法。

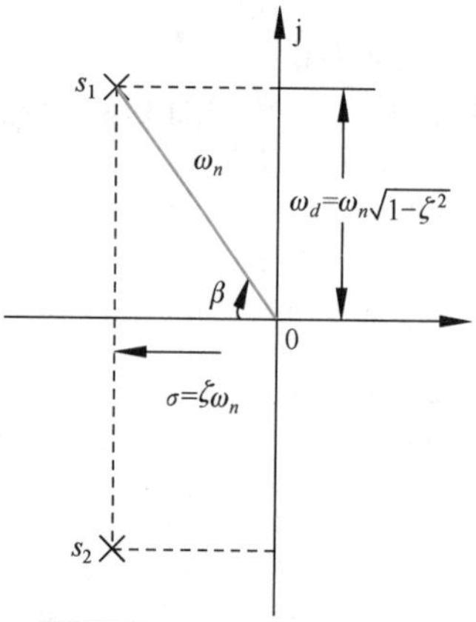

图 3-11　欠阻尼二阶系统的特征参量

为了便于说明改善系统动态性能的方法，图 3-11 表示了欠阻尼二阶系统各特征参量之间的关系。由图可见，衰减系数σ是闭环极点到虚轴之间的距离；阻尼振荡频率ω_d是闭环极点到实轴之间的距离；自然频率ω_n是闭环极点到坐标原点之间的距离；ω_n与负实轴夹角的余弦正好是阻尼比，即

$$\zeta=\cos\beta \tag{3-18}$$

故β称为阻尼角。下面推导式(3-11)所描述的无零点欠阻尼二阶系统的动态性能指标计算公式。

(1) 上升时间t_r的计算

在式(3-14)中，令$c(t_r)=1$，求得

$$\frac{1}{\sqrt{1-\zeta^2}}\mathrm{e}^{-\zeta\omega_n t_r}\sin(\omega_d t_r+\beta)=0$$

由于$\mathrm{e}^{-\zeta\omega_n t_r}\neq 0$，所以有

$$t_r=\frac{\pi-\beta}{\omega_d} \tag{3-19}$$

由上式可见，当阻尼比ζ一定时，阻尼角β不变，系统的响应速度与ω_n成正比；而当阻尼振荡频率ω_d一定时，阻尼比越小，上升时间越短。

(2) 峰值时间t_p的计算

将式(3-14)对t求导，并令其为零，求得

$$\zeta\omega_n\mathrm{e}^{-\zeta\omega_n t_p}\sin(\omega_d t_p+\beta)-\omega_d\mathrm{e}^{-\zeta\omega_n t_p}\cos(\omega_d t_p+\beta)=0$$

整理得
$$\tan(\omega_d t_p+\beta)=\frac{\sqrt{1-\zeta^2}}{\zeta}$$

由于$\tan\beta=\sqrt{1-\zeta^2}/\zeta$，于是上列三角方程的解为$\omega_d t_p=0, \pi, 2\pi, 3\pi, \cdots$。根据峰值时间定义，应取$\omega_d t_p=\pi$，于是峰值时间

$$t_p=\frac{\pi}{\omega_d} \tag{3-20}$$

上式表明，峰值时间等于阻尼振荡周期的一半。或者说，峰值时间与闭环极点的虚部数值成反比。当阻尼比一定时，闭环极点离负实轴的距离越远，系统的峰值时间越短。

(3) 超调量$\sigma\%$的计算

因为超调量发生在峰值时间上，所以将式(3-20)代入式(3-14)，得输出量的最大值

$$c(t_p)=1-\frac{1}{\sqrt{1-\zeta^2}}\mathrm{e}^{-\pi\zeta/\sqrt{1-\zeta^2}}\sin(\pi+\beta)$$

由于$\sin(\pi+\beta)=-\sqrt{1-\zeta^2}$，故上式可写为

$$c(t_p)=1+\mathrm{e}^{-\pi\zeta/\sqrt{1-\zeta^2}}$$

按超调量定义式(3-1)，并考虑到$c(\infty)=1$，求得

$$\sigma\%=\mathrm{e}^{-\pi\zeta/\sqrt{1-\zeta^2}}\times 100\% \tag{3-21}$$

上式表明，超调量$\sigma\%$仅是阻尼比ζ的函数，而与自然频率ω_n无关。超调量与阻尼比的关系曲线，如图3-12所示。由图可见，阻尼比越大，超调量越小，反之亦然。一般，当选取$\zeta=0.4\sim0.8$时，$\sigma\%$为1.5%～25.4%。

(4) 调节时间t_s的计算

对于欠阻尼二阶系统单位阶跃响应式(3-14)，指数曲线$1\pm\mathrm{e}^{-\zeta\omega_n t}/\sqrt{1-\zeta^2}$是对称于$c(\infty)=1$

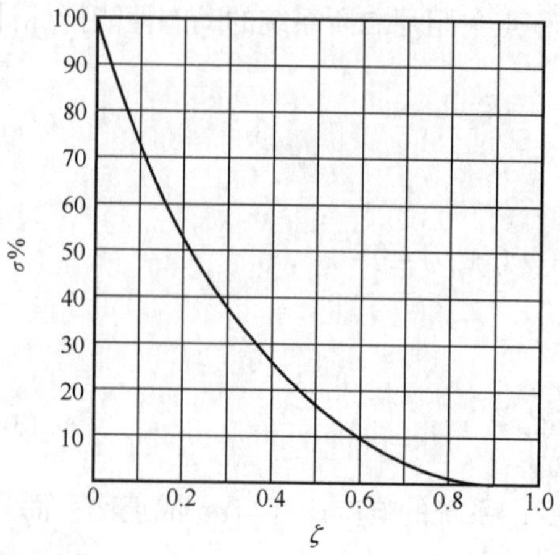

图 3-12　欠阻尼二阶系统ζ与σ%关系曲线

的一对包络线，整个响应曲线总是包含在这一对包络线之内，如图 3-13 所示。图中采用无因次时间$\omega_n t$(弧度)作为横坐标，因此时间响应特性仅是阻尼比ζ的函数。由图可见，实际输出响应的收敛程度小于包络线的收敛程度。图中选用的ζ=0.707，但对于其他ζ值下的阶跃响应特性，亦存在类似情况。为方便起见，往往采用包络线代替实际响应来估算调节时间，所得结果略保守。此外，图中还表明了阻尼正弦函数的滞后角$-\beta/\sqrt{1-\zeta^2}$，因为当$\sin\left[\sqrt{1-\zeta^2}(\omega_n t)+\beta\right]=0$时，必有$(\omega_n t)=-\beta/\sqrt{1-\zeta^2}$。整个响应在$\omega_n t<0$时的延续部分，如图 3-13 中虚线所示。

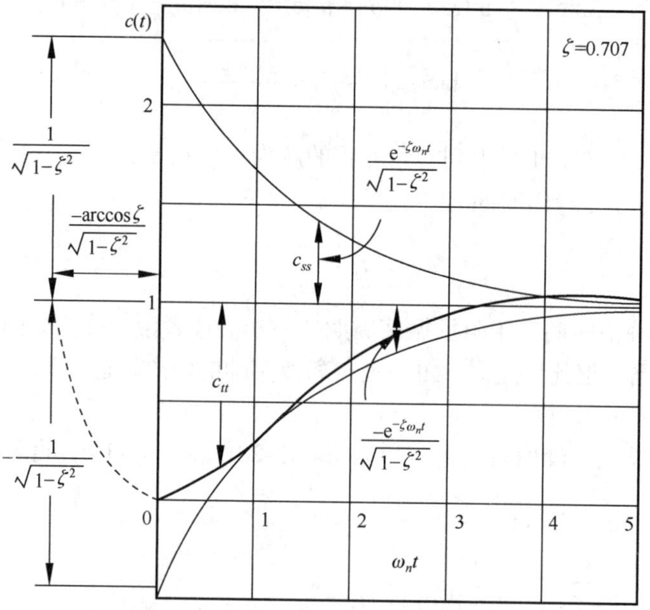

图 3-13　欠阻尼二阶系统 $c(t)$的一对包络线

根据上述分析，如果令Δ代表实际响应与稳态输出之间的误差，则有

$$\Delta=\left|\frac{e^{-\zeta\omega_n t}}{\sqrt{1-\zeta^2}}\sin(\omega_d t+\beta)\right|\leqslant\frac{e^{-\zeta\omega_n t}}{\sqrt{1-\zeta^2}}$$

假定$\zeta\leqslant0.8$，并在上述不等式右端分母中代入ζ=0.8，选取误差带Δ=0.05，可以解得$t_s\leqslant3.5/(\zeta\omega_n)$。在分析问题时，常取

$$t_s=\frac{3.5}{\zeta\omega_n}=\frac{3.5}{\sigma}\tag{3-22}$$

若选取误差带Δ=0.02，则有

$$t_s = \frac{4.4}{\zeta\omega_n} = \frac{4.4}{\sigma} \tag{3-23}$$

上式表明，调节时间与闭环极点的实部数值成反比。闭环极点距虚轴的距离越远，系统的调节时间越短。由于阻尼比值主要根据对系统超调量的要求来确定，所以调节时间主要由自然频率决定。若能保持阻尼比值不变而加大自然频率值，则可以在不改变超调量的情况下缩短调节时间。

从上述各项动态性能指标的计算式可以看出，各指标之间是有矛盾的。比方说，上升时间和超调量，即响应速度和阻尼程度，不能同时达到满意的结果。这是因为在如图 3-8 所示的二阶系统中，$\omega_n = \sqrt{K/T_m}$ 及 $\zeta = 1\big/\left(2\sqrt{T_m K}\right)$，其中机电时间常数 T_m 是一个不可调的确定参数。当增大开环增益 K 时，可以加大自然频率ω_n，提高了系统的响应速度，但同时减小了阻尼比ζ，使得系统的阻尼程度减小。因此，对于既要增强系统的阻尼程度，又要系统具有较高响应速度的二阶控制系统设计，需要采取合理的折中方案或补偿方案，才能达到设计的目的。

例 3-1　设控制系统结构图如图 3-14 所示，若要求系统具有性能指标σ_p=σ%=20%，t_p=1s，试确定系统参数 K 和τ，并计算单位阶跃响应的特征量 t_r 和 t_s。

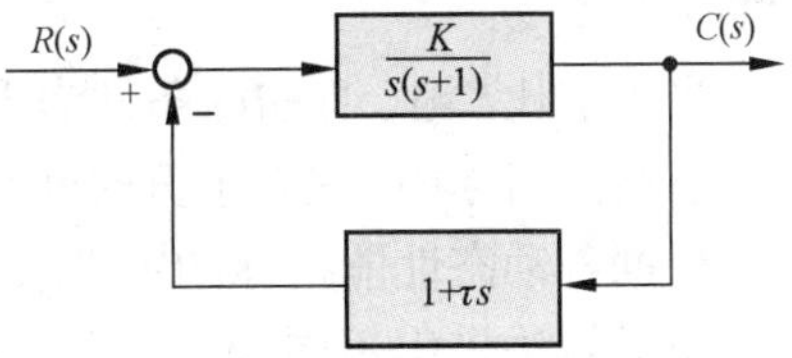

图 3-14　控制系统结构图

解　由图知，系统闭环传递函数为

$$\frac{C(s)}{R(s)} = \frac{K}{s^2 + (1+K\tau)s + K}$$

与传递函数标准形式(3-11)相比，可得

$$\omega_n = \sqrt{K}, \quad \zeta = \frac{1+K\tau}{2\sqrt{K}}$$

由ζ与σ%的关系式(3-21)解得

$$\zeta = \frac{\ln(1/\sigma_p)}{\sqrt{\pi^2 + \left(\ln\dfrac{1}{\sigma_p}\right)^2}} = 0.46$$

再由峰值时间计算式(3-20)，算出

$$\omega_n = \frac{\pi}{t_p\sqrt{1-\zeta^2}} = 3.54\text{rad}/\text{s}$$

从而解得

$$K = \omega_n^2 = 12.53(\text{rad}/\text{s})^2, \quad \tau = \frac{2\zeta\omega_n - 1}{K} = 0.18\text{s}$$

由于

$$\beta = \arccos\zeta = 1.09\text{rad}, \quad \omega_d = \omega_n\sqrt{1-\zeta^2} = 3.14\text{rad}/\text{s}$$

故由式(3-19)和式(3-22)计算得

$$t_r = \frac{\pi - \beta}{\omega_d} = 0.65\text{s}$$

$$t_s = \frac{3.5}{\zeta \omega_n} = 2.15\text{s}$$

若取误差带Δ=0.02，则调节时间为

$$t_s = \frac{4.4}{\zeta \omega_n} = 2.70\text{s}$$

4. 过阻尼二阶系统的动态过程分析

由于过阻尼系统响应缓慢，故通常不希望采用过阻尼系统。但是，这并不排除在某些情况下，例如在低增益、大惯性的温度控制系统中，需要采用过阻尼系统；此外，在有些不允许时间响应出现超调，而又希望响应速度较快的情况下，例如在指示仪表系统和记录仪表系统中，需要采用临界阻尼系统。特别是，有些高阶系统的时间响应往往可用过阻尼二阶系统的时间响应来近似，因此研究过阻尼二阶系统的动态过程分析，有较大的工程意义。

当阻尼比ζ>1，且初始条件为零时，二阶系统的单位阶跃响应如式(3-17)所示。显然，在动态性能指标中，只有上升时间和调节时间才有意义。然而，式(3-17)是一个超越方程，无法根据各动态性能指标的定义求出其准确计算公式。目前工程上采用的方法，仍然是利用数值解法求出不同ζ值下的无因次时间，然后制成曲线以供查用；或者，利用曲线拟合法给出近似计算公式。

(1) 上升时间 t_r 的计算

根据上升时间的第一种定义方法，参照式(3-16)和式(3-17)，可得无因次上升时间$\omega_n t_r$与阻尼比ζ的关系曲线，如图 3-15(a)所示。图中曲线可近似描述为

$$t_r = \frac{1 + 1.5\zeta + \zeta^2}{\omega_n} \tag{3-24}$$

(2) 调节时间 t_s 的计算

根据式(3-17)，令 T_1/T_2 为不同值，可以解出相应的无因次调节时间 t_s/T_1，如图 3-15(b)所示。图中阻尼比ζ为参变量。由于

$$s^2 + 2\zeta\omega_n s + \omega_n^2 = (s + 1/T_1)(s + 1/T_2)$$

因此，ζ与自变量 T_1/T_2 的关系式为

$$\zeta = \frac{1 + T_1/T_2}{2\sqrt{T_1/T_2}} \tag{3-25}$$

当ζ>1 时，由已知的 T_1 及 T_2 值在图 3-15(b)上可以查出相应的 t_s；若 $T_1 \geqslant 4T_2$，即过阻尼二阶系统第二个闭环极点的数值比第一个闭环极点的数值大四倍以上时，系统可等效为具有$-1/T_1$ 闭环极点的一阶系统，此时取 $t_s=3T_1$，相对误差不超过 10%。当ζ=1 时，由于 T_1/T_2=1，由图 3-15(b)可见，临界阻尼二阶系统的调节时间

$$t_s = 4.75T_1 = \frac{4.75}{\omega_n} \quad (\Delta = 5\%), \quad \zeta = 1 \tag{3-26}$$

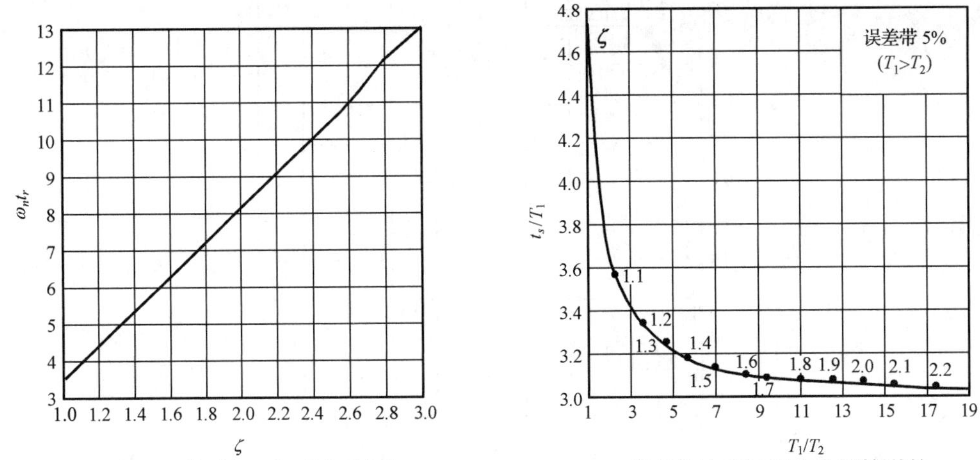

(a) 过阻尼二阶系统$\omega_n t_r$与ζ的关系曲线　　(b) 过阻尼二阶系统的调节时间特性

图 3-15　过阻尼二阶系统

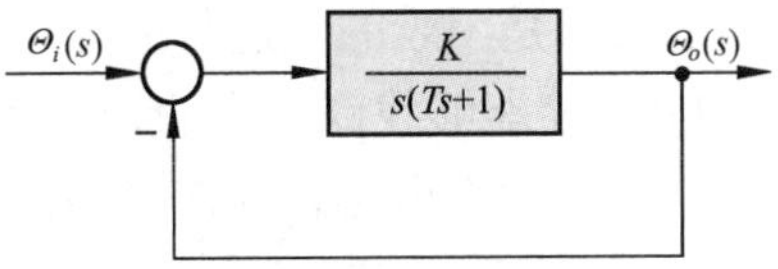

图 3-16　角度随动系统结构图

例 3-2　设角度随动系统如图 3-16 所示。图中，K 为开环增益，T=0.1s 为伺服电动机时间常数。若要求系统的单位阶跃响应无超调，且调节时间 $t_s \leqslant 1$s(Δ=5%)，问 K 应取多大?此时系统的上升时间 t_r 又等于多少?

解　根据题意并考虑有尽量快的响应速度，应取阻尼比ζ=1。由图 3-17 得闭环特征方程为

$$s^2 + \frac{1}{T}s + \frac{K}{T} = 0$$

代入 T=0.1，可知在ζ=1 时，必有 $\omega_n = \sqrt{10K} = 5\text{rad/s}$，解得开环增益 $K=2.5(\text{rad/s})^2$。因为 $\omega_n^2 = 1/(T_1T_2)$，而在ζ=1 时，$T_1=T_2$，所以得

$$T_1 = T_2 = 0.2\text{s}$$

从而由式(3-26)算得调节时间

$$t_s = 4.75T_1 = 0.95\text{s} \quad (\Delta = 5\%)$$

满足指标要求。

根据ζ=1 和ω_n=5rad/s，利用式(3-24)算得

$$t_r = \frac{1 + 1.5\zeta + \zeta^2}{\omega_n} = 0.70\text{s}$$

上述计算结果的准确性，可应用 MATLAB 软件加以验证，不难获得 MATLAB 仿真结果如图 3-17 所示。

图 3-17 为例 3-2 的单位阶跃响应曲线，其动态性能为

$$t_r = t_{90} - t_{10} = 0.69\text{s}$$

$$t_s = 0.97\text{s} \quad (\Delta=5\%)$$

$$t_s = 1.21\text{s} \quad (\Delta=2\%)$$

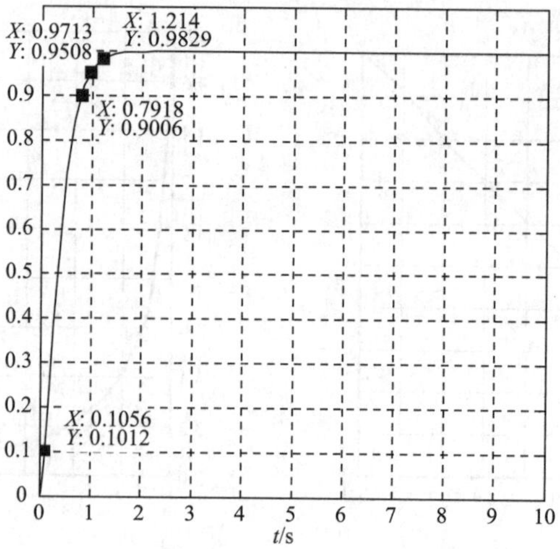

图 3-17　仿真结果

应当指出，在比例控制系统中，通常只有增益可以调整，要同时满足系统各项性能指标的要求是困难的。这是因为：

1) 即使能够找到合适的开环增益值，满足系统在输入作用下的稳态和动态两方面的要求，也可能不满足系统在扰动作用下的稳态误差要求，有关说明将在 3-6 节介绍；

2) 在高精度控制系统中，需要采用高增益使死区、间隙和摩擦等非线性因素的影响减到最低程度，因此不能任意降低开环增益以换取较小的超调量。

由于上述原因，必须研究其他控制方式，以改善系统的动态性能和稳态性能。

5. 二阶系统性能的改善

在改善二阶系统性能的方法中，比例-微分控制和测速反馈控制是两种常用的方法。

(1) 比例-微分控制

设比例-微分控制的二阶系统如图 3-18 所示。图中，$E(s)$为误差信号，T_d为微分器时间常数。由图可见，系统输出量同时受误差信号及其速率的双重作用。因而，比例-微分控制是一种早期控制，可在出现位置误差前，提前产生修正作用，从而达到改善系统性能的目的。下面先从物理概念，再用分析方法，说明比例-微分控制可以改善系统动态性能而不影响常值稳态误差的原因。

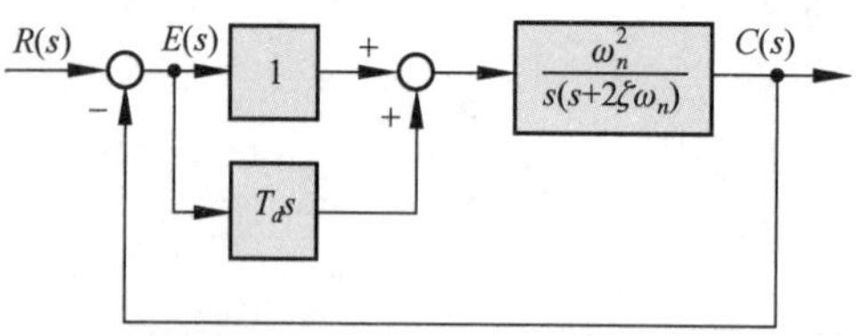

图 3-18　比例-微分控制结构系统图

图 3-19 是表明比例-微分控制的波形图。设其中图(a)为比例控制时的单位阶跃响应，图(b)和(c)为相应的误差信号和误差速率信号。假定系统超调量大，且采用伺服电动机作为执行元件。当 $t\in[0,\ t_1)$时，由于系统阻尼小，电动机产生的修正转矩过大，使输出量超过希望值，此时误差信号为正；当 $t\in[t_1,\ t_3)$时，电动机转矩反向，起制动作用，力图使输出量回到希望值，但由于惯性及制动转矩不够大，输出量不能停留在希望值上，此时误差信号为负；当 $t\in[t_3,\ t_5)$时，电动机修正转矩重新为正，此时误差信号也是正值，

力图使输出量的下降趋势减小，以利于恢复到希望值。由于系统稳定，所以误差幅值在每一次振荡过程中均有所减小，输出量最后会趋于希望值，但动态过程不理想。如果在 $t\in[0, t_2)$ 内，减小正向修正转矩，增大反向制动转矩；同时，在 $t\in[t_2, t_4)$ 内，减小反向制动转矩，增大正向修正转矩，则可以显著改善系统动态性能。比例-微分控制器中的微分部分，正可以起这种期望作用。伺服电动机在比例-微分控制器作用下产生的转矩，正比于 $e(t)+T_d\dot{e}(t)$。由图 3-19 的(b)和(c)可见，对于 $t\in[0,t_1)$，$\dot{e}(t)<0$，故 $e(t)+T_d\dot{e}(t)<e(t)$，使得电动机产生的正向修正转矩减小；对于 $t\in[t_1, t_2)$，$e(t)<0$ 且 $\dot{e}(t)<0$，故电动机产生的反向制动转矩比纯比例控制时为大，系统超调量将会减小；对于 $t\in[t_2, t_3)$，$e(t)<0$ 但 $\dot{e}(t)>0$，故电动机产生的制动转矩要减小，有利于输出量尽快地达到稳态值。由于 $\dot{e}(t)$ 只反映误差信号变化的速率，所以微分控制部分并不影响系统的常值稳态误差。但是，它相当于增大系统的阻尼，从而容许选用较大的开环增益，改善系统的动态性能和稳态精度。

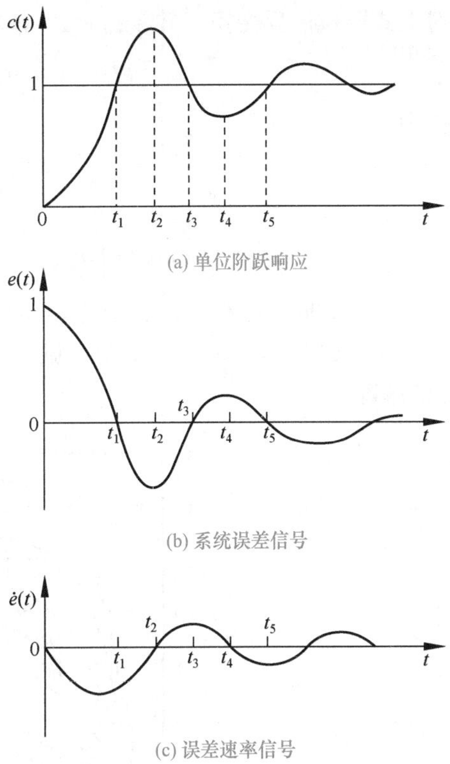

(a) 单位阶跃响应

(b) 系统误差信号

(c) 误差速率信号

图 3-19　比例-微分控制系统的波形图

下面，用分析方法研究比例-微分控制对系统性能的影响。由图 3-18 易得其开环传递函数

$$G(s)=\frac{C(s)}{E(s)}=\frac{K(T_d s+1)}{s(s/(2\zeta\omega_n)+1)} \tag{3-27}$$

式中，$K=\omega_n/(2\zeta)$，称为开环增益。若令 $z=1/T_d$，则闭环传递函数为

$$\Phi(s)=\frac{\omega_n^2}{z}\cdot\frac{s+z}{s^2+2\zeta_d\omega_n s+\omega_n^2} \tag{3-28}$$

式中

$$\zeta_d=\zeta+\frac{\omega_n}{2z} \tag{3-29}$$

上两式表明，比例-微分控制不改变系统的自然频率，但可增大系统的阻尼比。由于 ζ 与 ω_n 均与 K 有关，所以适当选择开环增益和微分器时间常数，可使系统在阶跃输入时有满意的动态性能。这种控制方法，工业上又称为 PD 控制。由于 PD 控制相当于给系统增加了一个闭环零点，$-z=-1/T_d$，故比例-微分控制的二阶系统称为有零点的二阶系统，而比例控制时的二阶系统则称为无零点的二阶系统。

当输入为单位阶跃函数时，由式(3-28)得

$$C(s)=\frac{\omega_n^2}{s(s^2+2\zeta_d\omega_n s+\omega_n^2)}+\frac{1}{z}\frac{s\omega_n^2}{s(s^2+2\zeta_d\omega_n s+\omega_n^2)}$$

对上式取拉氏反变换，并令$\zeta_d<1$，得单位阶跃响应

$$c(t)=1+r\mathrm{e}^{-\zeta_d\omega_n t}\sin(\omega_n\sqrt{1-\zeta_d^2}t+\psi) \tag{3-30}$$

式中

$$r=\sqrt{z^2-2\zeta_d\omega_n z+\omega_n^2}\bigg/\left(z\sqrt{1-\zeta_d^2}\right) \tag{3-31}$$

$$\psi=-\pi+\arctan\left[\omega_n\sqrt{1-\zeta_d^2}/(z-\zeta_d\omega_n)\right]+\arctan(\sqrt{1-\zeta_d^2}/\zeta_d) \tag{3-32}$$

上升时间　根据式(3-30)和上升时间定义，可得无因次上升时间$\omega_n t_r$与$z/(\zeta_d\omega_n)$的关系曲线，如图 3-20 所示。由图可见，上升时间t_r是阻尼比ζ_d、自然频率ω_n和闭环零点值z的函数。

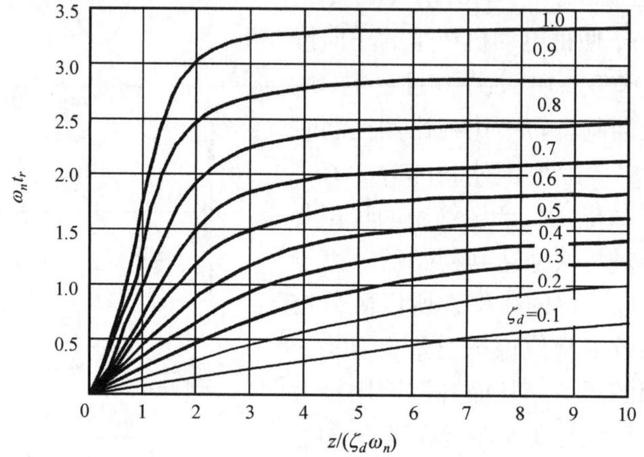

图 3-20　比例-微分控制二阶系统的上升时间

峰值时间　将式(3-30)对t求导并令其为零，有

$$\tan(\omega_n\sqrt{1-\zeta_d^2}t_p+\psi)=\sqrt{1-\zeta_d^2}/\zeta_d$$

将式(3-32)代入上式，求出

$$t_p=\frac{\beta_d-\psi}{\omega_n\sqrt{1-\zeta_d^2}} \tag{3-33}$$

式中

$$\beta_d=\arctan(\sqrt{1-\zeta_d^2}/\zeta_d) \tag{3-34}$$

超调量　将式(3-33)代入式(3-30)，得

$$c(t_p)=1+r\exp\left[\frac{-\zeta_d}{\sqrt{1-\zeta_d^2}}(\beta_d-\psi)\right]\sin\beta_d=1+r\mathrm{e}^{-\zeta_d\omega_n t_p}\sin\beta_d$$

根据超调量定义，将式$\sin\beta_d=\sqrt{1-\zeta_d^2}$代入上式，经整理可得

$$\sigma\%=r\sqrt{1-\zeta_d^2}\mathrm{e}^{-\zeta_d\omega_n t_p}\times100\% \tag{3-35}$$

调节时间　令Δ表示实际响应与稳态输出之间的误差，由式(3-30)可见，下列不等式成立：

$$\Delta=\left|re^{-\zeta_d\omega_n t}\sin(\omega_n\sqrt{1-\zeta_d^2}\,t+\psi)\right|\leqslant re^{-\zeta_d\omega_n t}$$

取Δ=0.05，由上式可解出

$$t_s=\frac{3+\frac{1}{2}\ln(z^2-2\zeta_d\omega_n z+\omega_n^2)-\ln z-\frac{1}{2}\ln(1-\zeta_d^2)}{\zeta_d\omega_n}=\frac{3+\ln r}{\zeta_d\omega_n} \tag{3-36}$$

如果取Δ=0.02，试问 t_s 的计算公式应该如何改变？

例 3-3　设单位反馈系统开环传递函数为

$$G(s)=\frac{K(T_d s+1)}{s(1.67s+1)}$$

其中 K 为开环增益。已知系统在单位斜坡函数输入时，稳态误差 $e_{ss}(\infty)=1/K$。若要求 $e_{ss}(\infty)\leqslant 0.2$(rad)，$\zeta_d=0.5$，试确定 K 与 T_d 的数值，并估算系统在阶跃函数作用下的动态性能。

解　由 $e_{ss}(\infty)=1/K\leqslant 0.2$ 要求，取 $K=5$。令 $T_d=0$，可得无零点二阶系统闭环特征方程

$$s^2+0.6s+3=0$$

因此得ζ=0.173，ω_n=1.732rad/s。此时，系统的阶跃响应动态性能由式(3-19)～式(3-22)算出为

$$t_r=1.02\text{s},\qquad t_p=1.84\text{s}$$

$$\sigma\%=57.6\%,\quad t_s=11.70\text{s}\quad(\Delta=5\%)$$

当 $T_d\neq 0$ 时，由于要求ζ_d=0.5，故由式(3-29)可知

$$T_d=\frac{1}{z}=\frac{2(\zeta_d-\zeta)}{\omega_n}=0.38\text{s}$$

此时为有零点的二阶系统，其阶跃响应动态性能指标，查图 3-20 得 t_r=0.70s，由式(3-33)、式(3-35)及式(3-36)算得 t_p=1.63s，$\sigma\%$=22%，t_s=3.49s(Δ=5%)。可见，比例-微分控制改善了系统的动态性能，且满足对系统稳态误差的要求。

最后，简要归纳比例-微分控制对系统性能的影响：比例-微分控制可以增大系统的阻尼，使阶跃响应的超调量下降，调节时间缩短，且不影响常值稳态误差及系统的自然频率。由于采用微分控制后，允许选取较高的开环增益，因此在保证一定的动态性能条件下，可以减小稳态误差。应当指出，微分器对于噪声，特别是对于高频噪声的放大作用，远大于对缓慢变化输入信号的放大作用，因此在系统输入端噪声较强的情况下，不宜采用比例-微分控制方式。此时，可考虑选用控制工程中常用的测速反馈控制方式。

(2) 测速反馈控制

输出量的导数同样可以用来改善系统的性能。通过将输出的速度信号反馈到系统输入端，并与误差信号比较，其效果与比例-微分控制相似，可以增大系统阻尼，改善系统动态性能。

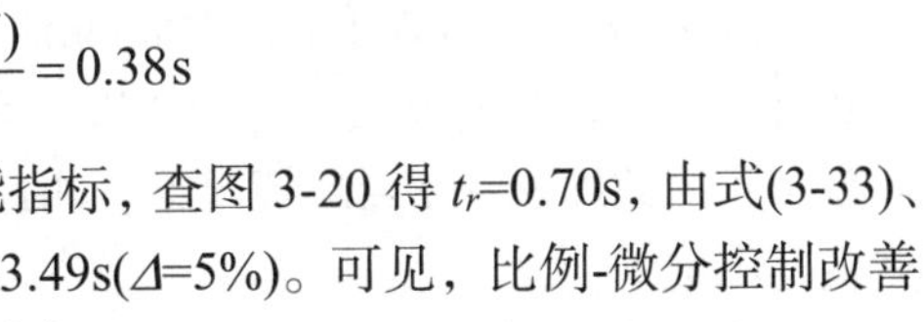

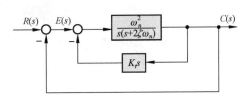

图 3-21　测速反馈控制的二阶系统结构图

如果系统输出量是机械位置，如角位移，则可以采用测速发电机将角位移变换为正比于角速度的电压，从而获得输出速度反馈。图 3-21 是采用测速发电机反馈的二阶

系统结构图。图中，K_t 为与测速发电机输出斜率有关的测速反馈系数，通常采用(电压/单位转速)单位。

由图 3-21，系统的开环传递函数为

$$G(s)=\frac{\omega_n}{2\zeta+K_t\omega_n}\cdot\frac{1}{s\left[s/(2\zeta\omega_n+K_t\omega_n^2)+1\right]}$$

式中开环增益为

$$K=\frac{\omega_n}{2\zeta+K_t\omega_n} \tag{3-37}$$

相应的闭环传递函数为

$$\Phi(s)=\frac{\omega_n^2}{s^2+2\zeta_t\omega_n s+\omega_n^2} \tag{3-38}$$

式中

$$\zeta_t=\zeta+\frac{1}{2}K_t\omega_n \tag{3-39}$$

由式(3-37)～式(3-39)可见，测速反馈与比例-微分控制不同的是，测速反馈会降低系统的开环增益，从而加大系统在斜坡输入时的稳态误差(见 3-6 节)；相同的则是，同样不影响系统的自然频率，并可增大系统的阻尼比。为了便于比较，将式(3-29)写为

$$\zeta_d=\zeta+\frac{1}{2}T_d\omega_n \tag{3-40}$$

比较式(3-39)和式(3-40)可见，它们的形式是类似的，如果在数值上有 K_t=T_d，则ζ_t=ζ_d。因此可以预料，测速反馈同样可以改善系统的动态性能。但是，由于测速反馈不形成闭环零点，因此即便在 K_t=T_d 情况下，测速反馈与比例-微分控制对系统动态性能的改善程度也是不同的。

在设计测速反馈控制系统时，可以适当增大原系统的开环增益，以弥补稳态误差的损失，同时适当选择测速反馈系数 K_t，使阻尼比ζ_t为 0.4～0.8，从而满足给定的各项动态性能指标。

例 3-4　设控制系统如图 3-22 所示。其中(a)为比例控制系统，(b)为测速反馈控制系统。试确定使系统阻尼比为 0.5 的 K_t 值，并计算系统(a)和(b)的各项性能指标。

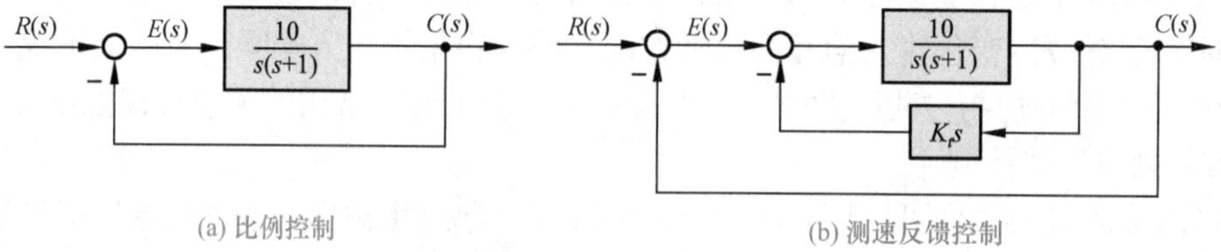

图 3-22　控制系统结构图

解　系统(a)的闭环传递函数为

$$\Phi(s)=\frac{10}{s^2+s+10}$$

因而，ζ=0.16，ω_n=3.16rad/s。在单位斜坡函数作用下，稳态误差 $e_{ss}(\infty)$=1/K=0.1rad；在单位阶跃函数作用下，其动态性能

$$t_r = 0.55\text{s},\quad t_p = 1.01\text{s},\quad \sigma\% = 60.4\%,\quad t_s = 7\text{s}\quad (\Delta = 5\%)$$

系统(b)的闭环传递函数为

$$\Phi(s) = \frac{10}{s^2 + (1+10K_t)s + 10}$$

由式(3-39)算出

$$K_t = \frac{2(\zeta_t - \zeta)}{\omega_n} = 0.22$$

其中，ζ_t=0.5，ω_n=3.16rad/s。再由式(3-37)得开环增益 K=3.16。于是

$$e_{ss}(\infty) = 0.32\,\text{rad},\quad t_r = 0.77\text{s},\quad t_p = 1.15\text{s}$$

$$\sigma\% = 16.3\%,\quad t_s = 2.22\text{s}\quad (\Delta = 5\%)$$

例 3-4 表明，测速反馈可以改善系统动态性能，但会增大稳态误差。为了减小稳态误差，必须加大原系统的开环增益，而使 K_t 单纯用来增大系统阻尼。

(3) 比例-微分控制与测速反馈控制的比较

对于理想的线性控制系统，在比例-微分控制和测速反馈控制方法中，可以任取其中一种方法来改善系统性能。然而，实际控制系统有许多必须考虑的因素，例如系统的具体组成、作用在系统上噪声的大小及频率、系统的线性范围和饱和程度等。下面，仅讨论几种主要的差别。

1) 附加阻尼来源：比例-微分控制的阻尼作用产生于系统的输入端误差信号的速度，而测速反馈控制的阻尼作用来源于系统输出端响应的速度，因此对于给定的开环增益和指令输入速度，后者对应较大的稳态误差值。

2) 使用环境：比例-微分控制对噪声有明显的放大作用，当系统输入端噪声严重时，一般不宜选用比例-微分控制。同时，微分器的输入信号为系统误差信号，其能量水平低，需要相当大的放大作用，为了不明显恶化信噪比，要求选用高质量的放大器；而测速反馈控制对系统输入端噪声有滤波作用，同时测速发电机的输入信号能量水平较高，因此对系统组成元件没有过高的质量要求，使用场合比较广泛。

3) 对开环增益和自然频率的影响：比例-微分控制对系统的开环增益和自然频率均无影响；测速反馈控制虽不影响自然频率，但却会降低开环增益。因此，对于确定的常值稳态误差，测速反馈控制要求有较大的开环增益。开环增益的加大，必然导致系统自然频率增大，在系统存在高频噪声时，可能引起系统共振。

4) 对动态性能的影响：比例-微分控制相当于在系统中加入实零点，可以加快上升时间。在相同阻尼比的条件下，比例-微分控制系统的超调量会大于测速反馈控制系统的超调量。关于闭环零点对系统动态性能的影响，将在第四章详细讨论。

3-4　高阶系统的时域分析

在控制工程中，几乎所有的控制系统都是高阶系统，即用高阶微分方程描述的系统。对于不能用一、二阶系统近似的高阶系统来说，其动态性能指标的确定是比较复杂的。工程上常采用闭环主导极点的概念对高阶系统进行近似分析，或直接应用 MATLAB、

Python 软件进行高阶系统分析。

1. 高阶系统的单位阶跃响应

研究图 3-23 所示系统，其闭环传递函数为

$$\Phi(s)=\frac{C(s)}{R(s)}=\frac{G(s)}{1+G(s)H(s)} \tag{3-41}$$

在一般情况下，$G(s)$和 $H(s)$都是 s 的多项式之比，故式(3-41)可以写为

$$\Phi(s)=\frac{M(s)}{D(s)}=\frac{b_0s^m+b_1s^{m-1}+\cdots+b_{m-1}s+b_m}{a_0s^n+a_1s^{n-1}+\cdots+a_{n-1}s+a_n},\quad m\leqslant n \tag{3-42}$$

利用 MATLAB 软件可以方便地求出式(3-42)所示高阶系统的单位阶跃响应。首先建立其高阶系统模型，再直接调用 step 命令即可。一般命令语句如下：

```
sys=tf ([b0 b1 b2 b3 … bm], [a0 a1 a2 a3 … an]);     %高阶系统建模
step(sys);                                             %计算单位阶跃响应
```

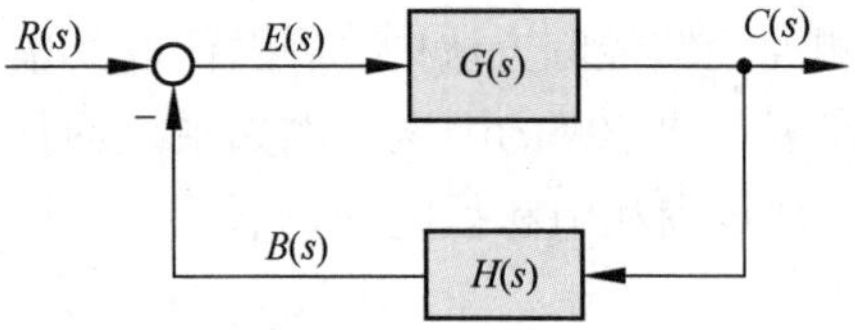

图 3-23　控制系统

其中 b0，b1，b2，b3，…，bm 表示式(3-42)对应的分子多项式系数，a0，a1，a2，a3，…，an 表示式(3-42)对应的分母多项式系数。

当采用解析法求解高阶系统的单位阶跃响应时，应将式(3-42)的分子多项式和分母多项式进行因式分解，再进行拉氏反变换。这种分解方法，可采用高次代数方程的近似求根法，也可以使用 MATLAB 中的 tf2zp 命令。因此，式(3-42)必定可以表示为如下因式的乘积形式：

$$\Phi(s)=\frac{C(s)}{R(s)}=\frac{M(s)}{D(s)}=\frac{K\prod_{i=1}^{m}(s-z_i)}{\prod_{i=1}^{n}(s-p_i)} \tag{3-43}$$

式中，$K=b_0/a_0$；z_i 为 $M(s)=0$ 之根，称为闭环零点；p_i 为 $D(s)=0$ 之根，称为闭环极点。

例 3-5　设三阶系统闭环传递函数为

$$\Phi(s)=\frac{5(s^2+5s+6)}{s^3+6s^2+10s+8}$$

试确定其单位阶跃响应。

解　将已知的$\Phi(s)$进行因式分解，可得

$$\Phi(s)=\frac{5(s+2)(s+3)}{(s+4)(s^2+2s+2)}$$

由于 $R(s)=1/s$，所以

$$C(s)=\frac{5(s+2)(s+3)}{s(s+4)(s^2+2s+2)}$$

其部分分式为

$$C(s)=\frac{A_0}{s}+\frac{A_1}{s+4}+\frac{A_2}{s+1+\mathrm{j}}+\frac{\overline{A}_2}{s+1-\mathrm{j}}$$

其中 A_2 与 $\overline{A}_2$ 共轭。可以算出：

$$A_0=\frac{15}{4},\qquad A_1=-\frac{1}{4}$$

$$A_2=\frac{1}{4}(-7+\mathrm{j}),\quad \overline{A}_2=\frac{1}{4}(-7-\mathrm{j})$$

对部分分式进行拉氏反变换，并设初始条件全部为零，得高阶系统的单位阶跃响应

$$c(t)=\frac{1}{4}\left[12-\mathrm{e}^{-4t}-10\sqrt{2}\mathrm{e}^{-t}\cos(t+352°)\right]$$

另外，若借助于 MATLAB 软件，本例题求解过程的 MATLAB 程序如下：

```
num0=5*[1 5 6];den0=[1 6 10 8];        %描述闭环传递函数的分子、分母多项式
sys0=tf (num0,den0);                   %高阶系统建模
den=[1 6 10 8 0];                      %描述 C(s)的分母多项式
[z,p,k]=tf2zp(num0,den0)               %对传递函数进行因式分解
sys=zpk(z,p,k)                         %给出闭环传递函数的零极点形式
[r,p,k]=residue(num0,den)              %部分分式展开
step(sys0)                             %计算高阶系统的单位阶跃响应
```

其单位阶跃响应曲线如图 3-24 中实线所示。若改变例 3-5 的闭环传递函数，使一闭环极点靠近虚轴，即令

$$\Phi(s)=\frac{0.625(s+2)(s+3)}{(s+0.5)(s^2+2s+2)}$$

其中，增益因子的改变是为了保持 $\Phi(0)$ 不变。绘制系统单位阶跃响应曲线，如图 3-24 中虚线所示。若改变例 3-5 闭环传递函数的零点位置，使

$$\Phi(s)=\frac{10(s+1)(s+3)}{(s+4)(s^2+2s+2)}$$

则其单位阶跃响应曲线如图 3-24 中点划线所示。

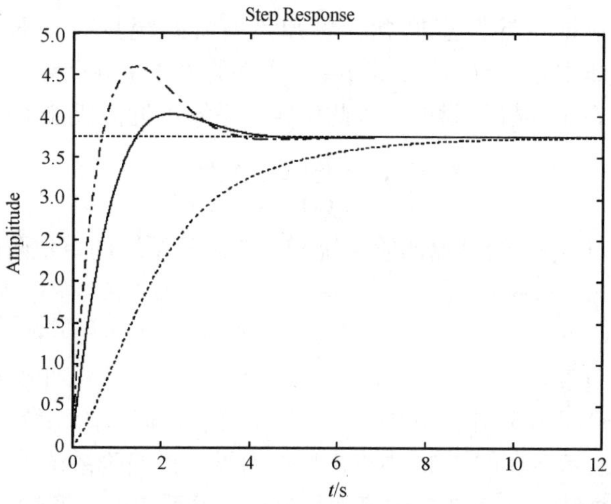

图 3-24　高阶系统时间响应分析(MATLAB)

显然，对于稳定的高阶系统，闭环极点负实部的绝对值越大，其对应的响应分量衰减得越迅速；反之，则衰减缓慢。应当指出，系统时间响应的类型虽然取决于闭环极点的性质和大小，然而时间响应的形状却与闭环零点有关。

2. 高阶系统闭环主导极点及其动态性能分析

对于稳定的高阶系统而言，其闭环极点和零点在左半 s 开平面上虽有各种分布模式，但就距虚轴的距离来说，却只有远近之别。如果在所有的闭环极点中，距虚轴最近的极点周围没有闭环零点，而其他闭环极点又远离虚轴，那么距虚轴最近的闭环极点所对应的响应分量，随时间的推移衰减缓慢，在系统的时间响应过程中起主导作用，这样的闭环极点就称为闭环主导极点。闭环主导极点可以是实数极点，也可以是复数极点，或者是它们的组合。除闭环主导极点外，所有其他闭环极点由于其对应的响应分量随时间的推移而迅速衰减，对系统的时间响应过程影响甚微，因而统称为非主导极点。

在控制工程实践中，通常要求控制系统既具有较快的响应速度，又具有一定的阻尼程度，此外，还要求减少死区、间隙和库仑摩擦等非线性因素对系统性能的影响，因此高阶系统的增益常常调整到使系统具有一对闭环共轭主导极点。这时，可以用二阶系统的动态性能指标来估算高阶系统的动态性能。

例 3-6　已知某系统的闭环传递函数为

$$\Phi(s)=\frac{C(s)}{R(s)}=\frac{1.05(0.4762s+1)}{(0.125s+1)(0.5s+1)(s^2+s+1)}$$

试结合主导极点的概念分析该四阶系统的动态性能。

解　改写系统的闭环传递函数，可得

$$\Phi(s)=\frac{C(s)}{R(s)}=\frac{8(s+2.1)}{(s+8)(s+2)(s^2+s+1)}$$

再利用 MATLAB 的零极点绘图命令 pzmap，得该四阶系统的闭环零极点分布如图 3-25 所示。

由图 3-25 并根据主导极点概念，可知该高阶系统具有一对共轭复数主导极点 $s_{1,2}=-0.5\pm j0.866$，且非主导极点 $s_3=-2$ 和 $s_4=-8$ 实部的模比主导极点实部的模大三倍以上，闭环零点 $z=-2.1$ 不在主导极点附近，因此该四阶系统可近似成如下的二阶系统：

$$\Phi(s)\approx\frac{R(s)}{C(s)}=\frac{1.05}{s^2+s+1}$$

运行如下 MATLAB 程序，绘制原四阶系统和近似二阶系统的单位阶跃响应：

```
sys=zpk([-2.1], [-8 -2 -0.5+0.866*i -0.5-0.866*i], 8);     %原四阶系统建模
sys1=tf([1.05],[1 1 1]);                                    %与原系统近似的二阶系统
step(sys, ' b-', sys1, 'r:')                                %绘制系统的阶跃响应曲线
```

在运行得到的时间响应图 3-26 中，原四阶系统和近似二阶系统的单位阶跃响应曲线分别用实线和虚线表示。在图 3-26 中点击鼠标右键，得四阶系统动态性能如表 3-3 中第二行所示。将此仿真结果与表 3-3 中第六行近似二阶系统的动态性能比较可知，基于一对共轭复数主导极点求取的高阶系统单位阶跃响应与近似欠阻尼二阶系统的单位阶跃响

应是不完全相同的，但结果基本正确。

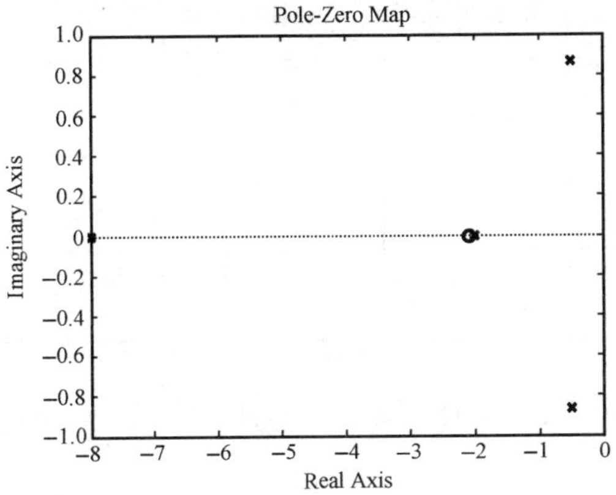

图 3-25 例 3-6 闭环零极点分布图(MATLAB)

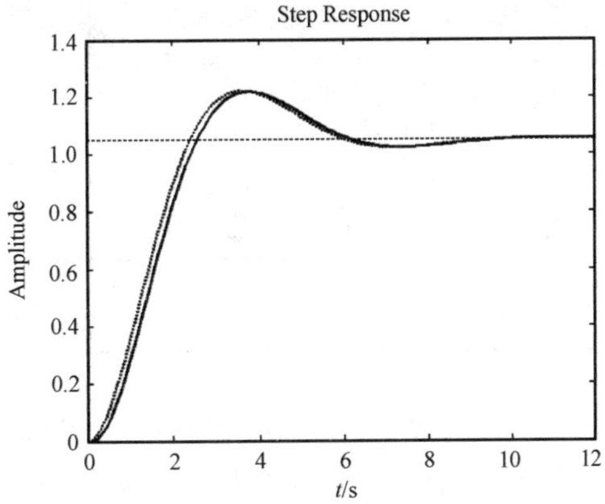

图 3-26 高阶系统单位阶跃响应(MATLAB)

事实上，高阶系统毕竟不是二阶系统，因而在用二阶系统性能进行近似时，还需要考虑其他非主导闭环零、极点对系统动态性能的影响。下面结合例 3-6 对此加以讨论说明。

1) 闭环零点影响。改变例 3-6 系统的闭环传递函数，使其没有闭环零点，仿真可得系统的动态性能如表 3-3 中第一行所示。若例 3-6 系统的闭环零点为 $z=-1$，则仿真可得系统的动态性能如表 3-3 中第三行所示。比较表 3-3 中第一、第二和第三行的动态性能，基本可以看出闭环零点对系统动态性能的影响：减小峰值时间，使系统响应速度加快，超调量$\sigma\%$增大。这表明闭环零点会减小系统阻尼，并且这种作用将随闭环零点接近虚轴而加剧。因此，配置闭环零点时，要折中考虑闭环零点对系统响应速度和阻尼程度的影响。

2) 闭环非主导极点影响。当改变例 3-6 系统的非主导闭环极点 s_4，令 $s_4=-4$，仿真得系统的动态性能如表 3-3 中第四行所示。若改变例 3-6 中系统的闭环传递函数，使其没有非主导闭环极点 s_4，仿真得此时系统的动态性能如表 3-3 中第五行所示。比较表中第四和第五行的动态性能，基本可以看出非主导极点对系统动态性能的影响：增大峰值时间，使系统响应速度变缓；但可以使超调量$\sigma\%$减小。这表明闭环非主导极点可以增大系统阻尼，且这种作用将随闭环极点接近虚轴而加剧。

表 3-3 高阶系统动态性能分析比较

系统编号	系统闭环传递函数	上升时间 t_r/s	峰值时间 t_p/s	超调量/%	调节时间 t_s/s(Δ=2%)
1	$\dfrac{1.05}{(0.125s+1)(0.5s+1)(s^2+s+1)}$	1.89	4.42	13.8	8.51
2	$\dfrac{1.05(0.4762s+1)}{(0.125s+1)(0.5s+1)(s^2+s+1)}$	1.68	3.75	15.9	8.20
3	$\dfrac{1.05(s+1)}{(0.125s+1)(0.5s+1)(s^2+s+1)}$	1.26	3.20	25.3	8.10

续表

系统编号	系统闭环传递函数	上升时间 t_r/s	峰值时间 t_p/s	超调量/%	调节时间 t_s/s(Δ=2%)
4	$\dfrac{1.05(0.4762s+1)}{(0.25s+1)(0.5s+1)(s^2+s+1)}$	1.73	4.09	15.0	8.36
5	$\dfrac{1.05(0.4762s+1)}{(0.5s+1)(s^2+s+1)}$	1.66	3.64	16.0	8.08
6	$\dfrac{1.05}{s^2+s+1}$	1.64	3.64	16.3	8.08

3) 比较表 3-3 中第五和第六行的动态性能可知，若闭环零、极点彼此接近，则它们对系统响应速度的影响会相互削弱。

在设计高阶系统时，常常利用主导极点的概念来选择系统参数，使系统具有一对复数共轭主导极点，并利用 MATLAB 或 Python 软件对系统进行动态性能的初步分析。关于闭环零、极点位置对系统动态性能的影响，以及利用主导极点概念设计高阶系统等问题，在本书第四章将进一步论述。

3-5 线性系统的稳定性分析

稳定是控制系统的重要性能，也是系统能够正常运行的首要条件。控制系统在实际运行过程中，总会受到外界和内部一些因素的扰动，例如负载和能源的波动、系统参数的变化、环境条件的改变等。如果系统不稳定，就会在任何微小的扰动作用下偏离原来的平衡状态，并随时间的推移而发散。因而，如何分析系统的稳定性并提出保证系统稳定的措施，是自动控制理论的基本任务之一。

1. 稳定性的基本概念

任何系统在扰动作用下都会偏离原平衡状态，产生初始偏差。所谓稳定性，是指系统在扰动消失后，由初始偏差状态恢复到原平衡状态的性能。

单摆运动的稳定性

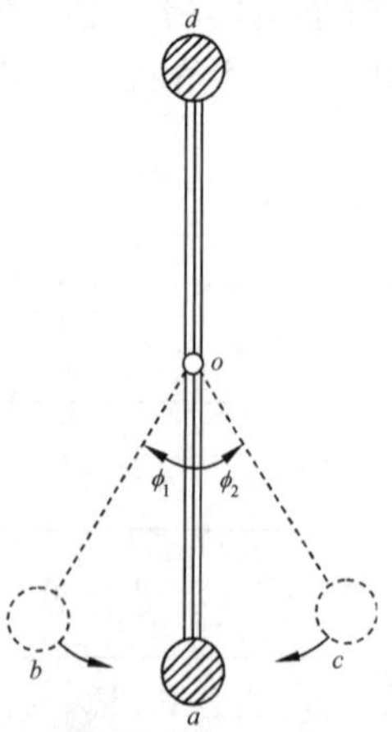

图 3-27 单摆示意图

为了便于说明稳定性的基本概念，先看一个直观示例。图 3-27 是一个单摆的示意图，其中 o 为支点。设在外界扰动力的作用下，单摆由原平衡点 a 偏到新的位置 b，偏摆角为ϕ_1。当外界扰动力去除后，单摆在重力作用下由点 b 回到原平衡点 a，但由于惯性作用，单摆经过点 a 继续运动到点 c。此后，单摆经来回几次减幅摆动，可以回到原平衡点 a，故称 a 为稳定平衡点。反之，若图 3-27 所示单摆处于另一平衡点 d，则一旦受到外界扰动力的作用偏离了原平衡位置后，即使外界扰动力消失，无论经过多长时间，单摆不可能再回到原平衡点 d。这样的平衡点，称为不稳定平衡点。

单摆的这种稳定概念，可以推广于控制系统。假设系统具有一个平衡工作状态，如果系统受到有界扰动作用偏离了原平衡状态，不论扰动引起的初始偏差有多大，当扰动取消后，系统都能以足够的准确度恢复到初始平衡状态，则这种系统称为大范围稳定的系统；如果系统受到有界扰动作用后，只有当扰动引起的初始偏差小于某一范围时，系统才能在取消扰动后恢复到初始平衡状态，否则就不能恢复到初始平衡状态，则这样的系统称为小范围稳定的系统。对于稳定的线性系统，必然在大范围内和小范围内都能稳定；只有非线性系统才可能有小范围稳定而大范围不稳定的情况。有关非线性系统的稳定性问题，将在第八章讨论。

其实，关于系统的稳定性有多种定义方法。上面所阐述的稳定性概念，实则是指平衡状态稳定性，由俄国学者李雅普诺夫于 1892 年首先提出，一直沿用至今。

在分析线性系统的稳定性时，我们所关心的是系统的运动稳定性，即系统方程在不受任何外界输入作用下，系统方程的解在时间 t 趋于无穷时的渐近行为。毫无疑问，这种解就是系统齐次微分方程的解，而“解”通常称为系统方程的一个“运动”，因而谓之运动稳定性。严格地说，平衡状态稳定性与运动稳定性并不是一回事，但是可以证明，对于线性系统而言，运动稳定性与平衡状态稳定性是等价的。

按照李雅普诺夫分析稳定性的观点，首先假设系统具有一个平衡工作点，在该平衡工作点上，当输入信号为零时，系统的输出信号亦为零。一旦扰动信号作用于系统，系统的输出量将偏离原平衡工作点。若取扰动信号的消失瞬间作为计时起点，则 $t=0$ 时刻系统输出量增量及其各阶导数，便是研究 $t\geqslant 0$ 时系统输出量增量的初始偏差。于是，$t\geqslant 0$ 时的系统输出量增量的变化过程，可以认为是控制系统在初始扰动影响下的动态过程。因而，根据李雅普诺夫稳定性理论，线性控制系统的稳定性可叙述如下：

若线性控制系统在初始扰动的影响下，其动态过程随时间的推移逐渐衰减并趋于零(原平衡工作点)，则称系统渐近稳定，简称稳定；反之，若在初始扰动影响下，系统的动态过程随时间的推移而发散，则称系统不稳定。

2. 线性系统稳定的充分必要条件

上述稳定性定义表明，线性系统的稳定性仅取决于系统自身的固有特性，而与外界条件无关。因此，设线性系统在初始条件为零时，作用一个理想单位脉冲$\delta(t)$，这时系统的输出增量为脉冲响应 $c(t)$。这相当于系统在扰动信号作用下，输出信号偏离原平衡工作点的问题。若 $t\to\infty$时，脉冲响应

$$\lim_{t\to\infty} c(t)=0 \tag{3-44}$$

即输出增量收敛于原平衡工作点，则线性系统是稳定的。

设闭环传递函数如式(3-43)所示，且设 $s_i(i=1, 2,\cdots, n)$为特征方程 $D(s)=0$ 的根，而且彼此不等。那么，由于$\delta(t)$的拉氏变换为 1，因此系统输出增量的拉氏变换为

$$C(s)=\frac{M(s)}{D(s)}=\sum_{i=1}^{n}\frac{A_i}{s-s_i}=\frac{K\prod_{i=1}^{m}(s-z_i)}{\prod_{j=1}^{q}(s-s_j)\prod_{k=1}^{r}(s^2+2\zeta_k\omega_k s+\omega_k^2)} \tag{3-45}$$

式中，$q+2r=n$。将上式展成部分分式，并设 $0<\zeta_k<1$，可得

$$C(s)=\sum_{j=1}^{q}\frac{A_j}{s-s_j}+\sum_{k=1}^{r}\frac{B_k s+C_k}{s^2+2\zeta_k\omega_k s+\omega_k^2} \tag{3-46}$$

式中，A_j 是 $C(s)$在闭环实数极点 s_j 处的留数，可按下式计算：

$$A_j=\lim_{s\to s_j}(s-s_j)C(s);\quad j=1,2,\cdots,q \tag{3-47}$$

B_k 和 C_k 是与 $C(s)$在闭环复数极点 $s=-\zeta_k\omega_k\pm \mathrm{j}\omega_k\sqrt{1-\zeta_k^2}$ 处的留数有关的常系数。

将式(3-46)进行拉氏反变换，并设初始条件全部为零，可得系统的脉冲响应为

$$\begin{aligned}c(t)=&\sum_{j=1}^{q}A_j\mathrm{e}^{s_j t}+\sum_{k=1}^{r}B_k\mathrm{e}^{-\zeta_k\omega_k t}\cos\left(\omega_k\sqrt{1-\zeta_k^2}\right)t\\&+\sum_{k=1}^{r}\frac{C_k-B_k\zeta_k\omega_k}{\omega_k\sqrt{1-\zeta_k^2}}\mathrm{e}^{-\zeta_k\omega_k t}\sin\left(\omega_k\sqrt{1-\zeta_k^2}\right)t,\quad t\geqslant 0\end{aligned} \tag{3-48}$$

上式表明，当且仅当系统的特征根全部具有负实部时，式(3-44)才能成立；若特征根中有一个或一个以上正实部根，则 $\lim_{t\to\infty}c(t)\to\infty$，表明系统不稳定；若特征根中具有一个或一个以上零实部根，而其余的特征根均具有负实部，则脉冲响应 $c(t)$趋于常数，或趋于等幅正弦振荡，按照稳定性定义，此时系统不是渐近稳定的。顺便指出，这最后一种情况处于稳定和不稳定的临界状态，常称为临界稳定情况。在经典控制理论中，只有渐近稳定的系统才称为稳定系统；否则，称为不稳定系统。

由此可见，线性系统稳定的充分必要条件是：闭环系统特征方程的所有根均具有负实部；或者说，闭环传递函数的极点均位于左半 s 平面。

应当指出，由于所研究的系统实质上都是线性化的系统，在建立系统线性化模型的过程中略去了许多次要因素，同时系统的参数又处于不断地微小变化之中，因此临界稳定现象实际上是观察不到的。对于稳定的线性系统而言，当输入信号为有界函数时，由于响应过程中的动态分量随时间推移最终衰减至零，故系统输出必为有界函数；对于不稳定的线性系统而言，在有界输入信号作用下，系统的输出信号将随时间的推移而发散，但也不意味会无限增大，实际控制系统的输出量只能增大到一定的程度，此后或者受到机械制动装置的限制，或者使系统遭到破坏，或者其运动形态进入非线性工作状态，产生大幅度的等幅振荡。

3. 劳斯稳定判据

根据稳定的充分必要条件判别线性系统的稳定性，需要求出系统的全部特征根。对于高阶系统，求根的工作量很大，因此希望使用一种间接判断系统特征根是否全部位于 s 左半平面的代替方法。劳斯于 1877 年提出了判断系统稳定性的代数判据，称为劳斯稳定判据。这种判据以线性系统特征方程的系数为依据，其数学证明从略。

设线性系统的特征方程为

$$D(s)=a_0s^n+a_1s^{n-1}+\cdots+a_{n-1}s+a_n=0,\qquad a_0>0 \tag{3-49}$$

则使线性系统稳定的必要条件是：在特征方程(3-49)中，各项系数为正数。

上述判断稳定性的必要条件是容易证明的，因为根据代数方程的基本理论，下列关系式成立：

$$\frac{a_1}{a_0}=-\sum_{i=1}^{n}s_i,\qquad \frac{a_2}{a_0}=\sum_{\substack{i,j=1\\ i\neq j}}^{n}s_is_j$$

$$\frac{a_3}{a_0}=-\sum_{\substack{i,j,k=1\\ (i\neq j\neq k)}}^{n}s_is_js_k,\ \cdots,\qquad \frac{a_n}{a_0}=(-1)^n\prod_{i=1}^{n}s_i$$

在上述关系式中，所有比值必须大于零，否则系统至少有一个正实部根。然而，这一条件是不充分的，因为各项系数为正数的系统特征方程，完全可能拥有正实部的根。式中，s_i，s_j，s_k 表示系统特征方程的根。线性系统稳定的充分且必要条件可由劳斯稳定判据获得。

劳斯稳定判据为表格形式，如表 3-4 所示，称为劳斯表。劳斯表的前两行由按降幂排列的系统特征方程(3-49)的系数直接构成。劳斯表中的第 1 行，由特征方程的第 1, 3, 5, …项系数组成；第 2 行，由第 2, 4, 6, …项系数组成。劳斯表中以后各行的数值，需按表 3-4 所示逐行计算，凡在运算过程中出现的空位，均置以零，这种过程一直进行到第 n 行为止，第 $n+1$ 行仅第一列有值，且正好等于特征方程最后一项系数 a_n。表中系数排列呈上三角形。

按照劳斯稳定判据，由特征方程(3-49)所表征的线性系统稳定的充分且必要条件是：劳斯表中第一列各值为正。如果劳斯表第一列中出现小于零的数值，系统就不稳定，且第一列各系数符号的改变次数，代表特征方程(3-49)的正实部根的数目。

表 3-4 劳斯表

s^n	a_0	a_2	a_4	a_6	…
s^{n-1}	a_1	a_3	a_5	a_7	…
s^{n-2}	$c_{13}=\frac{a_1a_2-a_0a_3}{a_1}$	$c_{23}=\frac{a_1a_4-a_0a_5}{a_1}$	$c_{33}=\frac{a_1a_6-a_0a_7}{a_1}$	c_{43}	…
s^{n-3}	$c_{14}=\frac{c_{13}a_3-a_1c_{23}}{c_{13}}$	$c_{24}=\frac{c_{13}a_5-a_1c_{33}}{c_{13}}$	$c_{34}=\frac{c_{13}a_7-a_1c_{43}}{c_{13}}$	c_{44}	…
s^{n-4}	$c_{15}=\frac{c_{14}c_{23}-c_{13}c_{24}}{c_{14}}$	$c_{25}=\frac{c_{14}c_{33}-c_{13}c_{34}}{c_{14}}$	$c_{35}=\frac{c_{14}c_{43}-c_{13}c_{44}}{c_{14}}$	c_{45}	…
⋮	⋮	⋮	⋮		
s^2	$c_{1,n-1}$	$c_{2,n-1}$			
s^1	$c_{1,n}$				
s^0	$c_{1,n+1}=a_n$				

劳斯表的列写

例 3-7 设系统特征方程为

$$s^4+2s^3+3s^2+4s+5=0$$

试用劳斯稳定判据判别该系统的稳定性。

解　该系统劳斯表为

用劳斯判据判断系统的稳定性

$$\begin{array}{c|ccc}
s^4 & 1 & 3 & 5 \\
s^3 & 2 & 4 & 0 \\
s^2 & \dfrac{(2\times3)-(1\times4)}{2}=1 & 5 & 0 \\
s^1 & \dfrac{(1\times4)-(2\times5)}{1}=-6 & & \\
s^0 & 5 & &
\end{array}$$

由于劳斯表的第一列系数有两次变号，故该系统不稳定，且有两个正实部根。

4. 劳斯稳定判据的特殊情况

当应用劳斯稳定判据分析线性系统的稳定性时，有时会遇到两种特殊情况，使得劳斯表中的计算无法进行到底，因此需要进行相应的数学处理，处理的原则是不影响劳斯稳定判据的判别结果。

(1) 劳斯表中某行的第一列项为零，而其余各项不为零，或不全为零

此时，计算劳斯表下一行的第一个元时，将出现无穷大，使劳斯稳定判据的运用失效。例如，特征方程为

$$D(s)=s^3-3s+2=0$$

其劳斯表

$$\begin{array}{c|cc}
s^3 & 1 & -3 \\
s^2 & 0 & 2 \\
s^1 & \infty &
\end{array}$$

为了克服这种困难，可以用因子$(s+a)$乘以原特征方程，其中 a 可为任意正数，再对新的特征方程应用劳斯稳定判据，可以防止上述特殊情况的出现。例如，以$(s+3)$乘以原特征方程，得新特征方程为

$$s^4+3s^3-3s^2-7s+6=0$$

列出新劳斯表

$$\begin{array}{c|ccc}
s^4 & 1 & -3 & 6 \\
s^3 & 3 & -7 & 0 \\
s^2 & -2/3 & 6 & 0 \\
s^1 & 20 & 0 & 0 \\
s^0 & 6 & &
\end{array}$$

由新劳斯表可知，第一列有两次符号变化，故系统不稳定，且有两个正实部根。的确，若用因式分解法，原特征方程可分解为

$$D(s)=s^3-3s+2=(s-1)^2(s+2)=0$$

确有两个 s=1 的正实部根。

(2) 劳斯表中出现全零行

这种情况表明特征方程中存在一些绝对值相同但符号相异的特征根。例如，两个大小相等但符号相反的实根和(或)一对共轭纯虚根，或者是对称于实轴的两对共轭复根。

劳斯表出现全零行的处理

当劳斯表中出现全零行时，可用全零行上面一行的系数构造一个辅助方程 $F(s)$=0，并将辅助方程对复变量 s 求导，用所得导数方程的系数取代全零行的元，便可按劳斯稳定判据的要求继续运算下去，直到得出完整的劳斯计算表。辅助方程的次数通常为偶数，它表明数值相同但符号相反的根数。所有那些数值相同但符号相异的根，均可由辅助方程求得。

例 3-8 已知系统特征方程为

$$D(s)=s^6+s^5-2s^4-3s^3-7s^2-4s-4=0$$

试用劳斯稳定判据分析系统的稳定性。

解 按劳斯稳定判据的要求，列出劳斯表

$$\begin{array}{c|cccc}
s^6 & 1 & -2 & -7 & -4 \\
s^5 & 1 & -3 & -4 & \\
s^4 & 1 & -3 & -4 & (\text{辅助方程}F(s)=0\text{系数}) \\
s^3 & 0 & 0 & 0 &
\end{array}$$

由于出现全零行，故用 s^4 行系数构造如下辅助方程

$$F(s)=s^4-3s^2-4=0$$

取辅助方程对变量 s 的导数，得导数方程

$$\frac{\mathrm{d}F(s)}{\mathrm{d}s}=4s^3-6s=0$$

用导数方程的系数取代全零行相应的元，便可按劳斯表的计算规则运算下去，得

$$\begin{array}{c|cccc}
s^6 & 1 & -2 & -7 & -4 \\
s^5 & 1 & -3 & -4 & 0 \\
s^4 & 1 & -3 & -4 & \\
s^3 & 4 & -6 & 0 & (\mathrm{d}F(s)/\mathrm{d}s=0\text{系数}) \\
s^2 & -1.5 & -4 & & \\
s^1 & -16.7 & 0 & & \\
s^0 & -4 & & &
\end{array}$$

由于劳斯表第一列数值有一次符号变化，故本例系统不稳定，且有一个正实部根。如果解辅助方程 $F(s)=s^4-3s^2-4=0$，可以求出产生全零行的特征方程的根为±2 和±j。倘若直接求解给出的特征方程，其特征根应是±2，±j 以及$(-1\pm \mathrm{j}\sqrt{3})/2$，表明劳斯表的判断结果是正确的。

5. 劳斯稳定判据的应用

在线性控制系统中，劳斯判据主要用来判断系统的稳定性。如果系统不稳定，则这种判据并不能直接指出使系统稳定的方法；如果系统稳定，则劳斯判据也不能保证系统具备满意的动态性能。换句话说，劳斯判据不能表明系统特征根在 s 平面上相对于虚轴的距离。由高阶系统单位脉冲响应表达式(3-48)可见，若负实部特征方程式的根紧靠虚轴，则由于$|s_j|$或$\zeta_k\omega_k$ 的值很小，系统动态过程将具有缓慢的非周期特性或强烈的振荡特性。为了使稳定的系统具有良好的动态响应，我们常常希望在 s 左半平面上系统特征根的位置与虚轴之间有一定的距离。为此，可在左半 s 平面上作一条 $s=-a$ 的垂线，而 a 是系统特征根位置与虚轴之间的最小给定距离，通常称为给定稳定度，然后用新变量 $s_1=s+a$ 代入原系统特征方程，得到一个以 s_1 为变量的新特征方程，对新特征方程应用劳斯稳定判据，可以判别系统的特征根是否全部位于 $s=-a$ 垂线之左。此外，应用劳斯稳定判据还可以确定系统一个或两个可调参数对系统稳定性的影响，即确定一个或两个使系统稳定，或使系统特征根全部位于 $s=-a$ 垂线之左的参数取值范围。

例 3-9　设比例-积分(PI)控制系统如图 3-28 所示。其中，K_1 为与积分器时间常数有关的待定参数。已知参数$\zeta=0.2$ 及$\omega_n=86.6$，试用劳斯稳定判据确定使闭环系统稳定的 K_1 取值范围。如果要求闭环系统的极点全部位于 $s=-1$ 垂线之左，问 K_1 值范围又应取多大?

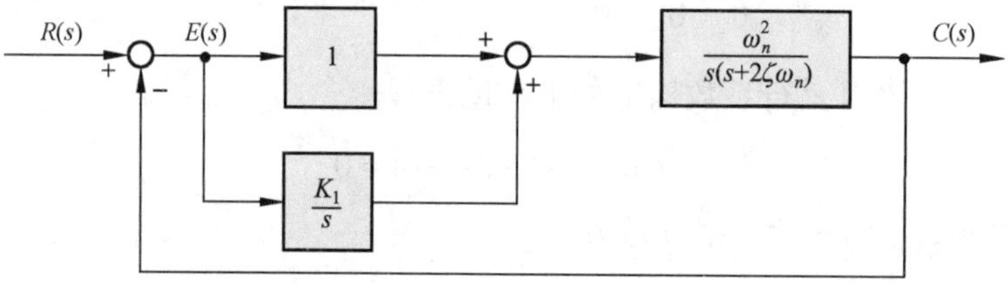

图 3-28　比例-积分控制系统结构图

解　根据图 3-28 可写出系统的闭环传递函数为

$$\Phi(s)=\frac{\omega_n^2(s+K_1)}{s^3+2\zeta\omega_n s^2+\omega_n^2 s+K_1\omega_n^2}$$

因而，闭环特征方程为

$$D(s)=s^3+2\zeta\omega_n s^2+\omega_n^2 s+K_1\omega_n^2=0$$

代入已知的ζ与ω_n，得

$$D(s)=s^3+34.6s^2+7500s+7500K_1=0$$

相应的劳斯表为

$$\begin{array}{c|cc} s^3 & 1 & 7500 \\ s^2 & 34.6 & 7500K_1 \\ s^1 & \dfrac{34.6\times 7500-7500K_1}{34.6} & 0 \\ s^0 & 7500K_1 & \end{array}$$

根据劳斯稳定判据，令劳斯表中第一列各元为正，求得 K_1 的取值范围为

$$0 < K_1 < 34.6$$

当要求闭环极点全部位于 $s=-1$ 垂线之左时，可令 $s=s_1-1$，代入原特征方程，得到如下新特征方程：

$$(s_1-1)^3 + 34.6(s_1-1)^2 + 7500(s_1-1) + 7500K_1 = 0$$

整理得

$$s_1^3 + 31.6s_1^2 + 7433.8s_1 + (7500K_1 - 7466.4) = 0$$

相应的劳斯表为

$$\begin{array}{c|cc} s_1^3 & 1 & 7433.8 \\ s_1^2 & 31.6 & 7500K_1 - 7466.4 \\ s_1^1 & \dfrac{31.6\times 7433.8-(7500K_1-7466.4)}{31.6} & 0 \\ s_1^0 & 7500K_1 - 7466.4 & \end{array}$$

令劳斯表中第一列各元为正，使得全部闭环极点位于 $s=-1$ 垂线之左的 K_1 取值范围：

$$1 < K_1 < 32.3$$

如果需要确定系统其他参数，例如时间常数对系统稳定性的影响，方法是类似的。一般说来，这种待定参数不能超过两个。

3-6 线性系统的稳态误差计算

控制系统的稳态误差，是系统控制准确度(控制精度)的一种度量，通常称为稳态性能。在控制系统设计中，稳态误差是一项重要的技术指标。对于一个实际的控制系统，由于系统结构、输入作用的类型(控制量或扰动量)、输入函数的形式(阶跃、斜坡或加速度)不同，控制系统的稳态输出不可能在任何情况下都与输入量一致或相当，也不可能在任何形式的扰动作用下都能准确地恢复到原平衡位置。此外，控制系统中不可避免地存在摩擦、间隙、不灵敏区、零位输出等非线性因素，都会造成附加的稳态误差。可以说，控制系统的稳态误差是不可避免的，控制系统设计的任务之一，是尽量减小系统的稳态误差，或者使稳态误差小于某一容许值。显然，只有当系统稳定时，研究稳态误差才有意义；对于不稳定的系统而言，根本不存在研究稳态误差的可能性。有时，把在阶跃函数作用下没有原理性稳态误差的系统，称为无差系统；而把具有原理性稳态误差的系统，称为有差系统。

本节主要讨论线性控制系统由于系统结构、输入作用形式和类型所产生的稳态误差，即原理性稳态误差的计算方法，其中包括系统类型与稳态误差的关系，同时介绍定量描述系统误差的静态误差系数法。至于非线性因素所引起的系统稳态误差，则称为附加稳态误差，或结构性稳态误差。

1. 误差与稳态误差

设控制系统结构图如图 3-23 所示。当输入信号 $R(s)$与主反馈信号 $B(s)$不等时,比较装置的输出为

$$E(s) = R(s) - H(s)C(s) \tag{3-50}$$

此时，系统在 $E(s)$信号作用下产生动作，使输出量趋于希望值。通常，称 $E(s)$为误差信号，简称误差(亦称偏差)。

误差有两种不同的定义方法：一种是式(3-50)所描述的在系统输入端定义误差的方法；另一种是从系统输出端来定义，它定义为系统输出量的希望值与实际值之差。前者定义的误差，在实际系统中是可以量测的，具有一定的物理意义；后者定义的误差，在系统性能指标的提法中经常使用，但在实际系统中有时无法量测，因而一般只有数学意义。

上述两种定义误差的方法，存在着内在联系。将图 3-23 变换为图 3-29 的等效形式，则因 $R'(s)$代表输出量的希望值,因而 $E'(s)$是从系统输出端定义的非单位反馈系统的误差。不难证明，$E(s)$与 $E'(s)$之间存在如下简单关系：

$$E'(s) = E(s) / H(s) \tag{3-51}$$

所以，在本书以下的叙述中，均采用从系统输入端定义的误差 $E(s)$来进行计算和分析。如果有必要计算输出端误差 $E'(s)$，可利用式(3-51)进行换算。特别指出，对于单位反馈控制系统，输出量的希望值就是输入信号 $R(s)$，因而两种误差定义的方法是一致的。

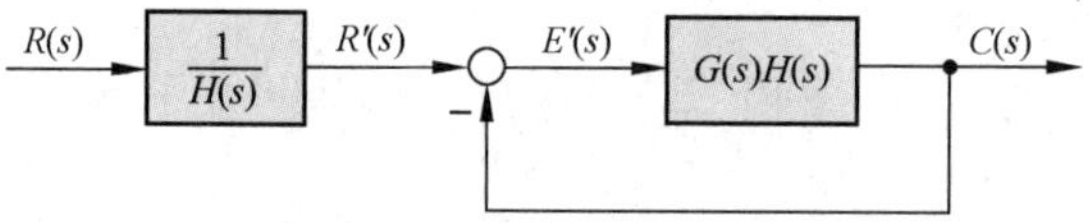

图 3-29 等效单位反馈系统结构图

误差本身是时间的函数，其时域表达式为

$$e(t) = \mathscr{L}^{-1}\left[E(s)\right] = \mathscr{L}^{-1}\left[\Phi_e(s)R(s)\right] \tag{3-52}$$

式中，$\Phi_e(s)$为系统误差传递函数，由下式决定：

$$\Phi_e(s) = \frac{E(s)}{R(s)} = \frac{1}{1+G(s)H(s)} \tag{3-53}$$

在误差信号 $e(t)$中，包含瞬态分量 $e_{ts}(t)$和稳态分量 $e_{ss}(t)$两部分。由于系统必须稳定，故当时间趋于无穷时，必有 $e_{ts}(t)$趋于零。因而，控制系统的稳态误差定义为误差信号 $e(t)$的稳态分量 $e_{ss}(\infty)$，常以 e_{ss} 简单标示。

如果有理函数 $sE(s)$除在原点处有唯一的极点外,在 s 右半平面及虚轴上解析,即 $sE(s)$的极点均位于 s 左半平面(包括坐标原点)，则可根据拉氏变换的终值定理，由式(3-53)方便地求出系统的稳态误差：

$$e_{ss}(\infty) = \lim_{s\to 0} sE(s) = \lim_{s\to 0}\frac{sR(s)}{1+G(s)H(s)} \tag{3-54}$$

由于上式算出的稳态误差是误差信号稳态分量 $e_{ss}(t)$在 t 趋于无穷时的数值，故有时称为

终值误差，它不能反映 $e_{ss}(t)$随时间 t 的变化规律，具有一定的局限性。

例 3-10　设单位反馈系统的开环传递函数为 $G(s)=1/(Ts)$，输入信号分别为 $r(t)=t^2/2$ 以及 $r(t)=\sin\omega t$，试求控制系统的稳态误差。

解　当 $r(t)=t^2/2$ 时，其 $R(s)=1/s^3$。由式(3-53)求得

$$E(s)=\frac{1}{s^2(s+1/T)}=\frac{T}{s^2}-\frac{T^2}{s}+\frac{T^2}{s+1/T}$$

显然，$sE(s)$在 $s=0$ 处有一个极点。对上式取拉氏反变换，得误差响应

$$e(t)=T^2\mathrm{e}^{-t/T}+T(t-T)$$

其中，$e_{ts}(t)=T^2\mathrm{e}^{-t/T}$，随时间增长逐渐衰减至零；$e_{ss}(t)=T(t-T)$，表明稳态误差 $e_{ss}(\infty)=\infty$。

当 $r(t)=\sin\omega t$ 时，其 $R(s)=\omega/(s^2+\omega^2)$。由于

$$\begin{aligned}E(s)&=\frac{\omega s}{(s+1/T)(s^2+\omega^2)}\\&=-\frac{T\omega}{T^2\omega^2+1}\cdot\frac{1}{s+1/T}+\frac{T\omega}{T^2\omega^2+1}\cdot\frac{s}{s^2+\omega^2}+\frac{T^2\omega^3}{T^2\omega^2+1}\cdot\frac{1}{s^2+\omega^2}\end{aligned}$$

所以得

$$e_{ss}(t)=\frac{T\omega}{T^2\omega^2+1}\cos\omega t+\frac{T^2\omega^2}{T^2\omega^2+1}\sin\omega t$$

显然，$e_{ss}(\infty)\neq 0$。由于正弦函数的拉氏变换式在虚轴上不解析，所以此时不能应用终值定理法来计算系统在正弦函数作用下的稳态误差，否则得出

$$e_{ss}(\infty)=\lim_{s\to 0}sE(s)=\lim_{s\to 0}\frac{\omega s^2}{(s+1/T)(s^2+\omega^2)}=0$$

的错误结论。

应当指出，对于高阶系统，误差信号 $E(s)$的极点不易求得，故用反变换法求稳态误差的方法并不实用。在实际使用过程中，只要验证 $sE(s)$满足要求的解析条件，无论是单位反馈系统还是非单位反馈系统，都可以利用式(3-54)来计算系统在输入信号作用下位于输入端的稳态误差 $e_{ss}(\infty)$。

2. 系统类型

由稳态误差计算通式(3-54)可见，控制系统稳态误差数值，与开环传递函数 $G(s)H(s)$ 的结构和输入信号 $R(s)$的形式密切相关。对于一个给定的稳定系统，当输入信号形式一定时，系统是否存在稳态误差就取决于开环传递函数描述的系统结构。因此，按照控制系统跟踪不同输入信号的能力来进行系统分类是必要的。

在一般情况下，分子阶次为 m，分母阶次为 n 的开环传递函数可表示为

$$G(s)H(s)=\frac{K\prod_{i=1}^{m}(\tau_i s+1)}{s^{\nu}\prod_{j=1}^{n-\nu}(T_j s+1)}\tag{3-55}$$

式中，K 为开环增益；τ_i 和 T_j 为时间常数；ν 为开环系统在 s 平面坐标原点上的极点的重

数。现在的分类方法，是以ν的数值来划分的：ν=0，称为 0 型系统；ν=1，称为 I 型系统；ν=2，称为Ⅱ型系统；……当ν>2 时，除复合控制系统外，使系统稳定是相当困难的。因此除航天控制系统外，Ⅲ型及Ⅲ型以上的系统几乎不采用。

这种以开环系统在 s 平面坐标原点上的极点数来分类的方法，其优点在于：可以根据已知的输入信号形式，迅速判断系统是否存在原理性稳态误差及稳态误差的大小。它与按系统的阶次进行分类的方法不同，阶次 m 与 n 的大小与系统的型别无关，且不影响稳态误差的数值。

为了便于讨论，令

$$G_0(s)H_0(s)=\prod_{i=1}^{m}(\tau_i s+1)\Big/\prod_{j=1}^{n-\nu}(T_j s+1)$$

必有 $s\to 0$ 时，$G_0(s)H_0(s)\to 1$。因此，式(3-55)可改写为

$$G(s)H(s)=\frac{K}{s^{\nu}}G_0(s)H_0(s) \tag{3-56}$$

系统稳态误差计算通式则可表示为

$$e_{ss}(\infty)=\frac{\lim\limits_{s\to 0}\left[s^{\nu+1}R(s)\right]}{K+\lim\limits_{s\to 0}s^{\nu}} \tag{3-57}$$

式(3-57)表明，影响稳态误差的诸因素是：系统型别，开环增益，输入信号的形式和幅值。下面讨论不同型别系统在不同输入信号形式作用下的稳态误差计算。由于实际输入多为阶跃函数、斜坡函数和加速度函数，或者是其组合，因此只考虑系统分别在阶跃、斜坡或加速度函数输入作用下的稳态误差计算问题。

3. 阶跃输入作用下的稳态误差与静态位置误差系数

在图 3-23 所示的控制系统中，若 $r(t)=R\cdot 1(t)$，其中 R 为输入阶跃函数的幅值，则 $R(s)=R/s$。由式(3-57)可以算得各型系统在阶跃输入作用下的稳态误差为

$$e_{ss}(\infty)=\begin{cases}R/(1+K)=\text{常数}, & \nu=0\\ 0, & \nu\geqslant 1\end{cases}$$

对于 0 型单位反馈控制系统，当 R=1 时，其稳态误差是希望输出 1 与实际输出 $K/(1+K)$ 之间的位置误差。习惯上常采用静态位置误差系数 K_p 表示各型系统在阶跃输入作用下的位置误差。根据式(3-54)，当 $R(s)=R/s$ 时，有

$$e_{ss}(\infty)=\frac{R}{1+\lim\limits_{s\to 0}G(s)H(s)}=\frac{R}{1+K_p} \tag{3-58}$$

式中

$$K_p=\lim_{s\to 0}G(s)H(s) \tag{3-59}$$

称为静态位置误差系数。由式(3-59)及式(3-56)知，各型系统的静态位置误差系数为

$$K_p=\begin{cases}K, & \nu=0\\ \infty, & \nu\geqslant 1\end{cases}$$

如果要求系统对于阶跃输入作用不存在稳态误差，则必须选用 I 型及 I 型以上的系

统。习惯上常把系统在阶跃输入作用下的稳态误差称为静差。因而，0 型系统可称为有(静)差系统或零阶无差度系统，Ⅰ型系统可称为一阶无差度系统，Ⅱ型系统可称为二阶无差度系统，依此类推。

4. 斜坡输入作用下的稳态误差与静态速度误差系数

在图 3-23 所示的控制系统中，若 $r(t)=Rt$，其中 R 表示速度输入函数的斜率，则 $R(s)=R/s^2$。将 $R(s)$代入式(3-57)，得各型系统在斜坡输入作用下的稳态误差为

$$e_{ss}(\infty)\begin{cases}\infty, & \nu=0\\ R/K=\text{常数}, & \nu=1\\ 0, & \nu\geqslant 2\end{cases}$$

Ⅰ型单位反馈系统在斜坡输入作用下的稳态误差图示，可参见图 3-30。

如果用静态速度误差系数表示系统在斜坡(速度)输入作用下的稳态误差，可将 $R(s)=R/s^2$ 代入式(3-54)，得

$$e_{ss}(\infty)=\frac{R}{\lim\limits_{s\to 0}sG(s)H(s)}=\frac{R}{K_v} \tag{3-60}$$

式中

$$K_v=\lim_{s\to 0}sG(s)H(s)=\lim_{s\to 0}\frac{K}{s^{\nu-1}} \tag{3-61}$$

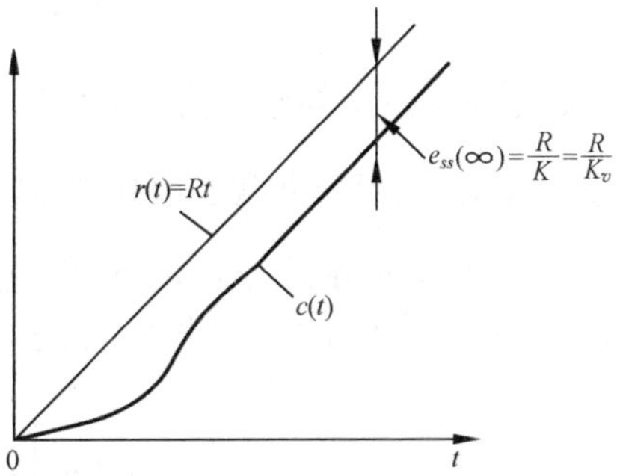

图 3-30　Ⅰ型单位反馈系统的速度误差

称为静态速度误差系数，其单位与开环增益 K 的单位相同，为 s^{-1}。显然，0 型系统的 $K_v=0$；Ⅰ型系统的 $K_v=K$；Ⅱ型及Ⅱ型以上系统的 $K_v=\infty$。

通常，式(3-60)表达的稳态误差称为速度误差。必须注意，速度误差的含义并不是指系统稳态输出与输入之间存在速度上的误差，而是指系统在速度(斜坡)输入作用下，系统稳态输出与输入之间存在位置上的误差。此外，式(3-60)还表明：0 型系统在稳态时不能跟踪斜坡输入；对于Ⅰ型单位反馈系统，稳态输出速度恰好与输入速度相同，但存在一个稳态位置误差，其数值与输入速度信号的斜率 R 成正比，而与开环增益 K 成反比；对于Ⅱ型及Ⅱ型以上的系统，稳态时能准确跟踪斜坡输入信号，不存在位置误差。

如果系统为非单位反馈系统，其 $H(s)=K_h$ 为常数，那么系统输出量的希望值为 $R'(s)=R(s)/K_h$，系统输出端的稳态位置误差为

$$e'_{ss}(\infty)=\frac{e_{ss}(\infty)}{K_h} \tag{3-62}$$

式(3-62)表示的关系，对于下面即将讨论的系统在加速度输入作用下的稳态误差计算问题，同样成立。

例 3-11　设有一非单位反馈控制系统，$G(s)=10/(s+1)$，$H(s)=K_h$，输入信号 $r(t)=1(t)$，试分别确定当 K_h 为 1 和 0.1 时，系统输出端的稳态位置误差 $e'_{ss}(\infty)$。

解　由于系统开环传递函数

$$G(s)H(s)=\frac{10K_h}{s+1}$$

故本例为 0 型系统，其静态位置误差系数 $K_p=K=10K_h$。由式(3-58)可算出系统输入端的稳态位置误差为

$$e_{ss}(\infty)=\frac{1}{1+10K_h}$$

系统输出端的稳态位置误差，可由式(3-62)算出。

当 $K_h=1$ 时

$$e'_{ss}(\infty)=e_{ss}(\infty)=\frac{1}{1+10K_h}=\frac{1}{11}$$

当 $K_h=0.1$ 时

$$e'_{ss}(\infty)=\frac{e_{ss}(\infty)}{K_h}=\frac{1}{K_h(1+10K_h)}=5$$

此时，系统输出量的希望值为 $r(t)/K_h=10$。

5. 加速度输入作用下的稳态误差与静态加速度误差系数

在图 3-23 所示的控制系统中，若 $r(t)=Rt^2/2$，其中 R 为加速度输入函数的速度变化率，则 $R(s)=R/s^3$。将 $R(s)$代入式(3-57)，算得各型系统在加速度输入作用下的稳态误差

$$e_{ss}(\infty)\begin{cases}\infty, & \nu=0,1\\ R/K=常数, & \nu=2\\ 0, & \nu\geqslant 3\end{cases}$$

Ⅱ型单位反馈系统在加速度输入作用下的稳态误差图示，可参见图 3-31。

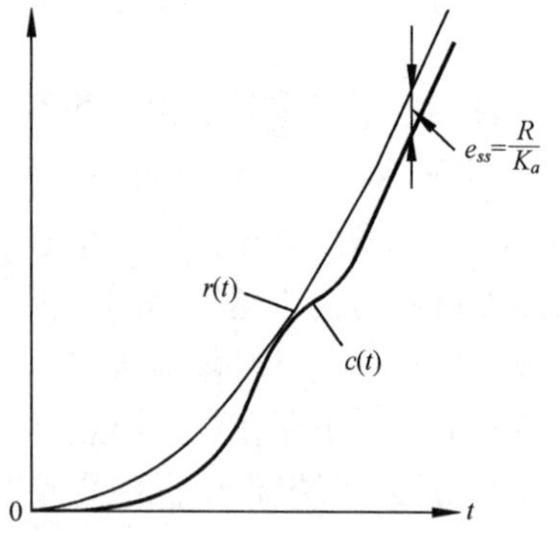

图 3-31　Ⅱ型单位反馈系统的加速度误差

如果用静态加速度误差系数表示系统在加速度输入作用下的稳态误差，可将 $R(s)=R/s^3$ 代入式(3-54)，得

$$e_{ss}(\infty)=\frac{R}{\lim\limits_{s\to 0}s^2G(s)H(s)}=\frac{R}{K_a}\tag{3-63}$$

式中

$$K_a=\lim_{s\to 0}s^2G(s)H(s)=\lim_{s\to 0}\frac{K}{s^{\nu-2}}\tag{3-64}$$

称为静态加速度误差系数，其单位为 s^{-2}。显然，0 型及Ⅰ型系统的 $K_a=0$；Ⅱ型系统的 $K_a=K$；Ⅲ型及Ⅲ型以上系统的 $K_a=\infty$。

通常，由式(3-63)表达的稳态误差称为加速度误差。与前面情况类似，加速度误差是指系统在加速度函数输入作用下，系统稳态输出与输入之间的位置误差。式(3-63)表明：0 型及Ⅰ型单位反馈系统，在稳态时都不能跟踪加速度输入；对于Ⅱ型单位反馈系统，稳态输出的加速度与输入加速度函数相同，但存在一定的稳态位置误差，其值与输入加速度信号的变化率 R 成正比，而与开环增益(静态加速度误差系数)K(或 K_a)成反比；对于

Ⅲ型及Ⅲ型以上的系统，只要系统稳定，其稳态输出能准确跟踪加速度输入信号，不存在位置误差。

静态误差系数 K_p，K_v 和 K_a，定量描述了系统跟踪不同形式输入信号的能力。当系统输入信号形式、输出量的希望值及容许的稳态位置误差确定后，可以方便地根据静态误差系数去选择系统的型别和开环增益。但是，对于非单位反馈控制系统而言，静态误差系数没有明显的物理意义，也不便于图形表示。

如果系统承受的输入信号是多种典型函数的组合，例如

$$r(t)=R_0\cdot 1(t)+R_1t+\frac{1}{2}R_2t^2$$

则根据线性叠加原理，可将每一输入分量单独作用于系统，再将各稳态误差分量叠加起来，得到

$$e_{ss}(\infty)=\frac{R_0}{1+K_p}+\frac{R_1}{K_v}+\frac{R_2}{K_a}$$

显然，这时至少应选用Ⅱ型系统，否则稳态误差将为无穷大。无穷大的稳态误差，表示系统输出量与输入量之间在位置上的误差随时间 t 而增长，稳态时达无穷大。由此可见，采用高型别系统对提高系统的控制准确度有利，但应以确保系统的稳定性为前提，同时还要兼顾系统的动态性能要求。

反馈控制系统的型别、静态误差系数和输入信号形式之间的关系，统一归纳于表 3-5。

表 3-5 表明，同一个控制系统，在不同形式的输入信号作用下具有不同的稳态误差。这一现象的物理解释可用下例说明。

表 3-5　输入信号作用下的稳态误差

系统型别	静态误差系数			阶跃输入 $r(t)=R\cdot 1(t)$	斜坡输入 $r(t)=Rt$	加速度输入 $r(t)=\frac{Rt^2}{2}$
	K_p	K_v	K_a	位置误差 $e_{ss}=\frac{R}{1+K_p}$	速度误差 $e_{ss}=\frac{R}{K_v}$	加速度误差 $e_{ss}=\frac{R}{K_a}$
0	K	0	0	$\frac{R}{1+K}$	∞	∞
Ⅰ	∞	K	0	0	$\frac{R}{K}$	∞
Ⅱ	∞	∞	K	0	0	$\frac{R}{K}$
Ⅲ	∞	∞	∞	0	0	0

例 3-12　设具有测速发电机内反馈的位置随动系统如图 3-32 所示。要求计算 $r(t)$分别为 $1(t)$、t 和 $t^2/2$ 时，系统的稳态误差，并对系统在不同输入形式下具有不同稳态误差的现象进行物理说明。

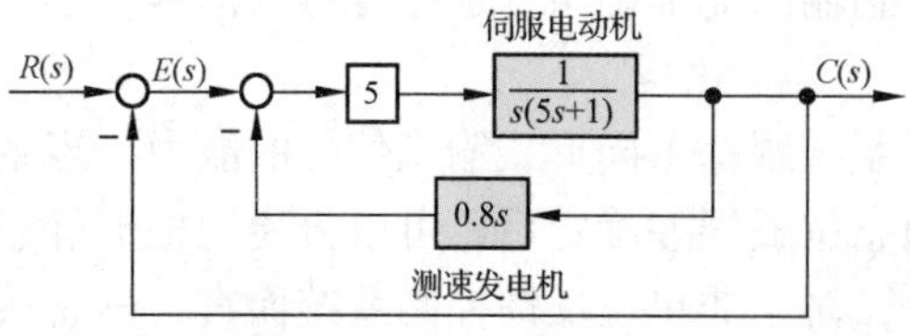

图 3-32　位置随动系统结构图

解　由图 3-32 得系统的开环传递函数为

$$G(s)=\frac{1}{s(s+1)}$$

可见，本例是 K=1 的 I 型系统，其静态误差系数：$K_p=\infty$，$K_v=1$，$K_a=0$。当 $r(t)$ 分别为 $1(t)$、t 和 $t^2/2$ 时，相应的稳态误差分别为 0，1 和∞。

系统对于阶跃输入信号不存在稳态误差的物理解释是清楚的。由于系统受到单位阶跃位置信号作用后，其稳态输出必定是一个恒定的位置(角位移)，这时伺服电动机必须停止转动。显然，要使电动机不转，加在电动机控制绕组上的电压必须为零。这就意味着系统输入端的误差信号的稳态值应等于零。因此，系统在单位阶跃输入信号作用下，不存在位置误差。

当单位斜坡输入信号作用于系统时，系统的稳态输出速度，必定与输入信号速度相同。这样，就要求电动机作恒速运转，因此在电动机控制绕组上需要作用以一个恒定的电压，由此推得误差信号的终值应等于一个常值，所以系统存在常值速度误差。

当加速度输入信号作用于系统时，系统的稳态输出也应作等加速变化，为此要求电动机控制绕组有等速变化的电压输入，最后归结为要求误差信号随时间线性增长。显然，当 $t\to\infty$时，系统的加速度误差必为无穷大。

应当指出，在系统误差分析中，只有当输入信号是阶跃函数、斜坡函数和加速度函数，或者是这三种函数的线性组合时，静态误差系数才有意义。用静态误差系数求得的系统稳态误差值，或是零，或为常值，或趋于无穷大。其实质是用终值定理法求得系统的终值误差。因此，当系统输入信号为其他形式函数时，静态误差系数法便无法应用。

6. 扰动作用下的稳态误差

控制系统除承受输入信号作用外，还经常处于各种扰动作用之下。例如：负载转矩的变动，放大器的零位和噪声，电源电压和频率的波动，组成元件的零位输出，以及环境温度的变化等。因此，控制系统在扰动作用下的稳态误差值，反映了系统的抗干扰能力。在理想情况下，系统对于任意形式的扰动作用，其稳态误差应该为零，但实际上这是不能实现的。

由于输入信号和扰动信号作用于系统的不同位置，因此即使系统对于某种形式输入信号作用的稳态误差为零，但对于同一形式的扰动作用，其稳态误差未必为零。设控制系统如图 3-33 所示，其中 $N(s)$代表扰动信号的拉氏变换式。由于在扰动信号 $N(s)$作用下系统的理想输出应为零，故该非单位反馈系统响应扰动 $n(t)$的输出端误差信号为

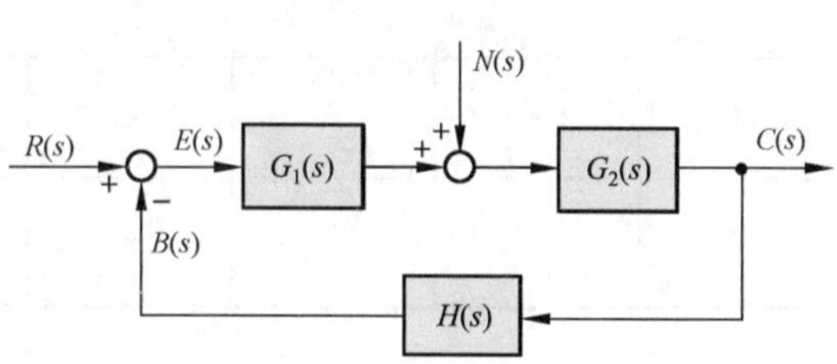

图 3-33　控制系统结构图

$$E_n(s)=-C_n(s)=-\frac{G_2(s)}{1+G(s)}N(s) \tag{3-65}$$

式中，$G(s)=G_1(s)G_2(s)H(s)$为非单位反馈系统的开环传递函数；$G_2(s)$为以 $n(t)$为输入；$c_n(t)$为输出时非单位反馈系统前向通道的传递函数。

当 $sE_n(s)$在 s 右半平面及虚轴上解析时，可以采用终值定理法计算系统在扰动作用下的稳态误差。

例 3-13 设比例控制系统如图 3-34 所示。图中，$R(s)=R_0/s$ 为阶跃输入信号；M 为比例控制器输出转矩，用以改变被控对象的位置；$N(s)=n_0/s$ 为阶跃扰动转矩。试求系统的稳态误差。

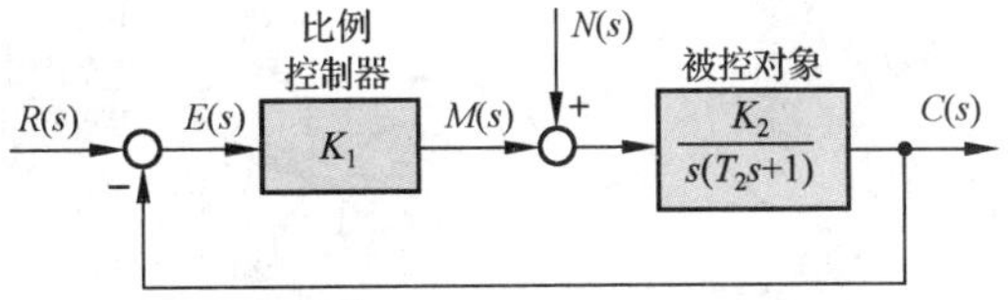

图 3-34　比例控制系统结构图

解 由图可见，本例系统为 I 型系统。令扰动 $N(s)=0$，则系统对阶跃输入信号的稳态误差为零。但是，如果令 $R(s)=0$，则系统在扰动作用下输出量的实际值为

$$C_n(s)=\frac{K_2}{s(T_2s+1)+K_1K_2}N(s)$$

而输出量的希望值为零，因此误差信号

$$E_n(s)=-\frac{K_2}{s(T_2s+1)+K_1K_2}N(s)$$

系统在阶跃扰动转矩作用下的稳态误差

$$e_{ssn}(\infty)=\lim_{s\to 0}sE_n(s)=-n_0/K_1 \tag{3-66}$$

系统在阶跃扰动转矩作用下存在稳态误差的物理意义是明显的。稳态时，比例控制器产生一个与扰动转矩 n_0 大小相等而方向相反的转矩$-n_0$以进行平衡，该转矩折算到比较装置输出端的数值为$-n_0/K_1$，所以系统必定存在常值稳态误差$-n_0/K_1$。

例 3-14 设机器人常用的手爪如图 3-35(a)所示，它由直流电机驱动，以改变两个手爪间的夹角θ。手爪控制系统模型如图 3-35(b)所示，相应的结构图如图 3-35(c)所示。图中 $K_m=30$，$R_f=1\Omega$，$K_f=K_i=1$，$J=0.1$，$f=1$。要求：1) 当功率放大器增益 $K_a=20$，输入 $\theta_d(t)$为单位阶跃信号时，确定系统的单位阶跃响应$\theta(t)$；2) 当$\theta_d(t)=0$，$n(t)=1(t)$时，确定负载对系统的影响；3) 当 $n(t)=0$，$\theta_d(t)=t$，$t>0$ 时，确定系统的稳态误差 $e_{ss}(\infty)$。

解 本例属系统时域分析法的综合应用：确定系统的单位阶跃响应，需要确定系统的ζ和ω_n，因此需要先求闭环系统传递函数，算出ζ和ω_n的具体数值；而确定负载对系统的影响，是指扰动负载在输出端是否会产生稳态误差，从结构图可见，阶跃扰动对系统输出是有影响的。

1) 单位阶跃响应$\theta(t)$。闭环传递函数

$$\Phi(s)=\frac{\Theta(s)}{\Theta_d(s)}=\frac{K_iK_aK_m/R_f}{s(Js+f)+K_aK_mK_f/R_f}=\frac{600}{0.1s^2+s+600}$$

将上式与$\Phi(s)$的标准形式

$$\Phi(s)=\frac{\omega_n^2}{s^2+2\zeta\omega_ns+\omega_n^2}$$

相比较，可得

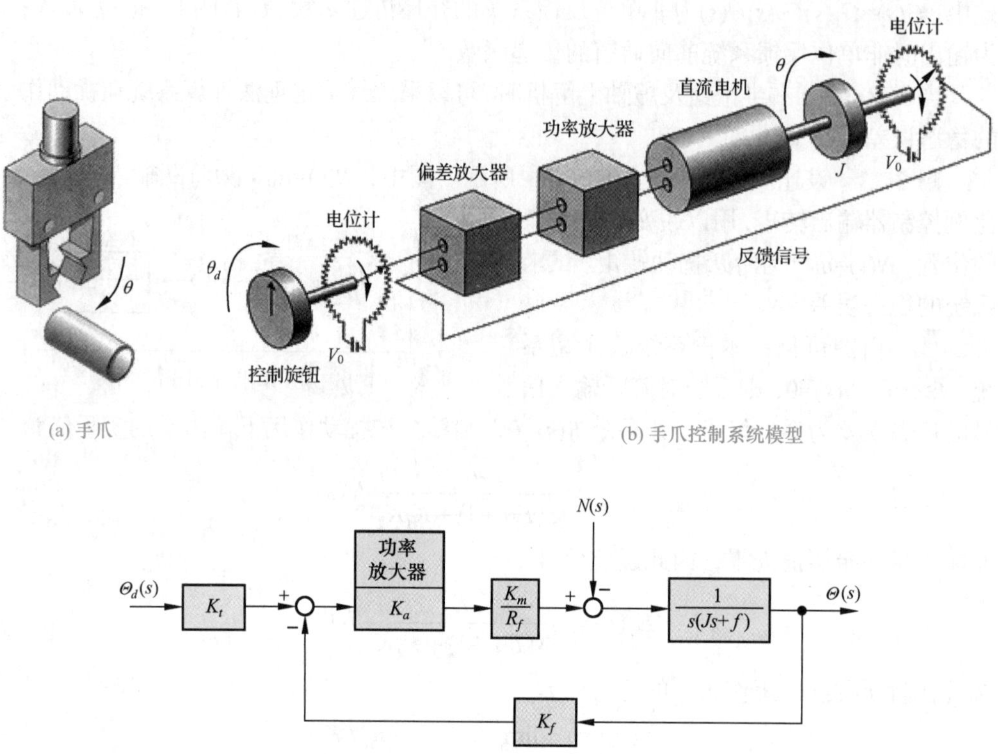

(a) 手爪　　(b) 手爪控制系统模型

(c) 系统结构图

图 3-35　机器人手爪控制系统

$$\omega_n = \sqrt{6000} = 77.46, \qquad \zeta = \frac{10}{2\omega_n} = 0.0645$$

故系统单位阶跃响应应为

$$\theta(t) = 1 - \frac{1}{\sqrt{1-\zeta^2}} \mathrm{e}^{-\zeta\omega_n t} \sin\left(\omega_n \sqrt{1-\zeta^2}\, t + \arctan\frac{\sqrt{1-\zeta^2}}{\zeta}\right)$$

$$= 1 - 1.0021\mathrm{e}^{-5t} \sin(77.3t + 86.3°)$$

可以估算出机器人手爪控制系统的动态性能

$$\sigma\% = 100\mathrm{e}^{-\pi\zeta/\sqrt{1-\zeta^2}}\% = 81.6\%$$

$$\beta = \arccos\zeta = 86.3° = 1.506\mathrm{rad}$$

$$t_r = \frac{\pi - \beta}{\omega_n\sqrt{1-\zeta^2}} = 0.02\mathrm{s}$$

$$t_s = \frac{4.4}{\zeta\omega_n} = 0.88\mathrm{s} \quad (\Delta = 2\%)$$

2) 负载对系统的影响。令 $\Theta_d(s) = 0, N(s) = \frac{1}{s}$，则

$$\Theta(s) = -\frac{1}{0.1s^2 + s + 600} N(s)$$

$$E_n(s) = -\Theta(s) = \frac{1}{0.1s^2 + s + 600}N(s)$$

$$e_{ssn}(\infty) = \lim_{s\to\infty} sE_n(s) = \frac{1}{600}$$

表明扰动输入幅值在输出端被削弱 600 倍。

3) 单位斜坡输入时稳态误差。已知 $\Theta_d(s) = \frac{1}{s^2}$，故有

$$e_{ss}(\infty) = \lim_{s\to 0} sE(s) = \lim_{s\to 0} s\left[1 - \Phi(s)\right]\Theta_d(s)$$

$$= \lim_{s\to 0} s\left(\frac{0.1s^2 + s}{0.1s^2 + s + 600}\right)\frac{1}{s^2} = \frac{1}{600}$$

4) MATLAB 验证与扩展。应用 MATLAB 软件包绘出机器人手爪控制系统的单位阶跃响应曲线(图 3-36)、单位斜坡响应曲线(图 3-37)、单位阶跃扰动响应曲线(图 3-38)；验证系统的动态性能、稳态误差及负载影响，并可改变功率放大器增益 K_a 的取值，以获得更加满意的系统性能。读者不妨一试。

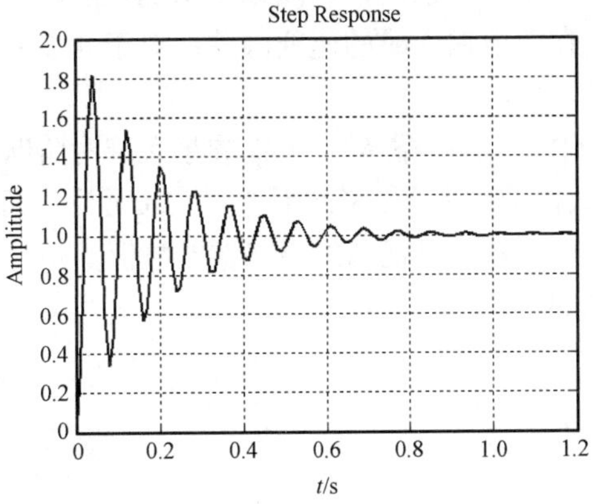

图 3-36　机器人控制系统单位阶跃响应曲线(MATLAB)

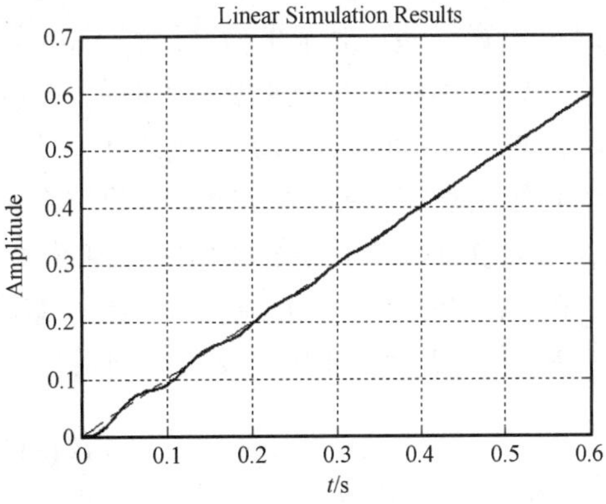

图 3-37　机器人控制系统单位斜坡响应曲线(MATLAB)

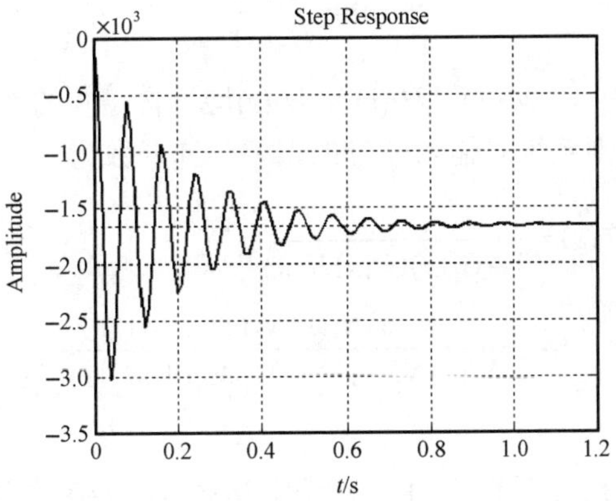

图 3-38　机器人控制系统单位阶跃扰动响应曲线(MATLAB)

MATLAB 程序如下：

```
num=[600]; den=[0.1 1 600]; sys=tf (num,den);
figure(1);
t=0: 0.01:1.2; step(sys,t); grid                %单位阶跃输入响应
figure(2);
t=0:0.005:0.6;u=t;
lsim(num,den,u,t); grid                         %单位斜坡输入响应
sysne=tf (-1,den);
figure(3);
t=0：0.01：1.2; step(sysne,t); grid             %单位阶跃扰动响应
```

7. 减小或消除稳态误差的措施

为了减小或消除系统在输入信号和扰动作用下的稳态误差，可以采取以下措施。

(1) 增大系统开环增益或扰动作用点之前系统的前向通道增益

由表 3-5 可见，增大系统开环增益 K 以后，对于 0 型系统，可以减小系统在阶跃输入时的位置误差；对于 I 型系统，可以减小系统在斜坡输入时的速度误差；对于 II 型系统，可以减小系统在加速度输入时的加速度误差。

由例 3-13 可见，增大扰动作用点之前的比例控制器增益 K_1，可以减小系统对阶跃扰动转矩的稳态误差。式(3-66)表明，系统在阶跃扰动作用下的稳态误差与 K_2 无关。因此，增大扰动点之后系统的前向通道增益，不能改变系统对扰动的稳态误差数值。

(2) 在系统的前向通道或主反馈通道设置串联积分环节

在图 3-33 所示非单位反馈控制系统中，设

$$G_1(s)=\frac{M_1(s)}{s^{\nu_1}N_1(s)}$$

$$G_2(s)=\frac{M_2(s)}{s^{\nu_2}N_2(s)}$$

$$H(s)=\frac{H_1(s)}{H_2(s)}$$

其中，$N_1(s)$，$M_1(s)$，$N_2(s)$，$M_2(s)$，$H_1(s)$及 $H_2(s)$均不含 s=0 的因子；ν_1 和 ν_2 为系统前向通道的积分环节数目。则系统对输入信号的误差传递函数为

$$\begin{aligned}\Phi_e(s)&=\frac{1}{1+G_1(s)G_2(s)H(s)}\\&=\frac{s^{\nu}N_1(s)N_2(s)H_2(s)}{s^{\nu}N_1(s)N_2(s)H_2(s)+M_1(s)M_2(s)H_1(s)}\end{aligned} \tag{3-67}$$

式中，$\nu=\nu_1+\nu_2$。

式(3-67)表明，当系统主反馈通道传递函数 $H(s)$不含 s=0 的零点和极点时，如下结论成立：

1) 系统前向通道所含串联积分环节数目 ν，与误差传递函数 $\Phi_e(s)$所含 s=0 的零点数

目ν相同，从而决定了系统响应输入信号的型别；

2) 只要在系统前向通道中设置ν个串联积分环节，必可消除系统在输入信号 $r(t)=\sum_{i=1}^{\nu-1}R_i t^i$ 作用下的稳态误差。

如果系统主反馈通道传递函数含有ν_3个积分环节，即

$$H(s)=\frac{H_1(s)}{s^{\nu_3}H_2(s)}$$

而其余假定同上，则系统对扰动作用的误差传递函数

$$\begin{aligned}\Phi_{en}(s)&=-\frac{G_2(s)}{1+G_1(s)G_2(s)H(s)}\\&=-\frac{s^{\nu_1+\nu_3}M_2(s)N_1(s)H_2(s)}{s^{\nu}N_1(s)N_2(s)H_2(s)+M_1(s)M_2(s)H_1(s)}\end{aligned}\tag{3-68}$$

式中，$\nu=\nu_1+\nu_2+\nu_3$。

由于误差传递函数$\Phi_{en}(s)$所含 $s=0$ 的零点数，等价于系统扰动作用点前的前向通道串联积分环节数ν_1与主反馈通道串联积分环节数ν_3之和，故对于响应扰动作用的系统，下列结论成立：

1) 扰动作用点之前的前向通道积分环节数与主反馈通道积分环节数之和决定系统响应扰动作用的型别，该型别与扰动作用点之后的前向通道的积分环节数无关；

2) 如果在扰动作用点之前的前向通道或主反馈通道中设置ν个积分环节，必可消除系统在扰动信号 $n(t)=\sum_{i=0}^{\nu-1}n_i t^i$ 作用下的稳态误差。

特别需要指出，在反馈控制系统中，设置串联积分环节或增大开环增益以消除或减小稳态误差的措施，必然导致降低系统的稳定性，甚至造成系统不稳定，从而恶化系统的动态性能。因此，权衡考虑系统稳定性、稳态误差与动态性能之间的关系，便成为系统校正设计的主要内容。

(3) 采用串级控制抑制内回路扰动

当控制系统中存在多个扰动信号，且控制精度要求较高时，宜采用串级控制方式，可以显著抑制内回路的扰动影响。

图 3-39 为串级直流电动机速度控制系统，具有两个闭合回路：内回路为电流环，称为副回路；外回路为速度环，称为主回路。主、副回路各有其调节器和测量变送器。主回路中的速度调节器称为主调节器，主回路的测量变送器为速度反馈装置；副回路中的电流调节器称为副调节器，副回路的测量变送器为电流反馈装置。主调节器与副调节器以串联的方式进行共同控制，故称为串级控制。由于主调节器的输出作为副调节器的给定值，因而串级控制系统的主回路是一个恒值控制系统，而副回路可以看作是一个随动系统。根据外部扰动作用位置的不同，扰动亦有一次扰动和二次扰动之分：被副回路包围的扰动，称为二次扰动，例如图 3-39 所示系统中电网电压波动形成的扰动ΔU_d；处于副回路之外的扰动，称为一次扰动，例如图 3-39 系统中由负载变化形成的扰动 I_z。

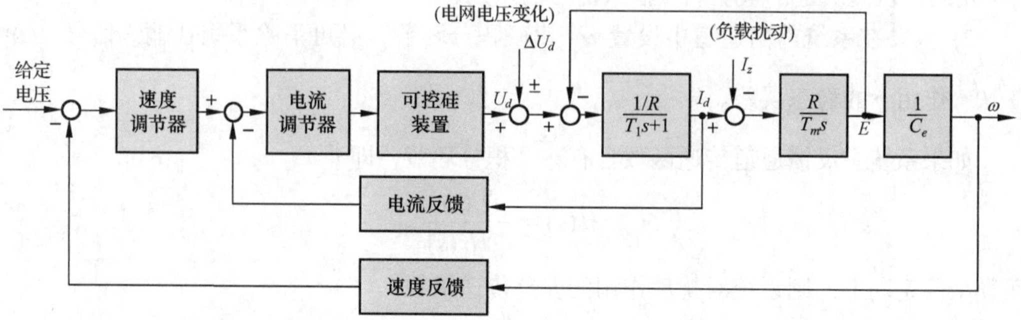

图 3-39　串级直流电动机速度控制系统方框图

串级控制系统在结构上比单回路控制系统多了一个副回路，因而对进入副回路的二次扰动有很强的抑制能力。为了便于定性分析，设一般的串级控制系统如图 3-40 所示。图中，$G_{c1}(s)$和 $G_{c2}(s)$分别为主、副调节器的传递函数；$H_1(s)$和 $H_2(s)$分别为主、副测量变送器的传递函数；$N_2(s)$为加在副回路上的二次扰动。

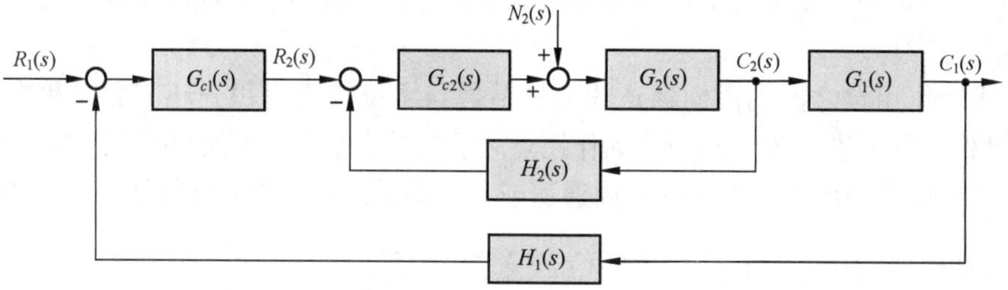

图 3-40　串级控制系统结构图

若将副回路视为一个等效环节 $G_2'(s)$，则有

$$G_2'(s)=\frac{C_2(s)}{R_2(s)}=\frac{G_{c2}(s)G_2(s)}{1+G_{c2}(s)G_2(s)H_2(s)}$$

在副回路中，输出 $C_2(s)$对二次扰动 $N_2(s)$的闭环传递函数为

$$G_{n2}(s)=\frac{C_2(s)}{N_2(s)}=\frac{G_2(s)}{1+G_{c2}(s)G_2(s)H_2(s)}$$

比较 $G_2'(s)$ 与 $G_{n2}(s)$可见，必有

$$G_{n2}(s)=\frac{G_2'(s)}{G_{c2}(s)}$$

于是，图 3-40 所示串级系统结构图可等效为图 3-41 所示结构图。显然，在主回路中，系统对输入信号的闭环传递函数为

$$\frac{C_1(s)}{R_1(s)}=\frac{G_{c1}(s)G_2'(s)G_1(s)}{1+G_{c1}(s)G_2'(s)G_1(s)H_1(s)}$$

系统对二次扰动信号 $N_2(s)$的闭环传递函数为

$$\frac{C_1(s)}{N_2(s)}=\frac{\left[G_2'(s)/G_{c2}(s)\right]G_1(s)}{1+G_{c1}(s)G_2'(s)G_1(s)H_1(s)}$$

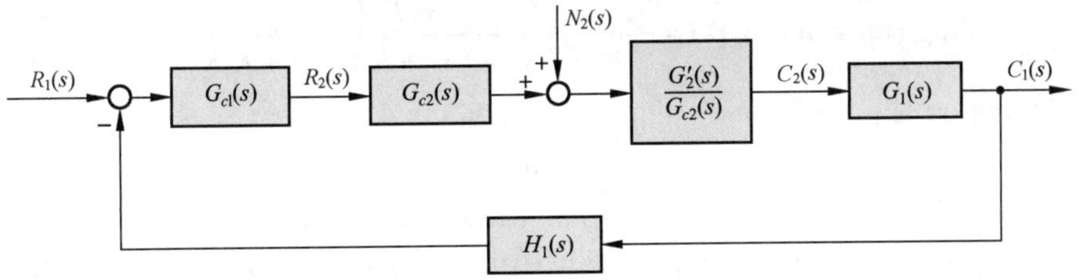

图 3-41　串级控制系统的等效结构图

对于一个理想的控制系统，总是希望多项式比值 $C_1(s)/N_2(s)$趋于零，而 $C_1(s)/R_1(s)$趋于 1，因而串级控制系统抑制二次扰动 $N_2(s)$的能力可用下式表示：

$$\frac{C_1(s)/R_1(s)}{C_1(s)/N_2(s)}=G_{c1}(s)G_{c2}(s)$$

若主、副调节器均采用比例调节器，其增益分别为 K_{c1} 和 K_{c2}，则上式可写为

$$\frac{C_1(s)/R_1(s)}{C_1(s)/N_2(s)}=K_{c1}K_{c2}$$

上式表明，主、副调节器的总增益越大，则串级系统抑制二次扰动 $N_2(s)$的能力越强。

由于在串级控制系统设计时，副回路的阶数一般都取得较低，因而副调节器的增益 K_{c2} 可以取得较大，通常满足

$$K_{c1}K_{c2}>K_{c1}$$

可见，与单回路控制系统相比，串级控制系统对二次扰动的抑制能力有很大的提高，一般可达 10～100 倍。

例 3-15　如果在例 3-13 系统中采用比例-积分控制器，如图 3-42 所示，试分别计算系统在阶跃转矩扰动和斜坡转矩扰动作用下的稳态误差。

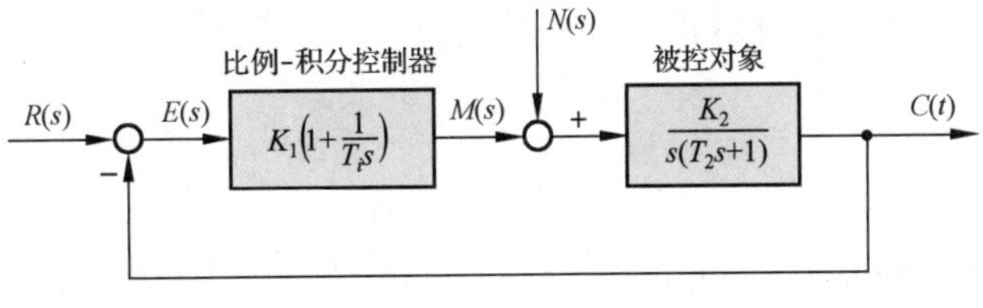

图 3-42　比例-积分控制系统结构图

解　由图 3-42 可知，在扰动作用点之前的积分环节数 $\nu_1=1$，而 $\nu_3=0$，故该比例-积分控制系统对扰动作用为 I 型系统，在阶跃扰动作用下不存在稳态误差，而在斜坡扰动作用下存在常值稳态误差。

由图 3-42 不难写出扰动作用下的系统误差表达式为

$$E_n(s)=-\frac{K_2T_is}{T_1T_2s^3+T_is^2+K_1K_2T_is+K_1K_2}N(s)$$

设 $sE_n(s)$的极点位于 s 左半平面，则可用终值定理法求得稳态误差。

当 $N(s)=n_0/s$ 时

$$e_{ssn}(\infty)=\lim_{s\to 0}sE_n(s)=-\lim_{s\to 0}\frac{n_0K_2T_is}{T_iT_2s^3+T_is^2+K_1K_2T_is+K_1K_2}=0$$

当 $N(s)=n_1/s^2$ 时

$$e_{ssn}(\infty)=-\lim_{s\to 0}\frac{n_1K_2T_i}{T_iT_2s^3+T_is^2+K_1K_2T_is+K_1K_2}=-\frac{n_1T_i}{K_1}$$

显然，提高比例增益 K_1 可以减小斜坡转矩作用下的稳态误差，但 K_1 的增大要受到稳定性要求和动态过程振荡性要求的制约。

系统采用比例-积分控制器后，可以消除阶跃扰动转矩作用下稳态误差，其物理意义是清楚的：由于控制器中包含积分控制作用，只要稳态误差不为零，控制器就一定会产生一个继续增长的输出转矩来抵消阶跃扰动转矩的作用，力图减小这个误差，直到稳态误差为零，系统取得平衡而进入稳态。在斜坡转矩扰动作用下，系统存在常值稳态误差的物理意义可以这样解释：由于转矩扰动是斜坡函数，因此需要控制器在稳态时输出一个反向的斜坡转矩与之平衡，这只有在控制器输入的误差信号为一负常值时才有可能。

实际系统总是同时承受输入信号和扰动作用的。由于所研究的系统为线性定常控制系统，因此从安全性考虑，系统总的稳态误差将等于输入信号和扰动分别作用于系统时，所得的稳态误差的绝对值之和。

3-7　线性系统的时域分析仿真

1. 稳定性分析

线性系统稳定的充分必要条件是：闭环系统特征方程的所有根均具有负实部。在 MATLAB 和 Python 中可以调用 roots 命令求取特征根，进而判别系统的稳定性。

命令格式：p=**roots**(den)

其中 den 为特征多项式降幂排列的系数向量，p 为特征根。

2. 动态性能分析

(1) 单位脉冲响应

命令格式：y=**impulse**(sys, t)

当不带输出变量 y 时，impulse 命令可直接绘制脉冲响应曲线；t 用于设定仿真时间，可缺省。

(2) 单位阶跃响应

命令格式：y=**step**(sys, t)

当不带输出变量 y 时，step 命令可直接绘制阶跃响应曲线；t 用于设定仿真时间，可缺省。

(3) 任意输入响应

命令格式：y=**lsim**(sys, u, t, x0)

当不带输出变量 y 时，lsim 命令可直接绘制响应曲线；其中 u 表示输入，x0 用于设定初始状态，默认为 0，t 用于设定仿真时间，可缺省。

(4) 零输入响应

命令格式：y=**initial**(sys, x0, t)

initial 命令要求系统 sys 为状态空间模型。当不带输出变量 y 时，initial 命令可直接绘制响应曲线；其中 x0 用于设定初始状态，默认为 0，t 用于设定仿真时间，可缺省。

3. 综合应用：系统时域动态性能分析

例 3-16 已知系统的闭环传递函数为 $\Phi(s)=\dfrac{16}{s^2+8\zeta s+16}$，其中$\zeta$=0.707，求二阶系统的单位脉冲响应，单位阶跃响应和单位斜坡响应。

解 MATLAB 程序如下：

```
zeta=0.707;num=[16];den=[1 8*zeta 16];
sys=tf (num, den);                        %建立闭环传递函数模型
p=roots(den)                              %计算系统特征根判断系统稳定性
t=0: 0.01:3;                              %设定仿真时间为 3s
figure(1)
impulse(sys, t);grid                      %求取系统的单位脉冲响应
xlabel('t/s');ylabel('c(t)');title('Impulse Response');
figure(2)
step(sys,t);grid                          %求取系统的单位阶跃响应
xlabel('t/s');ylabel('c(t)');title('Step Response');
figure(3)
u=t;                                      %定义输入为斜坡信号
lsim(sys,u,t,0);grid                      %求取系统的单位斜坡响应
xlabel('t/s');ylabel('c(t)');title('Ramp Response');
```

在 MATLAB 中运行上述程序后，得系统特征根为$-2.8280\pm j2.8289$，系统稳定。系统的单位脉冲响应、单位阶跃响应、单位斜坡响应分别如图 3-43、图 3-44 和图 3-45 所示。在 MATLAB 运行得到的图 3-44 中，点击鼠标右键可得系统超调量为σ%=4.33%，

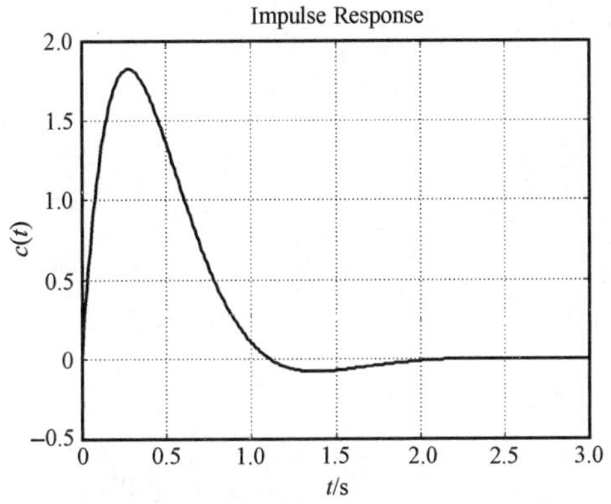

图 3-43 系统单位脉冲响应(MATLAB)

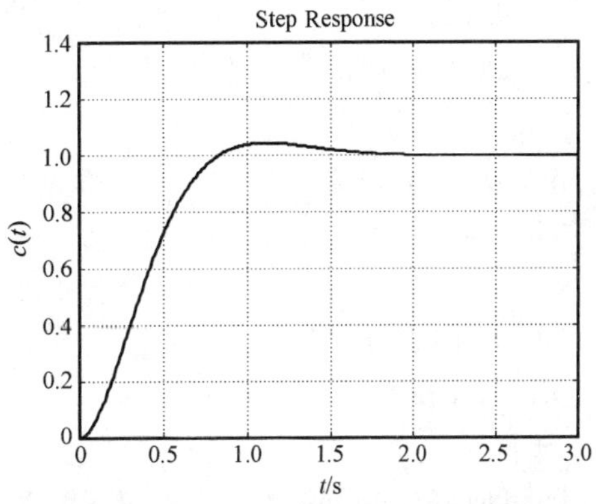

图 3-44 系统单位阶跃响应(MATLAB)

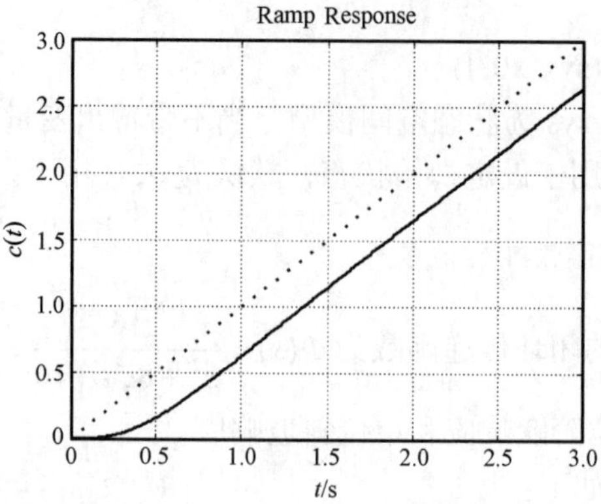

图 3-45　系统单位斜坡响应(MATLAB)

上升时间 t_r=0.537，调节时间 t_s=1.49 (Δ=2%)。若例题中ζ=0.5，系统性能又将如何变化，读者不妨一试。

Python 程序如下：

```
import control as ctr
import matplotlib.pyplot as plt
import numpy as np
import control.matlab as mat

zeta=0.707
sys = ctr.tf([16],[1,8*zeta,25])                #建立闭环传递函数模型
p = ctr.pole(sys)                               #计算系统特征根判断系统稳定性
print(p)

T = np.arange(0,3,0.01)                         #设定仿真时间为 3s
t1, y1 = ctr.impulse_response(sys,T)            #求取系统的单位脉冲响应
plt.subplot(221)
plt.plot(t1, y1)
plt.title('Impulse response')
plt.ylabel('Amplitude')
plt.xlabel('time (s)')
plt.grid(1)

plt.subplot(222)
t2, y2 = ctr.step_response(sys,T)               #求取系统的单位阶跃响应
plt.plot(t2, y2)
plt.title('Step response')
plt.ylabel('Amplitude')
```

```
plt.xlabel('time (s)')
plt.grid(1)

y3, t3, x3 = mat.lsim(sys=sys,U=T,T=T)      #求取系统的单位脉冲响应
plt.subplot(212)
plt.plot(t3, y3)
plt.title('Ramp response')
plt.ylabel('Amplitude')
plt.xlabel('time (s)')
plt.grid(1)
plt.show()
```

习　　题

3-1　设系统的微分方程式如下：

(1)　$0.2\dot{c}(t)=2r(t)$；

(2)　$0.04\ddot{c}(t)+0.24\dot{c}(t)+c(t)=r(t)$。

试求系统的单位脉冲响应 $c_1(t)$和单位阶跃响应 $c_2(t)$。已知全部初始条件为零。

3-2　已知各系统的脉冲响应，试求系统闭环传递函数$\Phi(s)$：

(1)　$c(t)=0.0125\mathrm{e}^{-1.25t}$；　　(2)　$c(t)=5t+10\sin(4t+45°)$。

3-3　已知二阶系统的单位阶跃响应为

$$c(t)=10-12.5\mathrm{e}^{-1.2t}\sin(1.6t+53.1°)$$

试求系统的超调量$\sigma\%$、峰值时间 t_p 和调节时间 t_s。

3-4　设单位反馈系统的开环传递函数为

$$G(s)=\frac{0.4s+1}{s(s+0.6)}$$

试求系统在单位阶跃输入下的动态性能。

3-5　已知控制系统的单位阶跃响应为

$$c(t)=1+0.2\mathrm{e}^{-60t}-1.2\mathrm{e}^{-10t}$$

试确定系统的阻尼比ζ和自然频率ω_n。

3-6　设图 3-46 是简化的飞行控制系统结构图，试选择参数 K_1 和 K_t，使系统的$\omega_n=6$，$\zeta=1$。

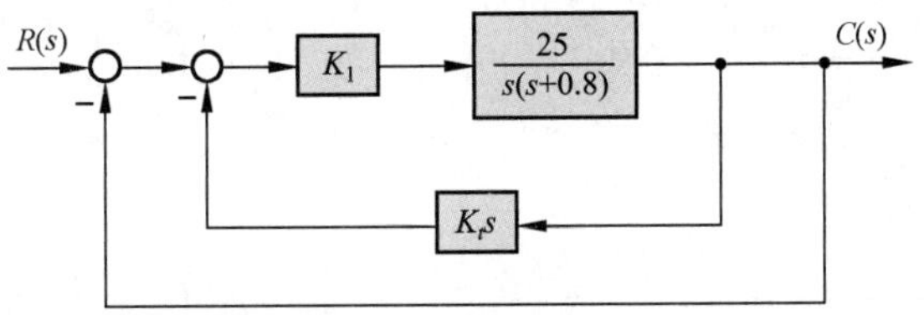

图 3-46　飞行控制系统结构图

3-7　试分别求出图 3-47 各系统的自然频率和阻尼比，并列表比较其动态性能。

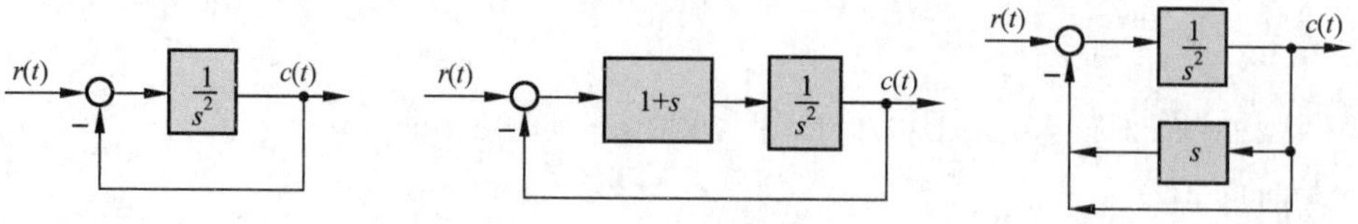

(a) 比例控制　　(b) 比例-微分控制　　(c) 测速反馈控制

图 3-47　题 3-7 的控制系统结构图

3-8　设控制系统如图 3-48 所示。要求：

(1) 取 $\tau_1=0$，$\tau_2=0.1$，计算测速反馈校正系统的超调量、调节时间和速度误差；

(2) 取 $\tau_1=0.1$，$\tau_2=0$，计算比例-微分校正系统的超调量、调节时间和速度误差。

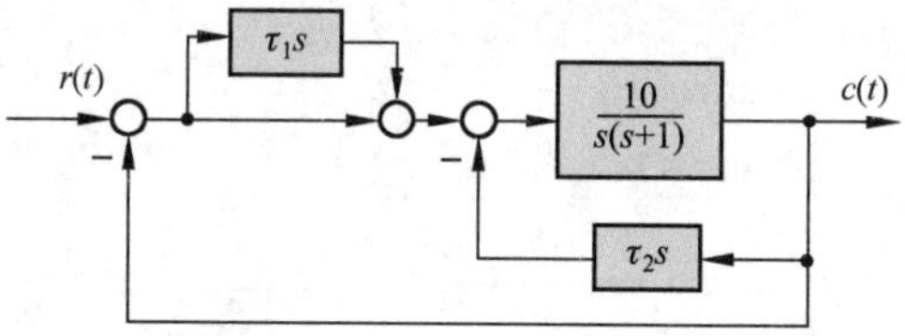

图 3-48　题 3-8 的控制系统结构图

3-9　已知系统特征方程为

$$3s^4+10s^3+5s^2+s+2=0$$

试用劳斯稳定判据确定系统的稳定性。

3-10　已知系统特征方程如下，试求系统在 s 右半平面的根数及虚根值：

(1) $s^5+3s^4+12s^3+24s^2+32s+48=0$；　　(2) $s^6+4s^5-4s^4+4s^3-7s^2-8s+10=0$；

(3) $s^5+3s^4+12s^3+20s^2+35s+25=0$。

3-11　已知单位反馈系统的开环传递函数为

$$G(s)=\frac{K(0.5s+1)}{s(s+1)(0.5s^2+s+1)}$$

试确定系统稳定时的 K 值范围。

3-12　已知系统结构图如图 3-49 所示。试用劳斯稳定判据确定能使系统稳定的反馈参数 τ 的取值范围。

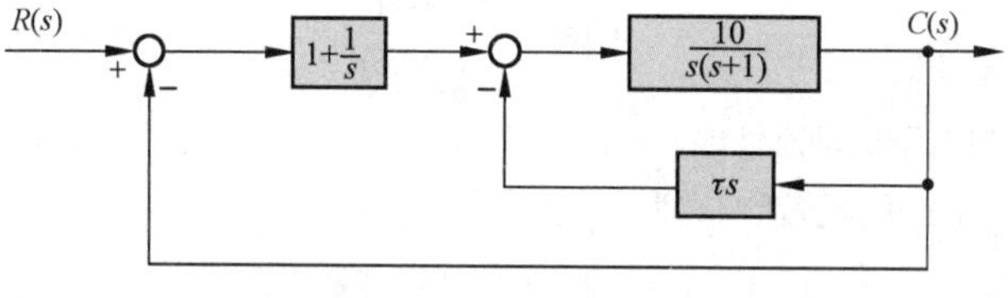

图 3-49　题 3-12 的控制系统结构图

3-13　已知单位反馈系统的开环传递函数：

(1) $G(s)=\dfrac{100}{(0.1s+1)(s+5)}$；

(2) $G(s)=\dfrac{50}{s(0.1s+1)(s+5)}$；

(3) $G(s)=\dfrac{10(2s+1)}{s^2(s^2+6s+100)}$。

试求输入分别为 $r(t)=2t$ 和 $r(t)=2+2t+t^2$ 时，系统的稳态误差。

3-14　已知单位反馈系统的开环传递函数：

(1) $G(s)=\dfrac{50}{(0.1s+1)(2s+1)}$；

(2) $G(s)=\dfrac{K}{s(s^2+4s+200)}$；

(3) $G(s)=\dfrac{10(2s+1)(4s+1)}{s^2(s^2+2s+10)}$。

试求位置误差系数 K_p，速度误差系数 K_v，加速度误差系数 K_a。

3-15　设控制系统如图 3-50 所示。其中

$$G(s)=K_p+\frac{K}{s},\quad F(s)=\frac{1}{Js}$$

输入 $r(t)$以及扰动 $n_1(t)$和 $n_2(t)$均为单位阶跃函数。试求：

(1) 在 $r(t)$作用下系统的稳态误差；

(2) 在 $n_1(t)$作用下系统的稳态误差；

(3) 在 $n_1(t)$和 $n_2(t)$同时作用下系统的稳态误差。

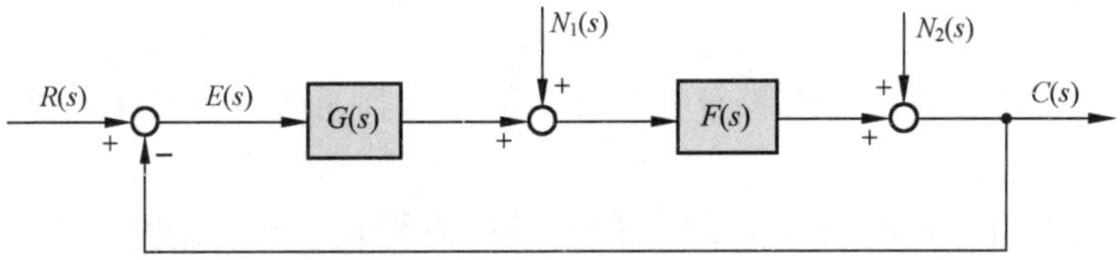

图 3-50　题 3-15 的控制系统结构图

3-16　一种新型电动轮椅装有一种非常实用的速度控制系统，使颈部以下有残障的人士也能自行驾驶这种电动轮椅。该系统在头盔上以 90°间隔安装了四个速度传感器，用来指示前、后、左、右四个方向。头盔传感系统的综合输出与头部运动的幅度成正比。图 3-51 给出了该控制系统的结构图，其中时间常数 T_1=0.5s，T_3=1s，T_4=0.25s。要求：1) 确定使系统稳定的 K 的取值(K=$K_1K_2K_3$)；2) 确定增益 K 的取值，使系统单位阶跃响应的调节时间等于 4s(Δ=2%)，计算此时系统的特征根，并用 MATLAB 方法确定系统超调量σ%和调节时间 t_s(Δ=2%)。

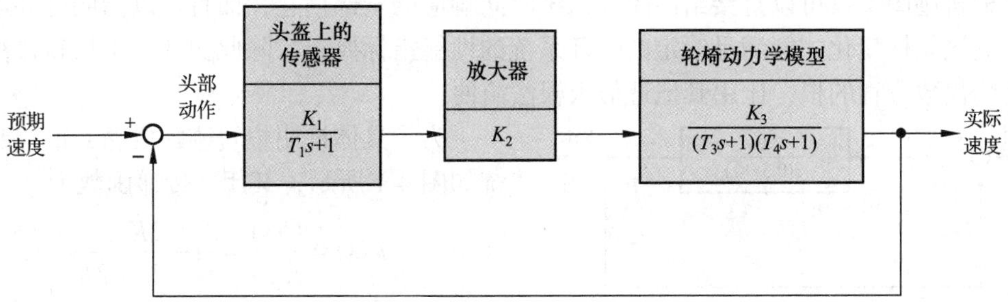

图 3-51　电动轮椅控制系统结构图

第四章　线性系统的根轨迹法

本章导学

4-1　根轨迹法的基本概念

根轨迹法是分析和设计线性定常控制系统的图解方法，使用十分简便，特别在进行多回路系统的分析时，应用根轨迹法比用其他方法更为方便，因此在工程实践中获得了广泛应用。本节主要介绍根轨迹的基本概念，根轨迹与系统性能之间的关系，并从闭环零、极点与开环零、极点之间的关系推导出根轨迹方程，然后将向量形式的根轨迹方程转化为常用的相角条件和模值条件形式，最后应用这些条件绘制简单系统的根轨迹。

1. 根轨迹概念

根轨迹简称根迹，它是开环系统某一参数从零变到无穷时，闭环系统特征方程式的根在 s 平面上变化的轨迹。

当闭环系统没有零点与极点相消时，闭环特征方程式的根就是闭环传递函数的极点，我们常简称为闭环极点。因此，从已知的开环零、极点位置及某一变化的参数来求取闭环极点的分布，实际上就是解决闭环特征方程式的求根问题。当特征方程的阶数高于四阶时，除了应用 MATLAB 软件，求根过程是比较复杂的。如果要研究系统参数变化对闭环特征方程式根的影响，就需要进行大量的反复计算，同时还不能直观看出影响趋势。因此对于高阶系统的求根问题来说，解析法就显得很不方便。1948 年，W.R.伊文思在“控制系统的图解分析”一文中，提出了根轨迹法。当开环增益或其他参数改变时，其全部数值对应的闭环极点均可在根轨迹图上简便地确定。因为系统的稳定性由系统闭环极点唯一确定，而系统的稳态性能和动态性能又与闭环零、极点在 s 平面上的位置密切相关，所以根轨迹图不仅可以直接给出闭环系统时间响应的全部信息，而且可以指明开环零、极点应该怎样变化才能满足给定的闭环系统的性能指标要求。除此而外，用根轨迹法求解高阶代数方程的根，比用其他近似求根法简便。

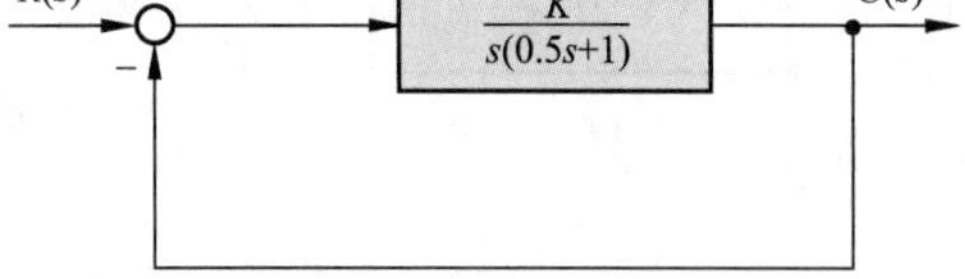

图 4-1　控制系统结构图

为了具体说明根轨迹的概念，设控制系统如图 4-1 所示，其闭环传递函数为

$$\Phi(s)=\frac{C(s)}{R(s)}=\frac{2K}{s^2+2s+2K}$$

于是，特征方程式可写为

$$s^2+2s+2K=0$$

显然，特征方程式的根是

$$s_1=-1+\sqrt{1-2K}$$

$$s_2 = -1 - \sqrt{1-2K}$$

如果令开环增益 K 从零变到无穷，可以用解析的方法求出闭环极点的全部数值，将这些数值标注在 s 平面上，并连成光滑的粗实线，如图 4-2 所示。图上，粗实线就称为系统的根轨迹，根轨迹上的箭头表示随着 K 值的增加，根轨迹的变化趋势，而标注的数值则代表与闭环极点位置相应的开环增益 K 的数值。

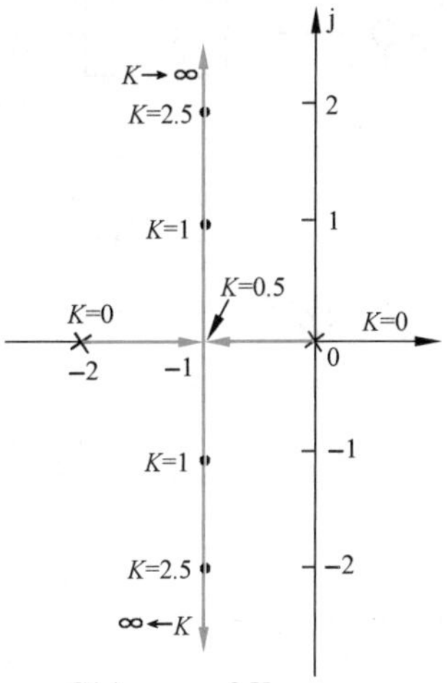

图 4-2　$\dfrac{C(s)}{R(s)} = \dfrac{2K}{s^2+2s+2K}$ 的根轨迹图

根轨迹概念示例

2. 根轨迹与系统性能

有了根轨迹图，可以立即分析系统的各种性能。下面以图 4-2 为例进行说明。

(1) 稳定性

当开环增益从零变到无穷时，图 4-2 上的根轨迹不会越过虚轴进入右半 s 平面，因此图 4-1 系统对所有的 K 值都是稳定的，这与我们在第 3-5 节所得出的结论完全相同。如果分析高阶系统的根轨迹图，那么根轨迹有可能越过虚轴进入 s 右半平面，此时根轨迹与虚轴交点处的 K 值，就是临界开环增益。

(2) 稳态性能

由图 4-2 可见，开环系统在坐标原点有一个极点，所以系统属 I 型系统，因而根轨迹上的 K 值就是静态速度误差系数。如果给定系统的稳态误差要求，则由根轨迹图可以确定闭环极点位置的容许范围。在一般情况下，根轨迹图上标注出来的参数不是开环增益，而是所谓根轨迹增益。下面将要指出，开环增益和根轨迹增益之间，仅相差一个比例常数，很容易进行换算。对于其他参数变化的根轨迹图，情况是类似的。

(3) 动态性能

由图 4-2 可见，当 $0<K<0.5$ 时，所有闭环极点位于实轴上，系统为过阻尼系统，单位阶跃响应为非周期过程；当 $K=0.5$ 时，闭环两个实数极点重合，系统为临界阻尼系统，单位阶跃响应仍为非周期过程，但响应速度较 $0<K<0.5$ 情况为快；当 $K>0.5$ 时，闭环极点为复数极点，系统为欠阻尼系统，单位阶跃响应为阻尼振荡过程，且超调量将随 K 值的增大而加大，但调节时间的变化不会显著。

上述分析表明，根轨迹与系统性能之间有着比较密切的联系。然而，对于高阶系统，用解析的方法绘制系统的根轨迹图，显然是不适用的。我们希望能有简便的图解方法，可以根据已知的开环传递函数迅速绘出闭环系统的根轨迹。为此，需要研究闭环零、极点与开环零、极点之间的关系。

3. 闭环零、极点与开环零、极点之间的关系

由于开环零、极点是已知的，因此建立开环零、极点与闭环零、极点之间的关系，有助于闭环系统根轨迹的绘制，并由此导出根轨迹方程。

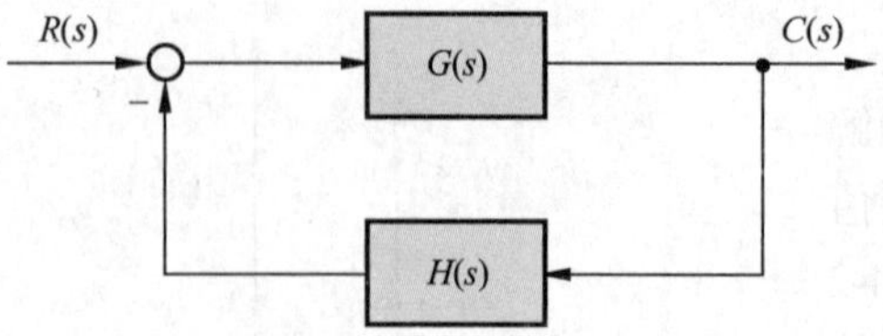

图 4-3　控制系统结构图

设控制系统如图 4-3 所示，其闭环传递函数为

$$\Phi(s)=\frac{G(s)}{1+G(s)H(s)} \tag{4-1}$$

在一般情况下，前向通路传递函数 $G(s)$和反馈通路传递函数 $H(s)$可分别表示为

$$G(s)=\frac{K_G(\tau_1 s+1)(\tau_2^2 s^2+2\zeta_1\tau_2 s+1)\cdots}{s^v(T_1 s+1)(T_2^2 s^2+2\zeta_2 T_2 s+1)\cdots}=K_G^*\frac{\prod_{i=1}^{f}(s-z_i)}{\prod_{i=1}^{q}(s-p_i)} \tag{4-2}$$

式中，K_G 为前向通路增益；K_G^* 为前向通路根轨迹增益，它们之间满足如下关系：

$$K_G^*=K_G\frac{\tau_1\tau_2^2\cdots}{T_1 T_2^2\cdots} \tag{4-3}$$

$$H(s)=K_H^*\frac{\prod_{j=1}^{l}(s-z_j)}{\prod_{j=1}^{h}(s-p_j)} \tag{4-4}$$

K_H^* 为反馈通路根轨迹增益。于是，图 4-3 系统的开环传递函数可表示为

$$G(s)H(s)=K^*\frac{\prod_{i=1}^{f}(s-z_i)\prod_{j=1}^{l}(s-z_j)}{\prod_{i=1}^{q}(s-p_i)\prod_{j=1}^{h}(s-p_j)} \tag{4-5}$$

式中，$K^*=K_G^*K_H^*$，称为开环系统根轨迹增益，它与开环增益 K 之间的关系类似于式(4-3)，仅相差一个比例常数。对于有 m 个开环零点和 n 个开环极点的系统，必有 $f+l=m$ 和 $q+h=n$。将式(4-2)和式(4-5)代入式(4-1)，得

$$\Phi(s)=\frac{K_G^*\prod_{i=1}^{f}(s-z_i)\prod_{j=1}^{h}(s-p_j)}{\prod_{i=1}^{n}(s-p_i)+K^*\prod_{j=1}^{m}(s-z_j)} \tag{4-6}$$

比较式(4-5)和式(4-6)，可得以下结论：

1) 闭环系统根轨迹增益，等于开环系统前向通路根轨迹增益。对于单位反馈系统，闭环系统根轨迹增益就等于开环系统根轨迹增益。

2) 闭环零点由开环前向通路传递函数的零点和反馈通路传递函数的极点所组成。对于单位反馈系统，闭环零点就是开环零点。

3) 闭环极点与开环零点、开环极点以及根轨迹增益 K^*均有关。

根轨迹法的基本任务在于：如何由已知的开环零、极点的分布及根轨迹增益，通过图解的方法找出闭环极点。一旦确定闭环极点后，闭环传递函数的形式便不难确定，因

为闭环零点可由式(4-6)直接得到。在已知闭环传递函数的情况下，闭环系统的时间响应可利用拉氏反变换的方法求出。

4. 根轨迹方程

根轨迹是系统所有闭环极点的集合。为了用图解法确定所有闭环极点，令闭环传递函数表达式(4-1)的分母为零，得闭环系统特征方程

$$1+G(s)H(s)=0 \tag{4-7}$$

由式(4-6)可见，当系统有 m 个开环零点和 n 个开环极点时，式(4-7)等价为

$$K^*\frac{\prod\limits_{j=1}^{m}(s-z_j)}{\prod\limits_{i=1}^{n}(s-p_i)}=-1 \tag{4-8}$$

式中，z_j 为已知的开环零点；p_i 为已知的开环极点；K^*从零变到无穷。我们把式(4-8)称为根轨迹方程。根据式(4-8)，可以画出当 K^*从零变到无穷时，系统的连续根轨迹。应当指出，只要闭环特征方程可以化成式(4-8)的形式，都可以绘制根轨迹，其中处于变动地位的实参数，不限定是根轨迹增益 K^*，也可以是系统其他变化参数。但是，用式(4-8)形式表达的开环零点和开环极点，在 s 平面上的位置必须是确定的，否则无法绘制根轨迹。

根轨迹方程实质上是一个向量方程，直接使用很不方便。考虑到

$$-1=1\mathrm{e}^{\mathrm{j}(2k+1)\pi};\qquad k=0,\pm1,\pm2,\cdots$$

因此，根轨迹方程(4-8)可用如下两个方程描述：

$$\sum_{j=1}^{m}\angle(s-z_j)-\sum_{i=1}^{n}\angle(s-p_i)=(2k+1)\pi;\qquad k=0,\pm1,\pm2,\cdots \tag{4-9}$$

和

$$K^*=\frac{\prod\limits_{i=1}^{n}|s-p_i|}{\prod\limits_{j=1}^{m}|s-z_j|} \tag{4-10}$$

方程(4-9)和(4-10)是根轨迹上的点应该同时满足的两个条件，前者称为相角条件；后者称为模值条件。根据这两个条件，可以完全确定 s 平面上的根轨迹和根轨迹上对应的 K^*值。应当指出，**相角条件是确定 s 平面上根轨迹的充分必要条件**。这就是说，绘制根轨迹时，只需要使用相角条件；而当需要确定根轨迹上各点的 K^*值时，才使用模值条件。

4-2 常规根轨迹的绘制法则

绘制根轨迹的基本法则

本节讨论绘制常规根轨迹的法则和闭环极点的确定方法，重点放在法则的叙述和证明上。这些法则非常简单，熟练地掌握它们，对于分析和设计控制系统是非常有益的。

在下面的讨论中，假定所研究的变化参数是根轨迹增益 K^*，当可变参数为系统的其他参数时，这些基本法则仍然适用。应当指出的是，用这些法则绘出的根轨迹，其相角遵循 $180°+2k\pi$ 条件，因此也称为 180°根轨迹，相应的绘制法则也就可以称为 180°根轨迹的绘制法则。

1. 绘制常规根轨迹的法则

法则 1　根轨迹的起点和终点。根轨迹起于开环极点，终于开环零点。

证明　根轨迹起点是指根轨迹增益 $K^*=0$ 的根轨迹点，而终点则是指 $K^*\to\infty$ 的根轨迹点。设闭环传递函数为式(4-6)形式，可得闭环系统特征方程为

$$\prod_{i=1}^{n}(s-p_i)+K^*\prod_{j=1}^{m}(s-z_j)=0 \tag{4-11}$$

式中，K^*可以从零变到无穷。当 $K^*=0$ 时，有

$$s=p_i;\quad i=1,2,\cdots,n$$

说明 $K^*=0$ 时，闭环特征方程式的根就是开环传递函数 $G(s)H(s)$的极点，所以根轨迹必起于开环极点。

将特征方程(4-11)改写为如下形式：

$$\frac{1}{K^*}\prod_{i=1}^{n}(s-p_i)+\prod_{j=1}^{m}(s-z_j)=0$$

当 $K^*=\infty$时，由上式可得

$$s=z_j;\quad j=1,2,\cdots,m$$

所以根轨迹必终于开环零点。

在实际系统中，开环传递函数分子多项式次数 m 与分母多项式次数 n 之间，满足不等式 $m\leqslant n$，因此有 $n-m$ 条根轨迹的终点将在无穷远处。的确，当 $s\to\infty$时，式(4-11)的模值关系可以表示为

$$K^*=\lim_{s\to\infty}\frac{\prod_{i=1}^{n}|s-p_i|}{\prod_{j=1}^{m}|s-z_j|}=\lim_{s\to\infty}|s|^{n-m}\to\infty,\quad n>m$$

如果把有限数值的零点称为有限零点，而把无穷远处的零点称为无限零点，那么根轨迹必终止于开环零点。在把无穷远处看为无限零点的意义下，开环零点数和开环极点数是相等的。

在绘制其他参数变化下的根轨迹时，可能会出现 $m>n$ 的情况。当 $K^*=0$ 时，必有 $m-n$ 条根轨迹的起点在无穷远处。因为当 $s\to\infty$时，有

$$\frac{1}{K^*}=\lim_{s\to\infty}\frac{\prod_{j=1}^{m}|s-z_j|}{\prod_{i=1}^{n}|s-p_i|}=\lim_{s\to\infty}|s|^{m-n}\to\infty,\quad m>n$$

如果把无穷远处的极点看成无限极点，于是我们同样可以说，根轨迹必起于开环极点。

法则 2 根轨迹的分支数、对称性和连续性。根轨迹的分支数与开环有限零点数 m 和有限极点数 n 中的大者相等，它们是连续的并且对称于实轴。

证明 按定义，根轨迹是开环系统某一参数从零变到无穷时，闭环特征方程式的根在 s 平面上的变化轨迹。因此，根轨迹的分支数必与闭环特征方程式根的数目相一致。由特征方程(4-11)可见，闭环特征方程根的数目就等于 m 和 n 中的大者，所以根轨迹的分支数必与开环有限零、极点数中的大者相同。

由于闭环特征方程中的某些系数是根轨迹增益 K^* 的函数，所以当 K^* 从零到无穷大连续变化时，特征方程的某些系数也随之而连续变化，因而特征方程式根的变化也必然是连续的，故根轨迹具有连续性。

根轨迹必对称于实轴的原因是显然的，因为闭环特征方程式的根只有实根和复根两种，实根位于实轴上，复根必共轭，而根轨迹是根的集合，所以根轨迹对称于实轴。

根据对称性，只需做出上半 s 平面的根轨迹部分，然后利用对称关系就可以画出下半 s 平面的根轨迹部分。

法则 3 根轨迹的渐近线。当开环有限极点数 n 大于有限零点数 m 时，有 $n-m$ 条根轨迹分支沿着与实轴交角为 φ_a、交点为 σ_a 的一组渐近线趋向无穷远处，且有

$$\varphi_a = \frac{(2k+1)\pi}{n-m}; \qquad k = 0,1,2,\cdots,n-m-1$$

和

$$\sigma_a = \frac{\sum_{i=1}^{n} p_i - \sum_{j=1}^{m} z_j}{n-m}$$

证明 渐近线就是 s 值很大时的根轨迹，因此渐近线也一定对称于实轴。将开环传递函数写成多项式形式，得

$$G(s)H(s) = K^* \frac{\prod_{j=1}^{m}(s-z_j)}{\prod_{i=1}^{n}(s-p_i)} = K^* \frac{s^m + b_1 s^{m-1} + \cdots + b_{m-1}s + b_m}{s^n + a_1 s^{n-1} + \cdots + a_{n-1}s + a_n} \tag{4-12}$$

式中

$$b_1 = -\sum_{j=1}^{m} z_j, \qquad a_1 = -\sum_{i=1}^{n} p_i$$

当 s 值很大时，式(4-12)可近似为

$$G(s)H(s) = \frac{K^*}{s^{n-m} + (a_1 - b_1)s^{n-m-1}}$$

由 $G(s)H(s)=-1$ 得渐近线方程

$$s^{n-m}\left(1 + \frac{a_1 - b_1}{s}\right) = -K^*$$

或

$$s\left(1 + \frac{a_1 - b_1}{s}\right)^{\frac{1}{n-m}} = (-K^*)^{\frac{1}{n-m}} \tag{4-13}$$

根据二项式定理

$$\left(1+\frac{a_1-b_1}{s}\right)^{\frac{1}{n-m}}=1+\frac{a_1-b_1}{(n-m)s}+\frac{1}{2!}\frac{1}{n-m}\left(\frac{1}{n-m}-1\right)\left(\frac{a_1-b_1}{s}\right)^2+\cdots$$

在 s 值很大时，近似有

$$\left(1+\frac{a_1-b_1}{s}\right)^{\frac{1}{n-m}}=1+\frac{a_1-b_1}{(n-m)s} \tag{4-14}$$

将式(4-14)代入式(4-13)，渐近线方程可表示为

$$s\left[1+\frac{a_1-b_1}{(n-m)s}\right]=(-K^*)^{\frac{1}{n-m}} \tag{4-15}$$

现在以 $s=\sigma+\mathrm{j}\omega$ 代入式(4-15)，得

$$\left(\sigma+\frac{a_1-b_1}{n-m}\right)+\mathrm{j}\omega=\sqrt[n-m]{K^*}\left[\cos\frac{(2k+1)\pi}{n-m}+\mathrm{j}\sin\frac{(2k+1)\pi}{n-m}\right]$$

$$k=0,1,\cdots,n-m-1$$

令实部和虚部分别相等，有

$$\sigma+\frac{a_1-b_1}{n-m}=\sqrt[n-m]{K^*}\cos\frac{(2k+1)\pi}{n-m}$$

$$\omega=\sqrt[n-m]{K^*}\sin\frac{(2k+1)\pi}{n-m}$$

从最后两个方程中解出

$$\sqrt[n-m]{K^*}=\frac{\omega}{\sin\varphi_a}=\frac{\sigma-\sigma_a}{\cos\varphi_a} \tag{4-16}$$

$$\omega=(\sigma-\sigma_a)\tan\varphi_a \tag{4-17}$$

式中

$$\varphi_a=\frac{(2k+1)\pi}{n-m};\qquad k=0,1,\cdots,n-m-1 \tag{4-18}$$

$$\sigma_a=-\frac{a_1-b_1}{n-m}=\frac{\sum_{i=1}^{n}p_i-\sum_{j=1}^{m}z_j}{n-m} \tag{4-19}$$

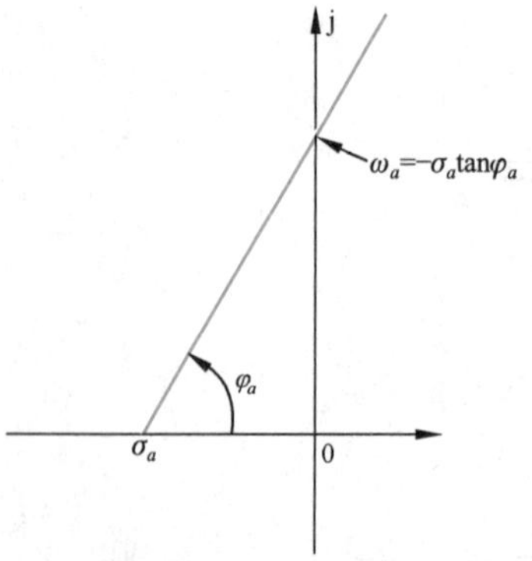

图 4-4　根轨迹渐近线

在 s 平面上，式(4-17)代表直线方程，它与实轴的交角为 φ_a，交点为 σ_a。当 k 取不同值时，可得 $n-m$ 个 φ_a 角，而 σ_a 不变，因此根轨迹渐近线是 $n-m$ 条与实轴交点为 σ_a，交角为 φ_a 的一组射线，如图 4-4 所示(图中只画了一条渐近线)。

下面举例说明根轨迹渐近线的作法。设控制系统如图 4-5(a)所示，其开环传递函数

$$G(s)=\frac{K^*(s+1)}{s(s+4)(s^2+2s+2)}$$

试根据已知的三个基本法则，确定绘制根轨迹的有关数据。

首先将开环零、极点标注在 s 平面的直角坐标系上，以“×”表示开环极点，以“○”表示开环零点，如图 4-5(b)所示。注意，在根轨迹绘制过程中，由于需要对相角和模值进行图解测量，所以横坐标与纵坐标必须采用相同的坐标比例尺。

由法则 1，根轨迹起于 $G(s)$的极点 $p_1=0$，$p_2=-4$，$p_3=-1+\mathrm{j}$ 和 $p_4=-1-\mathrm{j}$，终于 $G(s)$的有限零点 $z_1=-1$ 以及无穷远处。

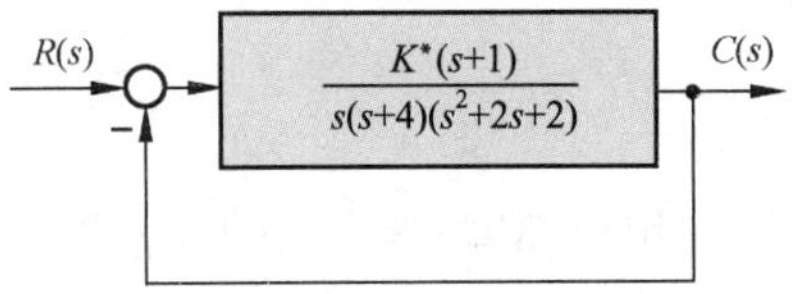

(a) 系统结构图

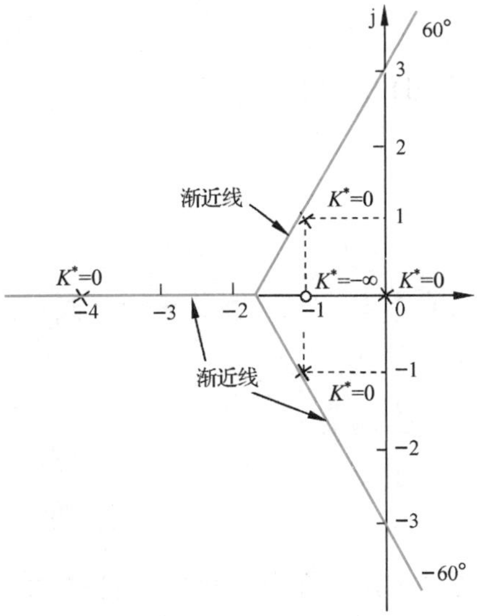

(b) 开环零极点分布

图 4-5 开环系统 $G(s)=\dfrac{K^*(s+1)}{s(s+4)(s^2+2s+2)}$ 的零、极点分布与根轨迹渐近线

由法则 2，根轨迹的分支数有 4 条，且对称于实轴。

由法则 3，有 $n-m=3$ 条根轨迹渐近线，其交点

$$\sigma_a=\frac{\sum_{i=1}^{4}p_i-z_1}{3}=\frac{(0-4-1+\mathrm{j}-1-\mathrm{j})-(-1)}{3}=-1.67$$

交角

$$\varphi_a=\frac{(2k+1)\pi}{n-m}=60^\circ,\qquad k=0$$

$$\varphi_a=\frac{(2k+1)\pi}{n-m}=180^\circ,\qquad k=1$$

$$\varphi_a=\frac{(2k+1)\pi}{n-m}=300^\circ,\qquad k=2$$

法则 4 根轨迹在实轴上的分布。实轴上的某一区域，若其右边开环实数零、极点个数之和为奇数，则该区域必是根轨迹。

证明 设开环零、极点分布如图 4-6 所示。图中，s_0 是实轴上的某一个测试点，$\varphi_j(j=1,2,3)$是各开环零点到 s_0 点向量的相角，$\theta_i(i=1,2,3,4)$是各开环极点到 s_0 点向量的相

角。由图 4-6 可见，复数共轭极点到实轴上任意一点(包括 s_0)的向量相角和为 2π。如果开环系统存在复数共轭零点，情况同样如此。因此，在确定实轴上的根轨迹时，可以不考虑复数开环零、极点的影响。由图还可见，s_0 点左边开环实数零、极点到 s_0 点的向量相角为零，而 s_0 点右边开环实数零、极点到 s_0 点的向量相角均等于π。如果令 $\sum\varphi_j$ 代表 s_0 点之右所有开环实数零点到 s_0 点的向量相角和，$\sum\theta_i$ 代表 s_0 点之右所有开环实数极点到 s_0 点的向量相角和，那么 s_0 点位于根轨迹上的充分必要条件，是下列相角条件成立：

$$\sum\varphi_j - \sum\theta_i = (2k+1)\pi$$

式中，$(2k+1)$为奇数。

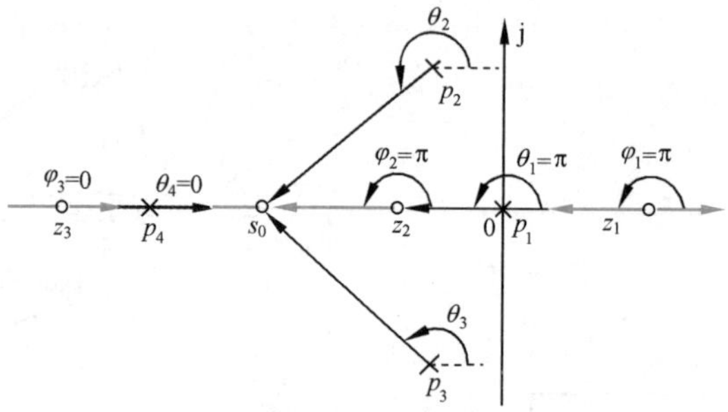

图 4-6　实轴上的根轨迹

在上述相角条件中，考虑到这些相角中的每一个相角都等于π，而π与−π代表相同角度，因此减去π角就相当于加上π角。于是，s_0 位于根轨迹上的等效条件是

$$\sum\varphi_j + \sum\theta_i = (2k+1)\pi$$

式中，$(2k+1)$为奇数。于是本法则得证。

对于图 4-6 系统，根据本法则可知，z_1 和 p_1 之间、z_2 和 p_4 之间，以及 z_3 和$-\infty$之间的实轴部分，都是根轨迹的一部分。

法则 5　根轨迹的分离点与分离角。两条或两条以上根轨迹分支在 s 平面上相遇又立即分开的点，称为根轨迹的分离点，分离点的坐标 d 是下列方程的解：

$$\sum_{j=1}^{m}\frac{1}{d-z_j}=\sum_{i=1}^{n}\frac{1}{d-p_i} \tag{4-20}$$

式中，z_j 为各开环零点的数值；p_i 为各开环极点的数值；分离角为$(2k+1)\pi/l$。

在证明本法则之前，需要介绍一下关于分离点的特性。因为根轨迹是对称的，所以根轨迹的分离点或位于实轴上，或以共轭形式成对出现在复平面中。一般情况下，常见的根轨迹分离点是位于实轴上的两条根轨迹分支的分离点。

证明　由根轨迹方程，有

$$1+\frac{K^*\prod_{j=1}^{m}(s-z_j)}{\prod_{i=1}^{n}(s-p_i)}=0$$

所以闭环特征方程

$$D(s)=\prod_{i=1}^{n}(s-p_i)+K^*\prod_{j=1}^{m}(s-z_j)=0$$

根轨迹在 s 平面上相遇，说明闭环特征方程有重根出现。设重根为 d，根据代数中重根条件，有

$$D(s)=\prod_{i=1}^{n}(s-p_i)+K^*\prod_{j=1}^{m}(s-z_j)=0$$

$$\dot{D}(s)=\frac{\mathrm{d}}{\mathrm{d}s}\left[\prod_{i=1}^{n}(s-p_i)+K^*\prod_{j=1}^{m}(s-z_j)\right]=0$$

或

$$\prod_{i=1}^{n}(s-p_i)=-K^*\prod_{j=1}^{m}(s-z_j) \tag{4-21}$$

$$\frac{\mathrm{d}}{\mathrm{d}s}\prod_{i=1}^{n}(s-p_i)=-K^*\frac{\mathrm{d}}{\mathrm{d}s}\prod_{j=1}^{m}(s-z_j) \tag{4-22}$$

将式(4-21)除式(4-22)得

$$\frac{\dfrac{\mathrm{d}}{\mathrm{d}s}\prod_{i=1}^{n}(s-p_i)}{\prod_{i=1}^{n}(s-p_i)}=\frac{\dfrac{\mathrm{d}}{\mathrm{d}s}\prod_{j=1}^{m}(s-z_j)}{\prod_{j=1}^{m}(s-z_j)}$$

$$\frac{\mathrm{d}\ln\prod_{i=1}^{n}(s-p_i)}{\mathrm{d}s}=\frac{\mathrm{d}\ln\prod_{j=1}^{m}(s-z_j)}{\mathrm{d}s}$$

代入

$$\ln\prod_{i=1}^{n}(s-p_i)=\sum_{i=1}^{n}\ln(s-p_i)$$

$$\ln\prod_{j=1}^{m}(s-z_j)=\sum_{j=1}^{m}\ln(s-z_j)$$

得

$$\sum_{i=1}^{n}\frac{\mathrm{d}\ln(s-p_i)}{\mathrm{d}s}=\sum_{j=1}^{m}\frac{\mathrm{d}\ln(s-z_j)}{\mathrm{d}s}$$

$$\sum_{i=1}^{n}\frac{1}{s-p_i}=\sum_{j=1}^{m}\frac{1}{s-z_j}$$

从上式中解出 s，即为分离点 d。

这里不加证明地指出：当 l 条根轨迹分支进入并立即离开分离点时，分离角可由 $(2k+1)\pi/l$ 决定，其中 $k=0,1,\cdots,l-1$。需要说明的是，分离角定义为根轨迹进入分离点的切线方向与离开分离点的切线方向之间的夹角。显然，当 $l=2$ 时，分离角必为直角。

例 4-1　设系统结构图与开环零、极点分布如图 4-7 所示，试绘制其概略根轨迹。

解　由法则 4，实轴上区域[−1，0]和[−3，−2]是根轨迹，图 4-7 中以蓝线表示。

由法则 2，该系统有三条根轨迹分支，且对称于实轴。

由法则 1，一条根轨迹分支起于开环极点(0)，终于开环有限零点(−1)，另外两条根轨迹分支起于开环极点(−2)和(−3)，终于无穷远处(无限零点)。

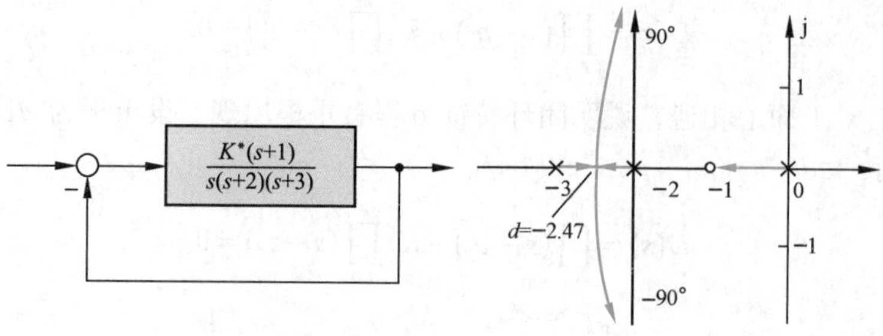

(a) 结构图　　(b) 根轨迹图

图 4-7　例 4-1 系统的结构图及其概略根轨迹图

由法则 3，两条终于无穷的根轨迹的渐近线与实轴交角为 90°和 270°，交点坐标为

$$\sigma_a = \frac{\sum_{i=1}^{3} p_i - \sum_{j=1}^{1} z_j}{n-m} = \frac{(0-2-3)-(-1)}{3-1} = -2$$

由法则 5，实轴区域[−3，−2]必有一个根轨迹的分离点 d，它满足下述分离点方程：

$$\frac{1}{d+1} = \frac{1}{d} + \frac{1}{d+2} + \frac{1}{d+3}$$

考虑到 d 必在−2 和−3 之间，通过试探法可得 $d \approx -2.47$。最后画出的系统概略根轨迹，如图 4-7(b)所示。

例 4-2　设单位反馈系统的开环传递函数为

$$G(s) = \frac{K(0.5s+1)}{0.5s^2+s+1}$$

试绘制闭环系统根轨迹。

解　首先将 $G(s)$写成零、极点标准形式

$$G(s) = \frac{K^*(s+2)}{(s+1+\mathrm{j})(s+1-\mathrm{j})}$$

本例 $K^*=K$。将开环零、极点画在坐标比例尺相同的 s 平面中，如图 4-8 所示。

由法则 1～5 可知，本例有两条根轨迹分支，它们分别起于开环复数极点$(-1\pm \mathrm{j})$，终于有限零点(-2)和无限零点。因此，在$(-\infty，-2]$的实轴上，必存在一个分离点 d，其方程为

$$\frac{1}{d+2} = \frac{1}{d+1-\mathrm{j}} + \frac{1}{d+1+\mathrm{j}}$$

经整理

$$d^2+4d+2=0$$

这是一个二阶分离点方程，可以用解析法求得 $d=-3.414$ 或 $d=-0.586$,显然应取 $d=-3.414$。

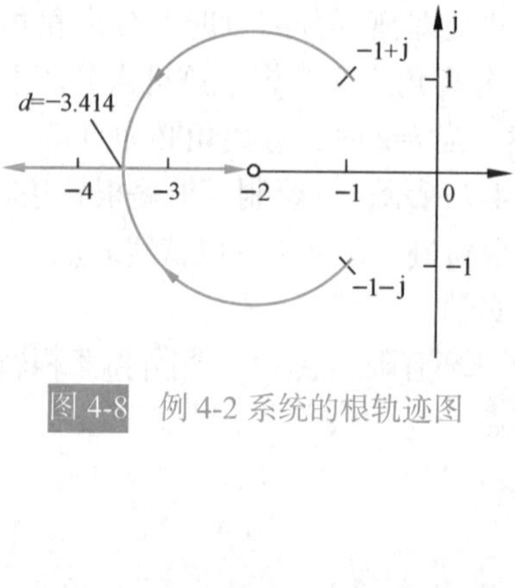

图 4-8　例 4-2 系统的根轨迹图

应用相角条件，可以画出本例系统的准确根轨迹，如图 4-8 所示，其复数根轨迹部分是

圆的一部分。一般来说，由两个极点(实数极点或复数极点)和一个有限零点组成的开环系统，只要有限零点没有位于两个实数极点之间，当 K^* 从零变到无穷时，闭环根轨迹的复数部分，是以有限零点为圆心，以有限零点到分离点的距离为半径的一个圆，或圆的一部分。这在数学上是可以严格证明的。

应当指出，如果开环系统无有限零点，则在分离点方程(4-20)中，应取

$$\sum_{i=1}^{n}\frac{1}{d-p_i}=0$$

另外，分离点方程(4-20)，不仅可用来确定实轴上的分离点坐标 d，而且可以用来确定复平面上的分离点坐标。只有当开环零、极点分布非常对称时，才会出现复平面上的分离点。此时，一般可采用求分离点方程根的方法来确定所有的分离点。

实质上，根轨迹的分离点坐标，就是 K^* 为某一特定值时，闭环系统特征方程的实数等根或复数等根的数值。

法则 6　根轨迹的起始角与终止角。根轨迹离开开环复数极点处的切线与正实轴的夹角，称为起始角，以 θ_{p_i} 标志；根轨迹进入开环复数零点处的切线与正实轴的夹角，称为终止角，以 φ_{z_i} 表示。这些角度可按如下关系式求出

$$\theta_{p_i}=(2k+1)\pi+\Big(\sum_{j=1}^{m}\varphi_{z_jp_i}-\sum_{\substack{j=1\\(j\neq i)}}^{n}\theta_{p_jp_i}\Big);\qquad k=0,\pm1,\pm2,\cdots \tag{4-23}$$

及

$$\varphi_{z_i}=(2k+1)\pi-\Big(\sum_{\substack{j=1\\(j\neq i)}}^{m}\varphi_{z_jz_i}-\sum_{j=1}^{n}\theta_{p_jz_i}\Big);\qquad k=0,\pm1,\pm2,\cdots \tag{4-24}$$

证明　设开环系统有 m 个有限零点，n 个有限极点。在十分靠近待求起始角(或终止角)的复数极点(或复数零点)的根轨迹上，取一点 s_1。由于 s_1 无限接近于求起始角的复数极点 p_i(或求终止角的复数零点 z_i)，因此，除 p_i(或 z_i)外，所有开环零、极点到 s_1 点的向量相角 $\varphi_{z_js_1}$ 和 $\theta_{p_js_1}$，都可以用它们到 p_i(或 z_i)的向量相角 $\varphi_{z_jp_i}$ (或 $\varphi_{z_jz_i}$)和 $\theta_{p_jp_i}$ (或 $\theta_{p_jz_i}$)来代替，而 p_i(或 z_i)到 s_1 点的向量相角即为起始角 θ_{p_i} (或终止角 φ_{z_i})。根据 s_1 点必满足相角条件，应有

$$\sum_{j=1}^{m}\varphi_{z_jp_i}-\sum_{\substack{j=1\\(j\neq i)}}^{n}\theta_{p_jp_i}-\theta_{p_i}=-(2k+1)\pi$$

$$\sum_{\substack{j=1\\(j\neq i)}}^{m}\varphi_{z_jz_i}+\varphi_{z_i}-\sum_{j=1}^{n}\theta_{p_jz_i}=(2k+1)\pi \tag{4-25}$$

移项后，立即得到式(4-23)和式(4-24)。应当指出，在根轨迹的相角条件中，$(2k+1)\pi$ 与 $-(2k+1)\pi$ 是等价的，所以为了便于计算起见，在上面最后两式的右端有的用 $-(2k+1)\pi$ 表示。

例 4-3　设系统开环传递函数为

$$G(s)=\frac{K^*(s+1.5)(s+2+\mathrm{j})(s+2-\mathrm{j})}{s(s+2.5)(s+0.5+\mathrm{j}1.5)(s+0.5-\mathrm{j}1.5)}$$

试绘制该系统概略根轨迹。

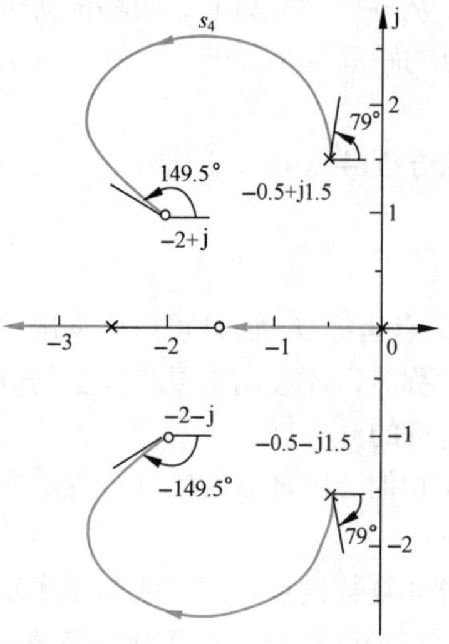

图 4-9　例 4-3 系统的概略根轨迹图

解　将开环零、极点画在图 4-9 中。按如下典型步骤绘制根轨迹：

1) 确定实轴上的根轨迹。本例实轴上区域[−1.5，0]和(−∞，−2.5]为根轨迹。

2) 确定根轨迹的渐近线。本例 n=4，m=3，故只有一条 180°的渐近线，它正好与实轴上的根轨迹区域(−∞，−2.5]重合，所以在 $n-m$=1 的情况下，不必再去确定根轨迹的渐近线。

3) 确定分离点。一般说来，如果根轨迹位于实轴上一个开环极点和一个开环零点(有限零点或无限零点)之间，则在这两个相邻的零、极点之间，或者不存在任何分离点，或者同时存在离开实轴和进入实轴的两个分离点。本例无分离点。

4) 确定起始角与终止角。本例概略根轨迹如图 4-9 所示，为了比较准确地画出这一根轨迹图，应当确定根轨迹的起始角和终止角的数值。先求起始角。作各开环零、极点到复数极点(−0.5+j1.5)的向量，并测出相应角度，如图 4-10(a)所示。按式(4-23)算出根轨迹在极点(−0.5+j1.5)处的起始角为

$$\theta_{p_1}=180°+(\varphi_1+\varphi_2+\varphi_3)-(\theta_1+\theta_3+\theta_4)=79°$$

根据对称性，根轨迹在极点(−0.5−j1.5)处的起始角为−79°。

用类似方法可算出根轨迹在复数零点(−2+j)处的终止角为 149.5°。各开环零、极点到(−2+j)的向量相角如图 4-10(b)所示。

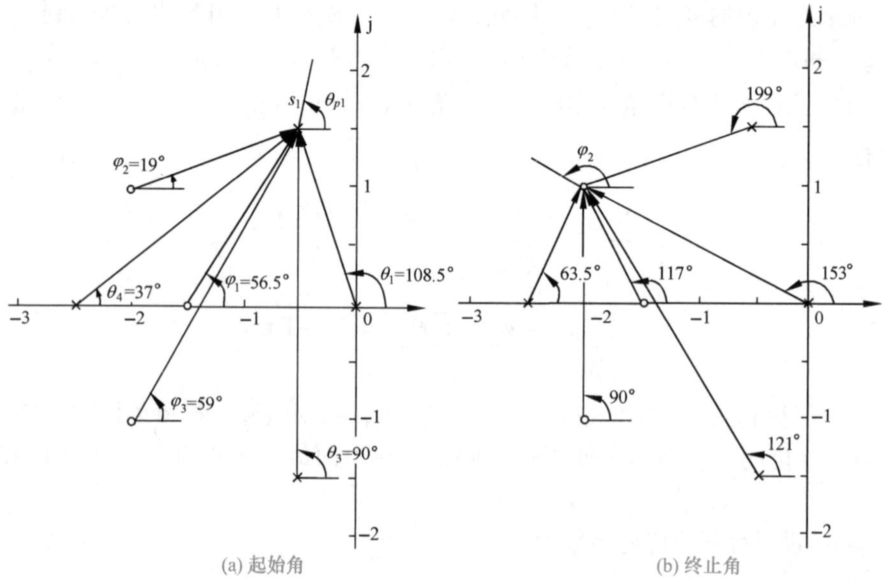

图 4-10　例 4-3 根轨迹的起始角和终止角

法则 7　根轨迹与虚轴的交点。若根轨迹与虚轴相交，则交点上的 K^*值和ω值可用劳斯判据确定，也可令闭环特征方程中的 $s=\mathrm{j}\omega$，然后分别令其实部和虚部为零而求得。

证明　若根轨迹与虚轴相交，则表示闭环系统存在纯虚根，这意味着 K^*的数值使闭环系统处于临界稳定状态。因此令劳斯表第一列中包含 K^*的项为零，即可确定根轨迹与虚轴交点上的 K^*值。此外，因为一对纯虚根是数值相同但符号相异的根，所以利用劳斯表中 s^2 行的系数构成辅助方程，必可解出纯虚根的数值，这一数值就是根轨迹与虚轴交点上的ω值。如果根轨迹与正虚轴(或者负虚轴)有一个以上交点，则应采用劳斯表中幂大于 2 的 s 偶次方行的系数构造辅助方程。

确定根轨迹与虚轴交点处参数的另一种方法，是将 $s=\mathrm{j}\omega$代入闭环特征方程，得到

$$1+G(\mathrm{j}\omega)H(\mathrm{j}\omega)=0$$

令上述方程的实部和虚部分别为零，有

$$\mathrm{Re}\left[1+G(\mathrm{j}\omega)H(\mathrm{j}\omega)\right]=0$$
$$\mathrm{Im}\left[1+G(\mathrm{j}\omega)H(\mathrm{j}\omega)\right]=0$$

利用这种实部方程和虚部方程，不难解出根轨迹与虚轴交点处的 K^*值和ω值。

例 4-4　设系统开环传递函数为

$$G(s)H(s)=\frac{K^*}{s(s+3)(s^2+2s+2)}$$

试绘制闭环系统的概略根轨迹。

解　按下述步骤绘制概略根轨迹：

1) 确定实轴上的根轨迹。实轴上[−3，0]区域必为根轨迹。

2) 确定根轨迹的渐近线。由于 $n-m=4$，故有如下四条根轨迹渐近线：

$$\sigma_a=-1.25$$
$$\varphi_a=\pm45°,\pm135°$$

3) 确定分离点。本例没有有限零点，故

$$\sum_{i=1}^{n}\frac{1}{d-p_i}=0$$

于是分离点方程为

$$\frac{1}{d}+\frac{1}{d+3}+\frac{1}{d+1-\mathrm{j}}+\frac{1}{d+1+\mathrm{j}}=0$$

用试探法算出 $d\approx-2.3$。

4) 确定起始角。量测各向量相角，算得 $\theta_{p_i}=-71.6°$。

5) 确定根轨迹与虚轴交点。本例闭环特征方程式为

$$s^4+5s^3+8s^2+6s+K^*=0$$

对上式应用劳斯判据，有

$$
\begin{array}{l|lll}
s^4 & 1 & 8 & K^* \\
s^3 & 5 & 6 & \\
s^2 & 34/5 & K^* & \\
s^1 & (204-25K^*)/34 & & \\
s^0 & K^* & &
\end{array}
$$

令劳斯表中 s^1 行的首项为零，得 K^*=8.16。根据 s^2 行的系数，得如下辅助方程

$$\frac{34}{5}s^2 + K^* = 0$$

代入 K^*=8.16 并令 s=jω，解出交点坐标$\omega = \pm 1.1$。

根轨迹与虚轴相交时的参数，也可用闭环特征方程直接求出。将 s=jω代入特征方程，可得实部方程为

$$\omega^4 - 8\omega^2 + K^* = 0$$

虚部方程为

$$-5\omega^3 + 6\omega = 0$$

在虚部方程中，ω=0 显然不是欲求之解，因此根轨迹与虚轴交点坐标应为$\omega = \pm 1.1$。将所得ω值代入实部方程，立即解出 K^*=8.16。所得结果与劳斯表法完全一样。整个系统概略根轨迹如图 4-11 所示。

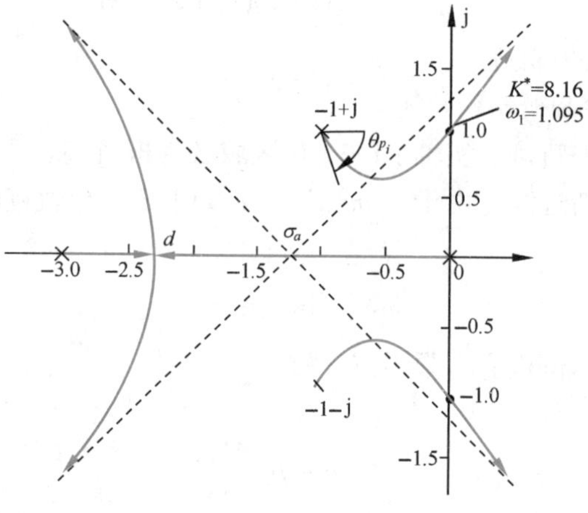

图 4-11　例 4-4 的开环零、极点分布与概略根轨迹

根据以上介绍的七个法则，不难绘出系统的概略根轨迹。为了便于查阅，所有绘制法则统一归纳在表 4-1 中。

表 4-1　常规根轨迹的绘制法则

序号	内容	法则
1	根轨迹的起点和终点	根轨迹起于开环极点(包括无限极点)，终于开环零点(包括无限零点)
2	根轨迹的分支数、对称性和连续性	根轨迹的分支数等于开环极点数 $n(n>m)$，或开环零点数 $m(m>n)$根轨迹对称于实轴

绘制根轨迹的步骤

续表

序号	内容	法则
3	根轨迹的渐近线	$n-m$ 条渐近线与实轴的交角和交点为 $\varphi_a=\dfrac{(2k+1)\pi}{n-m};\quad k=0,1,\cdots,n-m-1$ $\sigma_a=\dfrac{\sum_{i=1}^{n}p_i-\sum_{j=1}^{m}z_j}{n-m}$
4	根轨迹在实轴上的分布	实轴上某一区域，若其右方开环实数零、极点个数之和为奇数，则该区域必是根轨迹
5	根轨迹的分离点和分离角	l 条根轨迹分支相遇，其分离点坐标由 $\sum_{j=1}^{m}\dfrac{1}{d-z_j}=\sum_{i=1}^{n}\dfrac{1}{d-p_i}$ 确定；分离角等于 $(2k+1)\pi/l$
6	根轨迹的起始角与终止角	起始角：$\theta_{p_i}=(2k+1)\pi+\left(\sum_{j=1}^{m}\varphi_{z_jp_i}-\sum_{\substack{j=1\\(j\neq i)}}^{n}\theta_{p_jp_i}\right)$ 终止角：$\varphi_{z_i}=(2k+1)\pi-\left(\sum_{\substack{j=1\\(j\neq i)}}^{m}\varphi_{z_jz_i}-\sum_{j=1}^{n}\theta_{p_jz_i}\right)$
7	根轨迹与虚轴的交点	根轨迹与虚轴交点的 K^* 值和 ω 值，可利用劳斯判据确定
8	根之和	$\sum_{i=1}^{n}s_i=\sum_{i=1}^{m}p_i$

法则 8　根之和。系统的闭环特征方程在 $n>m$ 的一般情况下，可有不同形式的表示

$$\prod_{i=1}^{n}(s-p_i)+K^*\prod_{j=1}^{m}(s-z_j)=s^n+a_1s^{n-1}+\cdots+a_{n-1}s+a_n$$

$$=\prod_{i=1}^{n}(s-s_i)=s^n+(-\sum_{i=1}^{n}s_i)s^{n-1}+\cdots+\prod_{i=1}^{n}(-s_i)=0$$

式中，s_i 为闭环特征根。

当 $n-m\geqslant 2$ 时，特征方程第二项系数与 K^* 无关，无论 K^* 取何值，开环 n 个极点之和总是等于闭环特征方程 n 个根之和，即

$$\sum_{i=1}^{n}s_i=\sum_{i=1}^{n}p_i$$

在开环极点确定的情况下，这是一个不变的常数。所以，当开环增益 K 增大时，若闭环某些根在 s 平面上向左移动，则另一部分根必向右移动。

此法则对判断根轨迹的走向是很有用的。

2. 闭环极点的确定

对于特定 K^* 值下的闭环极点，可用模值条件确定。一般说来，比较简单的方法是先用试探法确定实数闭环极点的数值，然后用综合除法得到其余的闭环极点。如果在特定 K^* 值下，闭环系统只有一对复数极点，那么可以直接在概略根轨迹图上，用上述方法获得要求的闭环极点。

例 4-5　图 4-12 为空间站示意图。为了有利于产生能量和进行通信，必须保持空间

站对太阳和地球的合适指向。空间站的方位控制系统可由带有执行机构和控制器的单位反馈控制系统来表征，其开环传递函数为

$$G(s)=\frac{K^*(s+20)}{s(s^2+24s+144)}$$

试画出 K^*值增大时的系统概略根轨迹图，求出使系统输出响应产生振荡的 K^*的取值范围，并应用 MATLAB 方法确定 K^*=10 时系统的单位阶跃响应曲线。

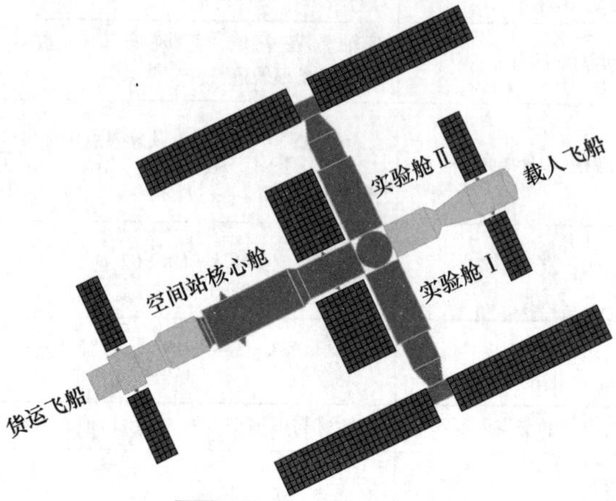

图 4-12　空间站示意图

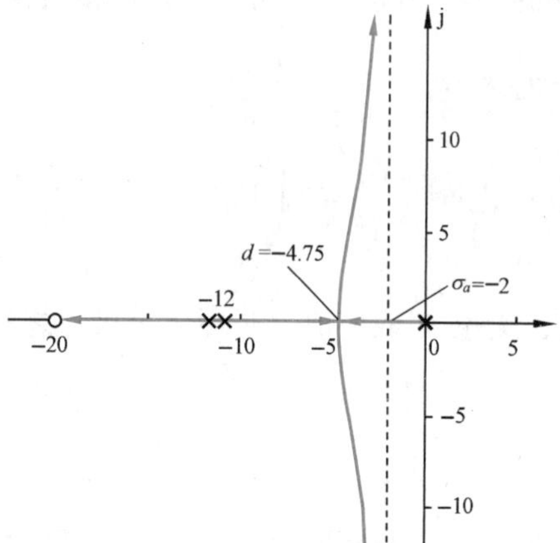

图 4-13　空间站方位控制系统概略根轨迹图

解　由开环传递函数

$$G(s)=\frac{K^*(s+20)}{s(s+12)^2}$$

令 K^*从 $0\to\infty$，可画出系统概略根轨迹如图 4-13 所示。图中

渐近线：$\sigma_a=-2,\qquad \varphi_a=\pm 90°$

分离点：$\dfrac{1}{d}+\dfrac{2}{d+12}=\dfrac{1}{d+20}$

$$d=-4.75$$

应用模值条件，可得分离点处的根轨迹增益

$$K_d^*=\frac{\prod_{i=1}^{3}|d-p_i|}{|d-z|}=\frac{4.75\times 7.25^2}{15.25}=16.37$$

因而当 K^*>16.37 时，系统输出将会产生振荡。

应用 MATLAB 软件，可得系统的根轨迹图如图 4-14 所示。若取 K^*=10，可得系统的单位阶跃响应，如图 4-15 所示。

MATLAB 程序如下：

```
num=[1 20]; den=[1 24 144 0]; G0=tf (num,den);
figure(1);
rlocus(G0);axis([-30 10 -20 20]);                %系统根轨迹
K=10; G=K*G0; sys=feedback(G,1);
figure(2);
t=0：0.01：10；step(sys,t);
axis([0 10 0 1.2])；grid;                        %单位阶跃输入响应
```

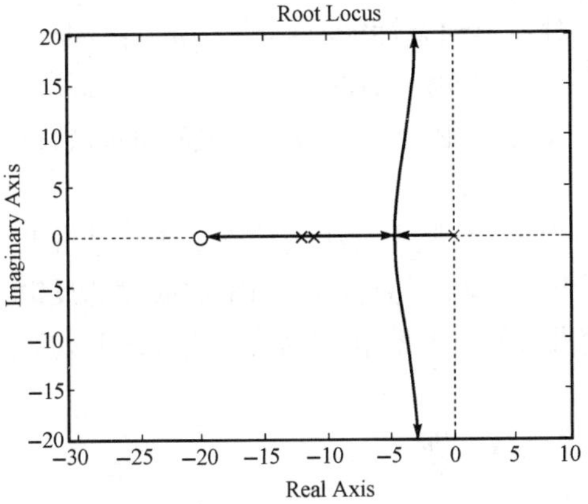

图 4-14　方位控制系统根轨迹图(MATLAB)

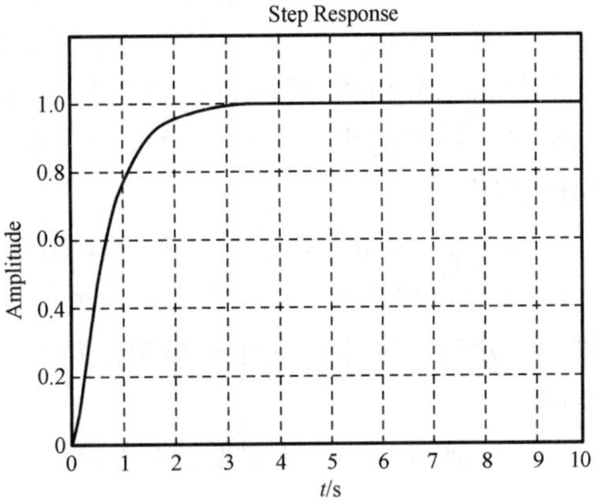

图 4-15　方位控制系统单位阶跃响应(MATLAB)

4-3　广义根轨迹

在控制系统中，除根轨迹增益 K^*为变化参数的根轨迹以外，其他情形下的根轨迹统称为广义根轨迹。如系统的参数根轨迹，开环传递函数中零点个数多于极点个数时的根轨迹等均可列入广义根轨迹范畴。通常，将负反馈系统中 K^*变化时的根轨迹称为常规根轨迹。

1. 参数根轨迹

以非开环增益为可变参数绘制的根轨迹称为参数根轨迹，以区别于以开环增益 K 为可变参数的常规根轨迹。

绘制参数根轨迹的法则与绘制常规根轨迹的法则完全相同。只要在绘制参数根轨迹之前，引入等效单位反馈系统和等效传递函数概念，则常规根轨迹的所有绘制法则，均适用于参数根轨迹的绘制。为此，需要对闭环特征方程

$$1+G(s)H(s)=0 \tag{4-26}$$

进行等效变换，将其写为如下形式：

$$A\frac{P(s)}{Q(s)}=-1 \tag{4-27}$$

其中，A 为除 K^*外，系统任意的变化参数，而 $P(s)$和 $Q(s)$为两个与 A 无关的首一多项式。显然，式(4-27)应与式(4-26)相等，即

$$Q(s)+AP(s)=1+G(s)H(s)=0 \tag{4-28}$$

根据式(4-28)，可得等效单位反馈系统，其等效开环传递函数为

$$G_1(s)H_1(s)=A\frac{P(s)}{Q(s)} \tag{4-29}$$

利用式(4-29)画出的根轨迹，就是参数 A 变化时的参数根轨迹。需要强调指出，等效开环传递函数是根据式(4-28)得来的，因此“等效”的含义仅在闭环极点相同这一点上成立，而闭环零点一般是不同的。由于闭环零点对系统动态性能有影响，所以由闭环零、极点分布来分析和估算系统性能时，可以采用参数根轨迹上的闭环极点，但必须采用原来闭环系统的零点。这一处理方法和结论，对于绘制开环零极点变化时的根轨迹，同样适用。

例 4-6　设位置随动系统如图 4-16 所示。图中，系统Ⅰ为比例控制系统，系统Ⅱ为比例-微分控制系统，系统Ⅲ为测速反馈控制系统，T_a表示微分器时间常数或测速反馈系数。试分析 T_a对系统性能的影响，并比较系统Ⅱ和Ⅲ在具有相同阻尼比ζ=0.5 时的有关特点。

解　显然，系统Ⅱ和Ⅲ具有相同的开环传递函数，即

$$G(s)H(s)=\frac{5(1+T_a s)}{s(1+5s)}$$

但它们的闭环传递函数是不相同的，即

$$\Phi_{\text{II}}(s)=\frac{5(1+T_a s)}{s(1+5s)+5(1+T_a s)} \tag{4-30}$$

$$\Phi_{\text{III}}(s)=\frac{5}{s(1+5s)+5(1+T_a s)} \tag{4-31}$$

从式(4-30)和式(4-31)可以看出，两者具有相同的闭环极点(在 T_a相同时)，但是系统Ⅱ具有闭环零点($-1/T_a$)，而系统Ⅲ不具有闭环零点。

现在将系统Ⅱ或Ⅲ的闭环特征方程式写成

$$1+T_a\frac{s}{s(s+0.2)+1}=0 \tag{4-32}$$

如果令

$$G_1(s)H_1(s)=T_a\frac{s}{s(s+0.2)+1}$$

则式(4-32)代表一个根轨迹方程，其参数根轨迹如图 4-17 所示。图中，当 T_a=0 时，闭环极点位置为 $s_{1,2}=-0.1\pm j0.995$，它即是系统Ⅰ的闭环极点。

为了确定系统Ⅱ和Ⅲ在ζ=0.5 时的闭环传递函数，在图 4-17 中作ζ=0.5 线，可得闭环极点为 $s_{1,2}=-0.5\pm j0.87$，相应的 T_a值由模值条件算出为 0.8，于是有

$$\Phi_{\mathrm{II}}(s)=\frac{0.8(s+1.25)}{(s+0.5+\mathrm{j}0.87)(s+0.5-\mathrm{j}0.87)}$$

$$\Phi_{\mathrm{III}}(s)=\frac{1}{(s+0.5+\mathrm{j}0.87)(s+0.5-\mathrm{j}0.87)}$$

而系统Ⅰ的闭环传递函数与 T_a 值无关，应是

$$\Phi_{\mathrm{I}}(s)=\frac{1}{(s+0.1+\mathrm{j}0.995)(s+0.1-\mathrm{j}0.995)}$$

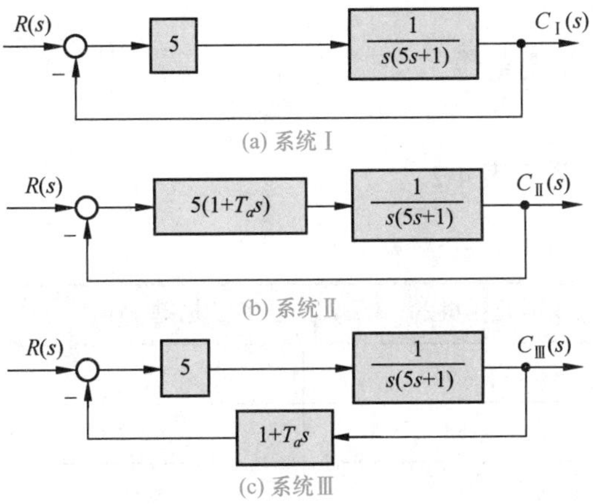

图 4-16 位置随动系统结构图

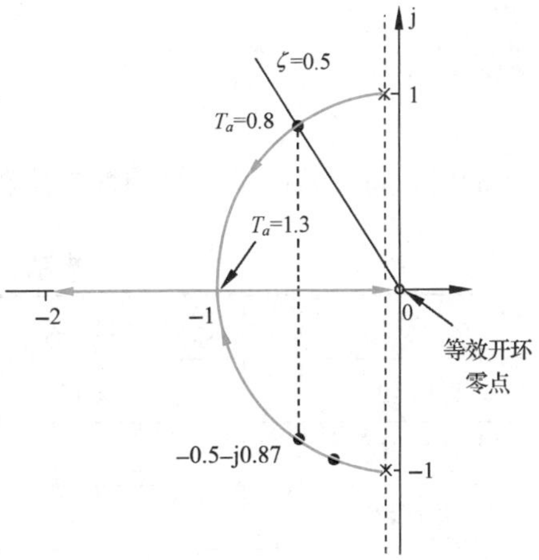

图 4-17 系统Ⅱ和Ⅲ在 T_a 变化时的参数根轨迹

各系统的单位阶跃响应，可以由拉氏反变换法确定为

$$c_{\mathrm{I}}(t)=1-\mathrm{e}^{-0.1t}(\cos 0.995t+0.1\sin 0.995t)$$
$$c_{\mathrm{II}}(t)=1-\mathrm{e}^{-0.5t}(\cos 0.87t-0.347\sin 0.87t)$$
$$c_{\mathrm{III}}(t)=1-\mathrm{e}^{-0.5t}(\cos 0.87t+0.578\sin 0.87t)$$

上述三种单位阶跃响应曲线，如图 4-18 所示。由图可见，对于系统Ⅱ，由于微分控制反映了误差信号的变化率，能在误差信号增大之前，提前产生控制作用，因此具有良好的时间响应特性，呈现最短的上升时间，快速性较好；对于系统Ⅲ，由于速度反馈加强了反馈作用，在上述三个系统中，具有最小的超调量。

如果位置随动系统承受单位斜坡输入信号，则同样可由拉氏反变换法确定它们的单位斜坡响应：

$$c_{\mathrm{II}}(t)=t-0.2+0.2\mathrm{e}^{-0.5t}(\cos 0.87t-5.19\sin 0.87t) \tag{4-33}$$

$$c_{\mathrm{III}}(t)=t-1+\mathrm{e}^{-0.5t}(\cos 0.87t-0.58\sin 0.87t) \tag{4-34}$$

此时，系统将出现速度误差，其数值为 $e_{ss\mathrm{II}}(\infty)=0.2$ 和 $e_{ss\mathrm{III}}(\infty)=1.0$。系统Ⅰ的速度误差，可利用终值定理法求出为 $e_{ss\mathrm{I}}(\infty)=0.2$。根据式(4-33)和式(4-34)，可以画出系统Ⅱ和Ⅲ的单位斜坡响应，如图 4-19 所示。

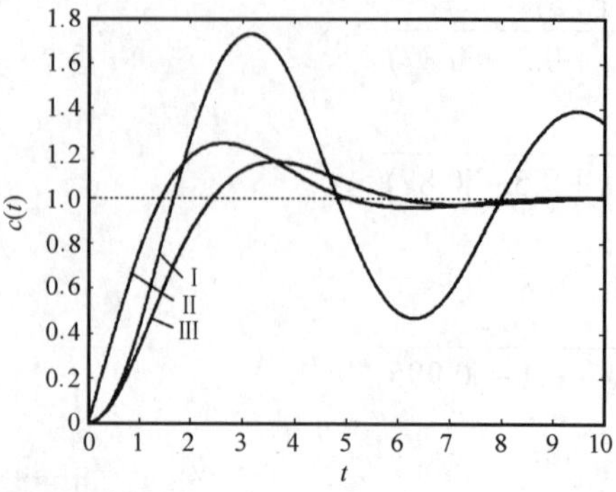

图 4-18 位置随动系统的单位阶跃响应曲线(MATLAB)

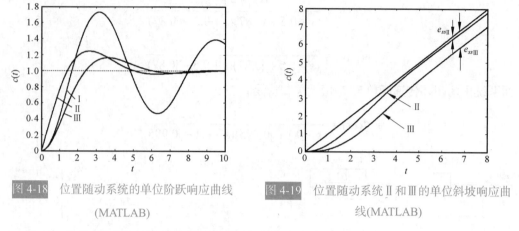

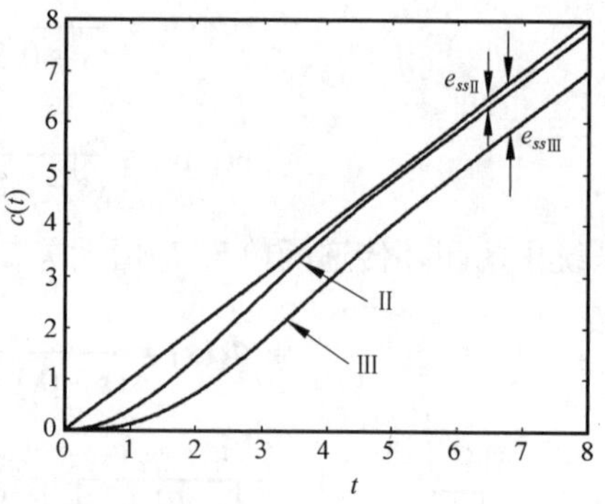

图 4-19 位置随动系统Ⅱ和Ⅲ的单位斜坡响应曲线(MATLAB)

最后，将位置随动系统的性能比较结果，列于表 4-2。

表 4-2 位置随动系统性能比较表

性能	比例式	比例-微分式	测速反馈式
峰值时间/s	3.14	2.62	3.62
调节时间/s	30	6.1	6.3
超调量/%	73	24.8	16.3
速度误差	0.2	0.2	1.0

2. 附加开环零点的作用

在控制系统设计中，我们常用附加位置适当的开环零点的方法来改善系统性能。因此，研究开环零点变化时的根轨迹变化，有很大的实际意义。

设系统开环传递函数为

$$G(s)H(s)=\frac{K^*(s-z_1)}{s(s^2+2s+2)} \tag{4-35}$$

式中，z_1为附加的开环实数零点，其值可在 s 左半平面内任意选择。当 $z_1\to\infty$时，表示有限零点 z_1 不存在的情况。

令 z_1 为不同数值，对应于式(4-35)的闭环系统根轨迹如图 4-20 所示。由图可见，当开环极点位置不变，而在系统中附加开环负实数零点时，可使系统根轨迹向 s 左半平面方向弯曲，或者说，附加开环负实数零点，将使系统的根轨迹图发生趋向附加零点方向的变形，而且这种影响将随开环零点接近坐标原点的程度而加强。如果附加的开环零点不是负实数零点，而是具有负实部的共轭零点，那么它们的作用与负实数零点的作用完全相同。此外，根据图 4-20，利用劳斯判据的方法不难证明，当 $z_1<-2$ 时，系统的根轨迹与虚轴存在交点；而当 $z_1\geqslant-2$ 时，系统的根轨迹与虚轴不存在交点。因此，在 s 左半平面内的适当位置上附加开环零点，可以显著改善系统的稳定性。

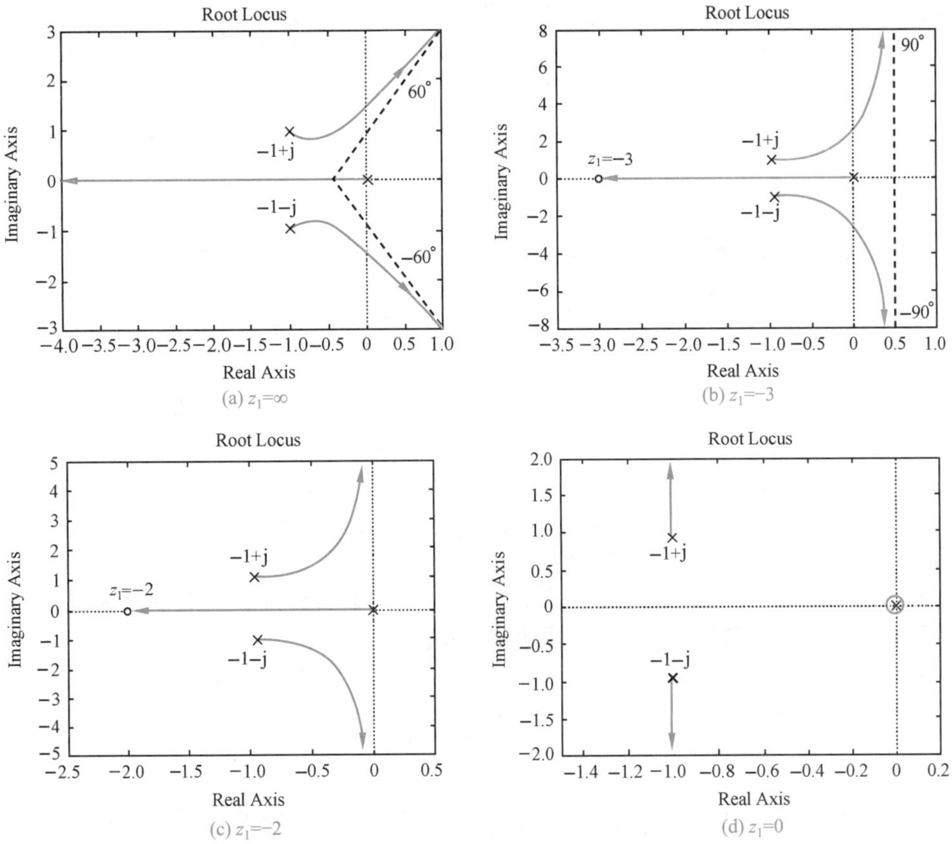

图 4-20　z_1为不同数值的系统根轨迹图(MATLAB)

附加开环零点的目的，除了要求改善系统稳定性而外，还要求对系统的动态性能有明显改善。然而，稳定性和动态性能对附加开环零点位置的要求，有时并不一致。以图 4-20 为例，图(d)对稳定性最有利，但对动态性能的改善却并不利。为了更好地说明这一问题，请参看图 4-21 中所表示的两种情况。图(a)表示附加开环负实数零点 z_1 位于负实极点 p_2 和 p_3 之间的根轨迹上；图(b)表示 z_1 位于 p_1 和 p_2 之间的根轨迹上。从稳定程度的观点来看(指稳定裕度，见第五章)，图(b)优于图(a)，然而从动态性能观点来看，却是图(a)优于图(b)。在图(a)中，当根轨迹增益为 K_1^* 时，复数极点 s_1 和 s_2 为闭环主导极点，实数极点 s_3 距虚轴较远，为非主导极点。在这种情况下，闭环系统近似为一个二阶系统，其过渡过程由于阻尼比适中而具有不大的超调量、较快的响应速度和不长的调节时间，这是设计一般随动系统所希望具备的动态特性。在图(b)中，实数极点 s_3 为闭环主导极点，此时系统等价于一阶系统，其动态过程虽然可能是单调的，但却具有较慢的响应速度和较长的调节时间。这里，需要对“可能”一词进行必要的说明，不难理解，增加开环零点也就是增加了闭环零点，闭环零点对系统动态性能的影响，相当于减小闭环系统的阻尼，从而使系统的过渡过程有出现超调的趋势，并且这种作用将随闭环零点接近坐标原点的程度而加强。此外，系统并非都是真正的一阶系统，因此当附加开环零点过分接近坐标原点时，也有可能使系统的过渡过程出现振荡。有关闭环零点的作用，将在下一节进行详细探讨。

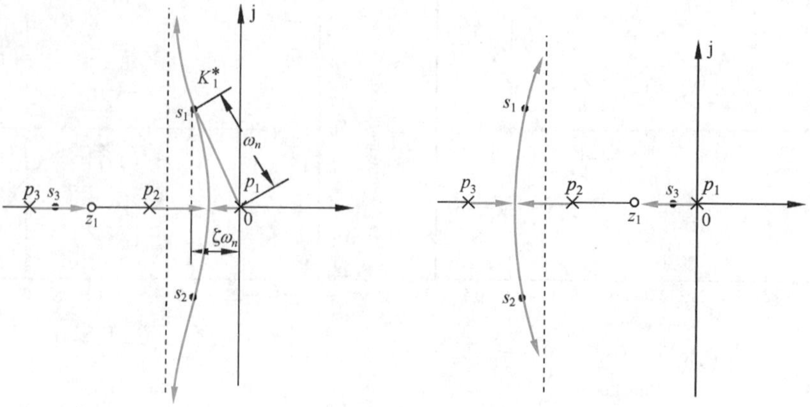

(a) $p_3<z_1<p_2<p_1$　　(b) $p_3<p_2<z_1<p_1$

图 4-21　控制系统的概略根轨迹图

从以上定性分析可以看出，只有当附加零点相对原有开环极点的位置选配得当，才能使系统的稳态性能和动态性能同时得到显著改善。

4-4　系统性能的分析

在经典控制理论中，控制系统设计的重要评价取决于系统的单位阶跃响应。应用根轨迹法，可以迅速确定系统在某一开环增益或某一参数值下的闭环零、极点位置，从而得到相应的闭环传递函数。这时，可以利用 MATLAB 方法确定系统的单位阶跃响应，由阶跃响应不难求出系统的各项性能指标。然而，在系统初步设计过程中，重要的方面往往不是如何求出系统的阶跃响应，而是如何根据已知的闭环零、极点去定性地分析系统的性能。

1. 主导极点与偶极子

一旦用根轨迹法求出了闭环零点和极点，便可以立即写出系统的闭环传递函数。于是，或用拉氏反变换法，或用 MATLAB 仿真法，都不难得到系统的时间响应。然而，在工程实践中，常常采用主导极点的概念对高阶系统进行近似分析。例如研究具有如下闭环传递函数的系统：

$$\Phi(s)=\frac{20}{(s+10)(s^2+2s+2)}$$

该系统的单位阶跃响应

$$c(t)=1-0.024\mathrm{e}^{-10t}+1.55\mathrm{e}^{-t}\cos(t+129^\circ)$$

式中，指数项是由闭环极点 $s_1=-10$ 产生的；衰减余弦项是由闭环复数极点 $s_{2,3}=-1\pm \mathrm{j}$ 产生的。比较两者可见，指数项衰减迅速且幅值很小，因而可略，于是

$$c(t)\approx 1+1.55\mathrm{e}^{-t}\cos(t+129^\circ)$$

上式表明，系统的动态性能基本上由接近虚轴的闭环极点确定。这样的极点，称为主导极点。因此，主导极点定义为对整个时间响应过程起主要作用的闭环极点。必须注意，时间响应分量的消逝速度，除取决于相应闭环极点的实部值外，还与该极点处的留数，即闭环零、极点之间的相互位置有关。所以，只有既接近虚轴，又不十分接近闭环零点的闭环极点，才可能成为主导极点。

如果闭环零、极点相距很近，那么这样的闭环零、极点常称为偶极子。偶极子有实数偶极子和复数偶极子之分，而复数偶极子必共轭出现。不难看出，只要偶极子不十分接近坐标原点，它们对系统动态性能的影响就甚微，从而可以忽略它们的存在。例如研究具有下列闭环传递函数的系统：

$$\Phi(s)=\frac{2a}{a+\delta}\cdot\frac{s+a+\delta}{(s+a)(s^2+2s+2)} \tag{4-36}$$

在这种情况下，闭环系统有一对复数极点$-1\pm \mathrm{j}$、一个实数极点$-a$和一个实数零点$-(a+\delta)$。假定$\delta\to 0$，即实数闭环零、极点十分接近，从而构成偶极子；同时假定，实数极点$-a$不非常接近坐标原点，则式(4-36)系统的单位阶跃响应为

$$\begin{aligned}c(t)=&1-\frac{2\delta}{(a+\delta)(a^2-2a+2)}\mathrm{e}^{-at}+\frac{2a}{a+\delta}\cdot\frac{\sqrt{1+(a+\delta-1)^2}}{\sqrt{2}\cdot\sqrt{1+(a-1)^2}}\mathrm{e}^{-t}\\&\times\sin\left(t+\arctan\frac{1}{a+\delta-1}-\arctan\frac{1}{a-1}-135^\circ\right)\end{aligned} \tag{4-37}$$

考虑到$\delta\to 0$，故上式可简化为

$$c(t)=1-\frac{2\delta}{a(a^2-2a+2)}\mathrm{e}^{-at}+\sqrt{2}\mathrm{e}^{-t}\sin(t-135^\circ) \tag{4-38}$$

在关于δ和a的假定下，式(4-38)可进一步简化为

$$c(t)\approx 1+\sqrt{2}\mathrm{e}^{-t}\sin(t-135^\circ) \tag{4-39}$$

此时，偶极子的影响完全可以略去不计。系统的单位阶跃响应主要由主导极点$-1\pm \mathrm{j}$决定。

如果偶极子十分接近原点，即$a\to 0$，那么式(4-38)只能简化为

$$c(t)\approx 1-\frac{\delta}{a}+\sqrt{2}\mathrm{e}^{-t}\sin(t-135^\circ)$$

这时，δ与a是可以相比的，δ/a不能略去不计，所以接近坐标原点的偶极子对系统动态性能的影响必须考虑。然而，不论偶极子接近坐标原点的程度如何，它们并不影响系统主导极点的地位。复数偶极子也具备上述同样性质。

具体确定偶极子时，可以采用经验法则。经验指出，如果闭环零、极点之间的距离比它们本身的模值小一个数量级，则这一对闭环零、极点就构成了偶极子。

在工程计算中，采用主导极点代替系统全部闭环极点来估算系统性能指标的方法，称为主导极点法。采用主导极点法时，在全部闭环极点中，选留最靠近虚轴而又不十分靠近闭环零点的一个或几个闭环极点作为主导极点，略去不十分接近原点的偶极子，以及比主导极点距虚轴远 6 倍以上的闭环零、极点。这样一来，在设计中所遇到的绝大多数有实际意义的高阶系统，就可以简化为只有一、两个闭环零点和两、三个闭环极点的系统，因而可用比较简便的方法来估算高阶系统的性能。为了使估算得到满意的结果，

选留的主导零点数不要超过选留的主导极点数。

在许多实际应用中，比主导极点距虚轴远 2～3 倍的闭环零、极点，也常可放在略去之列。此外，用主导极点代替全部闭环极点绘制系统时间响应曲线时，形状误差仅出现在曲线的起始段，而主要决定性能指标的曲线中、后段，其形状基本不变。**应当注意，输入信号极点不在主导极点的选择范围之内。**

最后指出，在略去偶极子和非主导零、极点的情况下，闭环系统的根轨迹增益常会发生改变，必须注意核算，否则将导致性能的估算错误。例如在式(4-36)中，显然有$\Phi(0)=1$，表明系统在单位阶跃函数作用下的终值误差 $e_{ss}(\infty)=0$；如果略去偶极子，简化成

$$\Phi(s)=\frac{2a}{a+\delta}\cdot\frac{1}{s^2+2s+2}$$

则有$\Phi(0)\neq 1$，因而出现了在单位阶跃函数作用下，终值误差不为零的错误结果。

2. 系统性能的定性分析

采用根轨迹法分析或设计线性控制系统时，了解闭环零点和实数主导极点对系统性能指标的影响，是非常重要的。由例 4-6 可见，闭环零点的存在，将使系统的峰值时间提前，这相当于减小闭环系统的阻尼，从而使超调量加大，当闭环零点接近坐标原点时，这种作用尤甚。对于具有一个闭环实数零点的振荡二阶系统，不同零点位置与超调量之间的关系曲线，如图 4-22 所示。一般说来，闭环零点对调节时间的影响是不定的。

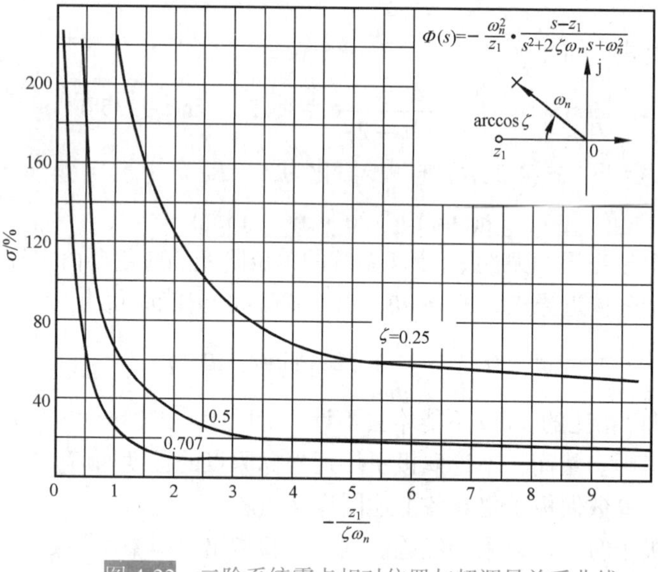

图 4-22　二阶系统零点相对位置与超调量关系曲线

闭环零点对系统性能影响的物理意义，已在 3-3 节中作过说明，这里不再重复。闭环实数主导极点对系统性能的影响是：**闭环实数主导极点的作用，相当于增大系统的阻尼，使峰值时间滞后，超调量下降。**如果实数极点比共轭复数极点更接近坐标原点，甚至可以使振荡过程变为非振荡过程。闭环实数极点的这种作用，可以用下面的物理浅释来说明：显然，无零点三阶系统相当于欠阻尼二阶系统与一个滞后的平滑滤波器的串联，因此欠阻尼二阶系统的时间响应经过平滑滤波器后，其峰值时间被滞后，超调量被削弱，

过渡过程被平缓。实数极点越接近坐标原点，意味着滤波器的时间常数越大，上述这种作用便越强。

闭环系统零、极点位置对时间响应性能的影响，可以归纳为以下几点：

1) 稳定性。如果闭环极点全部位于 s 左半平面，则系统一定是稳定的，即稳定性只与闭环极点位置有关，而与闭环零点位置无关。

2) 运动形式。如果闭环系统无零点，且闭环极点均为实数极点，则时间响应一定是单调的；如果闭环极点均为复数极点，则时间响应一般是振荡的。

3) 超调量。超调量主要取决于闭环复数主导极点的衰减率 $\sigma_1/\omega_d=\zeta\big/\sqrt{1-\zeta^2}$，并与其他闭环零、极点接近坐标原点的程度有关。

4) 调节时间。调节时间主要取决于最靠近虚轴的闭环复数极点的实部绝对值 $\sigma_1=\zeta\omega_n$；如果实数极点距虚轴最近，并且它附近没有实数零点，则调节时间主要取决于该实数极点的模值。

5) 实数零、极点影响。零点减小系统阻尼，使峰值时间提前，超调量增大；极点增大系统阻尼，使峰值时间滞后，超调量减小。它们的作用，随着其本身接近坐标原点的程度而加强。

6) 偶极子及其处理。如果零、极点之间的距离比它们本身的模值小一个数量级，则它们就构成了偶极子。远离原点的偶极子，其影响可略；接近原点的偶极子，其影响必须考虑。

7) 主导极点。在 s 平面上，最靠近虚轴而附近又无闭环零点的一些闭环极点，对系统性能影响最大，称为主导极点。凡比主导极点的实部大 3～6 倍以上的其他闭环零、极点，其影响均可忽略。

4-5　线性系统的根轨迹分析仿真

1. 绘制零极点分布图

命令格式：[p, z]=**pzmap**(sys)

当不带输出变量时，pzmap 命令可直接在复平面内标出传递函数的零、极点。在图中，极点用“×”表示，零点用“o”表示。

2. 绘制根轨迹图

绘制根轨迹的一般步骤如下：

1) 先将特征方程写成 $1+A\dfrac{P(s)}{Q(s)}=0$ 形式，其中 A 为所研究的变化参数，得到等效开环传递函数 $G=A\dfrac{P(s)}{Q(s)}$；

2) 调用 rlocus 命令绘制根轨迹。

命令格式：**rlocus**(G)

3. 综合应用：系统性能复域分析

例 4-7　已知单位负反馈系统的开环传递函数为

$$G(s)=\frac{20}{(s+4)(s+K)}$$

试画出 K 从零变化到无穷时的根轨迹图，并求出系统临界阻尼时对应的 K 值及其闭环极点。

解　由题意，系统闭环特征多项式为

$$D(s)=s^2+4s+Ks+4K+20=s^2+4s+20+K(s+4)=0$$

等效开环传递函数

$$G^*(s)=\frac{K(s+4)}{s^2+4s+20}$$

下面调用 rlocus 命令绘制根轨迹，MATLAB 程序如下：

```
G=tf ([1 4], [1 4 20]);          %建立等效开环传递函数模型
figure(1)
pzmap(G);                        %绘制零极点分布图
figure(2)
rlocus(G);                       %绘制根轨迹
```

图 4-23、图 4-24 分别为上述 MATLAB 程序执行后得到的零极点分布图和根轨迹图。

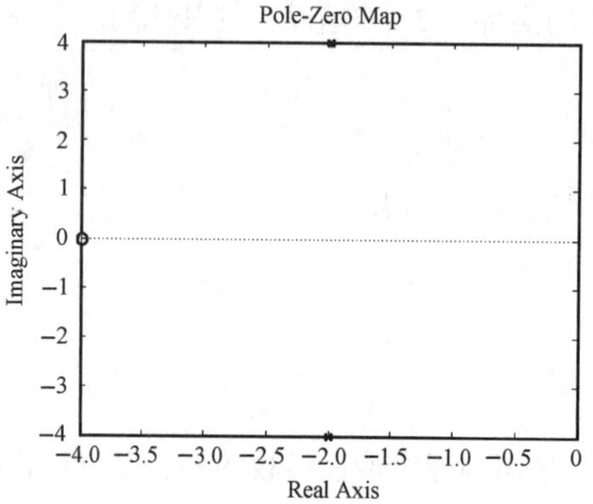

图 4-23　$G^*(s)=\dfrac{K(s+4)}{s^2+4s+20}$ 零极点分布图 (MATLAB)

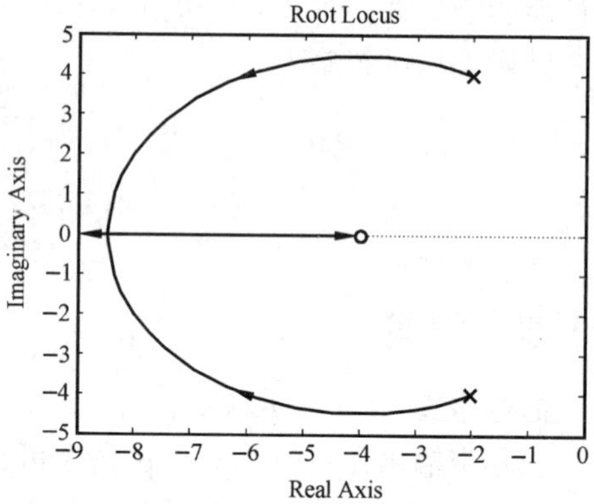

图 4-24　例 4-7 参数根轨迹图(MATLAB)

Python 程序如下：

```
import control as ctr
import control.matlab as mat
import matplotlib.pyplot as plt

num = [1, 4]              #分子
```

```
den = [1, 4, 20]          #分母
sys = ctr.tf(num, den)    #创建传递函数'(s+4)/ (s^2+4s+20)'

mat.pzmap(sys)            #绘制零极点分布图
plt.axhline(y=0, color='blue', linewidth=1.0, linestyle='--')
plt.axvline(x=0, color='red', linewidth=1.0, linestyle='--')
plt.show()

x1, y1 = ctr.rlocus(sys, print_gain=True)      #绘制根轨迹
plt.show()
print("Poles=:", x1)
print("Gain=:", y1)
```

习 题

4-1 设单位反馈控制系统的开环传递函数为

$$G(s)=\frac{K(3s+1)}{s(2s+1)}$$

试用解析法绘出开环增益 K 从零增加到无穷时的闭环根轨迹图。

4-2 已知开环零、极点分布如图 4-25 所示，试概略绘出相应的闭环根轨迹图。

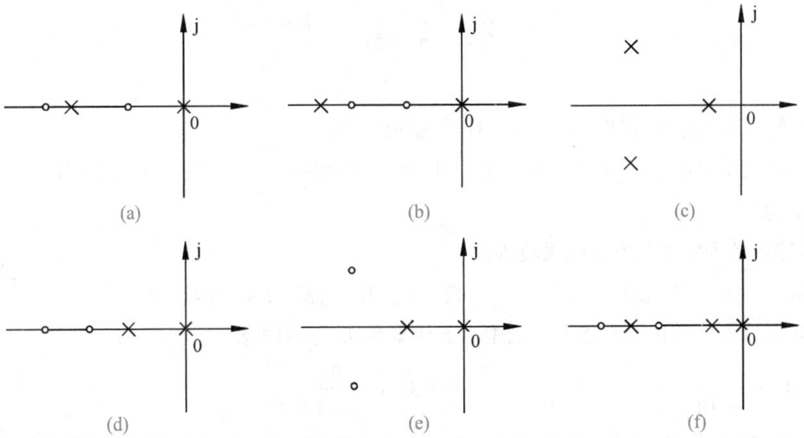

图 4-25 系统开环零、极点分布图

4-3 设单位反馈控制系统开环传递函数如下，试概略绘出相应的闭环根轨迹图(要求确定分离点坐标 d)：

(1) $G(s)=\dfrac{K}{s(0.2s+1)(0.5s+1)}$；　　(2) $G(s)=\dfrac{K(s+1)}{s(2s+1)}$；

(3) $G(s)=\dfrac{K^*(s+5)}{s(s+2)(s+3)}$。

4-4 已知单位反馈控制系统开环传递函数如下，试概略画出相应的闭环根轨迹图(要求算出起始角θ_{p_i})：

(1) $G(s)=\dfrac{K^*(s+2)}{(s+1+\text{j}2)(s+1-\text{j}2)}$；　　(2) $G(s)=\dfrac{K^*(s+20)}{s(s+10+\text{j}10)(s+10-\text{j}10)}$。

4-5 设单位反馈控制系统的开环传递函数如下，要求：

(1) 确定 $G(s)=\dfrac{K^*}{s(s+1)(s+10)}$ 产生纯虚根的开环增益；

(2) 确定 $G(s)=\dfrac{K^*(s+z)}{s^2(s+10)(s+20)}$ 产生纯虚根为$\pm$j1 的 z 值和 K^*值；

(3) 概略绘出 $G(s)=\dfrac{K^*}{s(s+1)(s+3.5)(s+3+\text{j}2)(s+3-\text{j}2)}$ 的闭环根轨迹图。(要求确定根轨迹的分离点、起始角和与虚轴的交点)

4-6 已知开环传递函数为

$$G(s)H(s)=\frac{K^*}{s(s+4)(s^2+4s+20)}$$

试用 MATLAB 方法画出闭环系统根轨迹图。

4-7 已知开环传递函数为

$$G(s)=\frac{K^*(s+2)}{(s^2+4s+9)^2}$$

试用 MATLAB 方法绘制其闭环系统根轨迹图。

4-8 设反馈控制系统中

$$G(s)=\frac{K^*}{s^2(s+2)(s+5)},\qquad H(s)=1$$

要求：

(1) 概略绘出系统根轨迹图，并判断闭环系统的稳定性；

(2) 如果改变反馈通路传递函数，使 $H(s)=1+2s$，试判断 $H(s)$改变后的系统稳定性，研究由于 $H(s)$改变所产生的效应。

4-9 试绘出下列多项式方程的根轨迹：

(1) $s^3+2s^2+3s+Ks+2K=0$；　　(2) $s^3+3s^2+(K+2)s+10K=0$。

4-10 设系统开环传递函数如下，试画出 b 从零变到无穷时的根轨迹图：

(1) $G(s)=\dfrac{20}{(s+4)(s+b)}$；　　(2) $G(s)=\dfrac{30(s+b)}{s(s+10)}$。

4-11 设控制系统如图 4-26 所示，其中 $G_c(s)$为改善系统性能而加入的校正装置。若 $G_c(s)$可从 $K_t s$，$K_a s^2$ 和 $K_a s^2/(s+20)$三种传递函数中任选一种，你选择哪一种，为什么?

4-12 设系统如图 4-27 所示。试作闭环系统根轨迹，分析 K 值变化对系统在阶跃扰动作用下响应 $c_n(t)$的影响，并应用 MATLAB 软件包绘出 K=2 和 K=20 时系统的单位阶跃扰动响应曲线。

4-13 图 4-28(a)是 V-22 鱼鹰型倾斜旋翼飞机示意图。V-22 既是一种普通飞机，又是一种直升机。当飞机起飞和着陆时，其发动机位置可以如图示那样，使 V-22 像直升机那样垂直起降；而在起飞后，它又可以将发动机旋转 90°，切换到水平位置，像普通飞机一样飞行。在直升机模式下，飞机的高度控制系统如图 4-28(b)所示。要求：

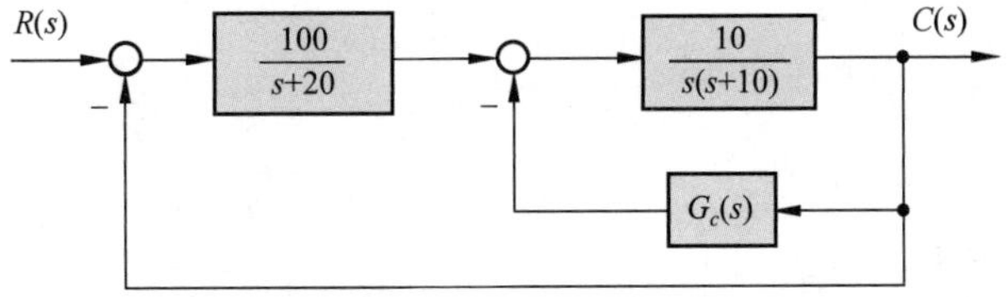

图 4-26　题 4-11 的控制系统结构图

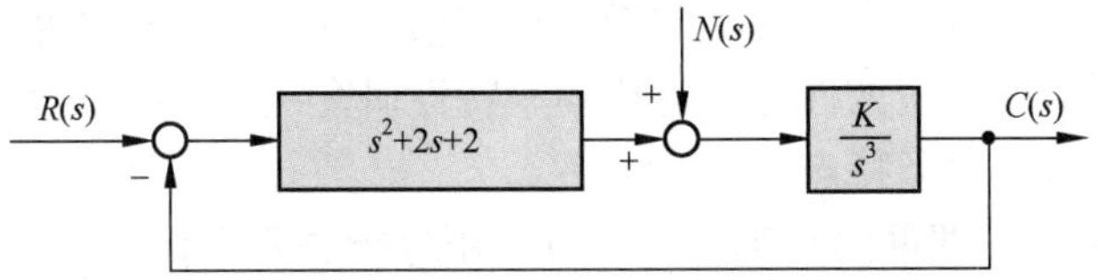

图 4-27　题 4-12 的控制系统结构图

1) 概略绘出当控制器增益 K_1 变化时的系统根轨迹图，确定使系统稳定的 K_1 值范围；

2) 当取 K_1=280 时，求系统对单位阶跃输入 $r(t)=1(t)$的实际输出 $h(t)$，并确定系统的超调量和调节时间(Δ=2%)；

3) 当 K_1=280，$r(t)$=0 时，求系统对单位阶跃扰动 $N(s)=1/s$ 的输出 $h_n(t)$；

4) 若在 $R(s)$和第一个比较点之间增加一个前置滤波器

$$G_p(s)=\frac{0.5}{s^2+1.5s+0.5}$$

试重做问题 2)。

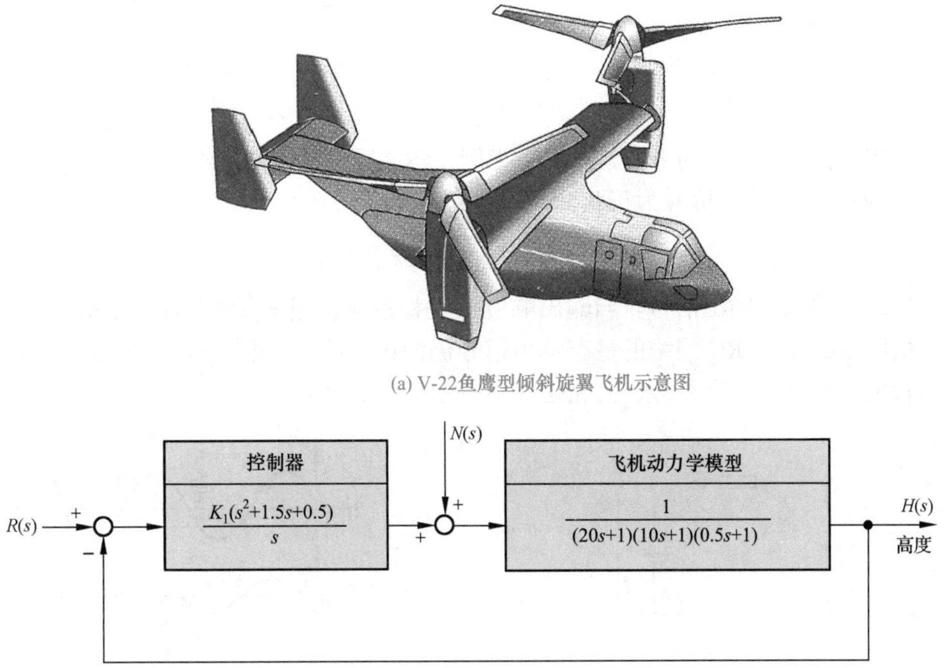

(a) V-22鱼鹰型倾斜旋翼飞机示意图

(b) 控制系统结构图

图 4-28　V-22 旋翼机的高度控制系统

本章导学

第五章　线性系统的频域分析法

控制系统中的信号可以表示为不同频率正弦信号的合成。控制系统的频率特性反映了正弦信号作用下系统响应的性能。应用频率特性研究线性系统的经典方法称为频域分析法。频域分析法具有以下特点：

1) 控制系统及其元部件的频率特性可以运用分析法和实验方法获得，并可用多种形式的曲线表示，因而系统分析和控制器设计可以应用图解法进行。

2) 频率特性物理意义明确。对于一阶系统和二阶系统，频域性能指标和时域性能指标有确定的对应关系；对于高阶系统，可建立近似的对应关系。

3) 控制系统的频域设计可以兼顾动态响应和噪声抑制两方面的要求。

4) 频域分析法不仅适用于线性定常系统，还可以推广应用于某些非线性控制系统。

本章介绍频率特性的基本概念和频率特性曲线的绘制方法，研究频域稳定判据和频域性能指标的估算，以及频域分析的仿真方法。控制系统的频域校正问题，将在第六章介绍。

5-1　频 率 特 性

1. 频率特性的基本概念

首先以图 5-1 所示的 RC 滤波网络为例，建立频率特性的基本概念。设电容 C 的初始电压为 u_{o_0}，取输入信号为正弦信号

$$u_i = A\sin\omega t \tag{5-1}$$

记录网络的输入、输出信号。当输出响应 u_o 呈稳态时，记录曲线如图 5-2 所示。

由图 5-2 可见，RC 网络的稳态输出信号仍为正弦信号，频率与输入信号的频率相同，幅值较输入信号有一定衰减，其相位存在一定延迟。

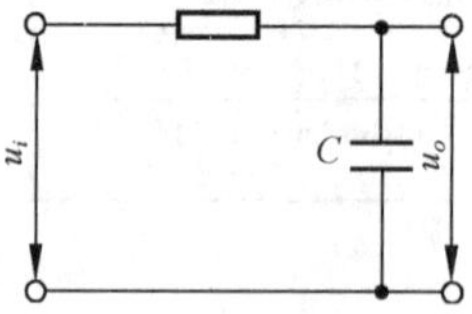

图 5-1　RC 滤波网络

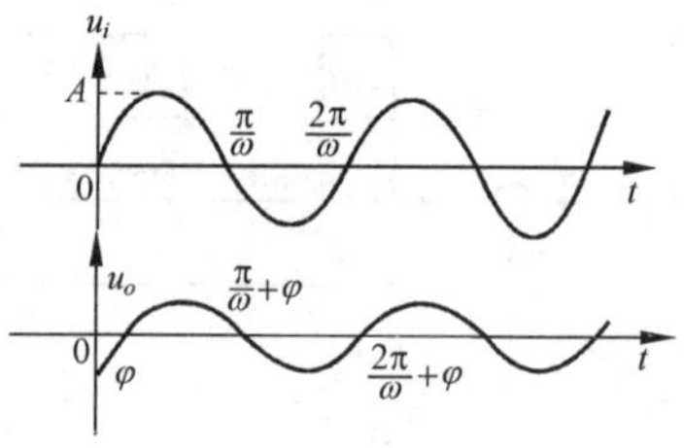

图 5-2　RC 网络的输入和稳态输出信号

RC 网络的输入和输出的关系可由以下微分方程描述：

$$T\frac{\mathrm{d}u_o}{\mathrm{d}t}+u_o=u_i \tag{5-2}$$

式中，$T=RC$ 为时间常数。取拉氏变换并代入初始条件 $u_o(0)=u_{o_0}$，得

$$U_o(s)=\frac{1}{Ts+1}\left[U_i(s)+Tu_{o_0}\right]=\frac{1}{Ts+1}\left(\frac{A\omega}{s^2+\omega^2}+Tu_{o_0}\right) \tag{5-3}$$

再由拉氏反变换求得

$$u_o(t)=\left(u_{o_0}+\frac{A\omega T}{1+T^2\omega^2}\right)\mathrm{e}^{-\frac{t}{T}}+\frac{A}{\sqrt{1+T^2\omega^2}}\sin(\omega t-\arctan\omega T) \tag{5-4}$$

式中第一项，由于 $T>0$，将随时间增大而趋于零，为输出的瞬态分量；而第二项正弦信号为输出的稳态分量

$$u_{o_s}(t)=\frac{A}{\sqrt{1+T^2\omega^2}}\sin(\omega t-\arctan\omega T)=A\cdot A(\omega)\sin\left[\omega t+\varphi(\omega)\right] \tag{5-5}$$

在式(5-5)中，$A(\omega)=\dfrac{1}{\sqrt{1+T^2\omega^2}}$，$\varphi(\omega)=-\arctan\omega T$，分别反映 RC 网络在正弦信号作用下，输出稳态分量的幅值和相位的变化，称为幅值比和相位差，且皆为输入正弦信号频率ω的函数。

注意到 RC 网络的传递函数为

$$G(s)=\frac{1}{Ts+1} \tag{5-6}$$

取 $s=\mathrm{j}\omega$，则有

$$G(\mathrm{j}\omega)=G(s)|_{s=\mathrm{j}\omega}=\frac{1}{\sqrt{1+T^2\omega^2}}\mathrm{e}^{-\mathrm{j}\arctan\omega T} \tag{5-7}$$

比较式(5-5)和式(5-7)可知，$A(\omega)$和$\varphi(\omega)$分别为 $G(\mathrm{j}\omega)$的幅值$|G(\mathrm{j}\omega)|$和相角$\angle[G(\mathrm{j}\omega)]$。这一结论非常重要，反映了$A(\omega)$和$\varphi(\omega)$与系统数学模型的本质关系，具有普遍性。

设有稳定的线性定常系统，其传递函数为

$$G(s)=\frac{\sum_{i=0}^{m}b_i s^{m-i}}{\sum_{i=0}^{n}a_i s^{n-i}}=\frac{B(s)}{A(s)} \tag{5-8}$$

系统输入为谐波信号

$$r(t)=A\sin(\omega t+\varphi) \tag{5-9}$$

$$R(s)=\frac{A(\omega\cos\varphi+s\sin\varphi)}{s^2+\omega^2} \tag{5-10}$$

由于系统稳定，输出响应稳态分量的拉氏变换

$$\begin{aligned}C_s(s)&=\frac{1}{s+\mathrm{j}\omega}\left[(s+\mathrm{j}\omega)R(s)G(s)|_{s=-\mathrm{j}\omega}\right]+\frac{1}{s-\mathrm{j}\omega}\left[(s-\mathrm{j}\omega)R(s)G(s)|_{s=\mathrm{j}\omega}\right]\\&=\frac{A}{s+\mathrm{j}\omega}\frac{\cos\varphi-\mathrm{j}\sin\varphi}{-2\mathrm{j}}G(-\mathrm{j}\omega)+\frac{A}{s-\mathrm{j}\omega}\frac{\cos\varphi+\mathrm{j}\sin\varphi}{2\mathrm{j}}G(\mathrm{j}\omega)\end{aligned} \tag{5-11}$$

设
$$G(\mathrm{j}\omega)=\frac{a(\omega)+\mathrm{j}b(\omega)}{c(\omega)+\mathrm{j}d(\omega)}=|G(\mathrm{j}\omega)|\,\mathrm{e}^{\mathrm{j}\angle[G(\mathrm{j}\omega)]} \tag{5-12}$$

因为 $G(s)$的分子和分母多项式为实系数，故式(5-12)中的 $a(\omega)$和 $c(\omega)$为关于ω的偶次幂实系数多项式，$b(\omega)$和 $d(\omega)$为关于ω的奇次幂实系数多项式，即 $a(\omega)$和 $c(\omega)$为ω的偶函数，$b(\omega)$和 $d(\omega)$为ω的奇函数，鉴于

$$|G(\mathrm{j}\omega)|=\left(\frac{b^2(\omega)+a^2(\omega)}{c^2(\omega)+d^2(\omega)}\right)^{\frac{1}{2}} \tag{5-13}$$

$$\angle[G(\mathrm{j}\omega)]=\arctan\frac{b(\omega)c(\omega)-a(\omega)d(\omega)}{a(\omega)c(\omega)+d(\omega)b(\omega)} \tag{5-14}$$

因而

$$G(-\mathrm{j}\omega)=\frac{a(\omega)-\mathrm{j}b(\omega)}{c(\omega)-\mathrm{j}d(\omega)}=|G(\mathrm{j}\omega)|\,\mathrm{e}^{-\mathrm{j}\angle[G(\mathrm{j}\omega)]} \tag{5-15}$$

再由式(5-11)得

$$C_s(s)=\frac{A|G(\mathrm{j}\omega)|}{s+\mathrm{j}\omega}\frac{\mathrm{e}^{-\mathrm{j}(\varphi+\angle[G(\mathrm{j}\omega)])}}{-2\mathrm{j}}+\frac{A|G(\mathrm{j}\omega)|}{s-\mathrm{j}\omega}\frac{\mathrm{e}^{\mathrm{j}(\varphi+\angle[G(\mathrm{j}\omega)])}}{2\mathrm{j}}$$

$$\begin{aligned}c_s(t)&=A|G(\mathrm{j}\omega)|\left[\frac{\mathrm{e}^{\mathrm{j}(\omega t+\varphi+\angle[G(\mathrm{j}\omega)])}-\mathrm{e}^{-\mathrm{j}(\omega t+\varphi+\angle[G(\mathrm{j}\omega)])}}{2\mathrm{j}}\right]\\&=A|G(\mathrm{j}\omega)|\sin(\omega t+\varphi+\angle[G(\mathrm{j}\omega)])\end{aligned} \tag{5-16}$$

上式与式(5-5)相比较，令 $\varphi=0$ 得

$$\begin{cases}A(\omega)=|G(\mathrm{j}\omega)|\\ \varphi(\omega)=\angle[G(\mathrm{j}\omega)]\end{cases} \tag{5-17}$$

式(5-16)表明，对于稳定的线性定常系统，由谐波输入产生的输出稳态分量仍然是与输入同频率的谐波函数，而幅值和相位的变化是频率ω的函数，且与系统数学模型相关。为此，定义谐波输入下，输出响应中与输入同频率的谐波分量与谐波输入的幅值之比 $A(\omega)$为幅频特性，相位之差$\varphi(\omega)$为相频特性，并称其指数表达形式

$$G(\mathrm{j}\omega)=A(\omega)\mathrm{e}^{\mathrm{j}\varphi(\omega)} \tag{5-18}$$

为系统的频率特性。

上述频率特性的定义既可以适用于稳定系统，也可适用于不稳定系统。稳定系统的频率特性可以用实验方法确定，即在系统的输入端施加不同频率的正弦信号，然后测量系统输出的稳态响应，再根据幅值比和相位差作出系统的频率特性曲线。频率特性也是系统数学模型的一种表达形式。RC 滤波网络的频率特性曲线如图 5-3 所示。

对于不稳定系统，输出响应稳态分量中含有由系统传递函数的不稳定极点产生的呈发散或振荡的分量，所以不稳定系统的频率特性不能通过实验方法确定。

线性定常系统的传递函数为零初始条件下，输出和输入的拉氏变换之比

$$G(s)=\frac{C(s)}{R(s)}$$

其反变换式为

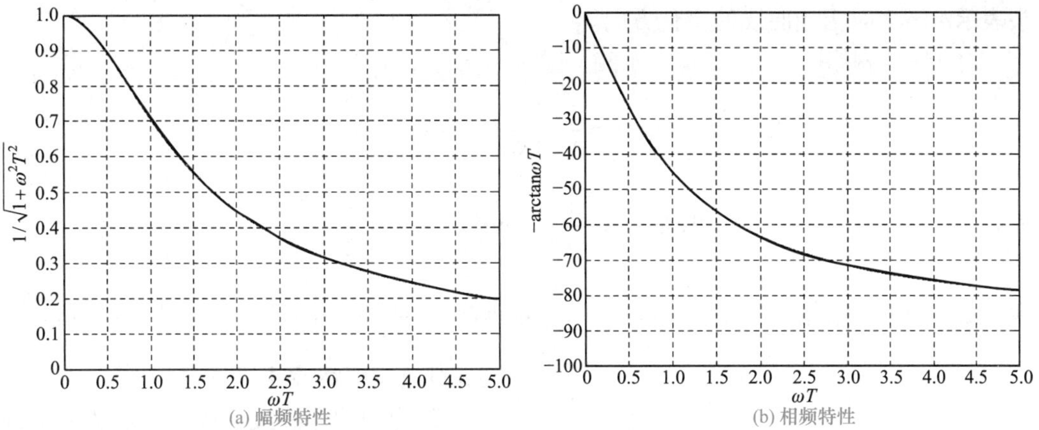

(a) 幅频特性 (b) 相频特性

图 5-3 RC 网络的幅频特性和相频特性曲线(MATLAB)

$$g(t)=\frac{1}{2\pi \mathrm{j}}\int_{\sigma-\mathrm{j}\infty}^{\sigma+\mathrm{j}\infty}G(s)\mathrm{e}^{st}\mathrm{d}s$$

式中σ位于$G(s)$的收敛域。若系统稳定，则σ可以取为零。如果$r(t)$的傅氏变换存在，可令$s=\mathrm{j}\omega$，则有

$$g(t)=\frac{1}{2\pi}\int_{-\infty}^{\infty}G(\mathrm{j}\omega)\mathrm{e}^{\mathrm{j}\omega t}\mathrm{d}\omega=\frac{1}{2\pi}\int_{-\infty}^{\infty}\frac{C(\mathrm{j}\omega)}{R(\mathrm{j}\omega)}\mathrm{e}^{\mathrm{j}\omega t}\mathrm{d}\omega$$

因而

$$G(\mathrm{j}\omega)=\frac{C(\mathrm{j}\omega)}{R(\mathrm{j}\omega)}=G(s)\big|_{s=\mathrm{j}\omega} \tag{5-19}$$

由此可知，稳定系统的频率特性等于输出和输入的傅氏变换之比，而这正是频率特性的物理意义。频率特性与微分方程和传递函数一样，也表征了系统的运动规律，成为系统频域分析的理论依据。系统三种描述方法的关系可用图 5-4 说明。

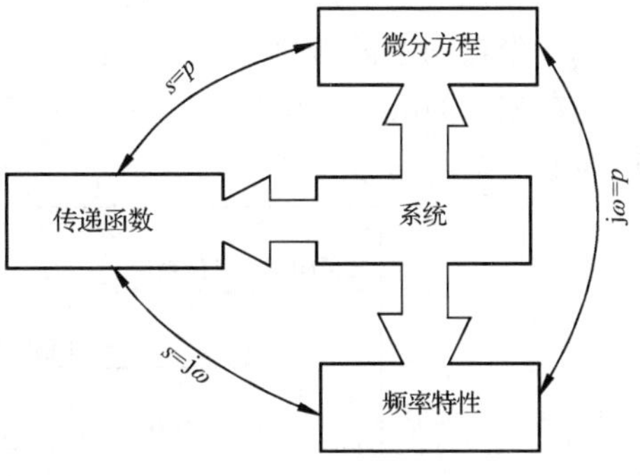

图 5-4 频率特性、传递函数和微分方程三种系统描述之间的关系

2. 频率特性的几何表示法

在工程分析和设计中，通常把线性系统的频率特性画成曲线，再运用图解法进行研究。常用的频率特性曲线有以下三种。

(1) 幅相频率特性曲线

它又简称为幅相曲线，或幅相特性曲线，也称奈奎斯特图或极坐标图。以横轴为实轴、纵轴为虚轴，构成复数平面。对于任一给定的频率ω，频率特性值为复数。若将频率特性表示为实数和虚数和的形式，则实部为实轴坐标值，虚部为虚轴坐标值。若将频率特性表示为复指数形式，则为复平面上的向量，而向量的长度为频率特性的幅值，向量与实轴正方向的夹角等于频率特性的相位。由于幅频特性为ω的偶函数，相频特性为ω的奇函数，故ω从零变化至$+\infty$和ω从零变化至$-\infty$的幅相曲线关于实轴对称，因此一般只绘制ω从零变化至$+\infty$的幅相曲线。在系统幅相曲线中，频率ω为参变量，一般用小箭

头表示ω增大时幅相曲线的变化方向。

对于 RC 网络

$$G(\mathrm{j}\omega)=\frac{1}{1+\mathrm{j}T\omega}=\frac{1-\mathrm{j}T\omega}{1+(T\omega)^2}$$

故有

$$\left[\mathrm{Re}\,G(\mathrm{j}\omega)-\frac{1}{2}\right]^2+\mathrm{Im}^2\,G(\mathrm{j}\omega)=\left(\frac{1}{2}\right)^2$$

表明 RC 网络的幅相特性曲线是以$\left(\frac{1}{2},\mathrm{j}0\right)$为圆心，半径为$\frac{1}{2}$的半圆，如图 5-5 所示。

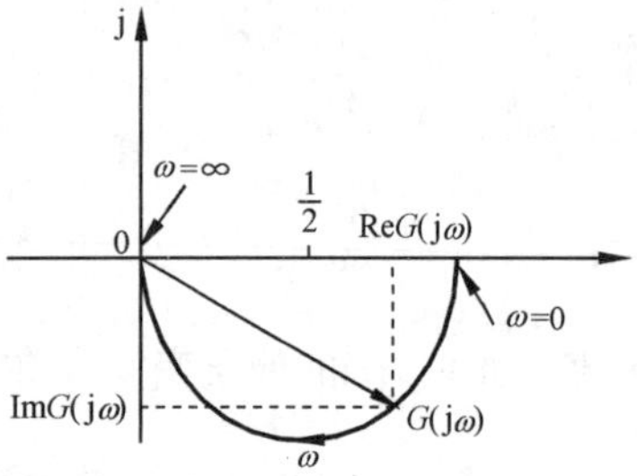

图 5-5　RC 网络的幅相特性曲线

(2) 对数频率特性曲线

它又称为伯德曲线或伯德图。对数频率特性曲线由对数幅频曲线和对数相频曲线组成，是工程中广泛使用的一组曲线。

对数频率特性曲线的横坐标按 $\lg\omega$分度，单位为弧度/秒(rad/s)，对数幅频曲线的纵坐标按

$$L(\omega)=20\lg|G(\mathrm{j}\omega)|=20\lg A(\omega) \tag{5-20}$$

线性分度，单位是分贝(dB)。对数相频曲线的纵坐标按$\varphi(\omega)$线性分度，单位为度(°)。由此构成的坐标系称为半对数坐标系。

对数分度和线性分度如图 5-6 所示，在线性分度中，当变量增大或减小 1 时，坐标间距离变化一个单位长度；而在对数分度中，当变量增大或减小 10 倍，称为十倍频程(dec)，坐标间距离变化一个单位长度。设对数分度中的单位长度为 L，ω 的某个十倍频程的左端点为ω_0，则坐标点相对于左端点的距离为表 5-1 所示值乘以 L。

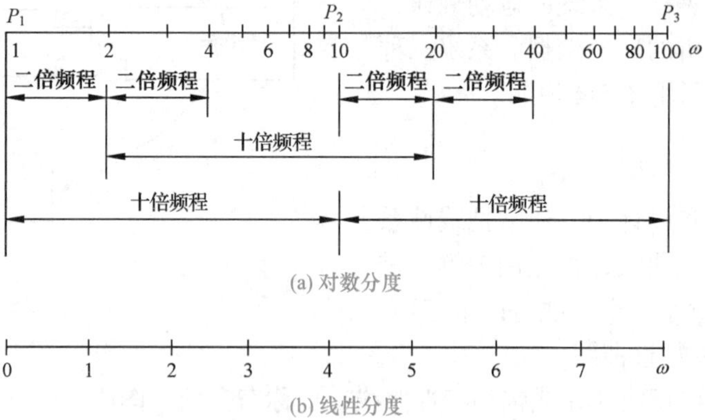

图 5-6　对数分度与线性分度

表 5-1　十倍频程中的对数分度

ω/ω_0	1	2	3	4	5	6	7	8	9	10
$\lg(\omega/\omega_0)$	0	0.301	0.477	0.602	0.699	0.788	0.845	0.903	0.954	1

对数频率特性采用ω的对数分度实现了横坐标的非线性压缩，便于在较大频率范围反映频率特性的变化情况。对数幅频特性采用 $20\lg A(\omega)$则将幅值的乘除运算化为加减运算，可以简化曲线的绘制过程。RC 网络中取 T=0.5，其对数频率特性曲线如图 5-7 所示。

(3) 对数幅相曲线

对数幅相曲线又称尼科尔斯曲线或尼科尔斯图。其特点是纵坐标为 $L(\omega)$，单位为分贝(dB)，横坐标为$\varphi(\omega)$，单位为度(°)，均为线性分度，频率ω为参变量。图 5-8 为 RC 网络 T=0.5 时的尼科尔斯曲线。

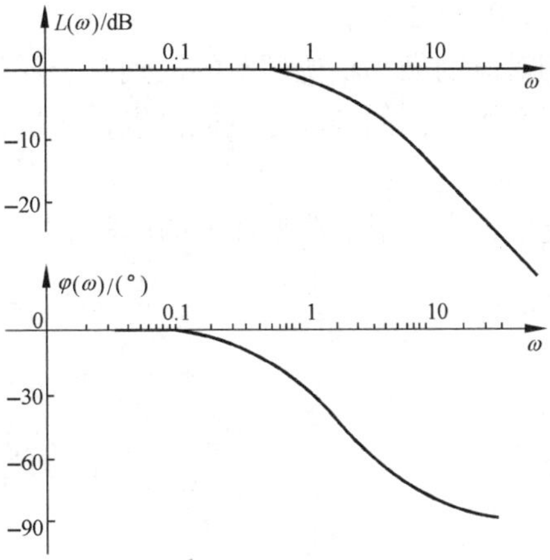

图 5-7　$\dfrac{1}{1+\mathrm{j}0.5\omega}$的对数频率特性曲线

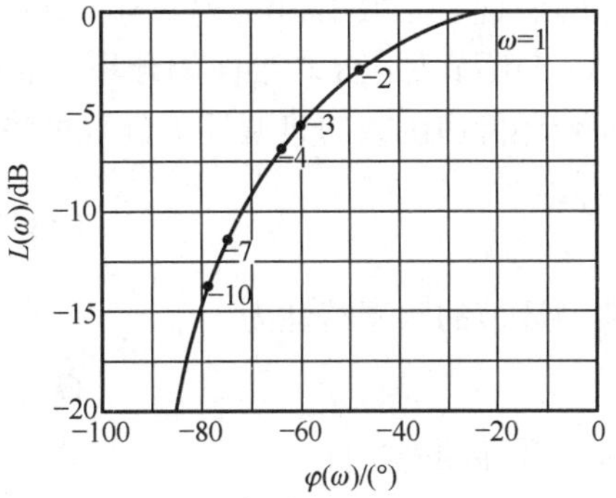

图 5-8　$\dfrac{1}{1+\mathrm{j}0.5\omega}$的对数幅相曲线

5-2　典型环节与开环系统频率特性

设线性定常系统结构如图 5-9 所示，其开环传递函数为 $G(s)H(s)$，为了绘制系统开环频率特性曲线，本节先研究开环系统的典型环节及相应的频率特性。

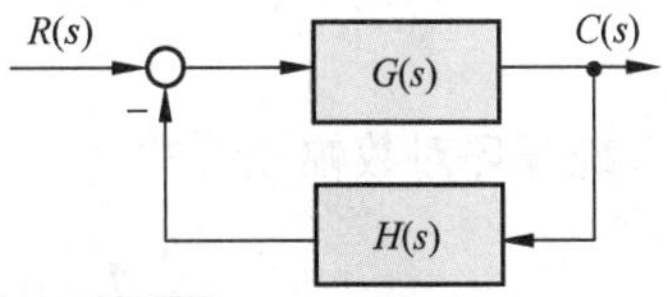

图 5-9　典型系统结构图

1. 典型环节

由于开环传递函数的分子和分母多项式的系数皆为实数，因此系统开环零极点或为实数或为共轭复数。根据开环零极点可将分子和分母多项式分解成因式，再将因式分类，即得典型环节。典型环节可分为两大类。一类为最小相位环节；另一类为非最小相位环节。最小相位环节有下列七种：

1) 比例环节K　　$(K>0)$；

2) 惯性环节$1/(Ts+1)$　　$(T>0)$；

3) 一阶微分环节$Ts+1$　　$(T>0)$；

4) 振荡环节$1/(s^2/\omega_n^2+2\zeta s/\omega_n+1)$　　$(\omega_n>0, 0<\zeta<1)$；

5) 二阶微分环节$s^2/\omega_n^2+2\zeta s/\omega_n+1$　　$(\omega_n>0, 0<\zeta<1)$；

6) 积分环节 $1/s$；

7) 微分环节 s。

非最小相位环节共有五种：

1) 比例环节 $K \quad (K<0)$；

2) 惯性环节 $1/(-Ts+1) \quad (T>0)$；

3) 一阶微分环节 $-Ts+1 \quad (T>0)$；

4) 振荡环节 $1/(s^2/\omega_n^2-2\zeta s/\omega_n+1) \quad (\omega_n>0, 0<\zeta<1)$；

5) 二阶微分环节 $s^2/\omega_n^2-2\zeta s/\omega_n+1 \quad (\omega_n>0, 0<\zeta<1)$。

除了比例环节外，非最小相位环节和与之相对应的最小相位环节的区别在于开环零极点的位置。非最小相位 2)～5)环节对应于 s 开右半平面的开环零点或极点，而最小相位 2)～5)环节对应 s 左半面的开环零点或极点。

开环传递函数的典型环节分解可将开环系统表示为若干个典型环节的串联形式

$$G(s)H(s)=\prod_{i=1}^{N}G_i(s) \tag{5-21}$$

设典型环节的频率特性为

$$G_i(\mathrm{j}\omega)=A_i(\omega)\mathrm{e}^{\mathrm{j}\varphi_i(\omega)} \tag{5-22}$$

则系统开环频率特性

$$G(\mathrm{j}\omega)H(\mathrm{j}\omega)=\left[\prod_{i=1}^{N}A_i(\omega)\right]\mathrm{e}^{\mathrm{j}[\sum_{i=1}^{N}\varphi_i(\omega)]} \tag{5-23}$$

系统开环幅频特性和开环相频特性

$$\begin{cases} A(\omega)=\prod_{i=1}^{N}A_i(\omega) \\ \varphi(\omega)=\sum_{i=1}^{N}\varphi_i(\omega) \end{cases} \tag{5-24}$$

系统开环对数幅频特性

$$L(\omega)=20\lg A(\omega)=\sum_{i=1}^{N}20\lg A_i(\omega)=\sum_{i=1}^{N}L_i(\omega) \tag{5-25}$$

式(5-24)和式(5-25)表明，系统开环频率特性表现为组成开环系统的诸典型环节频率特性的合成；而系统开环对数频率特性，则表现为诸典型环节对数频率特性叠加这一更为简单的形式。因此本节研究典型环节频率特性的特点，在此基础上，介绍开环频率特性曲线的绘制方法。

2. 典型环节的频率特性

由典型环节的传递函数和频率特性的定义，取 $\omega\in(0, +\infty)$，可以绘制典型环节的幅相曲线和对数频率特性曲线分别如图 5-10 和图 5-11 所示。

为了加深对典型环节频率特性的理解，以下介绍典型环节频率特性曲线的若干重要特点。

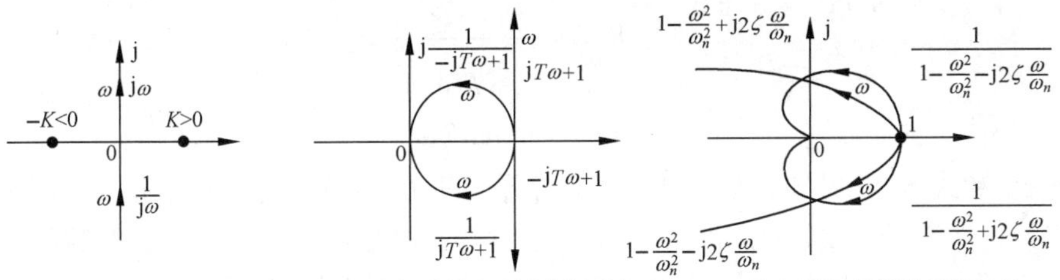

(a) (最小/非最小)相位比例环节与最小相位(积分/微分)环节　(b) (最小/非最小)相位惯性环节与一阶微分环节　(c) (最小/非最小)相位振荡环节与二阶微分环节

图 5-10　典型环节幅相曲线

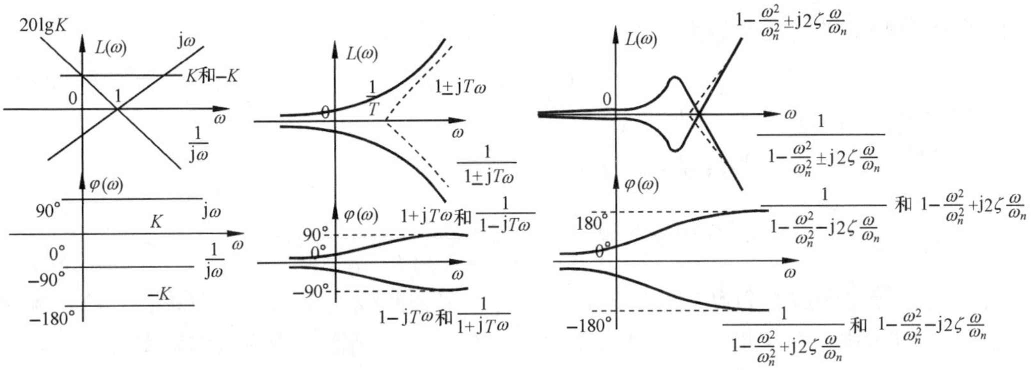

(a) (最小/非最小)相位比例环节与最小相位(积分/微分)环节　(b) (最小/非最小)相位惯性环节与一阶微分环节　(c) (最小/非最小)相位振荡环节与二阶微分环节

图 5-11　典型环节对数频率特性曲线(伯德图)

(1) 非最小相位环节和对应的最小相位环节

对于每一种非最小相位的典型环节，都有一种最小相位环节与之对应，其特点是典型环节中的某个参数的符号相反。

最小相位的比例环节 $G(s)=K(K>0)$，简称为比例环节，其幅频和相频特性为

$$\begin{cases} A(\omega)=K \\ \varphi(\omega)=0^\circ \end{cases} \tag{5-26}$$

非最小相位的比例环节 $G(s)=-K(K>0)$，其幅频和相频特性为

$$\begin{cases} A(\omega)=K \\ \varphi(\omega)=-180^\circ \end{cases} \tag{5-27}$$

最小相位的惯性环节 $G(s)=\dfrac{1}{1+Ts}\,(T>0)$，其幅频和相频特性为

$$\begin{cases} A(\omega)=\dfrac{1}{(1+T^2\omega^2)^{\frac{1}{2}}} \\ \varphi(\omega)=-\arctan T\omega \end{cases} \tag{5-28}$$

非最小相位的惯性环节，又称为不稳定惯性环节，$G(s)=\dfrac{1}{1-Ts}\,(T>0)$，其幅频和相频特性为

$$\begin{cases} A(\omega) = \dfrac{1}{(1+T^2\omega^2)^{\frac{1}{2}}} \\ \varphi(\omega) = \arctan T\omega \end{cases} \tag{5-29}$$

由式(5-28)和式(5-29)可知，最小相位惯性环节和非最小相位的惯性环节，其幅频特性相同，相频特性符号相反，幅相曲线关于实轴对称；对数幅频曲线相同，对数相频曲线关于 0°线对称。上述特点对于振荡环节和非最小相位(或不稳定)振荡环节、一阶微分环节和非最小相位一阶微分环节、二阶微分环节和非最小相位二阶微分环节均适用。

(2) 传递函数互为倒数的典型环节

最小相位典型环节中，积分环节和微分环节、惯性环节和一阶微分环节、振荡环节和二阶微分环节的传递函数互为倒数，即有下述关系成立：

$$G_1(s) = 1/G_2(s) \tag{5-30}$$

设 $G_1(\mathrm{j}\omega)=A_1(\omega)\mathrm{e}^{\mathrm{j}\varphi_1(\omega)}$，则

$$\begin{cases} \varphi_2(\omega) = -\varphi_1(\omega) \\ L_2(\omega) = 20\lg A_2(\omega) = 20\lg\dfrac{1}{A_1(\omega)} = -L_1(\omega) \end{cases} \tag{5-31}$$

由此可知，传递函数互为倒数的典型环节，对数幅频曲线关于 0dB 线对称，对数相频曲线关于 0°线对称。在非最小相位环节中，同样存在传递函数互为倒数的典型环节，其对数频率特性曲线的对称性亦成立。

(3) 振荡环节和二阶微分环节

振荡环节的传递函数为

$$G(s) = \frac{1}{(s/\omega_n)^2 + 2\zeta(s/\omega_n) + 1}; \qquad \omega_n > 0, \qquad 0 < \zeta < 1 \tag{5-32}$$

振荡环节的频率特性

$$A(\omega) = \frac{1}{\sqrt{\left(1-\dfrac{\omega^2}{\omega_n^2}\right)^2 + 4\zeta^2\dfrac{\omega^2}{\omega_n^2}}} \tag{5-33}$$

$$\varphi(\omega) = -\arctan\left(\frac{2\zeta\dfrac{\omega}{\omega_n}}{1-\dfrac{\omega^2}{\omega_n^2}}\right) = \begin{cases} -\arctan\dfrac{2\zeta\dfrac{\omega}{\omega_n}}{1-\dfrac{\omega^2}{\omega_n^2}}, & \omega \leqslant \omega_n \\ -\left(180^\circ - \arctan\dfrac{2\zeta\dfrac{\omega}{\omega_n}}{\dfrac{\omega^2}{\omega_n^2}-1}\right), & \omega > \omega_n \end{cases} \tag{5-34}$$

显然，$\varphi(0)=0^\circ$，$\varphi(\infty)=-180^\circ$，且相频特性曲线从 0°单调减至$-180^\circ$。当$\omega=\omega_n$时，$\varphi(\omega_n)=-90^\circ$，由式(5-33)得 $A(\omega_n)=\dfrac{1}{2\zeta}$，表明振荡环节与虚轴的交点为$-\mathrm{j}\dfrac{1}{2\zeta}$。

由式(5-33)可得 $A(0)=1, A(\infty)=0$。为分析 $A(\omega)$的变化，求 $A(\omega)$的极值，即令

$$\frac{\mathrm{d}A(\omega)}{\mathrm{d}\omega}=\frac{-\left[-\dfrac{2\omega}{\omega_n^2}\left(1-\dfrac{\omega^2}{\omega_n^2}\right)+4\zeta^2\dfrac{\omega}{\omega_n^2}\right]}{\left[\left(1-\dfrac{\omega^2}{\omega_n^2}\right)^2+4\zeta^2\dfrac{\omega^2}{\omega_n^2}\right]^{\frac{3}{2}}}=0 \tag{5-35}$$

得谐振频率

$$\omega_r=\omega_n\sqrt{1-2\zeta^2},\quad 0<\zeta\leqslant\sqrt{2}/2 \tag{5-36}$$

将ω_r代入式(5-33)，求得谐振峰值

$$M_r=A(\omega_r)=\frac{1}{2\zeta\sqrt{1-\zeta^2}},\quad 0<\zeta\leqslant\sqrt{2}/2 \tag{5-37}$$

因为$\zeta=\dfrac{\sqrt{2}}{2}$时，$M_r=1$，当 $0<\zeta<\sqrt{2}/2$ 时

$$\frac{\mathrm{d}M_r}{\mathrm{d}\zeta}=\frac{-(1-2\zeta^2)}{\zeta^2(1-\zeta^2)^{\frac{3}{2}}}<0 \tag{5-38}$$

可见ω_r，M_r均为阻尼比ζ的减函数($0<\zeta\leqslant\dfrac{\sqrt{2}}{2}$)。当 $0<\zeta<\dfrac{\sqrt{2}}{2}$，且$\omega\in(0,\ \omega_r)$时，$A(\omega)$单调增；$\omega\in(\omega_r,\infty)$时，$A(\omega)$单调减。而当$\dfrac{\sqrt{2}}{2}<\zeta<1$ 时，$A(\omega)$单调减。不同阻尼比ζ情况下，振荡环节的幅相特性曲线和对数频率特性曲线分别如图 5-12 和图 5-13 所示，其中 $u=\dfrac{\omega}{\omega_n}$。

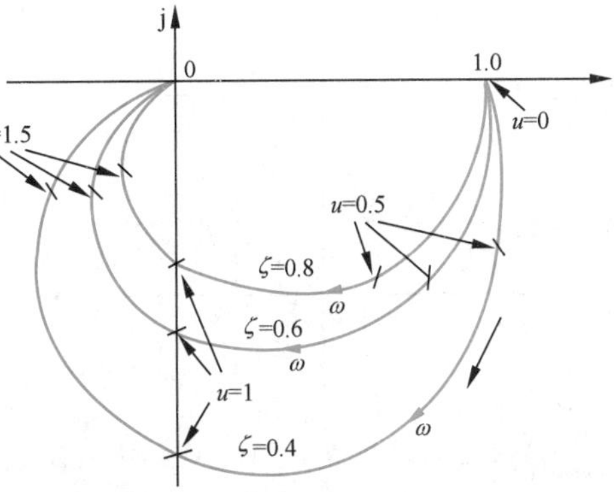

图 5-12　振荡环节的幅相特性曲线

二阶微分环节的传递函数为振荡环节传递函数的倒数，按对称性可得二阶微分环节的对数频率曲线，并有

$$\begin{cases}A(0)=1\\ \varphi(0)=0^\circ\end{cases},\quad \begin{cases}A(\omega_n)=2\zeta\\ \varphi(\omega_n)=90^\circ\end{cases},\quad \begin{cases}A(\infty)=\infty\\ \varphi(\infty)=180^\circ\end{cases}$$

当阻尼比$\dfrac{\sqrt{2}}{2}<\zeta<1$ 时，$A(\omega)$从 1 单调增至∞；当阻尼比 $0<\zeta<\dfrac{\sqrt{2}}{2}$，且$\omega\in(0,\omega_r)$时，$A(\omega)$从 1 单调减至

$$\begin{cases}A(\omega_r)=2\zeta\sqrt{1-\zeta^2}<1\\ \omega_r=\omega_n\sqrt{1-2\zeta^2}\end{cases} \tag{5-39}$$

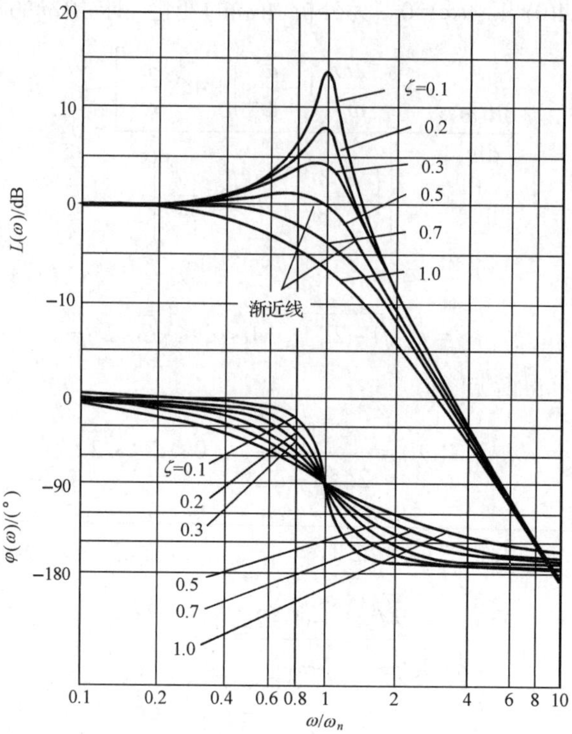

图 5-13　振荡环节的对数频率特性曲线

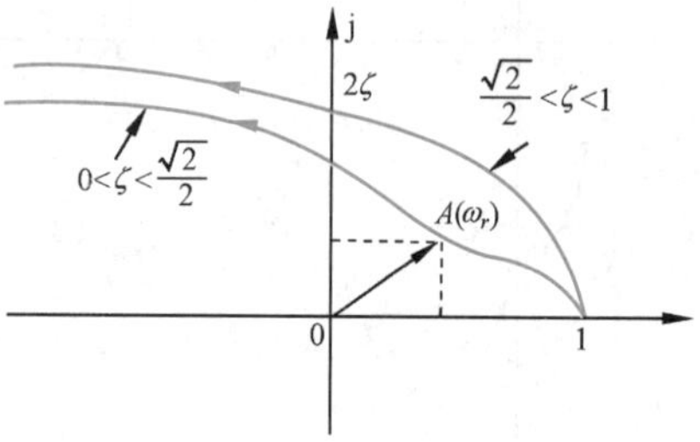

图 5-14　二阶微分环节的概略幅相特性曲线

而当$\omega\in(\omega_r,\infty)$时，$A(\omega)$单调增，二阶微分环节的概略幅相特性曲线如图 5-14 所示。

非最小相位的二阶微分环节和不稳定振荡环节的频率特性曲线可按前述(1)中结论以及二阶微分环节和振荡环节的频率特性曲线加以确定。

(4) 对数幅频渐近特性曲线

在控制工程中，为简化惯性环节、一阶微分环节、振荡环节和二阶微分环节的对数幅频曲线的作图，常用低频和高频渐近线近似表示对数幅频曲线，称之为对数幅频渐近特性曲线。

对于惯性环节，对数幅频特性为

$$L(\omega)=-20\lg\sqrt{1+\omega^2T^2} \tag{5-40}$$

当$\omega\ll\dfrac{1}{T}$时，$\omega^2T^2\approx0$，有

$$L(\omega)\approx-20\lg1=0 \tag{5-41}$$

当$\omega\gg\dfrac{1}{T}$时，$\omega^2T^2\gg1$，有

$$L(\omega)\approx-20\lg\omega T \tag{5-42}$$

因此惯性环节的对数幅频渐近特性为

$$L_a(\omega)=\begin{cases}0, & \omega\leqslant\dfrac{1}{T}\\ -20\lg\omega T, & \omega>\dfrac{1}{T}\end{cases}\tag{5-43}$$

惯性环节的对数幅频渐近特性曲线如图 5-15 所示，低频部分是零分贝线，高频部分是斜率为–20dB/dec 的直线，两条直线交于$\omega=\dfrac{1}{T}$处，称频率$\dfrac{1}{T}$为惯性环节的交接频率。用渐近特性近似表示对数幅频特性存在误差

$$\Delta L(\omega)=L(\omega)-L_a(\omega)\tag{5-44}$$

误差曲线如图 5-16 所示。在交接频率处误差最大，约为–3dB。根据误差曲线，可修正渐近特性曲线获得准确曲线。

由于非最小相位惯性环节的对数幅频特性与惯性环节相同，故其对数幅频渐近特性亦相同。根据一阶微分环节和非最小相位一阶微分环节的对数幅频特性相等，且与惯性环节对数幅频特性互为倒数的特点，可知一阶微分环节和非最小相位一阶微分环节与惯性环节的对数幅频渐近特性曲线以 0dB 线互为镜像。

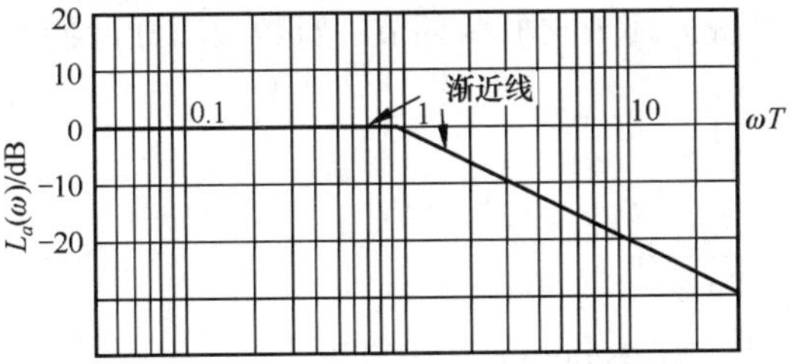

图 5-15 惯性环节的对数幅频渐近特性曲线

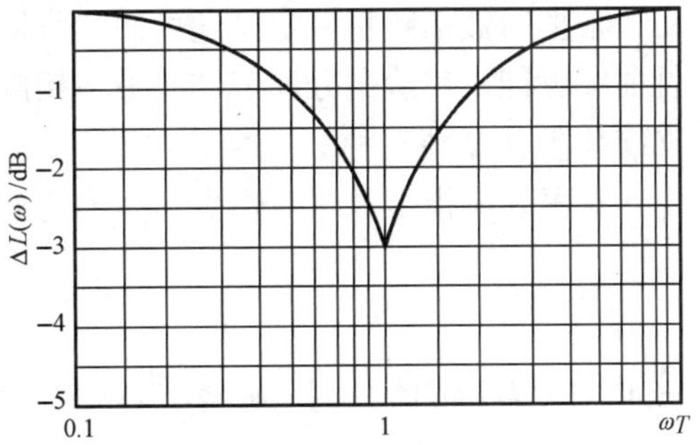

图 5-16 惯性环节的误差曲线

振荡环节的对数幅频特性为

$$L(\omega)=-20\lg\sqrt{\left(1-\frac{\omega^2}{\omega_n^2}\right)^2+4\zeta^2\frac{\omega^2}{\omega_n^2}}\tag{5-45}$$

当$\omega\ll\omega_n$时，$L(\omega)\approx 0$，低频渐近线为 0dB 线。而当$\omega\gg\omega_n$时，$L(\omega)=-40\lg\dfrac{\omega}{\omega_n}$，高频渐近线为过$(\omega_n, 0)$点，斜率为–40dB/dec 的直线。振荡环节的交接频率为ω_n，对数幅频渐近特性为

$$L_a(\omega)=\begin{cases}0, & \omega\leqslant\omega_n\\ -40\lg\dfrac{\omega}{\omega_n}, & \omega>\omega_n\end{cases}\tag{5-46}$$

由于$L(\omega)$中含有ζ，而$L_a(\omega)$与阻尼比ζ无关，所以用渐近线近似表示对数幅频曲线存在误差，且误差的大小与ζ有关，误差曲线$\Delta L(\omega, \zeta)$为一曲线簇，如图 5-17 所示。根

据误差曲线可以修正渐近特性曲线而获得准确曲线。

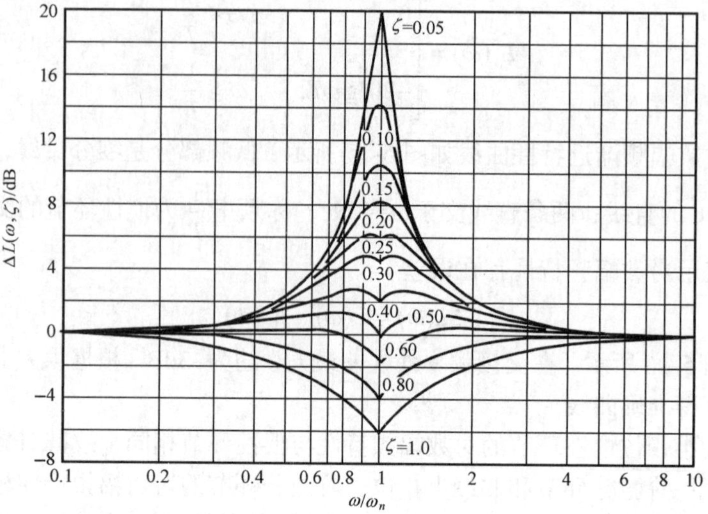

图 5-17 振荡环节的误差曲线

根据对数幅频特性定义还可知，非最小相位振荡环节与振荡环节的对数幅频渐近特性曲线相同，二阶微分环节和非最小相位二阶微分环节与振荡环节的对数幅频渐近特性曲线关于 0dB 线对称。

这里还应指出，半对数坐标系中的直线方程为

$$k = \frac{L_a(\omega_2) - L_a(\omega_1)}{\lg\omega_2 - \lg\omega_1} \tag{5-47}$$

其中$[\omega_1，L_a(\omega_1)]$和$[\omega_2，L_a(\omega_2)]$为直线上的两点，k(dB/dec)为直线斜率。

3. 开环幅相特性曲线绘制

根据系统开环频率特性的表达式可以通过取点、计算和作图绘制系统开环幅相特性曲线。这里着重介绍结合工程需要，绘制概略开环幅相特性曲线的方法。

概略开环幅相曲线应反映开环频率特性的三个重要因素：

幅相曲线绘制

1) 开环幅相特性曲线的起点($\omega=0_+$)和终点($\omega=\infty$)。

2) 开环幅相特性曲线与实轴的交点。

设$\omega=\omega_x$时，$G(\mathrm{j}\omega_x)H(\mathrm{j}\omega_x)$的虚部为

$$\mathrm{Im}\left[G(\mathrm{j}\omega_x)H(\mathrm{j}\omega_x)\right]=0 \tag{5-48}$$

或

$$\varphi(\omega_x)=\angle[G(\mathrm{j}\omega_x)H(\mathrm{j}\omega_x)]=k\pi; \qquad k=0,\pm1,\pm2,\cdots \tag{5-49}$$

称ω_x为穿越频率，而开环频率特性曲线与实轴交点的坐标值为

$$\mathrm{Re}\left[G(\mathrm{j}\omega_x)H(\mathrm{j}\omega_x)\right]=G(\mathrm{j}\omega_x)H(\mathrm{j}\omega_x) \tag{5-50}$$

3) 开环幅相特性曲线的变化范围(象限、单调性)。

开环系统典型环节分解和典型环节幅相特性曲线的特点是绘制概略开环幅相特性曲

线的基础，下面结合具体的系统加以介绍。

例 5-1　某 0 型单位反馈系统

$$G(s)=\frac{K}{(T_1s+1)(T_2s+1)};\qquad K,T_1,T_2>0$$

试概略绘制系统开环幅相特性曲线。

解　由于惯性环节的角度变化为 0°～−90°，故对于该系统开环幅相特性曲线，有

起点：$A(0)=K,\varphi(0)=0°$

终点：$A(\infty)=0,\varphi(\infty)=2\times(-90°)=-180°$

系统开环频率特性

$$G(\mathrm{j}\omega)=\frac{K\left[1-T_1T_2\omega^2-\mathrm{j}(T_1+T_2)\omega\right]}{(1+T_1^2\omega^2)(1+T_2^2\omega^2)}$$

令 $\mathrm{Im}G(\mathrm{j}\omega_x)=0$，得 $\omega_x=0$，即系统开环幅相特性曲线除在 $\omega=0$ 处外与实轴无交点。

由于惯性环节单调地从 0°变化至−90°，故该系统幅相特性曲线的变化范围为第Ⅳ和第Ⅲ象限，系统开环幅相特性曲线如图 5-18 实线所示。

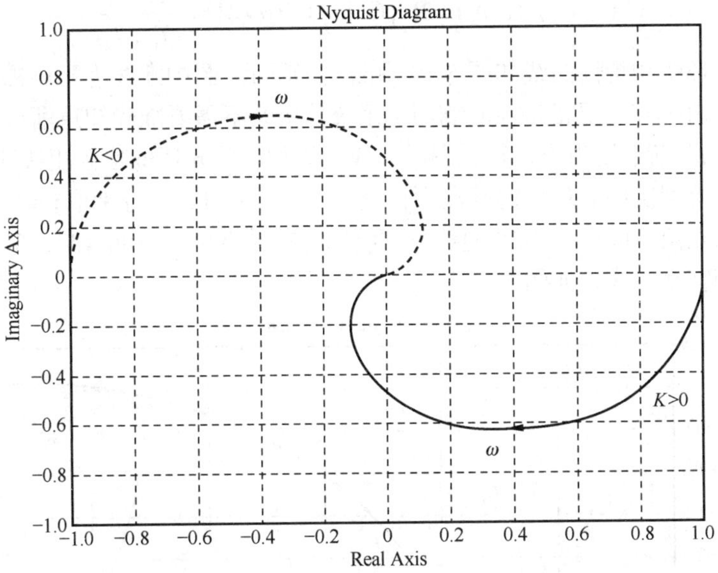

图 5-18　例 5-1 系统开环幅相特性曲线(MATLAB)

若取 $K<0$，由于非最小相位比例环节的相角恒为−180°，故此时系统开环幅相特性曲线由原曲线绕原点顺时针旋转 180°而得，如图 5-18 中虚线所示。

例 5-2　设系统开环传递函数为

$$G(s)H(s)=\frac{K}{s(T_1s+1)(T_2s+1)};\qquad K,T_1,T_2>0$$

试绘制系统概略开环幅相特性曲线。

解　系统开环频率特性

$$G(\mathrm{j}\omega)H(\mathrm{j}\omega)=\frac{K(1-\mathrm{j}T_1\omega)(1-\mathrm{j}T_2\omega)(-\mathrm{j})}{\omega(1+T_1^2\omega^2)(1+T_2^2\omega^2)}=\frac{K\left[-(T_1+T_2)\omega+\mathrm{j}(-1+T_1T_2\omega^2)\right]}{\omega(1+T_1^2\omega^2)(1+T_2^2\omega^2)}$$

幅值变化：$A(0_+)=\infty, A(\infty)=0$

相角变化：$\angle\left(\dfrac{1}{\mathrm{j}\omega}\right)$,　　$-90^\circ \sim -90^\circ$

$\angle\left(\dfrac{1}{1+\mathrm{j}T_1\omega}\right)$,　　$0^\circ \sim -90^\circ$

$\angle\left(\dfrac{1}{1+\mathrm{j}T_2\omega}\right)$,　　$0^\circ \sim -90^\circ$

$\angle K$,　　$0^\circ \sim 0^\circ$

$\varphi(\omega)$,　　$-90^\circ \sim -270^\circ$

起点处：$\mathrm{Re}\left[G(\mathrm{j}0_+)H(\mathrm{j}0_+)\right]=-K(T_1+T_2)$

$\mathrm{Im}\left[G(\mathrm{j}0_+)H(\mathrm{j}0_+)\right]=-\infty$

与实轴的交点：令 $\mathrm{Im}\left[G(\mathrm{j}\omega)H(\mathrm{j}\omega)\right]=0$，得 $\omega_x=\dfrac{1}{\sqrt{T_1T_2}}$，于是

$$G(\mathrm{j}\omega_x)H(\mathrm{j}\omega_x)=\mathrm{Re}\left[G(\mathrm{j}\omega_x)H(\mathrm{j}\omega_x)\right]=-\frac{KT_1T_2}{T_1+T_2}$$

由此作系统开环幅相特性曲线如图 5-19 中曲线①所示。图中虚线为开环幅相特性曲线的低频渐近线。由于开环幅相特性曲线用于系统分析时不需要准确知道渐近线的位置，故一般根据 $\varphi(0_+)$ 取渐近线为坐标轴，图中曲线②为相应的开环概略幅相特性曲线。

本例中系统型次即开环传递函数中积分环节个数 $\nu=1$，若分别取 $\nu=2$，3 和 4，则根据积分环节的相角，可将图 5-19 曲线分别绕原点旋转−90°，−180°和−270°即可得相应的概略开环幅相特性曲线，如图 5-20 所示。

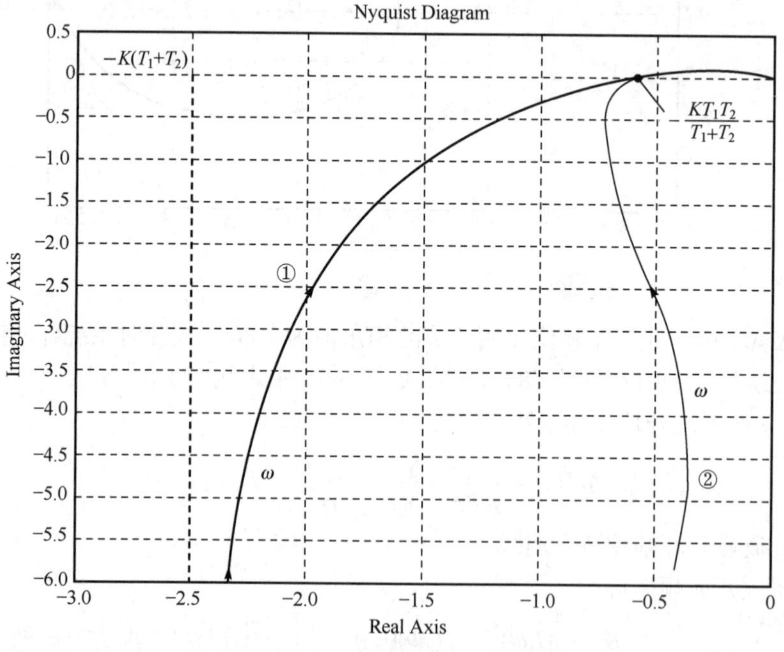

图 5-19　例 5-2 系统概略开环幅相特性曲线

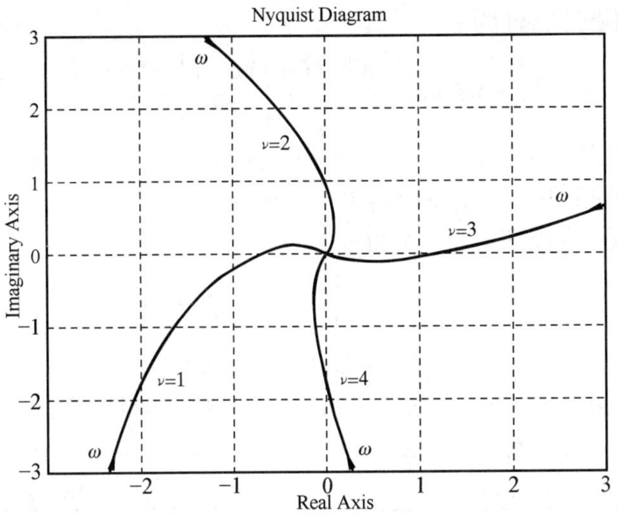

图 5-20　ν=1，2，3，4 时系统概略开环幅相特性曲线(MATLAB)

例 5-3　已知单位反馈系统开环传递函数为

$$G(s)=\frac{K(\tau s+1)}{s(T_1s+1)(T_2s+1)};\quad K,T_1,T_2,\tau>0$$

试绘制系统概略开环幅相特性曲线。

解　系统开环频率特性为

$$G(\mathrm{j}\omega)=\frac{-\mathrm{j}K\left[1-T_1T_2\omega^2+T_1\tau\omega^2+T_2\tau\omega^2+\mathrm{j}\omega(\tau-T_1-T_2-T_1T_2\tau\omega^2)\right]}{\omega(1+T_1^2\omega^2)(1+T_2^2\omega^2)}$$

开环幅相特性曲线的起点：$G(\mathrm{j}0_+)=\infty\angle(-90^\circ)$；终点：$G(\mathrm{j}\infty)=0\angle(-180^\circ)$。

与实轴的交点：当 $\tau<\dfrac{T_1T_2}{T_1+T_2}$ 时，得

$$\begin{cases}\omega_x=\dfrac{1}{\sqrt{T_1T_2-T_1\tau-T_2\tau}}\\[2mm] G(\mathrm{j}\omega_x)=-\dfrac{K(T_1+T_2)(T_1T_2-T_1\tau-T_2\tau+\tau^2)}{(T_1T_2-T_1\tau-T_2\tau+T_1^2)(T_1T_2-T_1\tau-T_2\tau+T_2^2)}\end{cases}$$

变化范围：$\tau>\dfrac{T_1T_2}{T_1+T_2}$ 时，开环幅相特性曲线位于第Ⅲ象限或第Ⅳ与第Ⅲ象限；

$\tau<\dfrac{T_1T_2}{T_1+T_2}$ 时，开环幅相特性曲线位于第Ⅲ象限与第Ⅱ象限。

概略开环幅相特性曲线如图 5-21 所示。

例 5-4　已知系统开环传递函数为

$$G(s)H(s)=\frac{K(-\tau s+1)}{s(Ts+1)};\quad K,\tau,T>0$$

试概略绘制系统开环幅相特性曲线。

解　系统开环频率特性为

$$G(\mathrm{j}\omega)H(\mathrm{j}\omega)=\frac{K\left[-(T+\tau)\omega-\mathrm{j}(1-T\tau\omega^2)\right]}{\omega(1+T^2\omega^2)}$$

开环幅相特性曲线的起点：$A(0_+)=\infty$，　$\varphi(0_+)=-90°$

开环幅相特性曲线的终点：$A(\infty)=0$，　$\varphi(\infty)=-270°$

与实轴的交点：令虚部为零，解得

$$\begin{cases}\omega_x=\dfrac{1}{\sqrt{T\tau}}\\ G(\mathrm{j}\omega_x)H(\mathrm{j}\omega_x)=-K\tau\end{cases}$$

因为$\varphi(\omega)$从$-90°$单调减至$-270°$，故幅相特性曲线在第Ⅲ与第Ⅱ象限间变化。概略开环幅相特性曲线如图 5-22 所示。

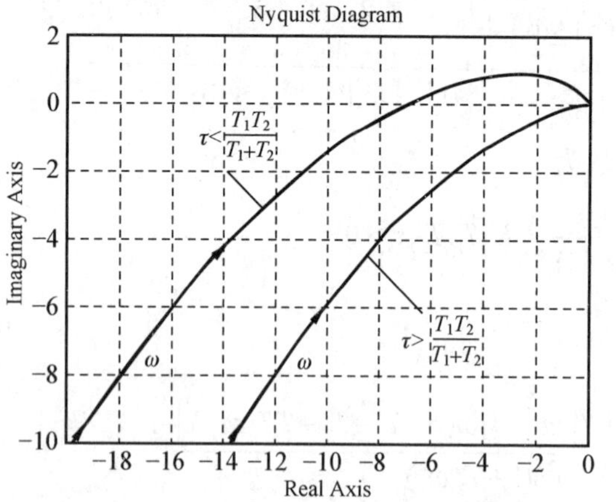

图 5-21　例 5-3 系统概略开环幅相特性曲线 (MATLAB)

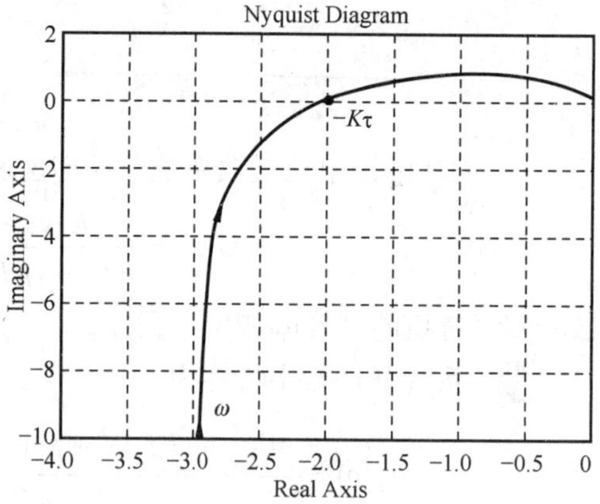

图 5-22　例 5-4 系统概略开环幅相特性曲线 (MATLAB)

在例 5-4 中，系统含有非最小相位一阶微分环节，称开环传递函数含有非最小相位环节的系统为非最小相位系统，而开环传递函数全部由最小相位环节构成的系统称为最小相位系统。比较例 5-2、例 5-3 和例 5-4 可知，非最小相位环节的存在将对系统的频率特性产生一定的影响，故在控制系统分析中必须加以重视。

4. 开环对数频率特性曲线

系统开环传递函数作典型环节分解后，根据式(5-21)～式(5-25)，可先做出各典型环节的对数频率特性曲线，然后采用叠加方法即可方便地绘制系统开环对数频率特性曲线。鉴于系统开环对数幅频渐近特性在控制系统的分析和设计中具有十分重要的作用，以下着重介绍开环对数幅频渐近特性曲线的绘制方法。

注意到典型环节中，K 及$-K(K>0)$、微分环节和积分环节的对数幅频特性曲线均为直线，故可直接取其为渐近特性。由式(5-25)得系统开环对数幅频渐近特性：

$$L_a(\omega)=\sum_{i=1}^{N}L_{a_i}(\omega)\tag{5-51}$$

对于任意的开环传递函数，可按典型环节分解，将组成系统的各典型环节分三部分：

1) $\dfrac{K}{s^{\nu}}$ 或 $\dfrac{-K}{s^{\nu}}$ $(K>0)$。

2) 一阶环节，包括惯性环节、一阶微分环节以及对应的非最小相位环节，交接频率为 $\dfrac{1}{T}$。

3) 二阶环节，包括振荡环节、二阶微分环节以及对应的非最小相位环节，交接频率为 ω_n。

记 $\omega_{\min}$ 为最小交接频率，称 $\omega<\omega_{\min}$ 的频率范围为低频段。开环对数幅频渐近特性曲线的绘制按以下步骤进行：

1) 开环传递函数典型环节分解。

2) 确定一阶环节、二阶环节的交接频率，将各交接频率标注在半对数坐标图的 ω 轴上。

3) 绘制低频段渐近特性线：由于一阶环节或二阶环节的对数幅频渐近特性曲线在交接频率前斜率为 0dB/dec，在交接频率处斜率发生变化，故在 $\omega<\omega_{\min}$ 频段内，开环系统幅频渐近特性的斜率取决于 $\dfrac{K}{\omega^{\nu}}$，因而直线斜率为 -20ν dB/dec。

为获得低频渐近线，还需确定该直线上的一点，可以采用以下三种方法。

方法一：在 $\omega<\omega_{\min}$ 范围内，任选一点 ω_0，计算

$$L_a(\omega_0)=20\lg K-20\nu\lg\omega_0 \tag{5-52}$$

方法二：取频率为特定值 $\omega_0=1$，则

$$L_a(1)=20\lg K \tag{5-53}$$

方法三：取 $L_a(\omega_0)$ 为特殊值 0，则有 $\dfrac{K}{\omega_0^{\nu}}=1$

$$\omega_0=K^{\frac{1}{\nu}} \tag{5-54}$$

于是，过 $(\omega_0, L_a(\omega_0))$ 在 $\omega<\omega_{\min}$ 范围内可作斜率为 -20ν dB/dec 的直线。显然，若有 $\omega_0>\omega_{\min}$，则点 $(\omega_0, L_a(\omega_0))$ 位于低频渐近特性曲线的延长线上。

4) 作 $\omega\geqslant\omega_{\min}$ 频段渐近特性线：在 $\omega\geqslant\omega_{\min}$ 频段，系统开环对数幅频渐近特性曲线表现为分段折线。每两个相邻交接频率之间为直线，在每个交接频率点处，斜率发生变化，变化规律取决于该交接频率对应的典型环节的种类，如表 5-2 所示。

表 5-2　交接频率点处斜率的变化表

典型环节类别	典型环节传递函数	交接频率	斜率变化
一阶环节 $(T>0)$	$\dfrac{1}{1+Ts}$	$\dfrac{1}{T}$	-20dB/dec
	$\dfrac{1}{1-Ts}$		
	$1+Ts$		20dB/dec
	$1-Ts$		

续表

<table>
<tr><th>典型环节类别</th><th>典型环节传递函数</th><th>交接频率</th><th>斜率变化</th></tr>
<tr><td rowspan="4">二阶环节
$(\omega_n > 0, 1 > \zeta \geqslant 0)$</td><td>$1\Big/\left(\dfrac{s^2}{\omega_n^2}+2\zeta\dfrac{s}{\omega_n}+1\right)$</td><td rowspan="4">$\omega_n$</td><td rowspan="2">$-40\text{dB/dec}$</td></tr>
<tr><td>$1\Big/\left(\dfrac{s^2}{\omega_n^2}-2\zeta\dfrac{s}{\omega_n}+1\right)$</td></tr>
<tr><td>$\dfrac{s^2}{\omega_n^2}+2\zeta\dfrac{s}{\omega_n}+1$</td><td rowspan="2">$40\text{dB/dec}$</td></tr>
<tr><td>$\dfrac{s^2}{\omega_n^2}-2\zeta\dfrac{s}{\omega_n}+1$</td></tr>
</table>

应该注意的是，当系统的多个环节具有相同交接频率时，该交接频率点处斜率的变化应为各个环节对应的斜率变化值的代数和。

以 $k=-20\nu$ dB/dec 的低频渐近线为起始直线，按交接频率由小到大的顺序，由表 5-2 确定斜率变化，再逐一绘制各段直线，可得系统开环对数幅频渐近特性。

例 5-5　已知系统开环传递函数为

$$G(s)H(s)=\frac{2000s-4000}{s^2(s+1)(s^2+10s+400)}$$

试绘制系统开环对数幅频渐近特性曲线。

解　开环传递函数的典型环节分解形式为

$$G(s)H(s)=\frac{-10\left(1-\dfrac{s}{2}\right)}{s^2(s+1)\left(\dfrac{s^2}{20^2}+\dfrac{1}{2}\dfrac{s}{20}+1\right)}$$

开环系统由六个典型环节串联而成：非最小相位比例环节、两个积分环节、非最小相位一阶微分环节、惯性环节和振荡环节。

1) 确定各交接频率 ω_i，$i=1$，2，3 及斜率变化值。

非最小相位一阶微分环节：$\omega_2=2$，斜率增加 20dB/dec

惯性环节：$\omega_1=1$，斜率减小 20dB/dec

振荡环节：$\omega_3=20$，斜率减小 40dB/dec

最小交接频率：$\omega_{\min}=\omega_1=1$

2) 绘制低频段($\omega<\omega_{\min}$)渐近特性曲线。因为 $\nu=2$，则低频渐近线斜率 $k=-40$dB/dec，按方法二得直线上一点 $(\omega_0, L_a(\omega_0))=(1, 20\text{dB})$。

3) 绘制频段 $\omega\geqslant\omega_{\min}$ 渐近特性曲线。

$$\omega_{\min}\leqslant\omega<\omega_2,\quad k=-60\text{dB/dec}$$
$$\omega_2\leqslant\omega<\omega_3,\quad k=-40\text{dB/dec}$$
$$\omega\geqslant\omega_3,\quad k=-80\text{dB/dec}$$

系统开环对数幅频渐近特性曲线如图 5-23 所示。

开环对数相频曲线的绘制，一般由典型环节分解下的相频特性表达式，取若干个频率点，列表计算各点的相角并标注在对数坐标图中，最后将各点光滑连接，即可得开环对数相频曲线。具体计算相角时应注意判别象限。例如在例 5-5 中

$$\varphi(\omega)=\angle\left(\frac{1}{1-\frac{\omega^2}{400}+\mathrm{j}\frac{\omega}{40}}\right)=\begin{cases}-\arctan\dfrac{\frac{\omega}{40}}{1-\frac{\omega^2}{400}}, & 0<\omega\leqslant 20\\ -\left(180^\circ-\arctan\dfrac{\frac{\omega}{40}}{\frac{\omega^2}{400}-1}\right), & \omega>20\end{cases}$$

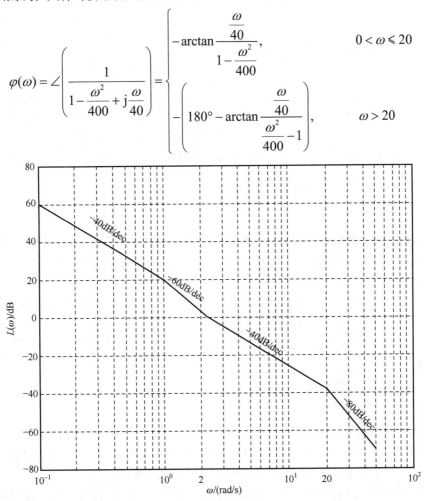

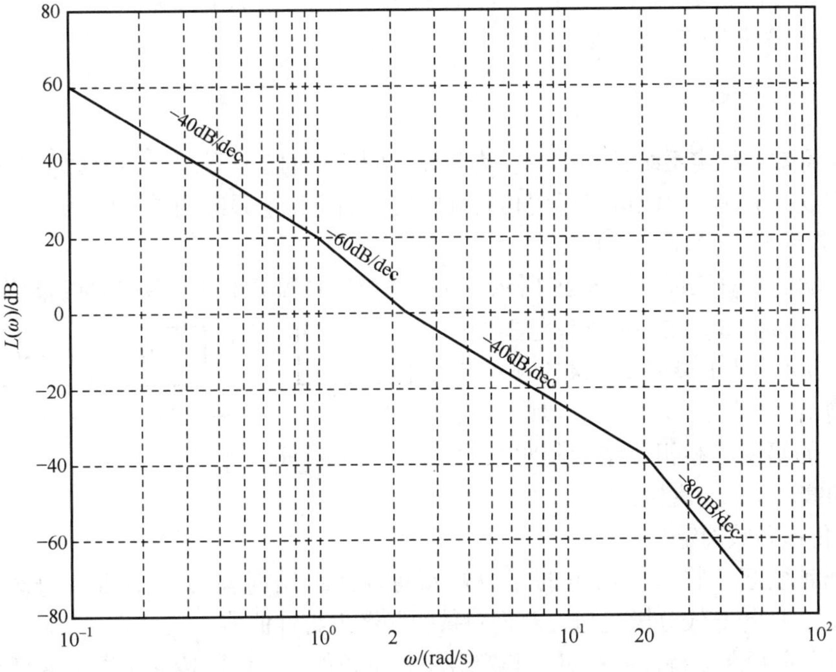

图 5-23 例 5-5 系统开环对数幅频渐近特性曲线(MATLAB)

5. 延迟环节和延迟系统

输出量经恒定延时后不失真地复现输入量变化的环节称为延迟环节。含有延迟环节的系统称为延迟系统。化工、电力系统多为延迟系统。延迟环节的输入输出的时域表达式为

$$c(t)=1(t-\tau)r(t-\tau) \tag{5-55}$$

式中，τ 为延迟时间，应用拉氏变换的实数位移定理，可得延迟环节的传递函数

$$G(s)=\frac{C(s)}{R(s)}=\mathrm{e}^{-\tau s} \tag{5-56}$$

延迟环节的频率特性为

$$G(\mathrm{j}\omega)=\mathrm{e}^{-\mathrm{j}\tau\omega}=1\cdot\angle(-57.3\tau\omega) \tag{5-57}$$

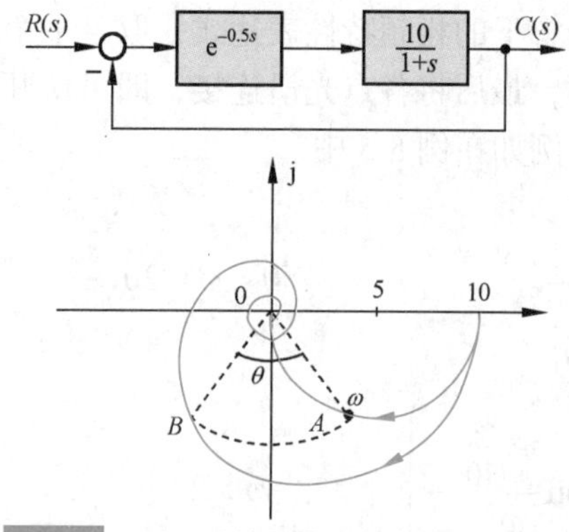

图 5-24　延迟系统及其开环幅相特性曲线

由式(5-57)可知，延迟环节幅相特性曲线为单位圆。当系统存在延迟现象，即开环系统表现为延迟环节和线性环节的串联形式时，延迟环节对系统开环频率特性的影响是造成了相频特性的明显变化。如图 5-24 所示，当线性环节 $G(s)=\dfrac{10}{1+s}$ 与延迟环节 $\mathrm{e}^{-0.5s}$ 串联后，系统开环幅相特性曲线为螺旋线。图中以(5, j0)为圆心，半径为 5 的半圆为惯性环节的幅相特性曲线，任取频率点ω，设惯性环节的频率特性点为 A，则延迟系统的幅相特性曲线的 B 点位于以$|OA|$为半径，距 A 点圆心角$\theta=57.3\times0.5\omega$的圆弧处。

6. 传递函数的频域实验确定

由前可知，稳定系统的频率响应为与输入同频率的正弦信号，且其幅值和相位的变化是频率ω的函数，因此可以运用频率响应实验确定稳定系统的数学模型。

(1) 频率响应实验

频率响应实验原理如图 5-25 所示。首先选择信号源输出的正弦信号的幅值，以使系统处于非饱和状态。在一定频率范围内，改变输入正弦信号的频率，记录各频率点处系统输出信号的波形。由稳态段的输入输出信号的幅值比和相位差绘制对数频率特性曲线。

图 5-25　频率响应实验原理方框图

(2) 传递函数确定

从低频段起，将实验所得的对数幅频特性曲线用斜率为 0dB/dec，±20dB/dec，±40dB/dec，…等直线分段近似，获得对数幅频渐近特性曲线。

由对数幅频渐近特性曲线可以确定最小相位条件下系统的传递函数，这是对数幅频渐近特性曲线绘制的逆问题，下面举例说明其方法和步骤。

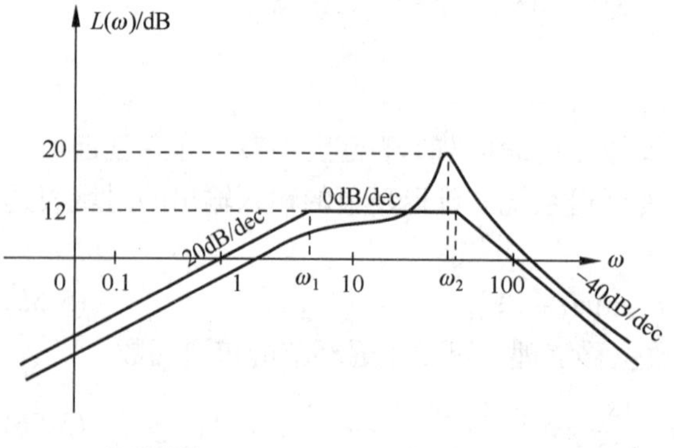

图 5-26　系统开环对数幅频特性曲线

例 5-6　图 5-26 为由频率响应实验获得的某最小相位系统的开环对数幅频曲线和开环对数幅频渐近特性曲线，试确定系统传递函数。

解　1) 确定系统积分或微分环节的个数。因为对数幅频渐近特性曲线的低频渐近线的斜率为-20νdB/dec，而由图 5-26 知低频渐近线斜率为+20dB/dec，故有$\nu=-1$，系统含有一个微分环节。

2) 确定系统传递函数结构形式。由于对数幅频渐近特性曲线为分段折线，其各转折点对应的频率为所含一阶环节或二阶环节的交接频率，每个交接频率处斜率的变化取决于环节的种类。本例中共有两个交接频率：

$\omega=\omega_1$处，斜率变化–20dB/dec，对应惯性环节；

$\omega=\omega_2$处，斜率变化–40dB/dec，可以对应振荡环节也可以为重惯性环节，本例中，对数幅频特性在ω_2附近存在谐振现象，故应为振荡环节。因此所测系统应具有下述传递函数

$$G(s)=\frac{Ks}{\left(1+\dfrac{s}{\omega_1}\right)\left(\dfrac{s^2}{\omega_2^2}+2\zeta\dfrac{s}{\omega_2}+1\right)}$$

其中参数ω_1，ω_2，ζ及K待定。

3) 由给定条件确定传递函数参数。低频渐近线的方程为

$$L_a(\omega)=20\lg\frac{K}{\omega^{\nu}}=20\lg K-20\nu\lg\omega$$

由给定点$(\omega, L_a(\omega))=(1,0)$及$\nu=-1$得$K=1$。

根据直线方程式(5-47)

$$L_a(\omega_a)-L_a(\omega_b)=k(\lg\omega_a-\lg\omega_b)$$

及给定点

$$\omega_a=1,\quad L_a(\omega_a)=0,\quad \omega_b=\omega_1,\quad L_a(\omega_b)=12,\quad k=20$$

得

$$\omega_1=10^{\frac{12}{20}}=3.98$$

再由给定点

$$\omega_a=100,\quad L_a(\omega_a)=0,\quad \omega_b=\omega_2,\quad L_a(\omega_b)=12,\quad k=-40$$

得

$$\omega_2=10^{\left(-\frac{12}{40}+\lg 100\right)}=50.1$$

由前知，在谐振频率ω_r处，振荡环节的谐振峰值为

$$20\lg M_r=20\lg\frac{1}{2\zeta\sqrt{1-\zeta^2}}$$

而根据叠加性质，本例中$20\lg M_r=20-12=8$(dB)，故有$M_r=2.512$，于是有

$$\zeta^4-\zeta^2+0.04=0$$

解得

$$\zeta_1=0.204,\quad \zeta_2=0.979$$

因为$0<\zeta<0.707$时才存在谐振峰值，故应选$\zeta=0.204$。

于是，所测系统的传递函数为

$$G(s)=\frac{s}{\left(\dfrac{s}{3.98}+1\right)\left(\dfrac{s^2}{50.1^2}+0.408\dfrac{s}{50.1}+1\right)}$$

值得注意的是，实际系统并不都是最小相位系统，而最小相位系统可以和某些非最小相

位系统具有相同的对数幅频特性曲线，因此具有非最小相位环节和延迟环节的系统，还需依据上述环节对相频特性的影响并结合实测相频特性予以确定。

5-3　频域稳定判据

控制系统的闭环稳定性是系统分析和设计所需解决的首要问题，奈奎斯特稳定判据(简称奈氏判据)和对数频率稳定判据是常用的两种频域稳定判据。频域稳定判据的特点是根据开环系统频率特性曲线判定闭环系统的稳定性。频域判据使用方便，易于推广。

1. 奈氏判据的数学基础

复变函数中的幅角原理是奈氏判据的数学基础，将幅角原理用于控制系统的稳定性的判定还需选择辅助函数和闭合曲线。

(1) 幅角原理

设 s 为复数变量，$F(s)$为 s 的有理分式函数。对于 s 平面上任意一点 s，通过复变函数 $F(s)$的映射关系，在 $F(s)$平面上可以确定关于 s 的象。在 s 平面上任选一条闭合曲线 Γ，且不通过 $F(s)$的任一零点和极点，令 s 从闭合曲线 Γ 上任一点 A 起，顺时针沿 Γ 运动一周，再回到 A 点，则相应地，$F(s)$平面上亦从点 $F(A)$起，到 $F(A)$点止亦形成一条闭合曲线 Γ_F。为讨论方便，取 $F(s)$为下述简单形式：

$$F(s)=\frac{(s-z_1)(s-z_2)}{(s-p_1)(s-p_2)} \tag{5-58}$$

式中，z_1，z_2 为 $F(s)$的零点；p_1，p_2 为 $F(s)$的极点。不失一般性，取 s 平面上 $F(s)$的零点和极点以及闭合曲线的位置如图 5-27(a)所示，Γ 包围 $F(s)$的零点 z_1 和极点 p_1。

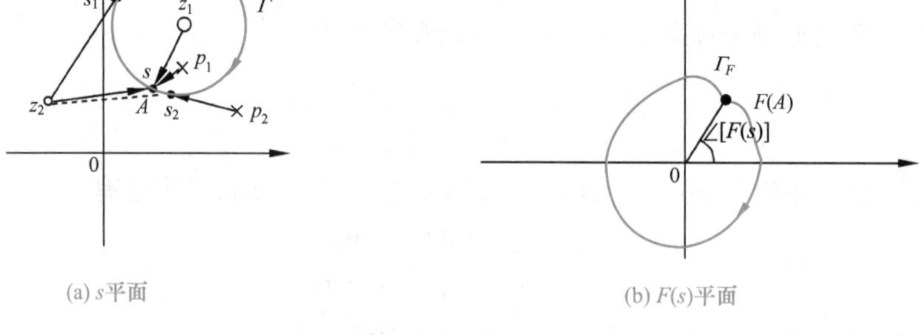

图 5-27　s 和 $F(s)$平面的映射关系

设复变量 s 沿闭合曲线 Γ 顺时针运动一周，则 $F(s)$相角的变化为

$$\delta\angle[F(s)]=\oint_{\Gamma}\angle[F(s)]\mathrm{d}s \tag{5-59}$$

因为

$$\angle[F(s)] = \angle(s-z_1) + \angle(s-z_2) - \angle(s-p_1) - \angle(s-p_2) \tag{5-60}$$

所以

$$\delta\angle[F(s)] = \delta\angle(s-z_1) + \delta\angle(s-z_2) - \delta\angle(s-p_1) - \delta\angle(s-p_2) \tag{5-61}$$

由于 z_1 和 p_1 被 Γ 所包围，故按复平面向量的相角定义，逆时针旋转为正，顺时针旋转为负，有

$$\delta\angle(s-z_1) = \delta\angle(s-p_1) = -2\pi$$

而对于零点 z_2，由于 z_2 未被 Γ 所包围，过 z_2 作两条直线与闭合曲线 Γ 相切，设 s_1，s_2 为切点，则在 Γ 的 $\widehat{s_1 s_2}$ 段，$s-z_2$ 的角度减小，在 Γ 的 $\widehat{s_2 s_1}$ 段，角度增大，且有

$$\delta\angle(s-z_2) = \oint_{\Gamma} \angle(s-z_2)\mathrm{d}s = \int_{\Gamma \widehat{s_1 s_2}} \angle(s-z_2)\mathrm{d}s + \int_{\Gamma \widehat{s_2 s_1}} \angle(s-z_2)\mathrm{d}s = 0$$

p_2 未被 Γ 包围，同理可得 $\delta\angle(s-p_2)=0$ 。上述讨论表明，当 s 沿 s 平面任意闭合曲线 Γ 运动一周时，$F(s)$ 绕 $F(s)$ 平面原点的圈数只和 $F(s)$ 被闭合曲线 Γ 所包围的极点和零点的代数和有关。上例中 $\delta\angle[F(s)]=0$ 。

幅角原理：设 s 平面闭合曲线 Γ 包围 $F(s)$ 的 Z 个零点和 P 个极点，则 s 沿 Γ 顺时针运动一周时，在 $F(s)$ 平面上，$F(s)$ 闭合曲线 Γ_F 包围原点的圈数

$$R = P - Z \tag{5-62}$$

$R<0$ 和 $R>0$ 分别表示 Γ_F 顺时针包围和逆时针包围 $F(s)$ 平面的原点，$R=0$ 表示不包围 $F(s)$ 平面的原点。

(2) 复变函数 $F(s)$ 的选择

控制系统的稳定性判定是利用已知的开环传递函数来判定闭环系统的稳定性。为应用幅角原理，选择

$$F(s) = 1 + G(s)H(s) = 1 + \frac{B(s)}{A(s)} = \frac{A(s)+B(s)}{A(s)} \tag{5-63}$$

由式(5-63)可知，$F(s)$ 具有以下特点：

1) $F(s)$ 的零点为闭环传递函数的极点，$F(s)$ 的极点为开环传递函数的极点。

2) 因为开环传递函数分母多项式的阶次一般大于或等于分子多项式的阶次，故 $F(s)$ 的零点和极点数相同。

3) s 沿闭合曲线 Γ 运动一周所产生的两条闭合曲线 Γ_F 和 Γ_{GH} 只相差常数 1，即闭合曲线 Γ_F 可由 Γ_{GH} 沿实轴正方向平移一个单位长度获得。闭合曲线 Γ_F 包围 $F(s)$ 平面原点的圈数等于闭合曲线 Γ_{GH} 包围 $F(s)$ 平面(−1，j0)点的圈数，其几何关系如图 5-28 所示。

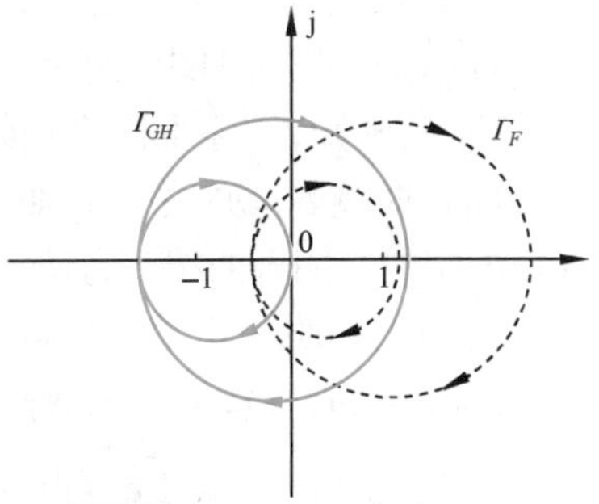

图 5-28　Γ_F 与 Γ_{GH} 的几何关系

由 $F(s)$ 的特点可以看出 $F(s)$ 取上述特定形式具有两个优点，其一是建立了系统的开环极点和闭环极点与 $F(s)$ 的零极点之间的直接联系；其二是建立了闭合曲线 Γ_F 和闭合曲线 Γ_{GH} 之间的转换关系。在已知开环传递函数 $G(s)H(s)$ 的条件下，上述优点

为幅角原理的应用创造了条件。

(3) s 平面闭合曲线 Γ 的选择

系统的闭环稳定性取决于系统闭环传递函数极点即 $F(s)$的零点的位置，因此当选择 s 平面闭合曲线 Γ 包围 s 平面的右半平面时，若 Z=0，则闭环系统稳定。考虑到前述闭合曲线 Γ 应不通过 $F(s)$的零极点的要求，Γ 可取图 5-29 所示的两种形式。

当 $G(s)H(s)$无虚轴上的极点时，见图 5-29(a)，s 平面闭合曲线 Γ 由两部分组成：

1) $s=\infty e^{j\theta}$，$\theta\in[0°, -90°]$，即圆心为原点、第Ⅳ象限中半径为无穷大的 1/4 圆；$s=j\omega$，$\omega\in(-\infty, 0]$，即负虚轴。

2) $s=j\omega$，$\omega\in[0, +\infty)$，即正虚轴；$s=\infty e^{j\theta}$，$\theta\in[0°, +90°]$，即圆心为原点、第Ⅰ象限中半径为无穷大的1/4 圆。

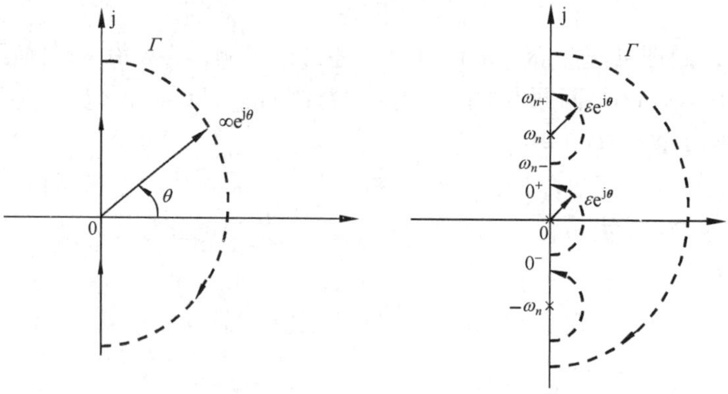

图 5-29　s 平面的闭合曲线 Γ

当 $G(s)H(s)$在虚轴上有极点时，为避开开环虚极点，在图 5-29(a)所选闭合曲线 Γ 的基础上加以扩展，构成图 5-29(b)所示的闭合曲线 Γ。

1) 开环系统含有积分环节时，在原点附近，取 $s=\varepsilon e^{j\theta}$($\varepsilon$为正无穷小量，$\theta\in[-90°, +90°]$)，即圆心为原点、半径为无穷小的半圆。

2) 开环系统含有等幅振荡环节时，在$\pm j\omega_n$ 附近，取 $s=\pm j\omega_n+\varepsilon e^{j\theta}$($\varepsilon$为正无穷小量，$\theta\in[-90°, +90°]$)，即圆心为$\pm j\omega_n$、半径为无穷小的半圆。

按上述 Γ 曲线，函数 $F(s)$位于 s 右半平面的极点数即开环传递函数 $G(s)H(s)$位于 s 右半平面的极点数 P 应不包括 $G(s)H(s)$位于 s 平面虚轴上的极点数。

(4) $G(s)H(s)$闭合曲线的绘制

由图 5-29 知，s 平面闭合曲线 Γ 关于实轴对称，鉴于 $G(s)H(s)$为实系数有理分式函数，故闭合曲线 Γ_{GH} 亦关于实轴对称，因此只需绘制 Γ_{GH} 在 $\text{Im}s\geqslant0$，$s\in\Gamma$ 对应的曲线段，得 $G(s)H(s)$的半闭合曲线，称为奈奎斯特曲线，仍记为 Γ_{GH}。

1) 若 $G(s)H(s)$无虚轴上极点。

Γ_{GH} 在 $s=j\omega$，$\omega\in[0, +\infty)$时，对应开环幅相特性曲线。

Γ_{GH} 在 $s=\infty e^{j\theta}$，$\theta\in[0°, +90°]$时，对应原点($n>m$ 时)或(K^*, j0)点($n=m$ 时)，K^*为系统开环根轨迹增益。

2) 若 $G(s)H(s)$含有积分环节，设

$$G(s)H(s)=\frac{1}{s^{\nu}}G_1(s);\quad \nu>0,\quad |G_1(\mathrm{j}0)|\neq\infty \tag{5-64}$$

有

$$A(0_+)=\infty,\quad \varphi(0_+)=\angle[G(\mathrm{j}0_+)H(\mathrm{j}0_+)]=\nu\times(-90°)+\angle[G_1(\mathrm{j}0_+)] \tag{5-65}$$

于是在原点附近，闭合曲线 Γ 为 $s=\varepsilon \mathrm{e}^{\mathrm{j}\theta}$，$\theta\in[0°,+90°]$，且有 $G_1(\varepsilon \mathrm{e}^{\mathrm{j}\theta})=G_1(\mathrm{j}0)$，故

$$G(s)H(s)\big|_{s=\varepsilon \mathrm{e}^{\mathrm{j}\theta}}\approx\infty \mathrm{e}^{\mathrm{j}\left(\angle\left(\frac{1}{\varepsilon^{\nu}\mathrm{e}^{\mathrm{j}\theta\nu}}\right)+\angle[G_1(\varepsilon \mathrm{e}^{\mathrm{j}\theta})]\right)}=\infty \mathrm{e}^{\mathrm{j}[\nu\times(-\theta)+\angle[G_1(\mathrm{j}0)]]} \tag{5-66}$$

对应的曲线为从 $G_1(\mathrm{j}0)$点起，半径为∞、圆心角为 $\nu\times(-\theta)$的圆弧，即可从 $G(\mathrm{j}0_+)H(\mathrm{j}0_+)$点起逆时针做半径无穷大、圆心角为 $\nu\times90°$的圆弧，如图 5-30 中虚线所示。

上述分析表明，半闭合曲线 Γ_{GH} 由开环幅相曲线和根据开环虚轴极点所补作的无穷大半径的虚线圆弧两部分组成。

(5) 闭合曲线 Γ_F 包围原点圈数 R 的计算

根据半闭合曲线 Γ_{GH} 可获得 Γ_F 包围原点的圈数 R。设 N 为 Γ_{GH} 穿越$(-1,\ \mathrm{j}0)$点左侧负实轴的次数，N_+表示正穿越的次数和(从上向下穿越)，N_-表示负穿越的次数和(从下向上穿越)，则

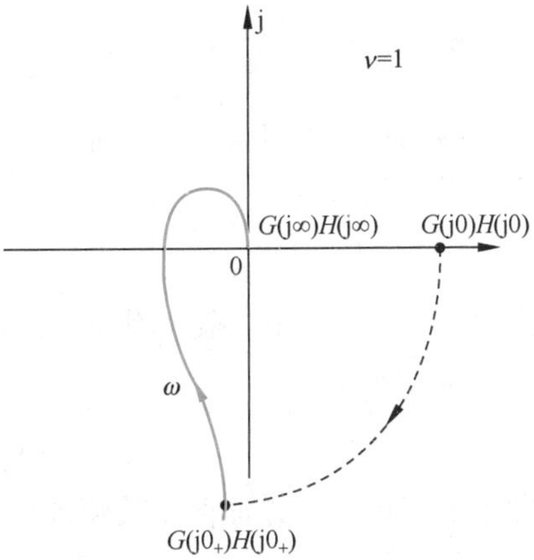

图 5-30　$F(s)$平面的半闭合曲线

$$R=2N=2(N_+-N_-) \tag{5-67}$$

在图 5-31 中，虚线为按系统型次 ν 补作的圆弧，点 A 和 B 为奈氏曲线与负实轴的交点，按穿越负实轴上$(-\infty,\ -1)$段的方向，分别有：

图(a)A 点位于$(-1,\ \mathrm{j}0)$点左侧，Γ_{GH}从下向上穿越，为一次负穿越。故 $N_-=1$，$N_+=0$，$R=-2N_-=-2$。

图(b)A 点位于$(-1,\ \mathrm{j}0)$点的右侧，$N_+=N_-=0$，$R=0$。

图(c)A，B 点均位于$(-1,\ \mathrm{j}0)$点左侧，而在 A 点处 Γ_{GH}从下向上穿越，为一次负穿越；B 点处则 Γ_{GH}从上向下穿越，为一次正穿越，故有 $N_+=N_-=1$，$R=0$。

图(d)A，B 点均位于$(-1,\ \mathrm{j}0)$点左侧，A 点处 Γ_{GH}从下向上穿越，为一次负穿越；B 点处 Γ_{GH}从上向下运动至实轴并停止，为半次正穿越，故 $N_-=1$，$N_+=\dfrac{1}{2}$，$R=-1$。

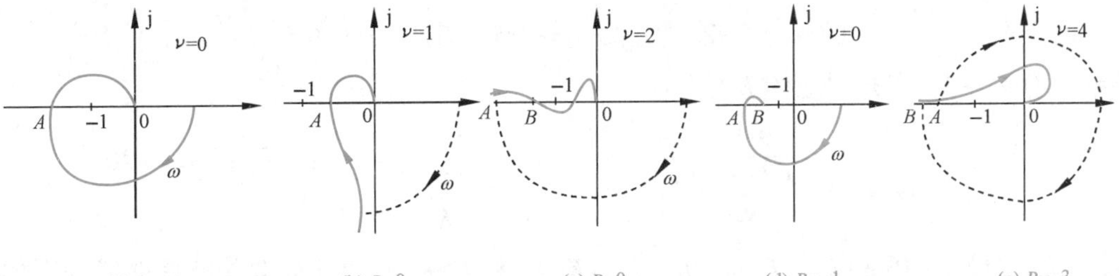

(a) $R=-2$　(b) $R=0$　(c) $R=0$　(d) $R=-1$　(e) $R=-3$

图 5-31　系统开环半闭合曲线 Γ_{GH} 与 Γ_F 包围原点的圈数 R

图(e) A，B 点均位于(−1，j0)点的左侧，A 点对应 $\omega=0$，随 ω 增大，Γ_{GH} 离开负实轴，为半次负穿越，而 B 点处为一次负穿越，故有 $N_-=\dfrac{3}{2}$，$N_+=0$，$R=-3$。

Γ_F 包围原点的圆数 R 等于 Γ_{GH} 包围(−1，j0)点的圈数。计算 R 的过程中应注意正确判断 Γ_{GH} 穿越(−1，j0)点左侧负实轴时的方向、半次穿越和虚线圆弧所产生的穿越次数。

2. 奈奎斯特稳定判据

设闭合曲线 Γ 如图 5-29 所示，在已知开环系统右半平面的极点数(不包括虚轴上的极点)和半闭合曲线 Γ_{GH} 的情况下，根据幅角原理和闭环稳定条件，可得下述奈氏判据。

奈氏判据稳

奈氏判据 **反馈控制系统稳定的充分必要条件是半闭合曲线 Γ_{GH} 不穿过(−1, j0)点且逆时针包围临界点(−1，j0)点的圈数 R 等于开环传递函数的正实部极点数 P。**

由幅角原理可知，闭合曲线 Γ 包围函数 $F(s)=1+G(s)H(s)$ 的零点数即反馈控制系统正实部极点数为

$$Z = P - R = P - 2N \tag{5-68}$$

当 $P\neq R$ 时，$Z\neq 0$，系统闭环不稳定。而当半闭合曲线 Γ_{GH} 穿过(−1，j0)点时，表明存在 $s=\pm \mathrm{j}\omega_n$，使得

$$G(\pm \mathrm{j}\omega_n)H(\pm \mathrm{j}\omega_n) = -1 \tag{5-69}$$

即系统闭环特征方程存在共轭纯虚根，则系统可能临界稳定。计算 Γ_{GH} 的穿越次数 N 时，应注意不计 Γ_{GH} 穿越(−1，j0)点的次数。

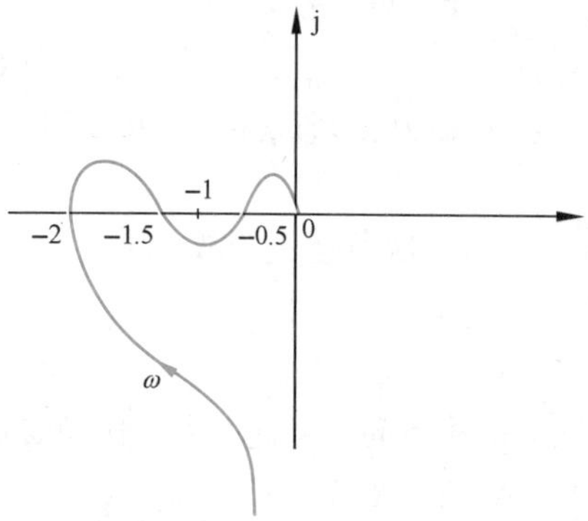

图 5-32 例 5-7 系统 K=10 时开环幅相特性曲线

例 5-7 已知单位反馈系统开环幅相特性曲线(K=10, P=0, ν=1)如图 5-32 所示，试确定系统闭环稳定时 K 值的范围。

解 由图 5-32 可知，开环幅相特性曲线与负实轴有三个交点，设交点处穿越频率分别为 ω_1，ω_2，ω_3，系统开环传递函数形如

$$G(s) = \frac{K}{s^{\nu}} G_1(s)$$

由题设条件知 $\nu=1, \lim\limits_{s\to 0} G_1(s) = 1$，和

$$G(\mathrm{j}\omega_i) = \frac{K}{\mathrm{j}\omega_i} G_1(\mathrm{j}\omega_i); \qquad i = 1,2,3$$

当取 K=10 时

$$G(\mathrm{j}\omega_1) = -2, \quad G(\mathrm{j}\omega_2) = -1.5, \quad G(\mathrm{j}\omega_3) = -0.5$$

若令 $G(\mathrm{j}\omega_i)=-1$，可得对应的 K 值

$$K_1 = \frac{-1}{\dfrac{1}{\mathrm{j}\omega_1}G_1(\mathrm{j}\omega_1)} = \frac{-1}{\dfrac{G(\mathrm{j}\omega_1)}{K}} = \frac{-1}{\dfrac{-2}{10}} = 5, \quad K_2 = \frac{-1}{\dfrac{G(\mathrm{j}\omega_2)}{K}} = \frac{-1}{\dfrac{-1.5}{10}} = \frac{20}{3}, \quad K_3 = 20$$

对应地，分别取 $0<K<K_1$，$K_1<K<K_2$，$K_2<K<K_3$ 和 $K>K_3$ 时，开环幅相特性曲线分别如图 5-33(a)，(b)，(c)和(d)所示，图中按 ν 补作虚圆弧得半闭合曲线 Γ_G。

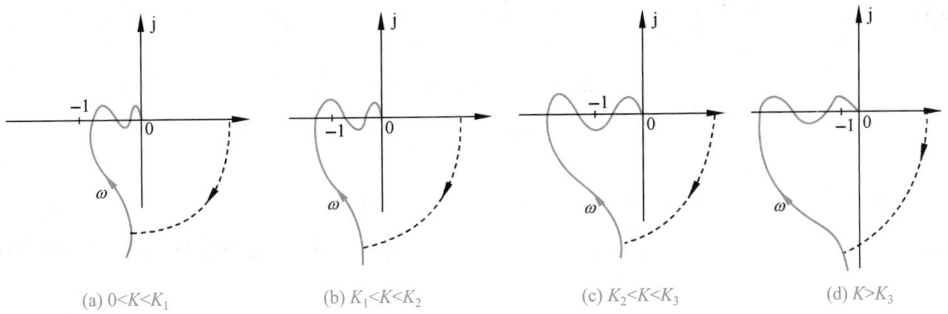

图 5-33　例 5-7 系统在不同 K 值条件下的开环幅相特性曲线及 Γ_G 曲线

根据 Γ_G 曲线计算包围次数，可判断系统闭环稳定性如下：

$0<K<K_1, R=0, Z=0$，闭环系统稳定；

$K_1<K<K_2, R=-2, Z=2$，闭环系统不稳定；

$K_2<K<K_3, N_+=N_-=1, R=0, Z=0$，闭环系统稳定；

$K>K_3, N_+=1, N_-=2, R=-2, Z=2$，闭环系统不稳定。

综上可得，系统闭环稳定时的 K 值范围为(0，5)和$\left(\dfrac{20}{3},20\right)$。当 K 等于 5，$\dfrac{20}{3}$ 和 20 时，Γ_G 穿过临界点(−1, j0)，且在这三个值的邻域，系统闭环稳定或不稳定，因此系统闭环临界稳定。

例 5-8　已知延迟系统开环传递函数为

$$G(s)H(s)=\frac{2\mathrm{e}^{-\tau s}}{s+1},\qquad \tau>0$$

试根据奈氏判据确定系统闭环稳定时，延迟时间 τ 值的范围。

解　由图 5-24 可知，延迟系统开环幅相特性曲线即半闭合曲线 Γ_{GH} 为螺旋线，且为顺时针方向，若开环幅相特性曲线与(−1, j0)点左侧的负实轴有 l 个交点，则 Γ_{GH} 包围(−1, j0)点的圈数为 $-2l$，由于 P=0，故 Z=2l，系统闭环不稳定。若系统闭环稳定，则必须有 l=0。设 ω_x 为开环幅相特性曲线穿越负实轴时的频率，有

$$\varphi(\omega_x)=-\tau\omega_x-\arctan\omega_x=-(2k+1)\pi;\qquad k=0,1,2,\cdots$$

鉴于

$$A(\omega_x)=\frac{2}{\sqrt{1+\omega_x^2}}$$

当 ω_x 增大时，$A(\omega_x)$减小。而在频率 ω 为最小的 ω_{xm} 时，开环幅相特性曲线第一次穿过负实轴，因此 ω_{xm} 由下式求得

$$\varphi(\omega_{xm})=-\tau\omega_{xm}-\arctan\omega_{xm}=-\pi$$

此时 $A(\omega_{xm})$达到最大，为使 l=0，必须使 $A(\omega_{xm})<1$，即

$$\omega_{xm}>\sqrt{3}$$

由 $\varphi(\omega_x)=-(2k+1)\pi$ 解得

$$\tau=\left[(2k+1)\pi-\arctan\omega_x\right]/\omega_x>0$$

注意到

$$\frac{\mathrm{d}\tau}{\mathrm{d}\omega_x}=\frac{-\left[(2k+1)\pi-\arctan\omega_x+\dfrac{\omega_x}{1+\omega_x^2}\right]}{\omega_x^2}<0$$

τ为ω_x的减函数，因此ω_{xm}亦为τ的减函数，当$\tau=(\pi-\arctan\sqrt{3})/\sqrt{3}$时，$\omega_{xm}=\sqrt{3}$，系统临界稳定；当$\tau>(\pi-\arctan\sqrt{3})/\sqrt{3}$时，$\omega_{xm}<\sqrt{3}$，系统不稳定。故系统闭环稳定时$\tau$值的范围应为

$$\tau<\frac{\pi-\arctan\sqrt{3}}{\sqrt{3}}=\frac{2}{3\sqrt{3}}\pi=1.21$$

3. 对数频率稳定判据

奈氏判据基于复平面的半闭合曲线Γ_{GH}判定系统的闭环稳定性，由于半闭合曲线Γ_{GH}可以转换为半对数坐标下的曲线，因此可以推广运用奈氏判据，其关键问题是需要根据半对数坐标下的Γ_{GH}曲线确定穿越次数N或N_+和N_-。

复平面Γ_{GH}曲线一般由两部分组成：开环幅相曲线和开环系统存在积分环节时所补作的半径为无穷大的虚圆弧。而N的确定取决于$A(\omega)>1$时Γ_{GH}穿越负实轴的次数，因此应建立和明确以下对应关系：

(1) 穿越点确定

设$\omega=\omega_c$时

$$\begin{cases}A(\omega_c)=|G(\mathrm{j}\omega_c)H(\mathrm{j}\omega_c)|=1\\ L(\omega_c)=20\lg A(\omega_c)=0\end{cases}\tag{5-70}$$

称ω_c为截止频率。对于复平面的负实轴和开环对数相频特性，当取频率为穿越频率ω_x时

$$\varphi(\omega_x)=(2k+1)\pi;\quad k=0,\pm1,\cdots\tag{5-71}$$

设半对数坐标下Γ_{GH}的对数幅频特性曲线和对数相频特性曲线分别为Γ_L和Γ_φ，由于Γ_L等于$L(\omega)$曲线，则Γ_{GH}在$A(\omega)>1$时，穿越负实轴的点等于Γ_{GH}在半对数坐标下，对数幅频特性$L(\omega)>0$时对数相频特性曲线Γ_φ与$(2k+1)\pi$；$k=0,\pm1,\cdots$，平行线的交点。

(2) Γ_φ确定

1) 开环系统无虚轴上极点时，Γ_φ等于$\varphi(\omega)$曲线。

2) 开环系统存在积分环节$\dfrac{1}{s^\nu}$ $(\nu>0)$时，复数平面的Γ_{GH}曲线，需从$\omega=0_+$的开环幅相特性曲线的对应点$G(\mathrm{j}0_+)H(\mathrm{j}0_+)$起，逆时针补作$\nu\times90°$半径为无穷大的虚圆弧。对应地，需从对数相频特性曲线ω较小且$L(\omega)>0$的点处向上补作$\nu\times90°$的虚直线，$\varphi(\omega)$曲线和补作的虚直线构成Γ_φ。

(3) 穿越次数计算

正穿越一次：Γ_{GH}由上向下穿越$(-1,\ \mathrm{j}0)$点左侧的负实轴一次，等价于在$L(\omega)>0$时，Γ_φ由下向上穿越$(2k+1)\pi$线一次。

负穿越一次：Γ_{GH}由下向上穿越$(-1,\ \mathrm{j}0)$点左侧的负实轴一次，等价于在$L(\omega)>0$时，Γ_φ由上向下穿越$(2k+1)\pi$线一次。

正穿越半次：Γ_{GH} 由上向下止于或由上向下起于$(-1,\ \mathrm{j}0)$点左侧的负实轴，等价于在 $L(\omega)>0$ 时，Γ_{φ} 由下向上止于或由下向上起于$(2k+1)\pi$线。

负穿越半次：Γ_{GH} 由下向上止于或由下向上起于$(-1,\ \mathrm{j}0)$点左侧的负实轴，等价于在 $L(\omega)>0$ 时，Γ_{φ} 由上向下止于或由上向下起于$(2k+1)\pi$线。

应该指出的是，补作的虚直线所产生的穿越皆为负穿越。

对数频率稳定判据 设 P 为开环系统正实部的极点数，反馈控制系统稳定的充分必要条件是 $\varphi(\omega_c)\neq(2k+1)\pi$；$k=0,\ 1,\ 2,\ \cdots$ 和 $L(\omega)>0$ 时，Γ_{φ} 曲线穿越$(2k+1)\pi$线的次数

$$N=N_{+}-N_{-}$$

对数频率稳定判据判稳

满足

$$Z=P-2N=0 \tag{5-72}$$

对数频率稳定判据和奈氏判据本质相同，其区别仅在于前者在 $L(\omega)>0$ 的频率范围内依 Γ_{φ} 曲线确定穿越次数 N。

例 5-9 已知某系统开环稳定，开环幅相特性曲线如图 5-34 所示，试将开环幅相特性曲线表示为开环对数频率特性曲线，并运用对数稳定判据判断系统的闭环稳定性。

解 系统开环对数频率特性曲线如图 5-35 所示，然而相角表示具有不唯一性，图中(a)和(b)为其中的两种形式。

因为开环系统稳定，$P=0$。由开环幅相特性曲线知 $\nu=0$，不需补作虚直线。

图(a)中，$L(\omega)>0$ 频段内，$\varphi(\omega)$曲线与$-180°$线有两个交点，依频率由小到大，分别为一次负穿越和一次正穿越，故 $N=N_{+}-N_{-}=0$。

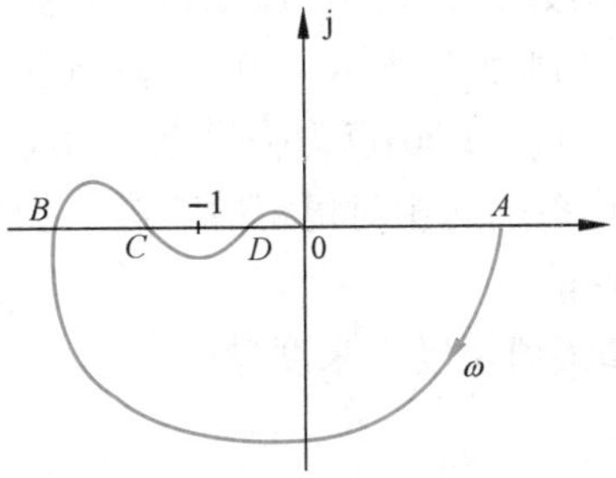

图 5-34 某系统开环幅相特性曲线

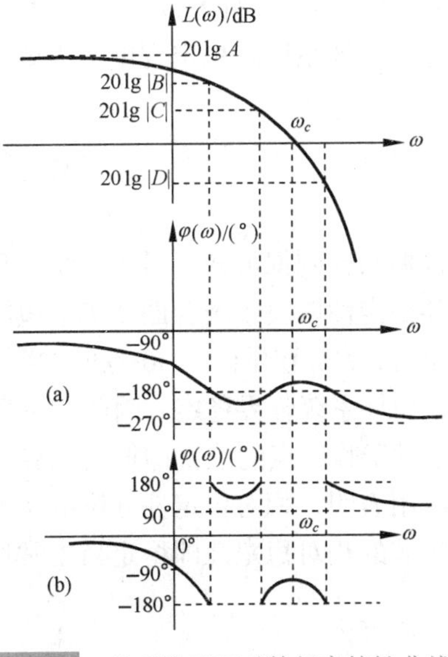

图 5-35 某系统开环对数频率特性曲线

图(b)中，$L(\omega)>0$ 频段内，$\varphi(\omega)$曲线与 $180°$线和$-180°$线有四个交点，依频率由小到大，分别为半次负穿越、半次负穿越、半次正穿越和半次正穿越，故 $N=N_{+}-N_{-}=0$。

按对数稳定判据，图(a)和图(b)都有 $Z=P-2N=0$，且 $\varphi(\omega_c)\neq(2k+1)\pi$；$k=0,\ 1,\ 2,\ \cdots$，故系统闭环稳定。

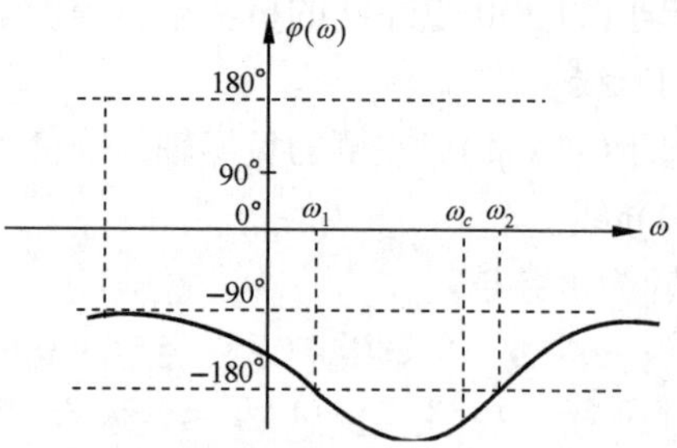

图 5-36　例 5-10 系统开环对数相频特性曲线

例 5-10　已知开环系统型次 $\nu=3$，$P=0$，开环对数相频特性曲线如图 5-36 所示，图中当 $\omega<\omega_c$ 时，$L(\omega)>L(\omega_c)$，试确定闭环不稳定极点的个数。

解　因为 $\nu=3$，需在低频处由 $\varphi(\omega)$ 曲线向上补作 270°的虚直线于 180°，如图 5-36 所示。在 $L(\omega)>L(\omega_c)=0\text{dB}$ 频段内，存在两个与 $(2k+1)\pi$ 线的交点，ω_1 处为一次负穿越，$\omega=0$ 处为半次负穿越，故 $N_-=1.5$，$N_+=0$，按对数稳定判据

$$Z = P - 2N = 3$$

故闭环不稳定极点的个数为 3。

4. 条件稳定系统

例 5-7 系统的分析表明，若开环传递函数在开右半 s 平面的极点数 $P=0$，当开环传递函数的某些系数(如开环增益)改变时，闭环系统的稳定性将发生变化。这种闭环稳定有条件的系统称为条件稳定系统。

相应地，无论开环传递函数的系数怎样变化，例如 $G(s)H(s)=\dfrac{K}{s^2(Ts+1)}$，系统总是闭环不稳定的，这样的系统称为结构不稳定系统。

为了表征系统的稳定程度，需要引入稳定裕度的概念。

5-4　频域稳定裕度

根据奈氏判据可知，对于系统开环传递函数，若开右半 s 平面的极点数 $P=0$，则系统闭环稳定性取决于闭合曲线 Γ_{GH} 包围(−1, j0)点的圈数。当开环传递函数的某些系数发生变化时，Γ_{GH} 包围(−1, j0)点的情况亦随之改变。如例 5-7 所示，当 Γ_{GH} 穿过(−1, j0)点时，闭环系统临界稳定。因此，在稳定性研究中，称(−1, j0)点为临界点，而闭合曲线 Γ_{GH} 相对于临界点的位置即偏离临界点的程度，反映系统的相对稳定性。进一步分析和工程应用表明，相对稳定性亦影响系统时域响应的性能。

频域的相对稳定性即稳定裕度常用相角裕度 γ 和幅值裕度 h 来度量。

1. 相角裕度 γ

设 ω_c 为系统的截止频率，显然

$$A(\omega_c)=|G(\mathrm{j}\omega_c)H(\mathrm{j}\omega_c)|=1 \tag{5-73}$$

定义相角裕度为

$$\gamma = 180° + \angle[G(\mathrm{j}\omega_c)H(\mathrm{j}\omega_c)] \tag{5-74}$$

相角裕度γ的含义是，对于闭环稳定系统，如果系统开环相频特性再滞后γ度，则系统将处于临界稳定状态。

2. 幅值裕度 h

设ω_x为系统的穿越频率，开环系统在ω_x处的相角

$$\varphi(\omega_x)=\angle[G(\mathrm{j}\omega_x)H(\mathrm{j}\omega_x)]=(2k+1)\pi;\qquad k=0,\pm1,\cdots \tag{5-75}$$

定义幅值裕度为

$$h=\frac{1}{|G(\mathrm{j}\omega_x)H(\mathrm{j}\omega_x)|} \tag{5-76}$$

幅值裕度 h 的含义是，对于闭环稳定系统，如果系统开环幅频特性再增大 h 倍，则系统将处于临界稳定状态，复平面中γ和 h 的表示如图 5-37(b)所示。图 5-37 中，同时给出了不稳定系统γ和 h 的表示。

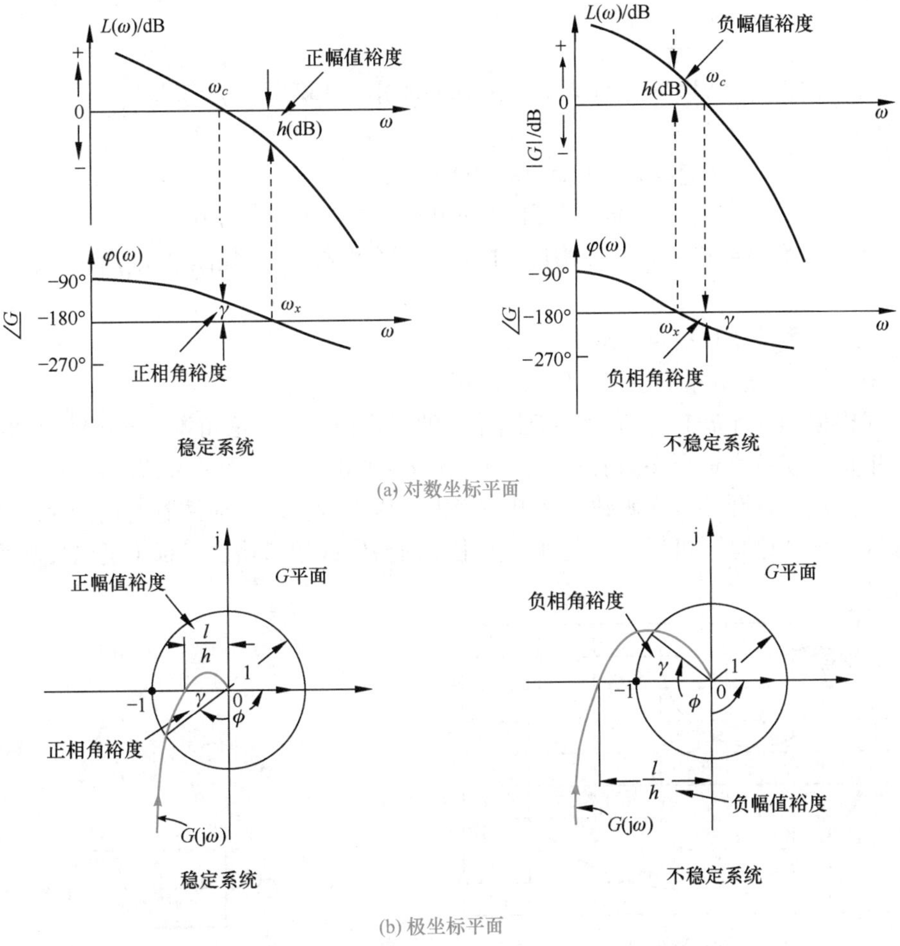

图 5-37　稳定与不稳定系统的相角裕度和幅值裕度

稳定裕度的求解

对数坐标下，幅值裕度按下式定义：

$$h(\text{dB}) = -20\lg|G(\mathrm{j}\omega_x)H(\mathrm{j}\omega_x)| \quad (\text{dB}) \tag{5-77}$$

半对数坐标图中的γ和 h 的表示如图 5-37(a)所示。

例 5-11　已知单位反馈系统

$$G(s) = \frac{K}{(s+1)^3}$$

设 K 分别为 4 和 10 时，试确定系统的稳定裕度。

解　系统开环频率特性

$$G(\mathrm{j}\omega) = \frac{K}{(1+\omega^2)^{\frac{3}{2}}}\angle(-3\arctan\omega) = \frac{K\left[(1-3\omega^2) - \mathrm{j}\omega(3-\omega^2)\right]}{(1+\omega^2)^3}$$

按ω_x, ω_c定义可得

$$\omega_x = \sqrt{3}$$

K=4 时

$$G(\mathrm{j}\omega_x) = -0.5, \quad h = 2$$

$$\omega_c = \sqrt{16^{\frac{1}{3}} - 1} = 1.233, \quad \angle[G(\mathrm{j}\omega_c)] = -152.9°, \quad \gamma = 27.1°$$

K=10 时

$$G(\mathrm{j}\omega_x) = -1.25, \quad h = 0.8$$

$$\omega_c = 1.908, \quad \angle[G(\mathrm{j}\omega_c)] = -187.0°, \quad \gamma = -7.0°$$

分别作出 K=4 和 K=10 的开环幅相特性曲线即闭合曲线 Γ_G，如图 5-38 所示。由奈氏判据知：

K=4 时，系统闭环稳定，h>1，γ>0；

K=10 时，系统闭环不稳定，h<1，γ<0。

上述根据γ>0 且 h>1 或 h(dB)>0 判断系统的闭环稳定性方法可推广至半闭合曲线Γ_{GH}分别与单位圆或负实轴至多只有一个交点，或 $L(\omega)$>0，Γ_φ 与$(2k+1)\pi$线(k=0, ±1, ⋯)至多只有一个交点，且开环传递函数无 s 开右半平面极点的情况。应注意的是，对于非最小相位系统，该结论是不可靠的。此外，仅用相角裕度或幅值裕度，都不足以反映系统的稳定程度。

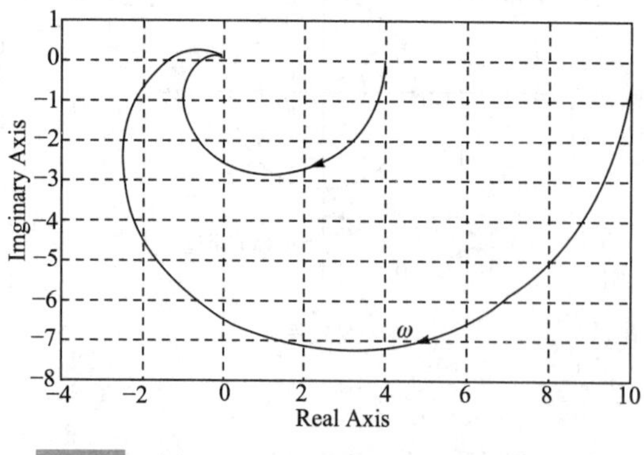

图 5-38　例 5-11 K=4 和 K=10 时系统开环幅相特性曲线(MATLAB)

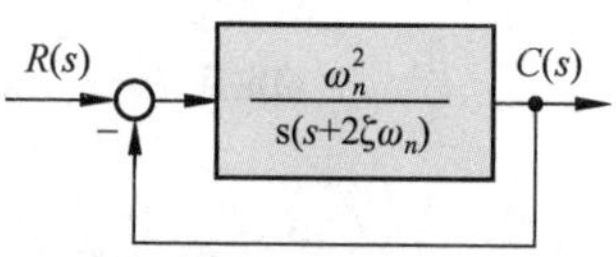

图 5-39　典型二阶系统结构图

例 5-12　典型二阶系统如图 5-39 所示，试确定系统的相角裕度γ。

解　典型二阶系统的开环频率特性为

$$G(\mathrm{j}\omega)=\frac{\omega_n^2}{\mathrm{j}\omega(\mathrm{j}\omega+2\zeta\omega_n)}=\frac{\omega_n^2}{\omega\sqrt{\omega^2+4\zeta^2\omega_n^2}}\angle\left(-\arctan\frac{\omega}{2\zeta\omega_n}-90^\circ\right)$$

设ω_c为截止频率，则有

$$|G(\mathrm{j}\omega_c)|=\frac{\omega_n^2}{\omega_c\sqrt{\omega_c^2+4\zeta^2\omega_n^2}}=1$$

可求得

$$\omega_c=\omega_n(\sqrt{4\zeta^4+1}-2\zeta^2)^{\frac{1}{2}} \tag{5-78}$$

按相角裕度定义

$$\begin{aligned}\gamma&=180^\circ+\angle[G(\mathrm{j}\omega_c)]=90^\circ-\arctan\frac{\omega_c}{2\zeta\omega_n}=\arctan\frac{2\zeta\omega_n}{\omega_c}\\&=\arctan\left[2\zeta\left(\frac{1}{\sqrt{4\zeta^4+1}-2\zeta^2}\right)^{\frac{1}{2}}\right]\end{aligned} \tag{5-79}$$

因为

$$\frac{\mathrm{d}}{\mathrm{d}\zeta}(\sqrt{4\zeta^4+1}-2\zeta^2)=\frac{4\zeta}{\sqrt{4\zeta^4+1}}(2\zeta^2-\sqrt{4\zeta^4+1})<0$$

故ω_c为ω_n的增函数和ζ的减函数，γ只与阻尼比ζ有关，且为ζ的增函数。

对于高阶系统，一般难以准确计算截止频率ω_c。在工程设计和分析时，只要求粗略估计系统的相角裕度，故一般可根据对数幅频渐近特性曲线确定截止频率ω_c，即取ω_c满足$L_a(\omega_c)=0$，再由相频特性确定相角裕度γ。最后，应用 MATLAB 软件加以验证。

截止频率的计算

5-5　闭环系统的频域性能指标

反馈控制系统的闭环传递函数为

$$\Phi(s)=\frac{G(s)}{1+G(s)H(s)}=\frac{1}{H(s)}\cdot\frac{G(s)H(s)}{1+G(s)H(s)} \tag{5-80}$$

其中 $H(s)$为主反馈通道的传递函数，一般为常数。$H(s)$为常数的情况下，闭环频率特性的形状不受影响。因此，研究闭环系统频域指标时，只需针对单位反馈系统进行。作用在控制系统的信号除了控制输入外，常伴随输入端和输出端的多种确定性扰动和随机噪声，因而闭环系统的频域性能指标应该反映控制系统跟踪控制输入信号和抑制扰动信号的能力。

1. 控制系统的频带宽度

设$\Phi(\mathrm{j}\omega)$为系统闭环频率特性，可以通过计算的方法或实验的方法获得。当闭环幅频

特性下降到频率为零时的分贝值以下 3dB(即 0.707|Φ(j0)|(dB))时，对应的频率称为带宽频率，记为ω_b。即当$\omega>\omega_b$时

$$20\lg|\Phi(\mathrm{j}\omega)|<20\lg|\Phi(\mathrm{j}0)|-3 \tag{5-81}$$

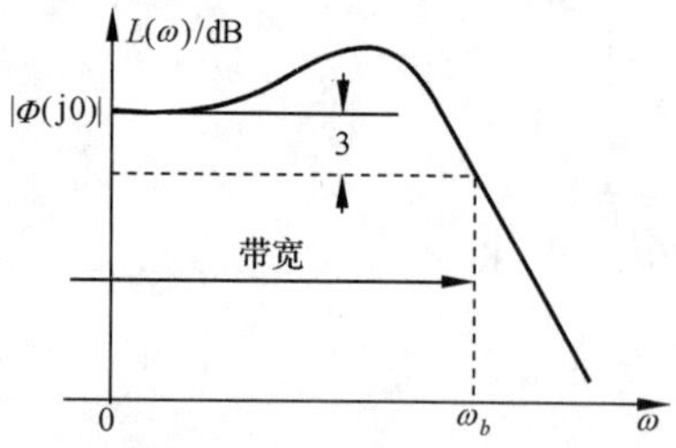

图 5-40 系统带宽频率与带宽

而频率范围(0，ω_b)称为系统的带宽，如图 5-40 所示。带宽定义表明，对高于带宽频率的正弦输入信号，系统输出将呈现较大的衰减。对于Ⅰ型和Ⅰ型以上的开环系统，由于|Φ(j0)|=1，20lg|Φ(j0)|=0，故

$$20\lg|\Phi(\mathrm{j}\omega)|<-3(\mathrm{dB}),\ \omega>\omega_b \tag{5-82}$$

带宽是频域中一项非常重要的性能指标。对于一阶和二阶系统，带宽和系统参数具有解析关系。

设一阶系统的闭环传递函数为

$$\Phi(s)=\frac{1}{Ts+1}$$

因为开环系统为Ⅰ型，|Φ(j0)|=1，按带宽定义

$$20\lg|\Phi(\mathrm{j}\omega_b)|=20\lg\frac{1}{\sqrt{1+T^2\omega_b^2}}=-3=20\lg\frac{1}{\sqrt{2}}$$

可求得带宽频率

$$\omega_b=\frac{1}{T} \tag{5-83}$$

对于二阶系统，闭环传递函数为

$$\Phi(s)=\frac{\omega_n^2}{s^2+2\zeta\omega_n s+\omega_n^2}$$

系统幅频特性

$$|\Phi(\mathrm{j}\omega)|=\frac{1}{\sqrt{\left(1-\frac{\omega^2}{\omega_n^2}\right)^2+4\zeta^2\frac{\omega^2}{\omega_n^2}}}$$

因为|Φ(j0)|=1，由带宽定义得

$$\sqrt{\left(1-\frac{\omega_b^2}{\omega_n^2}\right)^2+4\zeta^2\frac{\omega_b^2}{\omega_n^2}}=\sqrt{2}$$

于是

$$\omega_b=\omega_n\left[(1-2\zeta^2)+\sqrt{(1-2\zeta^2)^2+1}\right]^{\frac{1}{2}} \tag{5-84}$$

由式(5-83)知，一阶系统的带宽和时间常数 T 成反比。由式(5-84)知，二阶系统的带宽和自然频率ω_n 成正比。考虑 $A=\left(\frac{\omega_b}{\omega_n}\right)^2$，由于 $\frac{\mathrm{d}A}{\mathrm{d}\zeta}=\frac{-4\zeta}{\sqrt{(1-2\zeta^2)^2+1}}\times\left[\sqrt{(1-2\zeta^2)^2+1}+(1-2\zeta^2)\right]<0$，$A$ 为ζ的减函数，故ω_b为ζ的减函数，即ω_b与阻尼比ζ成反比。根据第三章中一阶系统和二阶系统上升时间和调节时间与参数的关系可知，系统的单位阶跃响应

的速度和带宽成正比。对于任意阶次的控制系统，这一关系仍然成立。

设两个控制系统存在以下关系：

$$\Phi_1(s)=\Phi_2\left(\frac{s}{\lambda}\right) \tag{5-85}$$

式中，λ为任意正常数。两个系统的闭环频率特性亦有

$$\Phi_1(\mathrm{j}\omega)=\Phi_2\left(\mathrm{j}\frac{\omega}{\lambda}\right)$$

当对数幅频特性 $20\lg|\Phi_1(\mathrm{j}\omega)|$和 $20\lg\left|\Phi_2\left(\mathrm{j}\frac{\omega}{\lambda}\right)\right|$的横坐标分别取为$\omega$和$\frac{\omega}{\lambda}$时，其对数幅频特性曲线具有相同的形状，按带宽定义可得

$$\omega_{b_1}=\lambda\omega_{b_2}$$

即系统$\Phi_1(s)$的带宽为系统$\Phi_2(s)$带宽的λ倍。设两个系统的单位阶跃响应分别为 $c_1(t)$和$c_2(t)$，按拉氏变换，有

$$\frac{1}{s}\Phi_1(s)=\int_0^{\infty}c_1(t)\mathrm{e}^{-st}\mathrm{d}t=\frac{1}{\lambda}\cdot\frac{1}{\frac{s}{\lambda}}\Phi_2\left(\frac{s}{\lambda}\right)=\int_0^{\infty}c_2(\lambda t)\mathrm{e}^{-st}\mathrm{d}t$$

即得

$$c_1(t)=c_2(\lambda t) \tag{5-86}$$

由时域性能指标可知，系统$\Phi_1(s)$的上升时间和调节时间为$\Phi_2(s)$的 $1/\lambda$ 倍。即当系统的带宽扩大λ倍，系统的响应速度则加快λ倍。鉴于系统复现输入信号的能力取决于系统的幅频特性和相频特性，对于输入端信号，带宽大，则跟踪控制信号的能力强；而在另一方面，抑制输入端高频扰动的能力则弱，因此系统带宽的选择在设计中应折中考虑，不能一味求大。

2. 系统带宽选择

受环境变化，元器件老化，电源波动和传感器、执行器非线性因素的影响，系统的输入和输出端不可避免地存在确定性扰动和随机噪声，因此控制系统带宽的选择需综合考虑各种输入信号的频率范围及其对系统性能的影响，即应使系统对控制输入信号具有良好的跟踪能力和对扰动输入信号具有较强的抑制能力。

3. 闭环系统频域指标和时域指标的转换

系统时域指标物理意义明确、直观，但不能直接应用于频域的分析和综合。闭环系统频域指标ω_b虽然能反映系统的跟踪速度和抗扰动能力，但由于需要通过闭环频率特性加以确定，在校正元件的形式和参数尚需确定时显得较为不便。鉴于系统开环频域指标相角裕度γ和截止频率ω_c可以利用已知的开环对数频率特性曲线确定，且由前面分析知，γ和ω_c 的大小在很大程度上决定了系统的性能，因此工程上常用γ和ω_c 来估算系统的时域性能指标。

(1) 系统闭环和开环频域指标的关系

系统开环指标截止频率ω_c与闭环指标带宽频率ω_b有着密切的关系。如果两个系统的

稳定程度相仿，则ω_c大的系统，ω_b也大；ω_c小的系统，ω_b也小。因此ω_c和系统响应速度存在正比关系，ω_c可用来衡量系统的响应速度。鉴于闭环振荡性指标谐振峰值M_r和开环指标相角裕度γ都能表征系统的稳定程度，故下面建立M_r和γ的近似关系：

设系统开环相频特性可以表示为

$$\varphi(\omega) = -180° + \gamma(\omega) \tag{5-87}$$

其中$\gamma(\omega)$表示相角相对于$-180°$的相移。因此开环频率特性可以表示为

$$G(\mathrm{j}\omega) = A(\omega)\mathrm{e}^{-\mathrm{j}[180° - \gamma(\omega)]} = A(\omega)\left[-\cos\gamma(\omega) - \mathrm{j}\sin\gamma(\omega)\right] \tag{5-88}$$

闭环幅频特性

$$\begin{aligned} M(\omega) &= \left|\frac{G(\mathrm{j}\omega)}{1+G(\mathrm{j}\omega)}\right| = \frac{A(\omega)}{\left[1 + A^2(\omega) - 2A(\omega)\cos\gamma(\omega)\right]^{\frac{1}{2}}} \\ &= \frac{1}{\sqrt{\left[\dfrac{1}{A(\omega)} - \cos\gamma(\omega)\right]^2 + \sin^2\gamma(\omega)}} \end{aligned} \tag{5-89}$$

一般情况下，在$M(\omega)$的极大值附近，$\gamma(\omega)$变化较小，且使$M(\omega)$为极值的谐振频率ω_r常位于ω_c附近，即有

$$\cos\gamma(\omega_r) \approx \cos\gamma(\omega_c) = \cos\gamma \tag{5-90}$$

由式(5-89)可知，令$\dfrac{\mathrm{d}M(\omega)}{\mathrm{d}A(\omega)} = 0$，得$A(\omega) = \dfrac{1}{\cos\gamma(\omega)}$，相应的$M(\omega)$为极值，故谐振峰值

$$M_r = M(\omega_r) = \frac{1}{|\sin\gamma(\omega_r)|} \approx \frac{1}{|\sin\gamma|} \tag{5-91}$$

由于$\cos\gamma(\omega_r) \leqslant 1$，故在闭环幅频特性的峰值处对应的开环幅值$A(\omega_r) \geqslant 1$，而$A(\omega_c)=1$，显然$\omega_r \leqslant \omega_c$。因此随着相角裕度$\gamma$的减小，$\omega_c - \omega_r$减小，当$\gamma=0$时，$\omega_r=\omega_c$。由此可知，$\gamma$较小时，式(5-91)的近似程度较高。控制系统的设计中，一般先根据控制要求提出闭环频域指标ω_b和M_r，再由式(5-91)确定相角裕度γ和选择合适的截止频率ω_c，然后根据γ和ω_c选择校正网络的结构并确定参数。

(2) 开环频域指标和时域指标的关系

对于典型二阶系统，第三章已建立了时域指标超调量$\sigma\%$和调节时间t_s与阻尼比ζ的关系式。而欲确定γ和ω_c与$\sigma\%$和t_s的关系，只需确定γ和ω_c关于ζ的计算公式。因为典型二阶系统的开环频率特性为

$$G(\mathrm{j}\omega) = \frac{\omega_n^2}{\mathrm{j}\omega(\mathrm{j}\omega + 2\zeta\omega_n)} = \frac{\omega_n^2}{\omega\sqrt{\omega^2 + 4\zeta^2\omega_n^2}} \angle\left(-90° - \arctan\frac{\omega}{2\zeta\omega_n}\right)$$

由ω_c定义及式(5-78)求得

$$\frac{\omega_c}{\omega_n} = \left(\sqrt{4\zeta^4 + 1} - 2\zeta^2\right)^{\frac{1}{2}} \tag{5-92}$$

由式(5-79)求出相角裕度

$$\begin{aligned}\gamma &= 180° + \angle[G(\mathrm{j}\omega_c)] = 180° - 90° - \arctan\frac{\omega_c}{2\zeta\omega_n} \\ &= \arctan\frac{2\zeta\omega_n}{\omega_c} = \arctan\left[2\zeta(\sqrt{4\zeta^4+1}-2\zeta^2)^{-\frac{1}{2}}\right]\end{aligned} \tag{5-93}$$

上式表明，典型二阶系统的相角裕度γ与阻尼比ζ存在一一对应关系，图 5-41 是根据式(5-93)绘制的γ-ζ曲线。由图 5-41 可知，γ为ζ的增函数。为使控制系统具有良好的动态特性，一般希望

$$30° \leqslant \gamma \leqslant 60° \tag{5-94}$$

当选定γ后，可由γ-ζ曲线确定ζ，再由ζ确定σ%和 t_s。

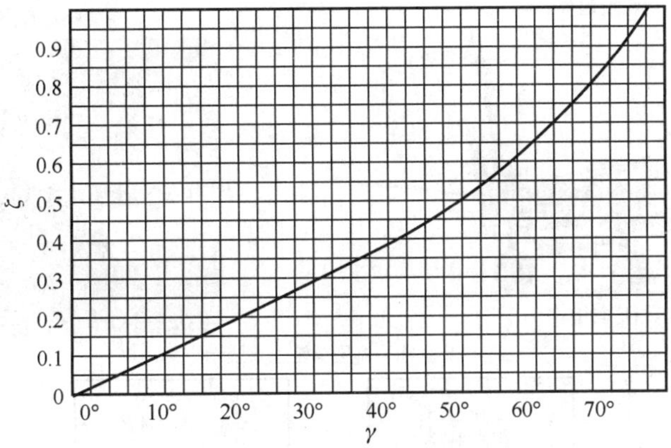

图 5-41　典型二阶系统的γ-ζ曲线

例 5-13　设一单位反馈系统的开环传递函数

$$G(s) = \frac{K}{s(Ts+1)}$$

若已知单位速度信号输入下的稳态误差$e_{ss}(\infty) = 1/9$，相角裕度γ=60°，试确定系统时域指标σ%和 t_s。

解　因为该系统为 I 型系统，单位速度输入下的稳态误差为$1/K$，由题设条件得K=9。由γ=60°，查图 5-41 得阻尼比ζ=0.62，因此超调量

$$\sigma\% = \mathrm{e}^{-\pi\zeta/\sqrt{1-\zeta^2}} \times 100\% = 7.5\%$$

由于　　$$K/T = \omega_n^2, \qquad 1/T = 2\zeta\omega_n$$

故　　$$\omega_n = 2K\zeta = 11.16$$

调节时间　　$$t_s = \frac{3.5}{\zeta\omega_n} = 0.506 \qquad (\Delta = 5\%)$$

对于高阶系统，开环频域指标和时域指标不存在解析关系式。通常采用 MATLAB 软件可以方便地获得闭环系统的频域性能和时域性能，便于统筹兼顾。

例 5-14　“祝融号”火星车于 2021 年 5 月到达火星表面，执行火星探测任务。它有一个主动悬挂系统，可以模拟尺蠖运动，当车轮陷入岩石或沙子中时可助其脱困。这种前所未有的设计大大提高了外星探险车的机动性和生存机会。2022 年，有消息称美国

NASA 艾姆斯研究中心正在研发的 VIPER 月球车也将采用一种类似方式移动轮子。“祝融号”火星车轮控系统如图 5-42 所示。

(a) “祝融号”火星车轮控系统示意图

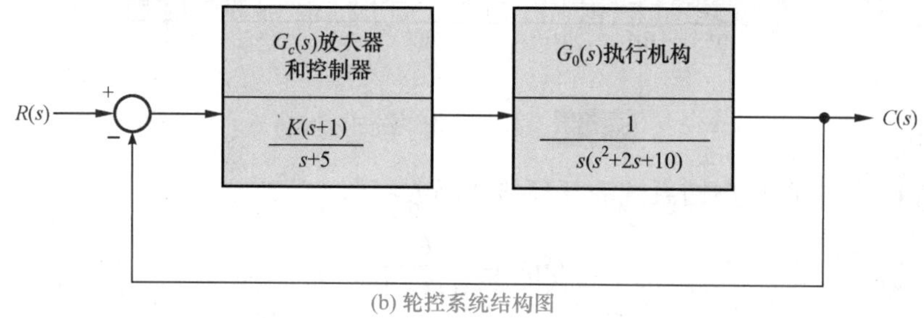

(b) 轮控系统结构图

图 5-42　“祝融号”火星车轮控系统

要求应用 MATLAB 软件完成：1)绘制 K=20 时，闭环系统的对数频率特性；2)分别确定 K=20 和 K=40 时，闭环系统的谐振峰值 M_r、谐振频率 ω_r 和带宽频率 ω_b。

解　本题展示在频域中进行火星车控制系统参数的设计过程。确定不同增益取值时的系统的频域特征参数，为进一步设计控制系统参数提供必备的技术数据。

1) K=20 时的闭环系统 Bode 图。开环传递函数

$$G_c(s)G_0(s)=\frac{20(s+1)}{s(s+5)(s^2+2s+10)}$$

闭环传递函数

$$\Phi(s)=\frac{20(s+1)}{s(s+5)(s^2+2s+10)+20(s+1)}=\frac{20(s+1)}{s^4+7s^3+20s^2+70s+20}$$

应用 MATLAB 软件，可得闭环系统对数频率特性，如图 5-43 所示。

2) 确定谐振峰值 M_r、谐振频率 ω_r 和带宽频率 ω_b。令 K=20，由图 5-43 可得：谐振

峰值 $M_r=0$；谐振频率 ω_r 不存在；在 $20\lg|\Phi(j\omega)|(dB)=-3dB$ 处，查出带宽频率 $\omega_b=3.62rad/s$。

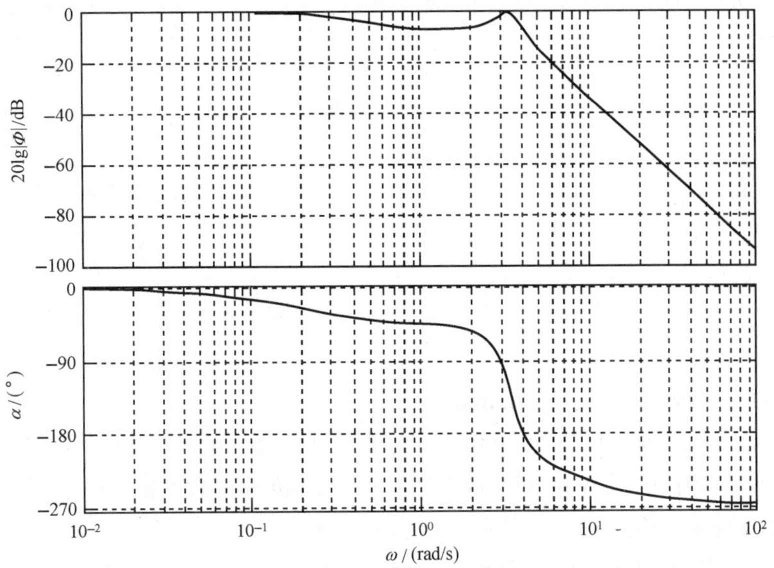

图 5-43 单足机器人控制系统闭环 Bode 图(K=20，MATLAB)

3) MATLAB 绘制 K=40 时的闭环对数频率特性如图 5-44 所示。由图 5-44 测得

$$M_r(\mathrm{dB}) = 9.58\mathrm{dB},\quad M_r = 3.01$$
$$\omega_r = 3.68\mathrm{rad/s},\quad \omega_b = 4.59\mathrm{rad/s}$$

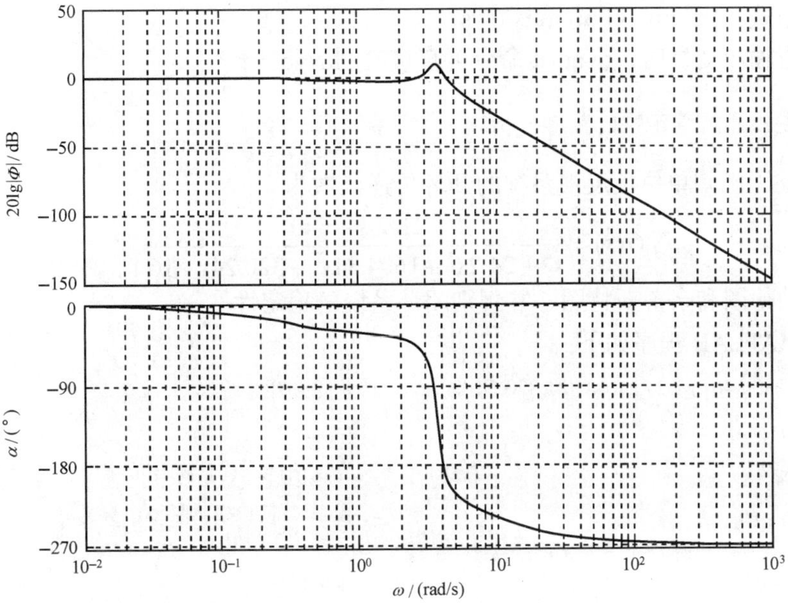

图 5-44 单足机器人控制系统闭环 Bode 图(K=40，MATLAB)

MATLAB 程序如下：

```
K=[20,40];
Gc=tf ([1], conv([1,0],[1,2,10]));
```

```
for i=1:2
    G1=tf (K(i)*[1,1],[1,5]);
    G0=series(G1,Gc);
    G=feedback(G0,1);
    figure(i); bode(G); grid                %分别绘制 k=20 和 k=40 时的伯德图
end
```

5-6　线性系统的频域分析仿真

1. Bode 图

命令格式：[mag, phase, w]=**bode**(sys)

当缺省输出变量时，bode 命令可直接绘制 Bode 图；否则，将只计算幅值和相角，并将结果分别存放在向量 mag 和 phase 中。另外，margin 命令也可以绘制 Bode 图，并直接得出幅值裕度、相角裕度及其对应的截止频率、穿越频率。

命令格式：[Gm, Pm, Wcg, Wcp]=**margin**(sys)

当缺省输出变量时，margin 命令可直接绘制 Bode 图，并且将幅值裕度、相角裕度及其对应的截止频率、穿越频率标注在图形标题端。

2. Nyquist 图

命令格式：[re, im, w]=**nyquist**(sys)

当缺省输出变量时，nyquist 命令可直接绘制 Nyquist 图。

3. 综合运用：系统稳定性的频域分析

例 5-15　已知单位负反馈系统的开环传递函数为

$$G(s)=\frac{1280s+640}{s^4+24.2s^3+1604.81s^2+320.24s+16}$$

试绘制其伯德图和奈奎斯特图，并判别闭环系统的稳定性。

解　MATLAB 程序如下：

```
G=tf ([1280 640], [1 24.2 1604.81 320.24 16]);       %建立开环系统模型
figure(1)
margin(G);                                  %绘制伯德图，计算幅值裕度、相角裕度
                                              及其对应的截止频率、穿越频率
figure(2)
nyquist(G);                                 %绘制奈奎斯特图
axis equal                                  %调整纵横坐标比例，保持原形
```

Python 程序如下：

```
import control as ctr
import matplotlib.pyplot as plt
```

```
sys = ctr.tf([1280, 640], [1, 24.2, 1604.81, 320.24, 16])          #建立开环系统模型

ctr.bode_plot(sys)                                                   #绘制 Bode 图
plt.plot()
plt.title('Bode Diagram')
plt.grid(1)
plt.show()
print(ctr.margin(sys))                                               #计算系统的稳定裕度

ctr.nyquist_plot(sys)                                                #绘制奈奎斯特图
plt.plot()
plt.title('Nyquist Diagram')
plt.ylabel('Imaginary Axis')
plt.xlabel('Real Axis')
plt.grid(1)
plt.show()
```

运行上述程序，得系统伯德图和奈奎斯特图分别如图 5-45 和图 5-46 所示，其中“+”号表示(−1, j0)点所在的位置。

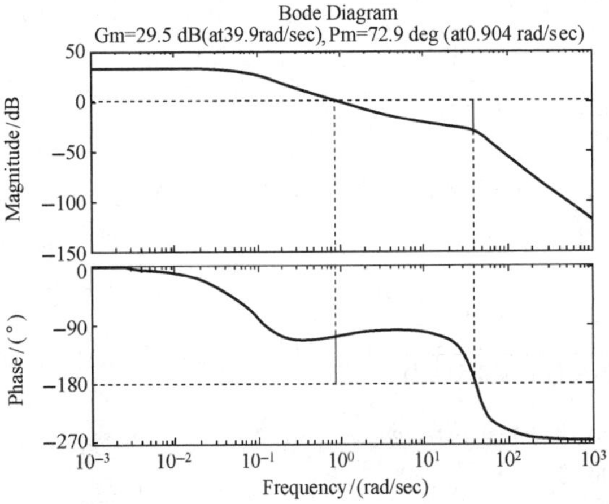

图 5-45 例 5-15 开环伯德图(MATLAB)

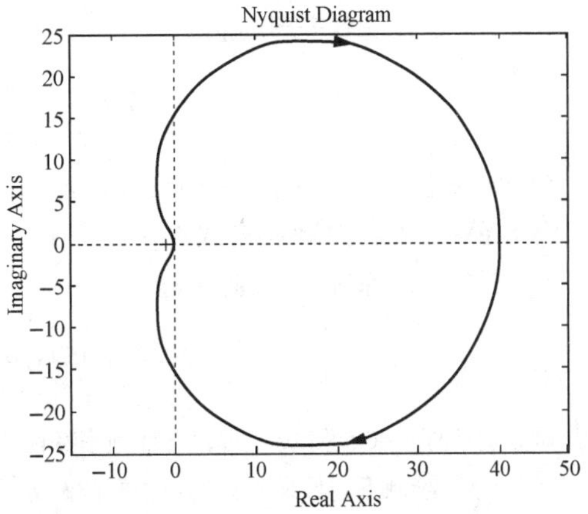

图 5-46 例 5-15 开环奈奎斯特图(MATLAB)

由于系统无右半平面的开环极点，且从图 5-46 可以看出，开环幅相曲线不包围(−1, j0)点，故闭环系统稳定。另外，由图 5-45 可得系统的幅值裕度 h=29.5dB，相角裕度γ=72.9°，相应的截止频率ω_c=0.904，穿越频率ω_x=39.9。由奈氏判据知，系统闭环稳定。

习　题

5-1 设系统闭环稳定，闭环传递函数为$\Phi(s)$，试根据频率特性的定义证明，输入为余弦函数

$r(t)=A\cos(\omega t+\varphi)$ 时，系统的稳态输出为

$$c_{ss}(t)=A\cdot|\Phi(\mathrm{j}\omega)|\cos\left[\omega t+\varphi+\angle[\Phi(\mathrm{j}\omega)]\right]$$

5-2　若系统单位阶跃响应

$$c(t)=1-1.8\mathrm{e}^{-4t}+0.8\mathrm{e}^{-9t}$$

试确定系统的频率特性。

5-3　设系统结构图如图 5-47 所示，试确定输入信号

$$r(t)=\sin(t+30°)-\cos(2t-45°)$$

作用下，系统的稳态误差 $e_{ss}(t)$。

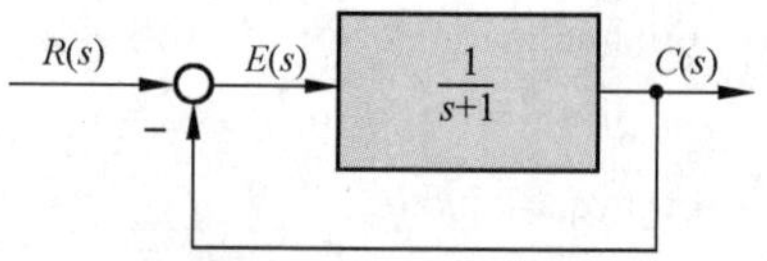

图 5-47　控制系统结构图

5-4　典型二阶系统的开环传递函数

$$G(s)=\frac{\omega_n^2}{s(s+2\zeta\omega_n)}$$

当取 $r(t)=2\sin t$ 时，系统的稳态输出

$$c_{ss}(t)=2\sin(t-45°)$$

试确定系统参数 ω_n，ζ。

5-5　已知系统开环传递函数

$$G(s)H(s)=\frac{K(\tau s+1)}{s^2(Ts+1)};\qquad K,\tau,T>0$$

试分析并绘制 $\tau>T$ 和 $T>\tau$ 情况下的概略开环幅相特性曲线。

5-6　已知系统开环传递函数

$$G(s)=\frac{K(-T_2s+1)}{s(T_1s+1)};\qquad K,T_1,T_2>0$$

当取 ω=1 时，$\angle[G(\mathrm{j}\omega)]=-180°$，$|G(\mathrm{j}\omega)|$=0.5。当输入为单位速度信号时，系统的稳态误差为 0.1，试写出系统开环频率特性表达式 $G(\mathrm{j}\omega)$。

5-7　已知系统开环传递函数

$$G(s)H(s)=\frac{10}{s(2s+1)(s^2+0.5s+1)}$$

试分别计算 ω=0.5 和 ω=2 时，开环频率特性的幅值 $A(\omega)$ 和相位 $\varphi(\omega)$。

5-8　绘制下列传递函数的对数幅频渐近特性曲线：

(1) $G(s)=\dfrac{2}{(2s+1)(8s+1)}$；　　(2) $G(s)=\dfrac{200}{s^2(s+1)(10s+1)}$；

(3) $G(s)=\dfrac{8\left(\dfrac{s}{0.1}+1\right)}{s(s^2+s+1)\left(\dfrac{s}{2}+1\right)}$。

5-9　已知最小相位系统的对数幅频渐近特性曲线如图 5-48 所示，试确定系统的开环传递函数。

5-10　试用奈氏判据判断题 5-5 系统的闭环稳定性。

5-11　已知下列系统开环传递函数(参数 K，T，T_i>0；i=1，2，…，6)：

(1) $G(s)=\dfrac{K}{(T_1s+1)(T_2s+1)(T_3s+1)}$；　　(2) $G(s)=\dfrac{K}{s(T_1s+1)(T_2s+1)}$；

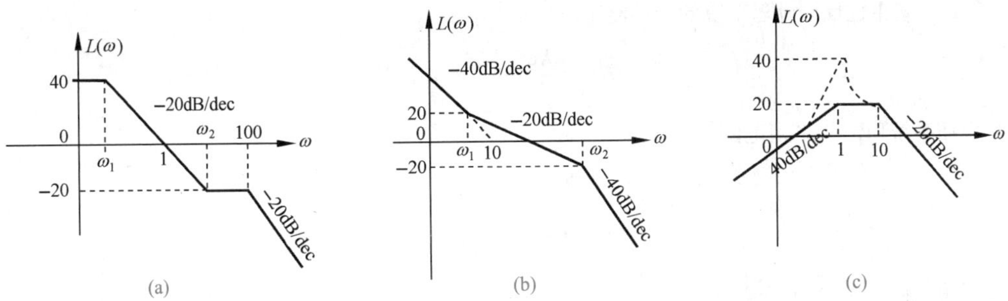

图 5-48　系统开环对数幅频渐近特性

(3) $G(s)=\dfrac{K}{s^2(Ts+1)}$；　　(4) $G(s)=\dfrac{K(T_1s+1)}{s^2(T_2s+1)}$；

(5) $G(s)=\dfrac{K}{s^3}$；　　(6) $G(s)=\dfrac{K(T_1s+1)(T_2s+1)}{s^3}$；

(7) $G(s)=\dfrac{K(T_5s+1)(T_6s+1)}{s(T_1s+1)(T_2s+1)(T_3s+1)(T_4s+1)}$；　　(8) $G(s)=\dfrac{K}{Ts-1}$；

(9) $G(s)=\dfrac{-K}{-Ts+1}$；　　(10) $G(s)=\dfrac{K}{s(Ts-1)}$。

其系统开环幅相特性曲线分别如图 5-49(a)～(j)所示，试根据奈氏判据判定各系统的闭环稳定性，若系统闭环不稳定，确定其 s 右半平面的闭环极点数。

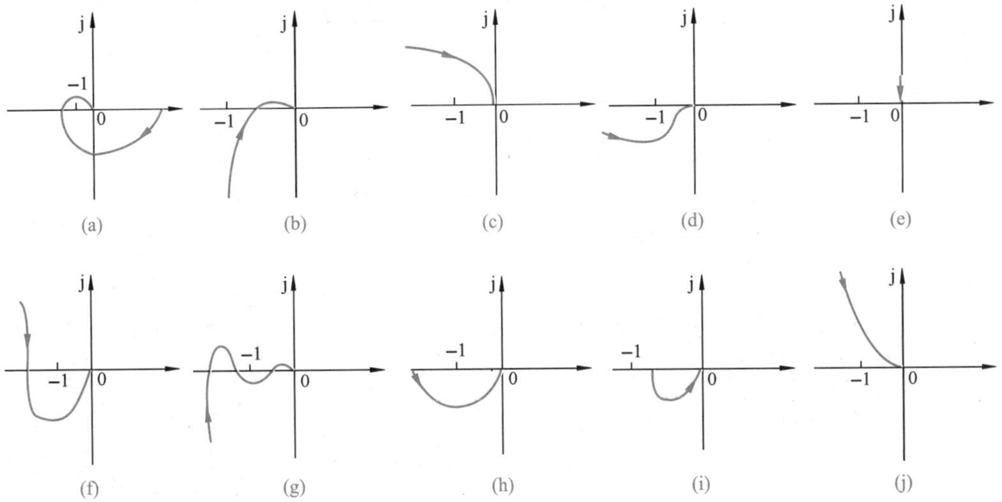

图 5-49　系统开环幅相特性曲线

5-12　已知系统开环传递函数

$$G(s)=\frac{K}{s(Ts+1)(s+1)};\qquad K,T>0$$

试根据奈氏判据，确定其闭环稳定条件：

(1) T=2 时，K 值的范围；

(2) K=10 时，T 值的范围；

(3) K，T 值的范围。

5-13　若单位反馈延迟系统的开环传递函数

$$G(s)=\frac{K\mathrm{e}^{-0.8s}}{s+1},\qquad K>0$$

试确定使系统稳定的 K 值范围。

5-14　设单位反馈控制系统的开环传递函数

$$G(s)=\frac{as+1}{s^2}$$

试确定相角裕度为45°时参数 a 的值。

5-15　对于典型二阶系统，已知参数 $\omega_n=3$，$\zeta=0.7$，试确定截止频率 ω_c 和相角裕度 γ。

5-16　对于典型二阶系统，已知 $\sigma\%=15\%$，$t_s=3\mathrm{s}(\varDelta=2\%)$，试计算相角裕度 γ。

5-17　根据题 5-8 所绘对数幅频渐近特性曲线，近似确定截止频率 ω_c，并由此确定相角裕度 γ 的近似值。

5-18　在脑外科、眼外科等手术中，患者肌肉的无意识运动可能会导致灾难性的后果。为了保证合适的手术条件，可以采用控制系统实施自动麻醉，以保证稳定的用药量，使患者肌肉放松。图 5-50 为麻醉控制系统模型，试确定控制器增益 K 和时间常数 τ，使系统谐振峰值 $M_r\leqslant1.5$，并确定相应的闭环带宽频率 ω_b。

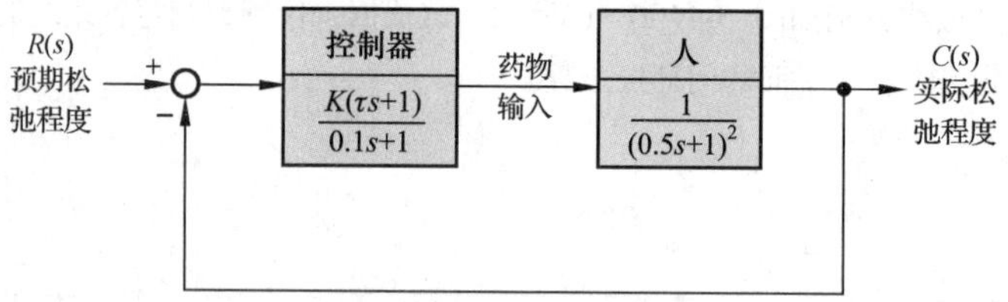

图 5-50　麻醉控制系统结构图

第六章　线性系统的校正方法

本章导学

根据被控对象及给定的技术指标要求设计自动控制系统，需要进行大量的分析计算。设计中需要考虑的问题是多方面的，既要保证所设计的系统有良好的性能，满足给定技术指标的要求，又要考虑便于加工以及经济性、可靠性。在设计过程中，既要有理论指导，也要重视实践经验，往往还要配合许多局部和整体的实验。

本章主要研究线性定常控制系统的校正方法。所谓校正，就是在系统中加入一些其参数可以根据需要而改变的机构或装置，使系统整个特性发生变化，从而满足给定的各项性能指标。在这一章中，将主要介绍目前工程实践中常用的两种校正方法，即串联校正和前馈校正。

6-1　系统的设计与校正问题

当被控对象给定后，按照被控对象的工作条件，被控量应具有的最大速度和加速度要求等，可以初步选定执行元件的型式、特性和参数。然后，根据测量精度、抗扰能力、被测信号的物理性质、测量过程中的惯性及非线性度等因素，选择合适的测量变送元件。在此基础上，设计增益可调的前置放大器与功率放大器。这些初步选定的元件以及被控对象，构成系统中的不可变部分。设计控制系统的目的，是将构成控制器的各元件与被控对象适当组合起来，使之满足表征控制精度、阻尼程度和响应速度的性能指标要求。如果调整放大器增益后仍然不能全面满足设计要求的性能指标，就需要在系统中增加一些参数及特性可按需要改变的校正装置，使系统性能全面满足设计要求。这就是控制系统设计中的校正问题。

1. 性能指标

进行控制系统的校正设计，除了应已知系统不可变部分的特性与参数外，还需要已知对系统提出的全部性能指标。性能指标通常是由使用单位或被控对象的设计制造单位提出的。不同的控制系统对性能指标的要求应有不同的侧重。例如，调速系统对平稳性和稳态精度要求较高，而随动系统则侧重于快速性要求。

性能指标的提出，应符合实际系统的需要与可能。一般来说，性能指标不应当比完成给定任务所需要的指标更高。例如，若系统的主要要求是具备较高的稳态工作精度，则不必对系统的动态性能提出不必要的过高要求。实际系统能具备的各种性能指标，会受到组成元部件的固有误差、非线性特性、能源的功率以及机械强度等各种实际物理条件的制约。如果要求控制系统具备较快的响应速度，则应考虑系统能够提供的最大速度和加速度，以及系统容许的强度极限。除了一般性指标外，具体系统往往还有一些特殊要求，如低速平稳性、对变载荷的适应性等，也必须在系统设计时分别加以考虑。

在控制系统设计中，采用的设计方法一般依据性能指标的形式而定。如果性能指标以单位阶跃响应的峰值时间、调节时间、超调量、阻尼比、稳态误差等时域特征量给出时，一般采用时域法校正；如果性能指标以系统的相角裕度、幅值裕度、谐振峰值、闭环带宽、静态误差系数等频域特征量给出时，一般采用频率法校正。目前，工程技术界多习惯采用频率法，故通常通过近似公式进行两种指标的互换。由本书第五章知，有如下关系成立：

(1) 二阶系统频域指标与时域指标的关系

谐振峰值
$$M_r = \frac{1}{2\zeta\sqrt{1-\zeta^2}}, \quad \zeta \leqslant 0.707 \tag{6-1}$$

谐振频率
$$\omega_r = \omega_n\sqrt{1-2\zeta^2}, \quad \zeta \leqslant 0.707 \tag{6-2}$$

带宽频率
$$\omega_b = \omega_n\sqrt{1-2\zeta^2+\sqrt{2-4\zeta^2+4\zeta^4}} \tag{6-3}$$

截止频率
$$\omega_c = \omega_n\sqrt{\sqrt{1+4\zeta^4}-2\zeta^2} \tag{6-4}$$

相角裕度
$$\gamma = \arctan\frac{2\zeta}{\sqrt{\sqrt{1+4\zeta^4}-2\zeta^2}} \tag{6-5}$$

超调量
$$\sigma\% = \mathrm{e}^{-\pi\zeta/\sqrt{1-\zeta^2}} \times 100\% \tag{6-6}$$

调节时间
$$t_s = \frac{3.5}{\zeta\omega_n}(\varDelta = 5\%)\text{或}t_s = \frac{4.4}{\zeta\omega_n}(\varDelta = 2\%) \tag{6-7}$$

(2) 高阶系统频域指标关系

谐振峰值
$$M_r = \frac{1}{|\sin\gamma|} \tag{6-8}$$

2. 系统带宽的确定

性能指标中对带宽频率ω_b的要求，是一项重要的技术指标。无论采用哪种校正方式，都要求校正后的系统既能以所需精度跟踪输入信号，又能抑制噪声扰动信号。在控制系统实际运行中，输入信号一般是低频信号，而噪声信号则一般是高频信号。因此，合理选择控制系统的带宽，在系统设计中是一个很重要的问题。

显然，为了使系统能够准确复现输入信号，要求系统具有较大的带宽；然而从抑制噪声角度来看，又不希望系统的带宽过大。此外，为了使系统具有较高的稳定裕度，希望系统开环对数幅频特性在截止频率ω_c处的斜率为−20dB/dec，但从要求系统具有较强的从噪声中辨识信号的能力来考虑，却又希望ω_c处的斜率小于−40dB/dec。由于不同的开环系统截止频率ω_c对应于不同的闭环系统带宽频率ω_b，因此在系统设计时，必须选择切合实际的系统带宽。

通常，一个设计良好的实际运行系统，其相角裕度具有 45°左右的数值。过低于此值，系统的动态性能较差，且对参数变化的适应能力较弱；过高于此值，意味着对整个系统及其组成部件要求较高，因此造成实现上的困难，或因此不满足经济性要求，同时由于稳定程度过好，造成系统动态过程缓慢。要实现 45°左右的相角裕度要求，开环对数幅频特性在中频区的斜率应为–20dB/dec，同时要求中频区占据一定的频率范围，以保证在系统参数变化时，相角裕度变化不大。过此中频区后，要求系统幅频特性迅速衰减，以削弱噪声对系统的影响。这是选择系统带宽应该考虑的一个方面。另一方面，进入系统输入端的信号，既有输入信号 $r(t)$，又有噪声信号 $n(t)$，如果输入信号的带宽为 $0\sim\omega_M$，噪声信号集中起作用的频带为 $\omega_1\sim\omega_N$，则控制系统的带宽频率通常取为

$$\omega_b=(5\sim10)\omega_M \tag{6-9}$$

且使 $\omega_1\sim\omega_N$ 处于 $(0\sim\omega_b)$ 范围之外，如图 6-1 所示。

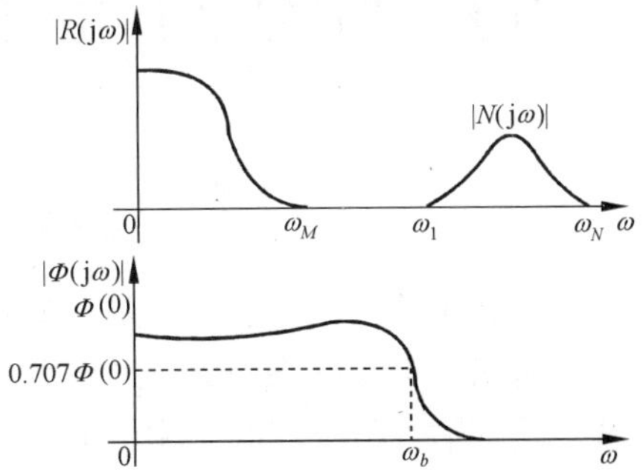

图 6-1　系统带宽的确定

3. 校正方式

按照校正装置在系统中的连接方式，控制系统校正方式可分为串联校正、反馈校正、前馈校正和复合校正四种。

串联校正装置一般接在系统误差测量点之后，串接于系统前向通道之中；反馈校正装置接在系统局部反馈通路之中。串联校正与反馈校正连接方式如图 6-2 所示。

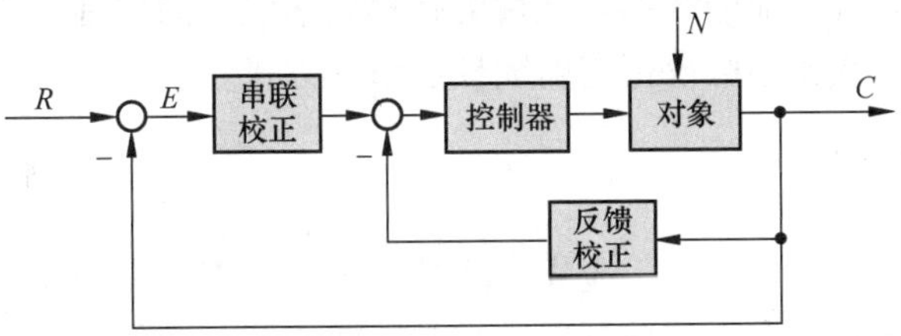

图 6-2　串联校正与反馈校正系统方框图

前馈校正又称顺馈校正，是在系统主反馈回路之外采用的校正方式。前馈校正装置接在系统给定值(或指令、参考输入信号)之后及主反馈作用点之前的前向通道上，如图 6-3(a)所示，这种校正装置的作用相当于对给定值信号进行整形或滤波后，再送入反馈系统，因此又称为前置滤波器；另一种前馈校正装置接在系统可测扰动作用点与误差测量点之间，对扰动信号进行直接或间接测量，并经变换后接入系统，形成一条附加的对扰动影响进行补偿的通道，如图 6-3(b)所示。前馈校正可以单独作用于开环控制系统，也可以作为反馈控制系统的附加校正而组成复合控制系统。

在控制系统设计中，常用的校正方式为串联校正和反馈校正及前馈校正。究竟选用哪种校正方式，取决于系统中的信号性质、技术实现的方便性、可供选用的元件、抗扰性要求、经济性要求、环境使用条件以及设计者的经验等因素。

一般来说，串联校正设计比较简单，也比较容易对信号进行各种必要形式的变换。在直流控制系统中，由于传递直流电压信号，适于采用串联校正；在交流载波控制系统中，如果采用串联校正，一般应接在解调器和滤波器之后，否则由于参数变化和载频漂

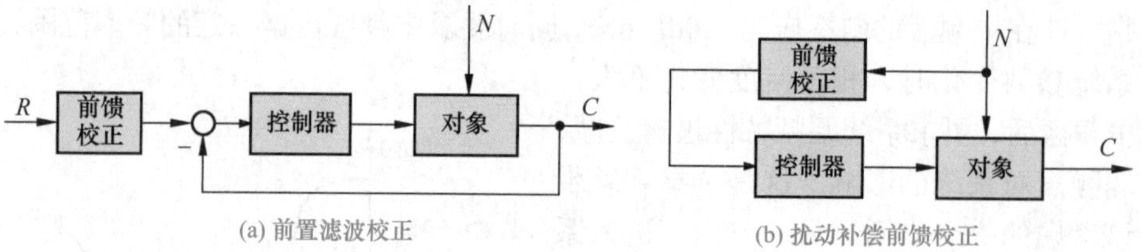

图 6-3　前馈校正系统方框图

移，校正装置的工作稳定性很差。串联校正装置又分无源和有源两类。无源串联校正装置通常由 RC 无源网络构成，结构简单，成本低廉，但会使信号在变换过程中产生幅值衰减，且其输入阻抗较低，输出阻抗又较高，因此常常需要附加放大器，以补偿其幅值衰减，并进行阻抗匹配。为了避免功率损耗，无源串联校正装置通常安置在前向通路中能量较低的部位上。有源串联校正装置由运算放大器和 RC 网络组成，其参数可以根据需要调整,因此在工业自动化设备中,经常采用由电动(或气动)单元构成的 PID 控制器(或称 PID 调节器)，它由比例单元、微分单元和积分单元组合而成，可以实现各种要求的控制规律。

在实际控制系统中，还广泛采用反馈校正装置。一般来说，反馈校正所需元件数目比串联校正少。由于反馈信号通常由系统输出端或放大器输出级供给，信号是从高功率点传向低功率点，因此反馈校正一般无须附加放大器。此外，反馈校正尚可消除系统原有部分参数波动对系统性能的影响。在性能指标要求较高的控制系统设计中，常常兼用串联校正与反馈校正或者串联校正与前馈校正组合方式。

4. 基本控制规律

确定校正装置的具体形式时，应先了解校正装置所需提供的控制规律，以便选择相应的元件。包含校正装置在内的控制器，常常采用比例、微分、积分等基本控制规律，或者采用这些基本控制规律的某些组合，如比例-微分、比例-积分、比例-积分-微分等组合控制规律，以实现对被控对象的有效控制。

(1) 比例(P)控制规律

具有比例控制规律的控制器，称为 P 控制器，如图 6-4 所示。其中 K_p 称为 P 控制器增益。

P 控制器实质上是一个具有可调增益的放大器。在信号变换过程中，P 控制器只改变信号的增益而不影响其相位。在串联校正中，加大控制器增益 K_p，可以提高系统的开环增益，减小系统稳态误差，从而提高系统的控制精度，但会降低系统的相对稳定性，甚至可能造成闭环系统不稳定。因此，在系统校正设计中，很少单独使用比例控制规律。

(2) 比例-微分(PD)控制规律

具有比例-微分控制规律的控制器，称为 PD 控制器，其输出 $m(t)$与输入 $e(t)$的关系如下式所示：

$$m(t) = K_p e(t) + K_p \tau \frac{\mathrm{d}e(t)}{\mathrm{d}t} \tag{6-10}$$

式中，K_p为比例系数；τ 为微分时间常数。K_p与τ都是可调的参数。PD 控制器如图 6-5 所示。

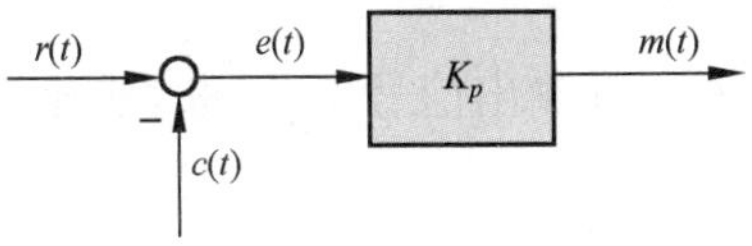

图 6-4 P 控制器框图

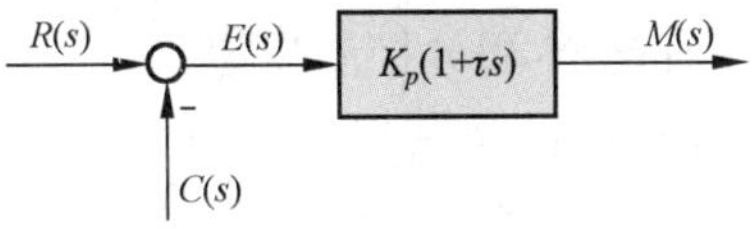

图 6-5 PD 控制器框图

PD 控制器中的微分控制规律，能反应输入信号的变化趋势，产生有效的早期修正信号，以增加系统的阻尼程度，从而改善系统的稳定性。在串联校正时，可使系统增加一个$-1/\tau$的开环零点，使系统的相角裕度提高，因而有助于系统动态性能的改善。

例 6-1 设比例-微分控制系统如图 6-6 所示，试分析 PD 控制器对系统性能的影响。

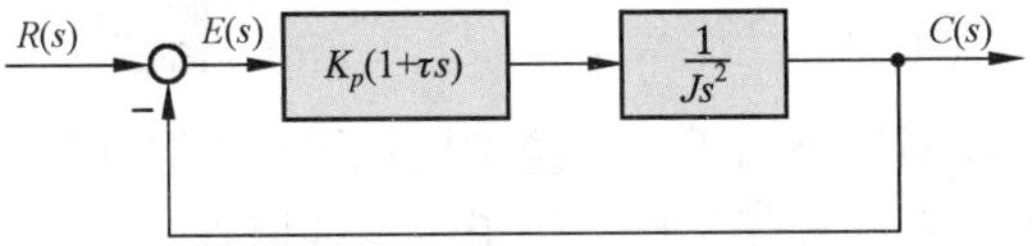

图 6-6 比例-微分控制系统结构图

解 无 PD 控制器时，闭环系统的特征方程为

$$Js^2+1=0$$

显然，系统的阻尼比等于零，其输出 $c(t)$具有不衰减的等幅振荡形式，系统处于临界稳定状态，即实际上的不稳定状态。

接入 PD 控制器后，闭环系统特征方程为

$$Js^2+K_p\tau s+K_p=0$$

其阻尼比$\zeta=\tau\sqrt{K_p}\Big/\left(2\sqrt{J}\right)>0$，因此闭环系统是稳定的。PD 控制器提高系统的阻尼程度，可通过参数 K_p及τ来调整。

需要指出，因为微分控制作用只对动态过程起作用，而对稳态过程没有影响，且对系统噪声非常敏感，所以单一的 D 控制器在任何情况下都不宜与被控对象串联起来单独使用。通常，微分控制规律总是与比例控制规律或比例-积分控制规律结合起来，构成组合的 PD 或 PID 控制器，应用于实际的控制系统。

(3) 积分(I)控制规律

具有积分控制规律的控制器，称为 I 控制器。I 控制器的输出信号 $m(t)$与其输入信号 $e(t)$的积分成正比，即

$$m(t)=K_i\int_0^t e(t)\mathrm{d}t \tag{6-11}$$

式中，K_i 为可调比例系数。由于 I 控制器的积分作用，当其输入 $e(t)$消失后，输出信号 $m(t)$有可能是一个不为零的常量。

在串联校正时，采用 I 控制器可以提高系统的型别(无差度)，有利于系统稳态性能的提高，但积分控制使系统增加了一个位于原点的开环极点，使信号产生 90°的相角滞后，

于系统的稳定性不利。因此，在控制系统的校正设计中，通常不宜采用单一的 I 控制器。I 控制器如图 6-7 所示。

(4) 比例-积分(PI)控制规律

具有比例-积分控制规律的控制器，称 PI 控制器，其输出信号 $m(t)$同时成比例地反应输入信号 $e(t)$及其积分，即

$$m(t) = K_p e(t) + \frac{K_p}{T_i}\int_0^t e(t)\mathrm{d}t \tag{6-12}$$

式中，K_p 为可调比例系数；T_i 为可调积分时间常数。PI 控制器如图 6-8 所示。

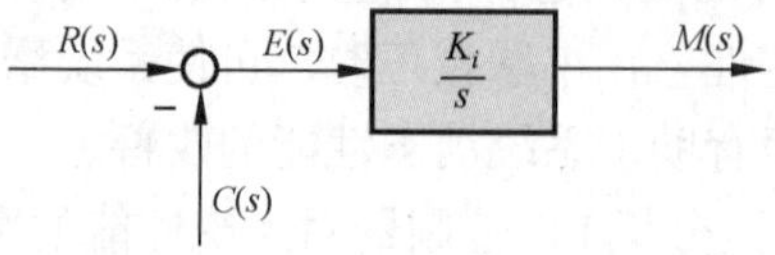

图 6-7　I 控制器框图

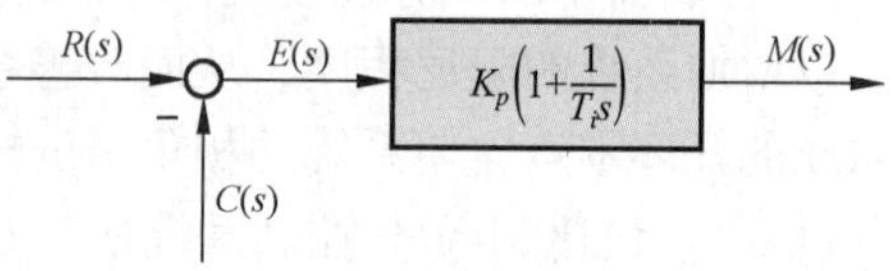

图 6-8　PI 控制器框图

在串联校正时，PI 控制器相当于在系统中增加了一个位于原点的开环极点，同时也增加了一个位于 s 左半平面的开环零点。位于原点的极点可以提高系统的型别，以消除或减小系统的稳态误差，改善系统的稳态性能；而增加的负实零点则用来减小系统的阻尼程度，缓和 PI 控制器极点对系统稳定性及动态过程产生的不利影响。只要积分时间常数 T_i 足够大，PI 控制器对系统稳定性的不利影响可大为减弱。在控制工程实践中，PI 控制器主要用来改善控制系统的稳态性能。

例 6-2　设比例-积分控制系统如图 6-9 所示。其中不可变部分的传递函数为

$$G_0(s) = \frac{K_0}{s(Ts+1)}$$

试分析 PI 控制器对系统稳态性能的改善作用。

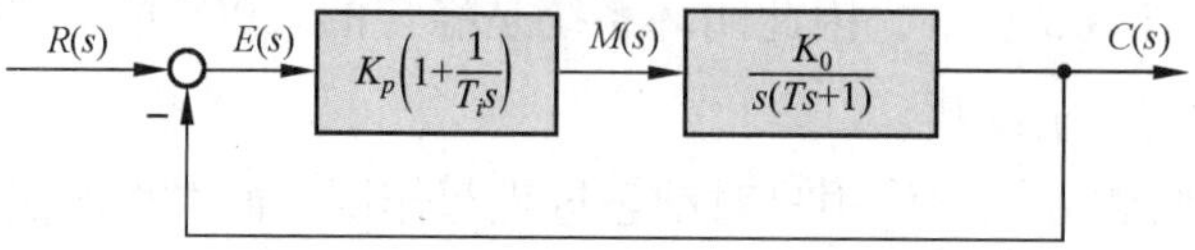

图 6-9　比例-积分控制系统结构图

解　由图 6-9 知，系统不可变部分与 PI 控制器串联后，其开环传递函数为

$$G(s) = \frac{K_0 K_p (T_i s+1)}{T_i s^2 (Ts+1)}$$

可见，系统由原来的 I 型提高到含 PI 控制器时的 II 型。若系统的输入信号为斜坡函数 $r(t)=R_1 t$，则由表 3-5 可知，在无 PI 控制器时，系统的稳态误差为 R_1/K_0；而接入 PI 控制器后，系统的稳态误差为零。表明 I 型系统采用 PI 控制器后，可以消除系统对斜坡输入信号的稳态误差，控制准确度大为改善。

采用 PI 控制器后，系统的特征方程为

$$T_i T s^3 + T_i s^2 + K_p K_0 T_i s + K_p K_0 = 0$$

式中，T，T_i，K_0，K_p都是正数。由劳斯判据可知，调整 PI 控制器的积分时间常数 T_i，使之大于系统不可变部分的时间常数 T，可以保证闭环系统的稳定性。

(5) 比例-积分-微分(PID)控制规律

具有比例-积分-微分控制规律的控制器，称 PID 控制器。这种组合具有三种基本规律各自的特点，其运动方程为

$$m(t)=K_p e(t)+\frac{K_p}{T_i}\int_0^t e(t)\mathrm{d}t+K_p\tau\frac{\mathrm{d}e(t)}{\mathrm{d}t} \tag{6-13}$$

相应的传递函数是

$$G_c(s)=K_p\left(1+\frac{1}{T_i s}+\tau s\right)=\frac{K_p}{T_i}\cdot\frac{T_i\tau s^2+T_i s+1}{s} \tag{6-14}$$

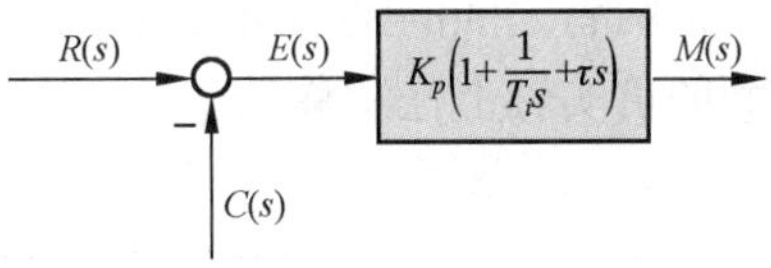

图 6-10　PID 控制器框图

PID 控制器如图 6-10 所示。

若 $4\tau/T_i<1$，式(6-14)还可写成

$$G_c(s)=\frac{K_p}{T_i}\cdot\frac{(\tau_1 s+1)(\tau_2 s+1)}{s} \tag{6-15}$$

式中

$$\tau_1=\frac{1}{2}T_i\left(1+\sqrt{1-\frac{4\tau}{T_i}}\right),\qquad \tau_2=\frac{1}{2}T_i\left(1-\sqrt{1-\frac{4\tau}{T_i}}\right)$$

由式(6-15)可见，当利用 PID 控制器进行串联校正时，除可使系统的型别提高一级外，还将提供两个负实零点。与 PI 控制器相比，PID 控制器除了同样具有提高系统的稳态性能的优点外，还多提供一个负实零点，从而在提高系统动态性能方面，具有更大的优越性。因此，在工业过程控制系统中，广泛使用 PID 控制器。PID 控制器各部分参数的选择，在系统现场调试中最后确定。通常，应使 I 部分发生在系统频率特性的低频段，以提高系统的稳态性能；而使 D 部分发生在系统频率特性的中频段，以改善系统的动态性能。

6-2　常用校正装置及其特性

本节集中介绍常用无源及有源校正网络的电路形式、传递函数、对数频率特性及零、极点分布图，以便控制系统校正时使用。

1. 无源校正网络

(1) 无源超前网络

图 6-11 是无源超前网络的电路图及其零、极点分布图。如果输入信号源的内阻为零，且输出端的负载阻抗为无穷大，则超前网络的传递函数可写为

$$aG_c(s) = \frac{1 + aTs}{1 + Ts} \tag{6-16}$$

式中

$$a = \frac{R_1 + R_2}{R_2} > 1, \quad T = \frac{R_1 R_2}{R_1 + R_2} C$$

通常，a 为分度系数，T 为时间常数。由式(6-16)可见，采用无源超前网络进行串联校正时，整个系统的开环增益要下降 a 倍，因此需要提高放大器增益加以补偿。超前网络的零、极点分布图见图 6-11(b)。由于 $a>1$，故超前网络的负实零点总是位于其负实极点之右，两者之间的距离由常数 a 决定。改变 a 和 T 的数值，超前网络的零、极点可在 s 平面的负实轴上任意移动。

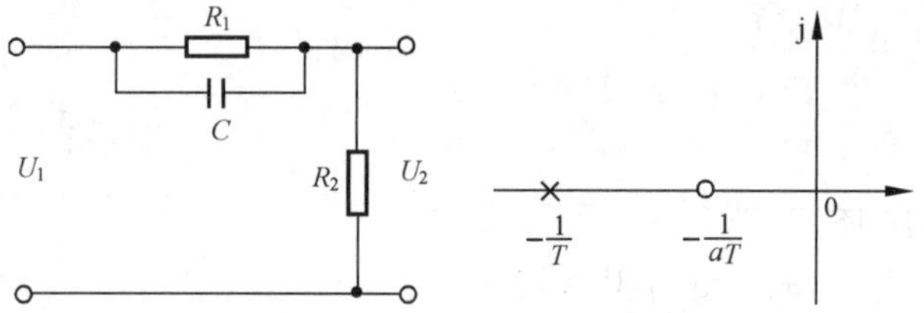

(a) 电路图　　(b) 零极点分布图

图 6-11　无源超前网络

根据式(6-16)，可以画出无源超前网络 $aG_c(s)$的对数频率特性，如图 6-12(a)所示。显然，超前网络对频率在 $1/(aT)$至 $1/T$ 之间的输入信号有明显的微分作用，在该频率范围内，输出信号相角比输入信号相角超前，超前网络的名称由此而得。图 6-12(a)表明，在最大超前角频率ω_m处，具有最大超前角φ_m，且ω_m正好处于频率 $1/(aT)$和 $1/T$ 的几何中心，证明如下。

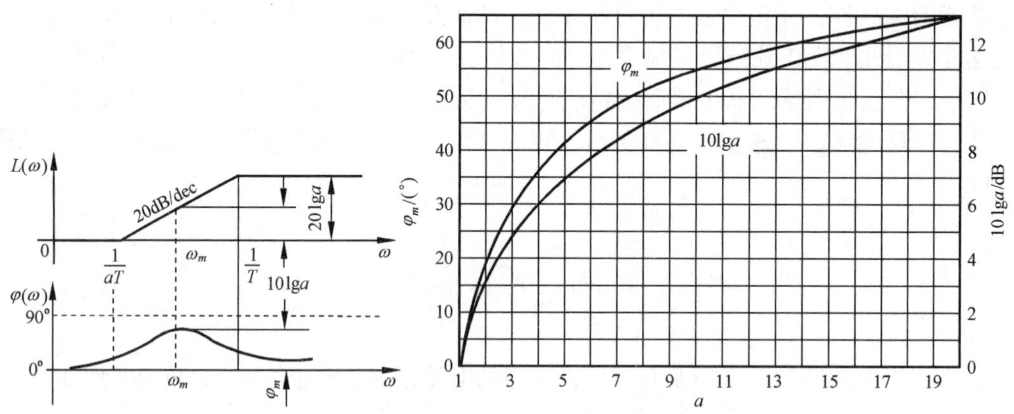

(a) 对数频率特性　　(b) 分度系数与最大超前角关系

图 6-12　无源超前网络特性

超前网络(式(6-16))的相角为

$$\varphi_c(\omega) = \arctan aT\omega - \arctan T\omega = \arctan\frac{(a-1)T\omega}{1 + aT^2\omega^2} \tag{6-17}$$

将式(6-17)对ω求导并令其为零，得最大超前角频率

$$\omega_m = \frac{1}{T\sqrt{a}} \tag{6-18}$$

将式(6-18)代入式(6-17)，得最大超前角

$$\varphi_m = \arctan\frac{a-1}{2\sqrt{a}} = \arcsin\frac{a-1}{a+1} \tag{6-19}$$

式(6-19)表明：最大超前角φ_m仅与分度系数 a 有关。a 值选得越大，超前网络的微分效应越强。为了保持较高的系统信噪比，实际选用的 a 值一般不超过 20。此外，由图 6-12(a)可以明显看出ω_m处的对数幅频值

$$L_c(\omega_m) = 20\lg|aG_c(\mathrm{j}\omega_m)| = 10\lg a \tag{6-20}$$

a 与φ_m及 $10\lg a$ 的关系曲线如图 6-12(b)所示。

设ω_1为频率 $1/(aT)$及 $1/T$ 的几何中心，则应有

$$\lg\omega_1 = \frac{1}{2}\left(\lg\frac{1}{aT} + \lg\frac{1}{T}\right)$$

解得 $\omega_1 = 1/(T\sqrt{a})$，正好与式(6-18)完全相同，故最大超前角频率ω_m确是 $1/(aT)$和 $1/T$ 的几何中心。

(2) 无源滞后网络

无源滞后网络的电路图如图 6-13(a)所示。如果输入信号源的内阻为零，负载阻抗为无穷大，滞后网络的传递函数为

$$G_c(s) = \frac{1+bTs}{1+Ts} \tag{6-21}$$

式中
$$b = \frac{R_2}{R_1+R_2} < 1, \qquad T = (R_1+R_2)C$$

通常，b 称为滞后网络的分度系数，表示滞后深度。

无源滞后网络的对数频率特性如图 6-13(b)所示。由图可见，滞后网络在频率 $1/T$ 至 $1/(bT)$之间呈积分效应，而对数相频特性呈滞后特性。与超前网络类似，最大滞后角φ_m发生在最大滞后角频率ω_m处，且ω_m正好是 $1/T$ 与 $1/(bT)$的几何中心。计算ω_m及φ_m的公式分别为

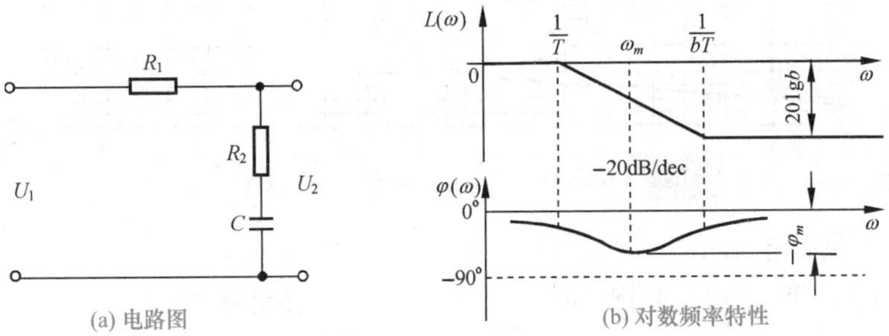

(a) 电路图　　(b) 对数频率特性

图 6-13　无源滞后网络及其特性

$$\omega_m = \frac{1}{T\sqrt{b}} \tag{6-22}$$

$$\varphi_m = \arcsin\frac{1-b}{1+b} \tag{6-23}$$

图 6-13(b)还表明，滞后网络对低频有用信号不产生衰减，而对高频噪声信号有削弱作用，b 值越小，通过网络的噪声电平越低。

采用无源滞后网络进行串联校正时，主要是利用其高频幅值衰减的特性，以降低系统的开环截止频率，提高系统的相角裕度。因此，力求避免最大滞后角发生在已校正系统开环截止频率 ω_c'' 附近。选择滞后网络参数时，通常使网络的交接频率 1/(bT)远小于 ω_c''，一般取

$$\frac{1}{bT} = \frac{\omega_c''}{10} \tag{6-24}$$

此时，滞后网络在 ω_c'' 处产生的相角滞后按下式确定：

$$\varphi_c(\omega_c'') = \arctan bT\omega_c'' - \arctan T\omega_c''$$

由两角和的三角函数公式，得

$$\tan\varphi_c(\omega_c'') = \frac{bT\omega_c'' - T\omega_c''}{1 + bT^2(\omega_c'')^2}$$

代入式(6-24)及 b<1 关系，上式可化简为

$$\varphi_c(\omega_c'') \approx \arctan\left[0.1(b-1)\right] \tag{6-25}$$

b 与$\varphi_c(\omega_c'')$和 20lg$b$ 的关系曲线示于图 6-14。考虑到使用方便，图 6-14 曲线画在对数坐标系中。

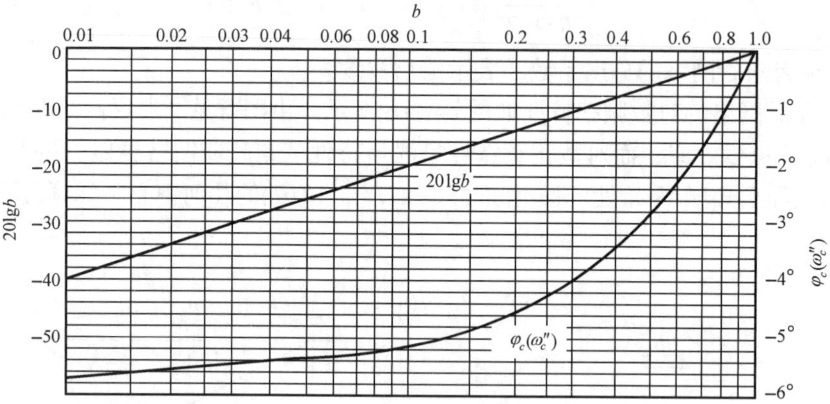

图 6-14　无源滞后网络关系曲线(1/(bT)=0.1 ω_c'')

(3) 无源滞后-超前网络

无源滞后-超前网络的电路图如图 6-15(a)所示，其传递函数

$$G_c(s) = \frac{(1+T_a s)(1+T_b s)}{T_a T_b s^2 + (T_a + T_b + T_{ab})s + 1} \tag{6-26}$$

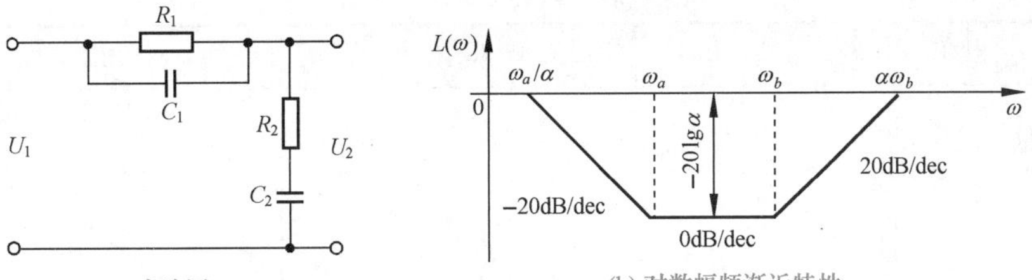

图 6-15 无源滞后-超前网络及其特性

式中 $T_a = R_1C_1, \quad T_b = R_2C_2, \quad T_{ab} = R_1C_2$

令式(6-26)的分母二项式有两个不相等的负实根，则式(6-26)可以写为

$$G_c(s) = \frac{(1+T_a s)(1+T_b s)}{(1+T_1 s)(1+T_2 s)} \tag{6-27}$$

比较式(6-26)及式(6-27)，可得

$$T_1T_2 = T_aT_b$$

$$T_1 + T_2 = T_a + T_b + T_{ab}$$

设

$$T_1 > T_a, \quad \frac{T_a}{T_1} = \frac{T_2}{T_b} = \frac{1}{\alpha}$$

其中$\alpha>1$，则有

$$T_1 = \alpha T_a, \quad T_2 = \frac{T_b}{\alpha}$$

于是，无源滞后-超前网络的传递函数最后可表示为

$$G_c(s) = \frac{(1+T_a s)(1+T_b s)}{(1+\alpha T_a s)(1+\frac{T_b}{\alpha}s)} \tag{6-28}$$

其中，$(1+T_a s)/(1+\alpha T_a s)$为网络的滞后部分，$(1+T_b s)/(1+T_b s/\alpha)$为网络的超前部分。无源滞后-超前网络的对数幅频渐近特性如图 6-15(b)所示，其低频部分和高频部分均起于和终于零分贝水平线。由图可见，只要确定ω_a，ω_b和α，或者确定 T_a，T_b和α三个独立变量，图 6-15(b)的形状即可确定。

常用无源校正网络的电路图、传递函数及对数幅频渐近特性，如表 6-1 所示。

2. 有源校正装置

实际控制系统中广泛采用无源网络进行串联校正，但在放大器级间接入无源校正网络后，由于负载效应问题，有时难以实现希望的控制规律。此外，复杂网络的设计和调整也不方便。因此，有时需要采用有源校正装置，在工业过程控制系统中，尤其如此。常用的有源校正装置，除测速发电机及其与无源网络的组合，以及 PID 控制器外，通常把无源网络接在运算放大器的反馈通路中，形成有源网络，以实现要求的系统控制规律。

表 6-1　常用无源校正网络

电路图	传递函数	对数幅频渐近特性
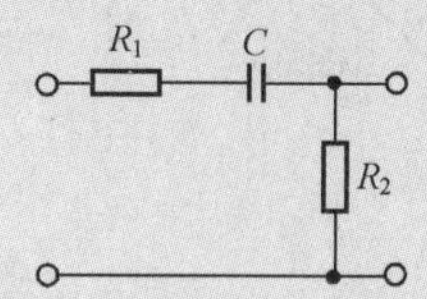	$\dfrac{T_2 s}{T_1 s+1}$ $T_1=(R_1+R_2)C$ $T_2=R_1 C$	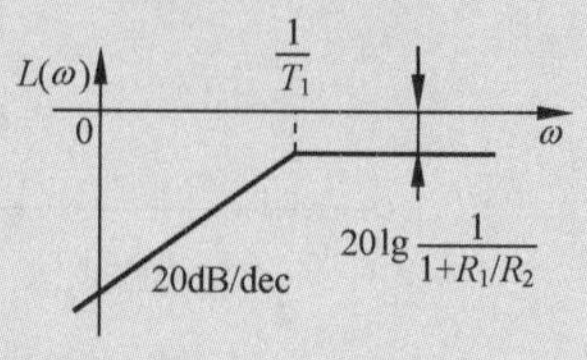
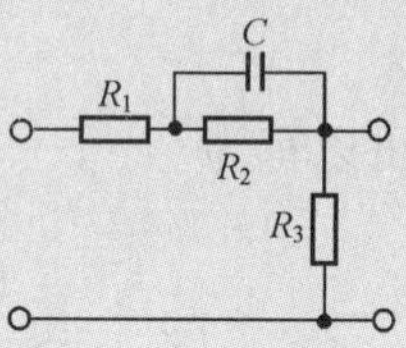	$G_1\dfrac{T_1 s+1}{T_2 s+1}$ $G_1=\dfrac{R_3}{R_1+R_2+R_3}$ $T_1=R_2 C$ $T_2=\dfrac{(R_1+R_3)R_2}{R_1+R_2+R_3}C$	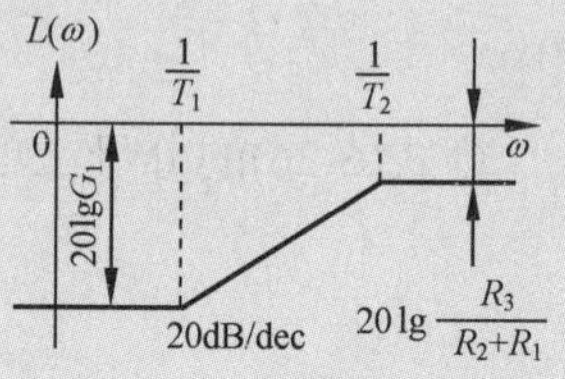
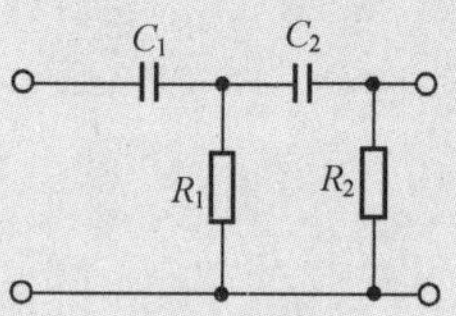	$G_0\dfrac{T_2 s+1}{T_1 s+1}$ $G_0=\dfrac{R_3}{R_1+R_3}$ $T_1=\left(R_2+\dfrac{R_1 R_3}{R_1+R_3}\right)C$ $T_2=R_2 C$	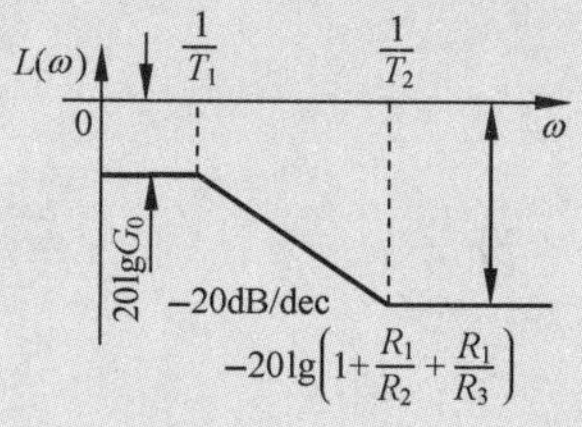
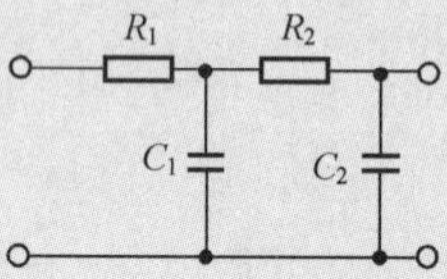	$\dfrac{1}{T_1 T_2 s^2+\left[T_2\left(1+\dfrac{R_1}{R_2}\right)+T_1\right]s+1}$ $T_1=R_1 C_1$ $T_2=R_2 C_2$	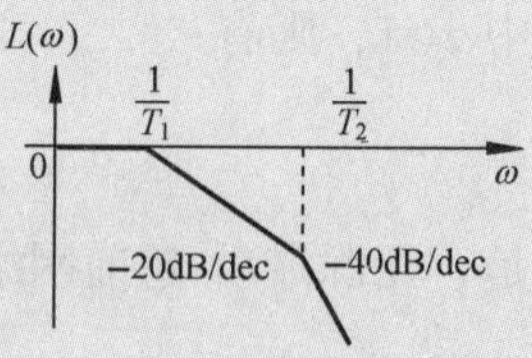
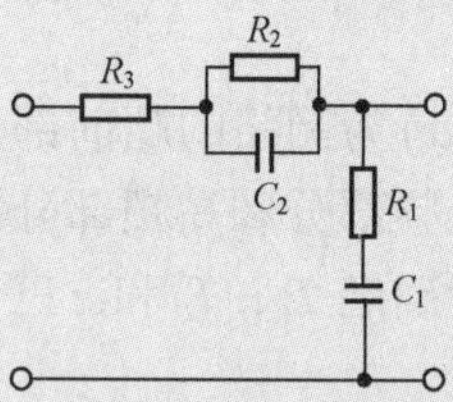	$\dfrac{(T_1 s+1)(T_2 s+1)}{T_1 T_2\left(1+\dfrac{R_3}{R_1}\right)s^2+\left[T_2+T_1\left(1+\dfrac{R_2}{R_1}+\dfrac{R_3}{R_1}\right)\right]s+1}$ $T_1=R_1 C_1$ $T_2=R_2 C_2$	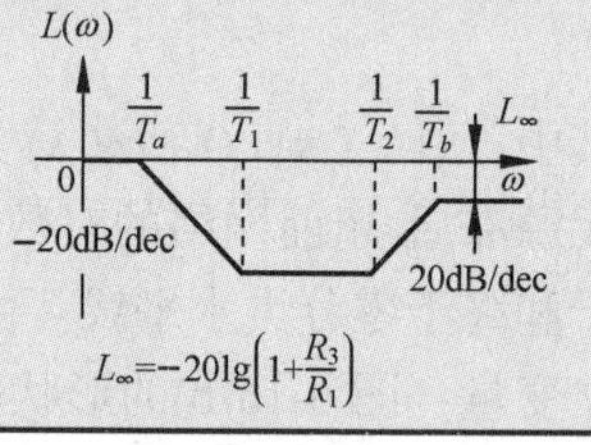

有源校正网络有多种形式。图 6-16(a)为同相输入超前(微分)有源网络，其等效电路见图 6-16(b)。由于运算放大器本身增益较大，因此有源微分网络的传递函数可近似表示为输出电压 U_o 与反馈电压 U_f 之比，即

$$G_c(s)=\frac{U_o}{U_i}=\frac{U_o}{U_f}$$

根据图 6-16(b)，可以具体推导出有源微分网络的传递函数。令

$$Z_1=R_1+R_2,\qquad Z_2=R_4+\frac{1}{Cs},\qquad Z_1 /\!/ Z_2=\frac{Z_1 Z_2}{Z_1+Z_2}$$

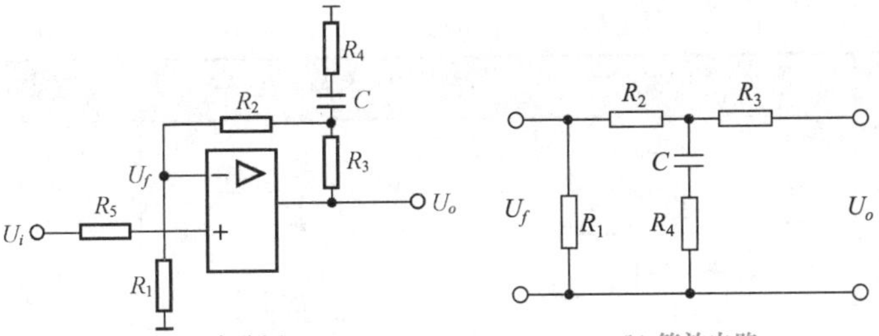

(a) 电路图　　(b) 等效电路

图 6-16　有源微分网络及其等效电路

可以解得

$$Z = R_3 + Z_1 /\!/ Z_2$$

$$U_f = \frac{R_1 Z_2}{Z(Z_1 + Z_2)} U_o$$

于是，有源微分网络的传递函数为

$$G_o(s) = K\frac{1 + T_1 s}{1 + T_2 s} \tag{6-29}$$

式中

$$K = \frac{R_1 + R_2 + R_3}{R_1} > 1$$

$$T_1 = \frac{(R_1 + R_2 + R_4)R_3 + (R_1 + R_2)R_4}{R_1 + R_2 + R_3}C = \left(\frac{R_1 + R_2}{R_1 + R_2 + R_3}R_3 + R_4\right)C$$

$$T_2 = R_4 C$$

所以 $T_1 > T_2$。故图 6-16(a)必为有源微分网络。

常用有源校正装置示于表 6-2。

表 6-2　常用有源校正装置

类别	电路图	传递函数	对数频率特性曲线
比例(P)	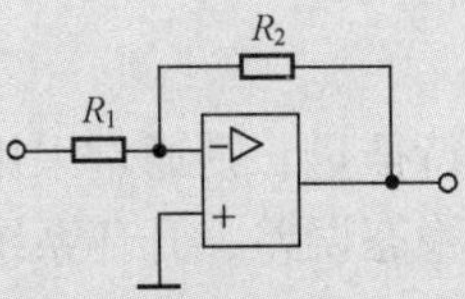	$G(s) = K$ $K = \frac{R_2}{R_1}$	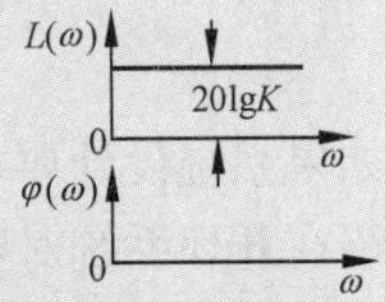
微分(D)	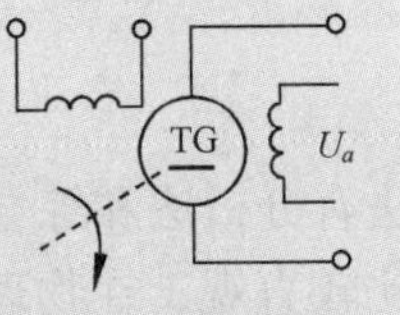	$G(s) = K_t s$ K_t 为测速发电机输出斜率	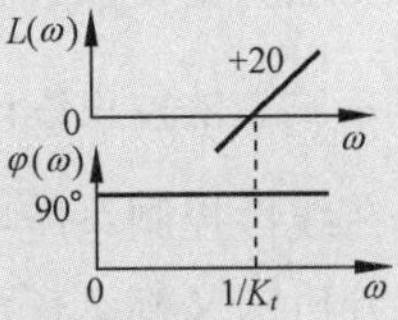
积分(I)	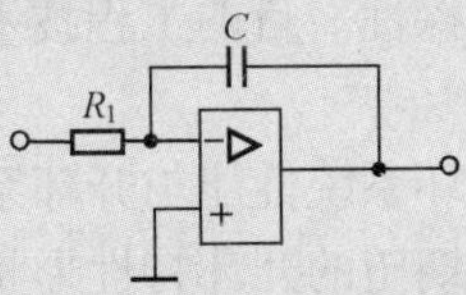	$G(s) = \frac{1}{Ts}$ $T = R_1 C$	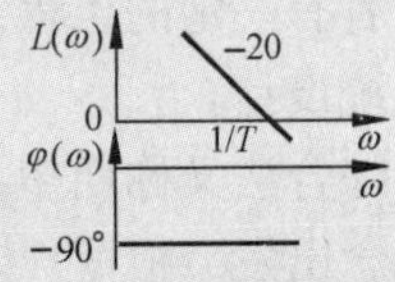

续表

类别	电路图	传递函数	对数频率特性曲线
比例-微分(PD)	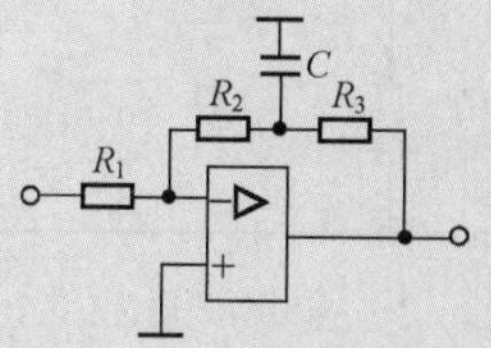	$G(s)=K(1+\tau s)$ $K=\frac{R_2+R_3}{R_1}$ $\tau=\frac{R_2R_3}{R_2+R_3}C$	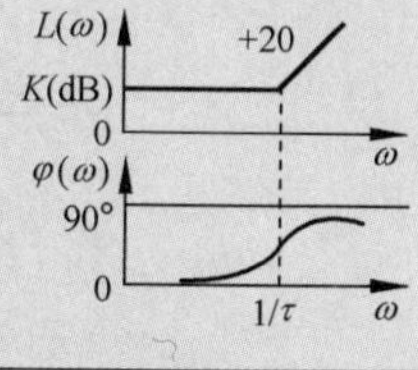
比例-积分(PI)	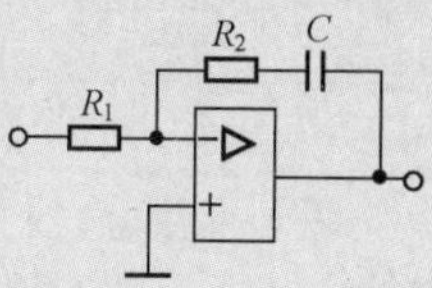	$G(s)=\frac{K}{T}\left(\frac{1+Ts}{s}\right)$ $K=\frac{R_2}{R_1}$ $T=R_2C$	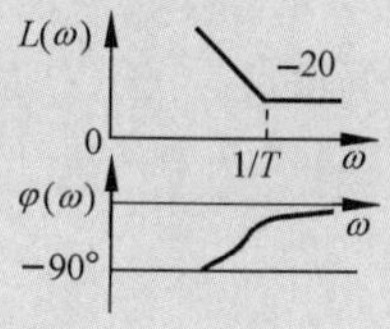
比例-积分-微分(PID)	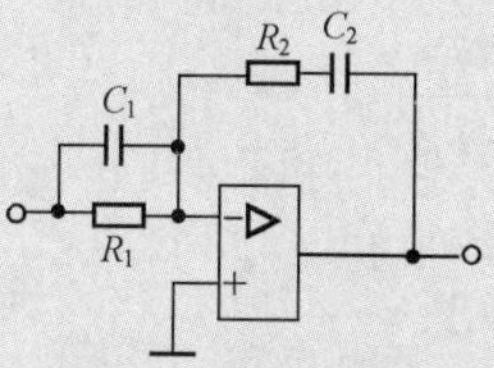	$G(s)=K\frac{(1+Ts)(1+\tau s)}{Ts}$ $K=\frac{R_2}{R_1}$ $T=R_2C_2$ $\tau=R_1C_1$	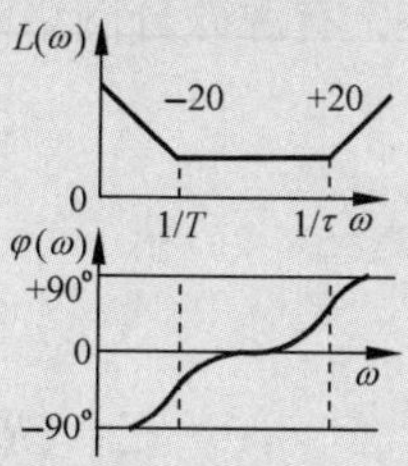
滤波型调节器(惯性环节)	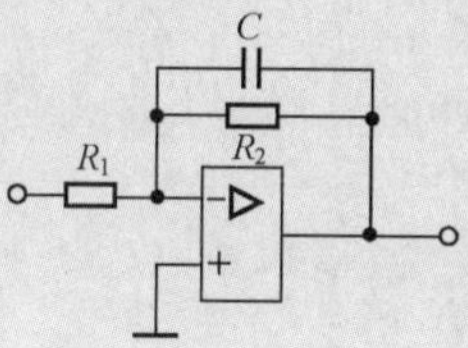	$G(s)=\frac{K}{1+Ts}$ $K=\frac{R_2}{R_1}$ $T=R_2C$	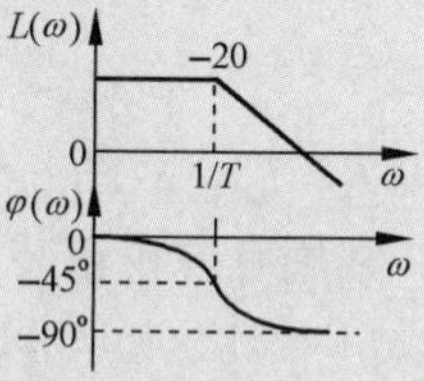

6-3　串 联 校 正

如果系统设计要求满足的性能指标属于频域特征量，则通常采用频域校正方法。本节介绍在开环系统对数频率特性基础上，以满足稳态误差、开环系统截止频率和相角裕度等要求为出发点，进行串联校正的方法。

1. 频率响应法校正设计

在线性控制系统中，常用的校正装置设计方法有分析法和综合法两种。

分析法又称试探法。用分析法设计校正装置比较直观，在物理上易于实现，但要求设计者有一定的工程设计经验，设计过程带有试探性。目前工程技术界多采用分析法进行系统设计。

综合法又称期望特性法。这种设计方法从闭环系统性能与开环系统特性密切相关这一概念出发，根据规定的性能指标要求确定系统期望的开环特性形状，然后与系统原有开环特性相比较，从而确定校正方式、校正装置的形式和参数。综合法有广泛的理论意义，但希望的校正装置传递函数可能相当复杂，在物理上难以准确实现。

应当指出，不论是分析法或综合法，其设计过程一般仅适用于最小相位系统。

在频域内进行系统设计，是一种间接设计方法，因为设计结果满足的是一些频域指标，而不是时域指标。然而，在频域内进行设计又是一种简便的方法，在伯德图上虽然不能严格定量地给出系统的动态性能，但却能方便地根据频域指标确定校正装置的参数，特别是对已校正系统的高频特性有要求时，采用频域法校正较其他方法更为方便。频域设计的这种简便性，是由于开环系统的频率特性与闭环系统的时间响应有关。一般地说，开环频率特性的低频段表征了闭环系统的稳态性能；开环频率特性的中频段表征了闭环系统的动态性能；开环频率特性的高频段表征了闭环系统的复杂性和噪声抑制性能。因此，用频域法设计控制系统的实质，就是在系统中加入频率特性形状合适的校正装置，使开环系统频率特性形状变成所期望的形状：低频段增益充分大，以保证稳态误差要求；中频段对数幅额特性斜率一般为–20dB/dec，并占据充分宽的频带，以保证具备适当的相角裕度；高频段增益尽快减小，以削弱噪声影响，若系统原有部分高频段已符合该种要求，则校正时可保持高频段形状不变，以简化校正装置的形式。

2. 串联超前校正

利用超前网络或 PD 控制器进行串联校正的基本原理，是利用超前网络或 PD 控制器的相角超前特性。只要正确地将超前网络的交接频率 $1/(aT)$和 $1/T$ 选在待校正系统截止频率的两旁，并适当选择参数 a 和 T，就可以使已校正系统的截止频率和相角裕度满足性能指标的要求，从而改善闭环系统的动态性能。闭环系统的稳态性能要求，可通过选择已校正系统的开环增益来保证。用频域法设计无源超前网络的步骤如下：

1) 根据稳态误差要求，确定开环增益 K。

2) 利用已确定的开环增益，计算待校正系统的相角裕度。

3) 根据截止频率 ω_c'' 的要求，计算超前网络参数 a 和 T。在本步骤中，关键是选择最大超前角频率等于要求的系统截止频率，即$\omega_m=\omega_c''$，以保证系统的响应速度，并充分利用网络的相角超前特性。显然，$\omega_m=\omega_c''$ 成立的条件是

$$-L'(\omega_c'') = L_c(\omega_m) = 10\lg a \tag{6-30}$$

根据上式不难求出 a 值，然后由

$$T = \frac{1}{\omega_m\sqrt{a}} \tag{6-31}$$

确定 T 值。

4) 验算已校正系统的相角裕度γ''。由于超前网络的参数是根据满足系统截止频率要求选择的，因此相角裕度是否满足要求，必须验算。验算时，由已知 a 值查图 6-12(b)，或由式(6-19)求得φ_m值，再由已知的 ω_c'' 算出待校正系统在 ω_c'' 时的相角裕度$\gamma(\omega_c'')$。如果待校正系统为非最小相位系统，则$\gamma(\omega_c'')$由作图法确定。最后，按下式算出

$$\gamma'' = \varphi_m + \gamma(\omega_c'') \tag{6-32}$$

当验算结果γ''不满足指标要求时，需重选ω_m值，一般使$\omega_m(=\omega_c'')$值增大，然后重复以上计算步骤。

一旦完成校正装置设计后，需要进行系统实际调校工作，或者进行 MATLAB 仿真以检查系统的时间响应特性。这时，需将系统建模时省略的部分尽可能加入系统，以保证仿真结果的逼真度。如果由于系统各种固有非线性因素影响，或者由于系统噪声和负载效应等因素的影响，使已校正系统不能满足全部性能指标要求，则需要适当调整校正装置的形式或参数，直到已校正系统满足全部性能指标为止。

例 6-3　设控制系统如图 6-17 所示。若要求系统在单位斜坡输入信号作用时，位置输出稳态误差 $e_{ss}(\infty)\leqslant 0.1\text{rad}$，开环系统截止频率 $\omega_c''\geqslant 4.4\text{rad/s}$，相角裕度 $\gamma''\geqslant 45°$，幅值裕度 $h''\text{dB}\geqslant 10\text{dB}$，试设计串联无源超前网络。

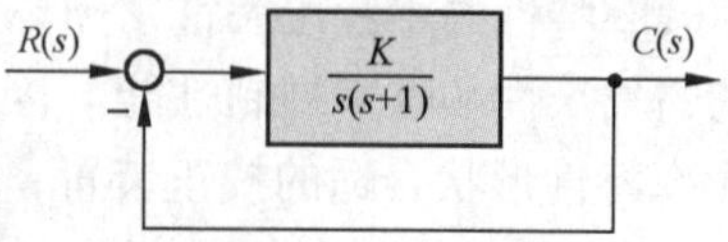

串联超前校正设计

图 6-17　控制系统结构图

解　设计时，首先调整开环增益。因为

$$e_{ss}(\infty)=\frac{1}{K}\leqslant 0.1$$

故取 $K=10(\text{rad})^{-1}$，则待校正系统开环传递函数

$$G_0(s)=\frac{10}{s(s+1)}$$

上式代表最小相位系统，因此只需画出其对数幅频渐近特性，如图 6-18 中 $L'(\omega)$所示。由图得待校正系统的 $\omega_c'=3.1\text{rad/s}$，算出待校正系统的相角裕度为

$$\gamma=180°-90°-\arctan\omega_c'=17.9°$$

而二阶系统的幅值裕度必为 $+\infty$dB。相角裕度小的原因，是因为待校正系统的开环对数幅频渐近特性中频区的斜率为 −40dB/dec。由于截止频率和相角裕度均低于指标要求，故采用串联超前校正是合适的。

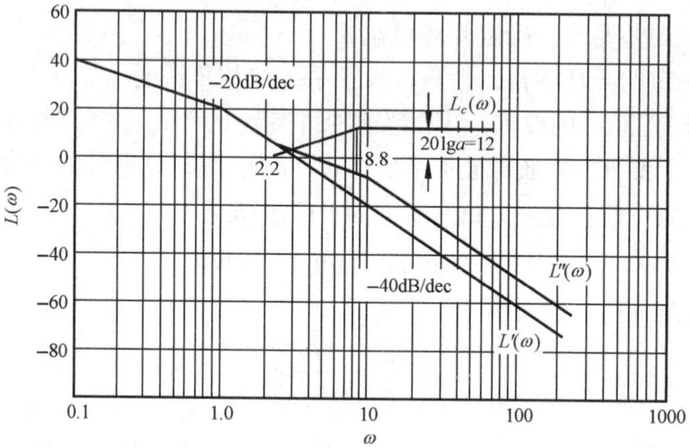

图 6-18　例 6-3 系统开环对数幅频渐近特性

下面计算超前网络参数。试选 $\omega_m=\omega_c''=4.4\text{rad/s}$，由图 6-18 查得 $L'(\omega_c'')=-6\text{dB}$，于是算得 $a=4$，$T=0.114\text{s}$。因此，超前网络传递函数为

$$4G_c(s)=\frac{1+0.456s}{1+0.114s}$$

为了补偿无源超前网络产生的增益衰减，放大器的增益需提高 4 倍，否则不能保证稳态误差要求。

超前网络参数确定后，已校正系统的开环传递函数为

$$aG_c(s)G_0(s)=\frac{10(1+0.456s)}{s(1+0.114s)(1+s)}$$

其对数幅频渐近特性，如图 6-18 中 $L''(\omega)$所示。显然，已校正系统 ω_c''=4.4rad/s，算得待校正系统的$\gamma(\omega_c'')$=12.8°，而由式(6-19)算出的φ_m=36.9°，故已校正系统的相角裕度

$$\gamma''=\varphi_m+\gamma(\omega_c'')=49.7°>45°$$

已校正系统的幅值裕度仍为+∞dB，因为其对数相频特性不可能以有限值与−180°线相交。此时，全部性能指标均已满足。

本例亦可采用带惯性的 PD 控制器作为校正装置，它兼有直流放大器的功能。感兴趣的读者，不妨一试。

本例表明：系统经串联校正后，中频区斜率变为−20dB/dec，并占据 6.6rad/s 的频带范围，从而系统相角裕度增大，动态过程超调量下降。因此，在实际运行的控制系统中，其中频区斜率大多具有−20dB/dec 的斜率。由例可见，串联超前校正可使开环系统截止频率增大，从而闭环系统带宽也增大，使响应速度加快。

应当指出，在有些情况下采用串联超前校正是无效的，它受以下两个因素的限制：

1) 闭环带宽要求。若待校正系统不稳定，为了得到规定的相角裕度，需要超前网络提供很大的相角超前量。这样，超前网络的 a 值必须选得很大，从而造成已校正系统带宽过大，使得通过系统的高频噪声电平很高，很可能使系统失控。

2) 在截止频率附近相角迅速减小的待校正系统，一般不宜采用串联超前校正。因为随着截止频率的增大，待校正系统相角迅速减小，使已校正系统的相角裕度改善不大，很难得到足够的相角超前量。在一般情况下，产生这种相角迅速减小的原因是，在待校正系统截止频率的附近，或有两个交接频率彼此靠近的惯性环节；或有两个交接频率彼此相等的惯性环节；或有一个振荡环节。

在上述情况下，系统可采用其他方法进行校正，例如采用两级(或两级以上)的串联超前网络(若选用无源网络，中间需要串接隔离放大器)进行串联超前校正，或采用一个滞后网络进行串联滞后校正，也可以采用测速反馈校正。

3. 串联滞后校正

利用滞后网络或 PI 控制器进行串联校正的基本原理，是利用滞后网络或 PI 控制器的高频幅值衰减特性，使已校正系统截止频率下降，从而使系统获得足够的相角裕度。因此，滞后网络的最大滞后角应力求避免发生在系统截止频率附近。在系统响应速度要求不高而抑制噪声电平性能要求较高的情况下，可考虑采用串联滞后校正。此外，如果待校正系统已具备满意的动态性能，仅稳态性能不满足指标要求，也可以采用串联滞后校正以提高系统的稳态精度，同时保持其动态性能仍然满足性能指标要求。

如果所研究的系统为单位反馈最小相位系统，则应用频域法设计串联无源滞后网络的步骤如下：

1) 根据稳态误差要求，确定开环增益 K。

2) 利用已确定的开环增益，画出待校正系统的开环对数频率特性，确定待校正系统

的截止频率 ω_c'、相角裕度γ和幅值裕度 h(dB)。

3) 选择不同的ω_c''，计算或查出不同的γ值，在开环伯德图上绘制$\gamma(\omega_c'')$曲线。

4) 根据相角裕度γ''要求，选择已校正系统的截止频率ω_c''。考虑到滞后网络在新的截止频率ω_c''处会产生一定的相角滞后$\varphi_c(\omega_c'')$，因此下式成立：

$$\gamma''=\gamma(\omega_c'')+\varphi_c(\omega_c'') \tag{6-33}$$

式中，γ''是指标要求值，$\varphi_c(\omega_c'')$在确定ω_c''前可取为−6°。于是，根据式(6-33)的计算结果，在$\gamma(\omega_c'')$曲线上可查出相应的ω_c''值。

5) 根据下述关系式确定滞后网络参数 b 和 T：

$$20\lg b+L'(\omega_c'')=0 \tag{6-34}$$

$$\frac{1}{bT}=0.1\omega_c'' \tag{6-35}$$

式(6-34)成立原因是显然的，因为要保证已校正系统的截止频率为上一步所选的ω_c''值，就必须使滞后网络的衰减量 $20\lg b$ 抵消待校正系统在新截止频率ω_c''上的对数幅频值$L'(\omega_c'')$。该值在待校正系统对数幅频曲线上可以查出，于是由式(6-34)可以算出 b 值。

根据式(6-35)，由已确定的 b 值立即可以算出滞后网络的 T 值。如果求得的 T 值过大难以实现，则可将式(6-35)中的系数 0.1 适当加大，例如在 0.1～0.25 范围内选取，而$\varphi_c(\omega_c'')$的估计值相应在−14°～−6°范围内确定。

6) 验算已校正系统的相角裕度和幅值裕度。

例 6-4 设控制系统如图 6-19 所示。若要求校正后系统的静态速度误差系数等于 $30\mathrm{s}^{-1}$，相角裕度不低于 40°，幅值裕度不小于 10dB，截止频率不小于 2.3rad/s，试设计串联校正装置。

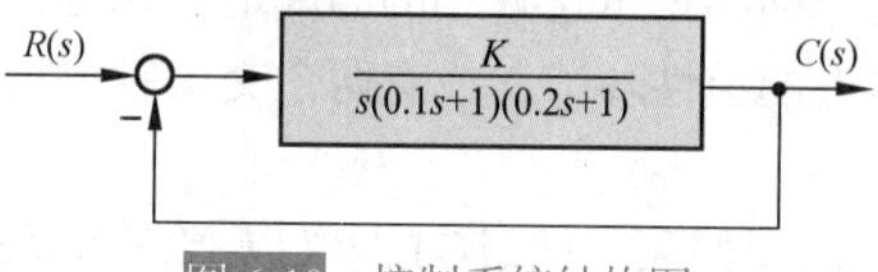

图 6-19 控制系统结构图

串联滞后校正设计

解 首先，确定开环增益 K。由于

$$K_v=\lim_{s\to 0}sG(s)=K=30\mathrm{s}^{-1}$$

故待校正系统开环传递函数应取

$$G_0(s)=\frac{30}{s(1+0.1s)(1+0.2s)}$$

然后，画出待校正系统的对数幅频渐近特性，如图 6-20 所示。由图 ω_c'=12rad/s 算出

$$\gamma=90°-\arctan(0.1\omega_c')-\arctan(0.2\omega_c')=-27.6°$$

说明待校正系统不稳定，且截止频率远大于要求值。在这种情况下，采用串联超前校正是无效的。可以证明，当超前网络的 a 值取到 100 时，系统的相角裕度仍不满 30°，而截止频率却增至 26rad/s。考虑到本例对系统截止频率值要求不大，故选用串联滞后校正可以满足需要的性能指标。

现在作如下计算：

$$\gamma(\omega_c'')=90°-\arctan(0.1\omega_c'')-\arctan(0.2\omega_c'')$$

并将$\gamma(\omega_c'')$曲线绘在图 6-20 中。根据γ''⩾40°要求和$\varphi_c(\omega_c'')$=−6°估值，按式(6-33)求得$\gamma(\omega_c'')$⩾46°。于是，由$\gamma(\omega_c'')$曲线查得ω_c''=2.7rad/s。由于指标要求ω_c''⩾2.3rad/s，故ω_c''值可在 2.3～2.7rad/s 范围内任取。考虑到ω_c''取值较大时，已校正系统响应速度较快，且

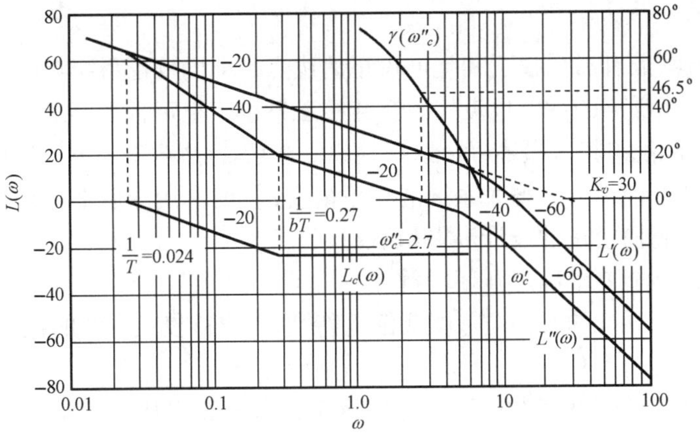

图 6-20　例 6-4 系统开环对数幅频渐近特性

滞后网络时间常数 T 值较小，便于实现，故选取 $\omega_c''=2.7\text{rad/s}$。然后，在图 6-20 上查出当 $\omega_c''=2.7\text{rad/s}$ 时，有 $L'(\omega_c'')=21\text{dB}$，故可由式(6-34)求出 $b=0.09$，再由式(6-35)算出 $T=41\text{s}$，则滞后网络的传递函数

$$G_c(s)=\frac{1+bTs}{1+Ts}=\frac{1+3.7s}{1+41s}$$

校正网络的 $L_c(\omega)$和已校正系统的 $L''(\omega)$已绘于图 6-20 之中。

最后校验相角裕度和幅值裕度。由式(6-25)及 $b=0.09$ 算得$\varphi_c(\omega_c'')=-5.2°$，于是求出$\gamma''=41.3°$，满足指标要求。然后用试算法可得已校正系统对数相频特性为−180°时的频率为 6.8rad/s，求出已校正系统的幅值裕度为 10.5dB，完全符合要求。

采用串联滞后校正，既能提高系统稳态精度，又基本不改变系统动态性能的原因是明显的。以图 6-20 为例，如果将已校正系统对数幅频特性向上平移 21dB，则校正前后的相角裕度和截止频率基本相同，但开环增益却增大 11 倍。

串联滞后校正与串联超前校正两种方法，在完成系统校正任务方面是相同的，但有以下不同之处：

1) 超前校正是利用超前网络的相角超前特性，而滞后校正则是利用滞后网络的高频幅值衰减特性。

2) 为了满足严格的稳态性能要求，当采用无源校正网络时，超前校正要求一定的附加增益，而滞后校正一般不需要附加增益。

3) 对于同一系统，采用超前校正的系统带宽大于采用滞后校正的系统带宽。从提高系统响应速度的观点来看，希望系统带宽越大越好；与此同时，带宽越大则系统越易受噪声干扰的影响，因此如果系统输入端噪声电平较高，一般不宜选用超前校正。

最后指出，在有些应用方面，采用滞后校正可能会得出时间常数大到不能实现的结果。这种不良后果的出现，是由于需要在足够小的频率值上安置滞后网络第一个交接频率 $1/T$，以保证在需要的频率范围内产生有效的高频幅值衰减特性所致。在这种情况下，最好采用串联滞后-超前校正。

4. 串联滞后-超前校正

这种校正方法兼有滞后校正和超前校正的优点，即已校正系统响应速度较快，超调量较小，抑制高频噪声的性能也较好。当待校正系统不稳定，且要求校正后系统的响应速度、相角裕度和稳态精度较高时，以采用串联滞后-超前校正为宜。其基本原理是利用滞后-超前网络的超前部分来增大系统的相角裕度，同时利用滞后部分来改善系统的稳态性能。串联滞后-超前校正的设计步骤如下：

1) 根据稳态性能要求确定开环增益 K。

2) 绘制待校正系统的开环对数幅频渐近特性，求出待校正系统的截止频率 ω_c' 相角裕度 γ 及幅值裕度 h(dB)。

3) 在待校正系统开环对数幅频渐近特性上，选择斜率从−20dB/dec 变为−40dB/dec 的交接频率作为校正网络超前部分的交接频率 ω_b。

ω_b 的这种选法，可以降低已校正系统的阶次，且可保证中频区斜率为期望的−20dB/dec，并占据较宽的频带。

4) 根据响应速度要求，选择系统的截止频率 ω_c'' 和校正网络衰减因子 $1/\alpha$。要保证已校正系统的截止频率为所选的 ω_c''，下列等式应成立：

$$-20\lg\alpha + L'(\omega_c'') + 20\lg T_b\omega_c'' = 0 \tag{6-36}$$

式中，$T_b=1/\omega_b$；$L'(\omega_c'')+20\lg T_b\omega_c''$ 可由待校正系统开环对数幅频渐近特性的−20dB/dec 延长线在 ω_c'' 处的数值确定。因此，由式(6-36)可以求出 α 值。

5) 根据相角裕度要求，估算校正网络滞后部分的交接频率 ω_a。

6) 校验已校正系统的各项性能指标。

例 6-5　设待校正系统开环传递函数为

$$G_0(s) = \frac{K_v}{s\left(\frac{1}{6}s+1\right)\left(\frac{1}{2}s+1\right)}$$

要求设计校正装置，使系统满足下列性能指标：

1) 在最大指令速度为 180°/s 时，位置滞后误差不超过 1°。

2) 相角裕度为 45°±3°。

3) 幅值裕度不低于 10dB。

4) 动态过程调节时间不超过 3s。

解　首先确定开环增益。由题意，取

$$K = K_v = 180\text{s}^{-1}$$

作待校正系统对数幅频渐近特性 $L'(\omega)$，如图 6-21 所示。图中，最低频段为−20dB/dec 斜率直线，其延长线交 ω 轴于 180rad/s，该值即 K_v 的数值。由图得待校正系统截止频率 ω_c'=12.6rad/s，算出待校正系统的相角裕度 γ=−55.5°，幅值裕度 h=−30dB，表明待校正系统不稳定。

由于待校正系统在截止频率处的相角滞后远小于−180°，且响应速度有一定要求，故应优先考虑采用串联滞后-超前校正。论证如下。

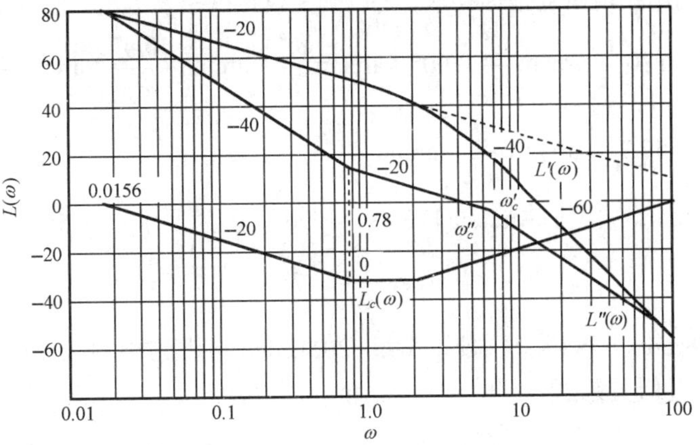

图 6-21　例 6-5 系统开环对数幅频渐近特性

首先，考虑采用串联超前校正。要把待校正系统的相角裕度从−55.5°提高到 45°，至少选用两级串联超前网络。显然，校正后系统的截止频率将过大，可能超过 25rad/s。从理论上说，截止频率越大，则系统的响应速度越快。譬如说，在 ω_c''=25rad/s 时，系统动态过程的调节时间近似为 0.34s，这将比性能指标要求提高近 10 倍，然而进一步分析发现：①伺服电机将出现速度饱和，这是因为超前校正系统要求伺服机构输出的变化速率超过了伺服电机的最大输出转速之故。于是，0.34s 的调节时间将变得毫无意义。②由于系统带宽过大，造成输出噪声电平过高。③需要附加前置放大器，从而使系统结构复杂化。

其次，若采用串联滞后校正，可以使系统的相角裕度提高到 45°左右，但是对于本例高性能系统，会产生两个很严重的缺点：①滞后网络时间常数太大。这是因为静态速度误差系数越大，所需要的滞后网络时间常数越大之故。对于本例，要求选 ω_c''=1，相应的 $L'(\omega_c'')$=45.1dB，根据式(6-34)求出 b=1/200，若取 $1/(bT)=0.1\omega_c''$，可得 T=2000s。这样大的时间常数，实际上是无法实现的。②响应速度指标不满足。由于滞后校正极大地减小了系统的截止频率，使得系统响应滞缓。对于本例，粗略估算的调节时间约为 9.6s，该值远大于性能指标的要求值。

上述论证表明，纯超前校正及纯滞后校正都不宜采用，应当选用串联滞后-超前校正。

为了利用滞后-超前网络的超前部分微分段的特性，研究图 6-21 发现，可取 ω_b=2rad/s，于是待校正系统对数幅频特性在 $\omega\leqslant$6rad/s 区间，其斜率均为−20dB/dec。

根据 $t_s\leqslant$3s 和 γ''=45°的指标要求，不难算得 $\omega_c''\geqslant$3.2rad/s。考虑到要求中频区斜率为−20dB/dec，故 ω_c'' 应在 3.2～6rad/s 范围内选取。由于−20dB/dec 的中频区应占据一定宽度，故选 ω_c''=3.5rad/s，相应的 $L'(\omega_c'')+20\lg T_b\omega_c''$=34dB。由式(6-36)可算出 $1/\alpha$=0.02，此时，滞后-超前校正网络的频率特性可写为

$$G_c(\mathrm{j}\omega)=\frac{(1+\mathrm{j}\omega/\omega_a)(1+\mathrm{j}\omega/\omega_b)}{(1+\mathrm{j}\alpha\omega/\omega_a)(1+\mathrm{j}\omega/\alpha\omega_b)}=\frac{(1+\mathrm{j}\omega/\omega_a)(1+\mathrm{j}\omega/2)}{(1+\mathrm{j}50\omega/\omega_a)(1+\mathrm{j}\omega/100)}$$

相应的已校正系统的频率特性为

$$G_c(\mathrm{j}\omega)G_0(\mathrm{j}\omega)=\frac{180(1+\mathrm{j}\omega/\omega_a)}{\mathrm{j}\omega(1+\mathrm{j}\omega/6)(1+\mathrm{j}50\omega/\omega_a)(1+\mathrm{j}\omega/100)}$$

根据上式，利用相角裕度指标要求，可以确定校正网络参数ω_a。已校正系统的相角裕度

$$\begin{aligned}\gamma'' &= 180° + \arctan\frac{\omega_c''}{\omega_a} - 90° - \arctan\frac{\omega_c''}{6} - \arctan\frac{50\omega_c''}{\omega_a} - \arctan\frac{\omega_c''}{100} \\ &= 57.7° + \arctan\frac{3.5}{\omega_a} - \arctan\frac{175}{\omega_a}\end{aligned}$$

考虑到$\omega_a<\omega_b$=2rad/s，故可取$-\arctan(175/\omega_a)\approx-90°$。因为要求$\gamma''$=45°，所以上式可简化为

$$\arctan\frac{3.5}{\omega_a} = 77.3°$$

从而求得ω_a=0.78rad/s。这样，已校正系统−20dB/dec 斜率的中频区宽度 H=6/0.78=7.69，满足中频区宽度近似关系式

$$H \geqslant \frac{1+\sin\gamma''}{1-\sin\gamma''} = \frac{1+\sin 45°}{1-\sin 45°} = 5.83$$

于是，校正网络和已校正系统的传递函数分别为

$$G_c(s) = \frac{(1+1.28s)(1+0.5s)}{(1+64s)(1+0.01s)}$$

$$G_c(s)G_0(s) = \frac{180(1+1.28s)}{s(1+0.167s)(1+64s)(1+0.01s)}$$

其对数幅频特性 $L_c(\omega)$和 $L''(\omega)$已分别表示在图 6-21 之中。

最后，用计算的方法验算已校正系统的相角裕度和幅值裕度指标，求得γ''=45.5°，h''(dB)=27dB，完全满足指标要求。

6-4　前 馈 校 正

当系统性能指标要求为时域特征量时，为了改善控制系统的性能，除了采用串联校正方式外，还可以配置前置滤波器形成组合前馈校正方式，可以获得某些改善系统性能的特殊功能。

1. 前置滤波组合校正

为了改善系统性能，在系统中常引入形如 $G_c(s)=(s+z)/(s+p)$的串联校正网络，以改变系统的闭环极点。但是，$G_c(s)$同时也会在系统闭环传递函数 $\Phi(s)$中增加一个新的零点。这个新增的零点可能会严重影响闭环系统的动态性能。此时，可考虑在系统的输入端串接一个前置滤波器，以消除新增闭环零点的不利影响。

例 6-6　设带有前置滤波器的控制系统如图 6-22 所示。图中，被控对象为 $G_0(s)=\dfrac{1}{s}$，串联校正网络为 PI 控制器，$G_c(s) = K_1 + \dfrac{K_2}{s} = \dfrac{K_1 s + K_2}{s}$，$G_p(s)$为前置滤波器。系统的设计要求为：①系统阻尼比 $\zeta_d = \dfrac{1}{\sqrt{2}}$=0.707；②阶跃响应的超调量$\sigma\%\leqslant5\%$；③阶跃响应的调节时间 $t_s\leqslant0.6$s(Δ=2%)。试设计 K_1，K_2 及 $G_p(s)$。

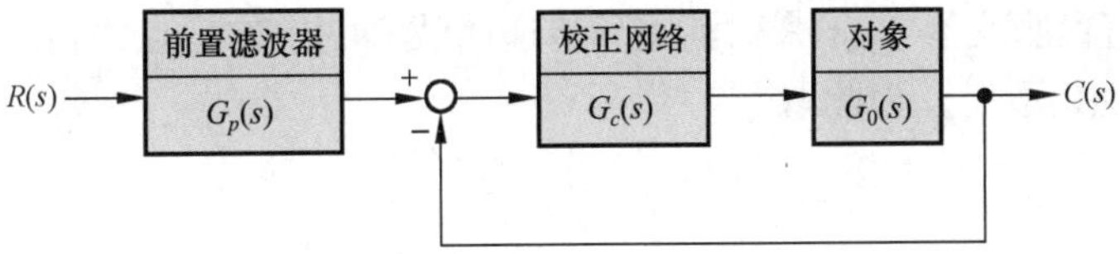

图 6-22　带前置滤波器的控制系统结构图

解　图 6-22 系统的闭环传递函数为

$$\Phi(s)=\frac{(K_1s+K_2)G_p(s)}{s^2+K_1s+K_2}$$

闭环系统特征方程为

$$s^2+K_1s+K_2=s^2+2\zeta_d\omega_ns+\omega_n^2=0$$

根据系统对阻尼比和调节时间的要求，令$\zeta_d=0.707$，且由

$$t_s=\frac{4.4}{\zeta_d\omega_n}\leqslant 0.6\quad(\Delta=2\%)$$

求得$\zeta_d\omega_n\geqslant 7.33$。现取$\zeta_d\omega_n=8$，故得$\omega_n=8\sqrt{2}$，于是求出 PI 控制器参数

$$K_1=2\zeta_d\omega_n=16,\quad K_2=\omega_n^2=128$$

若不引入前置滤波器，相当于 $G_p(s)$=1，则系统的闭环传递函数为

$$\Phi(s)=\frac{16(s+8)}{s^2+16s+128}=\frac{\omega_n^2}{z}\cdot\frac{s+z}{s^2+2\zeta_d\omega_ns+\omega_n^2}$$

上式表明，此时系统为有零点的二阶系统。根据$\zeta_d=1/\sqrt{2}$，$\omega_n=8\sqrt{2}$，z=8，以及式(3-30)

$$c(t)=1+r\mathrm{e}^{-\zeta_d\omega_nt}\sin(\omega_n\sqrt{1-\zeta_d^2}t+\Psi)$$

再由式(3-31)、式(3-32)及式(3-34)，可得

$$r=\frac{\sqrt{z^2-2\zeta_d\omega_nz+\omega_n^2}}{z\sqrt{1-\zeta_d^2}}=1.41$$

$$\beta_d=\arctan\frac{\sqrt{1-\zeta_d^2}}{\zeta_d}=\frac{\pi}{4}$$

$$\Psi=-\pi+\arctan\left(\frac{\omega_n\sqrt{1-\zeta_d^2}}{z-\zeta_d\omega_n}\right)+\arctan\left(\frac{\sqrt{1-\zeta_d^2}}{\zeta_d}\right)=-\frac{\pi}{4}$$

于是，无前置滤波器时，系统的动态性能可由图 3-20 及式(3-33)、式(3-35)算得

$$t_r=\frac{0.75}{\omega_n}=0.07\text{s}\qquad\left(\frac{z}{\zeta_d\omega_n}=1,\quad\omega_nt_r=0.75\right)$$

$$t_p=\frac{\beta_d-\Psi}{\omega_n\sqrt{1-\zeta_d^2}}=0.2\text{s}$$

$$\sigma\%=r\sqrt{1-\zeta_d^2}\mathrm{e}^{-\zeta_d\omega_nt_p}\times100\%=20.2\%$$

$$t_s=\frac{4+\ln r}{\zeta_d\omega_n}=0.54\text{s}\qquad(\Delta=2\%)$$

显然，由于新增零点的影响，超调量无法满足设计指标要求。

考虑采用前置滤波器 $G_p(s)$来对消闭环传递函数 $\Phi(s)$中的零点，并同时保持系统原有的直流增益即 $\Phi(0)$不变，为此取

$$G_p(s)=\frac{8}{s+8}$$

因而闭环传递函数变成

$$\Phi(s)=\frac{128}{s^2+16s+128}$$

此时，系统属无零点的二阶系统。由于

$$\beta=\arccos\zeta=\frac{\pi}{4},\qquad \omega_d=\omega_n\sqrt{1-\zeta^2}=8$$

根据式(3-19)～式(3-23)可以算出系统的动态性能指标为

$$t_r=\frac{\pi-\beta}{\omega_d}=0.29\text{s}$$

$$t_p=\frac{\pi}{\omega_d}=0.39\text{s}$$

$$\sigma\%=100\text{e}^{-\pi\zeta/\sqrt{1-\zeta^2}}\%=4.3\%$$

$$t_s=\frac{4.4}{\zeta\omega_n}=0.55\text{s}\qquad(\varDelta=2\%)$$

结果表明：系统设计指标要求全部满足。

MATLAB 验证：

无前置滤波器时，$\Phi(s)=\dfrac{16(s+8)}{s^2+16s+128}$，单位阶跃响应如图 6-23 所示，测得

$$\sigma\%=21\%,\quad t_p=0.2\text{s},\quad t_s=0.44\text{s}\quad(\varDelta=2\%)$$

有前置滤波器时，$\Phi(s)=\dfrac{128}{s^2+16s+128}$，单位阶跃响应如图 6-24 所示，测得

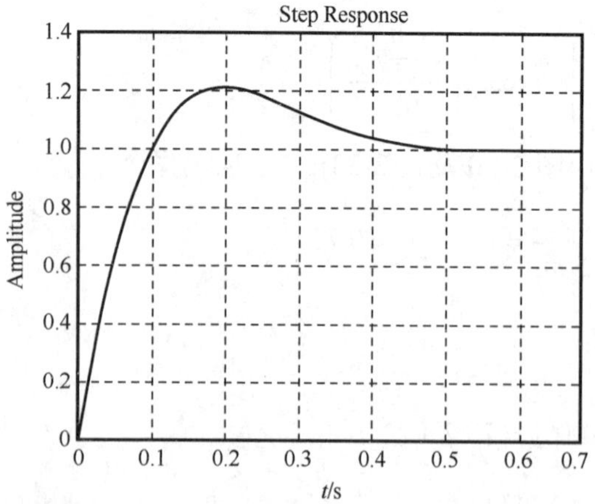

图 6-23　无前置滤波器时系统的单位阶跃响应(MATLAB)

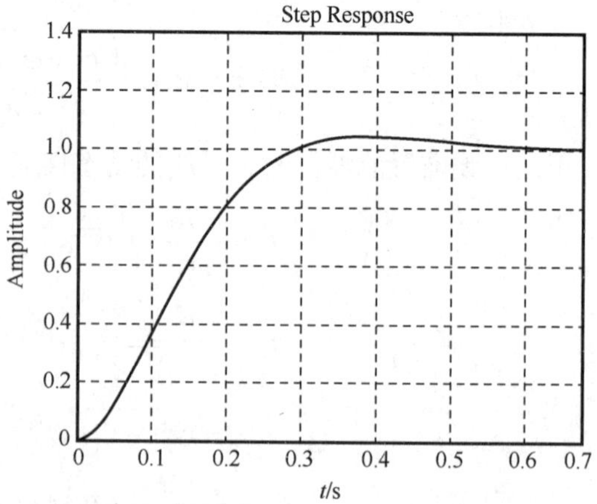

图 6-24　有前置滤波器时系统的单位阶跃响应(MATLAB)

$$\sigma\% = 4\%, \quad t_p = 0.4\text{s}, \quad t_s = 0.52\text{s} \quad (\Delta = 2\%)$$

MATLAB 程序如下：

```
K1=16;K2=128; Gc=tf([K1 K2],[1 0]);
G0=tf([1],[1 0]); Gp=tf([8],[1 8]);
G=series(Gc,G0);
sys0=feedback(G,1);                    %无前置滤波器时的闭环传递函数
sys=series(sys0,Gp);                   %有前置滤波器时的闭环传递函数
figure(1); step(sys0); grid
figure(2); step(sys); grid
```

2. 最小节拍组合校正

一个好的控制系统，应该具有快速的阶跃响应，并且具有最小的超调量。最小节拍响应是指，以最小的超调量快速达到并保持在稳态响应允许波动范围内的时间响应，如图 6-25 所示。

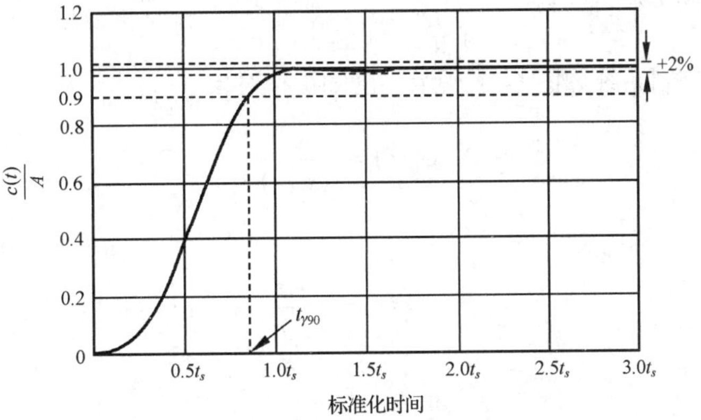

图 6-25　最小节拍阶跃响应(A 为阶跃输入的幅值)

当系统输入为阶跃信号时，允许波动范围取为稳态响应的±2%误差带。因此，系统的调节时间就是响应首次进入波动带的时间。

最小节拍响应具有如下特征：

1) 在阶跃输入作用下，稳态误差为零。

2) 阶跃响应具有最小的上升时间和调节时间。

3) 阶跃响应超调量<2%。

最小节拍响应系统标准化闭环传递函数 $\Phi(s)$，及其系数α、β、γ等的典型取值，如表 6-3 所示。表中还列出了各阶最小节拍响应系统的主要响应性能，其中所有的时间均取标准化时间。例如，标准化调节时间 t_s=4.82，是表示$\omega_n t_s$=4.82，而实际调节时间 t_s=4.82/ω_n。

在设计具有最小节拍响应系统时，要选择合适的校正网络类型，并令校正后系统的闭环传递函数等于标准化闭环传递函数，由此确定所需要的校正网络参数。

表 6-3 最小节拍系统的标准化传递函数的典型系数和响应性能指标

系统阶数	闭环传递函数 $\Phi(s)$	系数					超调量	欠调量	90%上升时间	100%上升时间	调节时间
		α	β	γ	δ	ε			$t_{\gamma\ 90}$	t_γ	t_s
2	$\dfrac{\omega_n^2}{s^2+\alpha\omega_n s+\omega_n^2}$	1.82					0.10%	0.00%	3.47	6.59	4.82
3	$\dfrac{\omega_n^3}{s^3+\alpha\omega_n s^2+\beta\omega_n^2 s+\omega_n^3}$	1.90	2.20				1.65%	1.36%	3.48	4.32	4.04
4	$\dfrac{\omega_n^4}{s^4+\alpha\omega_n s^3+\beta\omega_n^2 s^2+\gamma\omega_n^3 s+\omega_n^4}$	2.20	3.50	2.80			0.89%	0.95%	4.16	5.29	4.81
5	$\dfrac{\omega_n^5}{s^5+\alpha\omega_n s^4+\beta\omega_n^2 s^3+\gamma\omega_n^3 s^2+\delta\omega_n^4 s+\omega_n^5}$	2.70	4.90	5.40	3.40		1.29%	0.37%	4.84	5.73	5.43
6	$\dfrac{\omega_n^6}{s^6+\alpha\omega_n s^5+\beta\omega_n^2 s^4+\gamma\omega_n^3 s^3+\delta\omega_n^4 s^2+\varepsilon\omega_n^5 s+\omega_n^6}$	3.15	6.50	8.70	7.55	4.05	1.63%	0.94%	5.49	6.31	6.04

注：表中所有时间均为标准化时间。

例 6-7 设控制系统如图 6-22 所示。已知被控对象

$$G_0(s)=\frac{K}{s(s+1)}$$

超前校正网络

$$G_c(s)=\frac{s+z}{s+p}$$

前置滤波器

$$G_p(s)=\frac{z}{s+z}$$

若要求系统调节时间 t_s=2s($\varDelta$=2%)左右，试选择增益 K 及校正网络参数 z 和 p，使该系统成为三阶最小节拍响应系统，并计算系统的实际动态性能指标。

解 系统开环传递函数

$$G(s)=G_p(s)G_c(s)G_0(s)=\frac{Kz}{s(s+1)(s+p)}$$

闭环传递函数

$$\Phi(s)=\frac{G_c(s)G_0(s)G_p(s)}{1+G_c(s)G_0(s)}=\frac{Kz}{s^3+(p+1)s^2+(p+K)s+Kz}$$

而三阶最小节拍标准化闭环传递函数为

$$\Phi(s)=\frac{\omega_n^3}{s^2+\alpha\omega_n s^2+\beta\omega_n^2 s+\omega_n^3}$$

比较实际闭环传递函数与标准化闭环传递函数，可得

$$Kz=\omega_n^3,\quad \alpha\omega_n=p+1,\quad \beta\omega_n^2=p+K$$

查表 6-3，有α=1.90，β=2.20，$\omega_n t_s$=4.04。代入要求值 t_s=2s，可求得ω_n=2.02。不难算得

$$K=6.14,\quad z=1.34,\quad p=2.84$$

校正网络及前置滤波器分别为

$$G_c(s)=\frac{s+1.34}{s+2.84},\quad G_p(s)=\frac{1.34}{s+1.34}$$

系统的实际性能指标为

$$\sigma\%=1.65\%,\quad t_s=2\text{s}$$

上述计算结果表明，σ%发生在容许的 $\varDelta$=±2%误差带内，因此也可以认为系统的σ%=0。

MATLAB 验证：进行 MATLAB 仿真，当系统无前置滤波器时，单位阶跃响应如图 6-26 所示，测得

$$\sigma\%=21\%,\quad t_s=3.49\text{s}(\varDelta=2\%),\quad t_p=1.44\text{s}$$

当系统有前置滤波器时，单位阶跃响应如图 6-27 所示，测得

$$\sigma\%=2\%,\quad t_s=2.4\text{s}(\varDelta=2\%)$$

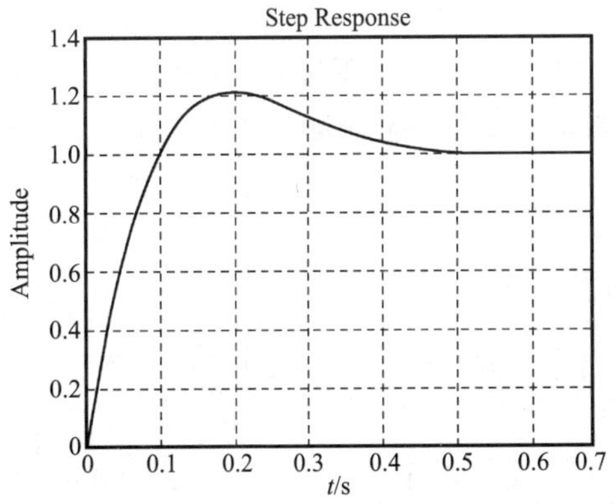

图 6-26　无前置滤波器时系统的时间响应 (MATLAB)

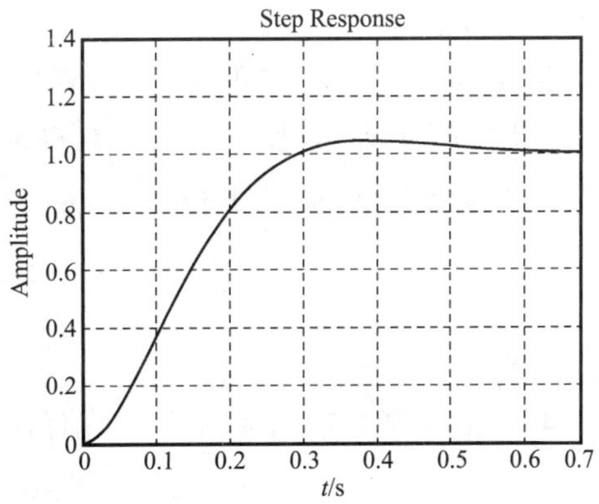

图 6-27　有前置滤波器时系统的时间响应 (MATLAB)

MATLAB 程序如下：

```
K=6.14;z=1.34;p=2.84;
G0=tf(K,[1,1,0]);                %被控对象的传递函数
Gc=tf([1,z],[1,p]);              %超前校正网络的传递函数
Gp=tf(z,[1,z]);                  %前置滤波的传递函数
G=series(G0,Gc);
sys0=feedback(G,1);              %无前置滤波器时系统的闭环传递函数
```

```
sys=series(Gp,sys0);                    %有前置滤波器时系统的闭环传递函数
figure(1);step(sys0);grid
figure(2);step(sys);grid
```

6-5　线性系统的校正仿真

借助于 MATLAB、Python 软件强大的计算功能，可以进一步讨论控制系统校正网络的设计问题，以获得满意的系统性能。下面结合实例，说明 MATLAB、Python 在控制系统校正中的具体应用。

例 6-8　设单位负反馈系统的开环传递函数为

$$G_0(s)=\frac{K}{s(s+1)}$$

若要求系统在单位斜坡输入信号作用时，位置输出稳态误差 $e_{ss}(\infty)\leqslant 0.1\text{rad}$，开环系统截止频率 $\omega_c''\geqslant 4.4\text{rad/s}$，相角裕度 $\gamma''\geqslant 45°$，幅值裕度 $h''\text{dB}\geqslant 10\text{dB}$，试设计串联无源超前网络。

解　本题利用频域法设计无源超前网络的设计步骤如下：

1) 根据稳态误差要求，确定开环增益 K。

2) 利用已确定的开环增益，计算待校正系统的幅值裕度、相角裕度及其对应的截止频率、穿越频率。

3) 根据截止频率 ω_c'' 的要求，计算超前网络参数 a 和 T。为保证系统的响应速度，并充分利用网络的相角超前特性，可选择最大超前角频率等于截止频率，即 $\omega_m=\omega_c''$，其中 a 由 $-L'(\omega_c'')=L_c(\omega_m)=10\lg a$ 确定，然后再由

$$T=\frac{1}{\omega_m\sqrt{a}}$$

确定 T 值。

4) 确定无源超前网络和最大超前角 φ_m：

$$aG_c(s)=\frac{1+aTs}{1+Ts},\quad \varphi_m=\arcsin\frac{a-1}{a+1}$$

5) 验算已校正系统的幅值裕度、相角裕度及其对应的截止频率、穿越频率。若验算结果不满足指标要求，需重新选择 $\omega_m(=\omega_c'')$，然后重复以上设计步骤。

MATLAB 程序如下：

```
K=1/0.1;                         %由稳态误差要求计算开环增益
G0=zpk([], [0 -1],K);            %建立开环系统模型
[h0,r, wx,wc]=margin(G0)         %计算校正前系统的幅值裕度、相角裕度及其对应的截
                                   止频率、穿越频率
wm=4.4;                          %试取校正系统的截止频率
L=bode(G0,wm);
```

```
Lwc=20*log10(L)
a=10^(−0.1*Lwc)                  %确定超前校正网络参数 a
T=1/(wm*sqrt(a));                %确定超前校正网络参数 T
phi=asin((a-1)/(a+1))            %phi 表示最大超前角φm
Gc=(1/a)*tf([a*T 1], [T 1]);     %确定超前网络传递函数
Gc=a*Gc;                         %补偿无源超前网络产生的增益衰减，放大器增益提高 a 倍
G=Gc*G0;                         %计算已校正系统的开环传递函数
bode(G,'r',G0,'b--');grid;       %绘制系统校正前后的伯德图
[h,r,wx,wc]=margin(G)            %计算已校正系统的幅值裕度、相角裕度及其对应的截止
                                   频率、穿越频率
```

Python 程序如下：

```
import control as ctr
import matplotlib.pyplot as plt
import numpy as np
K = 1/0.1                              #由稳态误差要求计算开环增益
G0 = ctr.tf(K, [1, 1, 0])              #建立开环系统模型
gm, pm, wg, wp = ctr.margin(G0)        #计算校正前系统的幅值裕度、相角裕度及其对应的截止
                                         频率、穿越频率
wm = 4.4                               #试取校正系统的截止频率
L = abs(ctr.freqresp(G0, wm)[0][0])
Lwc = 20 * np.log10(L)
a = 10**(-0.1 * Lwc)                   #确定超前校正网络参数 a
T = 1 / (wm * np.sqrt(a))              #确定超前校正网络参数 T
phi = np.arcsin((a - 1) / (a + 1))     # phi 表示最大超前角 φm
Gc = a * ctr.tf([a*T, 1], [T, 1]) / a  #确定超前网络传递函数
G = Gc * G0                            #计算已校正系统开环传递函数
h,r,wx,wc = ctr.margin(G)              #计算已校正系统的幅值裕度、相角裕度及其对应的截止
                                         频率、穿越频率
                                       #绘制系统校正前后的伯德图
ctr.bode_plot(G ,label='G',Hz=True, omega_limits=[0.01, 10000])
ctr.bode_plot(G0, linestyle='--', label='G0',Hz=True, omega_limits=[0.01, 10000])
plt.grid()
plt.legend()
plt.show()
```

运行上述程序，得系统校正前的截止频率 $\omega_c' = 3.0849\text{rad/s}$，相角裕度 $\gamma' = 17.9642°$，而二阶系统的幅值裕度必为+∞dB。由于截止频率和相角裕度均低于指标要求，故采用串联超前校正是合适的。

校正后系统截止频率 $\omega_c'' = 4.4\text{rad/s}$，相角裕度 $\gamma'' = 49.3369° \geqslant 45°$，而二阶系统的幅值裕度仍为+∞dB，全部满足设计指标要求。因此，超前网络传递函数为

$$3.9417G_c(s)=\frac{1+0.4512s}{1+0.1145s}$$

图 6-28 中虚线部分为系统校正前的对数幅频特性曲线，实线部分为系统校正后的对数幅频特性曲线。若不满足设计指标要求，可重新选取截止频率 ω_c''，直到满意为止。读者不妨重选 $\omega_c''=5\text{rad}/\text{s}$，可得 $\gamma''=58.4765°\geqslant 45°$，幅值裕度为+∞dB，仍然满足设计指标要求。

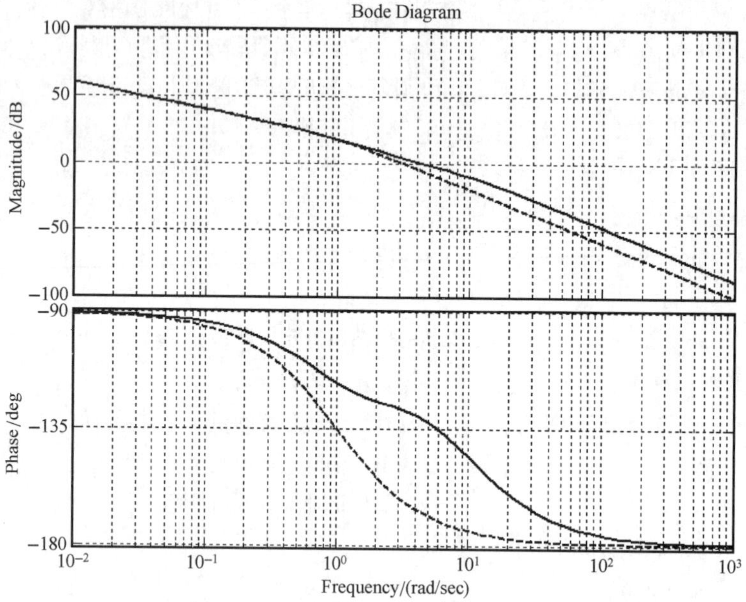

图 6-28　系统校正前后开环对数频率特性(MATLAB)

习　题

6-1　设有单位反馈的火炮指挥仪伺服系统，其开环传递函数为

$$G(s)=\frac{K}{s(0.2s+1)(0.5s+1)}$$

若要求系统最大输出速度为 12°/s，输出位置的容许误差小于 2°，试求：

(1) 确定满足上述指标的最小 K 值，计算该 K 值下系统的相角裕度和幅值裕度；

(2) 在前向通路中串接超前校正网络

$$G_c(s)=\frac{0.4s+1}{0.08s+1}$$

计算校正后系统的相角裕度和幅值裕度，说明超前校正对系统动态性能的影响。

6-2　设单位反馈系统的开环传递函数

$$G_0(s)=\frac{K}{s(s+1)}$$

试设计一串联超前校正装置，使系统满足如下指标：

(1) 相角裕度$\gamma \geqslant 45°$；

(2) 在单位斜坡输入下的稳态误差

$$e_{ss}(\infty) < \frac{1}{15}\text{rad}$$

(3) 截止频率 $\omega_c \geqslant 7.5\text{rad/s}$ 。

6-3 已知一单位反馈控制系统，其固定不变部分传递函数 $G_0(s)$和串联校正装置 $G_c(s)$分别如图 6-29(a)和(b)所示。

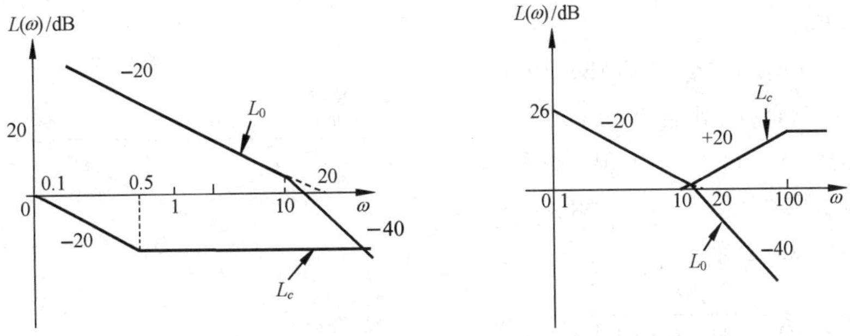

(a) 系统(1)　　(b) 系统(2)

图 6-29 串联校正系统对数幅频渐近特性

要求：

(1) 写出校正后各系统的开环传递函数；

(2) 分析各 $G_c(s)$对系统的作用，并比较其优缺点。

6-4 设单位反馈系统的开环传递函数为

$$G_0(s) = \frac{40}{s(0.2s+1)(0.0625s+1)}$$

(1) 若要求校正后系统的相角裕度为 30°，幅值裕度为 10～12dB，试设计串联超前校正装置；

(2) 若要求校正后系统的相角裕度为 50°，幅值裕度为 30～40dB，试设计串联滞后校正装置。

6-5 设单位反馈系统的开环传递函数为

$$G_0(s) = \frac{8}{s(2s+1)}$$

若采用滞后-超前校正装置

$$G_c(s) = \frac{(10s+1)(2s+1)}{(100s+1)(0.2s+1)}$$

对系统进行串联校正，试绘制系统校正前后的对数幅频渐近特性，并计算系统校正前后的相角裕度。

6-6 设单位反馈系统的开环传递函数

$$G_0(s) = \frac{K}{s(s+1)(0.25s+1)}$$

(1) 若要求校正后系统的静态速度误差系数 $K_v \geqslant 5(\text{s}^{-1})$，相角裕度$\gamma \geqslant 45°$，试设计串联校正装置；

(2) 若除上述指标要求外，还要求系统校正后截止频率 $\omega_c \geqslant 2\text{rad/s}$，试设计串联校正装置。

6-7　图 6-30 为三种推荐稳定系统的串联校正网络特性，它们均由最小相位环节组成。若控制系统为单位反馈系统，其开环传递函数为

$$G_0(s)=\frac{400}{s^2(0.01s+1)}$$

试问：

(1) 这些校正网络特性中，哪一种可使已校正系统的稳定程度最好？

(2) 为了将 12Hz 的正弦噪声削弱 10 倍左右，你确定采用哪种校正网络特性？

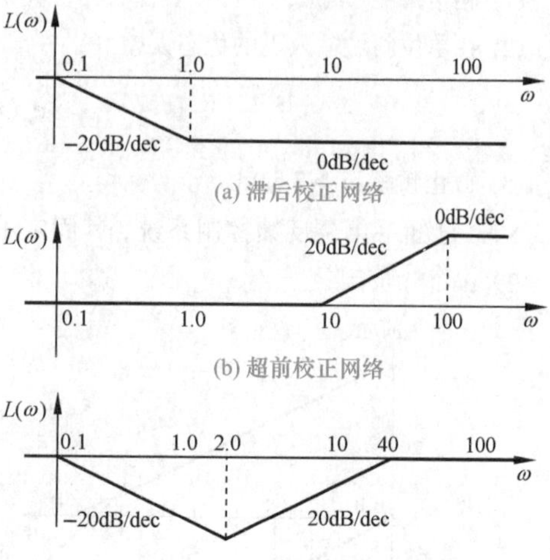

(a) 滞后校正网络　(b) 超前校正网络　(c) 滞后-超前校正网络

图 6-30　推荐的校正网络对数幅频渐近特性

6-8　MANUTEC 机器人具有很大的惯性和较长的手臂，其实物如图 6-31(a)所示。机械臂的动力学特性可以表示为

$$G_0(s)=\frac{250}{s(s+2)(s+40)(s+45)}$$

要求选用图 6-31(b)所示控制方案，使系统阶跃响应的超调量小于 20%，上升时间小于 0.5s，调节时间小于 1.2s(Δ=2%)，静态速度误差系数 $K_v\geqslant 10$。试问：采用超前校正网络

$$G_c(s)=1483.7\frac{s+3.5}{s+33.75}$$

是否合适？

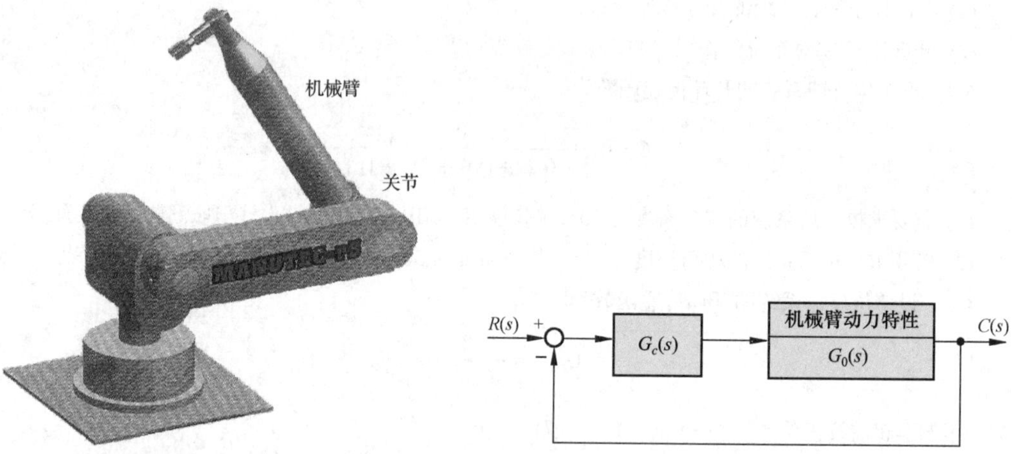

(a) 机器人　(b) 框图模型

图 6-31　机器人控制

6-9　双手协调机器人如图 6-32 所示，两台机械手相互协作，试图将一根长杆插入另一物体。已知单个机器人关节的反馈控制系统为单位反馈控制系统，被控对象为机械臂，其传递函数

$$G_0(s)=\frac{4}{s(s+0.5)}$$

要求设计一个串联超前-滞后校正网络，使系统在单位斜坡输入时的稳态误差小于 0.0125，单位阶跃响应的超调量小于 25%，调节时间小于 3s(Δ= 2%)，并要求给出系统校正前后的单位阶跃输入响应曲线。

试问：选用网络

$$G_c(s)=\frac{10(s+2)(s+0.1)}{(s+20)(s+0.01)}$$

是否合适？

6-10　热轧厂的主要工序是将炽热的钢坯轧成具有预定厚度和尺寸的钢板，所得到的最终产品之一是宽为 3300mm、厚为 180mm 的标准板材。图 6-33(a)给出了热轧厂主要设备示意图，它有两台主要的辊轧台：1 号台与 2 号台。辊轧台上装有直径为 508mm 的大型辊轧机，由 4470kW 大功率电机驱动，并通过大型液压缸来调节轧制宽度和力度。

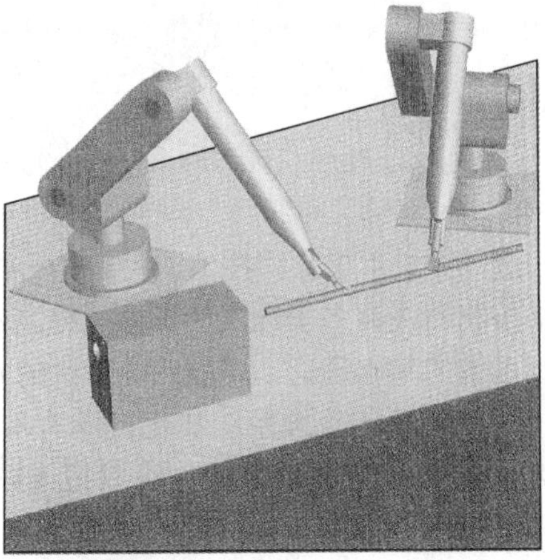

图 6-32　双手协调机器人示意图

热轧机的典型工作流程是：钢坯首先在熔炉中加热，加热后的钢坯通过 1 号台，被辊轧机轧制成具有预期宽度的钢坯，然后通过 2 号台，由辊轧机轧制成具有预期厚度的钢板，最后再由热整平设备加以整平成型。

热轧机系统控制的关键技术是通过调整辊轧机的间隙来控制钢板的厚度。热轧机控制系统框图如图 6-33(b)所示，其中

$$G_0(s)=\frac{1}{s(s^2+4s+5)}$$

而 $G_c(s)$为具有两个相同实零点的 PID 控制器。要求：

(1) 选择 PID 控制器的零点和增益，使闭环系统有两对相等的特征根；

(2) 考察(1)中得到的闭环系统，给出不考虑前置滤波器 $G_p(s)$与配置适当 $G_p(s)$时，系统的单位阶跃响应；

(3) 当 $R(s)=0$，$N(s)=1/s$ 时，计算系统对单位阶跃扰动的响应。

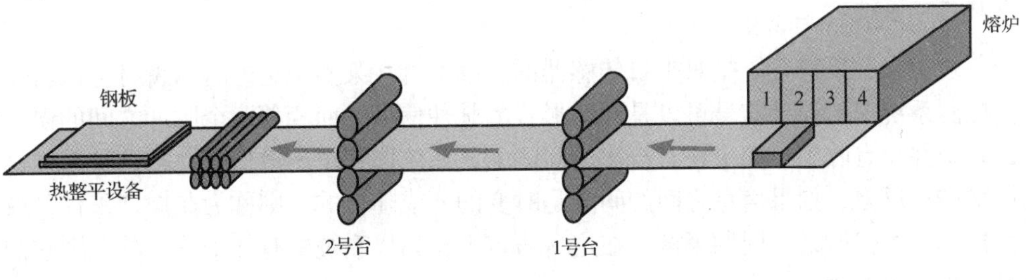

(a) 热轧机

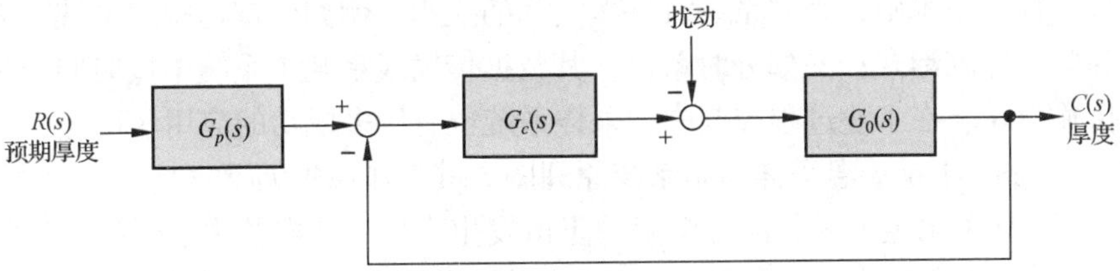

(b) 结构图

图 6-33　热轧机控制系统

本章导学

第七章　线性离散系统的分析

近年来，由于脉冲技术、数字式元部件、数字计算机，特别是微处理器的蓬勃发展，数字控制器在许多场合取代了模拟控制器。基于工程实践的需要，作为分析与设计数字控制系统的基础理论，离散系统理论的发展非常迅速。

离散系统与连续系统相比，既有本质上的不同，又有分析研究方面的相似性。利用 z 变换法研究离散系统，可以把连续系统中的许多概念和方法，推广应用于线性离散系统。

本章主要讨论线性离散系统的分析方法。首先建立信号采样和保持的数学描述，然后介绍 z 变换理论和脉冲传递函数，最后研究线性离散系统稳定性和性能的分析方法。

7-1　离散系统的基本概念

如果控制系统中的所有信号都是时间变量的连续函数，换句话说，这些信号在全部时间上都是已知的，则称这样的系统为连续时间系统，简称连续系统；如果控制系统中有一处或几处信号是一串脉冲或数码，换句话说，这些信号仅定义在离散时间上，则这样的系统称为离散时间系统，简称离散系统。**通常，把系统中的离散信号是脉冲序列形式的离散系统，称为采样控制系统或脉冲控制系统；而把数字序列形式的离散系统，称为数字控制系统或计算机控制系统。**

1. 采样控制系统

一般说来，采样系统是对来自传感器的连续信息在某些规定的时间瞬时上取值。例如，控制系统中的误差信号可以是断续形式的脉冲信号，而相邻两个脉冲之间的误差信息，系统并没有收到。如果在有规律的间隔上，系统取到了离散信息，则这种采样称为周期采样；反之，如果信息之间的间隔是时变的，或随机的，则称为非周期采样，或随机采样。本章仅讨论等周期采样。在这一假定下，如果系统中有几个采样器，则它们应该是同步等周期的。

在现代控制技术中，采样系统有许多实际的应用。例如，雷达跟踪系统，其输入信号只能为脉冲序列形式；又如分时系统，其数据传输线在几个系统中按时间分配，以降低信息传输费用。在工业过程控制中，采样系统也有许多成功的应用。

例 7-1　图 7-1 是炉温采样控制系统原理图。其工作原理如下：

当炉温 θ 偏离给定值时，测温电阻的阻值发生变化，使电桥失去平衡，这时检流计指针发生偏转，其偏角为 s。检流计是一个高灵敏度的元件，不允许在指针与电位器之间有摩擦力，故由一套专门的同步电动机通过减速器带动凸轮运转，使检流计指针周期性地上下运动，每隔 T 秒与电位器接触一次，每次接触时间为 τ。其中，T 称为采样周期，

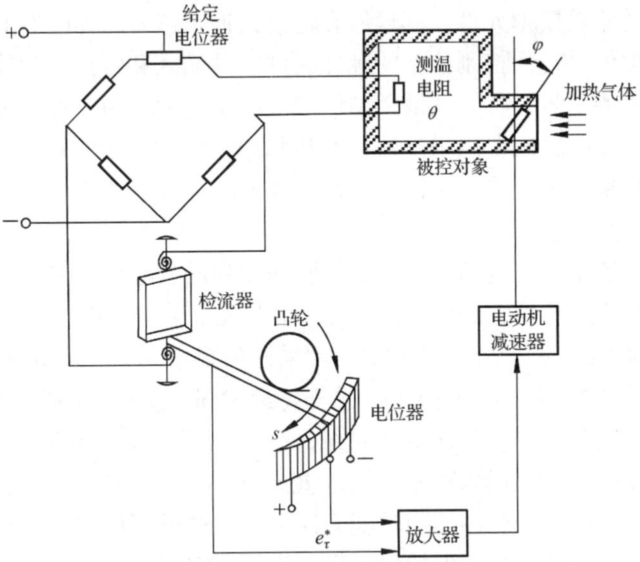

图 7-1　炉温采样控制系统原理图

τ称为采样持续时间。当炉温连续变化时，电位器的输出是一串宽度为τ的脉动电压信号$e_\tau^*(t)$，如图 7-2(a)所示。e_τ^*经放大器、电动机及减速器去控制阀门开度ϕ，以改变加热气体的进气量，使炉温趋于给定值。炉温的给定值，由给定电位器给出。

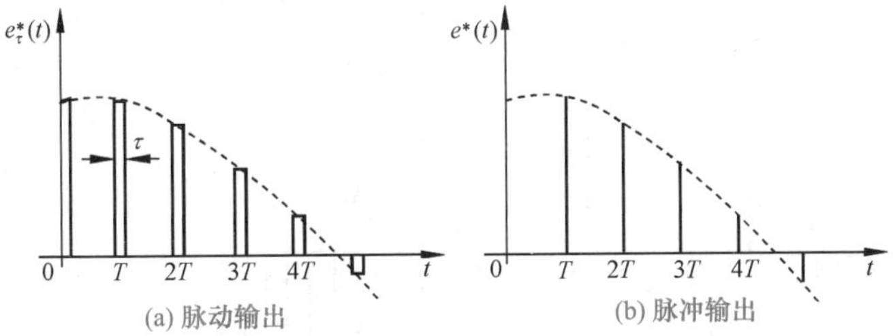

图 7-2　电位器的输出电压

在炉温控制过程中，如果采用连续控制方式，则无法解决控制精度与动态性能之间的矛盾。因为炉温调节是一个大惯性过程，当加大开环增益以提高系统的控制精度时，由于系统的灵敏度相应提高，在炉温低于给定值的情况下，电动机将迅速增大阀门开度，给炉子供应更多的加热气体，但因炉温上升缓慢，在炉温升到给定值时，电动机已将阀门的开度开得更大了，从而炉温继续上升，结果造成反方向调节，引起炉温振荡性调节过程；而在炉温高于给定值情况下，具有类似的调节过程。如果对炉温进行采样控制，只有当检流计的指针与电位器接触时，电动机才在采样信号作用下产生旋转运动，进行炉温调节；而在检流计与电位器脱开时，电动机就停止不动，保持一定的阀门开度，等待炉温缓慢变化。在采样控制情况下，电动机时转时停，所以调节过程中超调现象大为减少，甚至在采用较大开环增益情况下，不但能保证系统稳定，而且能使炉温调节过程无超调。

由例 7-1 可见，在采样系统中不仅有模拟部件，还有脉冲部件。通常，测量元件、执行元件和被控对象是模拟元件，其输入和输出是连续信号，即时间上和幅值上都连续的信号，称为模拟信号；而控制器中的脉冲元件，其输入和输出为脉冲序列，即时间上离散而幅值上连续的信号，称为离散模拟信号。为了使两种信号在系统中能相互传递，在连续信号和脉冲序列之间要用采样器，而在脉冲序列和连续信号之间要用保持器，以实现两种信号的转换。采样器和保持器，是采样控制系统中的两个特殊环节。

(1) 信号采样和复现

在采样控制系统中，把连续信号转变为脉冲序列的过程称为采样过程，简称采样。实现采样的装置称为采样器，或称采样开关。用 T 表示采样周期，单位为 s；$f_s=1/T$ 表示采样频率，单位为 1/s；$\omega_s = 2\pi f_s = 2\pi / T$ 表示采样角频率，单位为 rad/s。在实际应用中，采样开关多为电子开关，闭合时间极短，采样持续时间 τ 远小于采样周期 T，也远小于系统连续部分的最大时间常数。为了简化系统的分析，可认为 τ 趋于零，即把采样器的输出近似看成一串强度等于矩形脉冲面积的理想脉冲 $e^*(t)$，如图 7-2(b)所示。

在采样控制系统中，把脉冲序列转变为连续信号的过程称为信号复现过程。实现复现过程的装置称为保持器。采用保持器不仅因为需要实现两种信号之间的转换，也是因为采样器输出的是脉冲信号 $e^*(t)$，如果不经滤波将其恢复成连续信号，则 $e^*(t)$中的高频分量相当于给系统中的连续部分加入了噪声，不但影响控制质量，严重时会加剧机械部件的磨损。因此，需要在采样器后面串联一个信号复现滤波器，以使脉冲信号 $e^*(t)$复原成连续信号，再加到系统的连续部分。最简单的复现滤波器由保持器实现，可把脉冲信号 $e^*(t)$复现为阶梯信号 $e_h(t)$，如图 7-3 所示。由图可见，当采样频率足够高时，$e_h(t)$接近于连续信号。

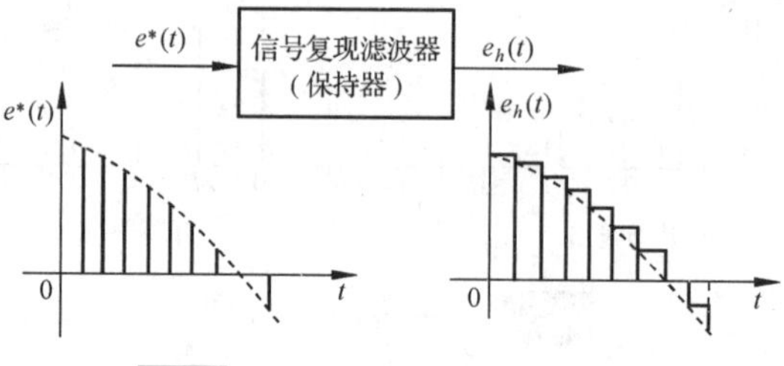

图 7-3　保持器的输入与输出信号

(2) 采样系统的典型结构图

根据采样器在系统中所处的位置不同，可以构成各种采样系统。如果采样器位于系统闭合回路之外，或者系统本身不存在闭合回路，则称为开环采样系统；如果采样器位于系统闭合回路之内，则称为闭环采样系统。在各种采样控制系统中，用得最多的是误差采样控制的闭环采样系统，其典型结构图如图 7-4 所示。图中，S 为理想采样开关，其采样瞬时的脉冲幅值，等于相应采样瞬时误差信号 $e(t)$的幅值，且采样持续时间 τ 趋于零；$G_h(s)$为保持器的传递函数；$G_o(s)$为被控对象的传递函数；$H(s)$为测量变送反馈元件的传递函数。

由图 7-4 可见，采样开关 S 的输出 $e^*(t)$的幅值，与其输入 $e(t)$的幅值之间存在线性关系。当采样开关和系统其余部分的传递函数都具有线性特性时，这样的系统就称为线性采样系统。

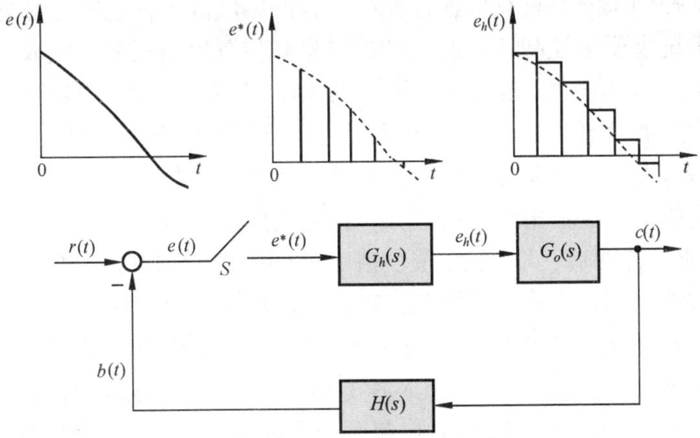

图 7-4 采样系统典型结构图

2. 数字控制系统

数字控制系统是一种以数字计算机为控制器去控制具有连续工作状态的被控对象的闭环控制系统。因此，数字控制系统包括工作于离散状态下的数字计算机和工作于连续状态下的被控对象两大部分。由于数字控制系统具有一系列的优越性，所以在军事、航空及工业过程控制中得到了广泛的应用。

例 7-2 图 7-5 是小口径高炮高精度数字伺服系统原理图。

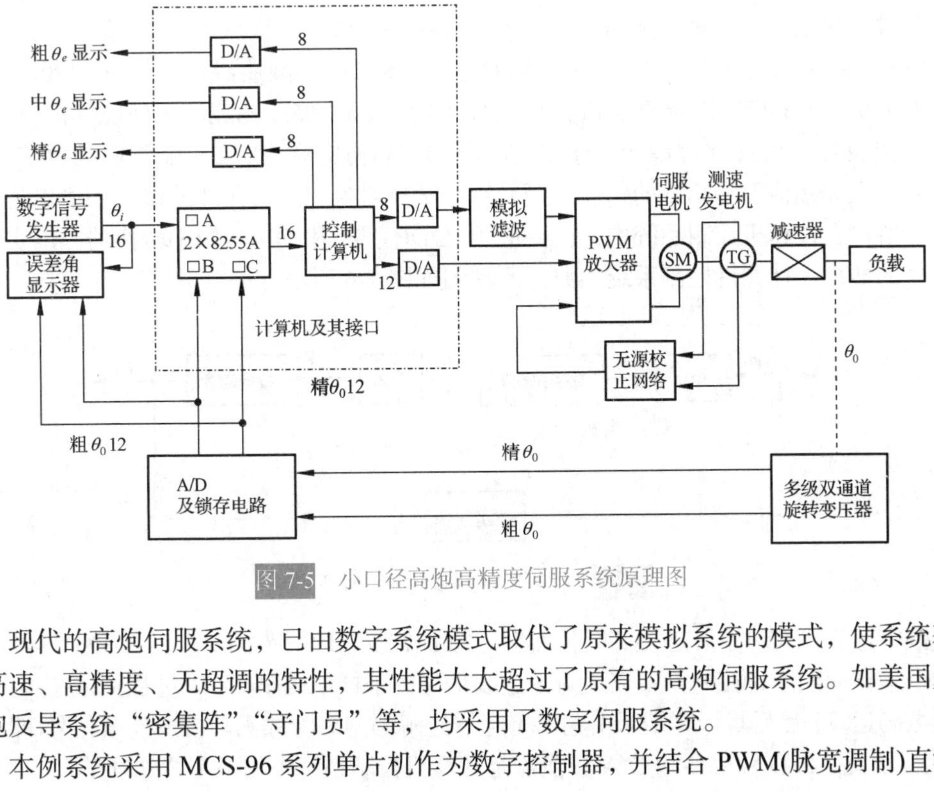

图 7-5 小口径高炮高精度伺服系统原理图

现代的高炮伺服系统，已由数字系统模式取代了原来模拟系统的模式，使系统获得了高速、高精度、无超调的特性，其性能大大超过了原有的高炮伺服系统。如美国多管火炮反导系统“密集阵”“守门员”等，均采用了数字伺服系统。

本例系统采用 MCS-96 系列单片机作为数字控制器，并结合 PWM(脉宽调制)直流伺服系统形成数字控制系统，具有低速性能好、稳态精度高、快速响应性好、抗扰能力强等特点。整个系统主要由控制计算机、被控对象和位置反馈三部分组成。控制计算机以16位单片机MCS-96为主体，按最小系统原则设计，具有3个输入接口和5个输出接口。

数字信号发生器给出的16位数字输入信号θ_i经两片8255A的口A进入控制计算机，系统输出角θ_0(模拟量)经110XFS1/32多极双通道旋转变压器和2×12XSZ741 A/D变换器及其锁存电路完成绝对式轴角编码的任务，将输出角模拟量θ_0转换成二进制数码粗、精各12位，该数码经锁存后，取粗12位、精12位由8255A的口B和口C进入控制计算机。经计算机软件运算，将精、粗合并，得到16位数字量的系统输出角θ_0。

控制计算机的5个输出接口分别为主控输出口、前馈输出口和3个误差角$\theta_e=\theta_i-\theta_0$显示口。主控输出口由12位D/A转换芯片DAC1210等组成，其中包含与系统误差角θ_e及其一阶差分$\Delta\theta_e$成正比的信号，同时也包含与系统输入角θ_i的一阶差分$\Delta\theta_i$成正比的复合控制信号，从而构成系统的模拟量主控信号，通过PWM放大器，驱动伺服电机，带动减速器与小口径高炮，使其输出转角θ_0跟踪数字指令θ_i。

前馈输出口由8位D/A转换芯片DAC0832等组成，可将与系统输入角的二阶差分$\Delta^2\theta_i$成正比并经数字滤波器滤波后的数字前馈信号转换为相应的模拟信号，再经模拟滤波器滤波后加入PWM放大器，作为系统控制量的组成部分作用于系统，主要用来提高系统的控制精度。

误差角显示口主要用于系统运行时的实时观测。粗θ_e显示口由8位D/A转换芯片DAC0832等组成，可将数字粗θ_e量转换为模拟粗θ_e量，接入显示器，以实时观测系统误差值。中θ_e和精θ_e显示口也分别由8位D/A转换芯片DAC0832等组成，将数字误差量转换为模拟误差量，以显示不同误差范围下的误差角θ_e。

PWM放大器(包括前置放大器)、伺服电机ZK-21G、减速器、负载(小口径高炮)、测速发电机45CY003，以及速度和加速度无源反馈校正网络，构成了闭环连续被控对象。

上例表明，计算机作为系统的控制器，其输入和输出只能是二进制编码的数字信号，即在时间上和幅值上都离散的信号，而系统中被控对象和测量元件的输入和输出是连续信号，所以在计算机控制系统中，需要应用A/D(模/数)和D/A(数/模)转换器，以实现两种信号的转换。计算机控制系统的典型原理图如图7-6所示。

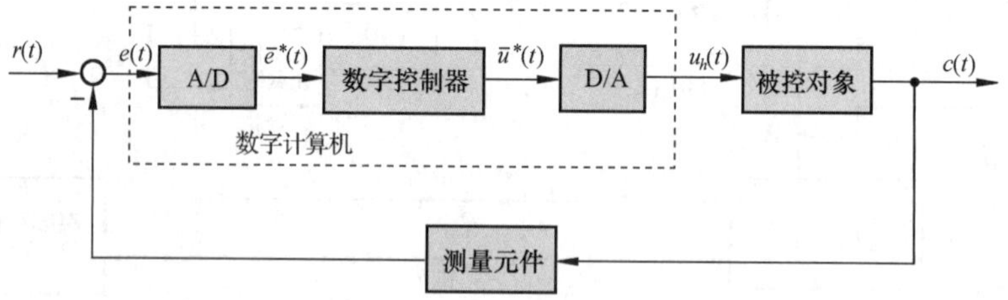

图7-6　计算机控制系统典型原理图

数字计算机在对系统进行实时控制时，每隔T秒进行一次控制修正，T为采样周期。在每个采样周期中，控制器要完成对于连续信号的采样编码(即A/D过程)和按控制律进行的数码运算，然后将计算结果由输出寄存器经解码网络将数码转换成连续信号(即D/A过程)。因此，A/D转换器和D/A转换器是计算机控制系统中的两个特殊环节。

(1) A/D 转换器

A/D 转换器是把连续的模拟信号转换为离散数字信号的装置。A/D 转换包括两个过程：一是采样过程，即每隔 T 秒对如图 7-7(a)所示的连续信号 $e(t)$进行一次采样，得到采样后的离散信号为 $e^*(t)$，如图 7-7(b)所示，所以数字计算机中的信号在时间上是断续的；二是量化过程，因为在计算机中，任何数值的离散信号必须表示成最小位二进制的整数倍，成为数字信号，才能进行运算，采样信号 $e^*(t)$经量化后变成数字信号 $\bar{e}^*(t)$ 的过程，如图 7-7(c)所示，也称编码过程，所以数字计算机中信号的断续性还表现在幅值上。

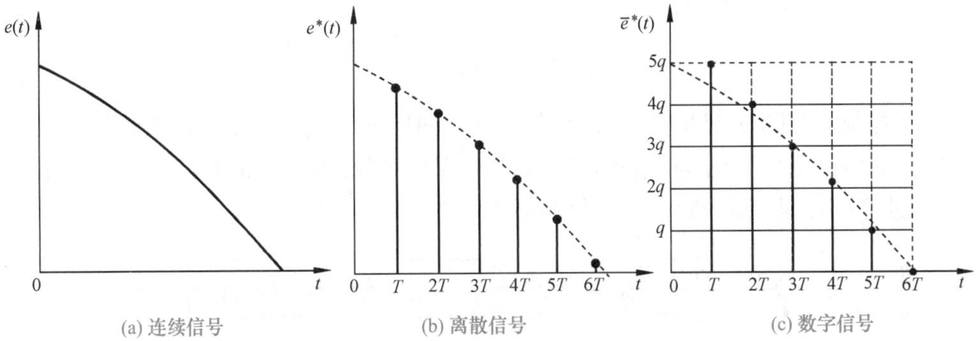

图 7-7　A/D 转换过程

通常，A/D 转换器有足够的字长来表示数码，且量化单位 q 足够小，故由量化引起的幅值的断续性可以忽略。此外，若认为采样编码过程瞬时完成，并用理想脉冲来等效代替数字信号，则数字信号可以看成脉冲信号，A/D 转换器就可以用一个每隔 T 秒瞬时闭合一次的理想采样开关 S 来表示。

(2) D/A 转换器

D/A 转换器是把离散的数字信号转换为连续模拟信号的装置。D/A 转换也经历了两个过程：一是解码过程，把离散数字信号转换为离散的模拟信号，如图 7-8(a)所示；二是复现过程，因为离散的模拟信号无法直接控制连续的被控对象，需要经过保持器将离散模拟信号复现为连续的模拟信号，如图 7-8(b)所示。

计算机的输出寄存器和解码网络起到了信号保持器的作用。显然，在图 7-8(b)中经保持后的 $u_h(t)$只是一个阶梯信号，但是当采样频率足够高时，$u_h(t)$将趋近于连续信号。

(3) 数字控制系统的典型结构图

通常，假定所选择的 A/D 转换器有足够的字长来表示数码，量化单位 q 足够小，所以由量化引起的幅值断续性可以忽略。此外还假定，采样编码过程是瞬时完成的，可用理想脉冲的幅值等效代替数字信号的大小，则 A/D 转换器可以用周期为 T 的理想开关来代替。同理，将数字量转换为模拟量的 D/A 转换器可以用保持器取代，其传递函数为 $G_h(s)$。图 7-9 中数字控制器的功能是按照一定的控制规律，将采样后的误差信号 $e^*(t)$ 加工成所需要的数字信号，并以一定的周期 T 给出运算后的数字信号 $\bar{u}^*(t)$，所以数字控制器实质上是一个数字校正装置，在结构图中可以等效为一个传递函数为 $G_c(s)$的脉冲控制器与一个周期为 T 的理想采样开关相串联，用采样开关每隔 T 秒输出的脉冲强度 $\bar{u}^*(t)$ 来

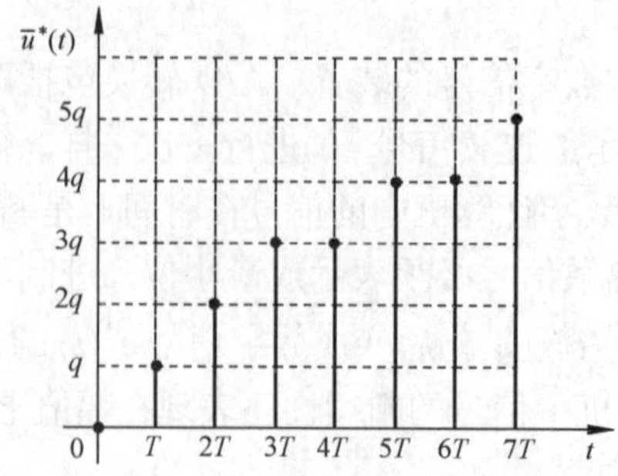

(a) 离散数字信号

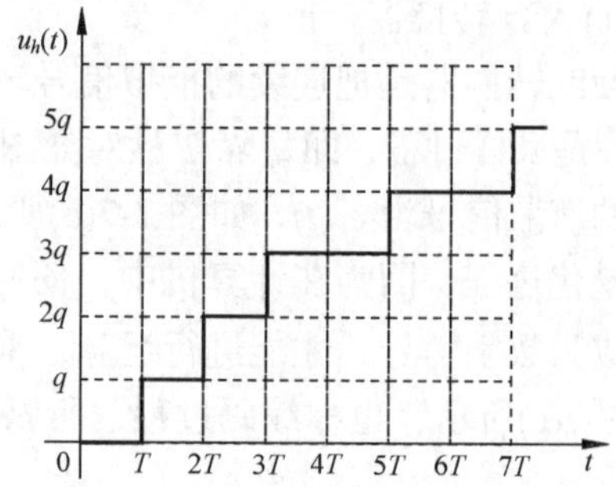

(b) 连续模拟信号

图 7-8　D/A 转换过程

表示数字控制器每隔 T 秒输出的数字量 $\overline{u}^*(t)$。如果再令被控对象的传递函数为 $G_o(s)$，测量元件的传递函数为 $H(s)$，则图 7-6 的等效采样系统结构图如图 7-9 所示。实际上，图 7-9 也是数字控制系统的常见典型结构图。

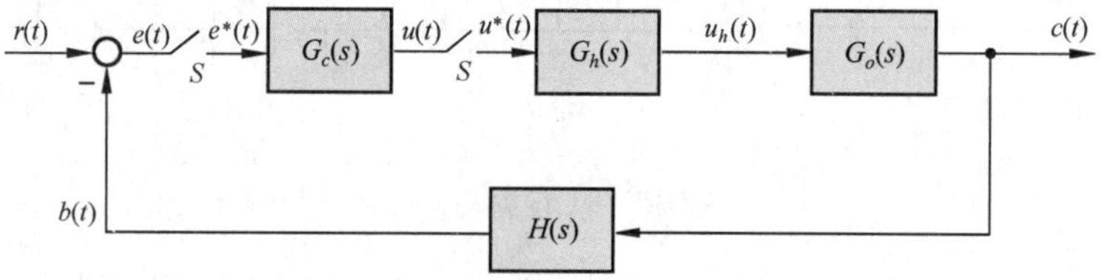

图 7-9　数字控制系统典型结构图

3. 离散控制系统的特点

采样和数控技术，在自动控制领域中得到了广泛的应用，其主要原因是采样系统，特别是数字控制系统较之相应的连续系统具有一系列的特点：

1) 由数字计算机构成的数字校正装置，控制效果比连续式校正装置好，且由软件实现的控制规律易于改变，控制灵活。

2) 采样信号，特别是数字信号的传递可以有效地抑制噪声，从而提高了系统的抗扰能力。

3) 允许采用高灵敏度的控制元件，以提高系统的控制精度。

4) 可用一台计算机分时控制若干个系统，提高了设备的利用率，经济性好。

5) 对于具有传输延迟，特别是大延迟的控制系统，可以引入采样的方式使系统稳定。

4. 离散系统的研究方法

由于在离散系统中存在脉冲或数字信号，如果仍然沿用连续系统中的拉氏变换方法来建立系统各个环节的传递函数，则在运算过程中会出现复变量 s 的超越函数。为了克服这个障碍，需要采用 z 变换法建立离散系统的数学模型。我们将会看到，通过 z 变换处理后的离散系统，可以把用于连续系统中的许多方法，例如稳定性分析、稳态误差计算、时间响应分析方法等，经过适当改变后直接应用于离散系统的分析之中。

7-2　信号的采样与保持

离散系统的特点是，系统中一处或数处的信号是脉冲序列或数字序列。为了把连续信号变换为脉冲信号，需要使用采样器；另一方面，为了控制连续式元部件，又需要使用保持器将脉冲信号变换为连续信号。因此，为了定量研究离散系统，必须对信号的采样过程和保持过程用数学的方法加以描述。

1. 采样过程

把连续信号变换为脉冲序列的装置称为采样器，又叫采样开关。采样器的采样过程，可以用一个周期性闭合的采样开关 S 来表示，如图 7-10 所示。假设采样器每隔 T 秒闭合一次，闭合的持续时间为 τ；采样器的输入 $e(t)$为连续信号；输出 $e^*(t)$为宽度等于 τ 的调幅脉冲序列，在采样瞬时 $nT(n=0, 1, 2, \cdots, \infty)$时出现。换句话说，在 $t=0$ 时，采样器闭合 τ 秒，此时 $e^*(t)=e(t)$；$t=\tau$ 以后，采样器打开，输出 $e^*(t)=0$；以后每隔 T 秒重复一次这种过程。显然，采样过程要丢失采样间隔之间的信息。

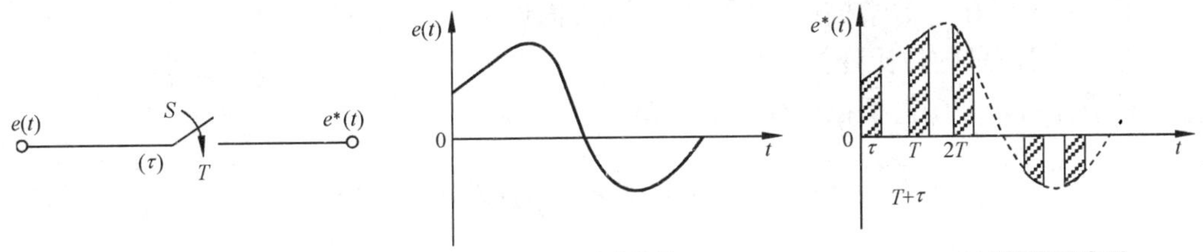

(a) 采样开关　(b) 连续信号　(c) 调幅脉动序列

图 7-10　实际采样过程

对于具有有限脉冲宽度的采样系统来说，要准确进行数学分析是非常复杂的，且无此必要。考虑到采样开关的闭合时间 τ 非常小，通常为毫秒到微秒级，一般远小于采样周期 T 和系统连续部分的最大时间常数。因此在分析时，可以认为 $\tau=0$。这样，采样器就可以用一个理想采样器来代替。采样过程可以看成是一个幅值调制过程。理想采样器好像是一个载波为 $\delta_T(t)$的幅值调制器，如图 7-11(b)所示，其中 $\delta_T(t)$为理想单位脉冲序列。图 7-11(c)所示的理想采样器的输出信号 $e^*(t)$，可以认为是图 7-11(a)所示的输入连续信号 $e(t)$调制在载波 $\delta_T(t)$上的结果，而各脉冲强度(即面积)用其高度来表示，它们等于相应采样瞬时 $t=nT$ 时 $e(t)$的幅值。如果用数学形式描述上述调制过程，则有

$$e^*(t)=e(t)\delta_T(t) \tag{7-1}$$

因为理想单位脉冲序列 $\delta_T(t)$可以表示为

$$\delta_T(t)=\sum_{n=0}^{\infty}\delta(t-nT) \tag{7-2}$$

其中 $\delta(t-nT)$是出现在时刻 $t=nT$、强度为 1 的单位脉冲，故式(7-1)可以写为

$$e^*(t)=e(t)\sum_{n=0}^{\infty}\delta(t-nT)$$

由于 $e(t)$的数值仅在采样瞬时才有意义，所以上式又可表示为

$$e^*(t)=\sum_{n=0}^{\infty}e(nT)\delta(t-nT) \tag{7-3}$$

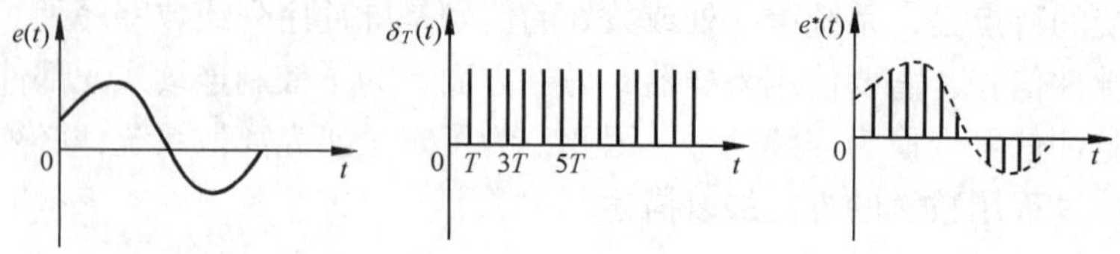

(a) 连续信号　　(b) 单位脉冲调制序列　　(c) 调幅脉冲序列

图 7-11　理想采样过程

值得注意，在上述讨论过程中，假设了

$$e(t)=0,\quad \forall t<0$$

因此脉冲序列从零开始。这个前提在实际控制系统中，通常都是满足的。

2. 采样过程的数学描述

采样信号 $e^*(t)$的数学描述，可分以下两方面讨论。

(1) 采样信号的拉氏变换

对采样信号 $e^*(t)$进行拉氏变换，可得

$$E^*(s)=\mathscr{L}\left[e^*(t)\right]=\mathscr{L}\left[\sum_{n=0}^{\infty}e(nT)\delta(t-nT)\right] \tag{7-4}$$

根据拉氏变换的位移定理，有

$$\mathscr{L}\left[\delta(t-nT)\right]=\mathrm{e}^{-nTs}\int_0^{\infty}\delta(t)\mathrm{e}^{-st}\mathrm{d}t=\mathrm{e}^{-nTs}$$

所以，采样信号的拉氏变换

$$E^*(s)=\sum_{n=0}^{\infty}e(nT)\mathrm{e}^{-nTs} \tag{7-5}$$

应当指出，式(7-5)将 $E^*(s)$与采样函数 $e(nT)$联系了起来，可以直接看出 $e^*(t)$的时间响应。但是，由于 $e^*(t)$只描述了 $e(t)$在采样瞬时的数值，所以 $E^*(s)$不能给出连续函数 $e(t)$在采样间隔之间的信息，这是要特别强调指出的。还应当注意的是，式(7-5)描述的采样拉氏变换，与连续信号 $e(t)$的拉氏变换 $E(s)$非常类似。因此，如果 $e(t)$是一个有理函数，则无穷级数 $E^*(s)$也总是可以表示成 e^{Ts} 的有理函数形式。在求 $E^*(s)$的过程中，初始值通常规定采用 $e(0_+)$。

例 7-3　设 $e(t)=1(t)$，试求 $e^*(t)$的拉氏变换。

解　由式(7-5)，有

$$E^*(s)=\sum_{n=0}^{\infty}e(nT)\mathrm{e}^{-nTs}=1+\mathrm{e}^{-Ts}+\mathrm{e}^{-2Ts}+\cdots$$

这是一个无穷等比级数，公比为 e^{-Ts}，求和后得闭合形式

$$E^*(s)=\frac{1}{1-e^{-Ts}}=\frac{e^{Ts}}{e^{Ts}-1},\qquad \left|e^{-Ts}\right|<1$$

显然，$E^*(s)$是 e^{Ts} 的有理函数。

例 7-4 设 $e(t)=e^{-at}$，$t\geqslant 0$，a 为常数，试求 $e^*(t)$的拉氏变换。

解 由式(7-5)，有

$$E^*(s)=\sum_{n=0}^{\infty}e^{-anT}e^{-nTs}=\sum_{n=0}^{\infty}e^{-n(s+a)T}$$

$$=\frac{1}{1-e^{-(s+a)T}}=\frac{e^{Ts}}{e^{Ts}-e^{-aT}},\qquad \left|e^{-(s+a)T}\right|<1$$

上式也是 e^{Ts} 的有理函数。

上述分析表明，只要 $E(s)$可以表示为 s 的有限次多项式之比时，总可以用式(7-5)推导出 $E^*(s)$的闭合形式。然而，如果用拉氏变换法研究离散系统，尽管可以得到 e^{Ts} 的有理函数，但却是一个复变量 s 的超越函数，不便于进行分析和设计。为了克服这一困难，通常采用 z 变换法研究离散系统。z 变换可以把离散系统的 s 超越方程，变换为变量 z 的代数方程。有关 z 变换理论将在下节介绍。

(2) 采样信号的频谱

由于采样信号的信息并不等于连续信号的全部信息，所以采样信号的频谱与连续信号的频谱相比，要发生变化。研究采样信号的频谱，目的是找出 $E^*(s)$与 $E(s)$之间的相互联系。

式(7-2)表明，理想单位脉冲序列$\delta_T(t)$是一个周期函数，可以展开为如下傅氏级数形式：

$$\delta_T(t)=\sum_{n=-\infty}^{\infty}c_n e^{jn\omega_s t} \tag{7-6}$$

式中，$\omega_s=2\pi/T$，为采样角频率；c_n是傅氏系数，

$$c_n=\frac{1}{T}\int_{-T/2}^{T/2}\delta_T(t)e^{-jn\omega_s t}dt$$

由于在$[-T/2, T/2]$区间中$\delta_T(t)$仅在 $t=0$ 时有值，且 $e^{-jn\omega_s t}|_{t=0}=1$，所以

$$c_n=\frac{1}{T}\int_{0_-}^{0_+}\delta(t)dt=\frac{1}{T} \tag{7-7}$$

将式(7-7)代入式(7-6)，得

$$\delta_T(t)=\frac{1}{T}\sum_{n=-\infty}^{\infty}e^{jn\omega_s t} \tag{7-8}$$

再把式(7-8)代入式(7-1)，有

$$e^*(t)=\frac{1}{T}\sum_{n=-\infty}^{\infty}e(t)e^{jn\omega_s t} \tag{7-9}$$

上式两边取拉氏变换，由拉氏变换的复数位移定理，得到

$$E^*(s)=\frac{1}{T}\sum_{n=-\infty}^{\infty}E(s+jn\omega_s) \tag{7-10}$$

式(7-10)在描述采样过程的性质方面是非常重要的，因为该式体现了理想采样器在频域中的特点。在式(7-10)中，如果 $E^*(s)$没有右半 s 平面的极点，则可令 $s=\mathrm{j}\omega$，得到采样信号 $e^*(t)$的傅氏变换

$$E^*(\mathrm{j}\omega)=\frac{1}{T}\sum_{n=-\infty}^{\infty}E\left[\mathrm{j}(\omega+n\omega_s)\right] \tag{7-11}$$

式中，$E(\mathrm{j}\omega)$为连续信号 $e(t)$的傅氏变换。

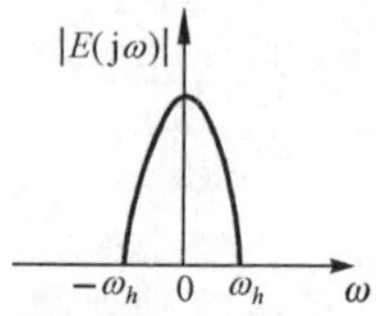

图 7-12 连续信号频谱

一般说来，连续信号 $e(t)$的频谱$|E(\mathrm{j}\omega)|$是单一的连续频谱，如图 7-12 所示，其中ω_h为连续频谱$|E(\mathrm{j}\omega)|$中的最大角频率；而采样信号 $e^*(t)$的频谱$|E^*(\mathrm{j}\omega)|$，则是以采样角频率ω_s为周期的无穷多个频谱之和，如图 7-13 所示。在图 7-13 中，$n=0$ 的频谱称为采样频谱的主分量，如曲线 1 所示，它与连续频谱$|E(\mathrm{j}\omega)|$形状一致，仅在幅值上变化了 $1/T$ 倍；其余频谱($n=\pm1$，±2，…)都是由于采样而引起的高频频谱，称为采样频谱的补分量，如曲线 2 所示。图 7-13 表明的是采样角频率ω_s大于两倍ω_h这一情况。如果加大采样周期 T，采样角频率ω_s相应减小，当$\omega_s<2\omega_h$时，采样频谱中的补分量相互交叠，致使采样器输出信号发生畸变，如图 7-14 所示。在这种情况下，即使用图 7-15 所示的理想滤波器也无法恢复原来连续信号的频谱。因此不难看出，要想从采样信号 $e^*(t)$中完全复现出采样前的连续信号 $e(t)$，对采样角频率ω_s应有一定的要求。

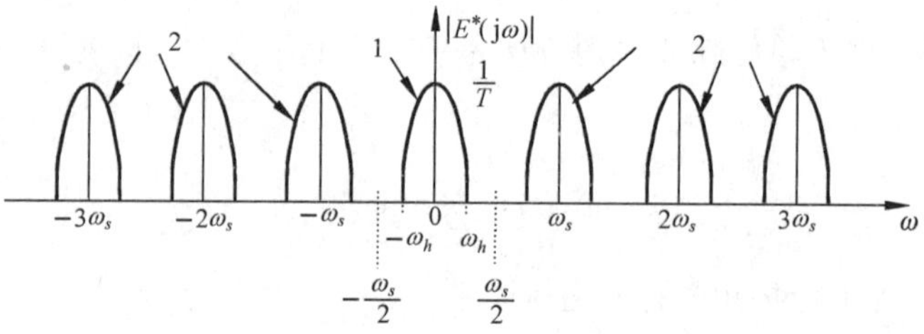

图 7-13 采样信号频谱($\omega_s>2\omega_h$)

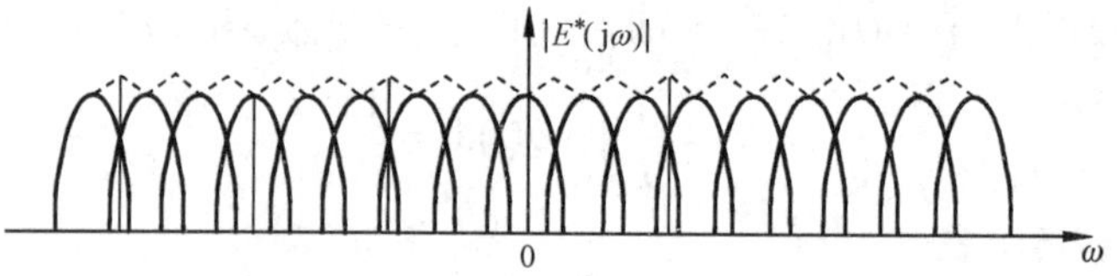

图 7-14 采样信号频谱($\omega_s<2\omega_h$)

3. 香农采样定理

在设计离散系统时，香农采样定理是必须严格遵守的一条准则，因为它指明了从采样信号中不失真地复现原连续信号所必需的理论上的最大采样周期 T。

香农采样定理指出：**如果采样器的输入信号 $e(t)$具有有限带宽，并且有直到ω_h的频率分量，则使信号 $e(t)$完全从采样信号 $e^*(t)$中恢复过来的采样周期 T，满足如下条件：**

$$T \leqslant \frac{2\pi}{2\omega_h} \tag{7-12}$$

采样定理表达式(7-12)与$\omega_s \geqslant 2\omega_h$是等价的。由图 7-13 可见，在满足香农采样定理的条件下，要想不失真地复现采样器的输入信号，需要采用图 7-15 所示的理想滤波器，其频率特性的幅值$|F(j\omega)|$必须在$\omega=\omega_s/2$处突然截止，那么在理想滤波器的输出端便可以准确得到$|E(j\omega)|/T$的连续频谱，除了幅值变化$1/T$倍外，频谱形状没有畸变。在满足香农采样定理条件下，理想采样器的特性如图 7-16 所示。图 7-16(a)为连续输入信号及其频谱；图 7-16(b)为理想单位脉冲序列及其频谱；图 7-16(c)为输出采样信号及其频谱。

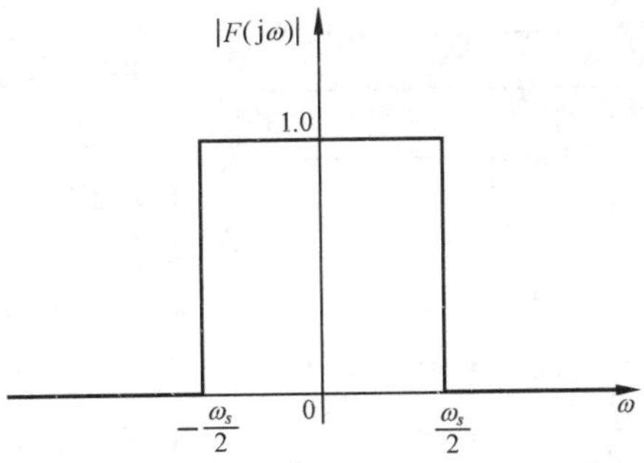

图 7-15　理想滤波器的频率特性

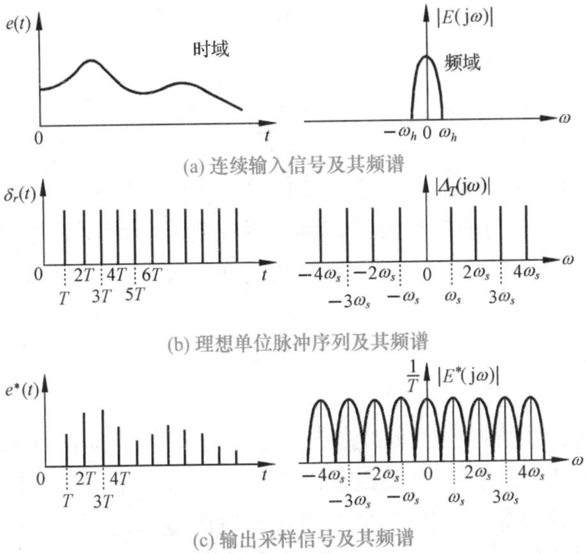

图 7-16　理想采样器特性

应当指出，香农采样定理只是给出了一个选择采样周期T或采样频率f_s的指导原则，它给出的是由采样脉冲序列无失真地再现原连续信号所允许的最大采样周期，或最低采样频率。在控制工程实践中，一般总是取$\omega_s > 2\omega_h$，而不取恰好等于$2\omega_h$的情形。

4. 采样周期的选取

采样定理只是给出了采样周期选择的基本原则，并未给出选择采样周期的具体计算公式。显然，采样周期T选得越小，即采样角频率ω_s选得越高，对控制过程的信息便获得越多，控制效果也会越好。但是，采样周期T选得过小，将增加不必要的计算负担，造成实现较复杂控制规律的困难，而且采样周期T小到一定的程度后，再减小就没有多大实际意义了。反之，采样周期T选得过大，又会给控制过程带来较大的误差，降低系统的动态性能，甚至有可能导致整个控制系统失去稳定。

表 7-1　工业过程 T 的选择

控制过程	采样周期 T/s
流量	1
压力	5
液面	5
温度	20
成分	20

在一般工业过程控制中，微型计算机所能提供的运算速度，对于采样周期的选择来说，回旋余地较大。工程实践表明，根据表 7-1 给出的参考数据选择采样周期 T，可以取得满意的控制效果。但是，对于快速随动系统，采样周期 T 的选择将是系统设计中必须予以认真考虑的问题。采样周期的选取，在很大程度上取决于系统的性能指标。

从频域性能指标来看，控制系统的闭环频率响应通常具有低通滤波特性，当随动系统的输入信号的频率高于其闭环幅频特性的谐振频率 ω_r 时，信号通过系统将会很快衰减，因此可认为通过系统的控制信号的最高频率分量为 ω_r。在随动系统中，一般认为开环系统的截止频率 ω_c 与闭环系统的谐振频率 ω_r 相当接近，近似有 $\omega_c=\omega_r$，故在控制信号的频率分量中，超过 ω_c 的分量通过系统后将被大幅度衰减掉。工程实践表明，随动系统的采样角频率可近似取为

$$\omega_s = 10\omega_c \tag{7-13}$$

或者

$$T = \frac{1}{40}t_s \tag{7-14}$$

应当指出，采样周期选择得当，是连续信号 $e(t)$ 可以从采样信号 $e^*(t)$ 中完全复现的前提。然而，图 7-15 所示的理想滤波器实际上并不存在，因此只能用特性接近理想滤波器的低通滤波器来代替，零阶保持器是常用的低通滤波器之一。为此，需要研究信号保持过程。

5. 信号保持

用数字计算机作为系统的信息处理机构时，处理结果的输出如同原始信息的获取一样，一般也有两种方式。一种是直接数字输出，如屏幕显示、打印输出，或将数列以二进制形式输入给相应的寄存器，图 7-5 中的误差角 θ_e 显示就属于此种形式；另一种需要把数字信号转换为连续信号。用于这后一种转换过程的装置，称为保持器。从数学上说，保持器的任务是解决各采样点之间的插值问题。

(1) 保持器的数学描述

由采样过程的数学描述可知，在采样时刻上，连续信号的函数值与脉冲序列的脉冲强度相等。在 nT 时刻，有

$$e(t)|_{t=nT} = e(nT) = e^*(nT)$$

而在 $(n+1)T$ 时刻，则有

$$e(t)|_{t=(n+1)T} = e\left[(n+1)T\right] = e^*\left[(n+1)T\right]$$

然而，在由脉冲序列 $e^*(t)$ 向连续信号 $e(t)$ 的转换过程中，在 nT 与 $(n+1)T$ 时刻之间，即当 $0<\Delta t<T$ 时，连续信号 $e(nT+\Delta t)$ 究竟有多大？它与 $e(nT)$ 的关系如何？这就是保持器要解决的问题。

实际上，保持器是具有外推功能的元件。保持器的外推作用，表现为现在时刻的输

出信号取决于过去时刻离散信号的外推。通常，采用如下多项式外推公式描述保持器：

$$e(nT+\Delta t)=a_0+a_1\Delta t+a_2(\Delta t)^2+\cdots+a_m(\Delta t)^m \tag{7-15}$$

式中，Δt 是以 nT 时刻为原点的坐标。式(7-15)表示：现在时刻的输出 $e(nT+\Delta t)$值，取决于 Δt=0, $-T$, $-2T$, …, $-mT$ 各过去时刻的离散信号 $e^*(nT)$，$e^*[(n-1)T]$，$e^*[(n-2)T]$，…，$e^*[(n-m)T]$的 m+1 个值。外推公式中 m+1 个待定系数 a_i(i=0, 1, …, m)，唯一地由过去各采样时刻 m+1 个离散信号值 $e^*[(n-i)T]$(i=0, 1, …, m)来确定，故系数 a_i 有唯一解。这种保持器称为 m 阶保持器。若取 m=0，则称零阶保持器；m=1，称一阶保持器。在工程实践中，普遍采用零阶保持器。

(2) 零阶保持器

零阶保持器的外推公式为

$$e(nT+\Delta t)=a_0$$

显然，Δt=0 时，上式也成立。所以

$$a_0=e(nT)$$

从而零阶保持器的数学表达式为

$$e(nT+\Delta t)=e(nT),\qquad 0\leqslant\Delta t<T \tag{7-16}$$

上式说明，零阶保持器是一种按常值外推的保持器，它把前一采样时刻 nT 的采样值 $e(nT)$(因为在各采样点上，$e^*(nT)=e(nT)$)一直保持到下一采样时刻$(n+1)T$ 到来之前，从而使采样信号 $e^*(t)$变成阶梯信号 $e_h(t)$，如图 7-17 所示。

如果把阶梯信号 $e_h(t)$的中点连接起来，如图 7-17 中点划线所示，则可以得到与连续信号 $e(t)$形状一致但在时间上落后 $T/2$ 的响应 $e[t-(T/2)]$。

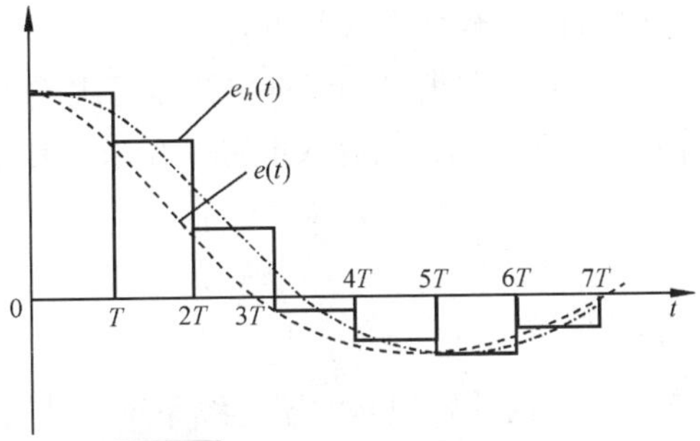

图 7-17 零阶保持器的输出特性

式(7-16)还表明：零阶保持过程是由于理想脉冲 $e(nT)\delta(t-nT)$的作用结果。如果给零阶保持器输入一个理想单位脉冲$\delta(t)$，则其脉冲过渡函数 $g_h(t)$是幅值为 1 持续时间为 T 的矩形脉冲，并可分解为两个单位阶跃函数的和

$$g_h(t)=1(t)-1(t-T)$$

对脉冲过渡函数 $g_h(t)$取拉氏变换，可得零阶保持器的传递函数

$$G_h(s)=\frac{1}{s}-\frac{\mathrm{e}^{-Ts}}{s}=\frac{1-\mathrm{e}^{-Ts}}{s} \tag{7-17}$$

在式(7-17)中，令 $s=\mathrm{j}\omega$，得零阶保持器的频率特性

$$G_h(\mathrm{j}\omega)=\frac{1-\mathrm{e}^{-\mathrm{j}\omega T}}{\mathrm{j}\omega}=\frac{2\mathrm{e}^{-\mathrm{j}\omega T/2}(\mathrm{e}^{\mathrm{j}\omega T/2}-\mathrm{e}^{-\mathrm{j}\omega T/2})}{2\mathrm{j}\omega}=T\frac{\sin(\omega T/2)}{\omega T/2}\mathrm{e}^{-\mathrm{j}\omega T/2} \tag{7-18}$$

若以采样角频率$\omega_s=2\pi/T$ 来表示，则上式可表示为

$$G_h(\mathrm{j}\omega)=\frac{2\pi}{\omega_s}\frac{\sin\pi(\omega/\omega_s)}{\pi(\omega/\omega_s)}\mathrm{e}^{-\mathrm{j}\pi(\omega/\omega_s)} \tag{7-19}$$

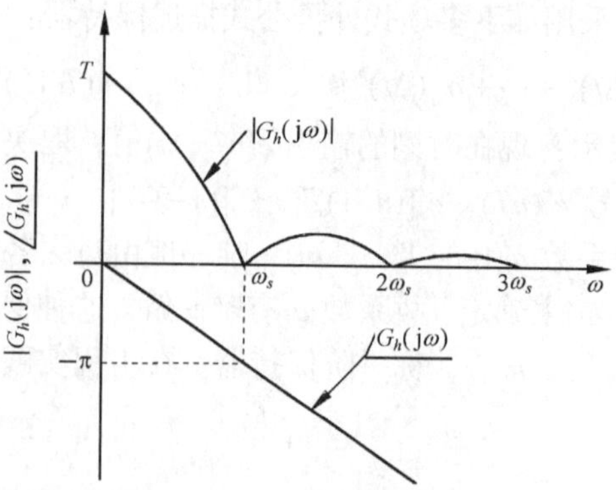

图 7-18　零阶保持器的幅频特性和相频特性

根据上式，可画出零阶保持器的幅频特性$|G_h(j\omega)|$和相频特性$\angle G_h(j\omega)$，如图 7-18 所示。由图可见，零阶保持器具有如下特性。

1) 低通特性。由于幅频特性的幅值随频率值的增大而迅速衰减，说明零阶保持器基本上是一个低通滤波器，但与理想滤波器特性相比，在$\omega=\omega_s/2$时，其幅值只有初值的 63.7%，且截止频率不止一个，所以零阶保持器除允许主要频谱分量通过外，还允许部分高频频谱分量通过，从而造成数字控制系统的输出中存在纹波。

2) 相角滞后特性。由相频特性可见，零阶保持器要产生相角滞后，且随ω的增大而加大，在$\omega=\omega_s$处，相角滞后可达$-180°$，从而使闭环系统的稳定性变差。

3) 时间滞后特性。零阶保持器的输出为阶梯信号$e_h(t)$，其平均响应为$e[t-(T/2)]$，表明其输出比输入在时间上要滞后$T/2$，相当于给系统增加了一个延迟时间为$T/2$的延迟环节，使系统总的相角滞后增大，对系统的稳定性不利；此外，零阶保持器的阶梯输出也同时增加了系统输出中的纹波。

在工程实践中，零阶保持器可用输出寄存器实现。在正常情况下，还应附加模拟滤波器(如例 7-2)，以有效地去除在采样频率及其谐波频率附近的高频分量。

7-3　z 变换理论

z 变换的思想来源于连续系统。线性连续控制系统的动态及稳态性能，可以应用拉氏变换的方法进行分析。与此相似，线性离散系统的性能，可以采用 z 变换的方法来获得。z 变换是从拉氏变换直接引申出来的一种变换方法，它实际上是采样函数拉氏变换的变形。因此，z 变换又称为采样拉氏变换，是研究线性离散系统的重要数学工具。

1. z 变换定义

设连续函数$e(t)$是可拉氏变换的，则拉氏变换定义为

$$E(s)=\int_0^{\infty} e(t)\mathrm{e}^{-st}\mathrm{d}t$$

由于$t<0$时，有$e(t)=0$，故上式亦可写为

$$E(s)=\int_{-\infty}^{\infty} e(t)\mathrm{e}^{-st}\mathrm{d}t$$

对于采样信号$e^*(t)$，其表达式为

$$e^*(t)=\sum_{n=0}^{\infty} e(nT)\delta(t-nT)$$

故采样信号$e^*(t)$的拉氏变换

$$
\begin{aligned}
E^*(s) &= \int_{-\infty}^{\infty} e^*(t)e^{-st}dt = \int_{-\infty}^{\infty}\left[\sum_{n=0}^{\infty} e(nT)\delta(t-nT)\right]e^{-st}dt \\
&= \sum_{n=0}^{\infty} e(nT)\left[\int_{-\infty}^{\infty}\delta(t-nT)e^{-st}dt\right]
\end{aligned}
\tag{7-20}
$$

由广义脉冲函数的筛选性质

$$\int_{-\infty}^{\infty}\delta(t-nT)f(t)dt = f(nT)$$

故有

$$\int_{-\infty}^{\infty}\delta(t-nT)e^{-st}dt = e^{-snT}$$

于是，采样拉氏变换式(7-20)可以写为

$$E^*(s) = \sum_{n=0}^{\infty} e(nT)e^{-nsT} \tag{7-21}$$

在上式中，各项均含有 e^{sT} 因子，故上式为 s 的超越函数。为便于应用，令变量

$$z = e^{sT} \tag{7-22}$$

式中，T 为采样周期；z 是在复数平面上定义的一个复变量，通常称为 z 变换算子。

将式(7-22)代入式(7-21)，则采样信号 $e^*(t)$ 的 z 变换定义为

$$E(z) = E^*(s)\Big|_{s=\frac{1}{T}\ln z} = \sum_{n=0}^{\infty} e(nT)z^{-n} \tag{7-23}$$

记作

$$E(z) = \mathscr{Z}\left[e^*(t)\right] = \mathscr{Z}\left[e(t)\right] \tag{7-24}$$

后一记号是为了书写方便，并不意味着是连续信号 $e(t)$ 的 z 变换，而是仍指采样信号 $e^*(t)$ 的 z 变换。

应当指出，z 变换仅是一种在采样拉氏变换中取 $z=e^{sT}$ 的变量置换。通过这种置换，可将 s 的超越函数转换为 z 的幂级数或 z 的有理分式。

2. z 变换方法

求离散时间函数的 z 变换有多种方法，下面只介绍常用的两种主要方法。

(1) 级数求和法

级数求和法是直接根据 z 变换的定义，将式(7-23)写成展开形式

$$E(z) = e(0) + e(T)z^{-1} + e(2T)z^{-2} + \cdots + e(nT)z^{-n} + \cdots \tag{7-25}$$

上式是离散时间函数 $e^*(t)$ 的一种无穷级数表达形式。显然，根据给定的理想采样开关的输入连续信号 $e(t)$ 或其输出采样信号 $e^*(t)$，以及采样周期 T，由式(7-25)立即可得 z 变换的级数展开式。通常，对于常用函数 z 变换的级数形式，都可以写出其闭合形式。

例 7-5 试求单位阶跃函数 $1(t)$ 的 z 变换。

解 由于 $e(t)=1(t)$ 在所有采样时刻上的采样值均为 1，即 $e(nT)=1(n=0,1,2,\cdots,\infty)$，故由式(7-25)，有

$$E(z) = 1 + z^{-1} + z^{-2} + \cdots + z^{-n} + \cdots$$

在上式中，若$|z^{-1}|<1$，则无穷级数是收敛的，利用等比级数求和公式，可得$1(t)$的z变换的闭合形式为

$$E(z)=\frac{1}{1-z^{-1}}=\frac{z}{z-1}$$

因为$|z^{-1}|=|e^{-sT}|=e^{-\sigma T}$，式中$\sigma=\mathrm{Re}(s)$，所以条件$|z^{-1}|<1$ 意味着条件$\sigma>0$。这也是单位阶跃函数可拉氏变换的条件。本例结果与例 7-3 一致。

例 7-6 设

$$e(t)=\delta_T(t)=\sum_{n=0}^{\infty}\delta(t-nT)$$

试求理想脉冲序列$\delta_T(t)$的z变换。

解 因为T为采样周期，故

$$e^*(t)=\delta_T(t)=\sum_{n=0}^{\infty}\delta(t-nT)$$

由拉氏变换知

$$E^*(s)=\sum_{n=0}^{\infty}e^{-nsT}$$

因此

$$E(z)=\sum_{n=0}^{\infty}z^{-n}=1+z^{-1}+z^{-2}+\cdots$$

将上式写成闭合形式，得$\delta_T(t)$的z变换为

$$E(z)=\frac{1}{1-z^{-1}}=\frac{z}{z-1},\qquad \left|z^{-1}\right|<1$$

从例 7-5 和例 7-6 可见，相同的z变换$E(z)$对应于相同的采样函数$e^*(t)$，但是不一定对应于相同的连续函数$e(t)$，这是利用z变换法分析离散系统时特别要注意的问题。

(2) 部分分式法

利用部分分式法求z变换时，先求出已知连续时间函数$e(t)$的拉氏变换$E(s)$，然后将有理分式函数$E(s)$展成部分分式之和的形式，使每一部分分式对应简单的时间函数，因其相应的z变换是已知的，于是可方便地求出$E(s)$对应的z变换$E(z)$。

例 7-7 设$e(t)=\sin\omega t$，试求其$E(z)$。

解 对$e(t)=\sin\omega t$取拉氏变换，得

$$E(s)=\frac{\omega}{s^2+\omega^2}$$

将上式展开为部分分式

$$E(s)=\frac{1}{2\mathrm{j}}\left(\frac{1}{s-\mathrm{j}\omega}-\frac{1}{s+\mathrm{j}\omega}\right)$$

根据指数函数的z变换表达式，可以得到

$$E(z)=\frac{1}{2\mathrm{j}}\left(\frac{z}{z-e^{\mathrm{j}\omega T}}-\frac{z}{z-e^{-\mathrm{j}\omega T}}\right)=\frac{1}{2\mathrm{j}}\left[\frac{z(e^{\mathrm{j}\omega T}-e^{-\mathrm{j}\omega T})}{z^2-z(e^{\mathrm{j}\omega T}+e^{-\mathrm{j}\omega T})+1}\right]$$

化简后得
$$E(z)=\frac{z\sin\omega T}{z^2-2z\cos\omega T+1}$$

常用时间函数的 z 变换表如表 7-2 所示。由表可见，这些函数的 z 变换都是 z 的有理分式，且分母多项式的次数大于或等于分子多项式的次数。值得指出，表中各 z 变换有理分式中，分母 z 多项式的最高次数与相应传递函数分母 s 多项式的最高次数相等。

表 7-2　z 变换表

序号	拉氏变换 $E(s)$	时间函数 $e(t)$	z 变换 $E(z)$
1	e^{-nsT}	$\delta(t-nT)$	z^{-n}
2	1	$\delta(t)$	1
3	$\frac{1}{s}$	$1(t)$	$\frac{z}{z-1}$
4	$\frac{1}{s^2}$	t	$\frac{Tz}{(z-1)^2}$
5	$\frac{1}{s^3}$	$\frac{t^2}{2!}$	$\frac{T^2z(z+1)}{2(z-1)^3}$
6	$\frac{1}{s^4}$	$\frac{t^3}{3!}$	$\frac{T^3(z^2+4z+1)}{6(z-1)^4}$
7	$\frac{1}{s-(1/T)\ln a}$	$a^{t/T}(a^n)$	$\frac{z}{z-a}$
8	$\frac{1}{s+a}$	e^{-at}	$\frac{z}{z-e^{-aT}}$
9	$\frac{1}{(s+a)^2}$	te^{-at}	$\frac{Tze^{-aT}}{(z-e^{-aT})^2}$
10	$\frac{1}{(s+a)^3}$	$\frac{1}{2}t^2e^{-at}$	$\frac{T^2ze^{-aT}}{2(z-e^{-aT})^2}+\frac{T^2ze^{-2aT}}{(z-e^{-aT})^3}$
11	$\frac{a}{s(s+a)}$	$1-e^{-at}$	$\frac{(1-e^{-aT})z}{(z-1)(z-e^{-aT})}$
12	$\frac{a}{s^2(s+a)}$	$t-\frac{1}{a}(1-e^{-aT})$	$\frac{Tz}{(z-1)^2}-\frac{(1-e^{-aT})z}{a(z-1)(z-e^{-aT})}$
13	$\frac{\omega}{s^2+\omega^2}$	$\sin\omega t$	$\frac{z\sin\omega T}{z^2-2z\cos\omega T+1}$
14	$\frac{s}{s^2+\omega^2}$	$\cos\omega t$	$\frac{z(z-\cos\omega T)}{z^2-2z\cos\omega T+1}$
15	$\frac{\omega^2}{s(s^2+\omega^2)}$	$1-\cos\omega t$	$\frac{z}{z-1}-\frac{z(z-\cos\omega T)}{z^2-2z\cos\omega T+1}$
16	$\frac{\omega}{(s+a)^2+\omega^2}$	$e^{-at}\sin\omega t$	$\frac{ze^{-aT}\sin\omega T}{z^2-2ze^{-aT}\cos\omega T+e^{-2aT}}$
17	$\frac{s+a}{(s+a)^2+\omega^2}$	$e^{-at}\cos\omega t$	$\frac{z^2-ze^{-aT}\cos\omega T}{z^2-2ze^{-aT}\cos\omega T+e^{-2aT}}$
18	$\frac{b-a}{(s+a)(s+b)}$	$e^{-at}-e^{-bt}$	$\frac{z}{z-e^{-aT}}-\frac{z}{z-e^{-bT}}$

3. z 变换性质

z 变换有一些基本定理，可以使 z 变换的应用变得简单和方便，其内容在许多方面与拉氏变换的基本定理有相似之处。

(1) 线性定理

若 $E_1(z)=\mathscr{Z}[e_1(t)]$，$E_2(z)=\mathscr{Z}[e_2(t)]$，$a$ 为常数，则

$$\mathscr{Z}\left[e_1(t)\pm e_2(t)\right]=E_1(z)\pm E_2(z) \tag{7-26}$$

$$\mathscr{Z}\left[ae(t)\right]=aE(z) \tag{7-27}$$

其中，$E(z)=\mathscr{Z}[e(t)]$。

证明　由 z 变换定义

$$\begin{aligned}\mathscr{Z}\left[e_1(t)\pm e_2(t)\right]&=\sum_{n=0}^{\infty}\left[e_1(nT)\pm e_2(nT)\right]z^{-n}\\&=\sum_{n=0}^{\infty}e_1(nT)z^{-n}\pm\sum_{n=0}^{\infty}e_2(nT)\,z^{-n}=E_1(z)\pm E_2(z)\end{aligned}$$

$$\mathscr{Z}\left[ae(t)\right]=a\sum_{n=0}^{\infty}e(nT)\,z^{-n}=aE(z)$$

式(7-26)和式(7-27)表明，z 变换是一种线性变换，其变换过程满足齐次性与均匀性。

(2) 实数位移定理

实数位移定理又称平移定理。实数位移的含义，是指整个采样序列在时间轴上左右平移若干采样周期，其中向左平移为超前，向右平移为滞后。实数位移定理如下：

如果函数 $e(t)$是可拉氏变换的，其 z 变换为 $E(z)$，则有

$$\mathscr{Z}\left[e(t-kT)\right]=z^{-k}E(z) \tag{7-28}$$

$$\mathscr{Z}\left[e(t+kT)\right]=z^{k}\left[E(z)-\sum_{n=0}^{k-1}e(nT)z^{-n}\right] \tag{7-29}$$

其中，k 为正整数。

证明　由 z 变换定义

$$\mathscr{Z}\left[e(t-kT)\right]=\sum_{n=0}^{\infty}e(nT-kT)z^{-n}=z^{-k}\sum_{n=0}^{\infty}e\left[(n-k)T\right]z^{-(n-k)}$$

令 $m=n-k$，则有

$$\mathscr{Z}\left[e(t-kT)\right]=z^{-k}\sum_{m=-k}^{\infty}e(mT)z^{-m}$$

由于 z 变换的单边性，当 $m<0$ 时，有 $e(mT)=0$，所以上式可写为

$$\mathscr{Z}\left[e(t-kT)\right]=z^{-k}\sum_{m=0}^{\infty}e(mT)z^{-m}$$

再令 $m=n$，立即证得式(7-28)。

为了证明式(7-29)，取 $k=1$，得

$$\mathscr{Z}\left[e(t+T)\right]=\sum_{n=0}^{\infty}e(nT+T)z^{-n}=z\sum_{n=0}^{\infty}e\left[(n+1)T\right]z^{-(n+1)}$$

令 $m=n+1$，上式可写为

$$\mathscr{Z}\left[e(t+T)\right]=z\sum_{m=1}^{\infty}e(mT)z^{-m}=z\left[\sum_{m=0}^{\infty}e(mT)z^{-m}-e(0)\right]=z\left[E(z)-e(0)\right]$$

取 $k=2$，同理得

$$\mathscr{Z}\left[e(t+2T)\right]=z^2\sum_{m=2}^{\infty}e(mT)z^{-m}=z^2\left[\sum_{m=0}^{\infty}e(mT)z^{-m}-e(0)-z^{-1}e(T)\right]$$

$$=z^2\left[E(z)-\sum_{n=0}^{1}e(nT)z^{-n}\right]$$

取 $k=k$ 时，必有

$$\mathscr{Z}\left[e(t+kT)\right]=z^k\left[E(z)-\sum_{n=0}^{k-1}e(nT)z^{-n}\right]$$

在实数位移定理中，式(7-28)称为滞后定理；式(7-29)称为超前定理。显然可见，算子 z 有明确的物理意义：z^{-k} 代表时域中的滞后环节，它将采样信号滞后 k 个采样周期；同理，z^k 代表超前环节，它把采样信号超前 k 个采样周期。但是，z^k 仅用于运算，在物理系统中并不存在。

实数位移定理是一个重要定理，其作用相当于拉氏变换中的微分和积分定理。应用实数位移定理，可将描述离散系统的差分方程转换为 z 域的代数方程。有关差分方程的概念将在下节介绍。

例 7-8　试用实数位移定理计算滞后一个采样周期的指数函数 $e^{-a(t-T)}$ 的 z 变换，其中 a 为常数。

解　由式(7-28)

$$\mathscr{Z}\left[e^{-a(t-T)}\right]=z^{-1}\mathscr{Z}\left[e^{-at}\right]=z^{-1}\cdot\frac{z}{z-e^{-aT}}=\frac{1}{z-e^{-aT}}$$

(3) 复数位移定理

如果函数 $e(t)$ 是可拉氏变换的，其 z 变换为 $E(z)$，则有

$$\mathscr{Z}\left[e^{\mp at}e(t)\right]=E(ze^{\pm aT}) \tag{7-30}$$

证明　由 z 变换定义

$$\mathscr{Z}\left[e^{\mp at}e(t)\right]=\sum_{n=0}^{\infty}e^{\mp anT}e(nT)z^{-n}=\sum_{n=0}^{\infty}e(nT)(ze^{\pm aT})^{-n}$$

令
$$z_1=ze^{\pm aT}$$

则有
$$\mathscr{Z}\left[e^{\mp at}e(t)\right]=\sum_{n=0}^{\infty}e(nT)z_1^{-n}=E(ze^{\pm aT})$$

复数位移定理是仿照拉氏变换的复数位移定理导出的，其含义是函数 $e^*(t)$ 乘以指数序列 $e^{\mp anT}$ 的 z 变换，就等于在 $e^*(t)$ 的 z 变换表达式 $E(z)$ 中，以 $ze^{\pm aT}$ 取代原算子 z。

例 7-9　试用复数位移定理计算函数 te^{-aT} 的 z 变换。

解　令 $e(t)=t$，由表 7-2 知

$$E(z)=\mathscr{Z}[t]=\frac{Tz}{(z-1)^2}$$

根据复数位移定理(7-30)，有

$$E(z\mathrm{e}^{aT})=\mathscr{Z}\left[t\mathrm{e}^{-at}\right]=\frac{T(z\mathrm{e}^{aT})}{(z\mathrm{e}^{aT}-1)^2}=\frac{Tz\mathrm{e}^{-aT}}{(z-\mathrm{e}^{-aT})^2}$$

(4) 终值定理

如果函数 $e(t)$的 z 变换为 $E(z)$，函数序列 $e(nT)$为有限值(n=0,1,2,⋯)，且极限 $\lim\limits_{n\to\infty}e(nT)$ 存在，则函数序列的终值

$$\lim_{n\to\infty}e(nT)=\lim_{z\to1}(z-1)E(z) \tag{7-31}$$

证明　由 z 变换线性定理，有

$$\mathscr{Z}\left[e(t+T)\right]-\mathscr{Z}\left[e(t)\right]=\sum_{n=0}^{\infty}\left\{e\left[(n+1)T\right]-e(nT)\right\}z^{-n}$$

由实数位移定理

$$\mathscr{Z}\left[e(t+T)\right]=zE(z)-ze(0)$$

于是

$$(z-1)E(z)-ze(0)=\sum_{n=0}^{\infty}\left\{e\left[(n+1)T\right]-e(nT)\right\}z^{-n}$$

上式两边取 $z\to1$ 时的极限，得

$$\lim_{z\to1}(z-1)E(z)-e(0)=\lim_{z\to1}\sum_{n=0}^{\infty}\left\{e\left[(n+1)T\right]-e(nT)\right\}z^{-n}=\sum_{n=0}^{\infty}\left\{e\left[(n+1)T\right]-e(nT)\right\}$$

当取 $n=N$ 为有限项时，上式右端可写为

$$\sum_{n=0}^{N}\left\{e\left[(n+1)T\right]-e(nT)\right\}=e\left[(N+1)T\right]-e(0)$$

令 $N\to\infty$，有

$$\sum_{n=0}^{\infty}\left\{e\left[(n+1)T\right]-e(nT)\right\}=\lim_{N\to\infty}\left\{e\left[(N+1)T\right]-e(0)\right\}=\lim_{n\to\infty}e(nT)-e(0)$$

所以

$$\lim_{n\to\infty}e(nT)=\lim_{z\to1}(z-1)E(z)$$

z 变换的终值定理形式亦可表示为

$$e(\infty)=\lim_{n\to\infty}e(nT)=\lim_{z\to1}(1-z^{-1})E(z) \tag{7-32}$$

读者不妨自行论证。在离散系统分析中，常采用终值定理求取系统输出序列的终值误差，或称稳态误差。

例 7-10　设 z 变换函数为

$$E(z)=\frac{0.792z^2}{(z-1)(z^2-0.416z+0.208)}$$

试利用终值定理确定 $e(nT)$的终值。

解　由终值定理(7-31)得

$$e(\infty)=\lim_{z\to 1}(z-1)\cdot\frac{0.792z^2}{(z-1)(z^2-0.416z+0.208)}=\lim_{z\to 1}\frac{0.792z^2}{z^2-0.416z+0.208}=1$$

(5) 卷积定理

设 $x(nT)$和 $y(nT)$为两个采样函数，其离散卷积定义为

$$x(nT)*y(nT)=\sum_{k=0}^{\infty}x(kT)y\left[(n-k)T\right] \tag{7-33}$$

则卷积定理：若

$$g(nT)=x(nT)*y(nT)$$

必有

$$G(z)=X(z)\cdot Y(z) \tag{7-34}$$

证明　由 z 变换

$$X(z)=\sum_{k=0}^{\infty}x(kT)z^{-k}$$

$$Y(z)=\sum_{n=0}^{\infty}y(nT)z^{-n}$$

再由定理已知条件

$$G(z)=\mathscr{Z}\left[g(nT)\right]=\mathscr{Z}\left[x(nT)*y(nT)\right] \tag{7-35}$$

所以

$$X(z)\cdot Y(z)=\sum_{k=0}^{\infty}x(kT)z^{-k}Y(z)$$

根据平移定理及 z 变换定义，有

$$z^{-k}Y(z)=\mathscr{Z}\left\{y(n-k)T\right\}=\sum_{n=0}^{\infty}y\left[(n-k)T\right]z^{-n}$$

故

$$X(z)\cdot Y(z)=\sum_{k=0}^{\infty}x(kT)\sum_{n=0}^{\infty}y\left[(n-k)T\right]z^{-n}$$

交换求和次序并代入式(7-33)，上式可写为

$$X(z)\cdot Y(z)=\sum_{n=0}^{\infty}\left\{\sum_{k=0}^{\infty}x(kT)g\left[(n-k)T\right]\right\}z^{-n}=\sum_{n=0}^{\infty}\left[x(nT)*y(nT)\right]z^{-n}$$

最后，由定理已知条件及式(7-35)证得

$$G(z)=X(z)\cdot Y(z)$$

卷积定理指出，两个采样函数卷积的 z 变换，就等于该两个采样函数相应 z 变换的乘积。在离散系统分析中，卷积定理是沟通时域与 z 域的桥梁。

4. z 反变换

在连续系统中，应用拉氏变换的目的，是把描述系统的微分方转换为 s 的代数方程，然后写出系统的传递函数，即可用拉氏反变换法求出系统的时间响应，从而简化了系统的研究。与此类似，在离散系统中应用 z 变换，也是为了把 s 的超越方程或者描述离散

系统的差分方程转换为 z 的代数方程，然后写出离散系统的脉冲传递函数(z 传递函数)，再用 z 反变换法求出离散系统的时间响应。

所谓 z 反变换，是已知 z 变换表达式 $E(z)$，求相应离散序列 $e(nT)$的过程。记为

$$e(nT)=\mathscr{Z}^{-1}\left[E(z)\right]$$

进行 z 反变换时，信号序列仍是单边的，即当 $n<0$ 时，$e(nT)=0$。常用的 z 反变换法有如下三种。

(1) 部分分式法

部分分式法又称查表法，其基本思想是根据已知的 $E(z)$，通过查 z 变换表找出相应的 $e^*(t)$，或者 $e(nT)$。然而，z 变换表内容毕竟是有限的，不可能包含所有的复杂情况。因此需要把 $E(z)$展开成部分分式以便查表。考虑到 z 变换表中，所有 z 变换函数 $E(z)$在其分子上普遍都有因子 z，所以应将 $E(z)/z$ 展开为部分分式，然后将所得结果的每一项都乘以 z，即得 $E(z)$的部分分式展开式。

设已知的 z 变换函数 $E(z)$无重极点，先求出 $E(z)$的极点 $z_1, z_2, \cdots, z_n$，再将 $E(z)/z$ 展开成如下部分分式之和：

$$\frac{E(z)}{z}=\sum_{i=1}^{n}\frac{A_i}{z-z_i}$$

其中 A_i 为 $E(z)/z$ 在极点 z_i 处的留数，再由上式写出 $E(z)$的部分分式之和

$$E(z)=\sum_{i=1}^{n}\frac{A_i z}{z-z_i}$$

然后逐项查 z 变换表，得到

$$e_i(nT)=\mathscr{Z}\left[\frac{A_i z}{z-z_i}\right];\qquad i=1,2,\cdots,n$$

最后写出已知 $E(z)$对应的采样函数

$$e^*(t)=\sum_{n=0}^{\infty}\sum_{i=1}^{n}e_i(nT)\delta(t-nT)\tag{7-36}$$

例 7-11　设 z 变换函数为

$$E(z)=\frac{(1-\mathrm{e}^{-aT})z}{(z-1)(z-\mathrm{e}^{-aT})}$$

试求其 z 反变换。

解　因为

$$\frac{E(z)}{z}=\frac{1-\mathrm{e}^{-aT}}{(z-1)(z-\mathrm{e}^{-aT})}=\frac{1}{z-1}-\frac{1}{z-\mathrm{e}^{-aT}}$$

所以

$$E(z)=\frac{z}{z-1}-\frac{z}{z-\mathrm{e}^{-aT}}$$

查 z 变换表 7-2 中的第 3 项及第 8 项知，在采样瞬时相应的信号序列为

$$e(nT)=1-\mathrm{e}^{-anT}$$

故由式(7-36)得

$$e^*(t)=\sum_{n=0}^{\infty}(1-\mathrm{e}^{-anT})\delta(t-nT)$$

相应有

$$e(0)=1$$
$$e(T)=1-\mathrm{e}^{-aT}$$
$$e(2T)=1-\mathrm{e}^{-2aT}$$
$$\vdots$$

(2) 幂级数法

幂级数法又称综合除法。由表 7-2 知，z 变换函数 $E(z)$通常可以表示为按 z^{-1} 升幂排列的两个多项式之比：

$$E(z)=\frac{b_0+b_1z^{-1}+b_2z^{-2}+\cdots+b_mz^{-m}}{1+a_1z^{-1}+a_2z^{-2}+\cdots+a_nz^{-n}},\qquad m\leqslant n \tag{7-37}$$

式中，$a_i(i=1, 2, \cdots, n)$和 $b_j(j=0, 1, \cdots, m)$均为常系数。通过对式(7-37)直接作综合除法，得到按 z^{-1} 升幂排列的幂级数展开式

$$E(z)=c_0+c_1z^{-1}+c_2z^{-2}+\cdots+c_nz^{-n}+\cdots=\sum_{n=0}^{\infty}c_nz^{-n} \tag{7-38}$$

如果所得到的无穷幂级数是收敛的，则按 z 变换定义可知，式(7-38)中的系数 $c_n(n=0,1,\cdots,\infty)$就是采样脉冲序列 $e^*(t)$的脉冲强度 $e(nT)$。因此，根据式(7-38)可以直接写出 $e^*(t)$的脉冲序列表达式

$$e^*(t)=\sum_{n=0}^{\infty}c_n\delta(t-nT) \tag{7-39}$$

在实际应用中，常常只需要计算有限的几项就够了。因此用幂级数法计算 $e^*(t)$最简便，这是 z 变换法的优点之一。但是，要从一组 $e(nT)$值中求出通项表达式，一般是比较困难的。

例 7-12　设 z 变换函数

$$E(z)=\frac{z^3+2z^2+1}{z^3-1.5z^2+0.5z}$$

试用幂级数法求 $E(z)$的 z 反变换。

解　将给定的 $E(z)$表示为

$$E(z)=\frac{1+2z^{-1}+z^{-3}}{1-1.5z^{-1}+0.5z^{-2}}$$

利用综合除法得

$$E(z)=1+3.5z^{-1}+4.75z^{-2}+6.375z^{-3}+\cdots$$

由式(7-39)得采样函数

$$e^*(t)=\delta(t)+3.5\delta(t-T)+4.75\delta(t-2T)+6.375\delta(t-3T)+\cdots$$

应当指出，只要表示函数 z 变换的无穷幂级数 $E(z)$在 z 平面的某个区域内是收敛的，则在应用 z 变换法解决离散系统问题时，就不需要指出 $E(z)$在什么 z 值上收敛。

(3) 反演积分法

反演积分法又称留数法。采用反演积分法求取 z 反变换的原因是：在实际问题中遇到的 z 变换函数 $E(z)$，除了有理分式外，也可能是超越函数，此时无法应用部分分式法及幂级数法来求 z 反变换，而只能采用反演积分法。当然，反演积分法对 $E(z)$为有理分式的情况也是适用的。由于 $E(z)$的幂级数展开形式为

$$E(z)=\sum_{n=0}^{\infty}e(nT)z^{-n}=e(0)+e(T)z^{-1}+e(2T)z^{-2}+\cdots+e(nT)z^{-n}+\cdots \tag{7-40}$$

所以函数 $E(z)$可以看成是 z 平面上的劳伦级数。级数的各系数 $e(nT)$, n=0, 1, …，可以由积分的方法求出。因为在求积分值时要用到柯西留数定理，故也称留数法。

为了推导反演积分公式，用 z^{n-1} 乘以式(7-40)两端，得到

$$E(z)z^{n-1}=e(0)z^{n-1}+e(T)z^{n-2}+\cdots+e(nT)z^{-1}+\cdots \tag{7-41}$$

设 $\varGamma$ 为 z 平面上包围 $E(z)z^{n-1}$ 全部极点的封闭曲线，且设沿 $\varGamma$ 反时针方向对式(7-41)的两端同时积分，可得

$$\oint_{\varGamma}E(z)z^{n-1}\mathrm{d}z=\oint_{\varGamma}e(0)z^{n-1}\mathrm{d}z+\oint_{\varGamma}e(T)z^{n-2}\mathrm{d}z+\cdots+\oint_{\varGamma}e(nT)z^{-1}\mathrm{d}z+\cdots \tag{7-42}$$

由复变函数论可知，对于围绕原点的积分闭路 $\varGamma$，有如下关系式：

$$\oint_{\varGamma}z^{k-n-1}\mathrm{d}z=\begin{cases}0, & k\neq n\\ 2\pi\mathrm{j}, & k=n\end{cases}$$

故在式(7-42)右端中，除

$$\oint_{\varGamma}e(nT)z^{-1}\mathrm{d}z=e(nT)\cdot 2\pi\mathrm{j}$$

外，其余各项均为零。由此得到反演积分公式：

$$e(nT)=\frac{1}{2\pi\mathrm{j}}\oint_{\varGamma}E(z)z^{n-1}\mathrm{d}z \tag{7-43}$$

根据柯西留数定理，设函数 $E(z)z^{n-1}$ 除有限个极点 z_1，z_2，…，z_k 外，在域 G 上是解析的。如果有闭合路径 $\varGamma$ 包含了这些极点，则有

$$e(nT)=\frac{1}{2\pi\mathrm{j}}\oint_{\varGamma}E(z)z^{n-1}\mathrm{d}z=\sum_{i=1}^{k}\mathrm{Res}\left[E(z)z^{n-1}\right]_{z\to z_i} \tag{7-44}$$

式中，$\mathrm{Res}\left[E(z)z^{n-1}\right]_{z\to z_i}$ 表示函数 $E(z)z^{n-1}$ 在极点 z_i 处的留数。

例 7-13　设 z 变换函数

$$E(z)=\frac{z^2}{(z-1)(z-0.5)}$$

试用留数法求其 z 反变换。

解　因为函数

$$E(z)z^{n-1}=\frac{z^{n+1}}{(z-1)(z-0.5)}$$

有 z_1=1 和 z_2=0.5 两个极点，极点处留数

$$\text{Res}\left[\frac{z^{n+1}}{(z-1)(z-0.5)}\right]_{z\to 1}=\lim_{z\to 1}\left[\frac{(z-1)z^{n+1}}{(z-1)(z-0.5)}\right]=2$$

$$\text{Res}\left[\frac{z^{n+1}}{(z-1)(z-0.5)}\right]_{z\to 0.5}=\lim_{z\to 0.5}\left[\frac{(z-0.5)z^{n+1}}{(z-1)(z-0.5)}\right]=-(0.5)^n$$

所以由式(7-44)得

$$e(nT)=2-(0.5)^n$$

相应的采样函数

$$\begin{aligned}e^*(t)&=\sum_{n=0}^{\infty}e(nT)\delta(t-nT)=\sum_{n=0}^{\infty}\left[2-(0.5)^n\right]\delta(t-nT)\\&=\delta(t)+1.5\delta(t-T)+1.75\delta(t-2T)+1.875\delta(t-3T)+\cdots\end{aligned}$$

顺便指出，关于函数 $E(z)z^{n-1}$ 在极点处的留数计算方法如下：若 $z_i(i=1, 2, \cdots, k)$为单极点，则

$$\text{Res}\left[E(z)z^{n-1}\right]_{z\to z_i}=\lim_{z\to z_i}\left[(z-z_i)E(z)z^{n-1}\right] \tag{7-45}$$

若 $E(z)z^{n-1}$ 有 n 阶重极点 z_i，则

$$\text{Res}\left[E(z)z^{n-1}\right]_{z\to z_i}=\frac{1}{(n-1)!}\lim_{z\to z_i}\frac{\mathrm{d}^{n-1}\left[(z-z_i)^n E(z)z^{n-1}\right]}{\mathrm{d}z^{n-1}} \tag{7-46}$$

7-4　离散系统的数学模型

为了研究离散系统的性能，需要建立离散系统的数学模型。与连续系统的数学模型类似，线性离散系统的数学模型有差分方程、脉冲传递函数和离散状态空间表达式三种。本节主要介绍差分方程及其解法，脉冲传递函数的基本概念，以及开环脉冲传递函数和闭环脉冲传递函数的建立方法。

1. 离散系统的数学定义

在离散时间系统理论中，所涉及的数字信号总是以序列的形式出现。因此，可以把离散系统抽象为如下数学定义：

将输入序列 $r(n)$，$n=0, \pm1, \pm2, \cdots$，变换为输出序列 $c(n)$的一种变换关系，称为离散系统。记为

$$c(n)=F\left[r(n)\right] \tag{7-47}$$

其中，$r(n)$和 $c(n)$可以理解为 $t=nT$ 时，系统的输入序列 $r(nT)$和输出序列 $c(nT)$，T 为采样周期。

如果式(7-47)所示的变换关系是线性的，则称为线性离散系统；如果这种变换关系是非线性的，则称为非线性离散系统。

(1) 线性离散系统

如果离散系统(7-47)满足叠加原理，则称为线性离散系统，即有如下关系式：

若 $c_1(n)=F[r_1(n)]$，$c_2(n)=F[r_2(n)]$，且有 $r(n)=ar_1(n)\pm br_2(n)$，其中 a 和 b 为任意常数。则

$$\begin{aligned}c(n)&=F\left[r(n)\right]=F\left[ar_1(n)\pm br_2(n)\right]\\&=aF\left[r_1(n)\right]\pm bF\left[r_2(n)\right]=ac_1(n)\pm bc_2(n)\end{aligned}$$

(2) 线性定常离散系统

输入与输出关系不随时间而改变的线性离散系统，称为线性定常离散系统。例如，当输入序列为 $r(n)$时，输出序列为 $c(n)$；如果输入序列变为 $r(n-k)$，相应的输出序列为 $c(n-k)$，其中 $k=0,\pm1,\pm2,\cdots$，则这样的系统称为线性定常离散系统。

本章所研究的离散系统为线性定常离散系统，可以用线性定常(常系数)差分方程描述。

2. 线性常系数差分方程及其解法

对于一般的线性定常离散系统，k 时刻的输出 $c(k)$，不但与 k 时刻的输入 $r(k)$有关，而且与 k 时刻以前的输入 $r(k-1)$，$r(k-2)$，…有关，同时还与 k 时刻以前的输出 $c(k-1)$，$c(k-2)$，…有关。这种关系一般可以用下列 n 阶后向差分方程来描述：

$$\begin{aligned}&c(k)+a_1c(k-1)+a_2c(k-2)+\cdots+a_{n-1}c(k-n+1)+a_nc(k-n)\\&=b_0r(k)+b_1r(k-1)+\cdots+b_{m-1}r(k-m+1)+b_mr(k-m)\end{aligned}$$

上式亦可表示为

$$c(k)=-\sum_{i=1}^{n}a_ic(k-i)+\sum_{j=0}^{m}b_jr(k-j) \tag{7-48}$$

式中，$a_i(i=1,2,\cdots,n)$和 $b_j(j=0,1,\cdots,m)$为常系数，$m\leqslant n$。式(7-48)称为 n 阶线性常系数差分方程，它在数学上代表一个线性定常离散系统。

线性定常离散系统也可以用如下 n 阶前向差分方程来描述：

$$\begin{aligned}&c(k+n)+a_1c(k+n-1)+\cdots+a_{n-1}c(k+1)+a_nc(k)\\&=b_0r(k+m)+b_1r(k+m-1)+\cdots+b_{m-1}r(k+1)+b_mr(k)\end{aligned}$$

上式也可写为

$$c(k+n)=-\sum_{i=1}^{n}a_ic(k+n-i)+\sum_{j=0}^{m}b_jr(k+m-j) \tag{7-49}$$

常系数线性差分方程的求解方法有经典法、迭代法和 z 变换法。与微分方程的经典解法类似，差分方程的经典解法也要求出齐次方程的通解和非齐次方程的一个特解，非常不便。这里仅介绍工程上常用的后两种解法。

(1) 迭代法

若已知差分方程(7-48)或式(7-49)，并且给定输出序列的初值，则可以利用递推关系，在计算机上一步一步地算出输出序列。

例 7-14　已知差分方程

$$c(k)=r(k)+5c(k-1)-6c(k-2)$$

输入序列 $r(k)=1$，初始条件为 $c(0)=0$，$c(1)=1$，试用迭代法求输出序列 $c(k)$，$k=0,1,2,\cdots,6$。

解 根据初始条件及递推关系，得

$$c(0)=0$$
$$c(1)=1$$
$$c(2)=r(2)+5c(1)-6c(0)=6$$
$$c(3)=r(3)+5c(2)-6c(1)=25$$
$$c(4)=r(4)+5c(3)-6c(2)=90$$
$$c(5)=r(5)+5c(4)-6c(3)=301$$
$$c(6)=r(6)+5c(5)-6c(4)=966$$

(2) z 变换法

设差分方程如式(7-49)所示，则用 z 变换法解差分方程的实质，是对差分方程两端取 z 变换，并利用 z 变换的实数位移定理，得到以 z 为变量的代数方程，然后对代数方程的解 $C(z)$取 z 反变换，求得输出序列 $c(k)$。

例 7-15 试用 z 变换法解下列二阶差分方程：

$$c^*(t+2T)+3c^*(t+T)+2c^*(t)=0$$

或

$$c(k+2)+3c(k+1)+2c(k)=0$$

设初始条件 $c(0)=0, c(1)=1$。

解 对差分方程的每一项进行 z 变换，根据实数位移定理：

$$\mathscr{Z}\left[c(k+2)\right]=z^2C(z)-z^2c(0)-zc(1)=z^2C(z)-z$$
$$\mathscr{Z}\left[3c(k+1)\right]=3zC(z)-3zc(0)=3zC(z)$$
$$\mathscr{Z}\left[2c(k)\right]=2C(z)$$

于是，差分方程变换为如下 z 代数方程

$$(z^2+3z+2)C(z)=z$$

解出

$$C(z)=\frac{z}{z^2+3z+2}=\frac{z}{z+1}-\frac{z}{z+2}$$

查 z 变换表 7-2，求出 z 反变换

$$c^*(t)=\sum_{n=0}^{\infty}\left[(-1)^n-(-2)^n\right]\delta(t-nT)$$

或写成

$$c(k)=(-1)^k-(-2)^k;\qquad k=0,1,2,\cdots$$

差分方程的解，可以提供线性定常离散系统在给定输入序列作用下的输出序列响应特性，但不便于研究系统参数变化对离散系统性能的影响。因此，需要研究线性定常离散系统的另一种数学模型——脉冲传递函数。

3. 脉冲传递函数

如果把 z 变换的作用仅仅理解为求解线性常系数差分方程，显然是不够的。z 变换更为重要的意义在于导出线性离散系统的脉冲传递函数，给线性离散系统的分析带来极大的方便。

(1) 脉冲传递函数定义

众所周知，利用传递函数研究线性连续系统的特性，有公认的方便之处。对于线性连续系统，传递函数定义为在零初始条件下，输出量的拉氏变换与输入量的拉氏变换之比。对于线性离散系统，脉冲传递函数的定义与线性连续系统传递函数的定义类似。

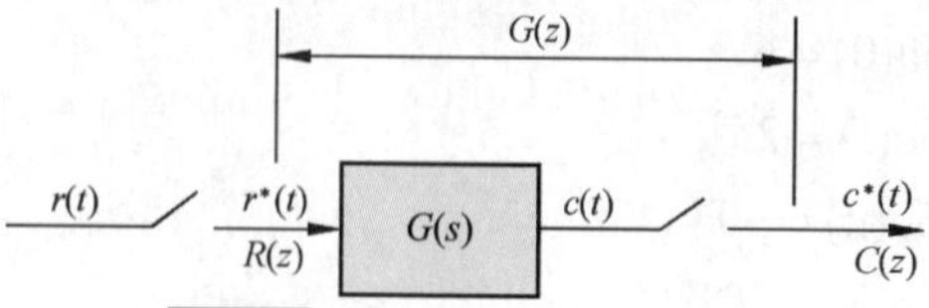

图 7-19　开环离散系统结构图

设开环离散系统如图 7-19 所示，如果系统的初始条件为零，输入信号为 $r(t)$，采样后 $r^*(t)$ 的 z 变换函数为 $R(z)$，系统连续部分的输出为 $c(t)$，采样后 $c^*(t)$ 的 z 变换函数为 $C(z)$，则线性定常离散系统的脉冲传递函数定义为系统输出采样信号的 z 变换与输入采样信号的 z 变换之比，记为

$$G(z)=\frac{C(z)}{R(z)}=\frac{\sum_{n=0}^{\infty}c(nT)z^{-n}}{\sum_{n=0}^{\infty}r(nT)z^{-n}} \tag{7-50}$$

所谓零初始条件，是指在 $t<0$ 时，输入脉冲序列各采样值 $r(-T)$，$r(-2T)$，…，以及输出脉冲序列各采样值 $c(-T)$，$c(-2T)$，…，均为零。

式(7-50)表明，如果已知 $R(z)$ 和 $G(z)$，则在零初始条件下，线性定常离散系统的输出采样信号为

$$c^*(t)=\mathscr{Z}^{-1}\left[C(z)\right]=\mathscr{Z}^{-1}\left[G(z)R(z)\right]$$

由于 $R(z)$ 是已知的，因此求 $c^*(t)$ 的关键在于求出系统的脉冲传递函数 $G(z)$。

然而，对大多数实际系统来说，其输出往往是连续信号 $c(t)$，而不是采样信号 $c^*(t)$，如图 7-20 所示。此时，可以在系统输出端虚设一个理想采样开关，如图中虚线所示，它与输入采样开关同步工作，并具有相同的采样周期。如果系统的实际输出 $c(t)$ 比较平滑，且采样频率较高，则可用 $c^*(t)$ 近似描述 $c(t)$。必须指出，虚设的采样开关是不存在的，它只表明了脉冲传递函数所能描述的，只是输出连续函数 $c(t)$ 在采样时刻上的离散值 $c^*(t)$。

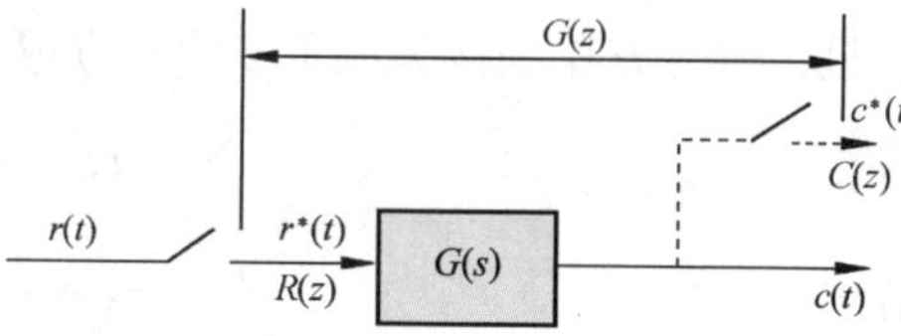

图 7-20　实际开环离散系统结构图

(2) 脉冲传递函数意义

对于线性定常离散系统，如果输入为单位脉冲序列

$$r(nT)=\delta(nT)=\begin{cases}1, & n=0\\ 0, & n\neq 0\end{cases}$$

则系统输出称为单位脉冲响应序列，记为

$$c(nT)=K(nT)$$

由于线性定常离散系统的位移不变性(即定常性)，当输入单位脉冲序列沿时间轴后移 k 个采样周期，成为 $\delta[(n-k)T]$ 时，输出单位脉冲响应序列亦相应后移 k 个采样周期，成为 $K[(n-k)T]$。在离散系统理论中，$K(nT)$ 和 $K[(n-k)T]$ 有个专有名称，称为“加权序列”。“加权”的含义是：当对一个连续信号采样时，每一采样时刻的脉冲值，就等于该时刻的

函数值。可见，任何一个采样序列，都可以认为是被加了"权"的脉冲序列。

在线性定常离散系统中，如果输入采样信号

$$r^*(t)=\sum_{n=0}^{\infty}r(nT)\delta(t-nT)$$

是任意的，各采样时刻的输入脉冲值分别为

$$r(0)\delta(nT),r(T)\delta\left[(n-1)T\right],\cdots,r(kT)\delta\left[(n-k)T\right],\cdots$$

则相应的输出脉冲值为

$$r(0)K(nT),r(T)K\left[(n-1)T\right],\cdots,r(kT)K\left[(n-k)T\right],\cdots$$

由 z 变换的线性定理可知，系统的输出响应序列可表示为

$$c(nT)=\sum_{k=0}^{\infty}K\left[(n-k)T\right]r(kT)=\sum_{k=0}^{\infty}K(kT)r\left[(n-k)T\right]$$

根据式(7-33)，上式为离散卷积表达式。因而

$$c(nT)=K(nT)*r(nT)$$

若令加权序列的 z 变换

$$K(z)=\sum_{n=0}^{\infty}K(nT)z^{-n}$$

则由 z 变换的卷积定理

$$C(z)=K(z)R(z)$$

或者

$$K(z)=\frac{C(z)}{R(z)} \tag{7-51}$$

比较式(7-56)与式(7-57)，可知

$$G(z)=K(z)=\sum_{n=0}^{\infty}K(nT)z^{-n} \tag{7-52}$$

因此，脉冲传递函数的含义是：**系统脉冲传递函数 $G(z)$，就等于系统加权序列 $K(nT)$ 的 z 变换。**

如果描述线性定常离散系统的差分方程为

$$c(nT)=-\sum_{k=1}^{n}a_k c\left[(n-k)T\right]+\sum_{k=0}^{m}b_k r\left[(n-k)T\right]$$

在零初始条件下，对上式进行 z 变换，并应用 z 变换的实数位移定理，可得

$$C(z)=-\sum_{k=1}^{n}a_k C(z)z^{-k}+\sum_{k=0}^{m}b_k R(z)z^{-k}$$

整理得

$$G(z)=\frac{C(z)}{R(z)}=\frac{\sum_{k=0}^{m}b_k z^{-k}}{1+\sum_{k=1}^{n}a_k z^{-k}} \tag{7-53}$$

这就是脉冲传递函数与差分方程的关系。

由上可见，差分方程、加权序列 $K(nT)$和脉冲传递函数 $G(z)$，都是对系统物理特性的不同数学描述。它们的形式虽然不同，但实质不变，并且可以根据以上关系相互转化。

(3) 脉冲传递函数求法

连续系统或元件的脉冲传递函数 $G(z)$，可以通过其传递函数 $G(s)$来求取。根据式(7-52)可知，由 $G(s)$求 $G(z)$的方法是：先求 $G(s)$的拉氏反变换，得到脉冲过渡函数 $K(t)$，即

$$K(t)=\mathscr{L}^{-1}\left[G(s)\right] \tag{7-54}$$

再将 $K(t)$按采样周期离散化，得加权序列 $K(nT)$；最后将 $K(nT)$进行 z 变换，按式(7-53)求出 $G(z)$。这一过程比较复杂。其实，如果把 z 变换表 7-2 中的时间函数 $e(t)$看成 $K(t)$，那么表中的 $E(s)$就是 $G(s)$(见式(7-54))，而 $E(z)$则相当于 $G(z)$。因此，根据 z 变换表 7-2，可以直接从 $G(s)$得到 $G(z)$，而不必逐步推导。

如果 $G(s)$为阶次较高的有理分式函数，在 z 变换表中找不到相应的 $G(z)$，则需将 $G(s)$展成部分分式，使各部分分式对应的 z 变换都是表中可以查到的形式，同样可以由 $G(s)$直接求出 $G(z)$。

顺便指出，在图 7-20 中，虚设采样开关的输出为采样输出

$$c^*(t)=K^*(t)=\sum_{n=0}^{\infty}c(nT)\delta(t-nT)$$

式中，$c(nT)=K(nT)$为加权序列。对上式取拉氏变换，得脉冲过渡函数的采样拉氏变换

$$G^*(s)=\mathscr{Z}\left[K^*(t)\right]=\sum_{n=0}^{\infty}K(nT)\mathrm{e}^{-nsT}$$

若令 $z=\mathrm{e}^{sT}$，得脉冲传递函数

$$G(z)=G^*(s)\big|_{s=\frac{1}{T}\ln z}=\sum_{n=0}^{\infty}K(nT)z^{-n}$$

记为

$$G(z)=\mathscr{Z}\left[G^*(s)\right] \tag{7-55}$$

上式表明了加权序列 $K(nT)$的采样拉氏变换与其 z 变换的关系。习惯上，常把式(7-55)表示为

$$G(z)=\mathscr{Z}\left[G(s)\right]$$

并称之为 $G(s)$的 z 变换，这时应理解为根据 $G(s)$按式(7-52)求出所对应的 $G(z)$，但不能理解为 $G(s)$的 z 变换就是 $G(z)$。

例 7-16　设某环节的差分方程为

$$c(nT)=r\left[(n-k)T\right]$$

试求其脉冲传递函数 $G(z)$。

解　对差分方程取 z 变换，并由实数位移定理得

$$C(z)=z^{-k}R(z)$$

$$G(z)=z^{-k}$$

当 $k=1$ 时，$G(z)=z-1$，在离散系统中其物理意义是代表一个延迟环节。它把其输入序列右移一个采样周期后再输出。

例 7-17　设图 7-20 所示开环系统中的

$$G(s)=\frac{a}{s(s+a)}$$

试求相应的脉冲传递函数 $G(z)$。

解　将 $G(s)$展成部分分式形式

$$G(s)=\frac{1}{s}-\frac{1}{s+a}$$

查 z 变换表得

$$G(z)=\frac{z}{z-1}-\frac{z}{z-\mathrm{e}^{-aT}}=\frac{z(1-\mathrm{e}^{-aT})}{(z-1)(z-\mathrm{e}^{-aT})}$$

4. 开环系统脉冲传递函数

当开环离散系统由几个环节串联组成时，其脉冲传递函数的求法与连续系统情况不完全相同。即使两个开环离散系统的组成环节完全相同，但由于采样开关的数目和位置不同，求出的开环脉冲传递函数也会截然不同。为了便于求出开环脉冲传递函数，需要了解采样函数拉氏变换 $G^*(s)$的有关性质。

脉冲传递函数的求取

(1) 采样拉氏变换的两个重要性质

1) 采样函数的拉氏变换具有周期性，即

$$G^*(s)=G^*(s+\mathrm{j}k\omega_s) \tag{7-56}$$

式中，ω_s 为采样角频率。

证明　由式(7-10)知

$$G^*(s)=\frac{1}{T}\sum_{n=-\infty}^{\infty}G(s+\mathrm{j}n\omega_s) \tag{7-57}$$

其中 T 为采样周期。因此，令 $s=s+\mathrm{j}k\omega_s$，必有

$$G^*(s+\mathrm{j}k\omega_s)=\frac{1}{T}\sum_{n=-\infty}^{\infty}G\left[s+\mathrm{j}(n+k)\omega_s\right]$$

在上式中，令 $l=n+k$，可得

$$G^*(s+\mathrm{j}k\omega_s)=\frac{1}{T}\sum_{l=-\infty}^{\infty}G(s+\mathrm{j}l\omega_s)$$

由于求和与符号无关，再令 $l=n$，证得

$$G^*(s+\mathrm{j}k\omega_s)=\frac{1}{T}\sum_{n=-\infty}^{\infty}G(s+\mathrm{j}n\omega_s)=G^*(s)$$

2) 若采样函数的拉氏变换 $E^*(s)$与连续函数的拉氏变换 $G(s)$相乘后再离散化，则 $E^*(s)$可以从离散符号中提出来，即

$$\left[G(s)E^*(s)\right]^*=G^*(s)E^*(s) \tag{7-58}$$

证明　根据式(7-57)，有

$$\left[G(s)E^*(s)\right]^* = \frac{1}{T}\sum_{n=-\infty}^{\infty}\left[G(s+\mathrm{j}n\omega_s)E^*(s+\mathrm{j}n\omega_s)\right]$$

再由式(7-56)知

$$E^*(s+\mathrm{j}n\omega_s) = E^*(s)$$

于是

$$\left[G(s)E^*(s)\right]^* = \frac{1}{T}\sum_{n=-\infty}^{\infty}\left[G(s+\mathrm{j}n\omega_s)E^*(s)\right] = E^*(s)\cdot\frac{1}{T}\sum_{n=-\infty}^{\infty}G(s+\mathrm{j}n\omega_s)$$

再由式(7-57)证得

$$\left[G(s)E^*(s)\right]^* = G^*(s)E^*(s)$$

(2) 有串联环节时的开环系统脉冲传递函数

如果开环离散系统由两个串联环节构成，则开环系统脉冲传递函数的求法与连续系统情况不完全相同。这是因为在两个环节串联时，有两种不同的情况。

1) 串联环节之间有采样开关。设开环离散系统如图 7-21(a)所示，在两个串联连续环节 $G_1(s)$和 $G_2(s)$之间，有理想采样开关隔开。根据脉冲传递函数定义，由图 7-21(a)可得

$$D(z) = G_1(z)R(z), \quad C(z) = G_2(z)D(z)$$

其中，$G_1(z)$和 $G_2(z)$分别为 $G_1(s)$和 $G_2(s)$的脉冲传递函数。于是有

$$C(z) = G_2(z)G_1(z)R(z)$$

因此，开环系统脉冲传递函数

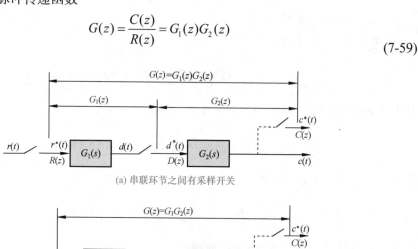

$$G(z) = \frac{C(z)}{R(z)} = G_1(z)G_2(z) \tag{7-59}$$

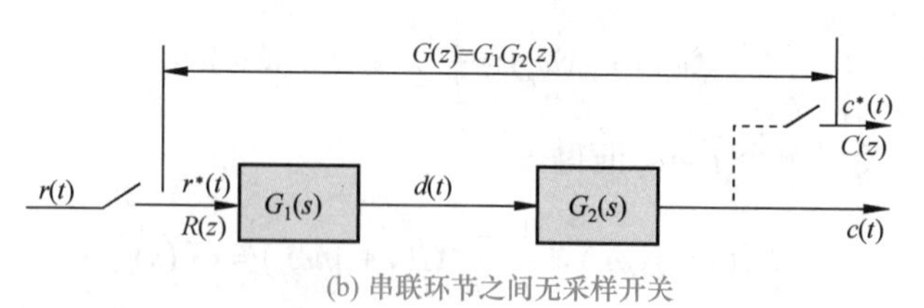

(a) 串联环节之间有采样开关

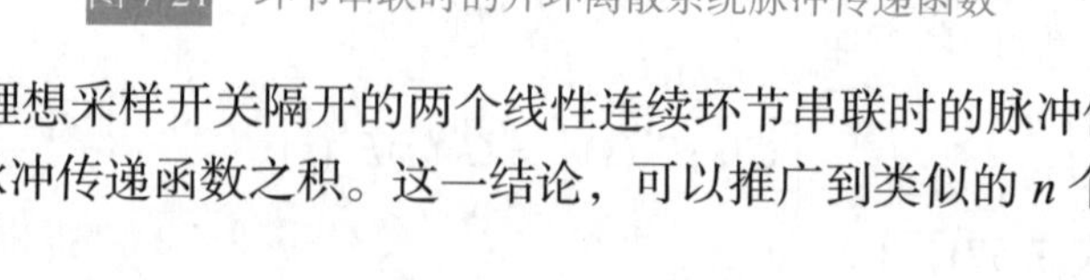

(b) 串联环节之间无采样开关

图 7-21 环节串联时的开环离散系统脉冲传递函数

式(7-59)表明，有理想采样开关隔开的两个线性连续环节串联时的脉冲传递函数，等于这两个环节各自的脉冲传递函数之积。这一结论，可以推广到类似的 n 个环节相串联时的情况。

2) 串联环节之间无采样开关：设开环离散系统如图 7-21(b)所示，在两个串联连续环节 $G_1(s)$和 $G_2(s)$之间，没有理想采样开关隔开。显然，系统连续信号的拉氏变换为

$$C(s)=G_1(s)G_2(s)R^*(s)$$

式中，$R^*(s)$为输入采样信号 $r^*(t)$的拉氏变换，即

$$R^*(s)=\sum_{n=0}^{\infty}r(nT)\mathrm{e}^{-nsT}$$

对输出 $C(s)$离散化，并根据采样拉氏变换性质(7-58)，有

$$C^*(s)=\left[G_1(s)G_2(s)R^*(s)\right]^*=\left[G_1(s)G_2(s)\right]^*R^*(s)=G_1G_2^*(s)R^*(s) \tag{7-60}$$

式中 $$G_1G_2^*(s)=[G_1(s)G_2(s)]^*=\frac{1}{T}\sum_{n=-\infty}^{\infty}G_1(s+\mathrm{j}n\omega_s)G_2(s+\mathrm{j}n\omega_s)$$

通常 $$G_1G_2^*(s)\neq G_1^*(s)G_2^*(s)$$

对式(7-60)取 z 变换，得

$$C(z)=G_1G_2(z)R(z)$$

式中，$G_1G_2(z)$定义为 $G_1(s)$和 $G_2(s)$乘积的 z 变换。于是，开环系统脉冲传递函数

$$G(z)=\frac{C(z)}{R(z)}=G_1G_2(z) \tag{7-61}$$

式(7-61)表明，没有理想采样开关隔开的两个线性连续环节串联时的脉冲传递函数，等于这两个环节传递函数乘积后的相应 z 变换。这一结论也可以推广到类似的 n 个环节相串联时的情况。

显然，式(7-59)与式(7-61)是不等的，即

$$G_1(z)G_2(z)\neq G_1G_2(z)$$

从这种意义上说，z 变换无串联性。下例可以说明这一点。

例 7-18　设开环离散系统如图 7-21(a)及(b)所示，其中 $G_1(s)=1/s$，$G_2(s)=a/(s+a)$，输入信号 $r(t)=1(t)$，试求系统图 7-21(a)和(b)的脉冲传递函数 $G(z)$和输出的 z 变换 $C(z)$。

解　查 z 变换表，输入 $r(t)=1(t)$的 z 变换为

$$R(z)=\frac{z}{z-1}$$

对于系统(a)，

$$G_1(z)=\mathscr{Z}\left[\frac{1}{s}\right]=\frac{z}{z-1}$$

$$G_2(z)=\mathscr{Z}\left[\frac{a}{s+a}\right]=\frac{az}{z-\mathrm{e}^{-aT}}$$

因此 $$G(z)=G_1(z)G_2(z)=\frac{az^2}{(z-1)(z-\mathrm{e}^{-aT})}$$

$$C(z)=G(z)R(z)=\frac{az^3}{(z-1)^2(z-\mathrm{e}^{-aT})}$$

对于系统(b)，

$$G_1(s)G_2(s)=\frac{a}{s(s+a)}$$

$$G(z)=G_1G_2(z)=\mathscr{Z}\left[\frac{a}{s(s+a)}\right]=\frac{z(1-\mathrm{e}^{-aT})}{(z-1)(z-\mathrm{e}^{-aT})}$$

$$C(z)=G(z)R(z)=\frac{z^2(1-\mathrm{e}^{-aT})}{(z-1)^2(z-\mathrm{e}^{-aT})}$$

显然，在串联环节之间有无同步采样开关隔离时，其总的脉冲传递函数和输出 z 变换是不相同的。但是，不同之处仅表现在其零点不同，极点仍然一样。这也是离散系统特有的现象。

(3) 有零阶保持器时的开环系统脉冲传递函数

设有零阶保持器的开环离散系统如图 7-22(a)所示。图中，$G_h(s)$为零阶保持器传递函数，$G_o(s)$为连续部分传递函数，两个串联环节之间无同步采样开关隔离。由于 $G_h(s)$不是 s 的有理分式函数，因此不便于用求串联环节脉冲传递函数的式(7-61)求出开环系统脉冲传递函数。如果将图 7-22(a)变换为图 7-22(b)所示的等效开环系统，则有零阶保持器时的开环系统脉冲传递函数的推导过程将是比较简单的。

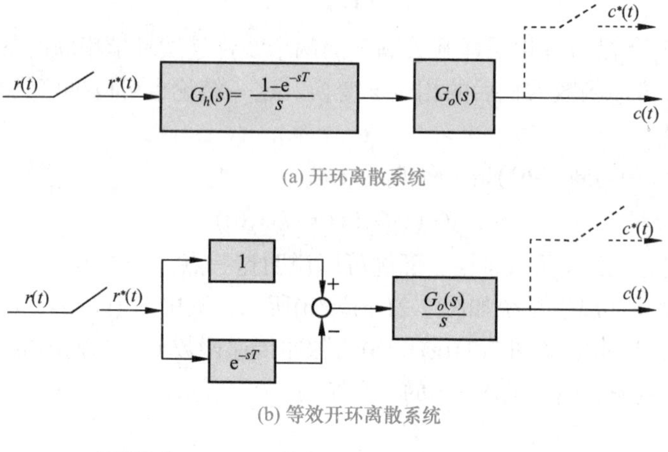

图 7-22　有零阶保持器的开环离散系统结构图

由图 7-22(b)可得

$$C(s)=\left[\frac{G_o(s)}{s}-\mathrm{e}^{-sT}\frac{G_o(s)}{s}\right]R^*(s) \tag{7-62}$$

因为 e^{-sT} 为延迟一个采样周期的延迟环节，所以 $\mathrm{e}^{-sT}G_o(s)/s$ 对应的采样输出比 $G_o(s)/s$ 对应的采样输出延迟一个采样周期。对式(7-62)进行 z 变换，根据实数位移定理及采样拉氏变换性质(7-58)，可得

$$C(z)=\mathscr{Z}\left[\frac{G_o(s)}{s}\right]R(z)-z^{-1}\mathscr{Z}\left[\frac{G_o(s)}{s}\right]R(z)$$

于是，有零阶保持器时，开环系统脉冲传递函数

$$G(z)=\frac{C(z)}{R(z)}=(1-z^{-1})\mathscr{Z}\frac{G_o(s)}{s} \tag{7-63}$$

当 $G_o(s)$ 为 s 有理分式函数时，式(7-63)中的 z 变换 $\mathscr{Z}[G_o(s)/s]$ 也必然是 z 的有理分式函数。

例 7-19　设离散系统如图 7-22(a)所示，已知

$$G_o(s)=\frac{a}{s(s+a)}$$

试求系统的脉冲传递函数 $G(z)$。

解　因为

$$\frac{G_o(s)}{s}=\frac{a}{s^2(s+a)}=\frac{1}{s^2}-\frac{1}{a}\left(\frac{1}{s}-\frac{1}{s+a}\right)$$

查 z 变换表 7-2，有

$$\mathscr{Z}\left[\frac{G_o(s)}{s}\right]=\frac{Tz}{(z-1)^2}-\frac{1}{a}\left(\frac{z}{z-1}-\frac{z}{z-\mathrm{e}^{-aT}}\right)$$

$$=\frac{\frac{1}{a}z\left[(\mathrm{e}^{-aT}+aT-1)z+(1-aT\mathrm{e}^{-aT}-\mathrm{e}^{-aT})\right]}{(z-1)^2(z-\mathrm{e}^{-aT})}$$

因此，有零阶保持器的开环系统脉冲传递函数

$$G(z)=(1-z^{-1})\mathscr{Z}\left[\frac{G_o(s)}{s}\right]$$

$$=\frac{\frac{1}{a}\left[(\mathrm{e}^{-aT}+aT-1)z+(1-aT\mathrm{e}^{-aT}-\mathrm{e}^{-aT})\right]}{(z-1)(z-\mathrm{e}^{-aT})}$$

现在，把上述结果与例 7-17 所得结果作比较。在例 7-17 中，连续部分的传递函数与本例相同，但是没有零阶保持器。比较两例的开环系统脉冲传递函数可知，两者极点完全相同，仅零点不同。所以说，零阶保持器不影响离散系统脉冲传递函数的极点。

5. 闭环系统脉冲传递函数

由于采样器在闭环系统中可以有多种配置的可能性，因此闭环离散系统没有唯一的结构图形式。图 7-23 是一种比较常见的误差采样闭环离散系统结构图。图中，虚线所示

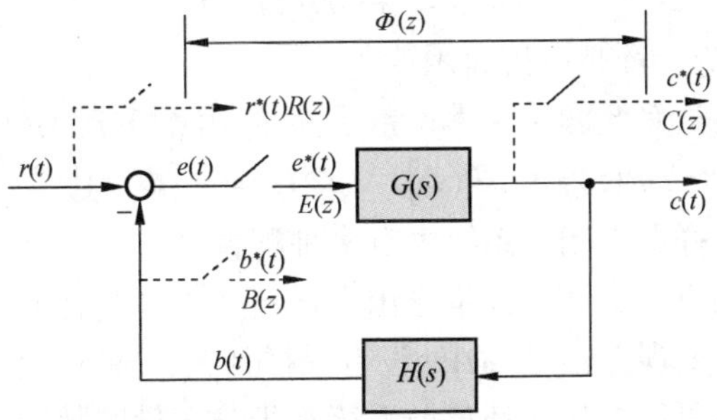

图 7-23　闭环离散系统结构图

的理想采样开关是为了便于分析而虚设的，输入采样信号 $r^*(t)$和反馈采样信号 $b^*(t)$事实上并不存在。图中所有理想采样开关都同步工作，采样周期为 T。

由图 7-23 可见，连续输出信号和误差信号的拉氏变换为

$$C(s)=G(s)E^*(s)$$

$$E(s)=R(s)-H(s)C(s)$$

因此有

$$E(s)=R(s)-H(s)G(s)E^*(s)$$

于是，误差采样信号 $e^*(t)$的拉氏变换

$$E^*(s)=R^*(s)-HG^*(s)E^*(s)$$

整理得

$$E^*(s)=\frac{R^*(s)}{1+HG^*(s)} \tag{7-64}$$

由于

$$C^*(s)=\left[G(s)E^*(s)\right]^*=G^*(s)E^*(s)=\frac{G^*(s)}{1+HG^*(s)}R^*(s) \tag{7-65}$$

所以对式(7-64)及式(7-65)取 z 变换，可得

$$E(z)=\frac{1}{1+HG(z)}R(z) \tag{7-66}$$

$$C(z)=\frac{G(z)}{1+HG(z)}R(z) \tag{7-67}$$

根据式(7-66)，定义

$$\Phi_e(z)=\frac{E(z)}{R(z)}=\frac{1}{1+HG(z)} \tag{7-68}$$

为闭环离散系统对于输入量的误差脉冲传递函数。根据式(7-67)，定义

$$\Phi(z)=\frac{C(z)}{R(z)}=\frac{G(z)}{1+HG(z)} \tag{7-69}$$

为闭环离散系统对于输入量的脉冲传递函数。

式(7-68)和式(7-69)是研究闭环离散系统时经常用到的两个闭环脉冲传递函数。与连续系统相类似，令 $\Phi(z)$或 $\Phi_e(z)$的分母多项式为零，便可得到闭环离散系统的特征方程：

$$D(z)=1+GH(z)=0 \tag{7-70}$$

式中，$GH(z)$为离散系统开环脉冲传递函数。

需要指出，闭环离散系统脉冲传递函数不能从 $\Phi(s)$和 $\Phi_e(s)$求 z 变换得来，即

$$\Phi(z)\neq \mathscr{Z}\left[\Phi(s)\right],\quad \Phi_e(z)\neq \mathscr{Z}\left[\Phi_e(s)\right]$$

这种原因，也是由于采样器在闭环系统中有多种配置之故。

通过与上面类似的方法，还可以推导出采样器为不同配置形式的其他闭环系统的脉冲传递函数。但是，只要误差信号 $e(t)$处没有采样开关，输入采样信号 $r^*(t)$(包括虚构的 $r^*(t)$)便不存在，此时不可能求出闭环离散系统对于输入量的脉冲传递函数，而只能求出输出采样信号的 z 变换函数 $C(z)$。

例 7-20　设闭环离散系统结构图如图 7-24 所示，试证其闭环脉冲传递函数为

$$\Phi(z)=\frac{G_1(z)G_2(z)}{1+G_1(z)HG_2(z)}$$

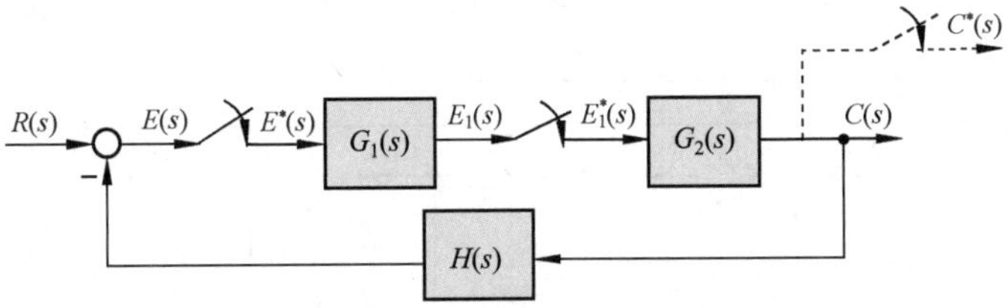

图 7-24　闭环离散系统结构图

证明　由图 7-24 得

$$C(s)=G_2(s)E_1^*(s)$$
$$E_1(s)=G_1(s)E^*(s)$$

对 $E_1(s)$离散化，有

$$E_1^*(s)=G_1^*(s)E^*(s)$$
$$C(s)=G_2(s)G_1^*(s)E^*(s)$$

考虑到

$$E(s)=R(s)-H(s)C(s)=R(s)-H(s)G_2(s)G_1^*(s)E^*(s)$$

离散化后，有

$$E^*(s)=R^*(s)-HG_2^*(s)G_1^*(s)E^*(s)$$

即

$$E^*(s)=\frac{R^*(s)}{1+G_1^*(s)HG_2^*(s)}$$

所以，输出信号的采样拉氏变换

$$C^*(s)=G_2^*(s)G_1^*(s)E^*(s)=\frac{G_1^*(s)G_2^*(s)R^*(s)}{1+G_1^*(s)HG_2^*(s)}$$

对上式进行 z 变换，证得

$$\Phi(z)=\frac{C(z)}{R(z)}=\frac{G_1(z)G_2(z)}{1+G_1(z)HG_2(z)}$$

对于采样器在闭环系统中具有各种配置的闭环离散系统典型结构图，及其输出采样信号的 z 变换函数 $C(z)$，可参见表 7-3。

表 7-3　典型闭环离散系统及输出 z 变换函数

序号	系统结构图	$C(z)$计算式
1	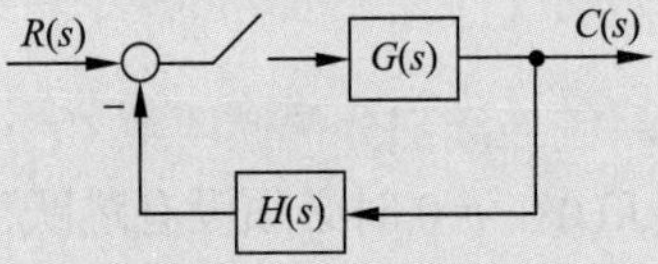	$\frac{G(z)R(z)}{1+GH(z)}$

续表

序号	系统结构图	C(z)计算式
2	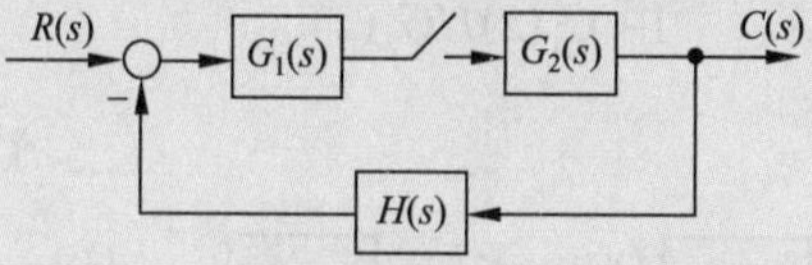	$\frac{RG_1(z)G_2(z)}{1+G_2HG_1(z)}$
3	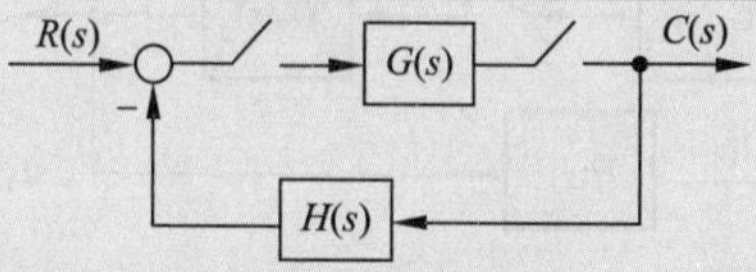	$\frac{G(z)R(z)}{1+G(z)H(z)}$
4	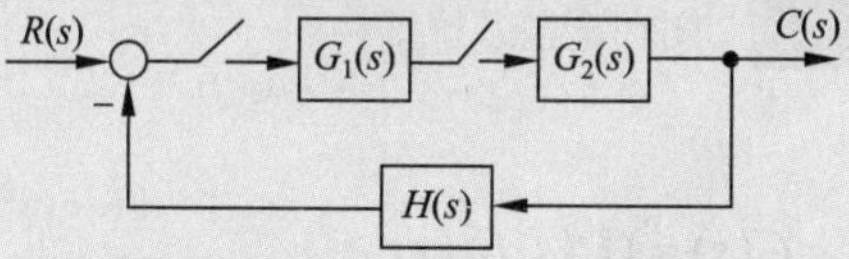	$\frac{G_1(z)G_2(z)R(z)}{1+G_1(z)G_2H(z)}$
5	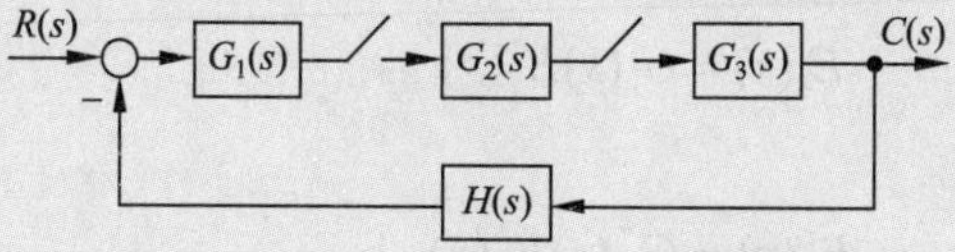	$\frac{RG_1(z)G_2(z)G_3(z)}{1+G_2(z)G_1G_3H(z)}$
6	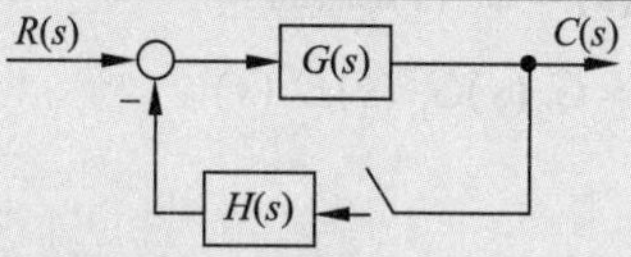	$\frac{RG(z)}{1+HG(z)}$
7	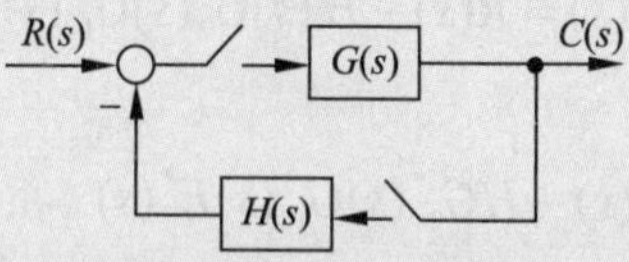	$\frac{R(z)G(z)}{1+G(z)H(z)}$
8	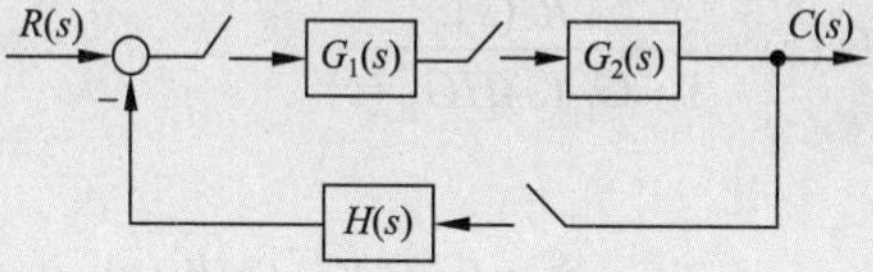	$\frac{G_1(z)G_2(z)R(z)}{1+G_1(z)G_2(z)H(z)}$

6. z 变换法的局限性

z 变换法是研究线性定常离散系统的一种有效工具，但是 z 变换法也有其本身的局限性，应用 z 变换法分析线性定常离散系统时，必须注意以下几方面问题：

1) z 变换的推导是建立在假定采样信号可以用理想脉冲序列来近似的基础上，每个理想脉冲的面积，等于采样瞬时上的时间函数。这种假定，只有当采样持续时间与系统的最大时间常数相比是很小的时候，才能成立。

2) 输出 z 变换函数 $C(z)$，只确定了时间函数 $c(t)$在采样瞬时上的数值，不能反映 $c(t)$在采样间隔中的信息。因此对于任何 $C(z)$，z 反变换 $c(nT)$只能代表 $c(t)$在采样瞬时 $t=nT(n=0, 1, 2, \cdots)$时的数值。

3) 用 z 变换法分析离散系统时，系统连续部分传递函数 $G(s)$的极点数至少要比其零点数多两个，即 $G(s)$的脉冲过渡函数 $K(t)$在 $t=0$ 时必须没有跳跃，或者满足

$$\lim_{s \to \infty} sG(s) = 0 \tag{7-71}$$

否则，用 z 变换法得到的系统采样输出 $c^*(t)$ 与实际连续输出 $c(t)$ 差别较大，甚至完全不符。

例 7-21　设 RC 积分网络如图 7-25 所示，其输入 $r(t)=1(t)$，采样周期 T=1s，试比较 $c^*(t)$ 与 $c(t)$。

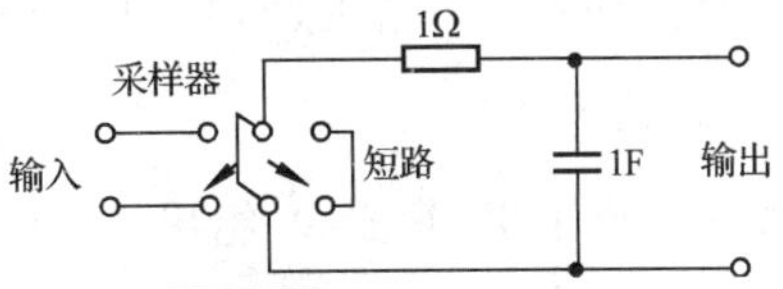

图 7-25　RC 积分网络

解　网络传递函数

$$G(s) = \frac{1}{s+1}$$

相应的 z 变换为

$$G(z) = \frac{z}{z - e^{-T}} = \frac{z}{z - 0.368}$$

而输入 z 变换

$$R(z) = \frac{z}{z-1}$$

因此，网络输出 z 变换函数

$$C(z) = G(z)R(z) = \frac{z^2}{(z-1)(z-0.368)}$$
$$= 1 + 1.368z^{-1} + 1.5z^{-2} + 1.55z^{-3} + 1.56z^{-4} + \cdots$$

上式取 z 反变换，得输出采样信号

$$c^*(t) = \delta(t) + 1.368\delta(t-1) + 1.5\delta(t-2) + 1.55\delta(t-3) + 1.56\delta(t-4) + \cdots$$

于是，可以画出 $c(t)$ 在采样瞬时的值 $c(nT)$(T=1, n=0, 1, 2, …)，如图 7-26(a)所示。如果采用拉氏变换的方法，可以求出当连续部分的输入为 $r^*(t)=\delta_T(t)$ 时，系统的连续输出 $c(t)$，如图 7-26(b)所示。

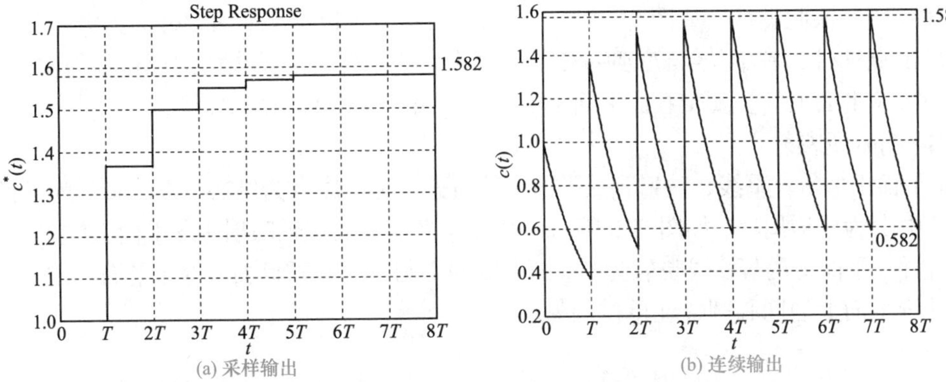

图 7-26　积分网络的采样输出响应和连续输出响应(MATLAB)

由图可见，在 $c^*(t)$ 曲线中，将其采样瞬时的幅值连接起来所画出的光滑曲线，与实际的 $c(t)$ 有显著差别。这是因为此时 $G(s)$ 不满足式(7-71)。

7-5　离散系统的稳定性与稳态误差

正如在线性连续系统分析中的情况一样，稳定性和稳态误差也是线性定常离散系统分析的重要内容。本节主要讨论如何在 z 域和 w 域中分析离散系统的稳定性，同时给出计算离散系统在采样瞬时稳态误差的方法。

为了把连续系统在 s 平面上分析稳定性的结果移植到在 z 平面上分析离散系统的稳定性，首先需要研究 s 平面与 z 平面的映射关系。

1. s 域到 z 域的映射

在 z 变换定义中，$z=e^{sT}$ 给出了 s 域到 z 域的关系。s 域中的任意点可表示为 $s=\sigma+j\omega$，映射到 z 域则为

$$z = e^{(\sigma+j\omega)T} = e^{\sigma T}e^{j\omega T}$$

于是，s 域到 z 域的基本映射关系式为

$$|z| = e^{\sigma T}, \quad \angle z = \omega T \tag{7-72}$$

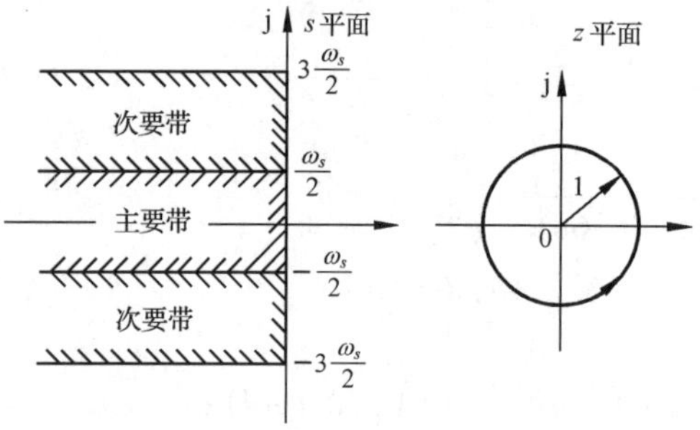

图 7-27　s 平面虚轴在 z 平面上的映射

令 $\sigma=0$，相当于取 s 平面的虚轴，当 ω 从 $-\infty$ 变到 ∞ 时，由式(7-72)知，映射到 z 平面的轨迹是以原点为圆心的单位圆。只是当 s 平面上的点沿虚轴从 $-\infty$ 移到 ∞ 时，z 平面上的相应点已经沿着单位圆转过了无穷多圈。这是因为当 s 平面上的点沿虚轴从 $-\omega_s/2$ 移动到 $\omega_s/2$ 时，其中 ω_s 为采样角频率，z 平面上的相应点沿单位圆从 $-\pi$ 逆时针变化到 π(见式(7-72)中 $\angle z$ 计算式)，正好转了一圈；而当 s 平面上的点在虚轴上从 $\omega_s/2$ 移动到 $3\omega_s/2$ 时，z 平面上的相应点又将逆时针沿单位圆转过一圈。依此类推，如图 7-27 所示。由图可见，可以把 s 平面划分为无穷多条平行于实轴的周期带，其中从 $-\omega_s/2$ 到 $\omega_s/2$ 的周期带称为主要带，其余的周期带称为次要带。为了研究 s 平面上的主要带在 z 平面上的映射，可分以下几种情况讨论。

(1) 等 σ 线映射

s 平面上的等 σ 垂线，映射到 z 平面上的轨迹，是以原点为圆心，以 $|z|=e^{\sigma T}$ 为半径的圆，其中 T 为采样周期，如图 7-28 所示。由于 s 平面上的虚轴映射为 z 平面上的单位圆，所以左半 s 平面上的等 σ 线映射为 z 平面上的同心圆，在单位圆内；右半 s 平面上的等 σ 线映射为 z 平面上的同心圆，在单位圆外。

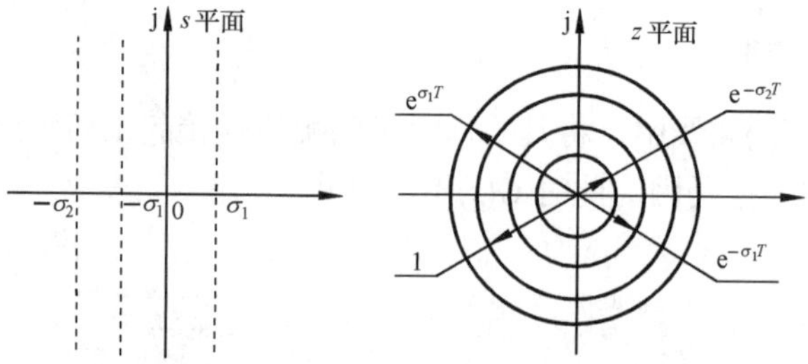

(a) s平面　　(b) z平面

图 7-28　s 平面和 z 平面上的等 σ 轨迹

(2) 等ω线映射

在特定采样周期 T 情况下，由式(7-72)可知，s 平面上的等ω水平线，映射到 z 平面上的轨迹，是一簇从原点出发的射线，其相角$\angle z=\omega T$从正实轴计量，如图 7-29 所示。由图可见，s 平面上$\omega=\omega_s/2$ 水平线，在 z 平面上正好映射为负实轴。

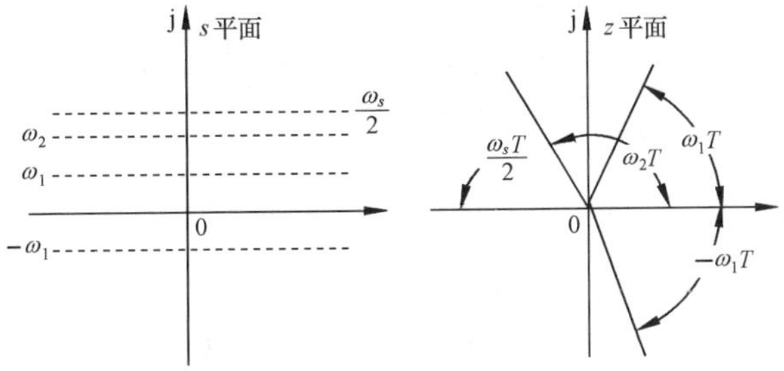

(a) s平面 (b) z平面

图 7-29 s 平面和 z 平面上的等ω轨迹

有了以上映射关系，现在可以讨论 s 平面上周期带在 z 平面上的映射。设 s 平面上的主要带如图 7-30(a)所示，通过 $z=\mathrm{e}^{sT}$ 变换，映射为 z 平面上的单位圆及单位圆内的负实轴，如图 7-30(b)所示。类似地，由于

$$\mathrm{e}^{(s+\mathrm{j}n\omega_s)T}=\mathrm{e}^{sT}\mathrm{e}^{\mathrm{j}2n\pi}=\mathrm{e}^{sT}=z$$

因此 s 平面上所有的次要带，在 z 平面上均映射为相同的单位圆及单位圆内的负实轴。

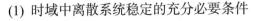

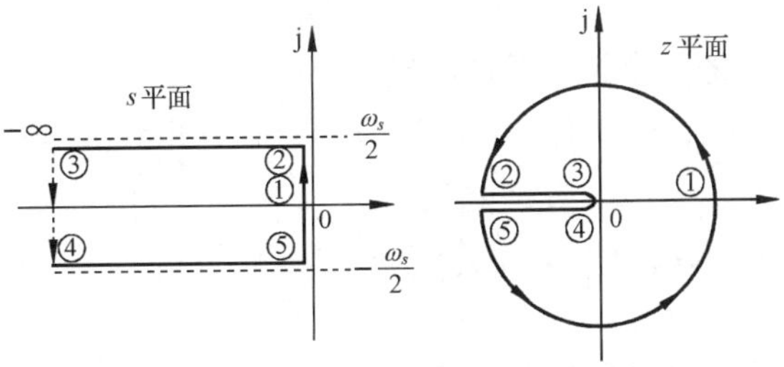

(a) s平面 (b) z平面

图 7-30 左半 s 平面上的主要带在 z 平面上的映射

2. 离散系统稳定的充分必要条件

定义 若离散系统在有界输入序列作用下，其输出序列也是有界的，则称该离散系统是稳定的。

众所周知，在线性定常连续系统中，系统稳定的充分必要条件是指：系统齐次微分方程的解是收敛的，或者系统特征方程式的根均具有负实部，或者系统传递函数的极点均位于左半 s 平面。连续系统这种在时域或 s 域描述系统稳定性的方法同样可以推广到离散系统。对于线性定常离散系统，时域中的数学模型是线性定常差分方程，z 域中的数学模型是脉冲传递函数，因此线性定常离散系统稳定的充分必要条件，可以从以下两方面进行研究。

离散系统的稳定性分析

(1) 时域中离散系统稳定的充分必要条件

设线性定常差分方程如式(7-48)所示，即

$$c(k)=-\sum_{i=1}^{n}a_i c(k-i)+\sum_{j=0}^{m}b_j r(k-j)$$

其齐次差分方程为

$$c(k)+\sum_{i=1}^{n}a_i c(k-i)=0$$

设通解为 $A\alpha^l$，代入齐次方程，得

$$A\alpha^l+a_1A\alpha^{l-1}+\cdots+a_nA\alpha^{l-n}=0$$

或

$$A\alpha^l(\alpha^0+a_1\alpha^{-1}+\cdots+a_n\alpha^{-n})=0$$

因 $A\alpha^l\neq0$，故必有

$$\alpha^0+a_1\alpha^{-1}+\cdots+a_n\alpha^{-n}=0$$

以 α^n 乘以上式，得差分方程的特征方程

$$\alpha^n+a_1\alpha^{n-1}+a_2\alpha^{n-2}+\cdots+a_n=0 \qquad (7\text{-}73)$$

不失一般性，设特征方程(7-73)有各不相同的特征根 $\alpha_1, \alpha_2, \cdots, \alpha_n$，则差分方程(7-48)的通解为

$$c(k)=A_1\alpha_1^l+A_2\alpha_2^l+\cdots+A_n\alpha_n^l=\sum_{i=1}^{n}A_i\alpha_i^l;\qquad k=0,1,2,\cdots$$

式中，系数 A_i 可由给定的 n 个初始条件决定。

当特征方程(7-73)的根 $|\alpha_i|<1$ 时，$i=1, 2, \cdots, n$，必有 $\lim_{k\to\infty}c(k)=0$，故系统稳定的充分必要条件是：

当且仅当差分方程(7-48)所有特征根的模 $|\alpha_i|<1$，$i=1,2,\cdots,n$，则相应的线性定常离散系统是稳定的。

(2) z 域中离散系统稳定的充分必要条件

设典型离散系统结构图如图 7-23 所示，其特征方程为式(7-70)，即

$$D(z)=1+GH(z)=0$$

不失一般性，设特征方程(7-70)的根或闭环脉冲传递函数(7-69)的极点为各不相同的 $z_1, z_2, \cdots, z_n$。由 s 域到 z 域的映射关系知：s 左半平面映射为 z 平面上的单位圆内的区域，对应稳定区域；s 右半平面映射为 z 平面上的单位圆外的区域，对应不稳定区域；s 平面上的虚轴，映射为 z 平面上的单位圆周，对应临界稳定情况。因此，在 z 域中，线性定常离散系统稳定的充分必要条件是：

当且仅当离散特征方程(7-70)的全部特征根均分布在 z 平面上的单位圆内，或者所有特征根的模均小于 1，即 $|z_i|<1(i=1, 2, \cdots, n)$，相应的线性定常离散系统是稳定的。

应当指出：上述稳定条件虽然是从特征方程无重特征根情况下推导出来的，但是对于有重根的情况，也是正确的。此外，在现实系统中，不存在临界稳定情况，设若 $|z_i|=1$ 或 $|\alpha_i|=1$，在经典控制理论中，系统也属于不稳定范畴。

例 7-22　设一离散系统可用下列差分方程描述：

$$c(n+1)-ac(n)=br(n),\quad c(0)\neq 0$$

试分析系统稳定的充分必要条件。

解　给定系统相应的齐次方程为

$$c(n+1)-ac(n)=0$$

利用迭代法，可求出通解

$$c(n+1)=a^{n+1}c(0)$$

由于 $c(0)\neq 0$，因此当$|a|<1$ 时，才有 $\lim\limits_{n\to\infty}c(n)=0$。故系统稳定的充分必要条件是$|a|<1$。

例 7-23　设离散系统如图 7-23 所示，其中 $G(s)=10/s(s+1)$，$H(s)=1$，$T=1$。试分析该系统的稳定性。

解　由已知 $G(s)$可求出开环脉冲传递函数

$$G(z)=\frac{10(1-e^{-1})z}{(z-1)(z-e^{-1})}$$

根据式(7-70)，本例闭环特征方程

$$1+G(z)=1+\frac{10(1-e^{-1})z}{(z-1)(z-e^{-1})}=0$$

即

$$z^2+4.952z+0.368=0$$

解出特征方程的根

$$z_1=-0.076,\quad z_2=-4.876$$

因为$|z_2|>1$，所以该离散系统不稳定。

应当指出，当例 7-23 中无采样器时，二阶连续系统总是稳定的，但是引入采样器后，二阶离散系统却有可能变得不稳定，这说明采样器的引入一般会降低系统的稳定性。如果提高采样频率(减小采样周期)，或者降低开环增益，离散系统的稳定性将得到改善。

当离散系统阶数较高时，直接求解差分方程或 z 特征方程的根总是不方便的，所以人们还是希望有间接的稳定判据可供利用，这对于研究离散系统结构、参数、采样周期等对于稳定性的影响，也是必要的。

3. 离散系统的稳定性判据

连续系统的劳斯稳定判据，是通过系统特征方程的系数及其符号来判别系统稳定性的。这种对特征方程系数和符号以及系数之间满足某些关系的判据，实质是判断系统特征方程的根是否都在左半 s 平面。但是，在离散系统中需要判断系统特征方程的根是否都在 z 平面上的单位圆内。因此，连续系统中的劳斯判据不能直接套用，必须引入另一种 z 域到 w 域的线性变换，使 z 平面上的单位圆内区域，映射成 w 平面上的左半平面，这种新的坐标变换，称为双线性变换，或称为 w 变换。

如果令

$$z=\frac{w+1}{w-1}\tag{7-74}$$

则有

$$w = \frac{z+1}{z-1} \tag{7-75}$$

式(7-74)与式(7-75)表明，复变量 z 与 w 互为线性变换，故 w 变换又称双线性变换。令复变量

$$z = x + \mathrm{j}y, \qquad w = u + \mathrm{j}v$$

代入式(7-75)，得

$$u + \mathrm{j}v = \frac{(x^2+y^2)-1}{(x-1)^2+y^2} - \mathrm{j}\frac{2y}{(x-1)^2+y^2}$$

显然

$$u = \frac{(x^2+y^2)-1}{(x-1)^2+y^2}$$

由于上式的分母$(x-1)^2+y^2$始终为正，因此 $u=0$ 等价为 $x^2+y^2=1$，表明 w 平面的虚轴对应于 z 平面上的单位圆周；$u<0$ 等价为 $x^2+y^2<1$，表明左半 w 平面对应于 z 平面上单位圆内的区域；$u>0$ 等价为 $x^2+y^2>1$，表明右半 w 平面对应于 z 平面上单位圆外的区域。z 平面和 w 平面的这种对应关系，如图 7-31 所示。

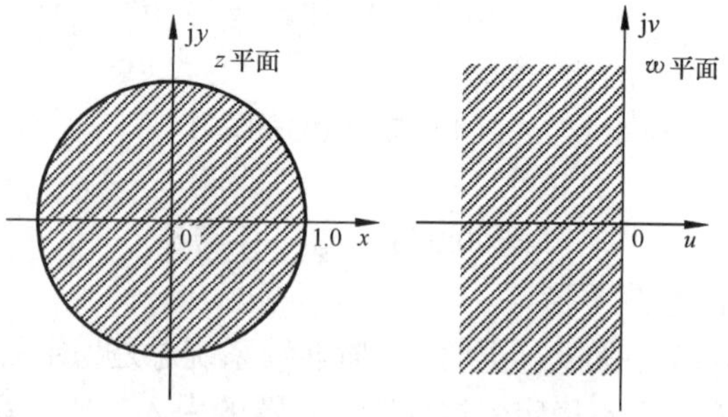

图 7-31　z 平面与 w 平面的对应关系

由 w 变换可知，通过式(7-74)，可将线性定常离散系统在 z 平面上的特征方程 $1+GH(z)=0$，转换为在 w 平面上的特征方程 $1+GH(w)=0$。于是，离散系统稳定的充分必要条件，由特征方程 $1+GH(z)=0$ 的所有根位于 z 平面上的单位圆内，转换为特征方程 $1+GH(w)=0$ 的所有根位于左半 w 平面。这后一种情况正好与在 s 平面上应用劳斯稳定判据的情况一样，所以根据 w 域中的特征方程系数，可以直接应用劳斯表判断离散系统的稳定性，并相应称为 w 域中的劳斯稳定判据。

例 7-24　设闭环离散系统如图 7-32 所示，其中采样周期 $T=0.1\mathrm{s}$，试求系统稳定时 K 的临界值。

解　求出 $G(s)$的 z 变换

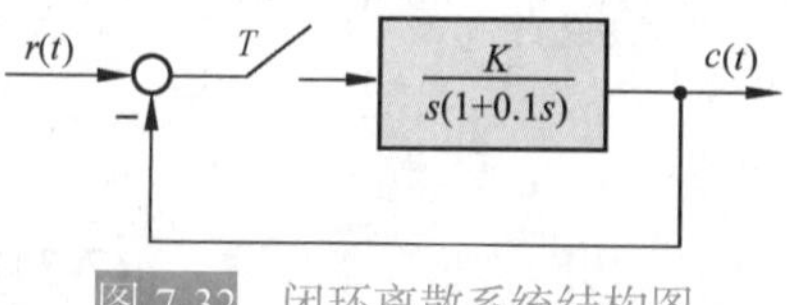

图 7-32　闭环离散系统结构图

$$G(z) = \frac{0.632Kz}{z^2 - 1.368z + 0.368}$$

因闭环脉冲传递函数

$$\Phi(z) = \frac{G(z)}{1+G(z)}$$

故闭环特征方程

$$1+G(z)=z^2+(0.632K-1.368)z+0.368=0$$

令 $z=(w+1)/(w-1)$，得

$$\left(\frac{w+1}{w-1}\right)^2+(0.632K-1.368)\frac{w+1}{w-1}+0.368=0$$

化简后，得 w 域特征方程

$$0.632Kw^2+1.264w+(2.736-0.632K)=0$$

列出劳斯表

$$\begin{array}{c|cc} w^2 & 0.632K & 2.736-0.632K \\ w^1 & 1.264 & 0 \\ w^0 & 2.736-0.632K & 0 \end{array}$$

从劳斯表第一列系数可以看出，为保证系统稳定，必须使 $K>0$ 和 $2.736-0.632K>0$，即 $0<K<4.33$。故系统稳定的临界增益 $K_c=4.33$。

4. 离散系统的稳态误差

在连续系统中，可以利用建立在拉氏变换终值定理基础上的计算方法，求出系统的稳态误差。这种计算稳态误差的方法，在一定条件下可以推广到离散系统。

由于离散系统没有唯一的典型结构图形式，所以误差脉冲传递函数 $\Phi_e(z)$ 也给不出一般的计算公式。离散系统的稳态误差需要针对不同形式的离散系统来求取。这里仅介绍利用 z 变换的终值定理方法，求取误差采样的离散系统在采样瞬时的稳态误差。

离散系统的稳态误差计算

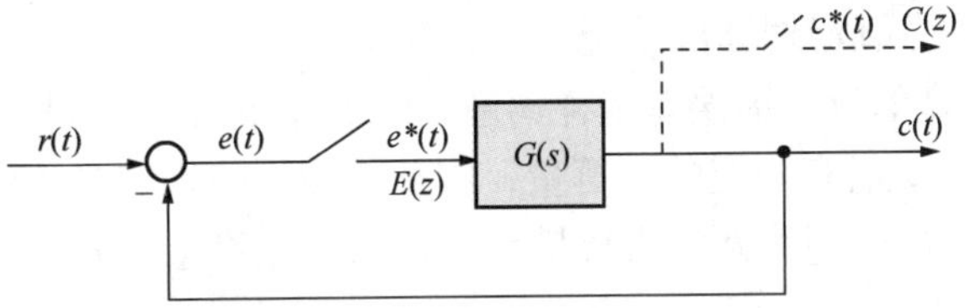

图 7-33 单位反馈离散系统结构图

设单位反馈误差采样系统如图 7-33 所示，其中 $G(s)$ 为连续部分的传递函数，$e(t)$ 为系统连续误差信号，$e^*(t)$ 为系统采样误差信号，其 z 变换函数为

$$E(z)=R(z)-C(z)=\left[1-\Phi(z)\right]R(z)=\Phi_e(z)R(z)$$

其中

$$\Phi_e(z)=\frac{E(z)}{R(z)}=\frac{1}{1+G(z)}$$

为系统误差脉冲传递函数。

如果 $\Phi_e(z)$ 的极点全部位于 z 平面上的单位圆内，即若离散系统是稳定的，则可用 z 变换的终值定理求出采样瞬时的稳态误差

$$e(\infty)=\lim_{t\to\infty}e^*(t)=\lim_{z\to 1}(1-z^{-1})E(z)=\lim_{z\to 1}\frac{(z-1)R(z)}{z\left[1+G(z)\right]} \tag{7-76}$$

式(7-76)表明，线性定常离散系统的稳态误差，不但与系统本身的结构和参数有关，而且与输入序列的形式及幅值有关。除此以外，由于 $G(z)$ 还与采样周期 T 有关，以及多数的典型输入 $R(z)$ 也与 T 有关，因此离散系统的稳态误差数值与采样周期的选取也有关。

例 7-25 设离散系统如图 7-33 所示，其中 $G(s)=\dfrac{1}{s(0.1s+1)}$，$T$=0.1s，输入连续信号 $r(t)$ 分别为 $1(t)$ 和 t，试求离散系统相应的稳态误差。

解 不难求出 $G(s)$ 相应的 z 变换为

$$G(z)=\frac{z(1-e^{-1})}{(z-1)(z-e^{-1})}$$

因此，系统的误差脉冲传递函数

$$\Phi_e(z)=\frac{1}{1+G(z)}=\frac{(z-1)(z-0.368)}{z^2-0.736z+0.368}$$

由于闭环极点 z_1=0.368+j0.482，z_2=0.368−j0.482，全部位于 z 平面上的单位圆内，因此可以应用终值定理方法求稳态误差。

当 $r(t)=1(t)$，相应 $r(nT)=1(nT)$ 时，$R(z)=z/(z-1)$，于是由式(7-76)求得

$$e(\infty)=\lim_{z\to 1}\frac{(z-1)(z-0.368)}{z^2-0.736z+0.368}=0$$

当 $r(t)=t$，相应 $r(nT)=nT$ 时，$R(z)=Tz/(z-1)^2$，于是由式(7-76)求得

$$e(\infty)=\lim_{z\to 1}\frac{T(z-0.368)}{z^2-0.736z+0.368}=T=0.1$$

如果希望求出其他结构形式离散系统的稳态误差，或者希望求出离散系统在扰动作用下的稳定误差，只要求出系统误差的 z 变换函数 $E(z)$，在离散系统稳定的前提下，同样可以应用 z 变换的终值定理算出系统的稳态误差。

式(7-76)只是计算单位反馈误差采样离散系统的基本公式，当开环脉冲传递函数 $G(z)$ 比较复杂时，计算 $e(\infty)$ 仍有一定的计算量，因此希望把线性定常连续系统中系统型别及静态误差系数的概念推广到线性定常离散系统，以简化稳态误差的计算过程。

5. 离散系统的型别与静态误差系数

在讨论零阶保持器对开环系统脉冲传递函数 $G(z)$ 的影响时，我们曾经指出，零阶保持器不影响开环系统脉冲传递函数的极点。因此，开环脉冲传递函数 $G(z)$ 的极点，与相应的连续传递函数 $G(s)$ 的极点是一一对应的。如果 $G(s)$ 有 ν 个 s=0 的极点，即 ν 个积分环节，则由 z 变换算子 $z=e^{sT}$ 关系式可知，与 $G(s)$ 相应的 $G(z)$ 必有 ν 个 z=1 的极点。在连续系统中，我们把开环传递函数 $G(s)$ 具有 s=0 的极点数作为划分系统型别的标准，并分别把 ν=0, 1, 2, …的系统称为 0 型、Ⅰ型和Ⅱ型系统等。因此，在离散系统中，也可以把开环脉冲传递函数 $G(z)$ 具有 z=1 的极点数 ν 作为划分离散系统型别的标准，类似地把 $G(z)$ 中 ν=0，1，2，…的系统，称为 0 型、Ⅰ型和Ⅱ型离散系统等。

下面讨论图 7-33 所示的不同型别的离散系统在三种典型输入信号作用下的稳态误差，并建立离散系统静态误差系数的概念。

(1) 单位阶跃输入时的稳态误差

当系统输入为单位阶跃函数 $r(t)=1(t)$时，其 z 变换函数

$$R(z)=\frac{z}{z-1}$$

因而，由式(7-76)知，稳态误差为

$$e(\infty)=\lim_{z\to 1}\frac{1}{1+G(z)}=\frac{1}{\lim\limits_{z\to 1}[1+G(z)]}=\frac{1}{K_p} \tag{7-77}$$

上式代表离散系统在采样瞬时的稳态位置误差。式中

$$K_p=\lim_{z\to 1}[1+G(z)] \tag{7-78}$$

称为静态位置误差系数。若 $G(z)$没有 $z=1$ 的极点，则 $K_p\neq\infty$，从而 $e(\infty)\neq 0$，这样的系统称为 0 型离散系统；若 $G(z)$有一个或一个以上 $z=1$ 的极点，则 $K_p=\infty$，从而 $e(\infty)=0$，这样的系统相应称为Ⅰ型或Ⅰ型以上的离散系统。

因此，在单位阶跃函数作用下，0 型离散系统在采样瞬时存在位置误差；Ⅰ型或Ⅰ型以上的离散系统，在采样瞬时没有位置误差。这与连续系统十分相似。

(2) 单位斜坡输入时的稳态误差

当系统输入为单位斜坡函数 $r(t)=t$ 时，其 z 变换函数

$$R(z)=\frac{Tz}{(z-1)^2}$$

因而稳态误差为

$$e(\infty)=\lim_{z\to 1}\frac{T}{(z-1)[1+G(z)]}=\frac{T}{\lim\limits_{z\to 1}(z-1)G(z)}=\frac{T}{K_v} \tag{7-79}$$

上式也是离散系统在采样瞬时的稳态位置误差，可以仿照连续系统，称为速度误差。式中

$$K_v=\lim_{z\to 1}(z-1)G(z) \tag{7-80}$$

称为静态速度误差系数。因为 0 型系统的 $K_v=0$，Ⅰ型系统的 K_v 为有限值，Ⅱ型和Ⅱ型以上系统的 $K_v=\infty$，所以有如下结论：

0 型离散系统不能跟踪单位斜坡函数作用，Ⅰ型离散系统在单位斜坡函数作用下存在速度误差，Ⅱ型和Ⅱ型以上离散系统在单位斜坡函数作用下不存在稳态误差。

(3) 单位加速度输入时的稳态误差

当系统输入为单位加速度函数 $r(t)=t^2/2$ 时，其 z 变换函数

$$R(z)=\frac{T^2z(z+1)}{2(z-1)^3}$$

因而稳态误差为

$$e(\infty)=\lim_{z\to 1}\frac{T^2(z+1)}{2(z-1)^2[1+G(z)]}=\frac{T^2}{\lim\limits_{z\to 1}(z-1)^2G(z)}=\frac{T^2}{K_a} \tag{7-81}$$

当然，式(7-81)也是系统的稳态位置误差，并称为加速度误差。式中

$$K_a=\lim_{z\to 1}(z-1)^2G(z) \tag{7-82}$$

称为静态加速度误差系数。由于 0 型及 I 型系统的 K_a=0，II 型系统的 K_a 为常值，III 型及 III 型以上系统的 K_a=∞，因此有如下结论成立：

0 型及 I 型离散系统不能跟踪单位加速度函数作用，II 型离散系统在单位加速度函数作用下存在加速度误差，只有 III 型及 III 型以上的离散系统在单位加速度函数作用下，才不存在采样瞬时的稳态位置误差。

不同型别单位反馈离散系统的稳态误差，如表 7-4 所示。

表 7-4　单位反馈离散系统的稳态误差

系统类型	位置误差 $r(t)=1(t)$	速度误差 $r(t)=t$	加速度误差 $r(t)=\frac{1}{2}t^2$
0 型	$\frac{1}{K_p}$	∞	∞
I 型	0	$\frac{T}{K_v}$	∞
II 型	0	0	$\frac{T^2}{K_a}$
III 型	0	0	0

7-6　离散系统的动态性能分析

应用 z 变换法分析线性定常离散系统的动态性能，通常有时域法、根轨迹法和频域法，其中时域法最简便。本节主要介绍在时域中如何求取离散系统的时间响应，指出采样器和保持器对系统动态性能的影响。

1. 离散系统的时间响应

在已知离散系统结构和参数情况下，应用 z 变换法分析系统动态性能时，通常假定外作用为单位阶跃函数 $1(t)$。

如果可以求出离散系统的闭环脉冲传递函数 $\Phi(z)=C(z)/R(z)$，其中 $R(z)=z/(z-1)$，则系统输出量的 z 变换函数

$$C(z)=\frac{z}{z-1}\Phi(z)$$

将上式展成幂级数，通过 z 反变换，可以求出输出信号的脉冲序列 $c^*(t)$。$c^*(t)$代表线性定常离散系统在单位阶跃输入作用下的响应过程。由于离散系统时域指标的定义与连续系统相同，故根据单位阶跃响应曲线 $c^*(t)$可以方便地分析离散系统的动态和稳态性能。

如果无法求出离散系统的闭环脉冲传递函数 $\Phi(z)$，但由于 $R(z)$是已知的，且 $C(z)$的表达式总是可以写出的，因此求取 $c^*(t)$并无技术上的困难。

例 7-26　设有零阶保持器的离散系统如图 7-33 所示，其中

$$G(s)=\frac{1}{s}(1-\mathrm{e}^{-Ts})\frac{K}{s(s+1)}$$

$r(t)=1(t)$, $T=1\text{s}$，$K=1$。试分析该系统的动态性能。

解　先求开环脉冲传递函数 $G(z)$。因为

$$G(s)=\frac{1}{s^2(s+1)}(1-\mathrm{e}^{-s})$$

对上式取 z 变换，并由 z 变换的实数位移定理，可得

$$G(z)=(1-z^{-1})\mathscr{Z}\left[\frac{1}{s^2(s+1)}\right]$$

查 z 变换表，求出

$$G(z)=\frac{0.368z+0.264}{(z-1)(z-0.368)}$$

再求闭环脉冲传递函数

$$\Phi(z)=\frac{G(z)}{1+G(z)}=\frac{0.368z+0.264}{z^2-z+0.632}$$

将 $R(z)=z/(z-1)$代入上式，求出单位阶跃序列响应的 z 变换：

$$C(z)=\Phi(z)R(z)=\frac{0.368z^{-1}+0.264z^{-2}}{1-2z^{-1}+1.632z^{-2}-0.632z^{-3}}$$

通过综合除法，将 $C(z)$展成无穷幂级数：

$$C(z)=0.368z^{-1}+z^{-2}+1.4z^{-3}+1.4z^{-4}+1.147z^{-5}$$
$$+0.895z^{-6}+0.802z^{-7}+0.868z^{-8}+\cdots$$

基于 z 变换定义，由上式求得系统在单位阶跃外作用下的输出序列 $c(nT)$为

$$\begin{aligned}
&c(0)=0 && c(4T)=1.4 && c(8T)=0.868\\
&c(T)=0.368 && c(5T)=1.147 && c(9T)=0.993\\
&c(2T)=1 && c(6T)=0.895 && c(10T)=1.077\\
&c(3T)=1.4 && c(7T)=0.802 && c(11T)=1.081
\end{aligned}$$

根据上述 $c(nT)(n=0, 1, 2, \cdots)$数值，可以绘出离散系统的单位阶跃响应 $c^*(t)$，如图 7-34 所示。由图可以求得给定离散系统的近似性能指标：上升时间 $t_r=2\text{s}$，峰值时间 $t_p=4\text{s}$，调节时间 $t_s=16\text{s}(\Delta=2\%)$，超调量$\sigma\%=40\%$。

应当指出，由于离散系统的时域性能指标只能按采样周期整数倍的采样值来计算，所以是近似的。

2. 采样器和保持器对系统性能的影响

前面曾经指出，采样器和保持器不影响开环脉冲传递函数的极点，仅影响开环脉冲传递函数的零点。但是，对闭环离散系统而言，开环脉冲传递函数零点的变化，必然引起闭环脉冲传递函数极点的改变，因此采样器和保持器会影响闭环离散系统的动态性能。下面通过一个具体例子，定性说明这种影响。

在例 7-26 中，如果没有采样器和零阶保持器，则成为连续系统，其闭环传递函数

$$\Phi(s)=\frac{1}{s^2+s+1}$$

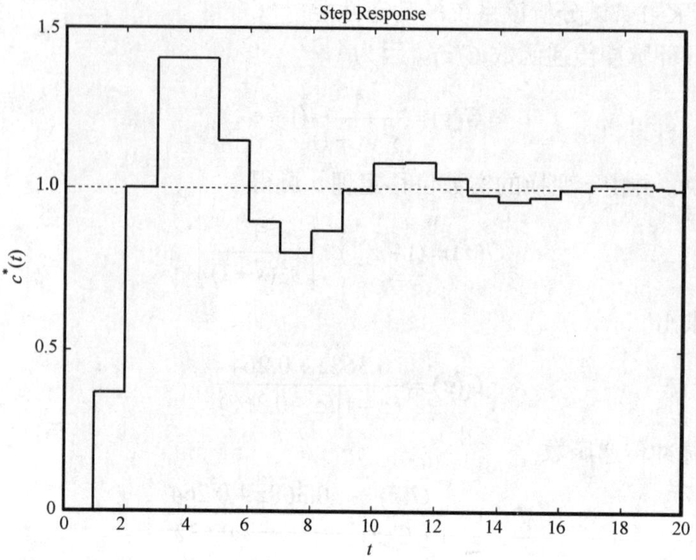

图 7-34　例 7-26 离散系统单位阶跃响应(MATLAB)

显然，该系统的阻尼比ζ=0.5，自然频率ω_n=1，其单位阶跃响应为

$$c(t)=1-\frac{1}{\sqrt{1-\zeta^2}}\mathrm{e}^{-\zeta\omega_n t}\sin(\omega_n\sqrt{1-\zeta^2}t+\arccos\zeta)$$

$$=1-1.154\mathrm{e}^{-0.5t}\sin(0.866t+60°)$$

相应的时间响应曲线，如图 7-35 中曲线①所示。

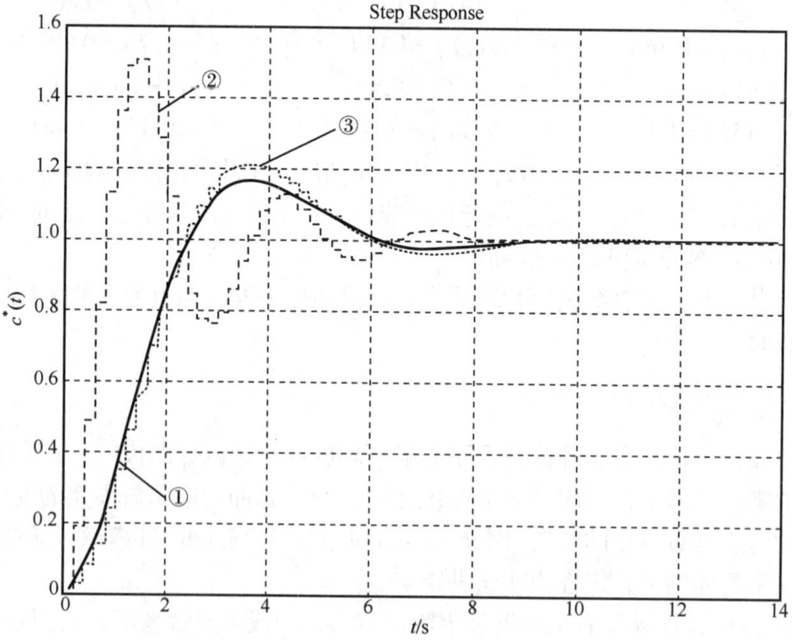

图 7-35　连续与离散系统的时间响应(MATLAB)

如果在例 7-26 中，取 T=0.2 且只有采样器而没有零阶保持器，则系统的开环脉冲传递函数为

$$G(z)=\mathscr{Z}\left[\frac{1}{s(s+1)}\right]=\frac{0.181z}{(z-1)(z-0.819)}$$

相应的闭环脉冲传递函数

$$\Phi(z)=\frac{G(z)}{1+G(z)}=\frac{0.181z}{z^2-1.638z+0.819}$$

代入 $R(z)=z/(z-1)$，得系统输出响应，如图 7-35 中曲线②所示。

在例 7-26 中，若取 T=0.2 且既有采样器又有零阶保持器的单位阶跃响应曲线 $c^*(t)$，如图 7-35 中曲线③所示。

根据图 7-35，可以求得各类系统的性能指标如表 7-5 所示。

表 7-5　连续与离散系统的时域指标

时域指标	连续系统	离散系统(只有采样器)	离散系统 (有采样器和保持器)
峰值时间/s	3.64	1.40	3.60
调节时间/s(Δ=2%)	8.08	7.60	8.40
超调量/%	16.3	49.6	20.6
振荡次数	0.5	2.0	0.5

由表可见，采样器和保持器对离散系统的动态性能有如下影响：

1) 采样器可使系统的峰值时间和调节时间略有减小，但使超调量增大，故采样造成的信息损失会降低系统的稳定程度。然而，在某些情况下，例如在具有大延迟的系统中，误差采样反而会提高系统的稳定程度。

2) 零阶保持器在采样周期较小时，对系统时间响应的峰值时间和调节时间都影响不大，但超调量有所增加，这是因为除了采样造成的不稳定因素外，零阶保持器的相角滞后降低了系统的稳定程度。

应当指出，离散系统在各种典型输入作用下的时间响应和动态性能，可应用 MATLAB 软件方便地获得。

7-7　线性离散系统的分析仿真

1. 连续系统的离散化

用 c2d 命令和 d2c 命令可以实现连续系统模型和离散系统模型之间的转换。c2d 命令用于将连续系统模型转换成离散系统模型，d2c 命令用于将离散系统模型转换为连续系统模型。

命令格式：sysd =**c2d**(sys, Ts, 'zoh')

sys=**d2c**(sysd, 'zoh')

其中 sys 表示连续系统模型，sysd 表示离散系统模型，Ts 表示离散化采样时间，'zoh'表示采用零阶保持器，默认缺省。

2. 离散系统模型描述

离散系统的一般描述方法参见 2-5 节。

3. 离散系统时域分析

impulse 命令、step 命令、lsim 命令和 initial 命令可以用来仿真计算离散系统的响应。有关说明参见 3-7 节。这些命令的使用与连续系统的相关仿真没有本质差异，只是它们用于离散系统时输出为 $y(kT)$，而且具有阶梯函数的形式。

4. 综合运用

例 7-27　已知离散系统如图 7-36 所示，其中 ZOH 为零阶保持器，T=0.25。当 $r(t)=2+t$ 时，欲使稳态误差小于 0.1，试求 K 值。

直流电机数字PID控制

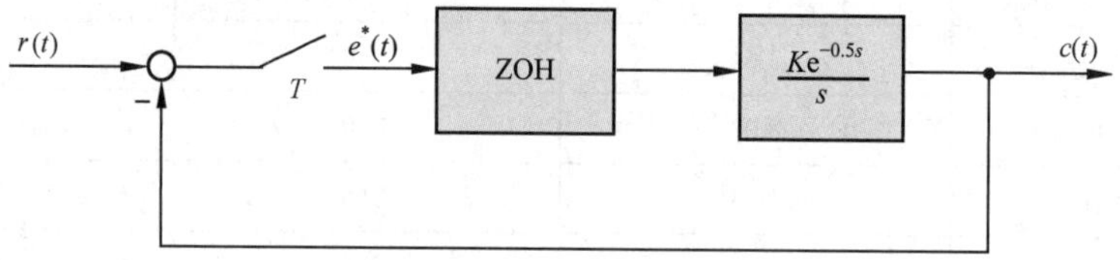

图 7-36　闭环离散系统结构图

解　本题关键是选择合适的稳定判据对闭环系统进行稳定性分析，选取的 K 值应同时满足稳定性及稳态误差要求。

开环脉冲传递函数为

$$G(z)=\mathscr{Z}\left[\frac{1-e^{-Ts}}{s}\cdot\frac{Ke^{-0.5s}}{s}\right]=K(1-z^{-1})\mathscr{Z}\left[\frac{e^{-0.5s}}{s^2}\right]$$

由于 T=0.25，故 $e^{-0.5s}=e^{-2Ts}=\dfrac{1}{z^2}$，所以

$$G(z)=\frac{0.25K}{z^2(z-1)}$$

闭环误差脉冲传递函数为

$$\Phi_e(z)=\frac{1}{1+G(z)}=\frac{z^2(z-1)}{z^2(z-1)+0.25K}$$

闭环特征方程为

$$D(z)=z^3-z^2+0.25K=0$$

将 $z=\dfrac{w+1}{w-1}$ 代入特征方程，得 w 域特征方程

$$D(w)=0.25Kw^3+(2-0.75K)w^2+(4+0.75K)w+(2-0.25K)=0$$

在 w 域中用劳斯表分析系统的稳定性，可以得到使系统稳定的 K 值范围。列劳斯表如下：

$$
\begin{array}{c|cc}
w^3 & 0.25K & 4+0.75K \\
w^2 & 2-0.75K & 2-0.25K \\
w^1 & (8-2K-0.5K)^2/(2-0.75K) & 0 \\
w^0 & 2-0.25K &
\end{array}
$$

由劳斯判据知，使系统稳定的 K 值范围

$$0 < K < 2.47$$

从满足稳态误差要求考虑，由于

$$R(z) = \mathscr{Z}(2+t) = \frac{2z}{z-1} + \frac{Tz}{(z-1)^2} = \frac{2z(z-1)+0.25z}{(z-1)^2}$$

故稳态误差

$$e(\infty) = \lim_{z\to 1}(1-z^{-1})\Phi_e(z)R(z) = \frac{T}{0.25K} = \frac{1}{K}$$

由于要求 $e(\infty)<0.1$，则应有 $K>10$。显然，满足 $e(\infty)<0.1$ 的 K 值不存在。

仿真验证：取 K=2.5，系统的误差输出响应如图 7-37 所示，系统不稳定；取 K=2.4，系统的误差输出响应如图 7-38 所示，系统稳定，但 $e(\infty)=0.42>0.1$。

MATLAB 程序如下：

```
K=[2.5 2.4]; Ts=0.25;T=160;
for i=1:2
   G=tf(K(i), [1 0], 'inputdelay', 0.5);
   Gz=c2d(G,Ts,'zoh');
   syse=feedback(1,Gz);
   t=0:Ts:T; u=2+t;                                    %定义系统输入
   area=[0 T -20 20;0 T -2 2.5]
   figure(i); lsim(syse,u,t,0); axis(area(i,:));grid;  %绘制误差输出响应曲线
end
```

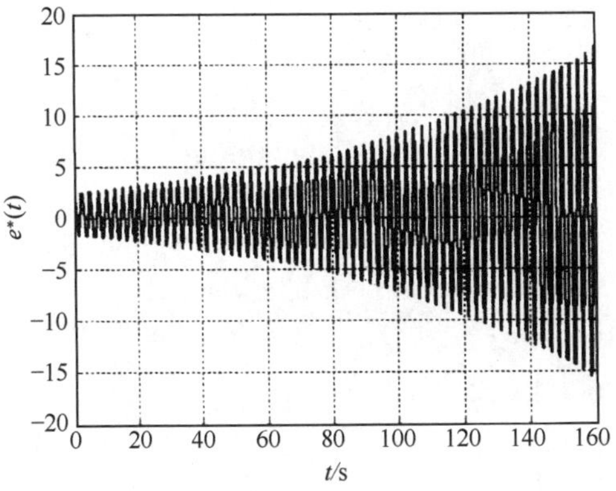

图 7-37　例 7-27 离散系统误差时间响应（K=2.5，MATLAB）

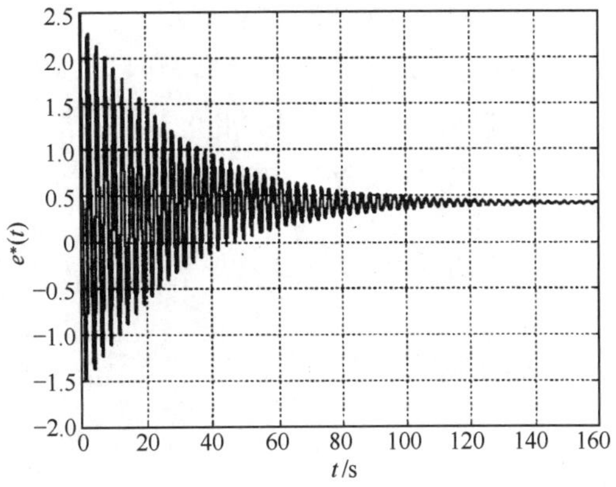

图 7-38　例 7-27 离散系统误差时间响应（K=2.4，MATLAB）

Python 程序如下：

```
import control as ctr
import matplotlib.pyplot as plt
import numpy as np
import scipy
Ts=0.25
T=160
#K=2.5 时
K=2.5
syse=([1,-1,0,0],[1,-1,0,0.25*K],Ts)
t=np.arange(0,T,Ts)        #定义系统输入
u=t+2
_,y =scipy.signal.dlsim(syse,u,t,0)
plt.figure()               #绘制误差输出响应曲线
plt.plot(t,y)
plt.title('K=2.5')
plt.xlabel('t/s')
plt.ylabel('e*(t)')
plt.grid()
plt.show()

#K=2.4 时
K=2.4
syse=([1,-1,0,0],[1,-1,0,0.25*K],Ts)
t=np.arange(0,T,Ts)        #定义系统输入
u=t+2
_,y =scipy.signal.dlsim(syse,u,t,0)
plt.figure()               #绘制误差输出响应曲线
plt.plot(t,y)
plt.title('K=2.4')
plt.xlabel('t/s')
plt.ylabel('e*(t)')
plt.grid()
plt.show()
```

习　　题

7-1　试根据定义

$$E^*(s)=\sum_{n=0}^{\infty}e(nT)\mathrm{e}^{-nsT}$$

确定下列函数的 $E^*(s)$ 和闭合形式的 $E(z)$：

(1) $e(t)=\sin\omega t$； (2) $E(s)=\dfrac{1}{(s+a)(s+b)(s+c)}$。

7-2 试求下列函数的 z 变换：

(1) $e(t)=a^n$； (2) $e(t)=t^2\mathrm{e}^{-3t}$； (3) $e(t)=\dfrac{1}{3!}t^3$；

(4) $E(s)=\dfrac{s+1}{s^2}$； (5) $E(s)=\dfrac{1-\mathrm{e}^{-s}}{s^2(s+1)}$。

7-3 试用部分分式法、幂级数法和反演积分法，求下列函数的 z 反变换：

(1) $E(z)=\dfrac{10z}{(z-1)(z-2)}$； (2) $E(z)=\dfrac{-3+z^{-1}}{1-2z^{-1}+z^{-2}}$。

7-4 试求下列函数的脉冲序列 $e^*(t)$：

(1) $E(z)=\dfrac{z}{(z+1)(3z^2+1)}$； (2) $E(z)=\dfrac{z}{(z-1)(z+0.5)^2}$。

7-5 试确定下列函数的终值：

(1) $E(z)=\dfrac{Tz^{-1}}{(1-z^{-1})^2}$； (2) $E(z)=\dfrac{z^2}{(z-0.8)(z-0.1)}$。

7-6 已知差分方程为

$$c(k)-4c(k+1)+c(k+2)=0$$

初始条件：$c(0)=0$，$c(1)=1$。试用迭代法求输出序列 $c(k)$，$k=0, 1, 2, 3, 4$。

7-7 试用 z 变换法求解下列差分方程：

(1) $c^*(t+2T)-6c^*(t+T)+8c^*(t)=r^*(t)$， $r(t)=1(t)$， $c^*(0)=c^*(T)=0$；

(2) $c^*(t+2T)+2c^*(t+T)+c^*(t)=r^*(t)$， $c(0)=c(T)=0$， $r(nT)=n(n=0,1,2,\cdots)$；

(3) $c(k+3)+6c(k+2)+11c(k+1)+6c(k)=0$， $c(0)=c(1)=1$， $c(2)=0$。

7-8 设开环离散系统如图 7-39 所示，试求开环脉冲传递函数 $G(z)$。

7-9 试求图 7-40 闭环离散系统的脉冲传递函数 $\Phi(z)$ 或输出 z 变换 $C(z)$。

7-10 已知脉冲传递函数

$$G(z)=\frac{C(z)}{R(z)}=\frac{0.53+0.1z^{-1}}{1-0.37z^{-1}}$$

其中 $R(z)=z/(z-1)$，试求 $c(nT)$。

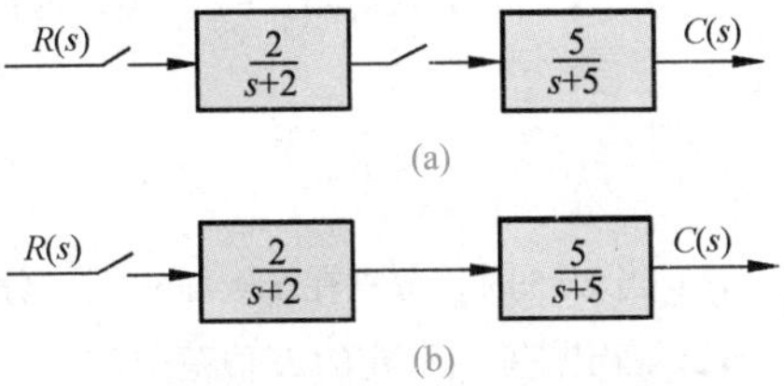

图 7-39 开环离散系统结构图

7-11 设有单位反馈误差采样的离散系统，连续部分传递函数为

$$G(s)=\frac{1}{s^2(s+5)}$$

输入 $r(t)=1(t)$，采样周期 $T=1\text{s}$。试求：

(1) 输出 z 变换 $C(z)$；

(2) 采样瞬时的输出响应 $c^*(t)$；

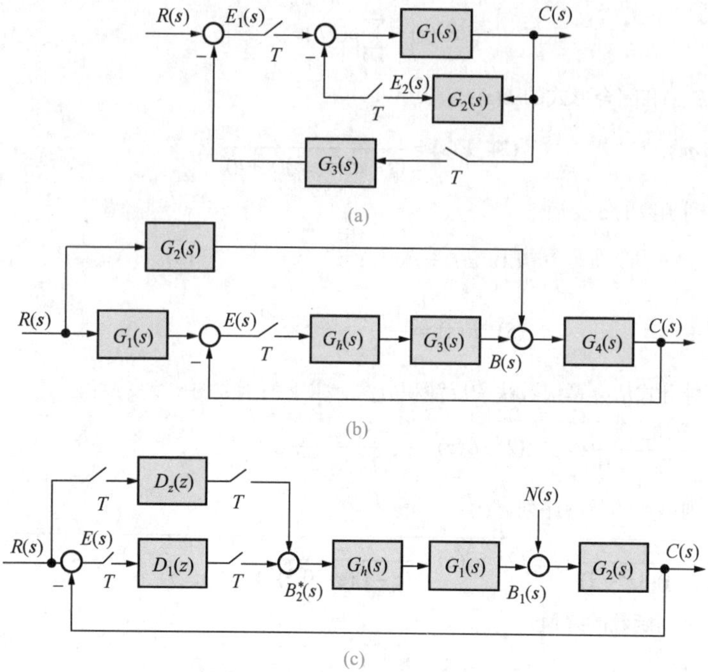

图 7-40　题 7-9 的闭环离散系统结构图

(3) 输出响应的终值 $c(\infty)$。

7-12　试判断下列系统的稳定性：

(1) 已知闭环离散系统的特征方程为

$$D(z)=(z+1)(z+0.5)(z+2)=0$$

(2) 已知误差采样的单位反馈离散系统，采样周期 T=1s，开环传递函数

$$G(s)=\frac{22.57}{s^2(s+1)}$$

7-13　设离散系统如图 7-41 所示，采样周期 T=1s，$G_h(s)$为零阶保持器

$$G_0(s)=\frac{K}{s(0.2s+1)}$$

要求：

(1) 当 K=5 时，分别在 z 域和 w 域中分析系统的稳定性；

(2) 确定使系统稳定的 K 值范围。

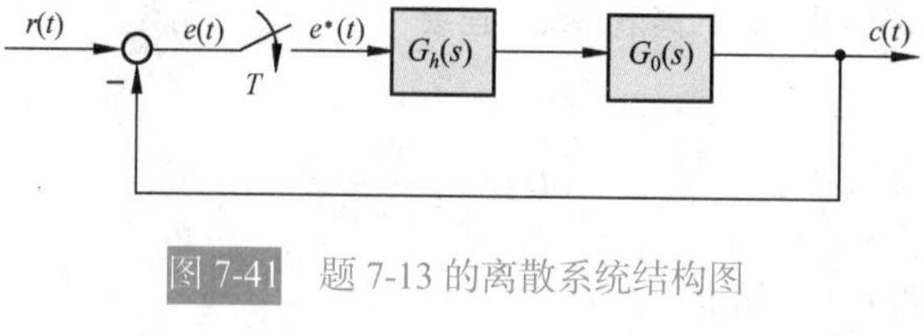

图 7-41　题 7-13 的离散系统结构图

7-14　设离散系统如图 7-42 所示，其中采样周期 $T=0.2, K=10, r(t)=1+t+t^2/2$，试用终值定理法计算系统的稳态误差 $e(\infty)$。

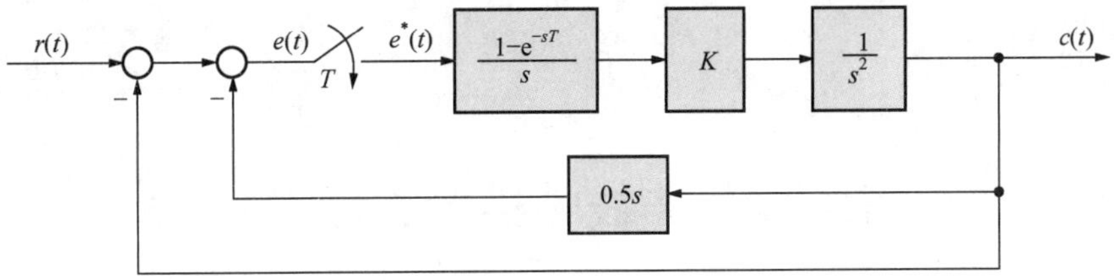

图 7-42　题 7-14 的闭环离散系统结构图

7-15　设离散系统如图 7-43 所示，其中 T=0.1，K=1，$r(t)=t$，试求静态误差系数 K_p，K_v，K_a，并求系统稳态误差 $e(\infty)$。

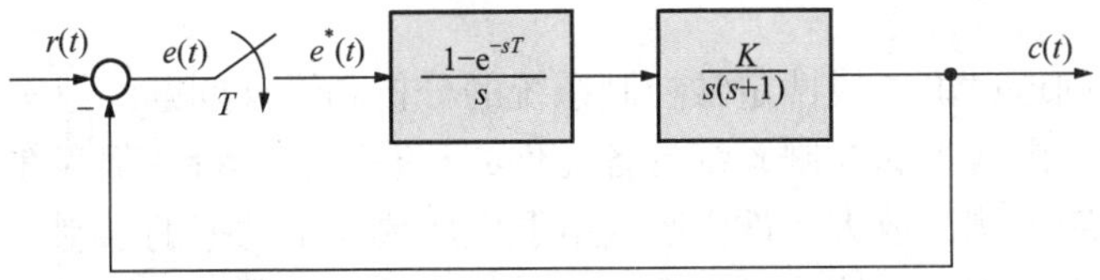

图 7-43　题 7-15 的闭环离散系统结构图

7-16　试用 MATLAB 方法分别求出图 7-42 和图 7-43 系统的单位阶跃响应 $c(nT)$。

7-17　设闭环离散系统如图 7-44 所示，若采样周期在 $0<T\leqslant 1.2$s 范围内变化，试在 T 每增加 0.2s 之后，应用 MATLAB 仿真法绘出系统的单位阶跃输入响应曲线，并列表记录相应的σ%和 $t_s(\varDelta=2\%)$，指出采样周期 T 值对离散系统动态性能的影响。

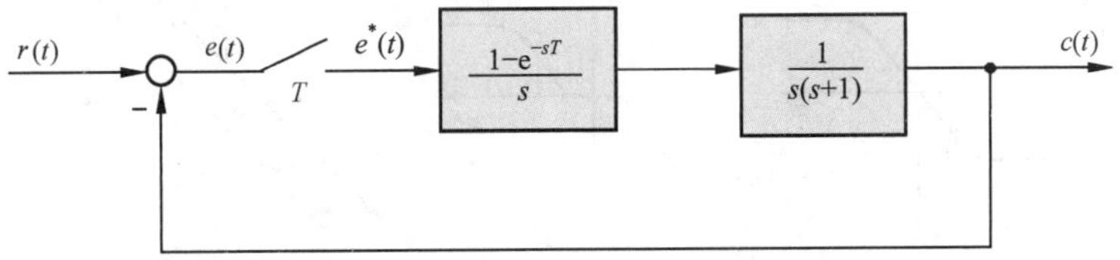

图 7-44　题 7-17 的闭环离散系统结构图

本章导学

第八章　非线性控制系统分析

8-1　非线性控制系统概述

1. 研究非线性控制理论的意义

以上各章详细地讨论了线性定常控制系统的分析和设计问题。但实际上，理想的线性系统并不存在，因为组成控制系统的各元件的动态和静态特性都存在着不同程度的非线性。以随动系统为例，放大元件由于受电源电压或输出功率的限制，在输入电压超过放大器的线性工作范围时，输出呈饱和现象，如图 8-1(a)所示；执行元件电动机，由于轴上存在着摩擦力矩和负载力矩，只有在电枢电压达到一定数值后，电机才会转动，存在着死区，而当电枢电压超过一定数值时，电机的转速将不再增加，出现饱和现象，其特性如图 8-1(b)所示；又如传动机构，受加工和装配精度的限制，换向时存在着间隙特性，如图 8-1(c)所示。

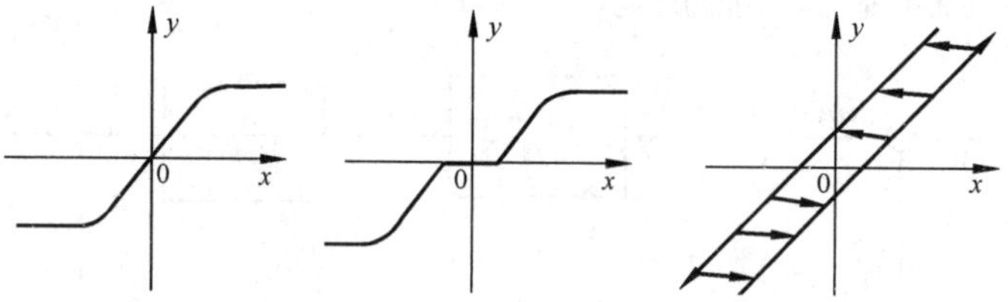

(a) 饱和特性　　(b) 有死区的饱和特性　　(c) 间隙特性

图 8-1　几种典型的非线性特性

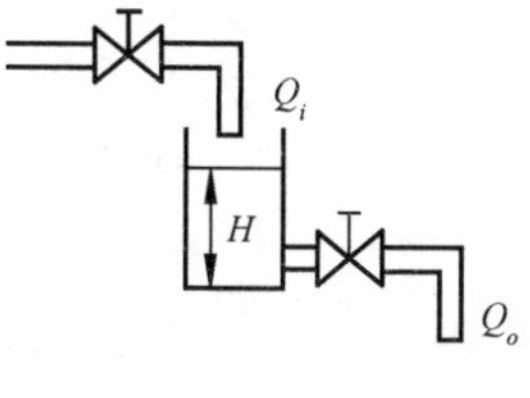

图 8-2　液位系统原理图

由此可见，实际系统中普遍存在非线性因素。当系统中含有一个或多个具有非线性特性的元件时，该系统称为非线性系统。例如，在图 8-2 所示的柱形液位系统中，设 H 为液位高度，Q_i 为液体流入量，Q_o 为液体流出量，C 为贮槽的截面积。根据水力学原理

$$Q_o = k\sqrt{H} \tag{8-1}$$

其中，比例系数 k 取决于液体的黏度和阀阻。液位系统的动态方程为

$$C\frac{\mathrm{d}H}{\mathrm{d}t} = Q_i - Q_o = Q_i - k\sqrt{H} \tag{8-2}$$

显然，液位 H 和液体输入量 Q_i 的数学关系式为非线性微分方程。一般地，非线性系统的数学模型可以表示为

$$f\left(t,\frac{\mathrm{d}^n y}{\mathrm{d}t^n},\cdots,\frac{\mathrm{d}y}{\mathrm{d}t},y\right)=g\left(t,\frac{\mathrm{d}^m r}{\mathrm{d}t^m},\cdots,\frac{\mathrm{d}r}{\mathrm{d}t},r\right) \tag{8-3}$$

其中，$f(\cdot)$和$g(\cdot)$为非线性函数。

当非线性程度不严重时，例如不灵敏区较小、输入信号幅值较小、传动机构间隙不大时，可以忽略非线性特性的影响，从而可将非线性环节视为线性环节；当系统方程解析且工作在某一数值附近的较小范围内时，可运用小偏差法将非线性模型线性化。例如，设图 8-2 液位系统的液位 H 在 H_0 附近变化，相应的液体输入量 Q_i 在 Q_{i0} 附近变化时，可取 $\Delta H=H-H_0$，$\Delta Q_i=Q_i-Q_{i0}$，对 H 作泰勒级数展开，有

$$\sqrt{H}=\sqrt{H_0}+\frac{1}{2\sqrt{H}}(H-H_0)+\cdots \tag{8-4}$$

鉴于 H，Q_i 变化较小，取 $\sqrt{H}$ 泰勒级数展开式的一次项近似，可得以下小偏差线性化方程：

$$C\frac{\mathrm{d}(\Delta H)}{\mathrm{d}t}=\Delta Q_i-\frac{k}{2\sqrt{H_0}}\Delta H \tag{8-5}$$

忽略非线性特性的影响或作小偏差线性化处理后，非线性系统近似为线性系统，因此可以采用线性定常系统的方法加以分析和设计。但是，对于非线性程度比较严重，且系统工作范围较大的非线性系统，只有使用非线性系统的分析和设计方法，才能得到较为正确的结果。

值得注意的是，非线性特性千差万别，对于非线性系统，目前还没有统一的且普遍适用的处理方法。线性系统是非线性系统的特例，线性系统的分析和设计方法在非线性控制系统的研究中仍将发挥非常重要的作用。

2. 非线性系统的特征

线性系统的重要特征是可以应用线性叠加原理。由于描述非线性系统运动的数学模型为非线性微分方程，因此叠加原理不能应用，故能否应用叠加原理是两类系统的本质区别。非线性系统的运动主要有以下特点。

(1) 稳定性分析复杂

按照平衡状态的定义，在无外作用且系统输出的各阶导数等于零时，系统处于平衡状态。显然，对于线性系统，只有一个平衡状态 y=0，线性系统的稳定性即为该平衡状态的稳定性，而且只取决于系统本身的结构和参数，与外作用和初始条件无关。

对于非线性系统，则问题变得较复杂。首先，系统可能存在多个平衡状态。考虑下述非线性一阶系统：

$$\dot{x}=x^2-x=x(x-1) \tag{8-6}$$

令 $\dot{x}$=0，可知该系统存在两个平衡状态 x=0 和 x=1，为了分析各个平衡状态的稳定性，需要求解式(8-6)。设 t=0 时，系统的初始状态为 x_0，由式(8-6)得

$$\frac{\mathrm{d}x}{x(x-1)}=\mathrm{d}t$$

积分得

$$x(t) = \frac{x_0 e^{-t}}{1 - x_0 + x_0 e^{-t}} \tag{8-7}$$

相应的时间响应随初始条件而变。当 $x_0>1$，$t < \ln\frac{x_0}{x_0-1}$ 时，随 t 增大，$x(t)$递增；$t = \ln\frac{x_0}{x_0-1}$ 时，$x(t)$为无穷大。当 $x_0<1$ 时，$x(t)$递减并趋于 0。不同初始条件下的时间响应曲线如图 8-3 所示。

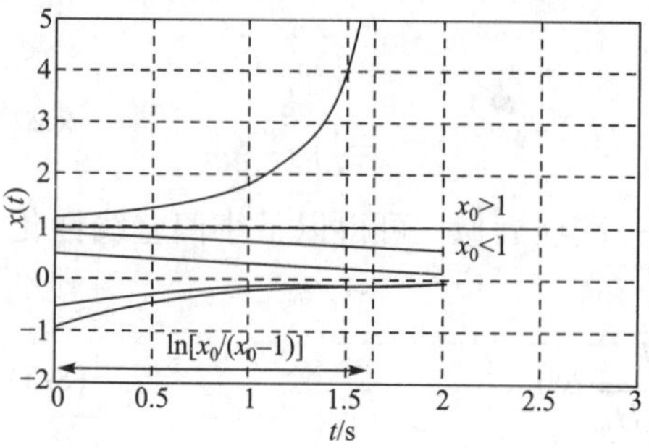

图 8-3　非线性一阶系统的时间响应曲线 (MATLAB)

考虑上述平衡状态受小扰动的影响，故平衡状态 x=1 是不稳定的，因为稍有偏离，系统不能恢复至原平衡状态；而平衡状态 x=0 在一定范围的扰动下(x_0<1)是稳定的。

由上例可见，非线性系统可能存在多个平衡状态，各平衡状态可能是稳定的也可能是不稳定的。初始条件不同，自由运动的稳定性亦不同。更重要的是，平衡状态的稳定性不仅与系统的结构和参数有关，而且与系统的初始条件有直接的关系。

(2) 可能存在自激振荡现象

所谓自激振荡，是指没有外作用时，系统内产生的具有固定振幅和频率的稳定周期运动，简称自振。线性定常系统只有在临界稳定的情况下才能产生周期运动。考虑图 8-4 所示系统，设初始条件 $x(0)=x_0$，$\dot{x}(0)=\dot{x}_0$，系统自由运动方程为

$$\ddot{x} + \omega_n^2 x = 0 \tag{8-8}$$

用拉普拉斯变换法求解该微分方程得

$$X(s) = \frac{s x_0 + \dot{x}_0}{s^2 + \omega_n^2} \tag{8-9}$$

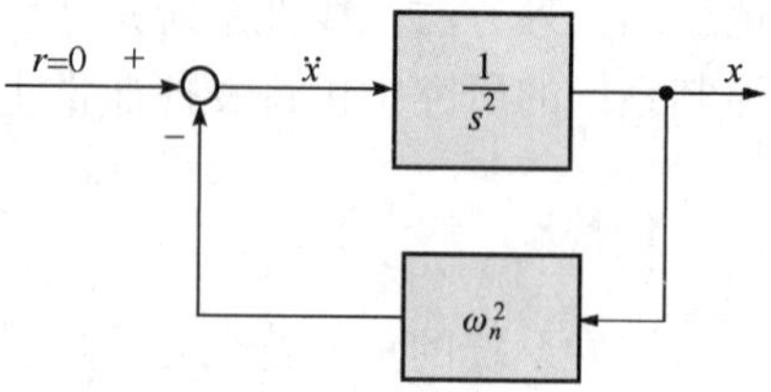

图 8-4　二阶零阻尼线性系统结构图

系统自由运动

$$x(t) = \sqrt{x_0^2 + \left(\frac{\dot{x}_0}{\omega_n}\right)^2} \sin\left(\omega_n t + \arctan\frac{\omega_n x_0}{\dot{x}_0}\right) = A\sin(\omega_n t + \phi) \tag{8-10}$$

其中，振幅 A 和相角ϕ依赖于初始条件。此外，根据线性叠加原理，在系统运动过程中，一旦外扰动使系统输出 $x(t)$或 $\dot{x}(t)$发生偏离，则 A 和ϕ都将随之改变，因而上述周期运动将不能维持。所以线性系统在无外信号作用时所具有的周期运动不是自激振荡。

考虑著名的范德波尔方程

$$\ddot{x} - 2\rho(1 - x^2)\dot{x} + x = 0, \qquad \rho > 0 \tag{8-11}$$

该方程描述具有非线性阻尼的非线性二阶系统。当扰动使 $x<1$ 时，因为$-2\rho(1-x^2)<0$ 系

统具有负阻尼，此时系统从外部获得能量，$x(t)$的运动呈发散形式；当 $x>1$ 时，因为 $-2\rho(1-x^2)>0$，系统具有正阻尼，此时系统消耗能量，$x(t)$的运动呈收敛形式；而当 $x=1$ 时，系统为零阻尼，系统运动呈等幅振荡形式。MATLAB 分析表明，系统能克服扰动对 x 的影响，保持幅值为 1 的等幅振荡，如图 8-5 所示。

必须指出，长时间大幅度的振荡会造成机械磨损，增加控制误差，因此多数情况下不希望系统有自振发生。但在控制中通过引入高频小幅度的颤振，可克服间隙、死区等非线性因素的不良影响。而在振动试验中，还必须使系统产生稳定的周期运动。因此研究自振的产生条件及抑制，确定自振的频率和周期，是非线性系统分析的重要内容。

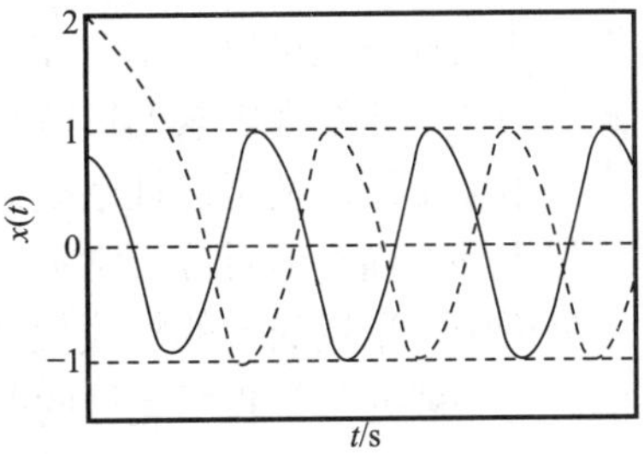

图 8-5　非线性阻尼二阶系统的自激振荡(MATLAB)

(3) 频率响应发生畸变

稳定的线性系统的频率响应，即正弦信号作用下的稳态输出量是与输入同频率的正弦信号，其幅值 A 和相位 ϕ 为输入正弦信号频率 ω 的函数。而非线性系统的频率响应除了含有与输入同频率的正弦信号分量(基频分量)外，还含有关于 ω 的高次谐波分量，使输出波形发生非线性畸变。若系统含有多值非线性环节，输出的各次谐波分量的幅值还可能发生跃变。

3. 非线性系统的分析与设计方法

系统分析和设计的目的是通过求取系统的运动形式，以解决稳定性问题为中心，对系统实施有效的控制。由于非线性系统形式多样，受数学工具限制，一般情况下难以求得非线性微分方程的解析解，只能采用工程上适用的近似方法。非线性系统分析有以下三种方法。

(1) 相平面法

相平面法是推广应用时域分析法的一种图解分析方法。该方法通过在相平面上绘制相轨迹曲线，确定非线性微分方程在不同初始条件下解的运动形式。相平面法仅适用于一阶和二阶系统。

(2) 描述函数法

描述函数法是基于频域分析法和非线性特性谐波线性化的一种图解分析方法。该方法对于满足结构要求的一类非线性系统，通过谐波线性化，将非线性特性近似表示为复变增益环节，然后推广应用频率法，分析非线性系统的稳定性或自激振荡。

(3) 逆系统法

逆系统法是运用内环非线性反馈控制，构成伪线性系统，并以此为基础，设计外环控制网络。该方法应用数学工具直接研究非线性控制问题，不必求解非线性系统的运动方程，是非线性系统控制研究的一个发展方向。

限于篇幅，本章仅介绍常用的描述函数法。

8-2　常见非线性特性及其对系统运动的影响

继电特性、死区、饱和、间隙和摩擦是实际系统中常见的非线性因素。在很多情况下，非线性系统可以表示为在线性系统的某些环节的输入或输出端加入非线性环节的形式。因此，非线性因素的影响会使线性系统的运动发生变化。有鉴于此，本节从物理概念的角度出发，基于线性系统的分析方法，对这类非线性系统进行定性分析，所得结论虽然不够严谨，但对分析常见非线性因素对系统运动的影响，具有一定的参考价值。以下分析中，采用简单的折线代替实际的非线性曲线，使非线性特性典型化，而由此产生的误差一般处于工程所允许的范围之内。

1. 非线性特性的等效增益

设非线性特性可以表示为

$$y = f(x) \tag{8-12}$$

将非线性特性视为一个环节，环节的输入为 x，输出为 y，按照线性系统中比例环节的描述，定义非线性环节输出 y 和输入 x 的比值为等效增益

$$k = \frac{y}{x} = \frac{f(x)}{x} \tag{8-13}$$

应当指出，比例环节的增益为常值，输出和输入呈线性关系，而式(8-12)所示非线性环节的等效增益为变增益，因而可将非线性特性视为变增益比例环节。当然，比例环节是变增益比例环节的特例。

继电器、接触器和可控硅等电气元件的特性通常都表现为继电特性。继电特性的等效增益曲线如图 8-6(a)所示。当输入 x 趋于零时，等效增益趋于无穷大；由于输出 y 的幅值保持不变，故当$|x|$增大时，等效增益减小，$|x|$趋于无穷大时，等效增益趋于零。

死区特性一般是由测量元件、放大元件及执行机构的不灵敏区所造成的。死区特性的等效增益曲线如图 8-6(b)所示。当$|x|<\Delta$ 时，$k=0$；当$|x|>\Delta$ 时，k 为$|x|$的增函数，且随$|x|$趋于无穷时，k 趋于 k_0。

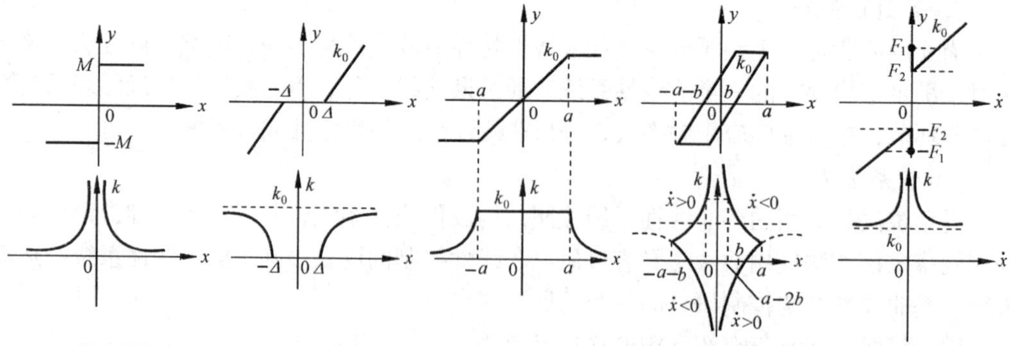

(a) 继电特性　(b) 死区特性　(c) 饱和特性　(d) 间隙特性　(e) 摩擦特性

图 8-6　常见非线性特性的等效增益曲线

放大器及执行机构受电源电压或功率的限制导致饱和现象，等效增益曲线如图 8-6(c)所示。当输入$|x|\leqslant a$ 时，输出 y 随输入 x 线性变化，等效增益 $k=k_0$；当$|x|>a$ 时，输出量保持常值，k 为$|x|$的减函数，且随$|x|$趋于无穷而趋于零。

齿轮、蜗轮轴系的加工及装配误差或磁滞效应是形成间隙特性的主要原因。以齿轮传动为例，一对啮合齿轮，当主动轮驱动从动轮正向运行时，若主动轮改变方向，则需运行两倍的齿隙才可使从动轮反向运行，如图 8-6(d)所示。间隙特性为非单值函数

$$y=\begin{cases}k_0(x-b), & \dot{x}>0,\quad x>-(a-2b)\\ k_0(a-b), & \dot{x}<0,\quad x>a-2b\\ k_0(x+b), & \dot{x}<0,\quad x<a-2b\\ k_0(-a+b), & \dot{x}>0,\quad x<-(a-2b)\end{cases} \tag{8-14}$$

根据式(8-14)分段确定等效增益并作等效增益曲线如图 8-6(d)所示。受间隙特性的影响，在主动轮改变方向的瞬时和从动轮由停止变为跟随主动轮转动的瞬时($x=\pm(a-2b)$)，等效增益曲线发生转折；当主动轮转角过零时，等效增益发生$+\infty$到$-\infty$的跳变；在其他运动点上，等效增益的绝对值为$|x|$的减函数。

摩擦特性是机械传动机构中普遍存在的非线性特性。摩擦力阻挠系统的运动，即表现为与物体运动方向相反的制动力。摩擦力一般表示为三种形式的组合，如图 8-6(e)所示。图中，F_1 是物体开始运动所需克服的静摩擦力；当系统开始运动后，则变为动摩擦力 F_2；第三种摩擦力为黏性摩擦力，与物体运动的滑动平面相对速率成正比。摩擦特性的等效增益为物体运动速率$|\dot{x}|$的减函数。$|\dot{x}|$趋于无穷大时，等效增益趋于 k_0；当$|\dot{x}|$在零附近作微小变化时，由于静摩擦力和动摩擦力的突变式转变，等效增益变化剧烈。

2. 常见非线性因素对系统运动的影响

非线性特性对系统性能的影响是多方面的，难以一概而论。为便于定性分析，采用图 8-7 所示的结构形式，图中 k 为非线性特性的等效增益，$G(s)$为最小相位线性部分的传递函数。当忽略或不考虑非线性因素，即 k 为常数时，非线性系统表现为线性系统，因此非线性系统的分析可在线性系统分析的基础上加以推广。由于非线性特性用等效增益表示，图示非线性系统的开环零极点与开环增益为 $k\cdot K$ 时的线性系统的零极点相同，其中 K 为线性部分开环增益。非线性因素对系统运动的影响通过开环增益的变化改变系统的闭环极点的位置。

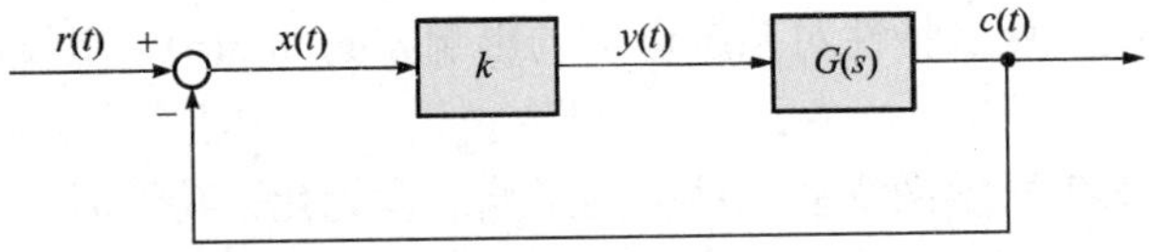

图 8-7　等效增益表示的非线性系统结构图

(1) 继电特性

由图 8-6(a)所示继电特性的等效增益曲线知，$0<k<\infty$，且为$|x|$的减函数。对于图 8-7 所示系统，当系统受扰使$|x(t)|\neq 0$，从而使输出 $c(t)$偏离原平衡状态，随后由于$|x(t)|$的减小，k 随之增大，在力图使输出回到原平衡状态的过程中，因为实际系统中的继电特性

具有一定的开关速度，因而 $c(t)$ 呈现为零附近的高频小幅度振荡。当输入 $r(t)=1(t)$ 时，非线性系统的单位阶跃响应的稳态过程亦呈现为 $1(t)$ 叠加高频小幅度振荡的运动形式，如图 8-8(a)中虚线所示。其中实线为线性系统输出响应。

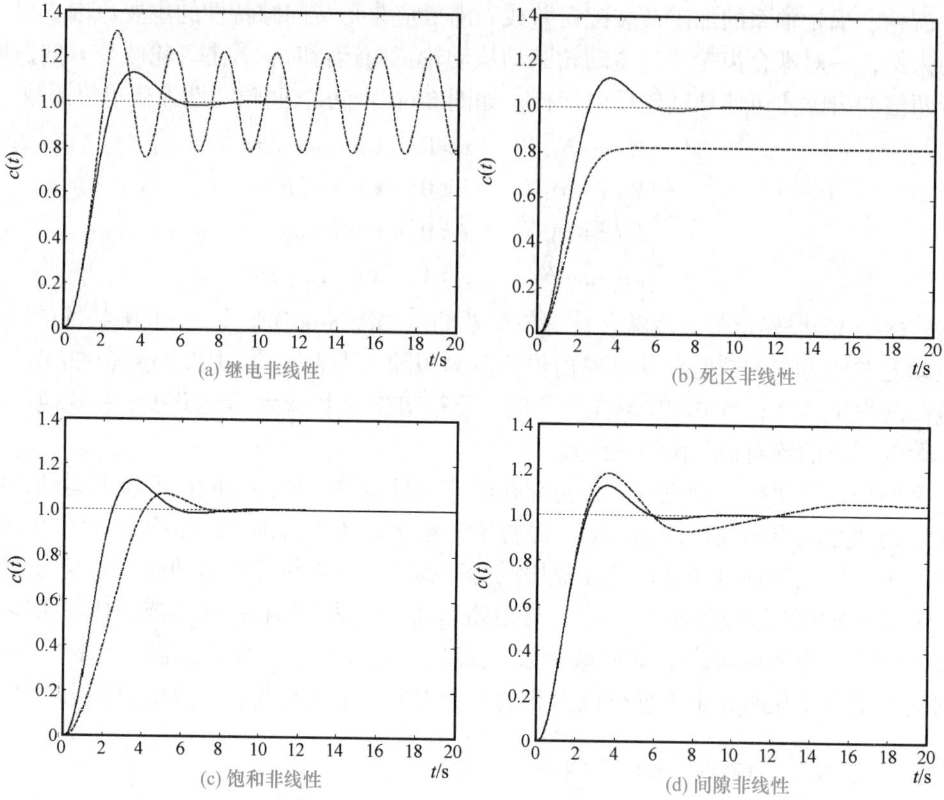

图 8-8　常见非线性特性的影响(Simulink)

上述分析表明，继电特性常常使系统产生振荡现象。

(2) 死区特性

死区特性最直接的影响是使系统存在稳态误差。当 $|x(t)|<\Delta$ 时，由于 $k=0$，系统处于开环状态，失去调节作用。当系统输入为速度信号时，受死区的影响，在 $|r-c|<\Delta$ 时，系统无调节作用，因此导致系统输出在时间上的滞后，降低了系统的跟踪精度。而在另一方面，当系统输入端存在小扰动信号时，在系统动态过程的稳态值附近，死区的作用可减少扰动信号的影响。死区特性对系统运动的影响如图 8-8(b)中虚线所示，其中实线为线性系统输出响应。

考虑死区对图 8-7 所示系统动态性能的影响。设无死区特性时，系统阻尼比较小，系统动态过程超调量较大。由于死区的存在，非线性特性的等效增益在 $0\sim k_0$ 之间变化。当 $|x(t)|$ 较大时，k_0 增大，系统响应速度快；当 $|x(t)|$ 较小时，等效增益下降，系统振荡性减弱，因而可降低系统的超调量。

(3) 饱和特性

饱和特性的等效增益曲线表明，饱和现象将使系统的开环增益在饱和区时下降。在进行控制系统设计时，为使功放元件得到充分利用，应力求使功放级首先进入饱和；为获得较好的动态性能，应通过合适选择线性区增益和饱和电压，使系统既能获得较小的超调量，又能保证较大的开环增益，减小稳态误差。饱和区对系统运动的影响如图 8-8(c)中虚线所示，其中实线为线性系统输出响应。

(4) 间隙特性

间隙的存在，相当于死区的影响，降低系统的跟踪精度。由于间隙为非单值函数，对于相同的输入值 $x(t)$，输出 $y(t)$的取值还取决于 $\dot{x}(t)$的符号，因而受其影响负载系统的运动变化剧烈。首先分析能量的变化，由于主动轮转向时，需要越过两倍的齿隙，其间不驱动负载，因而导致能量积累。当主动轮越过齿隙重新驱动负载时，积累能量的释放将使负载运动变化加剧。若间隙过大，则蓄能过多，将会造成系统自振。若分析等效增益曲线，可以发现，在主动轮转向和越过齿隙的瞬间，等效增益曲线发生切变。而在 $x(t)$过零处，等效增益将产生$+\infty$到$-\infty$的跳变。$x(t)$信号过零时，k 趋于$+\infty$，$x(t)$以高频振荡形式收敛，而过零后，k 由$-\infty$趋于 0，系统闭环不稳定，输出表现为迅速发散。上述分析表明，间隙特性将严重影响系统的性能，如图 8-8(d)中虚线所示，其中实线为线性系统输出响应。

(5) 摩擦特性

摩擦对系统性能的影响最主要的是造成系统低速运动的不平滑性，即当系统的输入轴作低速平稳运转时，输出轴的旋转呈现跳跃式的变化。这种低速爬行现象是由静摩擦到动摩擦的跳变产生的。传动机构的结构图如图 8-9(a)所示，其中 J 为转动惯量，i 为齿轮系速比，$\theta(t)$为输出轴角度，由于输入转矩需要克服静态转矩 F_1 方使输出轴由静止开始转动，而一旦输出轴转动，摩擦转矩即由 F_1 迅速降为动态转矩 F_2，因而造成输出轴在小角度(零附近)产生跳跃式变化。反映在等效增益上，在 $x(t)$为零处表现为能量为 F_1 的正脉冲和能量为 F_1-F_2 的负脉冲。对于雷达、天文望远镜、火炮等高精度控制系统，这种脉冲式的输出变化产生的低速爬行现象往往导致不能准确跟踪目标，甚至丢失目标，如图 8-9(b)中虚线所示。

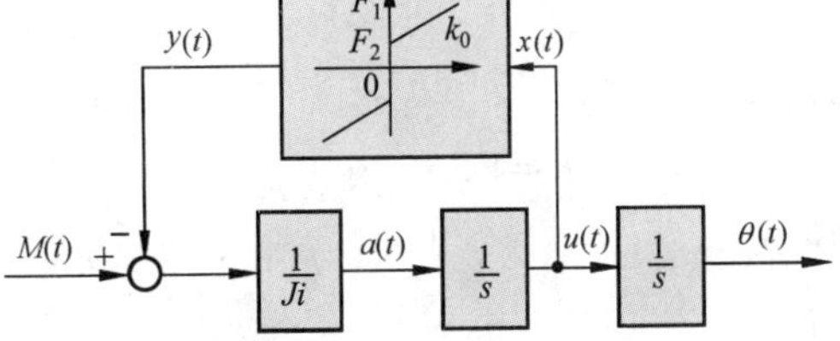

(a) 传动机构

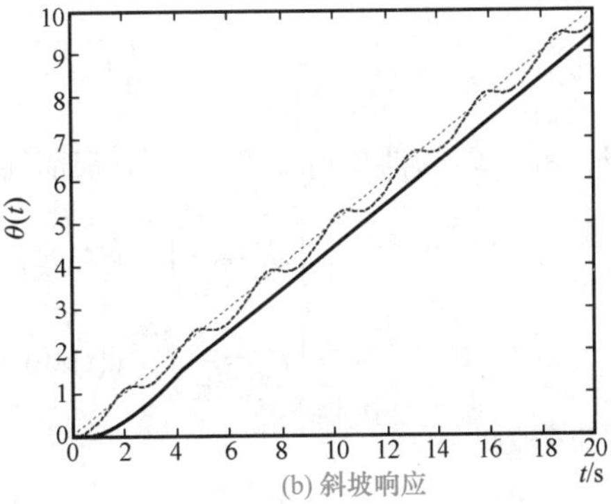

(b) 斜坡响应

图 8-9　传动机构结构图和摩擦特性影响(Simulink)

以上主要是通过等效增益概念在一般意义上针对特定的系统定性分析了常见非线性因素对系统性能的影响，在其他情况下不一定适用，具体问题必须具体分析。而欲获得较为准确的结论，还应采用有效的方法对非线性系统作进一步的定量分析和研究。

8-3　描述函数法

描述函数法是达尼尔(P. J. Daniel)于1940年首先提出的，其基本思想是：当系统满足一定的假设条件时，系统中非线性环节在正弦信号作用下的输出可用一次谐波分量来近似，由此导出非线性环节的近似等效频率特性，即描述函数。这时非线性系统就近似等效为一个线性系统，并可应用线性系统理论中的频率法对系统进行频域分析。

描述函数法主要用来分析在无外作用的情况下，非线性系统的稳定性和自激振荡问题，并且不受系统阶次的限制，一般都能给出比较满意的结果，因而获得了广泛的应用。但是由于描述函数对系统结构、非线性环节的特性和线性部分的性能都有一定的要求，其本身也是一种近似的分析方法，因此该方法的应用有一定的限制条件。另外，描述函数法只能用来研究系统的频率响应特性，不能给出时间响应的确切信息。

1. 描述函数的基本概念

(1) 描述函数的定义

设非线性环节输入输出描述为

$$y = f(x) \tag{8-15}$$

当非线性环节的输入信号为正弦信号

$$x(t) = A\sin\omega t \tag{8-16}$$

时，可对非线性环节的稳态输出 $y(t)$进行谐波分析。一般情况下，$y(t)$为非正弦的周期信号，因而可以展开成傅里叶级数：

$$y(t) = A_0 + \sum_{n=1}^{\infty}(A_n\cos n\omega t + B_n\sin n\omega t) = A_0 + \sum_{n=1}^{\infty}Y_n\sin(n\omega t + \varphi_n)$$

其中，A_0为直流分量；$Y_n\sin(n\omega t+\varphi_n)$为第 n 次谐波分量，且有

$$Y_n = \sqrt{A_n^2 + B_n^2}, \qquad \varphi_n = \arctan\frac{A_n}{B_n} \tag{8-17}$$

式中，A_n，B_n为傅里叶系数，以下式描述：

$$\begin{cases} A_n = \dfrac{1}{\pi}\displaystyle\int_0^{2\pi} y(t)\cos n\omega t\,\mathrm{d}\omega t \\ B_n = \dfrac{1}{\pi}\displaystyle\int_0^{2\pi} y(t)\sin n\omega t\,\mathrm{d}\omega t \end{cases}, \qquad n = 1,2,\cdots \tag{8-18}$$

而直流分量

$$A_0 = \frac{1}{2\pi}\int_0^{2\pi} y(t)\,\mathrm{d}\omega t \tag{8-19}$$

若 A_0=0 且当 n>1 时，Y_n 均很小，则可近似认为非线性环节的正弦响应仅有一次谐波分量

$$y(t) \approx A_1\cos\omega t + B_1\sin\omega t = Y_1\sin(\omega t + \varphi_1) \tag{8-20}$$

上式表明，非线性环节可近似认为具有和线性环节相类似的频率响应形式。为此，定义正弦输入信号作用下，非线性环节的稳态输出中一次谐波分量和输入信号的复数比为非线性环节的描述函数，用 $N(A)$表示：

$$N(A)=|N(A)|\mathrm{e}^{\mathrm{j}\angle N(A)}=\frac{Y_1}{A}\mathrm{e}^{\mathrm{j}\varphi_1}=\frac{B_1+\mathrm{j}A_1}{A} \tag{8-21}$$

例 8-1　设继电特性为

$$y(x)=\begin{cases}-M, & x<0\\ M, & x>0\end{cases} \tag{8-22}$$

试计算该非线性特性的描述函数。

解

$$x=A\sin\omega t$$

$$y(t)=\begin{cases}M, & 0<\omega t<\pi\\ -M, & \pi<\omega t<2\pi\end{cases}$$

$$A_0=\frac{1}{2\pi}\int_0^{2\pi}y(t)\mathrm{d}\omega t=\frac{M}{2\pi}\left(\int_0^{\pi}\mathrm{d}\omega t-\int_{\pi}^{2\pi}\mathrm{d}\omega t\right)=0$$

$$A_1=\frac{1}{\pi}\int_0^{2\pi}y(t)\cos\omega t\mathrm{d}\omega t=\frac{M}{\pi}\left(\int_0^{\pi}\cos\omega t\mathrm{d}\omega t-\int_{\pi}^{2\pi}\cos\omega t\mathrm{d}\omega t\right)=0$$

$$B_1=\frac{1}{\pi}\int_0^{2\pi}y(t)\sin\omega t\mathrm{d}\omega t=\frac{M}{\pi}(-\cos u|_0^{\pi}+\cos u|_{\pi}^{2\pi})=\frac{4M}{\pi}$$

$$N(A)=\frac{B_1+\mathrm{j}A_1}{A}=\frac{4M}{\pi A} \tag{8-23}$$

一般情况下，描述函数 N 是输入信号幅值 A 和频率 ω 的函数。当非线性环节中不包含储能元件时，其输出的一次谐波分量的幅值和相位差与 ω 无关，故描述函数只与输入信号幅值 A 有关。至于直流分量，若非线性环节的正弦响应为关于 t 的奇对称函数，即

$$y(t)=f(A\sin\omega t)=-y\left(t+\frac{\pi}{\omega}\right) \tag{8-24}$$

则由式(8-19)

$$A_0=\frac{1}{2\pi}\int_0^{2\pi}y(t)\mathrm{d}\omega t=\frac{1}{2\pi}\left[\int_0^{\pi}y(t)\mathrm{d}\omega t+\int_{\pi}^{2\pi}y(t)\mathrm{d}\omega t\right]$$

取变换 $\omega t=\omega u+\pi$，有

$$\begin{aligned}A_0&=\frac{1}{2\pi}\left[\int_0^{\pi}y(t)\mathrm{d}\omega t+\int_0^{\pi}y\left(u+\frac{\pi}{\omega}\right)\mathrm{d}\omega u\right]\\&=\frac{1}{2\pi}\left[\int_0^{\pi}y(t)\mathrm{d}\omega t+\int_0^{\pi}-y(u)\mathrm{d}\omega u\right]=0\end{aligned}$$

而当非线性特性为输入 x 的奇函数时，即 $f(x)=-f(-x)$，有

$$\begin{aligned}y\left(t+\frac{\pi}{\omega}\right)&=f\left[A\sin\omega\left(t+\frac{\pi}{\omega}\right)\right]=f[A\sin(\pi+\omega t)]=f[-A\sin\omega t]\\&=f(-x)=-f(x)=-y(t)\end{aligned}$$

即 $y(t)$ 为 t 的奇对称函数，直流分量为零。B_1，A_1 按下式计算：

$$B_1=\frac{2}{\pi}\int_0^{\pi}y(t)\sin\omega t\mathrm{d}\omega t,\qquad A_1=\frac{2}{\pi}\int_0^{\pi}y(t)\cos\omega t\mathrm{d}\omega t \tag{8-25}$$

关于描述函数计算，还具有以下特点。若 $y(t)$ 为奇函数，即 $y(t)=-y(-t)$，则

$$\begin{aligned}A_1&=\frac{1}{\pi}\int_0^{2\pi}y(t)\cos\omega t\mathrm{d}\omega t=\frac{1}{\pi}\int_{-\pi}^{\pi}y(t)\cos\omega t\mathrm{d}\omega t\\&=\frac{1}{\pi}\left[\int_{-\pi}^{0}y(t)\cos\omega t\mathrm{d}\omega t+\int_0^{\pi}y(t)\cos\omega t\mathrm{d}\omega t\right]\\&=\frac{1}{\pi}\left[\int_0^{\pi}y(-t)\cos(-\omega t)\mathrm{d}\omega t+\int_0^{\pi}y(t)\cos\omega t\mathrm{d}\omega t\right]=0\end{aligned} \tag{8-26}$$

若 $y(t)$ 为奇函数，且又为半周期内对称，即 $y(t)=y\left(\frac{\pi}{\omega}-t\right)$ 时，则

$$B_1=\frac{4}{\pi}\int_0^{\frac{\pi}{2}}y(t)\sin\omega t\mathrm{d}\omega t \tag{8-27}$$

例 8-2　设某非线性元件的特性为

$$y(x)=\frac{1}{2}x+\frac{1}{4}x^3 \tag{8-28}$$

试计算其描述函数。

解　因 $y(x)$ 为 x 的奇函数，故 $A_0=0$。当输入 $x=A\sin\omega t$ 时

$$y(t)=\frac{A}{2}\sin\omega t+\frac{A^3}{4}\sin^3\omega t \tag{8-29}$$

为 t 的奇函数，故 $A_1=0$。又因为 $y(t)$ 具有半周期对称，按式(8-27)，有

$$B_1=\frac{4}{\pi}\int_0^{\frac{\pi}{2}}y(t)\sin\omega t\mathrm{d}\omega t=\frac{4}{\pi}\left(\int_0^{\frac{\pi}{2}}\frac{A}{2}\sin^2\omega t\mathrm{d}\omega t+\int_0^{\frac{\pi}{2}}\frac{A^3}{4}\sin^4\omega t\mathrm{d}\omega t\right)$$

由定积分公式

$$I_n=\int_0^{\frac{\pi}{2}}\sin^n\omega t\mathrm{d}\omega t=\begin{cases}\dfrac{(n-1)(n-3)\times\cdots\times4\times2}{n(n-2)(n-4)\times\cdots\times5\times3}, & n\text{为奇整数}\\[2ex]\dfrac{(n-1)(n-3)\times\cdots\times5\times3\times1}{n(n-2)\times\cdots\times4\times2}\cdot\dfrac{\pi}{2}, & n\text{为偶整数}\end{cases} \tag{8-30}$$

得

$$B_1=\frac{4}{\pi}\left(\frac{A}{2}\cdot\frac{\pi}{4}+\frac{A^3}{4}\cdot\frac{3}{8}\cdot\frac{\pi}{2}\right)=\frac{A}{2}+\frac{3}{16}A^3$$

则该非线性元件的描述函数为

$$N(A)=\frac{B_1}{A}=\frac{1}{2}+\frac{3}{16}A^2 \tag{8-31}$$

(2) 非线性系统描述函数法分析的应用条件

1) 非线性系统应简化成一个非线性环节和一个线性部分闭环连接的典型结构形式，如图 8-10 所示。

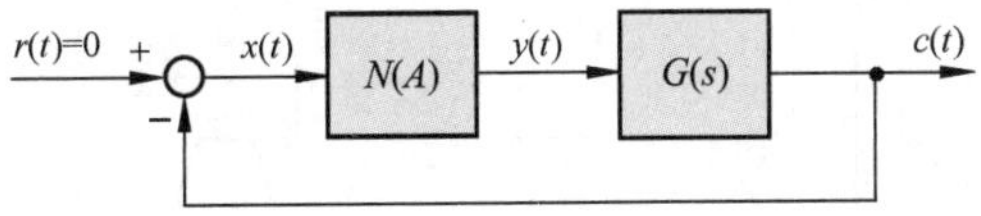

图 8-10　非线性系统典型结构形式

2) 非线性环节的输入输出特性 $y(x)$应是 x 的奇函数，即 $f(x)=-f(-x)$，或正弦输入下的输出为 t 的奇对称函数，即 $y\left(t+\dfrac{\pi}{\omega}\right)=-y(t)$，以保证非线性环节的正弦响应不含有常值分量，即 $A_0=0$。

3) 系统的线性部分应具有较好的低通滤波性能。当非线性环节的输入为正弦信号时，实际输出必定含有高次谐波分量，但经线性部分传递之后，由于低通滤波的作用，高次谐波分量将被大大削弱，因此闭环通道内近似地只有一次谐波分量流通，从而保证应用描述函数分析方法所得的结果比较准确。对于实际的非线性系统，大部分都容易满足这一条件。线性部分的阶次越高，低通滤波性能越好；而欲具有低通滤波性能，线性部分的极点应位于复平面的左半平面。

(3) 描述函数的物理意义

线性系统的频率特性反映正弦信号作用下，系统稳态输出中与输入同频率的分量的幅值和相位相对于输入信号的变化；而非线性环节的描述函数则反映非线性系统正弦响应中一次谐波分量的幅值和相位相对于输入信号的变化。因此忽略高次谐波分量，仅考虑基波分量，非线性环节的描述函数表现为复数增益的放大器。

值得注意的是，线性系统的频率特性是输入正弦信号频率 ω 的函数，与正弦信号的幅值 A 无关，而由描述函数表示的非线性环节的近似频率特性则是输入正弦信号幅值 A 的函数，因而描述函数又表现为关于输入正弦信号的幅值 A 的复变增益放大器，这正是非线性环节的近似频率特性与线性系统频率特性的本质区别。当非线性环节的频率特性由描述函数近似表示后，就可以推广应用频率法分析非线性系统的运动性质，问题的关键是描述函数的计算。

2. 典型非线性特性的描述函数

典型非线性特性具有分段线性特点，描述函数的计算重点在于确定正弦响应曲线和积分区间，一般采用图解方法。下面针对两种典型非线性特性，介绍计算过程和步骤。

(1) 死区饱和非线性环节

将正弦输入信号 $x(t)$、非线性特性 $y(x)$和输出信号 $y(t)$的坐标按图 8-11 所示方式和位置旋转，由非线性特性的区间端点$(\varDelta，y(\varDelta))$和$(a，y(a))$可以确定 $y(t)$关于 ωt 的区间端点 ψ_1 和 ψ_2。死区饱和特性及其正弦响应如图 8-11 所示。输出 $y(t)$的数学表达式为

$$y(t)=\begin{cases}0, & 0\leqslant \omega t\leqslant \psi_1\\ K(A\sin\omega t-\varDelta), & \psi_1<\omega t\leqslant \psi_2\\ K(a-\varDelta), & \psi_2<\omega t\leqslant \dfrac{\pi}{2}\end{cases}\tag{8-32}$$

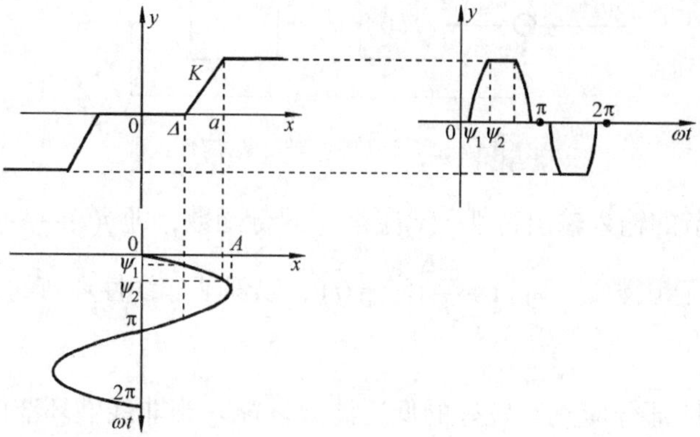

图 8-11　死区饱和特性和正弦响应曲线

如图 8-11 所示，由非线性特性的转折点 Δ 和 a，可确定 $y(t)$产生不同线性变化的区间端点为

$$\psi_1 = \arcsin\frac{\Delta}{A} \tag{8-33}$$

$$\psi_2 = \arcsin\frac{a}{A} \tag{8-34}$$

由于 $y(t)$为奇函数，所以 $A_0=0$，$A_1=0$，而 $y(t)$又为半周期内对称，故

$$\begin{aligned}
B_1 &= \frac{1}{\pi}\int_0^{2\pi} y(t)\sin\omega t\mathrm{d}\omega t = \frac{4}{\pi}\int_0^{\frac{\pi}{2}} y(t)\sin\omega t\mathrm{d}\omega t \\
&= \frac{4}{\pi}\left[\int_{\psi_1}^{\psi_2}\left[K(A\sin\omega t - \Delta)\right]\sin\omega t\mathrm{d}\omega t + \int_{\psi_2}^{\frac{\pi}{2}} K(a-\Delta)\sin\omega t\mathrm{d}\omega t\right] \\
&= \frac{4K}{\pi}\left[\int_{\psi_1}^{\psi_2}(A\sin^2\omega t - \Delta\sin\omega t)\mathrm{d}\omega t + \int_{\psi_2}^{\frac{\pi}{2}}(a-\Delta)\sin\omega t\mathrm{d}\omega t\right] \\
&= \frac{4K}{\pi}\left[A\left(\frac{\omega t}{2} - \frac{1}{4}\sin 2\omega t\right)\Bigg|_{\psi_1}^{\psi_2} + \Delta\cos\omega t\Bigg|_{\psi_1}^{\psi_2} - (a-\Delta)\cos\omega t\Bigg|_{\psi_2}^{\frac{\pi}{2}}\right] \\
&= \frac{4K}{\pi}\left[\frac{A}{2}(\psi_2-\psi_1) - \frac{A}{4}\sin 2\psi_2 + \frac{A}{4}\sin 2\psi_1 + \Delta\cos\psi_2 - \Delta\cos\psi_1 + (a-\Delta)\cos\psi_2\right] \\
&= \frac{4K}{\pi}\left[\frac{A}{2}\arcsin\frac{a}{A} - \frac{A}{2}\arcsin\frac{\Delta}{A} - \frac{A}{2}\cdot\frac{a}{A}\sqrt{1-\left(\frac{a}{A}\right)^2}\right. \\
&\quad \left. + \frac{A}{2}\cdot\frac{\Delta}{A}\sqrt{1-\left(\frac{\Delta}{A}\right)^2} + a\sqrt{1-\left(\frac{a}{A}\right)^2} - \Delta\sqrt{1-\left(\frac{\Delta}{A}\right)^2}\right] \\
&= \frac{2KA}{\pi}\left[\arcsin\frac{a}{A} - \arcsin\frac{\Delta}{A} + \frac{a}{A}\sqrt{1-\left(\frac{a}{A}\right)^2} - \frac{\Delta}{A}\sqrt{1-\left(\frac{\Delta}{A}\right)^2}\right]
\end{aligned}$$

死区饱和特性的描述函数为

$$N(A)=\frac{2K}{\pi}\left[\arcsin\frac{a}{A}-\arcsin\frac{\Delta}{A}+\frac{a}{A}\sqrt{1-\left(\frac{a}{A}\right)^2}-\frac{\Delta}{A}\sqrt{1-\left(\frac{\Delta}{A}\right)^2}\right],\quad A\geqslant a \tag{8-35}$$

取 $\Delta=0$，由式(8-35)得饱和特性的描述函数为

$$N(A)=\frac{2K}{\pi}\left[\arcsin\frac{a}{A}+\frac{a}{A}\sqrt{1-\left(\frac{a}{A}\right)^2}\right],\quad A\geqslant a \tag{8-36}$$

对于死区特性，$\psi_2=\dfrac{\pi}{2}$。由式(8-34)得 $\dfrac{a}{A}=1$，则由式(8-35)得死区特性的描述函数为

$$N(A)=\frac{2K}{\pi}\left[\frac{\pi}{2}-\arcsin\frac{\Delta}{A}-\frac{\Delta}{A}\sqrt{1-\left(\frac{\Delta}{A}\right)^2}\right],\quad A\geqslant \Delta \tag{8-37}$$

(2) 死区与滞环继电非线性环节

注意到滞环与输入信号及其变化率的关系，通过作图法获得 $y(t)$如图 8-12 所示。输出 $y(t)$的数学表达式为

$$y(t)=\begin{cases}0, & 0\leqslant \omega t\leqslant \psi_1\\ M, & \psi_1<\omega t\leqslant \psi_2\\ 0, & \psi_2<\omega t\leqslant \pi\end{cases} \tag{8-38}$$

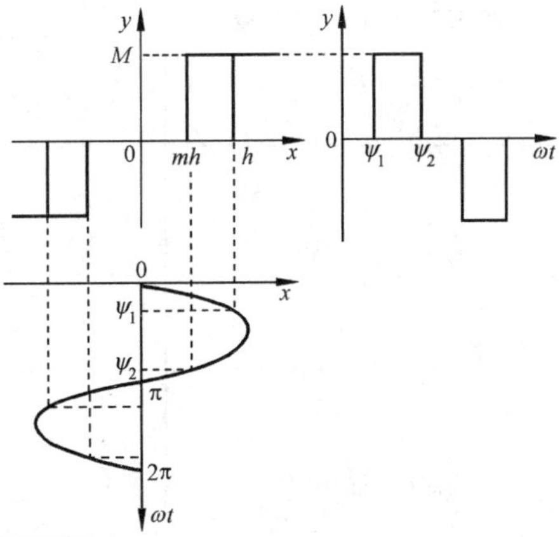

图 8-12　死区滞环继电特性和正弦响应曲线

图中，由于非线性特性导致 $y(t)$产生不同线性变化的区间端点为

$$\psi_1=\arcsin\frac{h}{A} \tag{8-39}$$

$$\psi_2=\pi-\arcsin\frac{mh}{A} \tag{8-40}$$

由图可见，$y(t)$为奇对称函数，而非奇函数，由式(8-25)有

$$A_1=\frac{2}{\pi}\int_0^{\pi}y(t)\cos\omega t\mathrm{d}\omega t=\frac{2}{\pi}\int_{\psi_1}^{\psi_2}M\cos\omega t\mathrm{d}\omega t=\frac{2Mh}{\pi A}(m-1)$$

$$\begin{aligned}B_1&=\frac{2}{\pi}\int_0^{\pi}y(t)\sin\omega t\mathrm{d}\omega t=\frac{2}{\pi}\int_{\psi_1}^{\psi_2}M\sin\omega t\mathrm{d}\omega t\\&=\frac{2M}{\pi}\left[\sqrt{1-\left(\frac{mh}{A}\right)^2}+\sqrt{1-\left(\frac{h}{A}\right)^2}\right]\end{aligned}$$

死区滞环继电特性的描述函数为

$$N(A)=\frac{2M}{\pi A}\left[\sqrt{1-\left(\frac{mh}{A}\right)^2}+\sqrt{1-\left(\frac{h}{A}\right)^2}\right]+\mathrm{j}\frac{2Mh}{\pi A^2}(m-1),\quad A\geqslant h \tag{8-41}$$

取 $h=0$，得理想继电特性的描述函数为

$$N(A)=\frac{4M}{\pi A} \tag{8-42}$$

取 m=1，得死区继电特性的描述函数为

$$N(A)=\frac{4M}{\pi A}\sqrt{1-\left(\frac{h}{A}\right)^2},\quad A\geqslant h \tag{8-43}$$

取 m=−1，得滞环继电特性的描述函数为

$$N(A)=\frac{4M}{\pi A}\sqrt{1-\left(\frac{h}{A}\right)^2}-\mathrm{j}\frac{4Mh}{\pi A^2},\quad A\geqslant h \tag{8-44}$$

表 8-1 列出了一些典型非线性特性的描述函数，以供查用。

表 8-1　非线性特性及其描述函数

非线性类型	静特性	描述函数 $N(A)$
理想继电特性、库仑摩擦	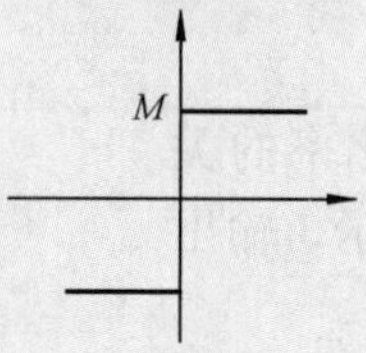	$\frac{4M}{\pi A}$
有死区的继电特性	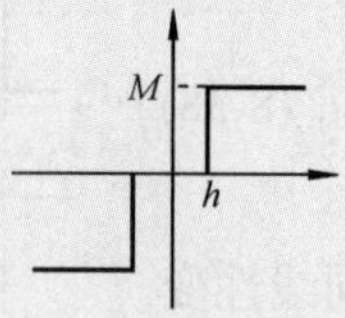	$\frac{4M}{\pi A}\sqrt{1-\left(\frac{h}{A}\right)^2},\quad A\geqslant h$
有滞环的继电特性	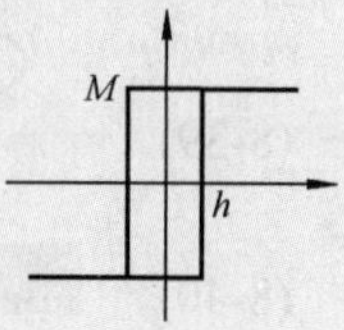	$\frac{4M}{\pi A}\sqrt{1-\left(\frac{h}{A}\right)^2}-\mathrm{j}\frac{4Mh}{\pi A^2},\quad A\geqslant h$
有死区与滞环的继电特性	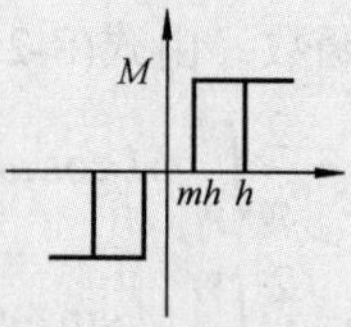	$\frac{2M}{\pi A}\left[\sqrt{1-\left(\frac{mh}{A}\right)^2}+\sqrt{1-\left(\frac{h}{A}\right)^2}\right]$ $+\mathrm{j}\frac{2Mh}{\pi A^2}(m-1),\quad A\geqslant h$
饱和特性，幅值限制	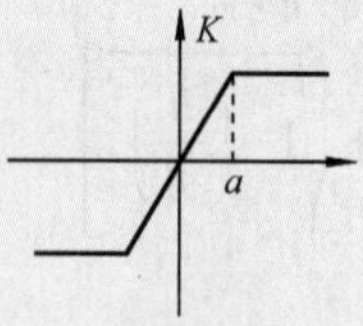	$\frac{2K}{\pi}\left[\arcsin\frac{a}{A}+\frac{a}{A}\sqrt{1-\left(\frac{a}{A}\right)^2}\right],\quad A\geqslant a$
有死区的饱和特性	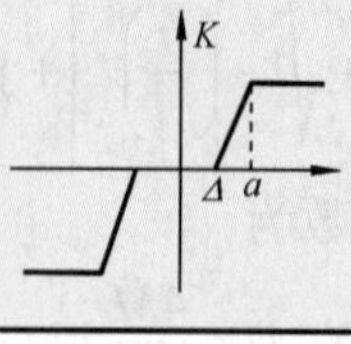	$\frac{2K}{\pi}\left[\arcsin\frac{a}{A}-\arcsin\frac{\Delta}{A}+\frac{a}{A}\sqrt{1-\left(\frac{a}{A}\right)^2}\right.$ $\left.-\frac{\Delta}{A}\sqrt{1-\left(\frac{\Delta}{A}\right)^2}\right],\quad A\geqslant a$

续表

非线性类型	静特性	描述函数 $N(A)$
死区特性	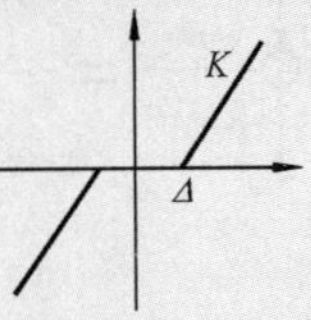	$\frac{2K}{\pi}\left[\frac{\pi}{2}-\arcsin\frac{\Delta}{A}-\frac{\Delta}{A}\sqrt{1-\left(\frac{\Delta}{A}\right)^2}\right],\quad A\geqslant\Delta$
间隙特性	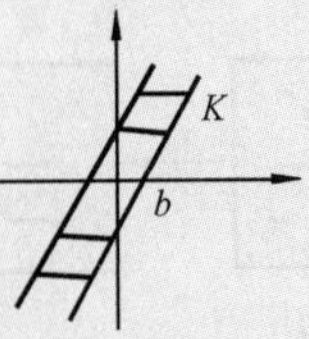	$\frac{K}{\pi}\left[\frac{\pi}{2}+\arcsin\left(1-\frac{2b}{A}\right)+2\left(1-\frac{2b}{A}\right)\times\sqrt{\frac{b}{A}\left(1-\frac{b}{A}\right)}\right]+\mathrm{j}\frac{4Kb}{\pi A}\left(\frac{b}{A}-1\right),\quad A\geqslant b$
变增益特性	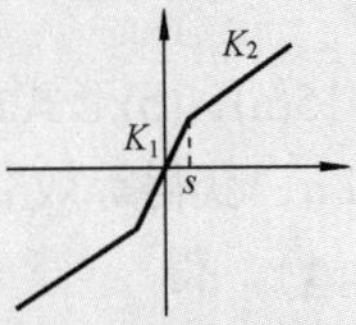	$K_2+\frac{2(K_1-K_2)}{\pi}\left[\arcsin\frac{s}{A}+\frac{s}{A}\sqrt{1-\left(\frac{s}{A}\right)^2}\right],$ $A\geqslant s$
有死区的线性特性	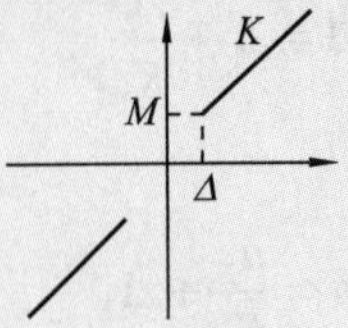	$K-\frac{2K}{\pi}\arcsin\frac{\Delta}{A}+\frac{4M-2K\Delta}{\pi A}\sqrt{1-\left(\frac{\Delta}{A}\right)^2},$ $A\geqslant\Delta$
库仑摩擦加黏性摩擦	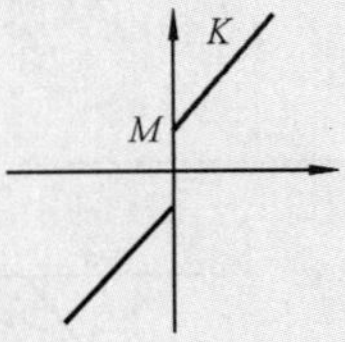	$K+\frac{4M}{\pi A}$

3. 非线性系统的简化

非线性系统的描述函数分析建立在图 8-10 所示的典型结构基础上。当系统由多个非线性环节和多个线性环节组合而成时，在一些情况下，可通过等效变换，使系统简化为典型结构形式。

非线性系统的简化

等效变换的原则是在 $r(t)=0$ 的条件下，根据非线性特性的串、并联，简化非线性部分为一个等效非线性环节，再保持等效非线性环节的输入输出关系不变，简化线性部分。

(1) 非线性特性的并联

若两个非线性特性输入相同，输出相加、减，则等效非线性特性为两个非线性特性的叠加。图 8-13 为死区非线性和死区继电非线性并联的情况。

由描述函数定义，并联等效非线性特性的描述函数为各非线性特性描述函数的代数和。

(2) 非线性特性的串联

若两个非线性环节串联，可采用图解法简化。以图 8-14 所示死区特性和死区饱和特性串联简化为例。

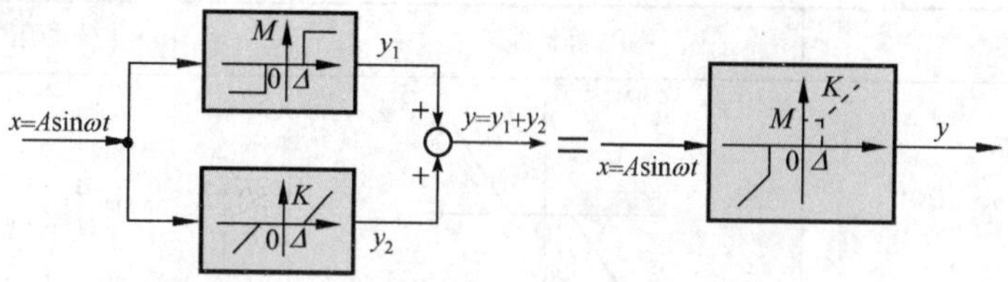

图 8-13　非线性特性并联时的等效非线性特性

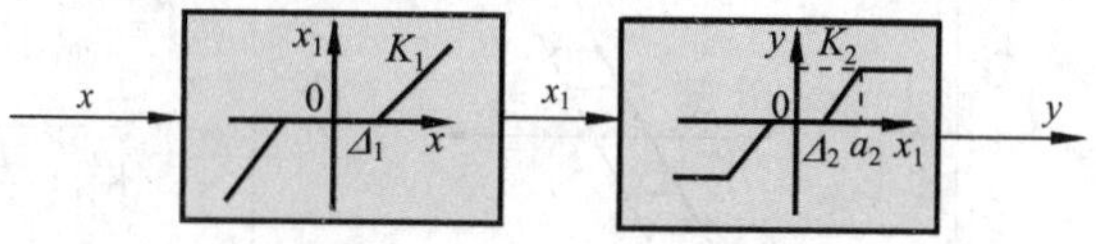

图 8-14　非线性特性串联

通常，先将两个非线性特性按图 8-15(a)，(b)形式放置，再按输出端非线性特性的变化端点$\varDelta_2$和a_2确定输入x的对应点$\varDelta$和a，获得等效非线性特性如图 8-15(c)所示，最后确定等效非线性的参数。由$\varDelta_2 = K_1(\varDelta - \varDelta_1)$，得

$$\varDelta = \varDelta_1 + \frac{\varDelta_2}{K_1} \tag{8-45}$$

由$a_2 = K_1(a - \varDelta_1)$，得

$$a = \frac{a_2}{K_1} + \varDelta_1 \tag{8-46}$$

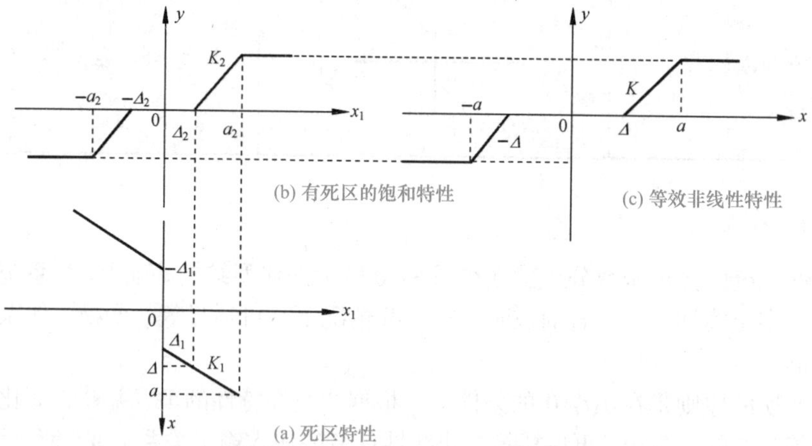

图 8-15　非线性串联简化的图解方法

当$|x|\leqslant\varDelta$时，由$y(x_1)$特性知，$y(x)=0$；当$|x|\geqslant a$时，由$y(x_1)$亦可知，$y(x)=K_2(a_2-\varDelta_2)$；当$\varDelta<|x|<a$时，$y(x_1)$位于线性区，$y(x)$亦呈线性，设斜率为$K$，即有

$$y(x) = K(x-\varDelta) = K_2(x_1 - \varDelta_2)$$

特殊地，当$x=a$时，$x_1=a_2$，由于$x_1=\varDelta_2+K_1(a-\varDelta)$，故$a-\varDelta=\dfrac{a_2-\varDelta_2}{K_1}$，因此$K=K_1K_2$。

应该指出，两个非线性环节的串联，等效特性还取决于其前后次序。调换前后次序则等效非线性特性亦不同。描述函数需按等效非线性环节的特性计算。多个非线性特性串联，可按上述两个非线性环节串联简化方法，依由前向后顺序逐一加以简化。

(3) 线性部分的等效变换

考虑图 8-16(a)示例，按等效变换规则，移动比较点，系统可表示为图 8-16(b)形式，再按线性系统等效变换规则得典型结构形式，如图 8-16(c)所示。

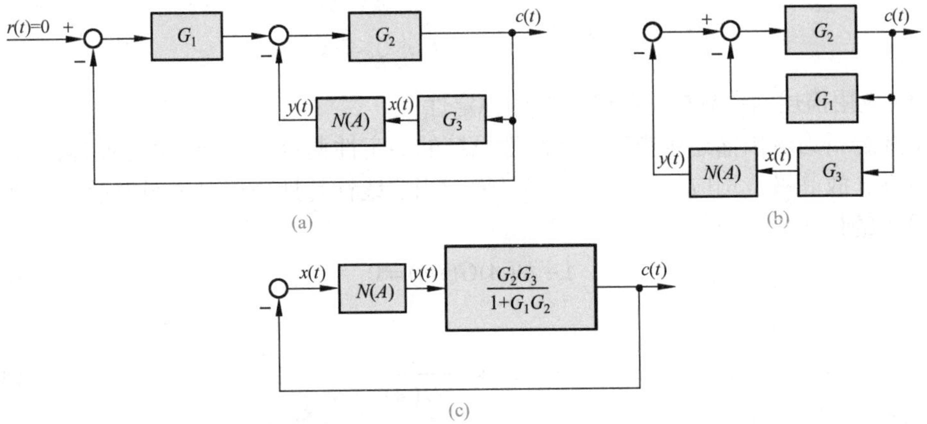

图 8-16　非线性系统结构图等效变换

4. 非线性系统稳定性分析的描述函数法

若非线性系统经过适当简化后，具有图 8-10 所示的典型结构形式，且非线性环节和线性部分满足描述函数法应用的条件，则非线性环节的描述函数可以等效为一个具有复变增益的比例环节。于是非线性系统经过谐波线性化处理后已变成一个等效的线性系统，可以应用线性系统理论中的频率域稳定判据分析非线性系统的稳定性。

描述函数法分析非线性系统的稳定性

(1) 变增益线性系统的稳定性分析

为了应用描述函数分析非线性系统的稳定性，有必要研究图 8-17(a)所示线性系统的稳定性，其中 K 为比例环节增益。设 $G(s)$的极点均位于 s 的左半平面，即 $P=0$，$G(\mathrm{j}\omega)$的奈奎斯特曲线 $\varGamma_G$ 如图 8-17(b)所示。闭环系统的特征方程为

$$1+KG(\mathrm{j}\omega)=0 \tag{8-47}$$

或

$$G(\mathrm{j}\omega)=-\frac{1}{K}+\mathrm{j}0 \tag{8-48}$$

由奈氏判据知，当 $\varGamma_G$ 曲线不包围$\left(-\dfrac{1}{K},\ \mathrm{j}0\right)$点时，即 $Z=P-2N=-2N=0$ 系统闭环稳定；当 $\varGamma_G$ 曲线包围$\left(-\dfrac{1}{K},\ \mathrm{j}0\right)$点时，系统不稳定；当 $\varGamma_G$ 曲线穿过$\left(-\dfrac{1}{K},\ \mathrm{j}0\right)$点时，系统临界稳定，将产生等幅振荡。更进一步，若设 K 在一定范围内可变，即有 $K_1\leqslant K\leqslant K_2$，则$\left(-\dfrac{1}{K},\ \mathrm{j}0\right)$为复平面实轴上的一段直线，若 $\varGamma_G$ 曲线不包围该直线，则系统闭环稳定，而当 $\varGamma_G$ 包围该直线时，则系统闭环不稳定。

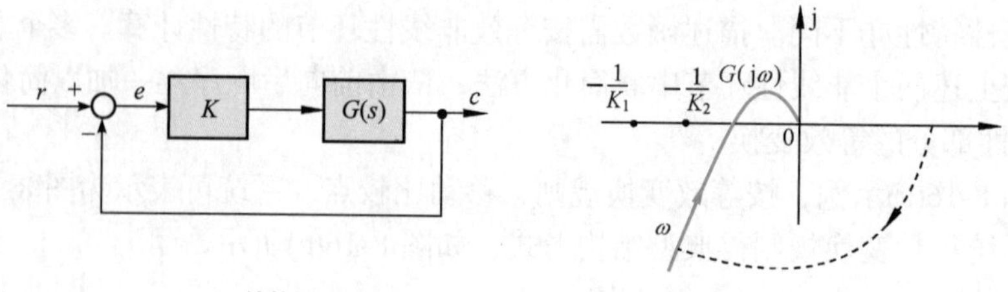

(a) 结构图　　(b) 稳定性分析

图 8-17　可变增益的线性系统

(2) 应用描述函数分析非线性系统的稳定性

上述分析为应用描述函数判定非线性系统的稳定性奠定了基础。由于要求 $G(s)$具有低通特性，故其极点均应位于 s 的左半平面。当非线性特性采用描述函数近似等效时，闭环系统的特征方程为

$$1+N(A)G(\mathrm{j}\omega)=0 \tag{8-49}$$

即

$$G(\mathrm{j}\omega)=-\frac{1}{N(A)} \tag{8-50}$$

称 $-\dfrac{1}{N(A)}$ 为非线性环节的负倒描述函数。在复平面上绘制 Γ_G 曲线和 $-\dfrac{1}{N(A)}$ 曲线时，$-\dfrac{1}{N(A)}$ 曲线上箭头表示随 A 增大，$-\dfrac{1}{N(A)}$ 的变化方向。

若 Γ_G 曲线和 $-\dfrac{1}{N(A)}$ 曲线无交点，表明式(8-49)无 ω 的正实数解。图 8-18 给出了这一条件下的两种可能的形式。

图 8-18(a)中，Γ_G 曲线包围 $-\dfrac{1}{N(A)}$ 曲线，对于非线性环节具有任一确定振幅 A 的正弦输入信号，$\left(-\dfrac{1}{N(A)},\mathrm{j}0\right)$点被 Γ_G 包围，此时系统不稳定，A 将增大，并最终使 A 增大到极限位置或使系统发生故障。

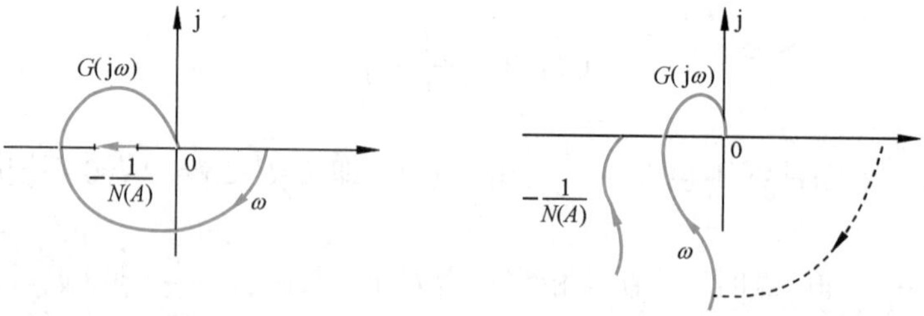

(a) $G(\mathrm{j}\omega)$全包围 $-1/N(A)$　　(b) $G(\mathrm{j}\omega)$不包围 $-1/N(A)$

图 8-18　Γ_G 曲线和 $-1/N(A)$ 曲线无交点的两种形式

图 8-18(b)中，Γ_G 曲线不包围 $-\dfrac{1}{N(A)}$ 曲线，对于非线性环节的具有任一确定振幅 A

的正弦信号，$\left[\mathrm{Re}\left(-\dfrac{1}{N(A)}\right),\mathrm{Im}\left(-\dfrac{1}{N(A)}\right)\right]$点不被$\Gamma_G$曲线包围，此时系统稳定，$A$将减小，并最终使$A$减小为零或使非线性环节的输入值为某定值，或位于该定值附近较小的范围。

综上可得非线性系统的稳定性判据：若Γ_G曲线不包围$-\dfrac{1}{N(A)}$曲线，则非线性系统稳定；若Γ_G曲线包围$-\dfrac{1}{N(A)}$曲线，则非线性系统不稳定。

例 8-3　已知非线性系统结构如图 8-19 所示，试分析系统的稳定性。

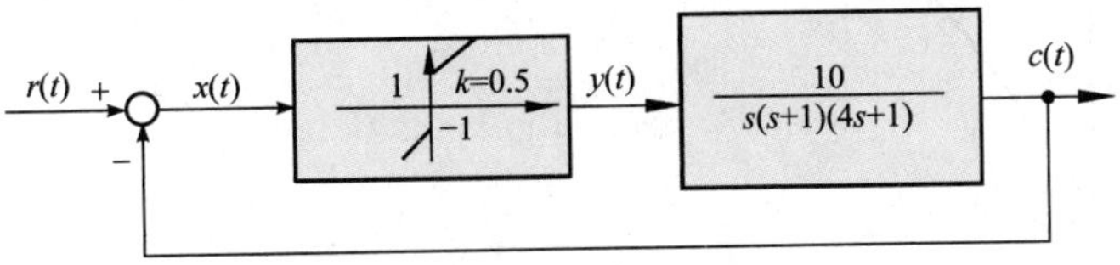

图 8-19　例 8-3 非线性系统结构图

解　对于线性环节，令K=10，T_1=1，T_2=4，可解得穿越频率及相应线性部分的幅值

$$\omega_x=\frac{1}{\sqrt{T_1T_2}}=\frac{1}{2}$$

$$G(\mathrm{j}\omega_x)=\frac{-KT_1T_2}{T_1+T_2}=-8$$

非线性环节为库仑摩擦加黏性摩擦，由表 8-1 得

$$-\frac{1}{N(A)}=\frac{-1}{k+\dfrac{4M}{\pi A}}$$

$$-\frac{1}{N(0)}=0,\qquad -\frac{1}{N(\infty)}=-\frac{1}{k}=-2$$

作Γ_G曲线和$-\dfrac{1}{N(A)}$曲线如图 8-20 所示，图中Γ_G曲线包围$-\dfrac{1}{N(A)}$曲线。根据非线性系统稳定判据，该非线性系统不稳定。

若Γ_G曲线和$-\dfrac{1}{N(A)}$曲线有交点，表明式(8-49)有ω的正实数解，则系统存在着无外作用下的周期运动，这种情况下系统的稳定性和所具有的周期运动的稳定性必须另行分析。

(3) 非线性系统存在周期运动时的稳定性分析

当Γ_G曲线和$-\dfrac{1}{N(A)}$曲线有交点时，式(8-50)成立，即有

$$\begin{cases}|G(\mathrm{j}\omega)|=\left|\dfrac{1}{N(A)}\right|\\ \angle[G(\mathrm{j}\omega)]=-\pi-\angle[N(A)]\end{cases}\tag{8-51}$$

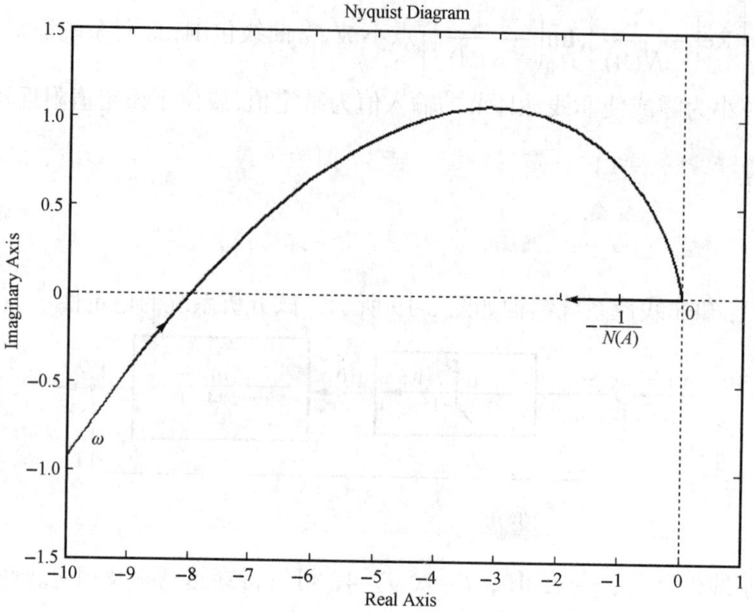

图 8-20　例 8-3 系统稳定性分析(MATLAB)

或

$$\begin{cases}\mathrm{Re}\left[G(\mathrm{j}\omega)N(A)\right]=-1\\ \mathrm{Im}\left[G(\mathrm{j}\omega)N(A)\right]=0\end{cases}\tag{8-52}$$

由上两式可解得交点处的频率 ω 和幅值 A。系统处于周期运动时，非线性环节的输入近似为等幅振荡

$$x(t)=A\sin\omega t$$

即每一个交点对应着一个周期运动。如果该周期运动能够维持，即在外界小扰动作用下使系统偏离该周期运动，而当该扰动消失后，系统的运动仍能恢复原周期运动，则称为稳定的周期运动。图 8-21 给出了非线性系统存在周期运动的四种形式。图中 Γ_G 曲线和 $-\dfrac{1}{N(A)}$ 的交点为 $N_0=-\dfrac{1}{N(A)}$，负倒描述函数上的一点 N_i 对应的幅值为 A_i。

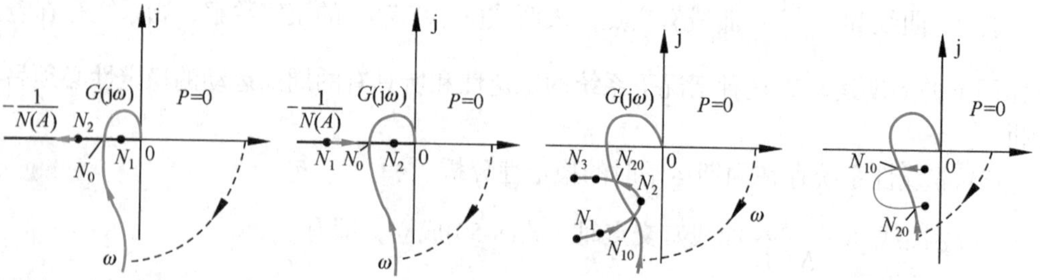

(a) $-1/N(A)$穿出$G(\mathrm{j}\omega)$区域　(b) $-1/N(A)$穿入$G(\mathrm{j}\omega)$区域　(c) $-1/N(A)$先穿入再穿出$G(\mathrm{j}\omega)$区域　(d) $-1/N(A)$先穿出再穿入$G(\mathrm{j}\omega)$区域

图 8-21　存在周期运动的非线性系统

对于图 8-21(a)所示系统，设系统周期运动的幅值为 A_0。当外界扰动使非线性环节输

入振幅减小为 A_1 时，由于 Γ_G 曲线包围 $\left(-\dfrac{1}{N(A_1)}, \mathrm{j}0\right)$ 点，系统不稳定，振幅将增大，最终回到 N_0 点；当外界扰动使输入振幅增大为 A_2，由于 Γ_G 曲线不包围 $\left(-\dfrac{1}{N(A_2)}, \mathrm{j}0\right)$ 点，系统稳定，振幅将衰减，最终也将回到 N_0 点。这说明 N_0 点对应的周期运动是稳定的。

对于图 8-21(b)所示系统，$-\dfrac{1}{N(A)}$ 曲线的运动方向与图 8-21(a)相反，当外扰动使系统偏离周期运动至 N_2 点，即使其幅值由 A_0 增大为 A_2 时，系统不稳定，振幅将进一步增大，最终发散至无穷；而当外扰动使系统偏离周期运动至 N_1 点，即使其幅值由 A_0 减小为 A_1 时，系统稳定，振幅将进一步减小，最终衰减为零。这表明 N_0 点对应的周期运动是不稳定的。

对于图 8-21(c)所示系统，Γ_G 曲线和 $-\dfrac{1}{N(A)}$ 曲线有两个交点 N_{10} 和 N_{20}，系统中存在两个周期运动，幅值分别为 A_{10} 和 A_{20}，仿上分析可知，在 N_{20} 点，外界小扰动使系统运动偏离该周期运动后，系统运动仍然能恢复该周期运动；而在 N_{10} 点，只要有外界扰动使系统运动偏离该周期运动，则系统运动或收敛至零，或趋向于 N_{20} 点对应的周期运动。因此，N_{10} 点对应的周期运动是不稳定的，N_{20} 点对应的周期运动是稳定的。

对于图 8-21(d)所示系统，Γ_G 曲线和 $-\dfrac{1}{N(A)}$ 有两个交点 N_{10} 和 N_{20}，表明系统中存在幅值为 A_{10} 和 A_{20} 的两个周期运动，N_{10} 点对应的周期运动是稳定的；N_{20} 点对应的周期运动是不稳定的，外界小扰动或使系统运动发散至无穷，或趋向于幅值 N_{10} 点对应的周期运动。

综合上述分析过程，在复平面上可将 Γ_G 曲线包围的区域视为不稳定区域，Γ_G 曲线不包围的区域视为稳定区域，则有下述**周期运动稳定性判据**：

在 Γ_G 曲线和 $-\dfrac{1}{N(A)}$ 曲线的交点处，若 $-\dfrac{1}{N(A)}$ 曲线沿着振幅 A 增加的方向由不稳定区域进入稳定区域时，该交点对应的周期运动是稳定的。反之，若 $-\dfrac{1}{N(A)}$ 曲线沿着振幅 A 增加的方向在交点处由稳定区域进入不稳定区域时，该交点对应的周期运动是不稳定的。

图 8-21 的分析表明，非线性系统存在周期运动时，系统运动的分析是较为复杂的。图 8-21(b)所示系统，系统运动收敛至零还是发散至无穷，均取决于初始条件，即使系统处于零平衡状态，但受到大的扰动仍将发散至无穷。图 8-21(c)所示系统，当初始条件为 A 较大时($A>A_{10}$)，将产生稳定的周期运动。而图 8-21(d)所示系统，则当初始条件为 A 较小时($A\leqslant A_{20}$)，将产生稳定的周期运动。因而，这样的系统产生自激振荡是有条件的。此外还应注意到这类系统稳定的周期运动只是对一定范围的扰动具有稳定性，当扰动较大时，系统将停振或发散至无穷。由于系统不可避免地存在各种扰动因素，因此不稳定的周期运动在系统中不可能出现，而欲利用非线性系统产生不受扰动影响的自激振荡，

应选图 8-21(a)所示的系统。

最后还需指出，应用描述函数法分析非线性系统运动的稳定性，都是建立在只考虑基波分量的基础之上的。实际上，系统中仍有一定量的高次谐波分量流通，系统自振荡波形并非纯正弦波，因此分析结果的准确性还取决于 Γ_G 曲线与 $-\dfrac{1}{N(A)}$ 曲线在交点处的相对运动。若交点处两条曲线几乎垂直相交，且非线性环节输出的高次谐波分量被线性部分充分衰减，则分析结果是准确的。若两曲线在交点处几乎相切，则在一些情况下(取决于高次谐波的衰减程度)不存在自振荡。

例 8-4　设具有饱和非线性特性的控制系统如图 8-22 所示，试分析：

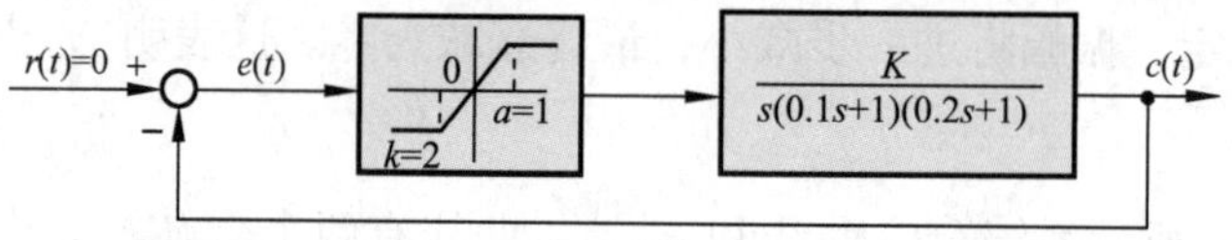

图 8-22　具有饱和非线性特性的控制系统结构图

1) K=15 时非线性系统的运动；

2) 欲使系统不出现自振荡，确定 K 的临界值。

解　1) 由表 8-1 查得饱和非线性特性的描述函数为

$$N(A)=\frac{2k}{\pi}\left[\arcsin\frac{a}{A}+\frac{a}{A}\sqrt{1-\left(\frac{a}{A}\right)^2}\right],\qquad A\geqslant a \tag{8-53}$$

取 $u=\dfrac{a}{A}$，对 $N(u)$求导得

$$\frac{\mathrm{d}N(u)}{\mathrm{d}u}=\frac{2k}{\pi}\left(\frac{1}{\sqrt{1-u^2}}+\sqrt{1-u^2}-\frac{u^2}{\sqrt{1-u^2}}\right)=\frac{4k}{\pi}(1-u^2)^{\frac{1}{2}}$$

注意到 $A>a$ 时，$u=\dfrac{a}{A}<1$，故 $\dfrac{\mathrm{d}N(u)}{\mathrm{d}u}>0$，$N(u)$为 u 的增函数，$N(A)$为 A 的减函数，$-\dfrac{1}{N(A)}$ 亦为 A 的减函数，代入给定参数 a=1, k=2，得

$$-\frac{1}{N(a)}=-0.5,\qquad -\frac{1}{N(\infty)}=-\infty$$

作 $-\dfrac{1}{N(A)}$ 曲线如图 8-23 所示。

线性部分 $G(s)$在 K=15 时的 Γ_G 曲线如图 8-23(a)中曲线①所示，其中穿越频率

$$\omega_x=\frac{1}{\sqrt{0.1\times0.2}}=7.07$$

Γ_G 曲线与负实轴的交点为

$$G(\mathrm{j}\omega_x)=\frac{-0.1\times0.2\times15}{0.1+0.2}=-1$$

由图 8-23(a)可知，Γ_G 曲线和 $-\dfrac{1}{N(A)}$ 曲线存在交点$(-1,\mathrm{j}0)$且在该交点处，$-\dfrac{1}{N(A)}$ 沿

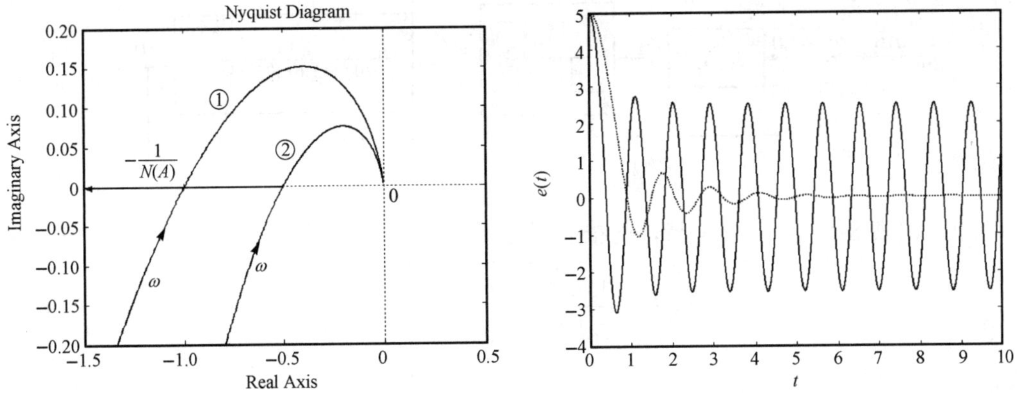

(a) Γ_G 曲线和 $-\dfrac{1}{N(A)}$ 曲线　　(b) K=15时及K=4时系统误差响应曲线

图 8-23 例 8-4 非线性系统的稳定性分析(MATLAB)

A 增大方向，由不稳定区域进入稳定区域，根据周期运动稳定性判据，系统存在稳定的周期运动。由式(8-52)

$$\mathrm{Im}\left[G(\mathrm{j}\omega)N(A)\right]=\mathrm{Im}\left[G(\mathrm{j}\omega)\right]\cdot N(A)=0$$

得振荡频率 $\omega=\omega_x=7.07$，而由

$$\mathrm{Re}\left[G(\mathrm{j}\omega)N(A)\right]=\mathrm{Re}\left[G(\mathrm{j}\omega_x)\right]N(A)=-N(A)=-1$$

可求得振幅 $A=2.5$。因而非线性系统处于自振荡情况下的非线性环节的输入信号为

$$e(t)=2.5\sin 7.07t$$

其响应曲线在 $K=15$，$c(0)=-5$ 时，如图 8-23(b)中实线所示。

2) 为使该系统不出现自振荡，应调整 K 使 Γ_G 曲线移动，并和 $-\dfrac{1}{N(A)}$ 曲线无交点，考虑到 $-\dfrac{1}{N(A)}=-0.5$，故应有

$$\frac{-0.02}{0.3}K>-0.5$$

而 K 的临界值应使上述不等式变为等式，即

$$K_{\max}=\frac{0.5\times 0.3}{0.02}=7.5$$

$K=7.5$ 时的 Γ_G 曲线如图 8-23(a)中曲线②所示。若取 $K=4$，$c(0)=-5$，误差响应如图 8-23(b)中虚线所示。

例 8-5 设非线性系统如图 8-24 所示，试采用描述函数法分析，当

1) $G_c(s)=1$；

2) $G_c(s)=\dfrac{0.25s+1}{0.03s+1}\cdot\dfrac{1}{8.3}$

时非线性系统的运动特性。

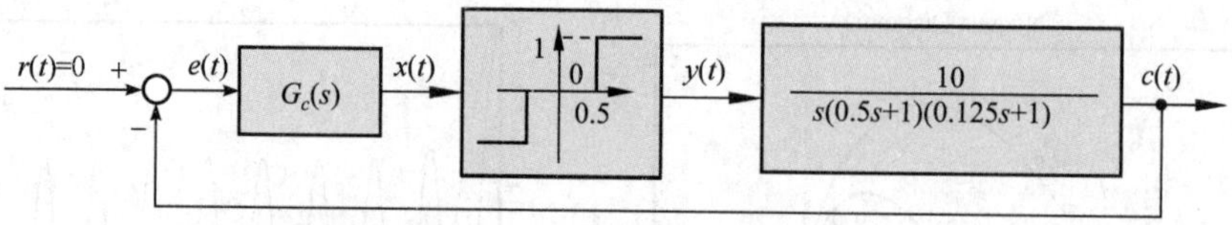

图 8-24　例 8-5 非线性系统的结构图

解　由表 8-1，死区继电特性的描述函数为

$$N(A)=\frac{4M}{\pi A}\sqrt{1-\left(\frac{h}{A}\right)^2},\qquad A\geqslant h \tag{8-54}$$

取 $u=\dfrac{h}{A}$，则

$$N(A)=N(u)=\frac{4M}{\pi h}u\sqrt{1-u^2},\qquad u\geqslant 1 \tag{8-55}$$

对 $N(u)$ 求导数

$$\frac{\mathrm{d}N(u)}{\mathrm{d}u}=\frac{4M}{\pi h}\left(\sqrt{1-u^2}-\frac{u^2}{\sqrt{1-u^2}}\right)=\frac{4M}{\pi h}\frac{1-2u^2}{\sqrt{1-u^2}}$$

由极值条件 $\dfrac{\mathrm{d}N(u)}{\mathrm{d}u}=0$，得解

$$u_m=\frac{h}{A_m}=\frac{1}{\sqrt{2}}$$

又当 $h\leqslant A<A_m$ 时，$\dfrac{\mathrm{d}N(u)}{\mathrm{d}u}>0$；当 $A>A_m$ 时，$\dfrac{\mathrm{d}N(u)}{\mathrm{d}u}<0$，故 A_m 为 $N(A)$ 的极大值点，极大值为

$$N(A_m)=\frac{2M}{\pi h}=1.273,\qquad -\frac{1}{N(A_m)}=-0.785$$

而 $-\dfrac{1}{N(A_m)}$ 亦为 $-\dfrac{1}{N(A)}$ 的极大值，注意到 $-\dfrac{1}{N(h)}=-\dfrac{1}{N(\infty)}=-\infty$，$-\dfrac{1}{N(A)}$ 曲线如图 8-25(a)所示。

1) $G_c(s)=1$。Γ_G 曲线如图 8-25(a)中曲线①所示，其中穿越频率

$$\omega_x=\frac{1}{\sqrt{T_1T_2}}=\frac{1}{\sqrt{0.5\times 0.125}}=4$$

Γ_G 曲线与负实轴的交点坐标为

$$G(\mathrm{j}\omega_x)=\frac{-KT_1T_2}{T_1+T_2}=\frac{-10\times 0.5\times 0.125}{0.5+0.125}=-1$$

由图可知，在负实轴(−1，j0)点处，Γ_G 曲线和 $-\dfrac{1}{N(A)}$ 曲线有两个交点，按式(8-50)解得

$$\begin{cases}\omega_1=4\\ A_1=0.556\end{cases},\qquad \begin{cases}\omega_2=4\\ A_2=1.146\end{cases}$$

根据周期运动稳定性判据知，A_1 和 ω_1 对应不稳定的周期运动；A_2 和 ω_2 对应稳定的周期运动。当初始条件或外扰动使 $A<A_1$，则系统运动不存在自振荡，稳态误差 $|e|<h$；当初始条

件 $c(0)=2$ 使 $A>A_2$ 时，则系统产生自振荡，$e(t)=1.146\sin4t$，如图 8-25(b)中曲线①所示。

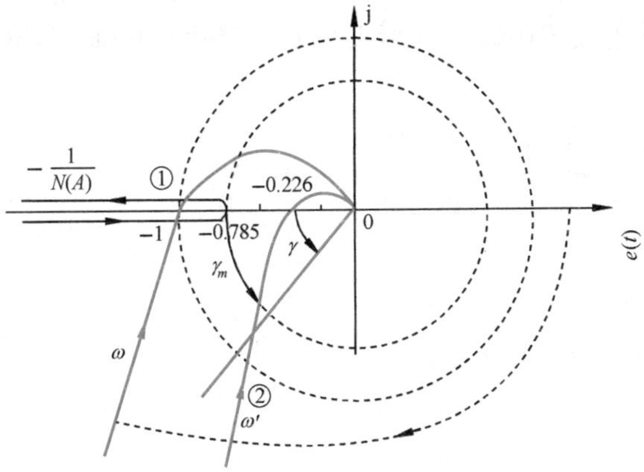

(a) 稳定性及自振分析

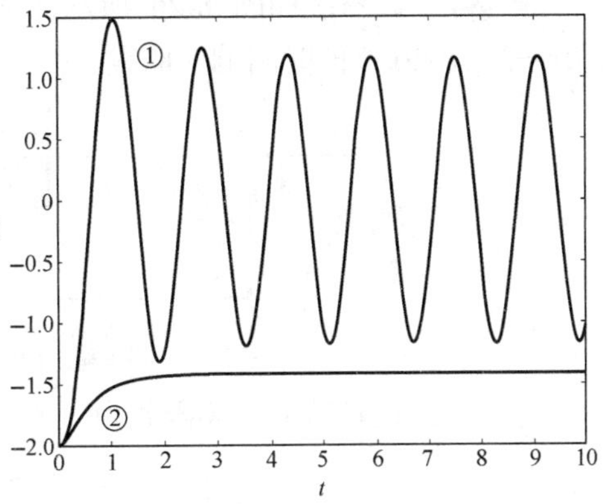

(b) 系统误差响应

图 8-25　例 8-5 非线性系统分析(MATLAB)

2) $G_c(s)=\dfrac{0.25s+1}{0.03s+1}\cdot\dfrac{1}{8.3}$ 为无源超前网络，系统线性部分为 $G(s)G_c(s)$。Γ_{GG_c} 曲线如图 8-25(a)中曲线②所示，其中穿越频率为

$$\omega_x=11.97$$

$$G_c(\mathrm{j}\omega_x)G(\mathrm{j}\omega_x)=-0.226$$

由于 Γ_{GG_c} 曲线不包围 $-\dfrac{1}{N(A)}$ 曲线，系统稳定。取 A 为定值，由 $|G_c(\mathrm{j}\omega_c)G(\mathrm{j}\omega_c)N(A)|=1$，可以解得 ω_c，则相角裕度为

$$\gamma(A)=180^\circ-\angle[G_c(\mathrm{j}\omega_c)G(\mathrm{j}\omega_c)]$$

特殊地，取 $A=A_m$，相应的相角裕度为 γ_m，约为 30°，而由图 8-25(a)可知

$$\gamma(A)\geqslant\gamma_m$$

因此加入串联超前校正网络，可以使非线性系统消除自振，且使系统具有一定的相角裕度。当 $c(0)=2$ 时，误差响应 $e(t)$如图 8-25(b)中曲线②所示。当然也可以通过减小线性部分的增益消除自振，但这样做会使系统响应的快速性降低。

8-4　非线性系统的分析仿真

非线性系统的分析是以解决稳定性问题为中心，一般采用描述函数法或相平面法来进行分析。下面首先介绍 MATLAB、Python 中常用的求解微分方程的命令 ode45，再结合具体实例说明其在非线性控制系统分析中的应用。

1. 微分方程高阶数值解法

命令格式：[t, x]=**ode45**('fun', t, x0)

其中，描述系统微分方程的 M 文件 fun 为调用函数，t 为设定的仿真时间，x0 为系统的初始状态。

2. 综合运用：非线性系统的稳定性分析

例 8-6 设系统如图 8-26 所示，试用描述函数法判断系统的稳定性，并画出系统 $c(0)=-3$，$\dot{c}(0)=0$ 的时间响应曲线。

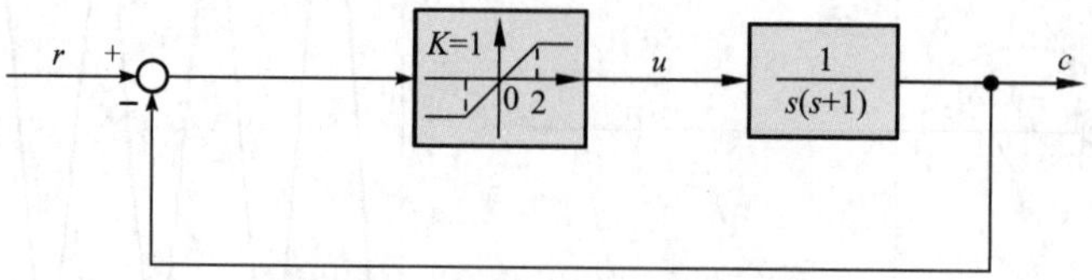

图 8-26 饱和非线性系统结构图

解 非线性环节的描述函数为

$$N(A)=\frac{2}{\pi}\left[\arctan\frac{2}{A}+\frac{2}{A}\sqrt{1-\left(\frac{2}{A}\right)^2}\right],\qquad A\geqslant 2$$

在复平面内分别绘制线性环节的 Γ_G 曲线和负倒描述函数 $-1/N(A)$ 曲线，由

$$G(s)=-\frac{1}{N(A)}$$

利用频域奈氏判据可知，若 Γ_G 曲线不包围 $-1/N(A)$ 曲线，则非线性系统稳定；反之，则非线性系统不稳定。

MATLAB 程序如下：

```
G=zpk([  ],[0 –1],1);                          %建立线性环节模型
nyquist(G); hold on                            %绘制线性环节奈奎斯特曲线 ΓG，并图形保持
A=2:0.01:60;                                   %设定非线性环节输入信号振幅范围
x=real(–1./((2*(asin(2./A)+(2./A).*sqrt(1–(2./A).^2)))/pi+j*0));
                                               %计算负倒描述函数实部
y=imag(–1./((2*(asin(2./A)+(2./A).*sqrt(1–(2./A).^2)))/pi+j*0));
                                               %计算负倒描述函数虚部
plot(x,y);                                     %绘制非线性环节的负倒描述函数
axis([–1.5 0 –1 1]);hold off                   %重新设置图形坐标，并取消图形保持
```

Python 程序如下：

```
import control as ctr
import matplotlib.pyplot as plt
import numpy as np
sys=ctr.tf(1,[1,1,0])                          #建立线性环节模型
#绘制线性环节奈奎斯特曲线并图形保持
ctr.nyquist_plot(sys)

A=np.arange(2,60,0.01)                         #设定非线性环节输入信号振幅范围
#计算负倒描述函数实部和虚部
x=np.real(-1/((2*np.arcsin(2/A)+(2/A)*np.sqrt(-(2/A)**2))/np.pi+1j*0))
```

```
y=np.imag(-1/((2*np.arcsin(2/A)+(2/A)*np.sqrt(-(2 /A)**2))/np.pi+1j*0))
#绘制负倒描述函数曲线
plt.plot(x,y)
plt.title('Nyquist Diagram')
plt.xlabel('Real Axis')
plt.ylabel('Imaginary Axis')
plt.show()
```

运行上述程序，作 Γ_G 曲线和负倒描述函数 $-1/N(A)$ 曲线，如图 8-27 所示。图中 Γ_G 曲线不包围 $-1/N(A)$ 曲线。根据非线性稳定判据，该非线性系统稳定。

MATLAB 程序如下：

```
t=0:0.01:30;                       %设定仿真时间为 30s
c0=[-3 0]';                        %给定初始条件，c(0)=-3， ċ(0)=0
[t,c]=ode45('fun',t,c0);           %求解初始条件下的系统微分方程
figure(1)
plot(t,c(:,1)); grid;              %绘制系统时间响应曲线
xlabel('t(s)'); ylabel('c(t)')     %添加坐标说明
```

Python 程序如下：

```
#绘制系统时间响应曲线
from scipy.integrate import odeint
t=np.arange(0,30,0.01)        #设定仿真时间为 30s
c0=np.array([-3,0])
y=odeint(fun,c0,t)            #求解初始条件下系统微分方程
plt.plot(t,y)                 #绘制系统时间响应曲线
plt.xlabel('t(s)')            #添加坐标说明
plt.ylabel('c(t)')
plt.show()
```

运行上述程序，得系统相应的时间响应曲线如图 8-28 所示。由图可见，系统振荡收敛。

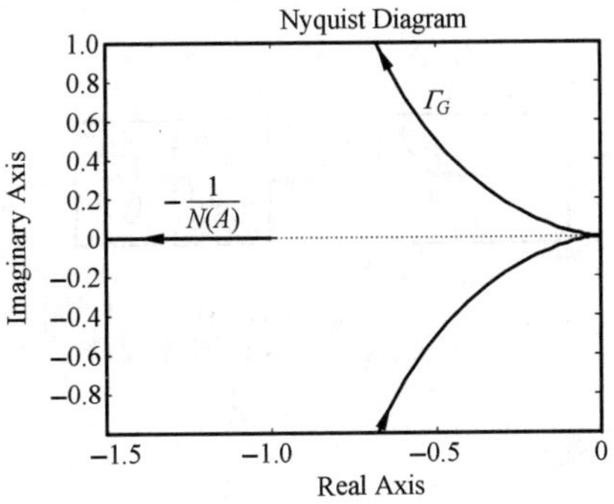

图 8-27　例 8-6 系统描述函数法稳定性分析（MATLAB）

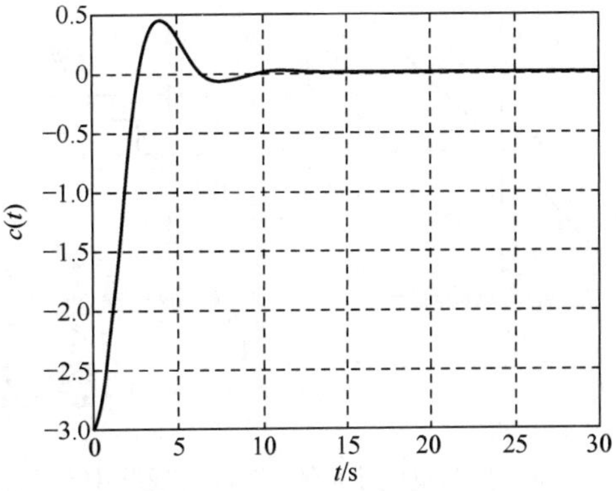

图 8-28　例 8-6 系统时间响应曲线（MATLAB）

习　题

8-1　设一阶非线性系统的微分方程为

$$\dot{x} = -x + x^3$$

试确定系统有几个平衡状态，并分析各平衡状态的稳定性。

8-2　设三个非线性系统的非线性环节一样，其线性部分分别如下：

(1) $G(s)=\dfrac{1}{s(0.1s+1)}$；

(2) $G(s)=\dfrac{2}{s(s+1)}$；

(3) $G(s)=\dfrac{2(1.5s+1)}{s(s+1)(0.1s+1)}$。

用描述函数法分析时，哪个系统分析的准确度高？

8-3　试推导下列非线性特性的描述函数：

(1) 变增益特性(见表 8-1 中第九项)；

(2) 具有死区的继电特性(见表 8-1 中第二项)；

(3) $y=x^3$。

8-4　将图 8-29 所示非线性系统简化成典型结构图形式，并写出线性部分的传递函数。

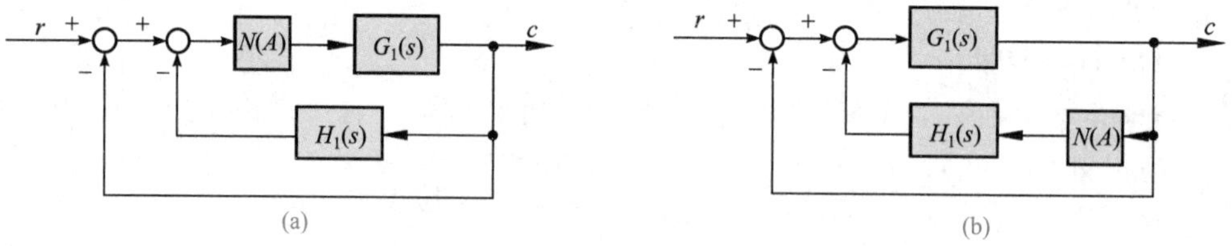

图 8-29　题 8-4 的非线性系统结构图

8-5　根据已知非线性特性的描述函数求图 8-30 所示各种非线性特性的描述函数。

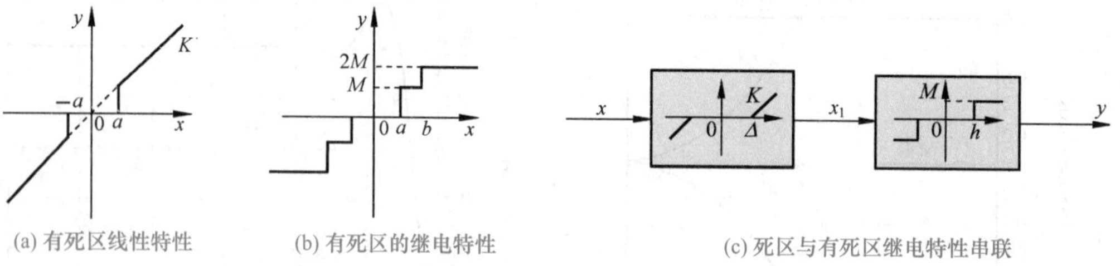

图 8-30　非线性特性

8-6　某单位反馈系统，其前向通路中有一描述函数 $N(A)=\mathrm{e}^{-\mathrm{j}\frac{\pi}{4}}/A$ 的非线性元件，线性部分的传递函数为 $G(s)=15/[s(0.5s+1)]$，试用描述函数法确定系统是否存在自振？若有，参数是多少？并进行 MATLAB 验证。

8-7　已知非线性系统的结构图如图 8-31 所示，图中非线性环节的描述函数 $N(A)=\dfrac{A+6}{A+2}(A>0)$，试用描述函数法确定：

(1) 使该非线性系统稳定、不稳定以及产生周期运动时，线性部分的 K 值范围；

(2) 判断周期运动的稳定性，并计算稳定周期运动的振幅和频率。

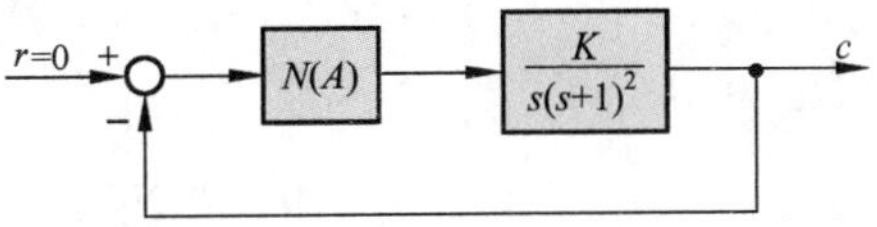

图 8-31　题 8-7 的非线性系统结构图

8-8　非线性系统如图 8-32 所示，试用描述函数法分析周期运动的稳定性，确定系统输出信号振荡的振幅和频率，并应用 MATLAB 软件绘出自振输出响应曲线。

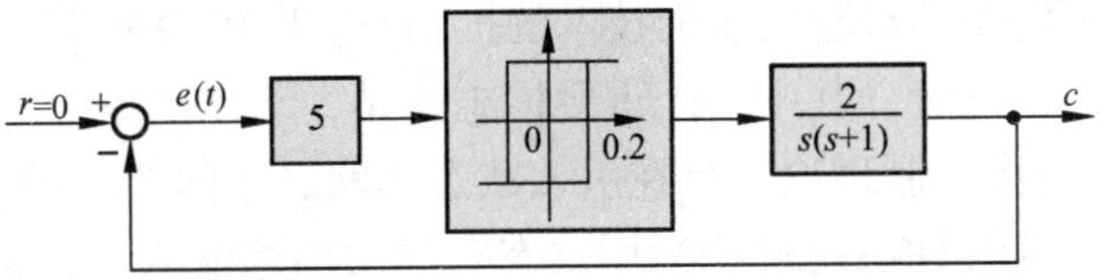

图 8-32　题 8-8 的非线性系统结构图

8-9　试用描述函数法说明图 8-33 所示系统必然存在自振，要求确定 c 的自振振幅和频率，并用 MATLAB 方法画出 c，x，y 的稳态波形。

8-10　试用描述函数法分析图 8-34 所示非线性系统的稳定性。

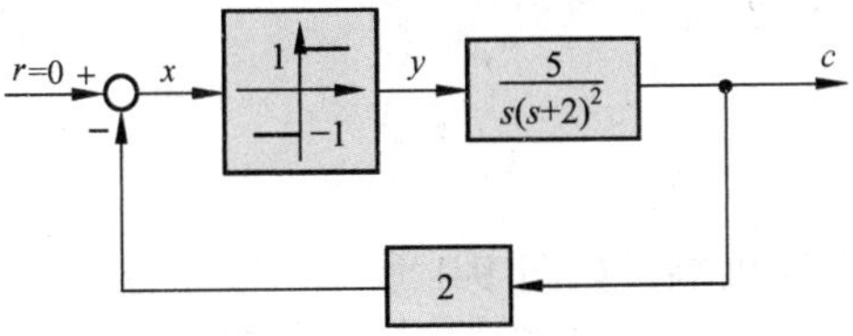

图 8-33　题 8-9 的非线性系统结构图

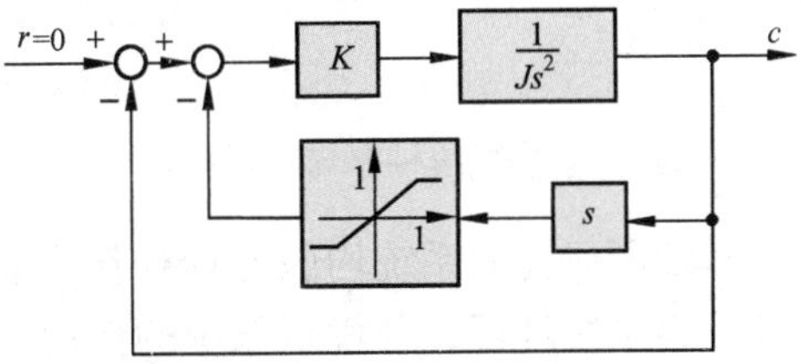

图 8-34　题 8-10 的非线性系统结构图

本章导学

第九章　线性系统的状态空间分析与综合

经典线性系统理论对于单输入-单输出线性定常系统的分析和综合是比较有效的，但其显著的缺点是只能揭示输入-输出间的外部特性，难以揭示系统内部的结构特性，也难以有效处理多输入-多输出系统。

在 20 世纪 50 年代蓬勃兴起的航天技术的推动下，于 1960 年前后开始了从经典控制理论到现代控制理论的过渡，其中一个重要标志就是，卡尔曼系统地将状态空间概念引入到控制理论中来。现代控制理论正是在引入状态和状态空间概念的基础上发展起来的。

现代控制理论中的线性系统理论运用状态空间法描述输入-状态-输出诸变量间的因果关系，不但反映了系统的输入-输出外部特性，而且揭示了系统内部的结构特性，是一种既适用于单输入-单输出系统又适用于多输入-多输出系统，既可用于线性定常系统又可用于线性时变系统的有效分析和综合方法。

9-1　线性系统的状态空间描述

1. 系统数学描述的两种基本类型

本章所研究的系统均假定具有若干输入端和输出端，如图 9-1 所示。图中方框以外的部分为系统环境，环境对系统的作用为系统输入，系统对环境的作用为系统输出，二者分别用向量 $\boldsymbol{u}=[u_1, u_2, \cdots, u_p]^{\mathrm{T}}$ 和 $\boldsymbol{y}=[y_1, y_2, \cdots, y_q]^{\mathrm{T}}$ 表示，它们均为系统的外部变量。描述系统内部每个时刻所处状况的变量为系统的内部变量，以向量 $\boldsymbol{x}=[x_1, x_2, \cdots, x_n]^{\mathrm{T}}$ 表示。系统的数学描述是反映系统变量间因果关系和变换关系的一种数学模型。

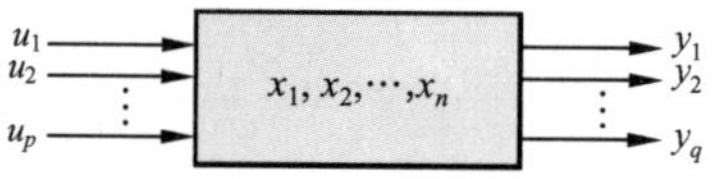

图 9-1　系统的方框图表示

系统的数学描述通常有两种基本类型。一种是系统的外部描述，即输入-输出描述，以传递函数或传递函数矩阵表征。这种描述将系统看成一个“黑箱”，只反映系统外部变量间即输入-输出间的因果关系，而不表征系统的内部结构和内部变量。系统描述的另一种类型是内部描述，即状态空间描述，以状态空间表达式表征。状态空间表达式是基于系统内部结构分析的一类数学模型，通常由两个数学方程组成：一个是反映系统内部变量 $\boldsymbol{x}=[x_1, x_2, \cdots, x_n]^{\mathrm{T}}$ 和输入变量 $\boldsymbol{u}=[u_1, u_2, \cdots, u_p]^{\mathrm{T}}$ 间因果关系的数学表达式，常具有微分方程或差分方程的形式，称为状态方程；另一个是表征系统内部变量 $\boldsymbol{x}=[x_1, x_2, \cdots, x_n]^{\mathrm{T}}$ 及输入变量 $\boldsymbol{u}=[u_1, u_2, \cdots, u_p]^{\mathrm{T}}$ 和输出变量 $\boldsymbol{y}=[y_1, y_2, \cdots, y_q]^{\mathrm{T}}$ 之间转换关系的数学表达式，具有代数方程的形式，称为输出方程。外部描述仅描述系统的外部特性，不能反映系统的内部结构特性，而具有完全不同内部结构的两个系统也可能具有相同的外部特性，因而外部描述通常只是对系统的一种不完全的描述。内部描述则是对系统的一种完全的描述，它能完全表征系统的所有动力学特征。仅当在系统具有一定属性的条件下，两种描述才具有等价关系。

2. 系统状态空间的基本概念

状态和状态变量　系统在时间域中的行为或运动信息的集合称为状态。确定系统状态的一组独立(数目最小)变量称为状态变量。

一个用 n 阶微分方程描述的系统，当 n 个初始条件 $x(t_0), \dot{x}(t_0), \cdots, x^{(n-1)}(t_0)$，及 $t \geqslant t_0$ 的输入 $u(t)$给定时，可唯一确定方程的解，即系统将来的状态，故 $x(t), \dot{x}(t), \cdots, x^{(n-1)}(t)$ 这 n 个独立变量可选作状态变量。

状态变量的选取不具有唯一性，同一个系统可能有多种不同的状态变量选取方法。状态变量也不一定在物理上可量测，有时只具有数学意义，而无任何物理意义。但在具体工程问题中，应尽可能选取容易量测的量作为状态变量，以便实现状态的前馈和反馈等设计要求。例如，机械系统中常选取线(角)位移和线(角)速度作为变量，RCL 网络中则常选取流经电感的电流和电容的端电压作为状态变量。

状态变量常用符号 $x_1(t), x_2(t), \cdots, x_n(t)$表示。

状态向量　把描述系统状态的 n 个状态变量 $x_1(t), x_2(t), \cdots, x_n(t)$看作向量 $\boldsymbol{x}(t)$的分量，即

$$\boldsymbol{x}(t) = \left[x_1(t), x_2(t), \cdots, x_n(t)\right]^{\mathrm{T}}$$

则向量 $\boldsymbol{x}(t)$称为 n 维状态向量。给定 $t = t_0$ 时的初始状态向量 $\boldsymbol{x}(t_0)$及 $t \geqslant t_0$ 的输入向量 $u(t)$，则 $t \geqslant t_0$ 的状态由状态向量 $x(t)$唯一确定。

状态空间　以 n 个状态变量作为基底所组成的 n 维空间称为状态空间。

状态轨线　系统在任一时刻的状态，在状态空间中用一点来表示。随着时间推移，系统状态在变化，便在状态空间中描绘出一条轨迹。这种系统状态在状态空间中随时间变化的轨迹称为状态轨迹或状态轨线。

线性系统的状态空间表达式　线性系统的状态方程是一阶向量线性微分方程或一阶向量线性差分方程，输出方程是向量代数方程。则其组合称为线性连续时间系统状态空间表达式，又称为动态方程。其一般形式为

$$\begin{aligned}\dot{\boldsymbol{x}}(t) &= \boldsymbol{A}(t)\boldsymbol{x}(t) + \boldsymbol{B}(t)\boldsymbol{u}(t) \\ \boldsymbol{y}(t) &= \boldsymbol{C}(t)\boldsymbol{x}(t) + \boldsymbol{D}(t)\boldsymbol{u}(t)\end{aligned} \tag{9-1}$$

对于线性离散时间系统，由于在实践中常取 $t_k=kT$(T 为采样周期)，故其状态空间表达式的一般形式可写为

$$\begin{aligned}\boldsymbol{x}(k+1) &= \boldsymbol{G}(k)\boldsymbol{x}(k) + \boldsymbol{H}(k)\boldsymbol{u}(k) \\ \boldsymbol{y}(k) &= \boldsymbol{C}(k)\boldsymbol{x}(k) + \boldsymbol{D}(k)\boldsymbol{u}(k)\end{aligned} \tag{9-2}$$

通常，若状态 $\boldsymbol{x}$、输入 $\boldsymbol{u}$、输出 $\boldsymbol{y}$ 的维数分别为 n，p，q，则称 $n\times n$ 矩阵 $\boldsymbol{A}(t)$及 $\boldsymbol{G}(k)$为系统矩阵或状态矩阵，称 $n\times p$ 矩阵 $\boldsymbol{B}(t)$及 $\boldsymbol{H}(k)$为控制矩阵或输入矩阵，称 $q\times n$ 矩阵 $\boldsymbol{C}(t)$及 $\boldsymbol{C}(k)$为观测矩阵或输出矩阵，称 $q\times p$ 矩阵 $\boldsymbol{D}(t)$及 $\boldsymbol{D}(k)$为前馈矩阵或输入输出矩阵。

线性定常系统　在线性系统的状态空间表达式中，若系数矩阵 $\boldsymbol{A}(t)$，$\boldsymbol{B}(t)$，$\boldsymbol{C}(t)$，$\boldsymbol{D}(t)$

或 $\boldsymbol{G}(k)$，$\boldsymbol{H}(k)$，$\boldsymbol{C}(k)$，$\boldsymbol{D}(k)$的各元素都是常数，则称该系统为线性定常系统，否则为线性时变系统。线性定常系统状态空间表达式的一般形式为

$$\begin{aligned}\dot{\boldsymbol{x}}(t)&=\boldsymbol{A}\boldsymbol{x}(t)+\boldsymbol{B}\boldsymbol{u}(t)\\ \boldsymbol{y}(t)&=\boldsymbol{C}\boldsymbol{x}(t)+\boldsymbol{D}\boldsymbol{u}(t)\end{aligned} \tag{9-3}$$

或

$$\begin{aligned}\boldsymbol{x}(k+1)&=\boldsymbol{G}\boldsymbol{x}(k)+\boldsymbol{H}\boldsymbol{u}(k)\\ \boldsymbol{y}(k)&=\boldsymbol{C}\boldsymbol{x}(k)+\boldsymbol{D}\boldsymbol{u}(k)\end{aligned} \tag{9-4}$$

当输出方程中 $\boldsymbol{D}\equiv\boldsymbol{0}$ 时，系统称为绝对固有系统，否则称为固有系统。为书写方便，常把固有系统(9-3)或(9-4)简记为系统($\boldsymbol{A}$，$\boldsymbol{B}$，$\boldsymbol{C}$，$\boldsymbol{D}$)或系统($\boldsymbol{G}$，$\boldsymbol{H}$，$\boldsymbol{C}$，$\boldsymbol{D}$)，而记相应的绝对固有系统为系统($\boldsymbol{A}$，$\boldsymbol{B}$，$\boldsymbol{C}$)或系统($\boldsymbol{G}$，$\boldsymbol{H}$，$\boldsymbol{C}$)。

线性系统的结构图　线性系统的状态空间表达式常用结构图表示。线性连续时间系统(9-3)的结构如图 9-2 所示，线性离散时间系统(9-4)的结构如图 9-3 所示。结构图中 $\boldsymbol{I}$ 为 $n\times n$ 单位矩阵，s 是拉普拉斯算子，z^{-1} 为单位延时算子，s 和 z 均为标量。每一方框的输入-输出关系规定为

$$\text{输出向量}=(\text{方框所示矩阵})\times(\text{输入向量})$$

应注意到，在向量、矩阵的乘法运算中，相乘顺序不允许任意颠倒。

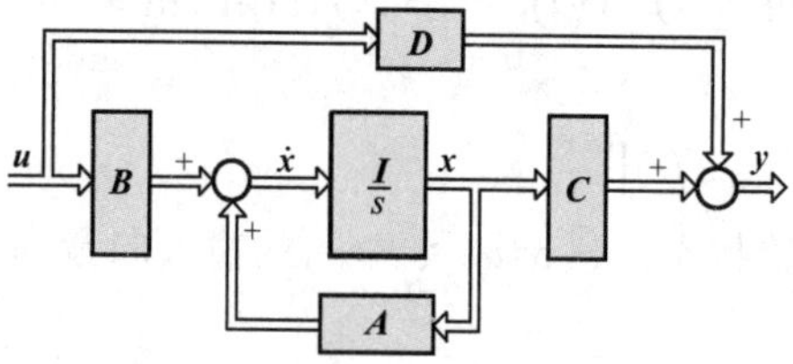

图 9-2　线性连续时间系统结构图

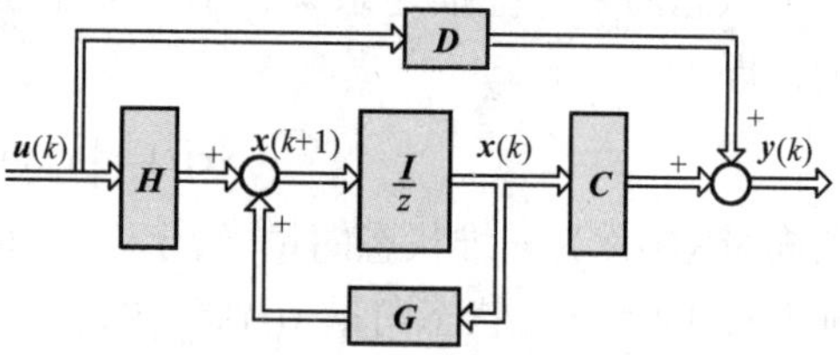

图 9-3　线性离散时间系统结构图

3. 线性定常连续系统状态空间表达式的建立

建立状态空间表达式的方法主要有两种：一是直接根据系统的机理建立相应的微分方程或差分方程，继而选择有关的物理量作为状态变量，从而导出其状态空间表达式；二是由已知的系统其他数学模型经过转化而得到状态空间表达式。

(1) 根据系统机理建立状态空间表达式

例 9-1　试列写图 9-4 所示 RLC 网络的电路方程，选择几组状态变量并建立相应的状态空间表达式，并就所选状态变量间的关系进行讨论。

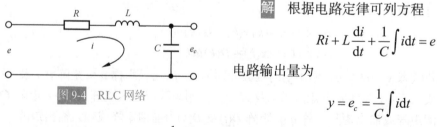

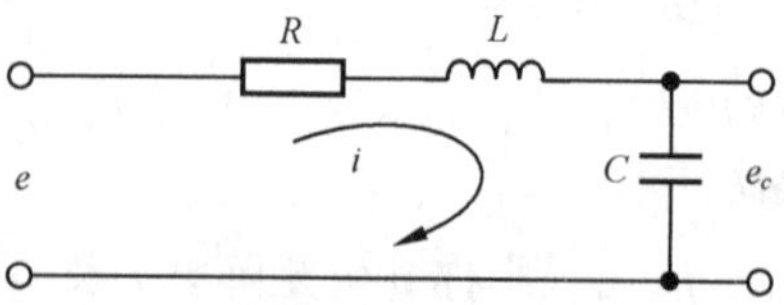

图 9-4　RLC 网络

解　根据电路定律可列方程

$$Ri+L\frac{\mathrm{d}i}{\mathrm{d}t}+\frac{1}{C}\int i\mathrm{d}t=e$$

电路输出量为

$$y=e_c=\frac{1}{C}\int i\mathrm{d}t$$

1) 设状态变量 $x_1=i$，$x_2=\frac{1}{C}\int i\mathrm{d}t$，则状态方程为

$$\dot{x}_1=-\frac{R}{L}x_1-\frac{1}{L}x_2+\frac{1}{L}e$$

$$\dot{x}_2=\frac{1}{C}x_1$$

输出方程为

$$y=x_2$$

其向量-矩阵形式为

$$\begin{bmatrix}\dot{x}_1\\ \dot{x}_2\end{bmatrix}=\begin{bmatrix}-\dfrac{R}{L} & -\dfrac{1}{L}\\ \dfrac{1}{C} & 0\end{bmatrix}\begin{bmatrix}x_1\\ x_2\end{bmatrix}+\begin{bmatrix}\dfrac{1}{L}\\ 0\end{bmatrix}e$$

$$y=\begin{bmatrix}0 & 1\end{bmatrix}\begin{bmatrix}x_1\\ x_2\end{bmatrix}$$

简记为

$$\dot{\boldsymbol{x}}=\boldsymbol{A}\boldsymbol{x}+\boldsymbol{b}e$$

$$y=\boldsymbol{c}\boldsymbol{x}$$

2) 设状态变量 $x_1=i$，$x_2=\int i\mathrm{d}t$，则有

$$\begin{bmatrix}\dot{x}_1\\ \dot{x}_2\end{bmatrix}=\begin{bmatrix}-\dfrac{R}{L} & -\dfrac{1}{LC}\\ 1 & 0\end{bmatrix}\begin{bmatrix}x_1\\ x_2\end{bmatrix}+\begin{bmatrix}\dfrac{1}{L}\\ 0\end{bmatrix}e,\quad y=\begin{bmatrix}0 & \dfrac{1}{C}\end{bmatrix}\begin{bmatrix}x_1\\ x_2\end{bmatrix}$$

3) 设状态变量 $x_1=\frac{1}{C}\int i\mathrm{d}t+Ri$，$x_2=\frac{1}{C}\int i\mathrm{d}t$，则

$$x_1=x_2+Ri,\quad L\frac{\mathrm{d}i}{\mathrm{d}t}=-x_1+e$$

故

$$\dot{x}_1=\dot{x}_2+R\frac{\mathrm{d}i}{\mathrm{d}t}=\frac{1}{RC}(x_1-x_2)+\frac{R}{L}(-x_1+e)$$

$$\dot{x}_2=\frac{1}{C}i=\frac{1}{RC}(x_1-x_2)$$

$$y=x_2$$

其向量-矩阵形式为

$$\begin{bmatrix}\dot{x}_1\\ \dot{x}_2\end{bmatrix}=\begin{bmatrix}\dfrac{1}{RC}-\dfrac{R}{L} & -\dfrac{1}{RC}\\ \dfrac{1}{RC} & -\dfrac{1}{RC}\end{bmatrix}\begin{bmatrix}x_1\\ x_2\end{bmatrix}+\begin{bmatrix}\dfrac{R}{L}\\ 0\end{bmatrix}e$$

$$y=\begin{bmatrix}0 & 1\end{bmatrix}\begin{bmatrix}x_1\\ x_2\end{bmatrix}$$

由上可见，系统的状态空间表达式不具有唯一性。选取不同的状态变量，便会有不同的状态空间表达式，但它们都描述了同一系统。可以推断，描述同一系统的不同状态空间表达式之间一定存在着某种线性变换关系。现研究本例题中两组状态变量之间的关系。

设 $x_1 = i, x_2 = \frac{1}{C}\int i\mathrm{d}t, \overline{x}_1 = i, \overline{x}_2 = \int i\mathrm{d}t$，则有

$$x_1 = \overline{x}_1,\quad x_2 = \frac{1}{C}\overline{x}_2$$

其相应的向量-矩阵形式为

$$\boldsymbol{x} = \boldsymbol{P}\overline{\boldsymbol{x}}$$

其中

$$\boldsymbol{x} = \begin{bmatrix} x_1 \\ x_2 \end{bmatrix},\quad \overline{\boldsymbol{x}} = \begin{bmatrix} \overline{x}_1 \\ \overline{x}_2 \end{bmatrix},\quad \boldsymbol{P} = \begin{bmatrix} 1 & 0 \\ 0 & \frac{1}{C} \end{bmatrix}$$

以上说明，只要令 $\boldsymbol{x} = \boldsymbol{P}\overline{\boldsymbol{x}}$，$\boldsymbol{P}$ 为非奇异变换矩阵，便可将 x_1，x_2 变换为 $\overline{x}_1$，$\overline{x}_2$。

(2) 由系统微分方程建立状态空间表达式

设系统输入量中不含导数项。这种单输入-单输出线性定常连续系统微分方程的一般形式为

$$y^{(n)} + a_{n-1}y^{(n-1)} + a_{n-2}y^{(n-2)} + \cdots + a_1\dot{y} + a_0 y = \beta_0 u \tag{9-5}$$

式中，y，u 分别为系统的输出、输入量，a_0，a_1，…，a_{n-1}，β_0 是由系统特性确定的常系数。由于给定 n 个初值 $y(0)$，$\dot{y}(0)$，…，$y^{n-1}(0)$及 $t \geqslant 0$ 的 $u(t)$时，可唯一确定 $t > 0$ 时系统的行为，故可选取 n 个状态变量为 $x_1=y$，$x_2=\dot{y}$，…，$x_n=y^{(n-1)}$，于是式(9-5)可化为

$$\begin{cases} \dot{x}_1 = x_2 \\ \dot{x}_2 = x_3 \\ \quad\vdots \\ \dot{x}_{n-1} = x_n \\ \dot{x}_n = -a_0 x_1 - a_1 x_2 - \cdots - a_{n-1}x_n + \beta_0 u \\ y = x_1 \end{cases} \tag{9-6}$$

其向量-矩阵形式为

$$\begin{aligned} \dot{\boldsymbol{x}} &= \boldsymbol{A}\boldsymbol{x} + \boldsymbol{b}u \\ y &= \boldsymbol{c}\boldsymbol{x} \end{aligned} \tag{9-7}$$

式中

$$\boldsymbol{x} = \begin{bmatrix} x_1 \\ x_2 \\ \vdots \\ x_{n-1} \\ x_n \end{bmatrix},\quad \boldsymbol{A} = \begin{bmatrix} 0 & 1 & 0 & \cdots & 0 \\ 0 & 0 & 1 & \cdots & 0 \\ \vdots & \vdots & \vdots & & \vdots \\ 0 & 0 & 0 & \cdots & 1 \\ -a_0 & -a_1 & -a_2 & \cdots & -a_{n-1} \end{bmatrix},\quad \boldsymbol{b} = \begin{bmatrix} 0 \\ 0 \\ \vdots \\ 0 \\ \beta_0 \end{bmatrix}$$

$$c = \begin{bmatrix} 1 & 0 & \cdots & 0 \end{bmatrix}$$

按式(9-6)绘制的结构图称为状态变量图，见图 9-5。每个积分器的输出都是对应的状态变量，状态方程由各积分器的输入-输出关系确定，输出方程在输出端获得。

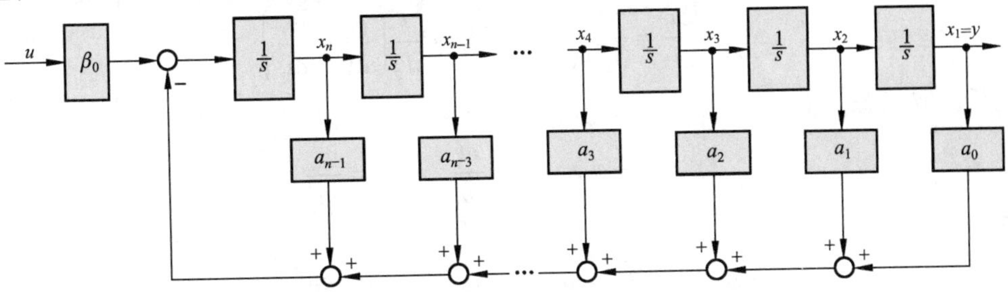

图 9-5　输入量中不含导数项时的系统状态变量图

例 9-2　设工业机器人如图 9-6 所示，其中两相伺服电机转动肘关节之后，通过小臂移动机器人的手腕。假定弹簧的弹性系数为 k，阻尼系数为 f，并选取系统的如下状态变量

$$x_1 = \phi_1 - \phi_2, \quad x_2 = \frac{\omega_1}{\omega_0}, \quad x_3 = \frac{\omega_2}{\omega_0}$$

其中，$\omega_0^2 = \dfrac{k(J_1 + J_2)}{J_1 J_2}$。试列写该机器人的动态方程。

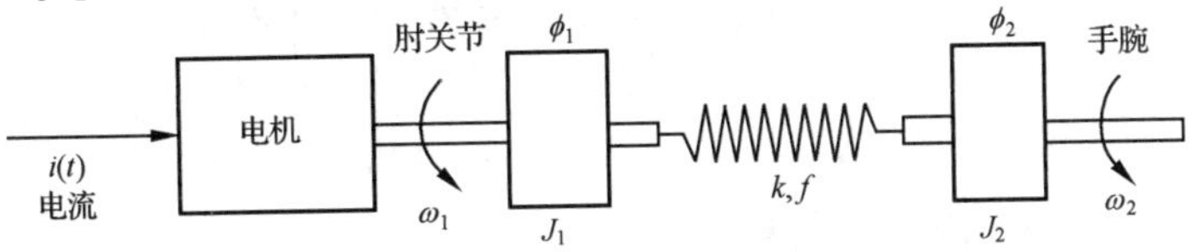

图 9-6　工业机器人示意图

解　转矩方程

$$J_1 \frac{\mathrm{d}\omega_1}{\mathrm{d}t} = -k(\phi_1 - \phi_2) - f\omega_1 + f\omega_2 + C_m i$$

$$J_2 \frac{\mathrm{d}\omega_2}{\mathrm{d}t} = k(\phi_1 - \phi_2) + f(\omega_1 - \omega_2)$$

式中，C_m 为转矩系数。对上二式作如下变换，有

$$\begin{aligned}\frac{\mathrm{d}\omega_1}{\mathrm{d}t} &= -\frac{k}{J_1}(\phi_1 - \phi_2) - \frac{f}{J_1}\omega_1 + \frac{f}{J_1}\omega_2 + \frac{C_m}{J_1}i \\ &= -\frac{J_2}{J_1 + J_2} \cdot \frac{J_1 + J_2}{J_1 J_2} k(\phi_1 - \phi_2) - \frac{f}{J_1}\omega_1 + \frac{f}{J_1}\omega_2 + \frac{C_m}{J_1}i\end{aligned}$$

即

$$\frac{1}{\omega_0}\frac{\mathrm{d}\omega_1}{\mathrm{d}t} = -\frac{J_2\omega_0}{J_1 + J_2}(\phi_1 - \phi_2) - \frac{f}{J_1}\cdot\frac{\omega_1}{\omega_0} + \frac{f}{J_1}\cdot\frac{\omega_2}{\omega_0} + \frac{C_m}{J_1\omega_0}i$$

以及

$$\frac{d\omega_2}{dt}=\frac{k}{J_2}(\phi_1-\phi_2)+\frac{f}{J_2}(\omega_1-\omega_2)=\frac{J_1}{J_1+J_2}\cdot\frac{k(J_1+J_2)}{J_1J_2}(\phi_1-\phi_2)+\frac{f}{J_2}(\omega_1-\omega_2)$$

即

$$\frac{1}{\omega_0}\frac{d\omega_2}{dt}=\frac{J_1\omega_0}{J_1+J_2}(\phi_1-\phi_2)+\frac{f}{J_2}\left(\frac{\omega_1}{\omega_0}-\frac{\omega_2}{\omega_0}\right)$$

由题意，取状态变量

$$x_1=\phi_1-\phi_2,\quad x_2=\frac{\omega_1}{\omega_0},\quad x_3=\frac{\omega_2}{\omega_0}$$

故可得

$$\begin{aligned}
&\dot{x}_1=\dot{\phi}_1-\dot{\phi}_2=\omega_1-\omega_2=\omega_0(x_2-x_3)\\
&\dot{x}_2=\frac{1}{\omega_0}\frac{d\omega_1}{dt}=-\frac{J_2\omega_0}{J_1+J_2}x_1-\frac{f}{J_1}x_2+\frac{f}{J_1}x_3+\frac{C_m}{J_1\omega_0}i\\
&\dot{x}_3=\frac{1}{\omega_0}\frac{d\omega_2}{dt}=\frac{J_1\omega_0}{J_1+J_2}x_1+\frac{f}{J_2}x_2-\frac{f}{J_2}x_3\\
&y=x_3
\end{aligned}$$

令 $\boldsymbol{x}=[x_1\quad x_2\quad x_3]^{\mathrm{T}}$，将上述一阶微分方程组写为矩阵-向量形式，得工业机器人动态方程

$$\dot{\boldsymbol{x}}=\omega_0\begin{bmatrix}0 & 1 & -1\\ -\dfrac{J_2}{J_1+J_2} & -\dfrac{f}{J_1\omega_0} & \dfrac{f}{J_1\omega_0}\\ \dfrac{J_1}{J_1+J_2} & \dfrac{f}{J_2\omega_0} & -\dfrac{f}{J_2\omega_0}\end{bmatrix}\boldsymbol{x}+\begin{bmatrix}0\\ \dfrac{C_m}{J_1\omega_0}\\ 0\end{bmatrix}i$$

$$y=\begin{bmatrix}0 & 0 & 1\end{bmatrix}\boldsymbol{x}$$

(3) 由系统传递函数建立状态空间表达式

设系统传递函数为

$$G(s)=\frac{Y(s)}{U(s)}=\frac{b_ns^n+b_{n-1}s^{n-1}+b_{n-2}s^{n-2}+\cdots+b_1s+b_0}{s^n+a_{n-1}s^{n-1}+a_{n-2}s^{n-2}+\cdots+a_1s+a_0}\tag{9-8}$$

应用综合除法，有

$$G(s)=b_n+\frac{\beta_{n-1}s^{n-1}+\beta_{n-2}s^{n-2}+\cdots+\beta_1s+\beta_0}{s^n+a_{n-1}s^{n-1}+a_{n-2}s^{n-2}+\cdots+a_1s+a_0}\triangleq b_n+\frac{N(s)}{D(s)}\tag{9-9}$$

式中，b_n 是直接联系输入与输出量的前馈系数，当 $G(s)$ 的分母次数大于分子次数时，$b_n=0$，$\dfrac{N(s)}{D(s)}$ 是严格有理真分式，其系数由综合除法得到为

$$\begin{aligned}
&\beta_0=b_0-a_0b_n\\
&\beta_1=b_1-a_1b_n\\
&\quad\vdots\\
&\beta_{n-2}=b_{n-2}-a_{n-2}b_n\\
&\beta_{n-1}=b_{n-1}-a_{n-1}b_n
\end{aligned}$$

下面介绍由 $\dfrac{N(s)}{D(s)}$ 导出几种标准形式动态方程的方法。

1) $\dfrac{N(s)}{D(s)}$ 串联分解的情况。将 $\dfrac{N(s)}{D(s)}$ 分解为两部分相串联，如图 9-7 所示，z 为中间变量，z，y 应满足

$$z^{(n)} + a_{n-1}z^{(n-1)} + \cdots + a_1\dot{z} + a_0 z = u$$

$$y = \beta_{n-1}z^{(n-1)} + \cdots + \beta_1\dot{z} + \beta_0 z$$

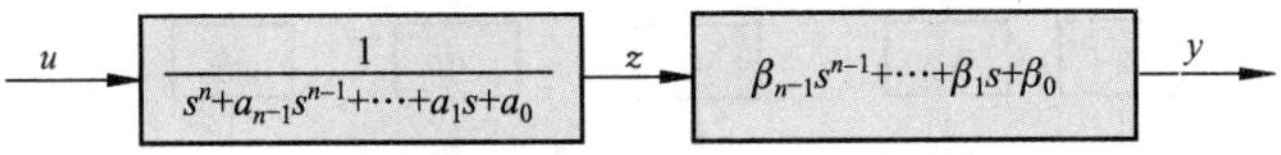

图 9-7　$N(s)/D(s)$的串联分解

选取状态变量

$$x_1 = z,\quad x_2 = \dot{z},\quad x_3 = \ddot{z},\quad \cdots,\quad x_n = z^{(n-1)}$$

则状态方程为

$$\begin{aligned}
\dot{x}_1 &= x_2 \\
\dot{x}_2 &= x_3 \\
&\ \vdots \\
\dot{x}_n &= -a_0 z - a_1\dot{z} - \cdots - a_{n-1}z^{(n-1)} + u \\
&= -a_0 x_1 - a_1 x_2 - \cdots - a_{n-1}x_n + u
\end{aligned}$$

输出方程为

$$y = -\beta_0 x_1 - \beta_1 x_2 - \cdots - \beta_{n-1}x_n$$

其向量-矩阵形式的动态方程为

$$\dot{\boldsymbol{x}} = \boldsymbol{A}\boldsymbol{x} + \boldsymbol{b}u,\quad y = \boldsymbol{c}\boldsymbol{x} \tag{9-10}$$

式中

$$\boldsymbol{A} = \begin{bmatrix} 0 & 1 & 0 & \cdots & 0 \\ 0 & 0 & 1 & \cdots & 0 \\ \vdots & \vdots & \vdots & & \vdots \\ 0 & 0 & 0 & \cdots & 1 \\ -a_0 & -a_1 & -a_2 & \cdots & -a_{n-1} \end{bmatrix},\quad \boldsymbol{b} = \begin{bmatrix} 0 \\ 0 \\ \vdots \\ 0 \\ 1 \end{bmatrix},\quad \boldsymbol{c} = [\beta_0 \quad \beta_1 \quad \cdots \quad \beta_{n-1}]$$

应当指出，上述 $\boldsymbol{A}$ 阵又称友矩阵；若状态方程中的 $\boldsymbol{A}$，$\boldsymbol{b}$ 具有这种形式，则称为可控标准型。当$\beta_1=\beta_2=\cdots=\beta_{n-1}=0$ 时，$\boldsymbol{A}$，$\boldsymbol{b}$ 的形式不变，$\boldsymbol{c}=[\beta_0 \quad 0 \quad \cdots \quad 0]$。因而

当 $G(s)=b_n+\dfrac{N(s)}{D(s)}$ 时，$\boldsymbol{A}$，$\boldsymbol{b}$ 不变，$y=\boldsymbol{cx}+b_n u$。

$\dfrac{N(s)}{D(s)}$ 串联分解时系统的可控标准型状态变量图如图 9-8 所示。

当 $b_n=0$ 时，若按 $x_n=y$, $x_i=\dot{x}_{i+1}+a_i y-b_i u(i=1, 2, \cdots, n-1)$选取状态变量，则系统的 $\boldsymbol{A}$，$\boldsymbol{b}$，$\boldsymbol{c}$ 矩阵为

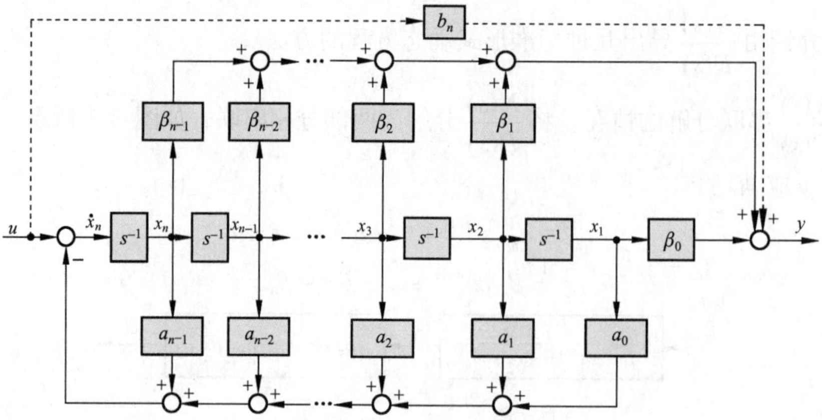

图 9-8　$N(s)/D(s)$ 串联分解系统的可控标准型状态变量图

$$\boldsymbol{A}=\begin{bmatrix}0 & 0 & \cdots & 0 & -a_0\\ 1 & 0 & \cdots & 0 & -a_1\\ 0 & 1 & \cdots & 0 & -a_2\\ \vdots & \vdots & & \vdots & \vdots\\ 0 & 0 & \cdots & 1 & -a_{n-1}\end{bmatrix},\quad \boldsymbol{b}=\begin{bmatrix}\beta_0\\ \beta_1\\ \beta_2\\ \vdots\\ \beta_{n-1}\end{bmatrix},\quad \boldsymbol{c}=\begin{bmatrix}0 & \cdots & 0 & 1\end{bmatrix}$$

上述 $\boldsymbol{A}$ 阵是友矩阵的转置。若动态方程中的 $\boldsymbol{A}$，$\boldsymbol{c}$ 具有这种形式，则称为可观测标准型。

由上可见，可控标准型与可观测标准型的各矩阵之间存在如下关系：

$$\boldsymbol{A}_c=\boldsymbol{A}_o^{\mathrm{T}},\quad \boldsymbol{b}_c=\boldsymbol{c}_o^{\mathrm{T}},\quad \boldsymbol{c}_c=\boldsymbol{b}_o^{\mathrm{T}} \tag{9-11}$$

式中，下标 c 表示可控标准型；o 表示可观测标准型；T 为转置符号。式(9-11)所示关系称为对偶关系。关于系统的可控和可观测等概念，后面还要进行较详细的论述。

例 9-3　设二阶系统的微分方程为

$$\ddot{y}+2\zeta\omega\dot{y}+\omega^2 y=T\dot{u}+u$$

试列写系统的可控标准型、可观测标准型动态方程。

解　该系统的传递函数为

$$G(s)=\frac{Y(s)}{U(s)}=\frac{Ts+1}{s^2+2\zeta\omega s+\omega^2}$$

可控标准型动态方程的各矩阵为

$$\boldsymbol{x}_c=\begin{bmatrix}x_{c1}\\ x_{c2}\end{bmatrix},\quad \boldsymbol{A}_c=\begin{bmatrix}0 & 1\\ -\omega^2 & -2\zeta\omega\end{bmatrix},\quad \boldsymbol{b}_c=\begin{bmatrix}0\\ 1\end{bmatrix},\quad \boldsymbol{c}_c=\begin{bmatrix}1 & T\end{bmatrix}$$

由 $G(s)$串联分解并引入中间变量 z，有

$$\ddot{z}+2\zeta\omega\dot{z}+\omega^2 z=u$$

$$y=T\dot{z}+z$$

对 y 求导数并考虑上述关系式，则有

$$\dot{y}=T\ddot{z}+\dot{z}=(1-2\zeta\omega T)\dot{z}-\omega^2 Tz+Tu$$

令 $x_{c1}=z$，$x_{c2}=\dot{z}$，可导出状态变量与输入、输出量的关系

$$x_{c1}=\left[-T\dot{y}+(1-2\zeta\omega T)y+T^2u\right]/(1-2\zeta\omega T+\omega^2T^2)$$

$$x_{c2}=(\dot{y}+\omega^2Ty-Tu)/(1-2\zeta\omega T+\omega^2T^2)$$

可观测标准型动态方程各矩阵为

$$\boldsymbol{x}_o=\begin{bmatrix}x_{o1}\\x_{o2}\end{bmatrix},\quad \boldsymbol{A}_o=\begin{bmatrix}0&-\omega^2\\1&-2\zeta\omega\end{bmatrix},\quad \boldsymbol{b}_o=\begin{bmatrix}1\\T\end{bmatrix},\quad \boldsymbol{c}_o=\begin{bmatrix}0&1\end{bmatrix}$$

图 9-9 与图 9-10 分别示出了该系统可控标准型与可观测标准型状态变量图。

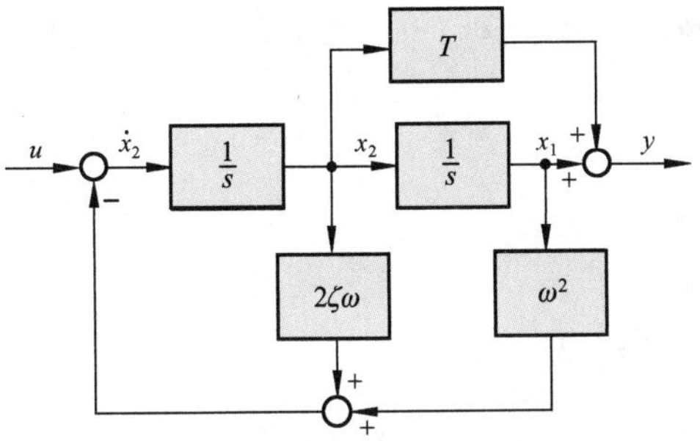

图 9-9 例 9-3 系统可控标准型状态变量图

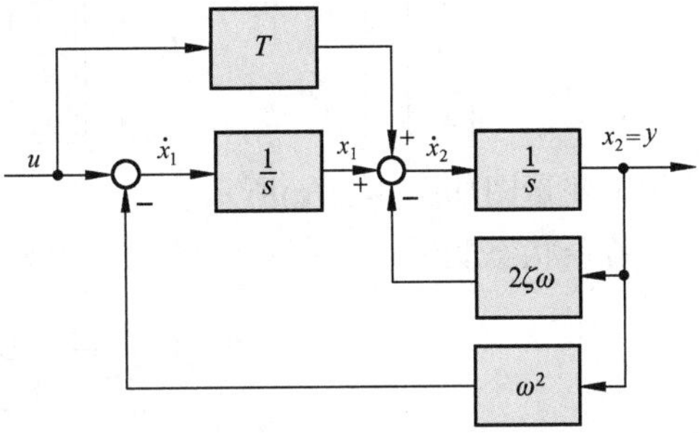

图 9-10 例 9-3 系统可观测标准型状态变量图

2) $\dfrac{N(s)}{D(s)}$ 只含单实极点时的情况。当 $\dfrac{N(s)}{D(s)}$ 只含单实极点时，除了可化为上述可控标准型或可观测标准型动态方程以外，还可化为对角型动态方程，其 $\boldsymbol{A}$ 阵是一个对角阵。

设 $D(s)$可分解为

$$D(s)=(s-\lambda_1)(s-\lambda_2)\cdots(s-\lambda_n)$$

式中，λ_1，…，λ_n 为系统的单实极点，则传递函数可展成部分分式之和

$$\frac{Y(s)}{U(s)}=\frac{N(s)}{D(s)}=\sum_{i=1}^{n}\frac{c_i}{s-\lambda_i}$$

而 $c_i=\left[\dfrac{N(s)}{D(s)}(s-\lambda_i)\right]\Bigg|_{s=\lambda_i}$ 为 $\dfrac{N(s)}{D(s)}$ 在极点 λ_i 处的留数，且有

$$Y(s)=\sum_{i=1}^{n}\frac{c_i}{s-\lambda_i}U(s)$$

若令状态变量

$$X_i(s)=\frac{1}{s-\lambda_i}U(s);\qquad i=1,2,\cdots,n$$

其反变换结果为

$$\dot{x}_i(t)=\lambda_i x_i(t)+u(t)$$

$$y(t)=\sum_{i=1}^{n}c_i x_i(t)$$

展开得

$$
\begin{aligned}
\dot{x}_1 &= \lambda_1 x_1 + u \\
\dot{x}_2 &= \lambda_2 x_2 + u \\
&\vdots \\
\dot{x}_n &= \lambda_n x_n + u \\
y &= c_1 x_1 + c_2 x_2 + \cdots + c_n x_n
\end{aligned}
$$

其向量-矩阵形式为

$$
\begin{bmatrix} \dot{x}_1 \\ \dot{x}_2 \\ \vdots \\ \dot{x}_n \end{bmatrix} = \begin{bmatrix} \lambda_1 & & & 0 \\ & \lambda_2 & & \\ & & \ddots & \\ 0 & & & \lambda_n \end{bmatrix} \begin{bmatrix} x_1 \\ x_2 \\ \vdots \\ x_n \end{bmatrix} + \begin{bmatrix} 1 \\ 1 \\ \vdots \\ 1 \end{bmatrix} u, \quad y = \begin{bmatrix} c_1 & c_2 & \cdots & c_n \end{bmatrix} \begin{bmatrix} x_1 \\ x_2 \\ \vdots \\ x_n \end{bmatrix} \tag{9-12}
$$

其状态变量图如图 9-11(a)所示。

若令状态变量

$$
X_i(s) = \frac{c_i}{s - \lambda_i} U(s); \quad i = 1, 2, \cdots, n
$$

则

$$
Y(s) = \sum_{i=1}^{n} X_i(s)
$$

进行反变换并展开，有

$$
\begin{aligned}
\dot{x}_1 &= \lambda_1 x_1 + c_1 u \\
\dot{x}_2 &= \lambda_2 x_2 + c_2 u \\
&\vdots \\
\dot{x}_n &= \lambda_n x_n + c_n u \\
y &= x_1 + x_2 + \cdots + x_n
\end{aligned}
$$

其向量-矩阵形式为

$$
\begin{bmatrix} \dot{x}_1 \\ \dot{x}_2 \\ \vdots \\ \dot{x}_n \end{bmatrix} = \begin{bmatrix} \lambda_1 & & & 0 \\ & \lambda_2 & & \\ & & \ddots & \\ 0 & & & \lambda_n \end{bmatrix} \begin{bmatrix} x_1 \\ x_2 \\ \vdots \\ x_n \end{bmatrix} + \begin{bmatrix} c_1 \\ c_2 \\ \vdots \\ c_n \end{bmatrix} u, \quad y = \begin{bmatrix} 1 & 1 & \cdots & 1 \end{bmatrix} \begin{bmatrix} x_1 \\ x_2 \\ \vdots \\ x_n \end{bmatrix} \tag{9-13}
$$

其状态变量图如图 9-11(b)所示。显见，式(9-13)与式(9-12)存在对偶关系。

4. 线性定常连续系统状态方程的解

线性定常连续系统状态方程的求解

(1) 齐次状态方程的解

状态方程

$$
\dot{\boldsymbol{x}}(t) = \boldsymbol{A}\boldsymbol{x}(t) \tag{9-14}
$$

称为齐次状态方程，通常采用幂级数法和拉普拉斯变换法求解。

1) 幂级数法。设状态方程式(9-14)的解是 t 的向量幂级数

$$
\boldsymbol{x}(t) = \boldsymbol{b}_0 + \boldsymbol{b}_1 t + \boldsymbol{b}_2 t^2 + \cdots + \boldsymbol{b}_k t^k + \cdots
$$

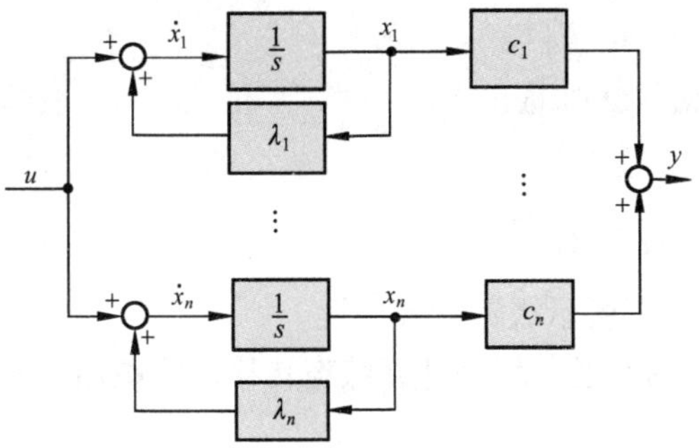

(a) 可控对角型

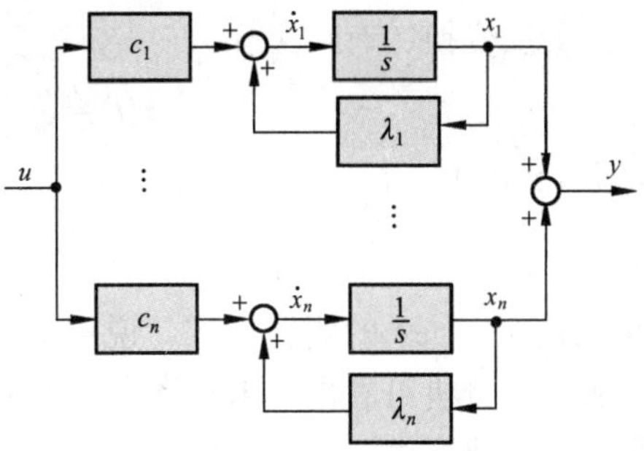

(b) 可观测对角型

图 9-11　系统对角型动态方程的状态变量图

式中，$\boldsymbol{x}$，$\boldsymbol{b}_0$，$\boldsymbol{b}_1$，…，$\boldsymbol{b}_k$，…都是 n 维向量，则

$$\dot{\boldsymbol{x}}(t)=\boldsymbol{b}_1+2\boldsymbol{b}_2t+\cdots+k\boldsymbol{b}_kt^{k-1}+\cdots=\boldsymbol{A}(\boldsymbol{b}_0+\boldsymbol{b}_1t+\boldsymbol{b}_2t^2+\cdots+\boldsymbol{b}_kt^k+\cdots)$$

令上式等号两边 t 的同次项的系数相等，则有

$$\begin{aligned}\boldsymbol{b}_1&=\boldsymbol{A}\boldsymbol{b}_0\\ \boldsymbol{b}_2&=\frac{1}{2}\boldsymbol{A}\boldsymbol{b}_1=\frac{1}{2!}\boldsymbol{A}^2\boldsymbol{b}_0\\ \boldsymbol{b}_3&=\frac{1}{3}\boldsymbol{A}\boldsymbol{b}_2=\frac{1}{3!}\boldsymbol{A}^3\boldsymbol{b}_0\\ &\vdots\\ \boldsymbol{b}_k&=\frac{1}{k}\boldsymbol{A}\boldsymbol{b}_{k-1}=\frac{1}{k!}\boldsymbol{A}^k\boldsymbol{b}_0\\ &\vdots\end{aligned}$$

且 $\boldsymbol{x}(0)=\boldsymbol{b}_0$，故

$$\boldsymbol{x}(t)=\left(\boldsymbol{I}+\boldsymbol{A}t+\frac{1}{2}\boldsymbol{A}^2t^2+\cdots+\frac{1}{k!}\boldsymbol{A}^kt^k+\cdots\right)\boldsymbol{x}(0)\tag{9-15}$$

定义

$$\mathrm{e}^{\boldsymbol{A}t}=\boldsymbol{I}+\boldsymbol{A}t+\frac{1}{2}\boldsymbol{A}^2t^2+\cdots+\frac{1}{k!}\boldsymbol{A}^kt^k+\cdots=\sum_{k=0}^{\infty}\frac{1}{k!}\boldsymbol{A}^kt^k\tag{9-16}$$

则

$$\boldsymbol{x}(t)=\mathrm{e}^{\boldsymbol{A}t}\boldsymbol{x}(0)\tag{9-17}$$

由于标量微分方程 $\dot{x}=ax$ 的解为 $x(t)=\mathrm{e}^{at}x(0)$，e^{at} 称为指数函数，而向量微分方程式(9-14)具有相似形式的解(式(9-17))，故把 $\mathrm{e}^{\boldsymbol{A}t}$ 称为矩阵指数函数，简称矩阵指数。由于 $\boldsymbol{x}(t)$ 是由 $\boldsymbol{x}(0)$转移而来，对于线性定常系统，$\mathrm{e}^{\boldsymbol{A}t}$ 又称为状态转移矩阵，记为$\boldsymbol{\Phi}(t)$，即

$$\boldsymbol{\Phi}(t)=\mathrm{e}^{\boldsymbol{A}t}\tag{9-18}$$

2) 拉普拉斯变换法。将式(9-14)取拉氏变换有

$$s\boldsymbol{X}(s)=\boldsymbol{A}\boldsymbol{X}(s)+\boldsymbol{x}(0)$$

则

$$\begin{aligned}(s\boldsymbol{I}-\boldsymbol{A})\boldsymbol{X}(s)&=\boldsymbol{x}(0)\\ \boldsymbol{X}(s)&=(s\boldsymbol{I}-\boldsymbol{A})^{-1}\boldsymbol{x}(0)\end{aligned}\tag{9-19}$$

进行拉氏反变换，有

$$x(t) = \mathscr{L}^{-1}\left[(sI - A)^{-1}\right]x(0) \tag{9-20}$$

与式(9-17)相比，有

$$e^{At} = \mathscr{L}^{-1}\left[(sI - A)^{-1}\right] \tag{9-21}$$

式(9-21)给出了 e^{At} 的闭合形式，说明了式(9-16)所示级数的收敛性。

从上述分析可看出，求解齐次状态方程的问题，就是计算状态转移矩阵$\Phi(t)$的问题，因而有必要研究$\Phi(t)$的运算性质。

(2) 状态转移矩阵的运算性质

重写状态转移矩阵$\Phi(t)$的幂级数展开式

$$\Phi(t) = e^{At} = I + At + \frac{1}{2}A^2t^2 + \cdots + \frac{1}{k!}A^kt^k + \cdots \tag{9-22}$$

$\Phi(t)$具有如下运算性质：

1)
$$\Phi(0) = I \tag{9-23}$$

2)
$$\dot{\Phi}(t) = A\Phi(t) = \Phi(t)A \tag{9-24}$$

上述性质利用式(9-22)很容易进行证明。式(9-24)表明，$A\Phi(t)$与$\Phi(t)A$ 可交换，$\Phi(0) = A$，并且$\Phi(t)$是微分方程

$$\dot{\Phi}(t) = A\Phi(t),\ \Phi(0) = I \tag{9-25}$$

的唯一解。

3)
$$\Phi(t_1 \pm t_2) = \Phi(t_1)\Phi(\pm t_2) = \Phi(\pm t_2)\Phi(t_1) \tag{9-26}$$

令式(9-22)中 $t = t_1 \pm t_2$ 便可证明这一性质。$\Phi(t_1)$，$\Phi(t_2)$，$\Phi(t_1 \pm t_2)$分别表示由状态$x(0)$转移至状态 $x(t_1)$，$x(t_2)$，$x(t_1 \pm t_2)$的状态转移矩阵。该性质表明，$\Phi(t_1 \pm t_2)$可分解为$\Phi(t_1)$与$\Phi(\pm t_2)$的乘积，且$\Phi(t_1)$与$\Phi(\pm t_2)$是可交换的。

4)
$$\Phi^{-1}(t) = \Phi(-t),\ \Phi^{-1}(-t) = \Phi(t) \tag{9-27}$$

证明　由性质 3)有

$$\Phi(t-t) = \Phi(t)\Phi(-t) = \Phi(-t)\Phi(t) = I$$

根据逆矩阵的定义可得式(9-27)。

根据$\Phi(t)$的这一性质，对于线性定常系统，显然有

$$x(t) = \Phi(t)x(0),\quad x(0) = \Phi^{-1}(t)x(t) = \Phi(-t)x(t)$$

这说明状态转移具有可逆性，$x(t)$可由 $x(0)$转移而来，$x(0)$也可由 $x(t)$转移而来。

5)
$$x(t_2) = \Phi(t_2 - t_1)x(t_1) \tag{9-28}$$

证明　由于

$$x(t_1) = \Phi(t_1)x(0),\quad x(0) = \Phi^{-1}(t_1)x(t_1) = \Phi(-t_1)x(t_1)$$

则
$$x(t_2) = \Phi(t_2)x(0) = \Phi(t_2)\Phi(-t_1)x(t_1) = \Phi(t_2 - t_1)x(t_1)$$

即由 $x(t_1)$转移至 $x(t_2)$的状态转移矩阵为$\Phi(t_2-t_1)$。

6)
$$\Phi(t_2 - t_0) = \Phi(t_2 - t_1)\Phi(t_1 - t_0) \tag{9-29}$$

证明　由于

$$x(t_2)=\Phi(t_2-t_0)x(t_0),\quad x(t_1)=\Phi(t_1-t_0)x(t_0)$$

则

$$x(t_2)=\Phi(t_2-t_1)x(t_1)=\Phi(t_2-t_1)\Phi(t_1-t_0)x(t_0)=\Phi(t_2-t_0)x(t_0)$$

故式(9-29)成立。

根据转移矩阵的这一性质，可把一个转移过程分为若干个小的转移过程来研究，如图 9-12 所示。

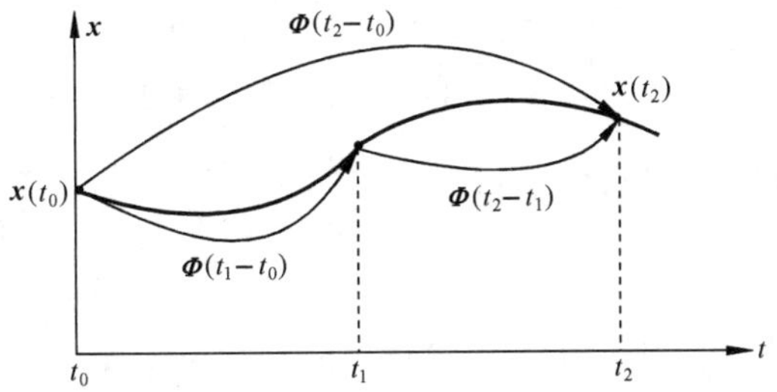

图 9-12　状态转移矩阵性质 6)的图示

7)
$$[\Phi(t)]^k=\Phi(kt) \tag{9-30}$$

证明　由于

$$[\Phi(t)]^k=(e^{At})^k=e^{kAt}=e^{A(kt)}=\Phi(kt)$$

故式(9-30)成立。

8) 若$\Phi(t)$为$\dot{x}(t)=Ax(t)$的状态转移矩阵，则引入非奇异变换 $x=P\bar{x}$ 后的状态转移矩阵为

$$\bar{\Phi}(t)=P^{-1}e^{At}P \tag{9-31}$$

证明　将 $x=P\bar{x}$ 代入 $\dot{x}(t)=Ax(t)$，有

$$P\dot{\bar{x}}=AP\bar{x},\quad \dot{\bar{x}}=P^{-1}AP\bar{x}$$

$$\bar{x}(t)=\bar{\Phi}(t)\bar{x}(0)=e^{P^{-1}APt}\bar{x}(0)$$

式中

$$\begin{aligned}e^{P^{-1}APt}&=I+P^{-1}APt+\frac{1}{2}(P^{-1}AP)^2t^2+\cdots+\frac{1}{k!}(P^{-1}AP)^kt^k+\cdots\\&=P^{-1}IP+P^{-1}APt+\frac{1}{2}P^{-1}A^2Pt^2+\cdots+\frac{1}{k!}P^{-1}A^kPt^k+\cdots\\&=P^{-1}\left(I+At+\frac{1}{2}A^2t^2+\cdots+\frac{1}{k!}A^kt^k+\cdots\right)P=P^{-1}e^{At}P\end{aligned}$$

因而式(9-31)成立。

例 9-4　设系统状态方程为

$$\begin{bmatrix}\dot{x}_1(t)\\\dot{x}_2(t)\end{bmatrix}=\begin{bmatrix}0&1\\-2&-3\end{bmatrix}\begin{bmatrix}x_1(t)\\x_2(t)\end{bmatrix}$$

试求状态方程的解。

解　用拉氏变换求解

$$s\boldsymbol{I}-\boldsymbol{A}=\begin{bmatrix} s & 0 \\ 0 & s \end{bmatrix}-\begin{bmatrix} 0 & 1 \\ -2 & -3 \end{bmatrix}=\begin{bmatrix} s & -1 \\ 2 & s+3 \end{bmatrix}$$

$$(s\boldsymbol{I}-\boldsymbol{A})^{-1}=\frac{\operatorname{adj}(s\boldsymbol{I}-\boldsymbol{A})}{|s\boldsymbol{I}-\boldsymbol{A}|}=\frac{1}{(s+1)(s+2)}\begin{bmatrix} s+3 & 1 \\ -2 & s \end{bmatrix}$$

$$=\begin{bmatrix} \dfrac{2}{s+1}-\dfrac{1}{s+2} & \dfrac{1}{s+1}-\dfrac{1}{s+2} \\ \dfrac{-2}{s+1}+\dfrac{2}{s+2} & \dfrac{-1}{s+1}+\dfrac{2}{s+2} \end{bmatrix}$$

$$\boldsymbol{\Phi}(t)=\mathscr{L}^{-1}\left[(s\boldsymbol{I}-\boldsymbol{A})^{-1}\right]=\begin{bmatrix} 2\mathrm{e}^{-t}-\mathrm{e}^{-2t} & \mathrm{e}^{-t}-\mathrm{e}^{-2t} \\ -2\mathrm{e}^{-t}+2\mathrm{e}^{-2t} & -\mathrm{e}^{-t}+2\mathrm{e}^{-2t} \end{bmatrix}$$

状态方程的解为

$$\begin{bmatrix} x_1(t) \\ x_2(t) \end{bmatrix}=\boldsymbol{\Phi}(t)\begin{bmatrix} x_1(0) \\ x_2(0) \end{bmatrix}=\begin{bmatrix} 2\mathrm{e}^{-t}-\mathrm{e}^{-2t} & \mathrm{e}^{-t}-\mathrm{e}^{-2t} \\ -2\mathrm{e}^{-t}+2\mathrm{e}^{-2t} & -\mathrm{e}^{-t}+2\mathrm{e}^{-2t} \end{bmatrix}\begin{bmatrix} x_1(0) \\ x_2(0) \end{bmatrix}$$

(3) 非齐次状态方程的解

状态方程

$$\dot{\boldsymbol{x}}(t)=\boldsymbol{A}\boldsymbol{x}(t)+\boldsymbol{B}\boldsymbol{u}(t) \tag{9-32}$$

称为非齐次状态方程，可用拉普拉斯变换法求解。

将式(9-32)两端取拉氏变换，有

$$s\boldsymbol{X}(s)-\boldsymbol{x}(0)=\boldsymbol{A}\boldsymbol{X}(s)+\boldsymbol{B}\boldsymbol{U}(s)$$

则

$$(s\boldsymbol{I}-\boldsymbol{A})\boldsymbol{X}(s)=\boldsymbol{x}(0)+\boldsymbol{B}\boldsymbol{U}(s)$$

$$\boldsymbol{X}(s)=(s\boldsymbol{I}-\boldsymbol{A})^{-1}\boldsymbol{x}(0)+(s\boldsymbol{I}-\boldsymbol{A})^{-1}\boldsymbol{B}\boldsymbol{U}(s)$$

进行拉氏反变换，有

$$\boldsymbol{x}(t)=\mathscr{L}^{-1}\left[(s\boldsymbol{I}-\boldsymbol{A})^{-1}\right]\boldsymbol{x}(0)+\mathscr{L}^{-1}\left[(s\boldsymbol{I}-\boldsymbol{A})^{-1}\boldsymbol{B}\boldsymbol{U}(s)\right]$$

由拉氏变换卷积定理

$$\mathscr{L}^{-1}\left[F_1(s)F_2(s)\right]=\int_0^t f_1(t-\tau)f_2(\tau)\mathrm{d}\tau=\int_0^t f_1(\tau)f_2(t-\tau)\mathrm{d}\tau$$

在此将$(s\boldsymbol{I}-\boldsymbol{A})^{-1}$视为 $F_1(s)$，将 $\boldsymbol{BU}(s)$视为 $F_2(s)$，则有

$$\boldsymbol{x}(t)=\mathrm{e}^{\boldsymbol{A}t}\boldsymbol{x}(0)+\int_0^t \mathrm{e}^{\boldsymbol{A}(t-\tau)}\boldsymbol{B}\boldsymbol{u}(\tau)\mathrm{d}\tau$$

$$=\boldsymbol{\Phi}(t)\boldsymbol{x}(0)+\int_0^t \boldsymbol{\Phi}(t-\tau)\boldsymbol{B}\boldsymbol{u}(\tau)\mathrm{d}\tau$$

上式又可表示为

$$\boldsymbol{x}(t)=\boldsymbol{\Phi}(t)\boldsymbol{x}(0)+\int_0^t \boldsymbol{\Phi}(\tau)\boldsymbol{B}\boldsymbol{u}(t-\tau)\mathrm{d}\tau \tag{9-33}$$

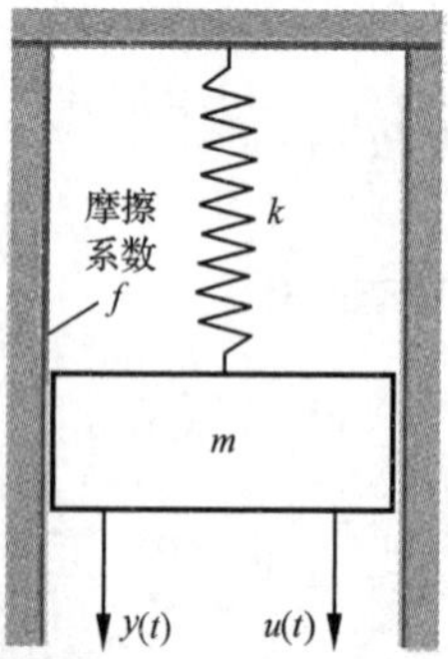

图 9-13　弹簧-质量-阻尼器系统示意图

例 9-5　在大功率高性能的摩托车中，常采用图 9-13 所示的弹簧-质量-阻尼器系统作为减震器。若已知减震器的基本参数取为质量 m=1kg，摩擦系数 f=9kg·m·s，弹簧系数 k=20kg/m，$u(t)$为力输入，$y(t)$为位移输出。要求

完成：1)选择状态变量为 $x_1=y$，$x_2=\dot{y}$，列写系统的动态方程；2)计算系统的特征根及状态转移矩阵$\boldsymbol{\Phi}(t)$；3)若初始条件 $y(0)=1$，$\dot{y}(0)=2$，在 $0\leqslant t\leqslant 2$ 范围内，绘出系统零输入响应 $y(t)$及 $\dot{y}(t)$。

解　按题意要求，分如下步骤设计。

1) 列写系统的动态方程。系统力平衡方程

$$m\ddot{y}+f\dot{y}+ky=u$$

$$\ddot{y}=-\frac{f}{m}\dot{y}-\frac{k}{m}y+\frac{1}{m}u$$

选状态变量

$$x_1=y,\quad x_2=\dot{y}$$

则有

$$\dot{x}_1=x_2$$

$$\dot{x}_2=-\frac{k}{m}x_1-\frac{f}{m}x_2+\frac{1}{m}u$$

写成向量-矩阵形式，系统的动态方程为

$$\dot{\boldsymbol{x}}=\boldsymbol{A}\boldsymbol{x}+\boldsymbol{b}u$$

$$y=\boldsymbol{c}\boldsymbol{x}$$

式中

$$\boldsymbol{x}=\begin{bmatrix}x_1 & x_2\end{bmatrix}^{\mathrm{T}},\quad \boldsymbol{c}=\begin{bmatrix}1 & 0\end{bmatrix}$$

$$\boldsymbol{A}=\begin{bmatrix}0 & 1\\ -\dfrac{k}{m} & -\dfrac{f}{m}\end{bmatrix}=\begin{bmatrix}0 & 1\\ -20 & -9\end{bmatrix},\quad \boldsymbol{b}=\begin{bmatrix}0\\ \dfrac{1}{m}\end{bmatrix}=\begin{bmatrix}0\\ 1\end{bmatrix}$$

2) 求系统特征根及状态转移矩阵。系统特征方程

$$\det(s\boldsymbol{I}-\boldsymbol{A})=\det\begin{bmatrix}s & -1\\ 20 & s+9\end{bmatrix}=s^2+9s+20=(s+4)(s+5)=0$$

故特征根：$s_1=-4$，$s_2=-5$。

状态转移阵

$$\boldsymbol{\Phi}(t)=\mathrm{e}^{\boldsymbol{A}t}=\mathscr{L}^{-1}\left[(s\boldsymbol{I}-\boldsymbol{A})^{-1}\right]$$

因为

$$(s\boldsymbol{I}-\boldsymbol{A})^{-1}=\begin{bmatrix}s & -1\\ 20 & s+9\end{bmatrix}^{-1}=\frac{1}{(s+4)(s+5)}\begin{bmatrix}s+9 & 1\\ -20 & s\end{bmatrix}$$

$$=\begin{bmatrix}\dfrac{5}{s+4}-\dfrac{4}{s+5} & \dfrac{1}{s+4}-\dfrac{1}{s+5}\\ \dfrac{20}{s+5}-\dfrac{20}{s+4} & \dfrac{5}{s+5}-\dfrac{4}{s+4}\end{bmatrix}$$

所以

$$\boldsymbol{\Phi}(t)=\begin{bmatrix}5\mathrm{e}^{-4t}-4\mathrm{e}^{-5t} & \mathrm{e}^{-4t}-\mathrm{e}^{-5t}\\ 20\mathrm{e}^{-5t}-20\mathrm{e}^{-4t} & 5\mathrm{e}^{-5t}-4\mathrm{e}^{-4t}\end{bmatrix}$$

3) 求系统零输入响应。已知 $x_1(0)=y(0)=1$，$x_2(0)=\dot{y}(0)=2$，且令 $u(t)=0$，有

$$\boldsymbol{x}(t)=\boldsymbol{\Phi}(t)\boldsymbol{x}(0)=\begin{bmatrix}7e^{-4t}-6e^{-5t}\\30e^{-5t}-28e^{-4t}\end{bmatrix}$$

可得

$$x_1(t)=y(t)=7e^{-4t}-6e^{-5t}$$

$$x_2(t)=\dot{y}(t)=30e^{-5t}-28e^{-4t}$$

运行下列程序，得系统的零输入响应如图 9-14 所示。

```
clc;clear
m=1;f=9;k=20;A=[0 1;–k/m –f/m];b=[0;1/m];c=eye(2);d=0;
sys=ss(A,b,c,d);
t=0:0.01:2;x0=[1;2];x=initial(sys,x0,t);plot(t,x);grid
```

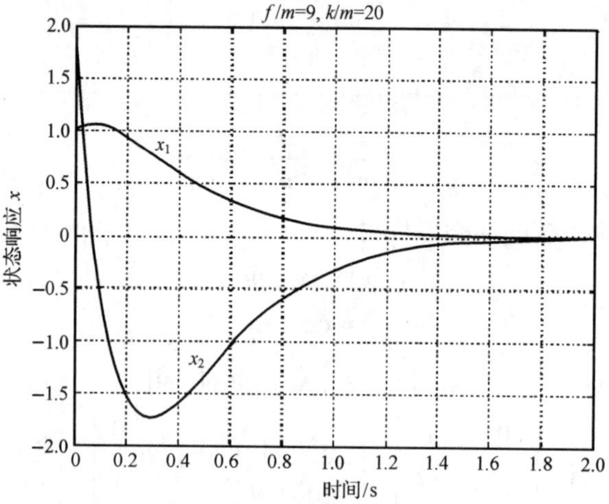

图 9-14　例 9-5 系统的零输入响应(MATLAB)

5. 系统的传递函数矩阵及解耦控制

对于多输入-多输出系统，需要讨论传递函数矩阵。

(1) 定义及表达式

初始条件为零时，输出向量的拉氏变换式与输入向量的拉氏变换式之间的传递关系称为传递函数矩阵，简称传递矩阵。设线性定常系统动态方程为

$$\dot{\boldsymbol{x}}(t)=\boldsymbol{A}\boldsymbol{x}(t)+\boldsymbol{B}\boldsymbol{u}(t),\quad \boldsymbol{y}(t)=\boldsymbol{C}\boldsymbol{x}(t)+\boldsymbol{D}\boldsymbol{u}(t) \tag{9-34}$$

令初始条件为零，对式(9-34)进行拉氏变换有

$$s\boldsymbol{X}(s)=\boldsymbol{A}\boldsymbol{X}(s)+\boldsymbol{B}\boldsymbol{U}(s),\quad \boldsymbol{Y}(s)=\boldsymbol{C}\boldsymbol{X}(s)+\boldsymbol{D}\boldsymbol{U}(s)$$

则

$$\boldsymbol{X}(s)=(s\boldsymbol{I}-\boldsymbol{A})^{-1}\boldsymbol{B}\boldsymbol{U}(s)$$

$$\boldsymbol{Y}(s)=\left[\boldsymbol{C}(s\boldsymbol{I}-\boldsymbol{A})^{-1}\boldsymbol{B}+\boldsymbol{D}\right]\boldsymbol{U}(s)=\boldsymbol{G}(s)\boldsymbol{U}(s) \tag{9-35}$$

系统的传递函数矩阵表达式为

$$\boldsymbol{G}(s)=\boldsymbol{C}(s\boldsymbol{I}-\boldsymbol{A})^{-1}\boldsymbol{B}+\boldsymbol{D} \tag{9-36}$$

若输入 $\boldsymbol{u}$ 为 p 维向量，输出 $\boldsymbol{y}$ 为 q 维向量，则 $\boldsymbol{G}(s)$为 $q\times p$ 矩阵。式(9-35)的展开式为

$$\begin{bmatrix} Y_1(s) \\ Y_2(s) \\ \vdots \\ Y_q(s) \end{bmatrix} = \begin{bmatrix} G_{11}(s) & G_{12}(s) & \cdots & G_{1p}(s) \\ G_{21}(s) & G_{22}(s) & \cdots & G_{2p}(s) \\ \vdots & \vdots & & \vdots \\ G_{q1}(s) & G_{q2}(s) & \cdots & G_{qp}(s) \end{bmatrix} \begin{bmatrix} U_1(s) \\ U_2(s) \\ \vdots \\ U_p(s) \end{bmatrix} \tag{9-37}$$

式中，$G_{ij}(s)(i=1, 2, \cdots, q; j=1, 2, \cdots, p)$表示第 i 个输出量与第 j 个输入量之间的传递函数。

(2) 开环与闭环传递矩阵

设多输入-多输出系统结构图如图 9-15 所示。图中 $\boldsymbol{u}$，$\boldsymbol{y}$，$\boldsymbol{z}$，$\boldsymbol{e}$ 分别为输入、输出、反馈、误差向量；$\boldsymbol{G}$，$\boldsymbol{H}$ 分别为前向通路和反馈通路的传递矩阵。由图可知

$$\boldsymbol{Z}(s) = \boldsymbol{H}(s)\boldsymbol{Y}(s) = \boldsymbol{H}(s)\boldsymbol{G}(s)\boldsymbol{E}(s) \tag{9-38}$$

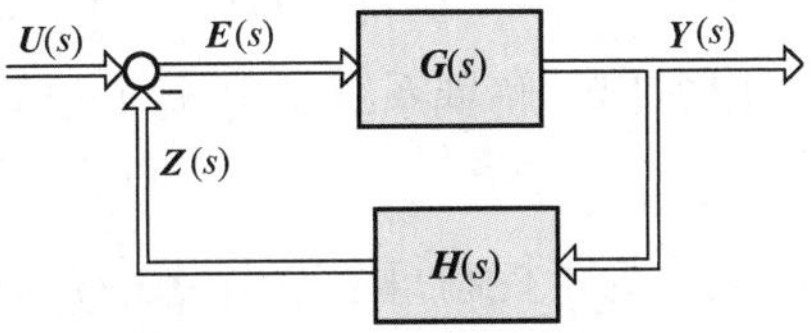

图 9-15　多输入-多输出系统结构图

定义误差向量至反馈向量之间的传递矩阵 $\boldsymbol{H}(s)\boldsymbol{G}(s)$ 为开环传递矩阵，它描述了 $\boldsymbol{E}(s)$至 $\boldsymbol{Z}(s)$之间的传递关系。开环传递矩阵等于向量传递过程中所有部件传递矩阵的乘积，其相乘顺序与传递过程相反，而且由于是矩阵相乘，顺序不能任意交换。

由于

$$\begin{aligned} \boldsymbol{Y}(s) &= \boldsymbol{G}(s)\boldsymbol{E}(s) = \boldsymbol{G}(s)[\boldsymbol{U}(s) - \boldsymbol{Z}(s)] \\ &= \boldsymbol{G}(s)[\boldsymbol{U}(s) - \boldsymbol{H}(s)\boldsymbol{Y}(s)] \end{aligned}$$

则

$$\boldsymbol{Y}(s) = [\boldsymbol{I} + \boldsymbol{G}(s)\boldsymbol{H}(s)]^{-1}\boldsymbol{G}(s)\boldsymbol{U}(s) \tag{9-39}$$

定义输入向量至输出向量之间的传递矩阵为闭环传递矩阵，记为$\boldsymbol{\Phi}(s)$，则

$$\boldsymbol{\Phi}(s) = [\boldsymbol{I} + \boldsymbol{G}(s)\boldsymbol{H}(s)]^{-1}\boldsymbol{G}(s) \tag{9-40}$$

它描述了 $\boldsymbol{U}(s)$至 $\boldsymbol{Y}(s)$之间的传递关系。

由于

$$\boldsymbol{E}(s) = \boldsymbol{U}(s) - \boldsymbol{Z}(s) = \boldsymbol{U}(s) - \boldsymbol{H}(s)\boldsymbol{G}(s)\boldsymbol{E}(s)$$

则

$$\boldsymbol{E}(s) = [\boldsymbol{I} + \boldsymbol{H}(s)\boldsymbol{G}(s)]^{-1}\boldsymbol{U}(s) \tag{9-41}$$

定义输入向量至偏差向量之间的传递矩阵为误差传递矩阵，记为$\boldsymbol{\Phi}_e(s)$，则

$$\boldsymbol{\Phi}_e(s) = [\boldsymbol{I} + \boldsymbol{H}(s)\boldsymbol{G}(s)]^{-1} \tag{9-42}$$

它描述了 $\boldsymbol{U}(s)$至 $\boldsymbol{E}(s)$之间的传递关系。

(3) 解耦系统的传递矩阵

将式(9-37)写成标量方程组

$$\begin{aligned} Y_1(s) &= G_{11}(s)U_1(s) + G_{12}(s)U_2(s) + \cdots + G_{1p}(s)U_p(s) \\ Y_2(s) &= G_{21}(s)U_1(s) + G_{22}(s)U_2(s) + \cdots + G_{2p}(s)U_p(s) \\ &\vdots \\ Y_q(s) &= G_{q1}(s)U_1(s) + G_{q2}(s)U_2(s) + \cdots + G_{qp}(s)U_p(s) \end{aligned} \tag{9-43}$$

可见，一般多输入-多输出系统的传递矩阵不是对角阵，每一个输入量将影响所有输出量，而每一个输出量也都会受到所有输入量的影响。这种系统称为耦合系统，其控制方式称为耦合控制。

对一个耦合系统进行控制是复杂的，工程中常希望实现某一输出量仅受某一输入量的控制，这种控制方式称为解耦控制，其相应的系统称为解耦系统。解耦系统的输入向量和输出向量必有相同的维数，传递矩阵必为对角阵，即

$$\begin{bmatrix} Y_1(s) \\ Y_2(s) \\ \vdots \\ Y_m(s) \end{bmatrix} = \begin{bmatrix} G_{11}(s) & & & 0 \\ & G_{22}(s) & & \\ & & \ddots & \\ 0 & & & G_{mm}(s) \end{bmatrix} \begin{bmatrix} U_1(s) \\ U_2(s) \\ \vdots \\ U_m(s) \end{bmatrix} \tag{9-44}$$

可以看出，解耦系统是由 m 个独立的单输入-单输出系统

$$Y_i(s) = G_{ii}(s)U_i(s); \quad i = 1, 2, \cdots, m \tag{9-45}$$

组成。为了控制每个输出量，$G_{ii}(s)$不得为零，即解耦系统的对角化传递矩阵必须是非奇异的。在系统中引入适当的校正环节使传递矩阵对角化，称为解耦。

6. 线性离散系统状态空间表达式的建立及其解

离散系统的特点是系统中的各个变量被处理成为只在离散时刻取值，其状态空间描述只反映离散时刻的变量组间的因果关系和转换关系，因而这类系统通常称为离散时间系统，简称为离散系统。离散时间系统可以是一类实际的离散时间问题的数学模型，如社会经济问题、生态问题等，也可以是一个连续系统因为采用数字计算机进行计算或控制的需要而人为地加以时间离散化而导出的模型。线性离散系统的动态方程可以利用系统的差分方程建立，也可以利用线性连续动态方程的离散化得到。

(1) 由差分方程建立动态方程

在经典控制理论中离散系统通常用差分方程或脉冲传递函数来描述。单输入-单输出线性定常离散系统差分方程的一般形式为

$$\begin{aligned} & y(k+n) + a_{n-1}y(k+n-1) + \cdots + a_1 y(k+1) + a_0 y(k) \\ & = b_n u(k+n) + b_{n-1}u(k+n-1) + \cdots + b_1 u(k+1) + b_0 u(k) \end{aligned} \tag{9-46}$$

式中，k 表示 kT 时刻；T 为采样周期；$y(k)$，$u(k)$分别为 kT 时刻的输出量和输入量；a_i，b_i($I = 0$，1, 2, $\cdots$, n，且 a_n=1)为表征系统特性的常系数。考虑初始条件为零时的 z 变换关系有

$$\mathscr{L}\left[y(k)\right] = Y(z), \qquad \mathscr{L}\left[y(k+i)\right] = z^i Y(z)$$

对式(9-46)两端取 z 变换并加以整理，可得

$$\begin{aligned} G(z) = \frac{Y(z)}{U(z)} &= \frac{b_n z^n + b_{n-1}z^{n-1} + \cdots + b_1 z + b_0}{z^n + a_{n-1}z^{n-1} + \cdots + a_1 z + a_0} \\ &= b_n + \frac{\beta_{n-1}z^{n-1} + \cdots + \beta_1 z + \beta_0}{z^n + a_{n-1}z^{n-1} + \cdots + a_1 z + a_0} = b_n + \frac{N(z)}{D(z)} \end{aligned} \tag{9-47}$$

$G(z)$称为脉冲传递函数。式(9-47)与式(9-9)在形式上相同，故连续系统动态方程的建立方法可用于离散系统。例如，在 $N(z)/D(z)$的串联分解中引入中间变量 $Q(z)$，则有

$$\begin{aligned} & z^n Q(z) + a_{n-1}z^{n-1}Q(z) + \cdots + a_1 z Q(z) + a_0 Q(z) = U(z) \\ & Y(z) = \beta_{n-1}z^{n-1}Q(z) + \cdots + \beta_1 z Q(z) + \beta_0 Q(z) \end{aligned}$$

设

$$X_1(z)=Q(z)$$
$$X_2(z)=zQ(z)=zX_1(z)$$
$$\vdots$$
$$X_n(z)=z^{n-1}Q(z)=zX_{n-1}(z)$$

则

$$z^nQ(z)=-a_0X_1(z)-a_1X_2(z)-\cdots-a_{n-1}X_n(z)+U(z)$$
$$Y(z)=\beta_0X_1(z)+\beta_1X_2(z)+\cdots+\beta_{n-1}X_n(z)$$

利用 z 反变换关系

$$\mathscr{Z}^{-1}\left[X_i(z)\right]=x_i(k)$$
$$\mathscr{Z}^{-1}\left[zX_i(z)\right]=x_i(k+1)$$

动态方程为

$$x_1(k+1)=x_2(k)$$
$$x_2(k+1)=x_3(k)$$
$$\vdots$$
$$x_{n-1}(k+1)=x_n(k)$$
$$x_n(k+1)=-a_0x_1(k)-a_1x_2(k)-\cdots-a_{n-1}x_n(k)+u(k)$$
$$y(k)=\beta_0x_1(k)+\beta_1x_2(k)+\cdots+\beta_{n-1}x_n(k)$$

向量-矩阵形式为

$$\begin{bmatrix} x_1(k+1) \\ x_2(k+1) \\ \vdots \\ x_{n-1}(k+1) \\ x_n(k+1) \end{bmatrix}=\begin{bmatrix} 0 & 1 & 0 & \cdots & 0 \\ 0 & 0 & 1 & \cdots & 0 \\ \vdots & \vdots & \vdots & & \vdots \\ 0 & 0 & 0 & \cdots & 1 \\ -a_0 & -a_1 & -a_2 & \cdots & -a_{n-1} \end{bmatrix}\begin{bmatrix} x_1(k) \\ x_2(k) \\ \vdots \\ x_{n-1}(k) \\ x_n(k) \end{bmatrix}+\begin{bmatrix} 0 \\ 0 \\ \vdots \\ 0 \\ 1 \end{bmatrix}u(k) \tag{9-48a}$$

$$y(k)=\begin{bmatrix} \beta_0 & \beta_1 & \cdots & \beta_{n-1} \end{bmatrix}\boldsymbol{x}(k)+b_uu(k) \tag{9-48b}$$

简记为

$$\boldsymbol{x}(k+1)=\boldsymbol{G}\boldsymbol{x}(k)+\boldsymbol{h}u(k) \tag{9-49a}$$

$$\boldsymbol{y}(k)=\boldsymbol{c}\boldsymbol{x}(k)+du(k) \tag{9-49b}$$

式中，$\boldsymbol{G}$ 为友矩阵；$\boldsymbol{G}$，$\boldsymbol{h}$ 为可控标准型。可以看出，离散系统状态方程描述了$(k+1)T$时刻的状态与 kT 时刻的状态及输入量之间的关系，其输出方程描述了 kT 时刻的输出量与 kT 时刻的状态及输入量之间的关系。

线性定常多输入-多输出离散系统的动态方程为

$$\boldsymbol{x}(k+1)=\boldsymbol{G}\boldsymbol{x}(k)+\boldsymbol{H}\boldsymbol{u}(k) \tag{9-50a}$$

$$\boldsymbol{y}(k)=\boldsymbol{C}\boldsymbol{x}(k)+\boldsymbol{D}\boldsymbol{u}(k) \tag{9-50b}$$

系统结构图见图 9-3，图中 z^{-1} 为单位延迟器，其输入为$(k+1)T$时刻的状态，输出为延迟一个采样周期的 kT 时刻的状态。

(2) 定常连续动态方程的离散化

已知定常连续系统状态方程 $\dot{\boldsymbol{x}} = \boldsymbol{AX} + \boldsymbol{Bu}$ 在 $\boldsymbol{x}(t_0)$及 $\boldsymbol{u}(t)$作用下的解为

$$\boldsymbol{x}(t) = \boldsymbol{\Phi}(t-t_0)x(t_0) + \int_{t_0}^{t} \boldsymbol{\Phi}(t-\tau)\boldsymbol{Bu}(\tau)\,\mathrm{d}\tau$$

令 $t_0=kT$，则 $\boldsymbol{x}(t_0)=\boldsymbol{x}(kT)=\boldsymbol{x}(k)$；令 $t=(k+1)T$，则 $\boldsymbol{x}(t)=\boldsymbol{x}[(k+1)T]=\boldsymbol{x}(k+1)$；在 $t\in[k, k+1)$区间内，$\boldsymbol{u}(t) = \boldsymbol{u}(k) =$ 常数，于是其解化为

$$\boldsymbol{x}(k+1) = \boldsymbol{\Phi}\big[(k+1)T-kT\big]\boldsymbol{x}(k) + \int_{kT}^{(k+1)T} \boldsymbol{\Phi}\big[(k+1)T-\tau\big]\boldsymbol{B}\,\mathrm{d}\tau \cdot \boldsymbol{u}(k)$$

记

$$\boldsymbol{G}(T) = \int_{kT}^{(k+1)T} \boldsymbol{\Phi}\big[(k+1)T-\tau\big]\boldsymbol{B}\,\mathrm{d}\tau$$

为了便于计算 $\boldsymbol{G}(T)$，引入变量置换，令$(k+1)T-\tau=\tau'$，则

$$\boldsymbol{G}(T) = \int_{0}^{T} \boldsymbol{\Phi}(\tau')\boldsymbol{B}\,\mathrm{d}\tau' \tag{9-51}$$

故离散化状态方程为

$$\boldsymbol{x}(k+1) = \boldsymbol{\Phi}(T)\boldsymbol{x}(k) + \boldsymbol{G}(T)\boldsymbol{u}(k) \tag{9-52}$$

式中，$\boldsymbol{\Phi}(T)$与连续系统状态转移矩阵$\boldsymbol{\Phi}(t)$的关系为

$$\boldsymbol{\Phi}(T) = \boldsymbol{\Phi}(t)\big|_{t=T} \tag{9-53}$$

离散化系统的输出方程仍为

$$\boldsymbol{y}(k) = \boldsymbol{Cx}(k) + \boldsymbol{Du}(k) \tag{9-54}$$

(3) 定常离散动态方程的解

求解离散动态方程的方法有递推法和 z 变换法，这里只介绍常用的递推法。

令式(9-58)中的 k=0, 1, …, k–1，可得到 $T, 2T,\cdots, kT$ 时刻的状态，即

$$\begin{aligned}
k=0:&\quad \boldsymbol{x}(1) = \boldsymbol{\Phi}(T)\boldsymbol{x}(0) + \boldsymbol{G}(T)\boldsymbol{u}(0)\\
k=1:&\quad \boldsymbol{x}(2) = \boldsymbol{\Phi}(T)\boldsymbol{x}(1) + \boldsymbol{G}(T)\boldsymbol{u}(1)\\
&\qquad = \boldsymbol{\Phi}^2(T)\boldsymbol{x}(0) + \boldsymbol{\Phi}(T)\boldsymbol{G}(T)\boldsymbol{u}(0) + \boldsymbol{G}(T)\boldsymbol{u}(1)\\
k=2:&\quad \boldsymbol{x}(3) = \boldsymbol{\Phi}(T)\boldsymbol{x}(2) + \boldsymbol{G}(T)\boldsymbol{u}(2)\\
\vdots&\qquad = \boldsymbol{\Phi}^3(T)\boldsymbol{x}(0) + \boldsymbol{\Phi}^2(T)\boldsymbol{G}(T)\boldsymbol{u}(0) + \boldsymbol{\Phi}(T)\boldsymbol{G}(T)\boldsymbol{u}(1) + \boldsymbol{G}(T)\boldsymbol{u}(2)\\
k=k-1:&\quad \boldsymbol{x}(k) = \boldsymbol{\Phi}(T)\boldsymbol{x}(k-1) + \boldsymbol{G}(T)\boldsymbol{u}(k-1)\\
&\qquad = \boldsymbol{\Phi}^k(T)\boldsymbol{x}(0) + \boldsymbol{\Phi}^{k-1}(T)\boldsymbol{G}(T)\boldsymbol{u}(0) + \boldsymbol{\Phi}^{k-2}(T)\boldsymbol{G}(T)\boldsymbol{u}(1)\\
&\qquad\quad + \cdots + \boldsymbol{\Phi}(T)\boldsymbol{G}(T)\boldsymbol{u}(k-2) + \boldsymbol{G}(T)\boldsymbol{u}(k-1)\\
&\qquad = \boldsymbol{\Phi}^k(T)\boldsymbol{x}(0) + \sum_{i=0}^{k-1}\boldsymbol{\Phi}^{k-1-i}(T)\boldsymbol{G}(T)\boldsymbol{u}(i)
\end{aligned} \tag{9-55}$$

式(9-55)为离散状态方程的解，又称离散状态转移方程。当 $u(i)=0(i=0, 1,\cdots, k-1)$时，有

$$\boldsymbol{x}(k) = \boldsymbol{\Phi}^k(T)\boldsymbol{x}(0) = \boldsymbol{\Phi}(kT)\boldsymbol{x}(0) = \boldsymbol{\Phi}(k)\boldsymbol{x}(0)$$

式中，$\boldsymbol{\Phi}(k)$为离散化系统状态转移矩阵。

输出方程为

$$
\begin{aligned}
\boldsymbol{y}(k) &= \boldsymbol{C}\boldsymbol{x}(k) + \boldsymbol{D}\boldsymbol{u}(k) \\
&= \boldsymbol{C}\boldsymbol{\Phi}^k(T)\boldsymbol{x}(0) + \boldsymbol{C}\sum_{i=0}^{k-1}\boldsymbol{\Phi}^{k-1-i}(T)\boldsymbol{G}(T)\boldsymbol{u}(i) + \boldsymbol{D}\boldsymbol{u}(k)
\end{aligned} \tag{9-56}
$$

对于离散动态方程式(9-50)，其解为

$$
\boldsymbol{x}(k) = \boldsymbol{G}^k\boldsymbol{x}(0) + \sum_{i=0}^{k-1}\boldsymbol{G}^{k-1-i}\boldsymbol{H}\boldsymbol{u}(i) \tag{9-57}
$$

$$
\boldsymbol{y}(k) = \boldsymbol{C}\boldsymbol{G}^k\boldsymbol{x}(0) + \boldsymbol{C}\sum_{i=0}^{k-1}\boldsymbol{G}^{k-1-i}\boldsymbol{H}\boldsymbol{u}(i) + \boldsymbol{D}\boldsymbol{u}(k) \tag{9-58}
$$

式中，$\boldsymbol{G}^k$ 为 k 个 $\boldsymbol{G}$ 自乘。

例 9-6　已知连续时间系统的状态方程为

$$
\dot{\boldsymbol{x}} = \begin{bmatrix} 0 & 1 \\ -2 & -3 \end{bmatrix}\boldsymbol{x} + \begin{bmatrix} 0 \\ 1 \end{bmatrix}\boldsymbol{u}
$$

设 T=1，试求相应的离散时间状态方程。

解　由例 9-4 已知该连续系统的状态转移矩阵为

$$
\boldsymbol{\Phi}(t) = \begin{bmatrix} 2\mathrm{e}^{-t} - \mathrm{e}^{-2t} & \mathrm{e}^{-t} - \mathrm{e}^{-2t} \\ -2\mathrm{e}^{-t} + 2\mathrm{e}^{-2t} & -\mathrm{e}^{-t} + 2\mathrm{e}^{-2t} \end{bmatrix}
$$

$$
\boldsymbol{\Phi}(T) = \boldsymbol{\Phi}(t)\big|_{t=T=1} = \begin{bmatrix} 0.6004 & 0.2325 \\ -0.4651 & -0.0972 \end{bmatrix}
$$

$$
\boldsymbol{G}(T) = \int_0^T \boldsymbol{\Phi}(\tau)\boldsymbol{B}\,\mathrm{d}\tau = \int_0^T \begin{bmatrix} \mathrm{e}^{-\tau} - \mathrm{e}^{-2\tau} \\ -\mathrm{e}^{-\tau} + 2\mathrm{e}^{-2\tau} \end{bmatrix}\mathrm{d}\tau = \begin{bmatrix} \dfrac{1}{2} - \mathrm{e}^{-T} + \dfrac{1}{2}\mathrm{e}^{-2T} \\ \mathrm{e}^{-T} - \mathrm{e}^{-2T} \end{bmatrix}
$$

$$
\boldsymbol{G}(T)\big|_{T=1} = \begin{bmatrix} 0.1998 \\ 0.2325 \end{bmatrix}
$$

9-2　线性系统的可控性与可观测性

现代控制理论中，用状态方程和输出方程描述系统，其输入和输出构成系统的外部变量，而状态为系统的内部变量，因而存在着系统内的所有状态是否可受输入影响和是否可由输出反映的问题，这就是可控性和可观测性问题。如果系统所有状态变量的运动都可以由输入来影响和控制可由任意的初态达到原点，则称系统完全可控，或者更确切地说是状态完全可控，简称为系统可控；否则，就称系统不完全可控，或简称为系统不可控。相应地，如果系统所有状态变量的任意形式的运动均可由输出完全反映，则称系统状态完全可观测，简称为系统可观测；反之，则称系统不完全可观测，或简称为系统不可观测。

可控性与可观测性概念，是卡尔曼于 20 世纪 60 年代首先提出来的，是用状态空间描述系统引申出来的新概念，在现代控制理论中起着重要作用。它不仅是研究线性系统控制问题必不可少的重要概念，而且对于许多最优控制、最优估计和自适应控制问题，也是常用到的概念之一。下面先举例说明可控性与可观测性的物理概念，然后给出可控性与可观测性的严格定义。

例 9-7　给定系统的动态方程为

$$\begin{bmatrix} \dot{x}_1 \\ \dot{x}_2 \end{bmatrix} = \begin{bmatrix} 4 & 0 \\ 0 & -5 \end{bmatrix} \begin{bmatrix} x_1 \\ x_2 \end{bmatrix} + \begin{bmatrix} 1 \\ 2 \end{bmatrix} u$$

$$y = \begin{bmatrix} 0 & -6 \end{bmatrix} \begin{bmatrix} x_1 \\ x_2 \end{bmatrix}$$

将其表示为标量方程组的形式，有

$$\begin{aligned} \dot{x}_1 &= 4x_1 + u \\ \dot{x}_2 &= -5x_2 + 2u \\ y &= -6x_2 \end{aligned}$$

这表明状态变量 x_1 和 x_2 都可通过选择控制量 u 而由始点达到原点，因而系统完全可控。但是，输出 y 只能反映状态变量 x_2，而与状态变量 x_1 既无直接关系也无间接关系，所以系统是不完全可观测的。

应当指出，上述对可控性和可观测性所作的直观说明，只是对这两个概念的直觉的但不严密的描述，而且也只能用来解释和判断非常直观和非常简单系统的可控性和可观测性。为了揭示可控性和可观测性的本质属性，并用于分析和判断更为一般和较为复杂的系统，需要对这两个概念建立严格的定义，并在此基础上导出相应的判别准则。尽管本章主要研究线性定常系统，但由于线性时变系统的可控性和可观测性定义更具有代表性，而线性定常系统只是线性时变系统的一种特殊类型，因而利用线性时变系统给出可控性和可观测性的严格定义；而在研究线性定常连续和离散系统时，再分别给出可控性及可观测性判据。

1. 可控性

考虑线性时变系统的状态方程

$$\dot{\boldsymbol{x}}(t) = \boldsymbol{A}(t)\boldsymbol{x}(t) + \boldsymbol{B}(t)\boldsymbol{u}(t), \qquad t \in T_t \tag{9-59}$$

式中，$\boldsymbol{x}$ 为 n 维状态向量；$\boldsymbol{u}$ 为 p 维输入向量；T_t 为时间定义区间；$\boldsymbol{A}(t)$和 $\boldsymbol{B}(t)$分别为 $n\times n$ 和 $n\times p$ 矩阵。现对状态可控、系统可控和不可控分别定义如下：

状态可控　对于式(9-59)所示线性时变系统，如果对取定初始时刻 $t_0 \in T_t$ 的一个非零初始状态 $\boldsymbol{x}(t_0)=\boldsymbol{x}_0$，存在一个时刻 $t_1 \in T_t$，$t_1>t_0$，和一个无约束的容许控制 $\boldsymbol{u}(t)$, $t\in[t_0, t_1]$，使状态由 $\boldsymbol{x}(t_0)=\boldsymbol{x}_0$ 转移到 t_1 时的 $\boldsymbol{x}(t_1)=\boldsymbol{0}$，则称此 $\boldsymbol{x}_0$ 在 t_0 时刻可控。

系统可控　对于式(9-59)所示线性时变系统，如果状态空间中的所有非零状态都是在 $t_0(t_0 \in T_t)$时刻可控的，则称系统在时刻 t_0 是完全可控或一致可控的，简称系统在时刻 t_0 可控。

系统不完全可控　对于式(9-59)所示线性时变系统，取定初始时刻 $t_0 \in T_t$，如果状态空间中存在一个或一些非零状态在时刻 t_0 是不可控的，则称系统在时刻 t_0 是不完全可控的，也可称为系统不可控。

在上述定义中，只要求系统在可找到的控制 $\boldsymbol{u}(t)$的作用下，使 t_0时刻的非零状态 x_0在 T_t上的一段有限时间内转移到状态空间的坐标原点，而对于状态转移的轨迹则未加任何限制和规定。所以，可控性是表征系统状态运动的一个定性特性。定义中对控制 $\boldsymbol{u}(t)$的每个分量的幅值并未加以限制，可为任意大的要求值。但 $\boldsymbol{u}(t)$必须是容许控制，即 $\boldsymbol{u}(t)$的每个分量 $u_i(t)(i=1, 2, \cdots, p)$均在时间区间 T_t上平方可积，即

$$\int_{t_0}^{t}\left|u_i(t)\right|^2 \mathrm{d}t < \infty;\qquad t_0, t \in T_t$$

此外，对于线性时变系统，其可控性与初始时刻 t_0的选取有关，是相对于 T_t中的一个取定时刻 t_0来定义的。而对于线性定常系统，其可控性与初始时刻 t_0的选取无关。

2. 可观测性

可观测性表征了状态可由输出完全反映的性能，所以应同时考虑系统的状态方程和输出方程

$$\dot{\boldsymbol{x}}(t) = \boldsymbol{A}(t)\boldsymbol{x}(t) + \boldsymbol{B}(t)\boldsymbol{u}(t),\qquad t \in T_t \tag{9-60a}$$

$$\boldsymbol{y}(t) = \boldsymbol{C}(t)\boldsymbol{x}(t) + \boldsymbol{D}(t)\boldsymbol{u}(t),\qquad \boldsymbol{x}(t_0) = \boldsymbol{x}_0 \tag{9-60b}$$

式中，$\boldsymbol{A}(t)$，$\boldsymbol{B}(t)$，$\boldsymbol{C}(t)$和 $\boldsymbol{D}(t)$分别为 $n\times n$，$n\times p$，$q\times n$ 和 $q\times p$ 的满足状态方程解的存在唯一性条件的时变矩阵。式(9-60a)状态方程的解为

$$\boldsymbol{x}(t) = \boldsymbol{\Phi}(t,t_0)\boldsymbol{x}_0 + \int_{t_0}^{t}\boldsymbol{\Phi}(t,\tau)\boldsymbol{B}(\tau)\boldsymbol{u}(\tau)\,\mathrm{d}\tau \tag{9-61}$$

式中，$\boldsymbol{\Phi}(t, t_0)$为系统的状态转移矩阵。将式(9-61)代入式(9-60b)，可得输出响应为

$$\boldsymbol{y}(t) = \boldsymbol{C}(t)\boldsymbol{\Phi}(t,t_0)\boldsymbol{x}_0 + \boldsymbol{C}(t)\int_{t_0}^{t}\boldsymbol{\Phi}(t,\tau)\boldsymbol{B}(\tau)\boldsymbol{u}(\tau)\,\mathrm{d}\tau + \boldsymbol{D}(t)\boldsymbol{u}(t) \tag{9-62}$$

在研究可观测性问题时，输出 $\boldsymbol{y}$ 和输入 $\boldsymbol{u}$ 均假定为已知，只有初始状态 $\boldsymbol{x}_0$是未知的。因此，若定义

$$\overline{\boldsymbol{y}}(t) \triangleq \boldsymbol{y}(t) - \boldsymbol{C}(t)\int_{t_0}^{t}\boldsymbol{\Phi}(t,\tau)\boldsymbol{B}(\tau)\boldsymbol{u}(\tau)\,\mathrm{d}\tau - \boldsymbol{D}(t)\boldsymbol{u}(t)$$

则式(9-62)可写为

$$\overline{\boldsymbol{y}}(t) = \boldsymbol{C}(t)\boldsymbol{\Phi}(t,t_0)\boldsymbol{x}_0 \tag{9-63}$$

这表明可观测性即是 x_0 可由 $\overline{y}$ 完全确定的性能。由于 $\overline{\boldsymbol{y}}$ 和 x_0 可取任意值，所以这又等价于研究 $\boldsymbol{u}=\boldsymbol{0}$ 时由 $\boldsymbol{y}$ 来估计 $\boldsymbol{x}_0$ 的可能性，即研究零输入方程

$$\dot{\boldsymbol{x}}(t) = \boldsymbol{A}(t)\boldsymbol{x}(t),\qquad \boldsymbol{x}(t_0) = \boldsymbol{x}_0,\qquad t_0, t \in T_t \tag{9-64a}$$

$$\boldsymbol{y}(t) = \boldsymbol{C}(t)\boldsymbol{x}(t) \tag{9-64b}$$

的可观测性。式(9-62)成为

$$\boldsymbol{y}(t) = \boldsymbol{C}(t)\boldsymbol{\Phi}(t,t_0)\boldsymbol{x}_0 \tag{9-65}$$

下面基于式(9-64)给出系统可观测性的有关定义。

系统完全可观测　对于式(9-64)所示线性时变系统，如果取定初始时刻 $t_0 \in T_t$，存在一个有限时刻 $t_1 \in T_t$，$t_1 > t_0$，对于所有 $t \in [t_0, t_1]$，系统的输出 $\boldsymbol{y}(t)$能唯一确定状态向量的

初值 $\boldsymbol{x}(t_0)$，则称系统在$[t_0, t_1]$内是完全可观测的，简称系统可观测。如果对于一切 $t_1>t_0$ 系统都是可观测的，则称系统在$[t_0, \infty)$内完全可观测。

系统不可观测　对于式(9-64)所示线性时变系统，如果取定初始时刻 $t_0\in T_t$，存在一个有限时刻 $t_1\in T_t$，$t_1>t_0$，对于所有 $t\in[t_0, t_1]$，系统的输出 $\boldsymbol{y}(t)$不能唯一确定所有状态的初值 $x_i(t_0)$，$i=1, 2, \cdots, n$，即至少有一个状态的初值不能被 $\boldsymbol{y}(t)$确定，则称系统在时间区间$[t_0, t_1]$内是不完全可观测的，简称系统不可观测。

3. 线性定常连续系统的可控性判据

考虑线性定常连续系统的状态方程

$$\dot{\boldsymbol{x}}(t)=\boldsymbol{A}\boldsymbol{x}(t)+\boldsymbol{B}\boldsymbol{u}(t),\quad \boldsymbol{x}(0)=\boldsymbol{x}_0,\quad t\geqslant 0 \tag{9-66}$$

式中，$\boldsymbol{x}$ 为 n 维状态向量；$\boldsymbol{u}$ 为 p 维输入向量；$\boldsymbol{A}$ 和 $\boldsymbol{B}$ 分别为 $n\times n$ 和 $n\times p$ 常值矩阵。下面根据 $\boldsymbol{A}$ 和 $\boldsymbol{B}$ 给出系统可控性的常用判据。

线性定常连续系统可控性的常用判据是直接由矩阵 $\boldsymbol{A}$ 和 $\boldsymbol{B}$ 判断可控性的秩判据。由于在推导秩判据时要用到凯莱-哈密顿定理，所以下面先介绍凯莱-哈密顿定理，然后再给出秩判据。

凯莱-哈密顿定理　设 n 阶矩阵 $\boldsymbol{A}$ 的特征多项式为

$$f(\lambda)=\left|\lambda\boldsymbol{I}-\boldsymbol{A}\right|=\lambda^n+a_{n-1}\lambda^{n-1}+\cdots+a_1\lambda+a_0 \tag{9-67}$$

则 $\boldsymbol{A}$ 满足其特征方程，即

$$f(\boldsymbol{A})=\boldsymbol{A}^n+a_{n+1}\boldsymbol{A}^{n-1}+\cdots+a_1\boldsymbol{A}+a_0\boldsymbol{I}=\boldsymbol{0} \tag{9-68}$$

证明　由于

$$(\lambda\boldsymbol{I}-\boldsymbol{A})^{-1}=\frac{\boldsymbol{B}(\lambda)}{\left|\lambda\boldsymbol{I}-\boldsymbol{A}\right|}=\frac{\boldsymbol{B}(\lambda)}{f(\lambda)} \tag{9-69}$$

式中，$\boldsymbol{B}(\lambda)$为$(\lambda\boldsymbol{I}-\boldsymbol{A})$的伴随矩阵，其一般展开式为

$$\boldsymbol{A}=\begin{bmatrix} a_{11} & a_{12} & \cdots & a_{1n}\\ a_{21} & a_{22} & \cdots & a_{2n}\\ \vdots & \vdots & & \vdots\\ a_{n1} & a_{n2} & \cdots & a_{nn}\end{bmatrix},\qquad \lambda\boldsymbol{I}-\boldsymbol{A}=\begin{bmatrix} \lambda-a_{11} & -a_{12} & \cdots & -a_{1n}\\ -a_{21} & \lambda-a_{22} & \cdots & -a_{2n}\\ \vdots & \vdots & & \vdots\\ -a_{n1} & -a_{n2} & \cdots & \lambda-a_{nn}\end{bmatrix}$$

$$\boldsymbol{B}(\lambda)=\begin{bmatrix} (-1)^{1+1}\begin{vmatrix}\lambda-a_{22} & \cdots & -a_{2n}\\ \vdots & & \vdots\\ -a_{n2} & \cdots & \lambda-a_{nn}\end{vmatrix} & \cdots & (-1)^{n+1}\begin{vmatrix}-a_{12} & \cdots & -a_{1n}\\ \vdots & & \vdots\\ -a_{n-1,2} & \cdots & -a_{n-1,n}\end{vmatrix}\\ \vdots & & \vdots\\ (-1)^{1+n}\begin{vmatrix}-a_{21} & \cdots & -a_{2,n-1}\\ \vdots & & \vdots\\ -a_{n1} & \cdots & -a_{n,n-1}\end{vmatrix} & \cdots & (-1)^{n+n}\begin{vmatrix}\lambda-a_{11} & \cdots & -a_{1,n-1}\\ \vdots & & \vdots\\ -a_{n-1,1} & \cdots & -a_{n-1,n-1}\end{vmatrix}\end{bmatrix}$$

显见 $\boldsymbol{B}(\lambda)$的元素均为 $n-1$ 阶多项式，由矩阵加法规则可将其分解为 n 个矩阵之和，即

$$B(\lambda)=\lambda^{n-1}B_{n-1}=\lambda^{n-2}B_{n-2}+\cdots+\lambda B_1+B_0 \tag{9-70}$$

式中，B_{n-1}，B_{n-2}，…，B_0 均为 n 阶矩阵。将式(9-69)两端右乘$(\lambda I-A)$，得

$$B(\lambda)(\lambda I-A)=f(\lambda)I \tag{9-71}$$

将式(9-70)代入式(9-71)并展开，有

$$\begin{aligned}&\lambda^n B_{n-1}+\lambda^{n-1}(B_{n-2}-B_{n-1}A)+\lambda^{n-2}(B_{n-3}-B_{n-2}A)+\cdots+\lambda(B_0-B_1A)-B_0A\\&=\lambda^n I+a_{n-1}\lambda^{n-1}I+\cdots+a_1\lambda I+a_0 I\end{aligned} \tag{9-72}$$

令式(9-72)等号两边λ同次项的系数相等，可得

$$\begin{aligned}&B_{n-1}=I\\&B_{n-2}-B_{n-1}A=a_{n-1}I\\&\quad\vdots\\&B_0-B_1A=a_1I\\&-B_0A=a_0I\end{aligned} \tag{9-73}$$

将式(9-73)两端按顺序右乘 A^n，A^{n-1}，…，A^1，A^0 得

$$\begin{aligned}&B_{n-1}A^n=A^n\\&B_{n-2}A^{n-1}-B_{n-1}A^n=a_{n-1}A^{n-1}\\&\quad\vdots\\&B_0A-B_1A^2=a_1A\\&-B_0A=a_0I\end{aligned} \tag{9-74}$$

将式(9-74)中各式相加，可证得

$$f(A)=A^n+a_{n-1}A^{n-1}+\cdots+a_1A+a_0I=0$$

推论 1　矩阵 A 的 $k(k\geqslant n)$次幂可表示为 A 的 $n-1$ 阶多项式

$$A^k=\sum_{m=0}^{n-1}\alpha_m A^m,\qquad k\geqslant n \tag{9-75}$$

证明　由于

$$A^n=-a_{n-1}A^{n-1}-a_{n-2}A^{n-2}-\cdots-a_1A-a_0I$$

则

$$\begin{aligned}A^{n+1}=AA^n&=-a_{n-1}A^n-a_{n-2}A^{n-1}-\cdots-a_1A^2-a_0A\\&=-a_{n-1}(-a_{n-1}A^{n-1}-\cdots-a_1A-a_0I)-a_{n-2}A^{n-1}-\cdots-a_1A^2-a_0A\\&=(a_{n-1}^2-a_{n-2})A^{n-1}+(a_{n-1}a_{n-2}-a_{n-3})A^{n-2}+\cdots\\&\quad+(a_{n-1}a_2-a_1)A^2+(a_{n-1}a_1-a_0)A+a_{n-1}a_0I\end{aligned}$$

故上述推论成立。式(9-75)中的α_m与 A 阵的元素有关。此推论可用以简化矩阵幂的计算。

推论 2　矩阵指数 e^{At}可表示为 A 的 $n-1$ 阶多项式

$$e^{At}=\sum_{m=0}^{n-1}\alpha_m(t)A^m \tag{9-76}$$

证明　由于

$$\begin{aligned}
e^{At} &= I + At + \frac{1}{2}A^2t^2 + \cdots + \frac{1}{(n-1)!}A^{n-1}t^{n-1} \\
&\quad + \frac{1}{n!}A^n t^n + \frac{1}{(n+1)!}A^{n+1}t^{n+1} + \cdots + \frac{1}{k!}A^k t^k + \cdots \\
&= I + At + \frac{1}{2}A^2t^2 + \cdots + \frac{1}{(n-1)!}A^{n-1}t^{n-1} \\
&\quad + \frac{1}{n!}(-a_{n-1}A^{n-1} - a_{n-2}A^{n-2} - \cdots - a_1A - a_0I)t^n \\
&\quad + \frac{1}{(n+1)!}\Big[(a_{n-1}^2 - a_{n-2})A^{n-1} + (a_{n-1}a_{n-2} - a_{n-3})A^{n-2} + \cdots \\
&\quad + (a_{n-1}a_2 - a_1)A^2 + (a_{n-1}a_1 - a_0)A + a_{n-1}a_0I\Big]t^{n+1} + \cdots \\
&= \left(1 - \frac{1}{n!}a_0t^n + \frac{1}{(n+1)!}a_{n-1}a_0t^{n+1} + \cdots\right)I \\
&\quad + \left[t - \frac{1}{n!}a_1t^n + \frac{1}{(n+1)!}(a_{n-1}a_1 - a_0)t^{n+1} + \cdots\right]A \\
&\quad + \left[\frac{1}{2}t^2 - \frac{1}{n!}a_2t^n + \frac{1}{(n+1)!}(a_{n-1}a_2 - a_1)t^{n+1} + \cdots\right]A^2 + \cdots \\
&\quad + \left[\frac{1}{(n-1)!}t^{n-1} - \frac{1}{n!}a_{n-1}t^n + \frac{1}{(n+1)!}(a_{n-1}^2 - a_{n-2})t^{n+1} + \cdots\right]A^{n-1}
\end{aligned}$$

令

$$\alpha_0(t) = 1 - \frac{1}{n!}a_0t^n + \frac{1}{(n+1)!}a_{n-1}a_0t^{n+1} + \cdots$$

$$\alpha_1(t) = t - \frac{1}{n!}a_1t^n + \frac{1}{(n+1)!}(a_{n-1}a_1 - a_0)t^{n+1} + \cdots$$

$$\alpha_2(t) = \frac{1}{2}t^2 - \frac{1}{n!}a_2t^n + \frac{1}{(n+1)!}(a_{n-1}a_2 - a_1)t^{n+1} + \cdots$$

$$\vdots$$

$$\alpha_{n-1}(t) = \frac{1}{(n-1)!}t^{n-1} - \frac{1}{n!}a_{n-1}t^n + \frac{1}{(n+1)!}(a_{n-1}^2 - a_{n-2})t^{n+1} + \cdots$$

则有

$$e^{At} = \alpha_0(t)I + \alpha_1(t)A + \alpha_2(t)A^2 + \cdots + \alpha_{n-1}(t)A^{n-1} = \sum_{m=0}^{n-1}\alpha_m(t)A^m$$

故推论 2 成立。式(9-76)中的$\alpha_m(t)(m=0, 1, 2, \cdots, n-1)$均为 t 的幂函数，对于 $t\in[0, t_f]$，不同时刻构成的向量组$[\alpha_0(0), \cdots, \alpha_{n-1}(0)]$，…，$[\alpha_0(t_f), \cdots, \alpha_{n-1}(t_f)]$是线性无关的向量组，其中任一向量都无法表示成为其他向量的线性组合。同理，e^{-At}也可表示为 A 的 $n-1$ 阶多项式

$$e^{-At} = \sum_{m=0}^{n-1}\alpha'_m(t)A^m \tag{9-77}$$

式中

$$\alpha_0'(t)=1-(-1)^n\frac{1}{n!}a_0t^n+(-1)^{n+1}\frac{1}{(n+1)!}a_{n-1}a_0t^{n+1}+\cdots$$

$$\alpha_1'(t)=-t-(-1)^n\frac{1}{n!}a_1t^n+(-1)^{n+1}\frac{1}{(n+1)!}(a_{n-1}a_1-a_0)t^{n+1}+\cdots$$

$$\vdots$$

$$\alpha_{n-1}'(t)=(-1)^{n-1}\frac{1}{(n-1)!}t^{n-1}-(-1)^n\frac{1}{n!}a_{n-1}t^n$$
$$+(-1)^{n+1}\frac{1}{(n+1)!}(a_{n-1}^2-a_{n-2})t^{n+1}+\cdots$$

例 9-8 已知 $\boldsymbol{A}=\begin{bmatrix}1 & 2\\ 0 & 1\end{bmatrix}$，试算出 $\boldsymbol{A}^{100}$。

解 $\boldsymbol{A}$ 的特征多项式为

$$f(\lambda)=|\lambda\boldsymbol{I}-\boldsymbol{A}|=\begin{vmatrix}\lambda-1 & -2\\ 0 & \lambda-1\end{vmatrix}=\lambda^2-2\lambda+1$$

根据凯莱-哈密顿定理，有

$$f(\boldsymbol{A})=\boldsymbol{A}^2-2\boldsymbol{A}+\boldsymbol{I}=0$$

$$\boldsymbol{A}^2=2\boldsymbol{A}-\boldsymbol{I}$$

故

$$\boldsymbol{A}^3=\boldsymbol{A}\boldsymbol{A}^2=2\boldsymbol{A}^2-\boldsymbol{A}=2(2\boldsymbol{A}-\boldsymbol{I})-\boldsymbol{A}=3\boldsymbol{A}-2\boldsymbol{I}$$

$$\boldsymbol{A}^4=\boldsymbol{A}\boldsymbol{A}^3=3\boldsymbol{A}^2-2\boldsymbol{A}=3(2\boldsymbol{A}-\boldsymbol{I})-2\boldsymbol{A}=4\boldsymbol{A}-3\boldsymbol{I}$$

根据数学归纳法有

$$\boldsymbol{A}^k=k\boldsymbol{A}-(k-1)\boldsymbol{I}$$

$$\boldsymbol{A}^{100}=100\boldsymbol{A}-99\boldsymbol{I}=\begin{bmatrix}100 & 200\\ 0 & 100\end{bmatrix}-\begin{bmatrix}99 & 0\\ 0 & 99\end{bmatrix}=\begin{bmatrix}1 & 200\\ 0 & 1\end{bmatrix}$$

秩判据 线性定常连续系统(9-66)完全可控的充分必要条件是

$$\operatorname{rank}\begin{bmatrix}\boldsymbol{B} & \boldsymbol{AB} & \cdots & \boldsymbol{A}^{n-1}\boldsymbol{B}\end{bmatrix}=n \tag{9-78}$$

式中，n 为矩阵 $\boldsymbol{A}$ 的维数；$\boldsymbol{S}=[\boldsymbol{B}\ \ \boldsymbol{AB}\ \ \cdots\ \ \boldsymbol{A}^{n-1}\ \ \boldsymbol{B}]$，称为系统的可控性判别阵。

例 9-9 桥式网络如图 9-16 所示，试用可控性判据判断其可控性。

解 该桥式网络的微分方程为

$$i_L=i_1+i_2=i_3+i_4$$
$$R_4i_4+u_C=R_3i_3$$
$$R_1i_1+u_C=R_2i_2$$
$$L\frac{\mathrm{d}i_L}{\mathrm{d}t}+R_1i_1+R_3i_3=u$$

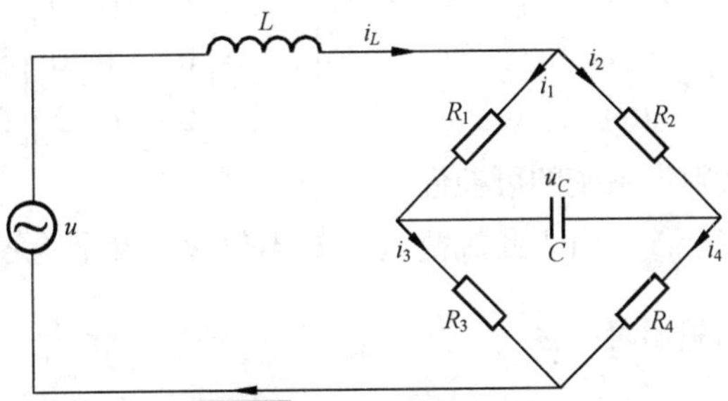

图 9-16 例 9-9 桥式网络

选取状态变量 $x_1=i_L,x_2=u_C$，消去微分方组中的 i_1，i_2，i_3，i_4，可得状态方程

$$\dot{x}_1=-\frac{1}{L}\left(\frac{R_1R_2}{R_1+R_2}+\frac{R_3R_4}{R_3+R_4}\right)x_1+\frac{1}{L}\left(\frac{R_1}{R_1+R_2}-\frac{R_3}{R_3+R_4}\right)x_2+\frac{1}{L}u$$

$$\dot{x}_2=\frac{1}{C}\left(\frac{R_2}{R_1+R_2}-\frac{R_4}{R_3+R_4}\right)x_1-\frac{1}{C}\left(\frac{1}{R_1+R_2}-\frac{1}{R_3+R_4}\right)x_2$$

其可控性矩阵为

$$\boldsymbol{S}=[\boldsymbol{b}\quad \boldsymbol{Ab}]=\begin{bmatrix}\dfrac{1}{L} & -\dfrac{1}{L^2}\left(\dfrac{R_1R_2}{R_1+R_2}+\dfrac{R_3R_4}{R_3+R_4}\right)\\ 0 & -\dfrac{1}{LC}\left(\dfrac{R_4}{R_3+R_4}-\dfrac{R_2}{R_1+R_2}\right)\end{bmatrix}$$

当 $\dfrac{R_4}{R_3+R_4}\neq\dfrac{R_2}{R_1+R_2}$ 时，$\operatorname{rank}\boldsymbol{S}=2=n$，系统可控。但是，当电桥处于平衡状态，即 $R_1R_4=R_2R_3$ 时，$\dfrac{R_1}{R_1+R_2}=\dfrac{R_3}{R_3+R_4}$ 及 $\dfrac{R_2}{R_1+R_2}=\dfrac{R_4}{R_3+R_4}$ 成立，这时状态方程变为

$$\dot{x}_1=-\frac{1}{L}\left(\frac{R_1R_2}{R_1+R_2}+\frac{R_3R_4}{R_3+R_4}\right)x_1+\frac{1}{L}u,\qquad \dot{x}_2=-\frac{1}{C}\left(\frac{1}{R_1+R_2}-\frac{1}{R_3+R_4}\right)x_2$$

可控性矩阵为

$$\boldsymbol{S}=[\boldsymbol{b}\quad \boldsymbol{Ab}]=\begin{bmatrix}\dfrac{1}{L} & -\dfrac{1}{L^2}\left(\dfrac{R_1R_2}{R_1+R_2}+\dfrac{R_3R_4}{R_3+R_4}\right)\\ 0 & 0\end{bmatrix}$$

$\operatorname{rank}\boldsymbol{S}=1<n$，系统不可控，$u$ 不能控制 x_2，x_2 是不可控状态变量。

对角线规范型判据 当线性定常连续系统(9-66)矩阵 $\boldsymbol{A}$ 的特征值 λ_1，λ_2，…，λ_n 是两两相异时，由线性变换可将式(9-66)变为对角线规范型

$$\dot{\bar{\boldsymbol{x}}}=\begin{bmatrix}\lambda_1 & & & 0\\ & \lambda_2 & & \\ & & \ddots & \\ 0 & & & \lambda_n\end{bmatrix}\bar{\boldsymbol{x}}+\bar{\boldsymbol{B}}\boldsymbol{u} \tag{9-79}$$

则系统(9-66)完全可控的充分必要条件是，在式(9-79)中，$\bar{\boldsymbol{B}}$ 不包含元素全为零的行。

证明 可用秩判据予以证明，推证过程略。

例 9-10 已知线性定常系统的对角线规范型为

$$\begin{bmatrix}\dot{\bar{x}}_1\\ \dot{\bar{x}}_2\\ \dot{\bar{x}}_3\end{bmatrix}=\begin{bmatrix}8 & 0 & 0\\ 0 & -1 & 0\\ 0 & 0 & 2\end{bmatrix}\begin{bmatrix}\bar{x}_1\\ \bar{x}_2\\ \bar{x}_3\end{bmatrix}+\begin{bmatrix}0 & 1\\ 3 & 0\\ 0 & 2\end{bmatrix}\begin{bmatrix}u_1\\ u_2\end{bmatrix}$$

试判定系统的可控性。

解 由于此规范型中 $\bar{\boldsymbol{B}}$ 不包含元素全为零的行，故系统完全可控。

4. 输出可控性

如果系统需要控制的是输出量而不是状态量，则需要研究系统的输出可控性。

输出可控性　若在有限时间间隔$[t_0, t_1]$内，存在无约束分段连续控制函数 $\boldsymbol{u}(t)$，$t\in[t_0, t_1]$，能使任意初始输出 $\boldsymbol{y}(t_0)$转移到任意最终输出 $\boldsymbol{y}(t_1)$，则称此系统输出完全可控，简称输出可控。

输出可控性判据　设线性定常连续系统的状态方程和输出方程为

$$\dot{\boldsymbol{x}} = \boldsymbol{A}\boldsymbol{x} + \boldsymbol{B}\boldsymbol{u},\quad \boldsymbol{x}(0) = \boldsymbol{x}_0,\quad t \in [0, t_1] \tag{9-80}$$

$$\boldsymbol{y} = \boldsymbol{C}\boldsymbol{x} + \boldsymbol{D}\boldsymbol{u} \tag{9-81}$$

式中，$\boldsymbol{u}$ 为 p 维输入向量；$\boldsymbol{y}$ 为 q 维输出向量；$\boldsymbol{x}$ 为 n 维状态向量。状态方程(9-80)的解为

$$\boldsymbol{x}(t_1) = \mathrm{e}^{\boldsymbol{A}t_1}\boldsymbol{x}_0 + \int_0^{t_1} \mathrm{e}^{\boldsymbol{A}(t_1-t)}\boldsymbol{B}\boldsymbol{u}(t)\mathrm{d}t$$

则输出为

$$\boldsymbol{y}(t_1) = \boldsymbol{C}\mathrm{e}^{\boldsymbol{A}t_1}\boldsymbol{x}_0 + \boldsymbol{C}\int_0^{t_1} \mathrm{e}^{\boldsymbol{A}(t_1-t)}\boldsymbol{B}\boldsymbol{u}(t)\mathrm{d}t + \boldsymbol{D}\boldsymbol{u}(t_1) \tag{9-82}$$

不失一般性，令 $\boldsymbol{y}(t_1)=\boldsymbol{0}$，并应用凯莱-哈密顿定理的推论 2，有

$$\begin{aligned}\boldsymbol{C}\mathrm{e}^{\boldsymbol{A}t_1}\boldsymbol{x}_0 &= -\boldsymbol{C}\int_0^{t_1} \mathrm{e}^{\boldsymbol{A}(t_1-t)}\boldsymbol{B}\boldsymbol{u}(t)\mathrm{d}t - \boldsymbol{D}\boldsymbol{u}(t_1)\\ &= -\boldsymbol{C}\int_0^{t_1}\sum_{m=0}^{n-1}\alpha_m(t)\boldsymbol{A}^m\boldsymbol{B}\boldsymbol{u}(t)\mathrm{d}t - \boldsymbol{D}\boldsymbol{u}(t_1)\\ &= -\boldsymbol{C}\sum_{m=0}^{n-1}\boldsymbol{A}^m\boldsymbol{B}\int_0^{t_1}\alpha_m(t)\boldsymbol{u}(t)\mathrm{d}t - \boldsymbol{D}\boldsymbol{u}(t_1)\end{aligned}$$

令 $\boldsymbol{u}_m(t_1) = \int_0^{t_1}\alpha_m(t)\boldsymbol{u}(t)\mathrm{d}t$，则

$$\begin{aligned}\boldsymbol{C}\mathrm{e}^{\boldsymbol{A}t_1}\boldsymbol{x}_0 &= -\boldsymbol{C}\sum_{m=0}^{n-1}\boldsymbol{A}^m\boldsymbol{B}\boldsymbol{u}_m(t) - \boldsymbol{D}\boldsymbol{u}(t_1)\\ &= -\boldsymbol{C}\boldsymbol{B}\boldsymbol{u}_0(t_1) - \boldsymbol{C}\boldsymbol{A}\boldsymbol{B}\boldsymbol{u}_1(t_1) - \cdots - \boldsymbol{C}\boldsymbol{A}^{n-1}\boldsymbol{B}\boldsymbol{u}_{n-1}(t_1) - \boldsymbol{D}\boldsymbol{u}(t_1)\\ &= -\begin{bmatrix}\boldsymbol{C}\boldsymbol{B} & \boldsymbol{C}\boldsymbol{A}\boldsymbol{B} & \cdots & \boldsymbol{C}\boldsymbol{A}^{n-1}\boldsymbol{B} & \boldsymbol{D}\end{bmatrix}\begin{bmatrix}\boldsymbol{u}_0(t_1)\\ \boldsymbol{u}_1(t_1)\\ \vdots\\ \boldsymbol{u}_{n-1}(t_1)\\ \boldsymbol{u}(t_1)\end{bmatrix}\end{aligned} \tag{9-83}$$

令

$$\boldsymbol{S}_0 = \begin{bmatrix}\boldsymbol{C}\boldsymbol{B} & \boldsymbol{C}\boldsymbol{A}\boldsymbol{B} & \cdots & \boldsymbol{C}\boldsymbol{A}^{n-1}\boldsymbol{B} & \boldsymbol{D}\end{bmatrix} \tag{9-84}$$

其中，$\boldsymbol{S}_0$ 为 $q\times(n+1)p$ 矩阵，称为输出可控性矩阵。故可证得：输出可控的充分必要条件是，输出可控性矩阵的秩等于输出向量的维数 q，即

$$\mathrm{rank}\boldsymbol{S}_0 = q \tag{9-85}$$

需要注意的是，状态可控性与输出可控性是两个不同的概念，二者没有什么必然的联系。

例 9-11　已知系统的状态方程和输出方程为

$$\dot{\boldsymbol{x}} = \begin{bmatrix}0 & 1\\ -1 & -2\end{bmatrix}\boldsymbol{x} + \begin{bmatrix}1\\ -1\end{bmatrix}u$$

$$y = \begin{bmatrix}1 & 0\end{bmatrix}\boldsymbol{x}$$

试判断系统的状态可控性和输出可控性。

解　系统的状态可控性矩阵为

$$\boldsymbol{S}=\begin{bmatrix}\boldsymbol{b} & \boldsymbol{A}\boldsymbol{b}\end{bmatrix}=\begin{bmatrix}1 & -1\\ -1 & 1\end{bmatrix}$$

$|\boldsymbol{S}|=0$，$\mathrm{rank}\boldsymbol{S}<2$，故状态不完全可控。

输出可控性矩阵为

$$\boldsymbol{S}_0=\begin{bmatrix}\boldsymbol{cb} & \boldsymbol{cAb} & d\end{bmatrix}=\begin{bmatrix}1 & -1 & 0\end{bmatrix}$$

因 $\mathrm{rank}\boldsymbol{S}_0=1=q$，故输出可控。

5. 线性定常连续系统的可观测性判据

考虑输入 $\boldsymbol{u}=\boldsymbol{0}$ 时系统的状态方程和输出方程

$$\dot{\boldsymbol{x}}=\boldsymbol{A}\boldsymbol{x},\quad \boldsymbol{x}(0)=\boldsymbol{x}_0,\quad t\geqslant 0,\quad \boldsymbol{y}=\boldsymbol{C}\boldsymbol{x} \tag{9-86}$$

式中，$\boldsymbol{x}$ 为 $\boldsymbol{n}$ 维状态向量；$\boldsymbol{y}$ 为 q 维输出向量；$\boldsymbol{A}$ 和 $\boldsymbol{C}$ 分别为 $n\times n$ 和 $q\times n$ 的常值矩阵。

秩判据　定常连续系统(9-86)完全可观测的充分必要条件是

$$\mathrm{rank}\begin{bmatrix}\boldsymbol{C}\\ \boldsymbol{C}\boldsymbol{A}\\ \vdots\\ \boldsymbol{C}\boldsymbol{A}^{n-1}\end{bmatrix}=n \tag{9-87}$$

或

$$\mathrm{rank}\begin{bmatrix}\boldsymbol{C}^{\mathrm{T}} & \boldsymbol{A}^{\mathrm{T}}\boldsymbol{C}^{\mathrm{T}} & (\boldsymbol{A}^{\mathrm{T}})^2\boldsymbol{C}^{\mathrm{T}} & \cdots & (\boldsymbol{A}^{\mathrm{T}})^{n-1}\boldsymbol{C}^{\mathrm{T}}\end{bmatrix}=n \tag{9-88}$$

式(9-87)和式(9-88)中的矩阵均称为系统可观测性判别阵，简称可观测性阵。

证明　由式(9-86)，有

$$\boldsymbol{y}(t)=\boldsymbol{C}\mathrm{e}^{\boldsymbol{A}t}\boldsymbol{x}_0$$

利用凯莱-哈密顿定理的推论 2，$\mathrm{e}^{\boldsymbol{A}t}$ 的级数展开式为式(9-76)，可得

$$\begin{aligned}\boldsymbol{y}(t)&=\boldsymbol{C}\mathrm{e}^{\boldsymbol{A}t}\boldsymbol{x}_0=\boldsymbol{C}\sum_{m=0}^{n-1}\alpha_m(t)\boldsymbol{A}^m\boldsymbol{x}_0\\&=\begin{bmatrix}\boldsymbol{C}\alpha_0(t)+\boldsymbol{C}\alpha_1(t)\boldsymbol{A}+\cdots+\boldsymbol{C}\alpha_{n-1}(t)\boldsymbol{A}^{n-1}\end{bmatrix}\boldsymbol{x}_0\\&=\begin{bmatrix}\alpha_0(t)\boldsymbol{I}_q & \alpha_1(t)\boldsymbol{I}_q & \cdots & \alpha_{n-1}(t)\boldsymbol{I}_q\end{bmatrix}\begin{bmatrix}\boldsymbol{C}\\ \boldsymbol{C}\boldsymbol{A}\\ \vdots\\ \boldsymbol{C}\boldsymbol{A}^{n-1}\end{bmatrix}\boldsymbol{x}_0\end{aligned} \tag{9-89}$$

式中，$\boldsymbol{I}_q$ 为 q 阶单位阵。已知$[\alpha_0(t)\boldsymbol{I}_q\ \ \cdots\ \ \alpha_{n-1}(t)\ \ \boldsymbol{I}_q]$的 n_q 列线性无关，于是根据测得的 $\boldsymbol{y}(t)$可唯一确定 $\boldsymbol{x}_0$ 的充分必要条件是

$$\mathrm{rank}\boldsymbol{V}=\mathrm{rank}\begin{bmatrix}\boldsymbol{C}\\ \boldsymbol{C}\boldsymbol{A}\\ \vdots\\ \boldsymbol{C}\boldsymbol{A}^{n-1}\end{bmatrix}=n$$

这就是式(9-87)。

例 9-12　试判断下列两个系统的可观测性

$$\dot{\boldsymbol{x}} = \boldsymbol{A}\boldsymbol{x} + \boldsymbol{B}\boldsymbol{u}, \quad \boldsymbol{y} = \boldsymbol{C}\boldsymbol{x}$$

1) $\boldsymbol{A} = \begin{bmatrix} -2 & 0 \\ 0 & -1 \end{bmatrix}, \quad \boldsymbol{b} = \begin{bmatrix} 3 \\ 1 \end{bmatrix}, \quad \boldsymbol{c} = \begin{bmatrix} 1 & 0 \end{bmatrix}$

2) $\boldsymbol{A} = \begin{bmatrix} 1 & -1 \\ 1 & 1 \end{bmatrix}, \quad \boldsymbol{B} = \begin{bmatrix} 2 & -1 \\ 1 & 0 \end{bmatrix}, \quad \boldsymbol{C} = \begin{bmatrix} 1 & 0 \\ -1 & 1 \end{bmatrix}$

解　1) $\operatorname{rank}\boldsymbol{V} = \operatorname{rank}\begin{bmatrix} \boldsymbol{c}^{\mathrm{T}} & \boldsymbol{A}^{\mathrm{T}}\boldsymbol{c}^{\mathrm{T}} \end{bmatrix} = \operatorname{rank}\begin{bmatrix} 1 & -2 \\ 0 & 0 \end{bmatrix} = 1 < n = 2$，故系统不可观测。

2) $\operatorname{rank}\boldsymbol{V} = \operatorname{rank}\begin{bmatrix} \boldsymbol{C}^{\mathrm{T}} & \boldsymbol{A}^{\mathrm{T}}\boldsymbol{C}^{\mathrm{T}} \end{bmatrix} = \operatorname{rank}\begin{bmatrix} 1 & -1 & 1 & 0 \\ 0 & 1 & -1 & 2 \end{bmatrix} = 2 = n$，故系统可观测。

对角线规范型判据　线性定常连续系统(9-86)完全可观测的充分必要条件是：当矩阵 $\boldsymbol{A}$ 的特征值 $\lambda_1, \lambda_2, \cdots, \lambda_n$ 两两相异时，由式(9-86)线性变换导出的对角线规范型为

$$\dot{\bar{\boldsymbol{x}}} = \begin{bmatrix} \lambda_1 & & & 0 \\ & \lambda_2 & & \\ & & \ddots & \\ 0 & & & \lambda_n \end{bmatrix} \bar{\boldsymbol{x}}, \quad \boldsymbol{y} = \bar{\boldsymbol{C}}\bar{\boldsymbol{x}} \tag{9-90}$$

式中，$\bar{\boldsymbol{C}}$ 不包含元素全为零的列。

例 9-13　已知线性定常系统的对角线规范型为

$$\dot{\bar{\boldsymbol{x}}} = \begin{bmatrix} 8 & 0 & 0 \\ 0 & -1 & 0 \\ 0 & 0 & 2 \end{bmatrix} \bar{\boldsymbol{x}}, \quad \boldsymbol{y} = \begin{bmatrix} 1 & 0 & 0 \\ 0 & 2 & 3 \end{bmatrix} \bar{\boldsymbol{x}}$$

试判定系统的可观测性。

解　显然，此规范型中 $\bar{\boldsymbol{C}}$ 不包含元素全为零的列，故系统为完全可观测。

6. 线性离散时间系统的可控性和可观测性

线性离散时间系统简称为线性离散系统。由于线性定常系统只是线性时变系统的一种特殊类型，和前面讨论线性连续系统时的过程相似，在讨论线性离散系统时，为便于读者全面理解基本概念，我们利用线性时变离散系统给出有关定义，而在介绍可控性和可观测性判据时，则仅限于线性定常离散系统。

(1) 线性离散系统的可控性

设线性时变离散时间系统的状态方程为

$$\boldsymbol{x}(k+1) = \boldsymbol{G}(k)\boldsymbol{x}(k) + \boldsymbol{H}(k)\boldsymbol{u}(k), \quad k \in T_k \tag{9-91}$$

式中，T_k 为离散时间定义区间。如果对初始时刻 $l \in T_k$ 和状态空间中的所有非零状态 $\boldsymbol{x}(l)$，都存在时刻 $m \in T_k$，$m > l$，和对应的控制 $\boldsymbol{u}(k)$，使得 $\boldsymbol{x}(m) = \boldsymbol{0}$，则称系统在时刻 l 为完全可控。

线性定常离散系统的可控性判据　设单输入线性定常离散系统的状态方程为

$$\boldsymbol{x}(k+1)=\boldsymbol{G}\boldsymbol{x}(k)+\boldsymbol{h}u(k) \tag{9-92}$$

式中，$\boldsymbol{x}$ 为 n 维状态向量；$\boldsymbol{u}$ 为标量输入；$\boldsymbol{G}$ 为 $n\times n$ 非奇异矩阵。状态方程(9-92)的解为

$$\boldsymbol{x}(k)=\boldsymbol{G}^k\boldsymbol{x}(0)+\sum_{i=0}^{k-1}\boldsymbol{G}^{k-1-i}\boldsymbol{h}u(i) \tag{9-93}$$

根据可控性定义，假定 $k=n$ 时，$\boldsymbol{x}(n)=\boldsymbol{0}$，将式(9-93)两端左乘 $\boldsymbol{G}^{-n}$，则有

$$\begin{aligned}\boldsymbol{x}(0)&=-\sum_{i=0}^{n-1}\boldsymbol{G}^{-1-i}\boldsymbol{h}u(i)=-\left[\boldsymbol{G}^{-1}\boldsymbol{h}u(0)+\boldsymbol{G}^{-2}\boldsymbol{h}u(1)+\cdots+\boldsymbol{G}^{-n}\boldsymbol{h}u(n-1)\right]\\&=-\left[\boldsymbol{G}^{-1}\boldsymbol{h}\quad \boldsymbol{G}^{-2}\boldsymbol{h}\quad\cdots\quad \boldsymbol{G}^{-n}\boldsymbol{h}\right]\begin{bmatrix}u(0)\\u(1)\\\vdots\\u(n-1)\end{bmatrix}\end{aligned} \tag{9-94}$$

记

$$\boldsymbol{S}_1'=\left[\boldsymbol{G}^{-1}\boldsymbol{h}\quad \boldsymbol{G}^{-2}\boldsymbol{h}\quad\cdots\quad \boldsymbol{G}^{-n}\boldsymbol{h}\right] \tag{9-95}$$

称 $\boldsymbol{S}_1'$ 为 $n\times n$ 可控性矩阵。式(9-94)是一个非奇异线性方程组，含 n 个方程，有 n 个未知数 $u(0), u(1), \cdots, u(n-1)$。由线性方程组解的存在定理可知，当矩阵 $\boldsymbol{S}_1'$ 的秩与增广矩阵 $[\boldsymbol{S}_1' \mid \boldsymbol{x}(0)]$的秩相等时，方程组有解且为唯一解，否则无解。在 $\boldsymbol{x}(0)$为任意的情况下，使方程组有解的充分必要条件是矩阵 $\boldsymbol{S}_1'$ 满秩，即

$$\operatorname{rank}\boldsymbol{S}_1'=n \tag{9-96}$$

或矩阵 $\boldsymbol{S}_1'$ 的行列式不为零

$$\det\boldsymbol{S}_1'\neq 0 \tag{9-97}$$

或矩阵 $\boldsymbol{S}_1'$ 是非奇异的。

由于满秩矩阵与另一满秩矩阵 $\boldsymbol{G}^n$ 相乘其秩不变，故

$$\operatorname{rank}\boldsymbol{S}_1'=\operatorname{rank}\left[\boldsymbol{G}^n\boldsymbol{S}_1'\right]=\operatorname{rank}\left[\boldsymbol{G}^{n-1}\boldsymbol{h}\quad\cdots\quad \boldsymbol{G}\boldsymbol{h}\quad \boldsymbol{h}\right]=n \tag{9-98}$$

交换矩阵的列，且记为 $\boldsymbol{S}_1$，其秩也不变，故有

$$\operatorname{rank}\boldsymbol{S}_1=\operatorname{rank}\left[\boldsymbol{h}\quad \boldsymbol{G}\boldsymbol{h}\quad\cdots\quad \boldsymbol{G}^{n-1}\boldsymbol{h}\right]=n \tag{9-99}$$

由于式(9-99)避免了矩阵求逆，在判断系统的可控性时使用式(9-99)比较方便。

式(9-96)～式(9-99)都称为可控性判据，$\boldsymbol{S}_1'$ 和 $\boldsymbol{S}_1$ 都称为单输入离散系统的可控性矩阵。显然，状态可控性取决于 $\boldsymbol{G}$ 和 $\boldsymbol{h}$。

当 $\operatorname{rank}\boldsymbol{S}_1<n$ 时，系统不可控，表示不存在使任意 $\boldsymbol{x}(0)$转移至 $\boldsymbol{x}(n)=\boldsymbol{0}$ 的控制。

上述研究单输入离散系统可控性的方法可推广到多输入系统。设系统的状态方程为

$$\boldsymbol{x}(k+1)=\boldsymbol{G}\boldsymbol{x}(k)+\boldsymbol{H}\boldsymbol{u}(k) \tag{9-100}$$

所谓可控性问题即是能否求出无约束控制向量序列 $\boldsymbol{u}(0)$，$\boldsymbol{u}(1)$，$\cdots$，$\boldsymbol{u}(n-1)$，使系统能从任意初态 $\boldsymbol{x}(0)$转移至 $\boldsymbol{x}(n)=\boldsymbol{0}$。式(9-100)的解为

$$\boldsymbol{x}(k)=\boldsymbol{G}^k\boldsymbol{x}(0)+\sum_{i=0}^{k-1}\boldsymbol{G}^{k-1-i}\boldsymbol{H}\boldsymbol{u}(i) \tag{9-101}$$

令 $k=n$，$\boldsymbol{x}(n)=\boldsymbol{0}$，且将式(9-101)两端左乘 $\boldsymbol{G}^{-n}$，有

$$\boldsymbol{x}(0)=-\sum_{i=0}^{n-1}\boldsymbol{G}^{-1-i}\boldsymbol{Hu}(i)=-\left[\boldsymbol{G}^{-1}\boldsymbol{Hu}(0)+\boldsymbol{G}^{-2}\boldsymbol{Hu}(1)+\cdots+\boldsymbol{G}^{-n}\boldsymbol{Hu}(n-1)\right]$$

$$=-\left[\boldsymbol{G}^{-1}\boldsymbol{H}\quad \boldsymbol{G}^{-2}\boldsymbol{H}\quad \cdots\quad \boldsymbol{G}^{-n}\boldsymbol{H}\right]\begin{bmatrix}\boldsymbol{u}(0)\\ \boldsymbol{u}(1)\\ \vdots\\ \boldsymbol{u}(n-1)\end{bmatrix} \tag{9-102}$$

记
$$\boldsymbol{S}_2'=\left[\boldsymbol{G}^{-1}\boldsymbol{H}\quad \boldsymbol{G}^{-2}\boldsymbol{H}\quad \cdots\quad \boldsymbol{G}^{-n}\boldsymbol{H}\right] \tag{9-103}$$

为 $n\times np$ 矩阵，由子列向量 $\boldsymbol{u}(0)$, $\boldsymbol{u}(1)$, $\cdots$, $\boldsymbol{u}(n-1)$构成的控制列向量是 np 维的。式(9-102)含 n 个方程，但有 np 个待求的控制量。由于初态 $\boldsymbol{x}(0)$可任意给定，根据解存在定理，矩阵 $\boldsymbol{S}_2'$ 的秩为 n 时，方程组才有解。于是多输入线性离散系统状态可控的充分必要条件是

$$\text{rank}\boldsymbol{S}_2'=n \tag{9-104}$$

或
$$\text{rank}\boldsymbol{S}_2'=\text{rank}\left[\boldsymbol{G}^{n}\boldsymbol{S}_2'\right]=\text{rank}\left[\boldsymbol{G}^{n-1}\boldsymbol{H}\quad \cdots\quad \boldsymbol{GH}\quad \boldsymbol{H}\right]=n \tag{9-105}$$

或
$$\text{rank}\boldsymbol{S}_2=\text{rank}\left[\boldsymbol{H}\quad \boldsymbol{GH}\quad \cdots\quad \boldsymbol{G}^{n-1}\boldsymbol{H}\right]=n \tag{9-106}$$

式(9-104)～式(9-106)都是多输入线性离散系统的可控性判据，通常使用式(9-106)较为方便。

由于式(9-102)中方程个数少于未知量个数，方程组的解便不唯一，可以任意假定 $np-n$ 个控制量，其余 n 个控制量才能唯一确定。多输入线性离散系统控制序列的选择，通常具有无穷多种方式。

由于 $\boldsymbol{S}_2$ 的行数总小于列数，因此在列写 $\boldsymbol{S}_2$ 时，只要所选取的列能判断出 $\boldsymbol{S}_2$ 的秩为 n，便不必再将 $\boldsymbol{S}_2$ 的其余列都列写出来。

多输入线性定常离散系统由任意初态转移至原点一般可少于 n 个采样周期。

例 9-14　设单输入线性定常离散系统状态方程为

$$\boldsymbol{x}(k+1)=\begin{bmatrix}1 & 0 & 0\\ 0 & 2 & -2\\ -1 & 1 & 0\end{bmatrix}\boldsymbol{x}(k)+\begin{bmatrix}1\\ 0\\ 1\end{bmatrix}u(k)$$

试判断其可控性；若初始状态 $\boldsymbol{x}(0)=[2\quad 1\quad 0]^{\mathrm{T}}$，确定使 $\boldsymbol{x}(3)=\boldsymbol{0}$ 的控制序列 $u(0)$, $u(1)$, $u(2)$；研究使 $\boldsymbol{x}(2)=\boldsymbol{0}$ 的可能性。

解　由题意知

$$\boldsymbol{G}=\begin{bmatrix}1 & 0 & 0\\ 0 & 2 & -2\\ -1 & 1 & 0\end{bmatrix},\quad \boldsymbol{h}=\begin{bmatrix}1\\ 0\\ 1\end{bmatrix}$$

$$\text{rank}\boldsymbol{S}_1=\text{rank}\left[\boldsymbol{h}\quad \boldsymbol{Gh}\quad \boldsymbol{G}^2\boldsymbol{h}\right]=\text{rank}\begin{bmatrix}1 & 1 & 1\\ 0 & -2 & -2\\ 1 & -1 & -3\end{bmatrix}=3=n$$

故系统可控。可按式(9-94)求出 $u(0)$, $u(1)$, $u(2)$。为了减少求逆阵的麻烦，现用递推法来求。由式(9-92)，令 $k=0, 1, 2$，可得状态序列

$$\boldsymbol{x}(1)=\boldsymbol{G}\boldsymbol{x}(0)+\boldsymbol{h}u(0)=\begin{bmatrix}1&0&0\\0&2&-2\\-1&1&0\end{bmatrix}\begin{bmatrix}2\\1\\0\end{bmatrix}+\begin{bmatrix}1\\0\\1\end{bmatrix}u(0)=\begin{bmatrix}2\\2\\-1\end{bmatrix}+\begin{bmatrix}1\\0\\1\end{bmatrix}u(0)$$

$$\boldsymbol{x}(2)=\boldsymbol{G}\boldsymbol{x}(1)+\boldsymbol{h}u(1)=\begin{bmatrix}2\\6\\0\end{bmatrix}+\begin{bmatrix}1\\-2\\-1\end{bmatrix}u(0)+\begin{bmatrix}1\\0\\1\end{bmatrix}u(1)$$

$$\boldsymbol{x}(3)=\boldsymbol{G}\boldsymbol{x}(2)+\boldsymbol{h}u(2)=\begin{bmatrix}2\\12\\4\end{bmatrix}+\begin{bmatrix}1\\-2\\-3\end{bmatrix}u(0)+\begin{bmatrix}1\\-2\\-1\end{bmatrix}u(1)+\begin{bmatrix}1\\0\\1\end{bmatrix}u(2)$$

令 $\boldsymbol{x}(3)=\boldsymbol{0}$，则有

$$\begin{bmatrix}1&1&1\\-2&-2&0\\-3&-1&1\end{bmatrix}\begin{bmatrix}u(0)\\u(1)\\u(2)\end{bmatrix}=\begin{bmatrix}-2\\-12\\-4\end{bmatrix}$$

其系数矩阵即可控性矩阵 $\boldsymbol{S}_1$ 是非奇异的，因而可得

$$\begin{bmatrix}u(0)\\u(1)\\u(2)\end{bmatrix}=\begin{bmatrix}1&1&1\\-2&-2&0\\-3&-1&1\end{bmatrix}^{-1}\begin{bmatrix}-2\\-12\\-4\end{bmatrix}=\begin{bmatrix}\frac{1}{2}&\frac{1}{2}&-\frac{1}{2}\\-\frac{1}{2}&-1&\frac{1}{2}\\1&\frac{1}{2}&0\end{bmatrix}\begin{bmatrix}-2\\-12\\-4\end{bmatrix}=\begin{bmatrix}-5\\11\\-8\end{bmatrix}$$

若令 $\boldsymbol{x}(2)=\boldsymbol{0}$，即解方程组

$$\begin{bmatrix}1&1\\-2&0\\-1&1\end{bmatrix}\begin{bmatrix}u(0)\\u(1)\end{bmatrix}=\begin{bmatrix}-2\\-6\\0\end{bmatrix}$$

容易看出其系数矩阵的秩为 2，但增广矩阵

$$\left[\begin{array}{cc:c}1&1&-2\\-2&0&-6\\-1&1&0\end{array}\right]$$

的秩为 3，两个秩不等，方程组无解，意味着不能在两个采样周期内使系统由初始状态转移至原点。若该两个秩相等，则可用两步完成状态转移。

(2) 线性离散系统的可观测性

设离散系统为

$$\begin{aligned}\boldsymbol{x}(k+1)&=\boldsymbol{G}(k)\boldsymbol{x}(k)+\boldsymbol{H}(k)\boldsymbol{u}(k),\quad k\in T_k\\\boldsymbol{y}(k)&=\boldsymbol{C}(k)\boldsymbol{x}(k)+\boldsymbol{D}(k)\boldsymbol{u}(k)\end{aligned}\tag{9-107}$$

若对初始时刻 $l\in T_k$ 的任一非零初始状态 $\boldsymbol{x}(l)=\boldsymbol{x}_0$，都存在有限时刻 $m\in T_k$，$m>l$，且可由 $[l, m]$ 上的输出 $\boldsymbol{y}(k)$ 唯一地确定 $\boldsymbol{x}_0$，则称系统在时刻 l 是完全可观测的。

线性定常离散系统的可观测判据　设线性定常离散系统的动态方程为

$$\boldsymbol{x}(k+1)=\boldsymbol{G}\boldsymbol{x}(k)+\boldsymbol{H}\boldsymbol{u}(k),\quad \boldsymbol{y}(k)=\boldsymbol{C}\boldsymbol{x}(k)+\boldsymbol{D}\boldsymbol{u}(k) \tag{9-108}$$

其中，$\boldsymbol{x}(k)$为 n 维状态向量；$\boldsymbol{y}(k)$为 q 维输出向量，其解为

$$\boldsymbol{x}(k)=\boldsymbol{G}^k\boldsymbol{x}(0)+\sum_{i=0}^{k-1}\boldsymbol{G}^{k-1-i}\boldsymbol{H}\boldsymbol{u}(i) \tag{9-109}$$

$$\boldsymbol{y}(k)=\boldsymbol{C}\boldsymbol{G}^k\boldsymbol{x}(0)+\boldsymbol{C}\sum_{i=0}^{k-1}\boldsymbol{G}^{k-1-i}\boldsymbol{H}\boldsymbol{u}(i)+\boldsymbol{D}\boldsymbol{u}(k) \tag{9-110}$$

研究可观测性问题时，$\boldsymbol{u}(k)$，$\boldsymbol{G}$，$\boldsymbol{H}$，$\boldsymbol{C}$，$\boldsymbol{D}$ 均为已知，故不失一般性，可将动态方程简化为

$$\boldsymbol{x}(k+1)=\boldsymbol{G}\boldsymbol{x}(k),\quad \boldsymbol{y}(k)=\boldsymbol{C}\boldsymbol{x}(k) \tag{9-111}$$

对应的解为

$$\boldsymbol{x}(k)=\boldsymbol{G}^k\boldsymbol{x}(0),\quad \boldsymbol{y}(k)=\boldsymbol{C}\boldsymbol{G}^k\boldsymbol{x}(0) \tag{9-112}$$

将 $\boldsymbol{y}(k)$写成展开式

$$\begin{cases}\boldsymbol{y}(0)=\boldsymbol{C}\boldsymbol{x}(0)\\ \boldsymbol{y}(1)=\boldsymbol{C}\boldsymbol{G}\boldsymbol{x}(0)\\ \quad\vdots\\ \boldsymbol{y}(n-1)=\boldsymbol{C}\boldsymbol{G}^{n-1}\boldsymbol{x}(0)\end{cases} \tag{9-113}$$

其向量矩阵形式为

$$\begin{bmatrix}\boldsymbol{y}(0)\\ \boldsymbol{y}(1)\\ \vdots\\ \boldsymbol{y}(n-1)\end{bmatrix}=\begin{bmatrix}\boldsymbol{C}\\ \boldsymbol{C}\boldsymbol{G}\\ \vdots\\ \boldsymbol{C}\boldsymbol{G}^{n-1}\end{bmatrix}\begin{bmatrix}x_1(0)\\ x_2(0)\\ \vdots\\ x_n(0)\end{bmatrix} \tag{9-114}$$

令

$$\boldsymbol{V}_1^{\mathrm{T}}=\begin{bmatrix}\boldsymbol{C}\\ \boldsymbol{C}\boldsymbol{G}\\ \vdots\\ \boldsymbol{C}\boldsymbol{G}^{n-1}\end{bmatrix} \tag{9-115}$$

$\boldsymbol{V}_1^{\mathrm{T}}$称为线性定常离散系统的可观测性矩阵，为 $nq\times n$ 矩阵。式(9-114)含有 nq 个方程，若其中有 n 个独立方程，便可确定唯一的一组 $x_1(0), x_2(0), \cdots, x_n(0)$。当独立方程个数大于 n 时，解会出现矛盾；当独立方程个数小于 n 时，便有无穷多解。故系统可观测的充分必要条件为

$$\operatorname{rank}\boldsymbol{V}_1^{\mathrm{T}}=n \tag{9-116}$$

由于 $\operatorname{rank}\boldsymbol{V}_1^{\mathrm{T}}=\operatorname{rank}\boldsymbol{V}_1$，故线性定常离散系统的可测性判据常表示为

$$\operatorname{rank}\boldsymbol{V}_1=\operatorname{rank}\begin{bmatrix}\boldsymbol{C}^{\mathrm{T}} & \boldsymbol{G}^{\mathrm{T}}\boldsymbol{C}^{\mathrm{T}} & \cdots & (\boldsymbol{G}^{\mathrm{T}})^{n-1}\boldsymbol{C}^{\mathrm{T}}\end{bmatrix}=n \tag{9-117}$$

例 9-15　已知线性定常离散系统的动态方程为

$$x(k+1)=Gx(k)+hu(k),\quad y(k)=C_i x(k),\quad i=1,2$$

其中

$$G=\begin{bmatrix}1&0&-1\\0&-2&1\\3&0&2\end{bmatrix},\quad h=\begin{bmatrix}2\\-1\\1\end{bmatrix},\quad c_1=\begin{bmatrix}0&1&0\end{bmatrix},\quad C_2=\begin{bmatrix}0&0&1\\1&0&0\end{bmatrix}$$

试判断系统的可观测性，并讨论可观测性的物理解释。

解　当观测矩阵为 c_1 时，

$$c_1^{\mathrm{T}}=\begin{bmatrix}0\\1\\0\end{bmatrix},\quad G^{\mathrm{T}}c_1^{\mathrm{T}}=\begin{bmatrix}0\\-2\\1\end{bmatrix},\quad (G^{\mathrm{T}})^2c_1^{\mathrm{T}}=\begin{bmatrix}3\\4\\0\end{bmatrix}$$

$$\mathrm{rank}V_1=\mathrm{rank}\begin{bmatrix}0&0&3\\1&-2&4\\0&1&0\end{bmatrix}=3=n$$

故系统可观测。由输出方程 $y(k)=c_1x(k)=x_2(k)$可见，在第 k 步便可由输出确定状态变量 $x_2(k)$。由于

$$y(k+1)=x_2(k+1)=-2x_2(k)+x_3(k)$$

故在第 k+1 步便可确定 $x_3(k)$。由于

$$\begin{aligned}y(k+2)&=x_2(k+2)=-2x_2(k+1)+x_3(k+1)\\&=-2\left[-2x_2(k)+x_3(k)\right]+3x_1(k)+2x_3(k)=4x_2(k)+3x_1(k)\end{aligned}$$

故在第 k+2 步便可确定 $x_1(k)$。

该系统为三阶系统，可观测意味着至多三步便可由输出 $y(k)$，$y(k+1)$，$y(k+2)$的测量值来确定三个状态变量。

当观测矩阵为 C_2 时，

$$C_2^{\mathrm{T}}=\begin{bmatrix}0&1\\0&0\\1&0\end{bmatrix},\quad G^{\mathrm{T}}C_2^{\mathrm{T}}=\begin{bmatrix}3&1\\0&0\\2&-1\end{bmatrix},\quad (G^{\mathrm{T}})^2C_2^{\mathrm{T}}=\begin{bmatrix}9&-2\\0&0\\1&-3\end{bmatrix}$$

$$\mathrm{rank}V_1=\mathrm{rank}\begin{bmatrix}0&1&3&1&9&-2\\0&0&0&0&0&0\\1&0&2&-1&1&-3\end{bmatrix}=2<n=3$$

故系统不可观测。

根据系统动态方程，可导出

$$y(k)=\begin{bmatrix}x_3(k)\\x_1(k)\end{bmatrix}$$

$$y(k+1)=\begin{bmatrix}x_3(k+1)\\x_1(k+1)\end{bmatrix}=\begin{bmatrix}3x_1(k)+2x_3(k)\\x_1(k)-x_3(k)\end{bmatrix}$$

$$y(k+2)=\begin{bmatrix}x_3(k+2)\\x_1(k+2)\end{bmatrix}=\begin{bmatrix}3x_1(k+1)+2x_3(k+1)\\x_1(k+1)-x_3(k+1)\end{bmatrix}=\begin{bmatrix}9x_1(k)+x_3(k)\\-2x_1(k)-3x_3(k)\end{bmatrix}$$

可看出三步的输出测量值中始终不含 $x_2(k)$，故 $x_2(k)$是不可观测状态变量。只要有一个状态变量不可观测，则称系统不完全可观测，简称不可观测。

(3) 连续动态方程离散化后的可控性和可观测性

一个可控的或可观测的连续系统，当其离散化后并不一定能保持其可控性或可观测性，现举例来说明。

设连续系统动态方程为

$$\begin{bmatrix}\dot{x}_1\\ \dot{x}_2\end{bmatrix}=\begin{bmatrix}0 & 1\\ -\omega^2 & 0\end{bmatrix}\begin{bmatrix}x_1\\ x_2\end{bmatrix}+\begin{bmatrix}0\\ 1\end{bmatrix}u,\quad y=\begin{bmatrix}1 & 0\end{bmatrix}\begin{bmatrix}x_1\\ x_2\end{bmatrix}$$

由于系统的状态方程为可控标准型，故一定可控。根据可观测性判据有

$$\operatorname{rank}\boldsymbol{V}=\operatorname{rank}\begin{bmatrix}1 & 0\\ 0 & 1\end{bmatrix}=2=n$$

故系统可观测。

系统的状态转移矩阵为

$$\boldsymbol{\Phi}(t)=\mathscr{L}^{-1}\left[(s\boldsymbol{I}-\boldsymbol{A})^{-1}\right]=\mathscr{L}^{-1}\begin{bmatrix}s & -1\\ \omega^2 & s\end{bmatrix}^{-1}=\mathscr{L}^{-1}\begin{bmatrix}\dfrac{s}{s^2+\omega^2} & \dfrac{1}{s^2+\omega^2}\\ \dfrac{-\omega^2}{s^2+\omega^2} & \dfrac{s}{s^2+\omega^2}\end{bmatrix}$$

$$=\begin{bmatrix}\cos\omega t & \dfrac{\sin\omega t}{\omega}\\ -\omega\sin\omega t & \cos\omega t\end{bmatrix}$$

$$\boldsymbol{G}(t)=\int_0^t\boldsymbol{\Phi}(\tau)\boldsymbol{b}\,\mathrm{d}\tau=\int_0^t\begin{bmatrix}\dfrac{\sin\omega\tau}{\omega}\\ \cos\omega\tau\end{bmatrix}\mathrm{d}\tau=\begin{bmatrix}\dfrac{1-\cos\omega t}{\omega^2}\\ \dfrac{\sin\omega t}{\omega}\end{bmatrix}$$

系统离散化后的状态方程为

$$\boldsymbol{x}(k+1)=\boldsymbol{\Phi}(T)\boldsymbol{x}(k)+\boldsymbol{G}(T)u(k)$$

$$=\begin{bmatrix}\cos\omega T & \dfrac{\sin\omega T}{\omega}\\ -\omega\sin\omega T & \cos\omega T\end{bmatrix}\begin{bmatrix}x_1(k)\\ x_2(k)\end{bmatrix}+\begin{bmatrix}\dfrac{1-\cos\omega T}{\omega^2}\\ \dfrac{\sin\omega T}{\omega}\end{bmatrix}u(k)$$

离散化后系统的可控性矩阵为

$$\boldsymbol{S}_1=\begin{bmatrix}\boldsymbol{G}(T) & \boldsymbol{\Phi}(T)\boldsymbol{G}(T)\end{bmatrix}=\begin{bmatrix}\dfrac{1-\cos\omega T}{\omega^2} & \dfrac{\cos\omega T-\cos^2\omega T+\sin^2\omega T}{\omega^2}\\ \dfrac{\sin\omega T}{\omega} & \dfrac{2\sin\omega T\cos\omega T-\sin\omega T}{\omega}\end{bmatrix}$$

离散化后系统的可观测性矩阵为

$$\boldsymbol{V}_1=\begin{bmatrix}\boldsymbol{C}^{\mathrm{T}} & \boldsymbol{\Phi}^{\mathrm{T}}(T)\boldsymbol{C}^{\mathrm{T}}\end{bmatrix}=\begin{bmatrix}1 & \cos\omega T\\ 0 & \dfrac{\sin\omega T}{\omega}\end{bmatrix}$$

当采样周期 $T=\dfrac{k\pi}{\omega}(k=1, 2, \cdots)$时，可控性矩阵 $\boldsymbol{S}_1$ 和可观测性矩阵 $\boldsymbol{V}_1$ 均出现零行，$\text{rank}\boldsymbol{S}_1=1<n$，$\text{rank}\boldsymbol{V}_1=1<n$，系统不可控也不可观测。这表明连续系统可控或可观测时，若采样周期选择不当，对应的离散化系统便有可能不可控或不可观测，也有可能既不可控又不可观测。若连续系统不可控或不可观测，不管采样周期 T 如何选择，离散化后的系统一定是不可控或不可观测的。

7. 线性定常系统的线性变换

为便于对系统进行分析和综合设计，经常需要对系统进行各种非奇异变换，例如将 $\boldsymbol{A}$ 阵对角化，将$\{\boldsymbol{A}, \boldsymbol{b}\}$化为可控标准型，将$\{\boldsymbol{A}, \boldsymbol{c}\}$化为可观测标准型等。本小节将介绍在线性系统研究中常用的一些线性变换方法及非奇异线性变换的一些不变特性。

(1) 状态空间表达式的线性变换

在研究线性定常连续系统状态空间表达式的建立方法时可以看到，选取不同的状态变量便有不同形式的动态方程。若两组状态变量之间用一个非奇异矩阵联系着，则两组动态方程的矩阵与该非奇异矩阵有确定关系。

设系统动态方程为

$$\dot{\boldsymbol{x}}=\boldsymbol{A}\boldsymbol{x}+\boldsymbol{b}u,\quad y=\boldsymbol{c}\boldsymbol{x} \tag{9-118}$$

令

$$\boldsymbol{x}=\boldsymbol{P}\overline{\boldsymbol{x}} \tag{9-119}$$

式中，$\boldsymbol{P}$ 为非奇异线性变换矩阵，它将 $\boldsymbol{x}$ 变换为 $\overline{\boldsymbol{x}}$，变换后的动态方程为

$$\dot{\overline{\boldsymbol{x}}}=\overline{\boldsymbol{A}}\overline{\boldsymbol{x}}+\overline{\boldsymbol{b}}u,\quad \overline{y}=\overline{\boldsymbol{c}\boldsymbol{x}}=y \tag{9-120}$$

式中

$$\overline{\boldsymbol{A}}=\boldsymbol{P}^{-1}\boldsymbol{A}\boldsymbol{P},\quad \overline{\boldsymbol{b}}=\boldsymbol{P}^{-1}\boldsymbol{b},\quad \overline{\boldsymbol{c}}=\boldsymbol{c}\boldsymbol{P} \tag{9-121}$$

并称为对系统进行 $\boldsymbol{P}$ 变换。对系统进行线性变换的目的在于使 $\overline{\boldsymbol{A}}$ 阵规范化，以便于揭示系统特性及分析计算，并且不会改变系统的原有性质，故称为等价变换。待获得所需结果之后，再引入反变换关系 $\overline{\boldsymbol{x}}=\boldsymbol{P}^{-1}\boldsymbol{x}$，换算回原来的状态空间中去，得出最终结果。

下面概括给出本章中常用的几种线性变换关系。

1) 化 $\boldsymbol{A}$ 阵为对角型。

① 设 $\boldsymbol{A}$ 阵为任意形式的方阵且有 n 个互异实数特征值$\lambda_1,\lambda_2,\cdots,\lambda_n$，则可由非奇异线性变换化为对角阵$\boldsymbol{\Lambda}$

$$\boldsymbol{\Lambda}=\boldsymbol{P}^{-1}\boldsymbol{A}\boldsymbol{P}=\begin{bmatrix}\lambda_1 & & & 0\\ & \lambda_2 & & \\ & & \ddots & \\ 0 & & & \lambda_n\end{bmatrix} \tag{9-122}$$

其中，$\boldsymbol{P}$ 阵由 $\boldsymbol{A}$ 阵的实数特征向量 $\boldsymbol{p}_i(i=1, 2, \cdots, n)$组成

$$\boldsymbol{P}=\begin{bmatrix}\boldsymbol{p}_1 & \boldsymbol{p}_2 & \cdots & \boldsymbol{p}_n\end{bmatrix} \tag{9-123}$$

特征向量满足

$$\boldsymbol{A}\boldsymbol{p}_i=\lambda_i\boldsymbol{P}_i;\quad i=1,2,\cdots,n \tag{9-124}$$

② 若 $\boldsymbol{A}$ 阵为友矩阵且有 n 个互异实数特征值$\lambda_1,\lambda_2,\cdots,\lambda_n$，则下列的范德蒙德(Vandermonde)矩阵 $\boldsymbol{P}$ 可使 $\boldsymbol{A}$ 对角化：

$$\boldsymbol{A}=\begin{bmatrix}0 & 1 & 0 & \cdots & 0\\ 0 & 0 & 1 & \cdots & 0\\ \vdots & \vdots & \vdots & & \vdots\\ 0 & 0 & 0 & \cdots & 1\\ -a_0 & -a_1 & -a_2 & \cdots & -a_{n-1}\end{bmatrix},\quad \boldsymbol{P}=\begin{bmatrix}1 & 1 & \cdots & 1\\ \lambda_1 & \lambda_2 & \cdots & \lambda_n\\ \lambda_1^2 & \lambda_2^2 & \cdots & \lambda_n^2\\ \vdots & \vdots & & \vdots\\ \lambda_1^{n-1} & \lambda_2^{n-1} & \cdots & \lambda_n^{n-1}\end{bmatrix} \tag{9-125}$$

2) 化可控系统为可控标准型。

在前面研究状态空间表达式的建立问题时，曾得出单输入线性定常系统状态方程的可控标准型

$$\begin{bmatrix}\dot{x}_1\\ \dot{x}_2\\ \vdots\\ \dot{x}_{n-1}\\ \dot{x}_n\end{bmatrix}=\begin{bmatrix}0 & 1 & 0 & \cdots & 0\\ 0 & 0 & 1 & \cdots & 0\\ \vdots & \vdots & \vdots & & \vdots\\ 0 & 0 & 0 & \cdots & 1\\ -a_0 & -a_1 & -a_2 & \cdots & -a_{n-1}\end{bmatrix}\begin{bmatrix}x_1\\ x_2\\ \vdots\\ x_{n-1}\\ x_n\end{bmatrix}+\begin{bmatrix}0\\ 0\\ \vdots\\ 0\\ 1\end{bmatrix}u \tag{9-126}$$

与该状态方程对应的可控性矩阵 $\boldsymbol{S}$ 是一个右下三角阵，其主对角线元素均为 1，故 $\det\boldsymbol{S}\neq 0$，系统一定可控，这就是形如式(9-126)中的 $\boldsymbol{A}$，$\boldsymbol{b}$ 称为可控标准型名称的由来。其可控性矩阵 $\boldsymbol{S}$ 形如

$$\boldsymbol{S}=\begin{bmatrix}\boldsymbol{b} & \boldsymbol{Ab} & \cdots & \boldsymbol{A}^{n-1}\boldsymbol{b}\end{bmatrix}=\begin{bmatrix}0 & 0 & 0 & \cdots & 0 & 1\\ 0 & 0 & 0 & \cdots & 1 & -a_{n-1}\\ \vdots & \vdots & \vdots & & \vdots & \vdots\\ 0 & 0 & 1 & \cdots & \times & \times\\ 0 & 1 & -a_{n-1} & \cdots & \times & \times\\ 1 & -a_{n-1} & -a_{n-2} & \cdots & \times & \times\end{bmatrix} \tag{9-127}$$

对于可控系统，当 $\boldsymbol{A}$，$\boldsymbol{b}$ 不具有可控标准型时，一定可以通过适当的变换化为可控标准型。设系统状态方程为

$$\dot{\boldsymbol{x}}=\boldsymbol{Ax}+\boldsymbol{b}u \tag{9-128}$$

进行 $\boldsymbol{P}^{-1}$ 变换，即令

$$\boldsymbol{x}=\boldsymbol{P}^{-1}\boldsymbol{z} \tag{9-129}$$

变换为

$$\dot{\boldsymbol{z}}=\boldsymbol{PAP}^{-1}\boldsymbol{z}+\boldsymbol{Pb}u \tag{9-130}$$

其中

$$\boldsymbol{PAP}^{-1}=\begin{bmatrix}0 & 1 & 0 & \cdots & 0\\ 0 & 0 & 1 & \cdots & 0\\ \vdots & \vdots & \vdots & & \vdots\\ 0 & 0 & 0 & \cdots & 1\\ -a_0 & -a_1 & -a_2 & \cdots & -a_{n-1}\end{bmatrix},\quad \boldsymbol{Pb}=\begin{bmatrix}0\\ 0\\ \vdots\\ 0\\ 1\end{bmatrix} \tag{9-131}$$

下面具体推导变换矩阵 $\boldsymbol{P}$：设变换矩阵 $\boldsymbol{P}$ 为

$$\boldsymbol{P}=\begin{bmatrix}\boldsymbol{p}_1^{\mathrm{T}} & \boldsymbol{p}_2^{\mathrm{T}} & \cdots & \boldsymbol{p}_n^{\mathrm{T}}\end{bmatrix}^{\mathrm{T}} \tag{9-132}$$

根据 $\boldsymbol{A}$ 阵变换要求，$\boldsymbol{P}$ 应满足式(9-131)，有

$$\begin{bmatrix}\boldsymbol{p}_1\\ \boldsymbol{p}_2\\ \vdots\\ \boldsymbol{p}_{n-1}\\ \boldsymbol{p}_n\end{bmatrix}\boldsymbol{A}=\begin{bmatrix}0 & 1 & 0 & \cdots & 0\\ 0 & 0 & 1 & \cdots & 0\\ \vdots & \vdots & \vdots & & \vdots\\ 0 & 0 & 0 & \cdots & 1\\ -a_0 & -a_1 & -a_2 & \cdots & -a_{n-1}\end{bmatrix}\begin{bmatrix}\boldsymbol{p}_1\\ \boldsymbol{p}_2\\ \vdots\\ \boldsymbol{p}_{n-1}\\ \boldsymbol{p}_n\end{bmatrix} \tag{9-133}$$

将上式展开，得

$$\begin{aligned}&\boldsymbol{p}_1\boldsymbol{A}=\boldsymbol{p}_2\\ &\boldsymbol{p}_2\boldsymbol{A}=\boldsymbol{p}_3\\ &\vdots\\ &\boldsymbol{p}_{n-1}\boldsymbol{A}=\boldsymbol{p}_n\\ &\boldsymbol{p}_n\boldsymbol{A}=-a_0\boldsymbol{p}_1-a_1\boldsymbol{p}_2-\cdots-a_{n-1}\boldsymbol{p}_n\end{aligned}$$

经整理有

$$\begin{aligned}&\boldsymbol{p}_1\boldsymbol{A}=\boldsymbol{p}_2\\ &\boldsymbol{p}_2\boldsymbol{A}=\boldsymbol{p}_1\boldsymbol{A}^2=\boldsymbol{p}_3\\ &\vdots\\ &\boldsymbol{p}_{n-1}\boldsymbol{A}=\boldsymbol{p}_1\boldsymbol{A}^{n-1}=\boldsymbol{p}_n\end{aligned}$$

由此可得变换矩阵

$$\boldsymbol{P}=\begin{bmatrix}\boldsymbol{p}_1\\ \boldsymbol{p}_1\boldsymbol{A}\\ \vdots\\ \boldsymbol{p}_1\boldsymbol{A}^{n-1}\end{bmatrix} \tag{9-134}$$

又根据 $\boldsymbol{b}$ 阵变换要求，$\boldsymbol{P}$ 应满足式(9-131)，有

$$\boldsymbol{P}\boldsymbol{b}=\begin{bmatrix}\boldsymbol{p}_1\\ \boldsymbol{p}_1\boldsymbol{A}\\ \vdots\\ \boldsymbol{p}_1\boldsymbol{A}^{n-1}\end{bmatrix}\boldsymbol{b}=\boldsymbol{p}_1\begin{bmatrix}\boldsymbol{b}\\ \boldsymbol{A}\boldsymbol{b}\\ \vdots\\ \boldsymbol{A}^{n-1}\boldsymbol{b}\end{bmatrix}=\begin{bmatrix}0\\ \vdots\\ 0\\ 1\end{bmatrix} \tag{9-135}$$

即

$$\boldsymbol{p}_1\begin{bmatrix}\boldsymbol{b} & \boldsymbol{A}\boldsymbol{b} & \cdots & \boldsymbol{A}^{n-1}\boldsymbol{b}\end{bmatrix}=\begin{bmatrix}0 & \cdots & 0 & 1\end{bmatrix} \tag{9-136}$$

故

$$\boldsymbol{p}_1=\begin{bmatrix}0 & \cdots & 0 & 1\end{bmatrix}\begin{bmatrix}\boldsymbol{b} & \boldsymbol{A}\boldsymbol{b} & \cdots & \boldsymbol{A}^{n-1}\boldsymbol{b}\end{bmatrix}^{-1} \tag{9-137}$$

该式表明 $\boldsymbol{p}_1$ 是可控性矩阵的逆阵的最后一行。于是可得出变换矩阵 $\boldsymbol{P}^{-1}$ 的求法如下：

① 计算可控性矩阵 $\boldsymbol{S}=[\boldsymbol{b}\quad \boldsymbol{A}\boldsymbol{b}\quad \cdots\quad \boldsymbol{A}^{n-1}\boldsymbol{b}]$；

② 计算可控性矩阵的逆阵 S^{-1}，设一般形式为

$$\boldsymbol{S}^{-1}=\begin{bmatrix}S_{11} & S_{12} & \cdots & S_{1n}\\ S_{21} & S_{22} & \cdots & S_{2n}\\ \vdots & \vdots & & \vdots\\ S_{n1} & S_{n2} & \cdots & S_{nn}\end{bmatrix} \tag{9-138}$$

③ 取出 $\boldsymbol{S}^{-1}$ 的最后一行(即第 n 行)构成 $\boldsymbol{p}_1$ 行向量

$$\boldsymbol{p}_1 = \begin{bmatrix} S_{n1} & S_{n2} & \cdots & S_{nn} \end{bmatrix} \tag{9-139}$$

④ 构造 $\boldsymbol{P}$ 阵

$$\boldsymbol{P} = \begin{bmatrix} \boldsymbol{p}_1 \\ \boldsymbol{p}_1\boldsymbol{A} \\ \vdots \\ \boldsymbol{p}_1\boldsymbol{A}^{n-1} \end{bmatrix} \tag{9-140}$$

⑤ $\boldsymbol{P}^{-1}$ 便是将非标准型可控系统化为可控标准型的变换矩阵。

3) 化可观系统为可观标准型。

可观标准型变换过程如下：

① 针对线性连续定常系统 $(\boldsymbol{A},\boldsymbol{b},\boldsymbol{c})$，计算可观性矩阵

$$\boldsymbol{V} = \begin{bmatrix} \boldsymbol{c} \\ \boldsymbol{cA} \\ \vdots \\ \boldsymbol{cA}^{n-1} \end{bmatrix}$$

② 求 $\boldsymbol{V}$ 的逆矩阵 $\boldsymbol{V}^{-1}$。

③ 取 $\boldsymbol{V}^{-1}$ 的最后一列即第 n 列，构成向量 $\boldsymbol{p}$。

④ 构造变换矩阵及其逆矩阵

$$\boldsymbol{P} = \begin{bmatrix} \boldsymbol{p} & \boldsymbol{Ap} & \cdots & \boldsymbol{A}^{n-1}\boldsymbol{p} \end{bmatrix}$$

⑤ 求线性变换，得到可观标准型的状态空间表达式

$$\boldsymbol{A}_0 = \boldsymbol{P}^{-1}\boldsymbol{AP},\quad \boldsymbol{b}_0 = \boldsymbol{P}^{-1}\boldsymbol{b},\quad \boldsymbol{c}_0 = \boldsymbol{cP}$$

例 9-16 已知线性连续定常系统$(\boldsymbol{A}, \boldsymbol{b}, \boldsymbol{c})$为

$$\boldsymbol{A} = \begin{bmatrix} 2 & -1 & -1 \\ 0 & 1 & 0 \\ 0 & 2 & 1 \end{bmatrix},\quad \boldsymbol{b} = \begin{bmatrix} 7 \\ 2 \\ 1 \end{bmatrix},\quad \boldsymbol{c} = \begin{bmatrix} 1 & 1 & 0 \end{bmatrix}$$

请将该系统化为可观标准型，并求出相应的变换矩阵。

解 计算可观性矩阵

$$\boldsymbol{V} = \begin{bmatrix} \boldsymbol{c} \\ \boldsymbol{cA} \\ \boldsymbol{cA}^2 \end{bmatrix} = \begin{bmatrix} 1 & 1 & 0 \\ 2 & 0 & -1 \\ 4 & -4 & -3 \end{bmatrix}$$

由于 $\mathrm{rank}\boldsymbol{V} = 3 = n$，因此系统可观测。

求 $\boldsymbol{V}$ 的逆矩阵

$$\boldsymbol{V}^{-1} = \begin{bmatrix} 2 & -1.5 & 0.5 \\ -1 & 1.5 & -0.5 \\ 4 & -4 & 1 \end{bmatrix}$$

取 $\boldsymbol{V}^{-1}$ 的最后一列

$$\boldsymbol{p}=\begin{bmatrix}0.5\\-0.5\\1\end{bmatrix}$$

构造变换矩阵及其逆矩阵

$$\boldsymbol{P}=\begin{bmatrix}\boldsymbol{p} & \boldsymbol{Ap} & \boldsymbol{A}^2\boldsymbol{p}\end{bmatrix}=\begin{bmatrix}0.5 & 0.5 & 1.5\\-0.5 & -0.5 & -0.5\\1 & 0 & -1\end{bmatrix}$$

$$\boldsymbol{P}^{-1}=\begin{bmatrix}1 & 1 & 1\\-2 & -4 & -1\\1 & 1 & 0\end{bmatrix}$$

线性变换

$$\boldsymbol{A}_0=\boldsymbol{P}^{-1}\boldsymbol{AP}=\begin{bmatrix}0 & 0 & 2\\1 & 0 & -5\\0 & 1 & 4\end{bmatrix},\quad \boldsymbol{b}_0=\boldsymbol{P}^{-1}\boldsymbol{b}=\begin{bmatrix}10\\-23\\9\end{bmatrix},\quad \boldsymbol{c}_0=\boldsymbol{cP}=\begin{bmatrix}0 & 0 & 1\end{bmatrix}$$

即得到原系统的可观标准型。

(2) 对偶原理

在研究系统的可控性和可观测性时，利用对偶原理常常带来许多方便。

设系统为 $\Sigma_1(\boldsymbol{A}, \boldsymbol{B}, \boldsymbol{C})$，则系统 $\Sigma_2(\boldsymbol{A}^{\mathrm{T}}, \boldsymbol{C}^{\mathrm{T}}, \boldsymbol{B}^{\mathrm{T}})$为系统 Σ_1 的对偶系统。其动态方程分别为

$$\Sigma_1: \dot{\boldsymbol{x}}=\boldsymbol{Ax}+\boldsymbol{Bu}, \qquad \boldsymbol{y}=\boldsymbol{Cx} \tag{9-141}$$

$$\Sigma_2: \dot{\boldsymbol{z}}=\boldsymbol{A}^{\mathrm{T}}\boldsymbol{z}+\boldsymbol{C}^{\mathrm{T}}\boldsymbol{v}, \qquad \boldsymbol{w}=\boldsymbol{B}^{\mathrm{T}}\boldsymbol{z} \tag{9-142}$$

式中，$\boldsymbol{x}$，$\boldsymbol{z}$ 均为 n 维状态向量；$\boldsymbol{u}$，$\boldsymbol{w}$ 均为 p 维向量；$\boldsymbol{y}$，$\boldsymbol{v}$ 均为 q 维向量。注意到系统与对偶系统之间，其输入、输出向量的维数是相交换的。当 Σ_2 为 Σ_1 的对偶系统时，Σ_1 也是 Σ_2 的对偶系统。

不难验证，系统 Σ_1 的可控性矩阵$[\boldsymbol{B}\quad \boldsymbol{AB}\quad \cdots\quad \boldsymbol{A}^{n-1}\boldsymbol{B}]$与对偶系统 Σ_2 的可观测性矩阵$[(\boldsymbol{B}^{\mathrm{T}})^{\mathrm{T}}\quad (\boldsymbol{A}^{\mathrm{T}})^{\mathrm{T}}(\boldsymbol{B}^{\mathrm{T}})^{\mathrm{T}}\quad \cdots\quad ((\boldsymbol{A}^{\mathrm{T}})^{\mathrm{T}})^{n-1}(\boldsymbol{B}^{\mathrm{T}})^{\mathrm{T}}]$完全相同，系统 Σ_1 的可观测性矩阵$[\boldsymbol{C}^{\mathrm{T}}\quad \boldsymbol{A}^{\mathrm{T}}\boldsymbol{C}^{\mathrm{T}}\quad \cdots\quad (\boldsymbol{A}^{\mathrm{T}})^{n-1}\boldsymbol{C}^{\mathrm{T}}]$与对偶系统 Σ_2 的可控性矩阵$[\boldsymbol{C}^{\mathrm{T}}\quad \boldsymbol{A}^{\mathrm{T}}\boldsymbol{C}^{\mathrm{T}}\quad \cdots\quad (\boldsymbol{A}^{\mathrm{T}})^{n-1}\boldsymbol{C}^{\mathrm{T}}]$完全相同。

应用对偶原理，能把可观测的单输入-单输出系统化为可观测标准型的问题转化为将其对偶系统化为可控标准型的问题。设单输入-单输出系统动态方程为

$$\dot{\boldsymbol{x}}=\boldsymbol{Ax}+\boldsymbol{b}u, \qquad y=\boldsymbol{cx} \tag{9-143}$$

系统可观测，但 $\boldsymbol{A}$，$\boldsymbol{c}$ 不是可观测标准型。其对偶系统动态方程为

$$\dot{\boldsymbol{z}}=\boldsymbol{A}^{\mathrm{T}}\boldsymbol{z}+\boldsymbol{c}^{\mathrm{T}}v, \qquad w=\boldsymbol{b}^{\mathrm{T}}\boldsymbol{z} \tag{9-144}$$

对偶系统一定可控，但不是可控标准型。可利用已知的化为可控标准型的原理和步骤，先将对偶系统化为可控标准型，再一次使用对偶原理，便可获得原系统的可观测标准型。下面仅给出其计算步骤：

1) 列出对偶系统的可控性矩阵(即原系统的可观测性矩阵 $\boldsymbol{V}_1$)

$$\overline{\boldsymbol{S}}_2 = \boldsymbol{V}_1 = \begin{bmatrix} \boldsymbol{c}^{\mathrm{T}} & \boldsymbol{A}^{\mathrm{T}}\boldsymbol{c}^{\mathrm{T}} & \cdots & (\boldsymbol{A}^{\mathrm{T}})^{n-1}\boldsymbol{c}^{\mathrm{T}} \end{bmatrix} \tag{9-145}$$

2) 求 $\boldsymbol{V}_1$ 的逆阵 $\boldsymbol{V}_1^{-1}$，且记为行向量组

$$\boldsymbol{V}_1^{-1} = \begin{bmatrix} \boldsymbol{v}_1^{\mathrm{T}} \\ \boldsymbol{v}_2^{\mathrm{T}} \\ \vdots \\ \boldsymbol{v}_n^{\mathrm{T}} \end{bmatrix} \tag{9-146}$$

3) 取 $\boldsymbol{V}_1^{-1}$ 的第 n 行 $\boldsymbol{v}_n^{\mathrm{T}}$，并按下列规则构造变换矩阵

$$\boldsymbol{P} = \begin{bmatrix} \boldsymbol{v}_n^{\mathrm{T}} \\ \boldsymbol{v}_n^{\mathrm{T}}\boldsymbol{A}^{\mathrm{T}} \\ \cdots \\ \boldsymbol{v}_n^{\mathrm{T}}(\boldsymbol{A}^{\mathrm{T}})^{n-1} \end{bmatrix} \tag{9-147}$$

4) 求 $\boldsymbol{P}$ 的逆阵 $\boldsymbol{P}^{-1}$，并引入 $\boldsymbol{P}^{-1}$ 变换即 $\boldsymbol{z} = P^{-1}\overline{z}$，变换后动态方程为

$$\dot{\overline{\boldsymbol{z}}} = \boldsymbol{P}\boldsymbol{A}^{\mathrm{T}}\boldsymbol{P}^{-1}\overline{\boldsymbol{z}} + \boldsymbol{P}\boldsymbol{c}^{\mathrm{T}}\boldsymbol{v}, \qquad \overline{w} = \boldsymbol{b}^{\mathrm{T}}\boldsymbol{P}^{-1}\overline{\boldsymbol{z}} \tag{9-148}$$

5) 对对偶系统再利用对偶原理，便可获得原系统的可观测标准型，结果为

$$\dot{\overline{\boldsymbol{x}}} = (\boldsymbol{P}\boldsymbol{A}^{\mathrm{T}}\boldsymbol{P}^{-1})^{\mathrm{T}}\overline{\boldsymbol{x}} + (\boldsymbol{b}^{\mathrm{T}}\boldsymbol{P}^{-1})^{\mathrm{T}}u = \boldsymbol{P}^{-\mathrm{T}}\boldsymbol{A}\boldsymbol{P}^{\mathrm{T}}\overline{\boldsymbol{x}} + \boldsymbol{P}^{-\mathrm{T}}\boldsymbol{b}u \tag{9-149}$$

$$\overline{y} = (\boldsymbol{P}\boldsymbol{c}^{\mathrm{T}})^{\mathrm{T}}\overline{\boldsymbol{x}} = \boldsymbol{c}\boldsymbol{P}^{\mathrm{T}}\overline{\boldsymbol{x}} \tag{9-150}$$

与原系统动态方程相比较，可知将原系统化为可观测标准型需要进行 $\boldsymbol{P}^{\mathrm{T}}$ 变换，即令

$$\boldsymbol{x} = \boldsymbol{P}^{\mathrm{T}}\overline{\boldsymbol{x}} \tag{9-151}$$

其中

$$\boldsymbol{P}^{\mathrm{T}} = \begin{bmatrix} \boldsymbol{v}_n & \boldsymbol{A}\boldsymbol{v}_n & \cdots & \boldsymbol{A}^{n-1}\boldsymbol{v}_n \end{bmatrix} \tag{9-152}$$

$\boldsymbol{v}_n$ 为原系统可观测性矩阵的逆阵中第 n 行的转置。

(3) 非奇异线性变换的不变特性

从前面的研究中可以看到，为了便于研究系统固有特性，常常需要引入非奇异线性变换。例如，将 $\boldsymbol{A}$ 阵对角化，需进行 $\boldsymbol{P}$ 变换；将 $\boldsymbol{A}$，$\boldsymbol{b}$ 化为可控标准型，需进行 $\boldsymbol{P}^{-1}$ 变换；将 $\boldsymbol{A}$，$\boldsymbol{c}$ 化为可观测标准型，需进行 $\boldsymbol{P}^{\mathrm{T}}$ 变换。虽然这些变换中的 $\boldsymbol{P}$ 阵各不相同，但都是非奇异矩阵。经过变换后，系统的固有特性是否会引起改变呢？这当然是人们在研究线性变换时所需要回答的一个重要问题。下面的研究将会表明，系统经过非奇异线性变换后，其特征值、传递矩阵、可控性、可观测性等重要性质均保持不变。下面以 $\boldsymbol{P}$ 变换为例进行论证。

非奇异线性变换的不变特性

设系统动态方程为

$$\dot{\boldsymbol{x}} = \boldsymbol{A}\boldsymbol{x} + \boldsymbol{B}\boldsymbol{u}, \quad \boldsymbol{y} = \boldsymbol{C}\boldsymbol{x} + \boldsymbol{D}\boldsymbol{u}$$

令 $\boldsymbol{x}=\boldsymbol{P}\overline{\boldsymbol{x}}$，变换后动态方程为

$$\dot{\overline{\boldsymbol{x}}} = \boldsymbol{P}^{-1}\boldsymbol{A}\boldsymbol{P}\overline{\boldsymbol{x}} + \boldsymbol{P}^{-1}\boldsymbol{B}\boldsymbol{u}, \quad \boldsymbol{y} = \overline{\boldsymbol{y}} = \boldsymbol{C}\boldsymbol{P}\overline{\boldsymbol{x}} + \boldsymbol{D}\boldsymbol{u}$$

1) 变换后系统特征值不变。

变换后系统的特征值为

$$\begin{aligned}|\lambda \boldsymbol{I}-\boldsymbol{P}^{-1}\boldsymbol{A}\boldsymbol{P}|&=|\lambda \boldsymbol{P}^{-1}\boldsymbol{P}-\boldsymbol{P}^{-1}\boldsymbol{A}\boldsymbol{P}|=|\boldsymbol{P}^{-1}\lambda \boldsymbol{P}-\boldsymbol{P}^{-1}\boldsymbol{A}\boldsymbol{P}|=|\boldsymbol{P}^{-1}(\lambda \boldsymbol{I}-\boldsymbol{A})\boldsymbol{P}|\\&=|\boldsymbol{P}^{-1}||\lambda \boldsymbol{I}-\boldsymbol{A}||\boldsymbol{P}|=|\boldsymbol{P}^{-1}||\boldsymbol{P}||\lambda \boldsymbol{I}-\boldsymbol{A}|\\&=|\boldsymbol{P}^{-1}\boldsymbol{P}||\lambda \boldsymbol{I}-\boldsymbol{A}|=|\boldsymbol{I}||\lambda \boldsymbol{I}-\boldsymbol{A}|=|\lambda \boldsymbol{I}-\boldsymbol{A}|\end{aligned}$$

可见，系统变换后与变换前的特征值完全相同，这说明对于非奇异线性变换，系统特征值具有不变性。

2) 变换后系统传递矩阵不变。

变换后系统的传递矩阵为

$$\begin{aligned}\boldsymbol{G}'(s)&=\boldsymbol{C}\boldsymbol{P}(s\boldsymbol{I}-\boldsymbol{P}^{-1}\boldsymbol{A}\boldsymbol{P})^{-1}\boldsymbol{P}^{-1}\boldsymbol{B}+\boldsymbol{D}=\boldsymbol{C}\boldsymbol{P}(\boldsymbol{P}^{-1}s\boldsymbol{I}\boldsymbol{P}-\boldsymbol{P}^{-1}\boldsymbol{A}\boldsymbol{P})^{-1}\boldsymbol{P}^{-1}\boldsymbol{B}+\boldsymbol{D}\\&=\boldsymbol{C}\boldsymbol{P}\left[\boldsymbol{P}^{-1}(s\boldsymbol{I}-\boldsymbol{A})\boldsymbol{P}\right]^{-1}\boldsymbol{P}^{-1}\boldsymbol{B}+\boldsymbol{D}=\boldsymbol{C}\boldsymbol{P}\boldsymbol{P}^{-1}(s\boldsymbol{I}-\boldsymbol{A})^{-1}\boldsymbol{P}\boldsymbol{P}^{-1}\boldsymbol{B}+\boldsymbol{D}\\&=\boldsymbol{C}(s\boldsymbol{I}-\boldsymbol{A})^{-1}\boldsymbol{B}+\boldsymbol{D}=\boldsymbol{G}(s)\end{aligned}$$

这表明变换前与变换后系统的传递矩阵完全相同，系统的传递矩阵对于非奇异线性变换具有不变性。

3) 变换后系统可控性不变。

变换后系统可控性矩阵的秩为

$$\begin{aligned}\text{rank}\boldsymbol{S}'&=\text{rank}\left[\boldsymbol{P}^{-1}\boldsymbol{B}\quad(\boldsymbol{P}^{-1}\boldsymbol{A}\boldsymbol{P})\boldsymbol{P}^{-1}\boldsymbol{B}\quad(\boldsymbol{P}^{-1}\boldsymbol{A}\boldsymbol{P})^2\boldsymbol{P}^{-1}\boldsymbol{B}\quad\cdots\quad(\boldsymbol{P}^{-1}\boldsymbol{A}\boldsymbol{P})^{n-1}\boldsymbol{P}^{-1}\boldsymbol{B}\right]\\&=\text{rank}\left[\boldsymbol{P}^{-1}\boldsymbol{B}\quad\boldsymbol{P}^{-1}\boldsymbol{A}\boldsymbol{B}\quad\boldsymbol{P}^{-1}\boldsymbol{A}^2\boldsymbol{B}\quad\cdots\quad\boldsymbol{P}^{-1}\boldsymbol{A}^{n-1}\boldsymbol{B}\right]\\&=\text{rank}\boldsymbol{P}^{-1}\left[\boldsymbol{B}\quad\boldsymbol{A}\boldsymbol{B}\quad\boldsymbol{A}^2\boldsymbol{B}\quad\cdots\quad\boldsymbol{A}^{n-1}\boldsymbol{B}\right]\\&=\text{rank}\left[\boldsymbol{B}\quad\boldsymbol{A}\boldsymbol{B}\quad\boldsymbol{A}^2\boldsymbol{B}\quad\cdots\quad\boldsymbol{A}^{n-1}\boldsymbol{B}\right]=\text{rank}\boldsymbol{S}\end{aligned}$$

其中，$\boldsymbol{S}'$为变换后系统的可控性矩阵；$\boldsymbol{S}$ 为变换前系统的可控性矩阵。可见，变换后与变换前系统可控性矩阵的秩相等，根据系统可控性的秩判据可知，对于非奇异线性变换，系统的可控性不变。

4) 变换后系统可观测性不变。

设变换后系统的可观测性矩阵为 $\boldsymbol{V}'$，变换前系统的可观测性矩阵为 $\boldsymbol{V}$，则有

$$\begin{aligned}\text{rank}\boldsymbol{V}'&=\text{rank}\left[(\boldsymbol{C}\boldsymbol{P})^{\mathrm{T}}\quad(\boldsymbol{P}^{-1}\boldsymbol{A}\boldsymbol{P})^{\mathrm{T}}(\boldsymbol{C}\boldsymbol{P})^{\mathrm{T}}\quad((\boldsymbol{P}^{-1}\boldsymbol{A}\boldsymbol{P})^2)^{\mathrm{T}}(\boldsymbol{C}\boldsymbol{P})^{\mathrm{T}}\right.\\&\qquad\left.\cdots\quad((\boldsymbol{P}^{-1}\boldsymbol{A}\boldsymbol{P})^{n-1})^{\mathrm{T}}(\boldsymbol{C}\boldsymbol{P})^{\mathrm{T}}\right]\\&=\text{rank}\left[\boldsymbol{P}^{\mathrm{T}}\boldsymbol{C}^{\mathrm{T}}\quad\boldsymbol{P}^{\mathrm{T}}\boldsymbol{A}^{\mathrm{T}}\boldsymbol{C}^{\mathrm{T}}\quad\boldsymbol{P}^{\mathrm{T}}(\boldsymbol{A}^2)^{\mathrm{T}}\boldsymbol{C}^{\mathrm{T}}\quad\cdots\quad\boldsymbol{P}^{\mathrm{T}}(\boldsymbol{A}^{n-1})^{\mathrm{T}}\boldsymbol{C}^{\mathrm{T}}\right]\\&=\text{rank}\boldsymbol{P}^{\mathrm{T}}\left[\boldsymbol{C}^{\mathrm{T}}\quad\boldsymbol{A}^{\mathrm{T}}\boldsymbol{C}^{\mathrm{T}}\quad(\boldsymbol{A}^2)^{\mathrm{T}}\boldsymbol{C}^{\mathrm{T}}\quad\cdots\quad(\boldsymbol{A}^{n-1})^{\mathrm{T}}\boldsymbol{C}^{\mathrm{T}}\right]\\&=\text{rank}\left[\boldsymbol{C}^{\mathrm{T}}\quad\boldsymbol{A}^{\mathrm{T}}\boldsymbol{C}^{\mathrm{T}}\quad(\boldsymbol{A}^2)^{\mathrm{T}}\boldsymbol{C}^{\mathrm{T}}\quad\cdots\quad(\boldsymbol{A}^{n-1})^{\mathrm{T}}\boldsymbol{C}^{\mathrm{T}}\right]=\text{rank}\boldsymbol{V}\end{aligned}$$

可见，变换后与变换前系统的可观测性矩阵的秩相等，故系统的可观测性不变。

9-3　李雅普诺夫稳定性分析

稳定性是系统的重要特性，是系统正常工作的必要条件，它描述初始条件下系统方

程的解是否具有收敛性，而与输入作用无关。1892 年俄国学者李雅普诺夫提出的稳定性理论则是确定系统稳定性的更一般性理论，它采用了状态向量描述，不仅适用于单变量、线性、定常系统，而且适用于多变量、非线性、时变系统。在分析一些特定的非线性系统的稳定性时，李雅普诺夫理论有效地解决了用其他方法所不能解决的问题。李雅普诺夫理论在建立一系列关于稳定性概念的基础上，提出了判断系统稳定性的两种方法：一种方法是利用线性系统微分方程的解来判断系统稳定性，称之为李雅普诺夫第一法或间接法；另一种方法是首先利用经验和技巧来构造李雅普诺夫函数，进而利用李雅普诺夫函数来判断系统稳定性，称为李雅普诺夫第二法或直接法。由于间接法需要解线性系统微分方程，求解系统微分方程往往并非易事，所以间接法的应用受到了很大限制。而直接法不需要解系统微分方程，给判断系统的稳定性带来极大方便，获得了广泛应用。

1. 李雅普诺夫意义下的稳定性

设系统方程为

$$\dot{\boldsymbol{x}} = \boldsymbol{f}(\boldsymbol{x},t) \tag{9-153}$$

李雅普诺夫稳定性基本概念

式中，$\boldsymbol{x}$ 为 n 维状态向量，且显含时间变量 t；$\boldsymbol{f}(\boldsymbol{x}, t)$为线性或非线性、定常或时变的 n 维向量函数，其展开式为

$$\dot{x}_i = f_i(x_1, x_2, \cdots, x_n, t);\quad i = 1, 2, \cdots, n \tag{9-154}$$

假定方程的解为 $\boldsymbol{x}(t; \boldsymbol{x}_0, t_0)$，式中 $\boldsymbol{x}_0$ 和 t_0 分别为初始状态向量和初始时刻，则初始条件 $\boldsymbol{x}_0$ 必满足 $x(t_0; \boldsymbol{x}_0, t_0)=\boldsymbol{x}_0$。

(1) 平衡状态

李雅普诺夫关于稳定性的研究均针对平衡状态而言。对于所有 t，满足

$$\dot{\boldsymbol{x}}_e = \boldsymbol{f}(\boldsymbol{x}_e, t) = \boldsymbol{0} \tag{9-155}$$

的状态 $\boldsymbol{x}_e$ 称为平衡状态。平衡状态的各分量相对于时间不再发生变化。若已知状态方程，令 $\dot{\boldsymbol{x}}=\boldsymbol{0}$ 所求得的解 $\boldsymbol{x}$，便是一种平衡状态。

线性定常系统 $\dot{\boldsymbol{x}}=\boldsymbol{A}\boldsymbol{x}$，其平衡状态满足 $\boldsymbol{A}\boldsymbol{x}_e=\boldsymbol{0}$，当 $\boldsymbol{A}$ 为非奇异矩阵时，系统只有唯一的零解，即只存在一个位于状态空间原点的平衡状态。若 $\boldsymbol{A}$ 为奇异矩阵，则系统存在有无穷多个平衡状态。对于非线性系统，可能有一个或多个平衡状态。

(2) 李雅普诺夫意义下的稳定性

设系统初始状态位于以平衡状态 $\boldsymbol{x}_e$ 为球心、δ为半径的闭球域 $S(\delta)$内，即

$$\|\boldsymbol{x}_0 - \boldsymbol{x}_e\| \leqslant \delta,\quad t = t_0 \tag{9-156}$$

若能使系统方程的解 $\boldsymbol{x}(t, \boldsymbol{x}_0, t_0)$在 $t\to\infty$的过程中，都位于以 $\boldsymbol{x}_e$ 为球心、任意规定的半径为ε 的闭球域 $S(\varepsilon)$内，即

$$\|\boldsymbol{x}(t, \boldsymbol{x}_0, t_0) - \boldsymbol{x}_e\| \leqslant \varepsilon,\quad t \geqslant t_0 \tag{9-157}$$

则称系统的平衡状态 $\boldsymbol{x}_e$ 在李雅普诺夫意义下是稳定的。该定义的平面几何表示如图 9-17(a)所示。式中‖•‖为欧几里得范数，其几何意义是空间距离的尺度。例如，$\|\boldsymbol{x}_0-\boldsymbol{x}_e\|$ 表示状态空间中 $\boldsymbol{x}_0$ 点至 $\boldsymbol{x}_e$ 点之间距离的尺度，其数学表达式为

$$\|\boldsymbol{x}_0 - \boldsymbol{x}_e\| = \left[(x_{10} - x_{1e})^2 + \cdots + (x_{n0} - x_{ne})^2\right]^{\frac{1}{2}} \tag{9-158}$$

实数δ与ε有关，通常也与 t_0 有关。如果δ与 t_0 无关，则称平衡状态是一致稳定的。

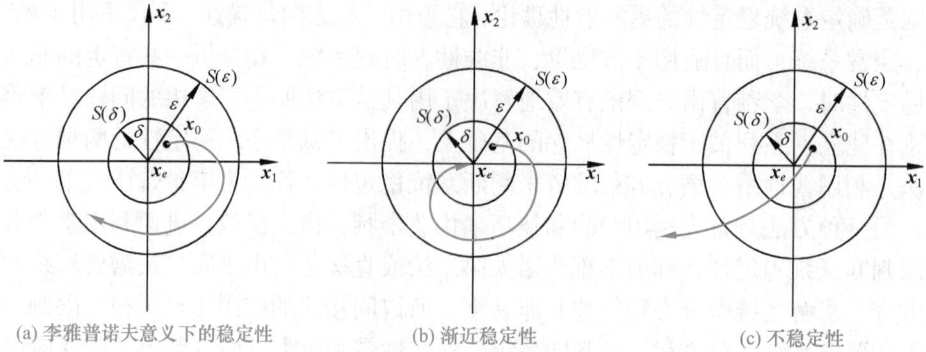

图 9-17　有关稳定性的平面几何表示

应当注意，按李雅普诺夫意义下的稳定性定义，当系统作不衰减的振荡运动时，将在平面描绘出一条封闭曲线，但只要不超出 $S(\varepsilon)$，则认为是稳定的，这与经典控制理论中线性定常系统稳定性的定义是有差异的。经典控制理论中的稳定性，指的是渐近稳定性。

(3) 渐近稳定性

若系统的平衡状态 $\boldsymbol{x}_e$ 不仅具有李雅普诺夫意义下的稳定性，且有

$$\lim_{t\to\infty}\left\|\boldsymbol{x}(t,\boldsymbol{x}_0,t_0)-\boldsymbol{x}_e\right\|=0 \tag{9-159}$$

则称此平衡状态是渐近稳定的。这时，从 $S(\delta)$出发的轨迹不仅不会超出 $S(\varepsilon)$，且当 $t\to\infty$ 时收敛于 $\boldsymbol{x}_e$，其平面几何表示如图 9-17(b)所示。显见经典控制理论中的稳定性定义与此处的渐近稳定性对应。

若δ与 t_0 无关，且式(9-159)的极限过程与 t_0 无关，则称平衡状态是一致渐近稳定的。

(4) 大范围(全局)渐近稳定性

当初始条件扩展至整个状态空间，且平衡状态均具有渐近稳定性时，称此平衡状态是大范围渐近稳定的。此时$\delta\to\infty$，$S(\delta)\to\infty$。当 $t\to\infty$时，由状态空间中任一点出发的轨迹都收敛至 $\boldsymbol{x}_e$。

对于严格线性的系统，如果它是渐近稳定的，则必定是大范围渐近稳定的，这是因为线性系统的稳定性与初始条件的大小无关。对于非线性系统来说，其稳定性往往与初始条件的大小密切相关，系统渐近稳定不一定是大范围渐近稳定。

(5) 不稳定性

如果对于某个实数$\varepsilon>0$ 和任一个实数$\delta>0$，不管这两个实数有多么小，在 $S(\delta)$内总存在着一个状态 $\boldsymbol{x}_0$，使得由这一状态出发的轨迹超出 $S(\varepsilon)$，则平衡状态 $\boldsymbol{x}_e$ 称为是不稳定的，见图 9-17(c)。

下面介绍李雅普诺夫理论中判断系统稳定性的方法。

2. 李雅普诺夫第一法(间接法)

李雅普诺夫第一法是利用状态方程解的特性来判断系统稳定性的方法，它适用于线性定常、线性时变以及非线性函数可线性化的情况。由于本章主要研究线性定常系统，

所以在此仅介绍线性定常系统的特征值判据。

定理 9-1　对于线性定常系统 $\dot{\boldsymbol{x}}=\boldsymbol{A}\boldsymbol{x}$，$\boldsymbol{x}(0)=\boldsymbol{x}_0$，$t\geqslant 0$，有

1) 系统的每一平衡状态是在李雅普诺夫意义下稳定的充分必要条件是，$\boldsymbol{A}$ 的所有特征值均具有非正(负或零)实部。

2) 系统的唯一平衡状态 $\boldsymbol{x}_e=\boldsymbol{0}$ 是渐近稳定的充分必要条件是：$\boldsymbol{A}$ 的所有特征值均具有负实部。

由于所讨论的系统为线性定常系统，当其为稳定时必是一致稳定；当其为渐近稳定时必是大范围一致渐近稳定。

3. 李雅普诺夫第二法(直接法)

根据古典力学中的振动现象，若系统能量(含动能与位能)随时间推移而衰减，系统迟早会达到平衡状态，但要找到实际系统的能量函数表达式并非易事。李雅普诺夫提出，可虚构一个能量函数，后来便被称为李雅普诺夫函数，一般它与 $x_1, x_2, \cdots, x_n$ 及 t 有关，记以 $V(\boldsymbol{x}，t)$。若不显含 t，则记以 $V(\boldsymbol{x})$。它是一个标量函数，考虑到能量总大于零，故为正定函数。能量衰减特性用 $\dot{V}(\boldsymbol{x}, t)$ 或 $\dot{V}(\boldsymbol{x})$ 表示。李雅普诺夫第二法利用 V 及 $\dot{V}$ 的符号特征，直接对平衡状态稳定性作出判断，无须求出系统状态方程的解，故称直接法。用此方法解决了一些用其他稳定性判据难以解决的非线性系统的稳定性问题，遗憾的是对一般非线性系统仍未找到构造李雅普诺夫函数的通用方法。对于线性系统，通常用二次型函数 $\boldsymbol{x}^{\mathrm{T}}\boldsymbol{P}\boldsymbol{x}$ 作为李雅普诺夫函数。

这里不打算对李雅普诺夫第二法中的诸稳定性定理在数学上作严格证明，而只着重于物理概念的阐述和应用。

(1) 标量函数定号性的简要回顾

正定性　标量函数 $V(\boldsymbol{x})$ 对所有在域 S 中的非零状态 $\boldsymbol{x}$ 有 $V(\boldsymbol{x})>0$ 且 $V(\boldsymbol{0})=0$，则在域 S(域 S 包含状态空间的原点)内的标量函数 $V(\boldsymbol{x})$ 称为是正定的。

负定性　如果 $-V(\boldsymbol{x})$ 是正定函数，则标量函数 $V(\boldsymbol{x})$ 称为负定函数。

正半定性　如果标量函数 $V(\boldsymbol{x})$ 除了原点及某些状态处等于零外，在域 S 内的所有状态都是正定的，则 $V(\boldsymbol{x})$ 称为正半定函数。

负半定性　如果 $-V(\boldsymbol{x})$ 是正半定函数，则标量函数 $V(\boldsymbol{x})$ 称为负半定函数。

不定性　如果在域 S 内，不论域 S 多么小，$V(\boldsymbol{x})$ 既可为正值也可为负值，则标量函数 $V(\boldsymbol{x})$ 称为不定函数。

(2) 李雅普诺夫第二法主要定理

定理 9-2(定常系统大范围渐近稳定判别定理 1)　对于定常系统

$$\dot{\boldsymbol{x}}=\boldsymbol{f}(\boldsymbol{x}),\quad t\geqslant 0 \tag{9-160}$$

其中 $\boldsymbol{f}(\boldsymbol{0})=\boldsymbol{0}$，如果存在一个具有连续一阶导数的标量函数 $V(\boldsymbol{x})$，其 $V(\boldsymbol{0})=0$，并且对于状态空间 X 中的一切非零点 $\boldsymbol{x}$ 满足如下条件：

1) $V(\boldsymbol{x})$ 为正定；

2) $\dot{V}(\boldsymbol{x})$ 为负定；

3) 当 $\|x\|\to\infty$ 时 $V(\boldsymbol{x})\to\infty$。

则系统的原点平衡状态是大范围渐近稳定的。

例 9-17 设系统状态方程为

$$\dot{x}_1 = x_2 - x_1(x_1^2 + x_2^2)$$
$$\dot{x}_2 = -x_1 - x_2(x_1^2 + x_2^2)$$

试确定系统的稳定性。

解 显然，原点($x_1=0$，$x_2=0$)是该系统唯一的平衡状态。选取正定标量函数 $V(\boldsymbol{x})$为

$$V(\boldsymbol{x}) = x_1^2 + x_2^2$$

则沿任意轨迹 $V(\boldsymbol{x})$对时间的导数

$$\dot{V}(\boldsymbol{x}) = 2x_1\dot{x}_1 + 2x_2\dot{x}_2 = -2(x_1^2 + x_2^2)^2$$

是负定的。这说明 $V(\boldsymbol{x})$沿任意轨迹是连续减小的，因此 $V(\boldsymbol{x})$是一个李雅普诺夫函数。由于当 $\|\boldsymbol{x}\|\to\infty$时 $V(\boldsymbol{x})\to\infty$，所以系统在原点处的平衡状态是大范围渐近稳定的。

一般地说，对于相当一部分系统，要构造一个李雅普诺夫函数 $V(\boldsymbol{x})$使其满足定理 9-9 中所要求的 $\dot{V}(\boldsymbol{x})$ 为负定这一条件，常常不易做到。同时，从直观上也容易理解，要求 $\dot{V}(\boldsymbol{x})$ 为负定不免过于保守。下面给出将这一条件放宽后的定常系统大范围渐近稳定判别定理。

定理 9-3(定常系统大范围渐近稳定判别定理 2) 对于定常系统(9-160)，如果存在一个具有连续一阶导数的标量 $V(\boldsymbol{x})$，其 $V(\boldsymbol{0})=0$，并且对状态空间 X 中的一切非零点 $\boldsymbol{x}$ 满足如下的条件：

1) $V(\boldsymbol{x})$为正定；

2) $\dot{V}(\boldsymbol{x})$ 为负半定；

3) 对任意 $\boldsymbol{x}\in X$，$\dot{V}(\boldsymbol{x}(t, \boldsymbol{x}_0, 0))\neq 0$；

4) 当 $\|\boldsymbol{x}\|\to\infty$时 $V(\boldsymbol{x})\to\infty$。

则系统的原点平衡状态是大范围渐近稳定的。

例 9-18 已知定常系统状态方程为

$$\dot{x}_1 = x_2$$
$$\dot{x}_2 = -x_1 - (1 + x_2)^2 x_2$$

试确定系统的稳定性。

解 易知原点($x_1=0$，$x_2=0$)为系统唯一的平衡状态。现取 $V(\boldsymbol{x})= x_1^2 + x_2^2$，且有

1) $V(\boldsymbol{x})= x_1^2 + x_2^2$ 为正定。

2) $\dot{V}(\boldsymbol{x}) = 2x_1\dot{x}_1 + 2x_2\dot{x}_2 = -2x_2^2(1+x_2)^2$。容易看出，除了①$x_1$ 任意，$x_2=0$；②x_1 任意，$x_2=-1$ 时，$\dot{V}(\boldsymbol{x})=0$ 以外，均有$\dot{V}(\boldsymbol{x})<0$。所以，$\dot{V}(\boldsymbol{x})$ 为负半定。

3) 检查是否$\dot{V}(\boldsymbol{x}(t, \boldsymbol{x}_0, 0))\neq 0$。考虑到使得$\dot{V}(\boldsymbol{x})=0$ 的可能性只有上述①和②两种情况，所以问题归结为判断这两种情况是否为系统的受扰运动解。先考察情况①：设 $\bar{\boldsymbol{x}}(t, \boldsymbol{x}_0, 0)=[x_1(t) \quad 0]^{\mathrm{T}}$，则由 $x_2(t)\equiv 0$ 可导出 $\dot{x}_2(t)=0$，将此代入系统状态方程，可得

$$\dot{x}_1(t) = x_2(t) = 0$$
$$0 = \dot{x}_2(t) = -(1 + x_2(t))^2 x_2(t) - x_1(t) = -x_1(t)$$

这表明，除了点($x_1=0$，$x_2=0$)外，$\bar{\boldsymbol{x}}(t, \boldsymbol{x}_0, 0)=[x_1(t) \quad 0]^{\mathrm{T}}$ 不是系统的受扰运动解。再考

察情况②：设 $\bar{\boldsymbol{x}}(t,\ \boldsymbol{x}_0,\ 0)=[x_1(t)\quad -1]^{\mathrm{T}}$，则由 $x_2(t)=-1$ 可导出 $\dot{x}_2(t)=0$，将此代入系统状态方程可得

$$\dot{x}_1(t)=x_2(t)=-1$$
$$0=\dot{x}_2(t)=-(1+x_2(t))^2x_2(t)-x_1(t)=-x_1(t)$$

显然这是一个矛盾的结果，表明 $\bar{\boldsymbol{x}}(t,\boldsymbol{x}_0,0)=[x_1(t)\quad -1]^{\mathrm{T}}$ 也不是系统的受扰运动解。综合以上分析可知，$\dot{V}(\boldsymbol{x}(t,\ \boldsymbol{x}_0,\ 0))\neq 0$。

4) 当 $\|\boldsymbol{x}\|\to\infty$ 时，显然有 $V(\boldsymbol{x})=\|\boldsymbol{x}\|^2\to\infty$。

于是，根据定理 9-10 可判定系统的原点平衡状态是大范围渐近稳定的。

由于上述给出的所有判别定理都只提供了充分条件，如果经多次试取李雅普诺夫函数都得不到确定的答案时，就要考虑其为不稳定的可能性。下面的定理给出了判别不稳定的充分条件。

定理 9-4(不稳定的判别定理)　对于定常系统(9-160)，如果存在一个具有连续一阶导数的标量函数 $V(\boldsymbol{x})$，其中 $V(\boldsymbol{0})=0$，和围绕原点的域 Ω，使得对于一切 $\boldsymbol{x}\in\Omega$ 和一切 $t\geqslant t_0$ 满足如下条件：

1) $V(\boldsymbol{x})$ 为正定；

2) $\dot{V}(\boldsymbol{x})$ 为正定。

则系统平衡状态为不稳定。

4. 线性定常系统的李雅普诺夫稳定性分析

下面介绍李雅普诺夫第二法在线性定常系统稳定性分析中的应用。

(1) 线性定常连续系统渐近稳定性的判别

设线性定常系统状态方程为 $\dot{\boldsymbol{x}}=\boldsymbol{A}\boldsymbol{x},\ \boldsymbol{x}(0)=\boldsymbol{x}_0,\ t\geqslant 0$，$\boldsymbol{A}$ 为非奇异矩阵，故原点是唯一平衡状态。设取正定二次型函数 $V(\boldsymbol{x})=\boldsymbol{x}^{\mathrm{T}}\boldsymbol{P}\boldsymbol{x}$ 作为可能的李雅普诺夫函数，考虑到系统状态方程，则有

$$\dot{V}(\boldsymbol{x})=\dot{\boldsymbol{x}}^{\mathrm{T}}\boldsymbol{P}\boldsymbol{x}+\boldsymbol{x}^{\mathrm{T}}\boldsymbol{P}\dot{\boldsymbol{x}}=\boldsymbol{x}^{\mathrm{T}}(\boldsymbol{A}^{\mathrm{T}}\boldsymbol{P}+\boldsymbol{P}\boldsymbol{A})\boldsymbol{x} \tag{9-161}$$

令

$$\boldsymbol{A}^{\mathrm{T}}\boldsymbol{P}+\boldsymbol{P}\boldsymbol{A}=-\boldsymbol{Q} \tag{9-162}$$

于是有

$$\dot{V}(\boldsymbol{x})=-\boldsymbol{x}^{\mathrm{T}}\boldsymbol{Q}\boldsymbol{x} \tag{9-163}$$

根据定常系统大范围渐近稳定判别定理 1，只要 $\boldsymbol{Q}$ 正定(即 $\dot{V}(\boldsymbol{x})$ 负定)，则系统是大范围渐近稳定的。于是线性定常连续系统渐近稳定的充分必要条件可表示为：给定一正定矩阵 $\boldsymbol{P}$，存在着满足式(9-162)的正定矩阵 $\boldsymbol{Q}$，而 $\boldsymbol{x}^{\mathrm{T}}\boldsymbol{P}\boldsymbol{x}$ 是该系统的一个李雅普诺夫函数，式(9-162)称为李雅普诺夫矩阵代数方程。

但是，按上述先给定 $\boldsymbol{P}$、再验证 $\boldsymbol{Q}$ 是否正定的步骤去分析系统稳定性时，若 $\boldsymbol{P}$ 选取不当，往往会导致 $\boldsymbol{Q}$ 非正定，需反复多次选取 $\boldsymbol{P}$ 阵来检验 $\boldsymbol{Q}$ 是否正定，使用中很不方便。因而在应用时，往往是先选取 $\boldsymbol{Q}$ 为正定实对称矩阵，再求解式(9-162)，若所求得的 $\boldsymbol{P}$ 阵为正定实对称矩阵，则可判定系统是渐近稳定的。由于使用中常选取 $\boldsymbol{Q}$ 阵为单位阵或对角线阵，比起先选 $\boldsymbol{P}$ 阵再检验 $\boldsymbol{Q}$ 阵要方便得多，所以在判定系统的稳定性时常利用下述定理：

定理 9-5　线性定常系统 $\dot{\boldsymbol{x}}=\boldsymbol{A}\boldsymbol{x}$，$\boldsymbol{x}(0)=\boldsymbol{x}_0$，$t\geqslant 0$ 的原点平衡状态 $\boldsymbol{x}_e=\boldsymbol{0}$ 为渐近稳定的充必条件是:对于任意给定的一个正定对称矩阵 $\boldsymbol{Q}$,有唯一的正定对称矩阵 $\boldsymbol{P}$ 使式(9-162)成立。

需要说明的是，在利用上述定理判断线性定常系统的渐近稳定性时，对 $\boldsymbol{Q}$ 的唯一限制是其应为对称正定阵。显然，满足这种限制的 $\boldsymbol{Q}$ 阵可能有无穷多个，但判断的结果即系统是否为渐近稳定，则和 $\boldsymbol{Q}$ 阵的不同选择无关。上述定理的实质是给出了矩阵 $\boldsymbol{A}$ 的所有特征值均具有负实部的充分必要条件。

根据定常系统大范围渐近稳定判别定理 2 可以推知，若系统任意的状态轨迹在非零状态不存在 $\dot{V}(\boldsymbol{x})$ 恒为零时，$\boldsymbol{Q}$ 阵可选择为正半定的，即允许 $\boldsymbol{Q}$ 取半正定对角阵时主对角线上部分元素为零，而解得的 $\boldsymbol{P}$ 阵仍应正定。

由于利用上述定理判断线性定常系统是否渐近稳定时需要求解李雅普诺夫方程(9-162)，但一般地说求解李雅普诺夫方程并非易事,因而这种方法往往不是用来判定系统的渐近稳定性，而是用来构造线性定常连续渐近稳定系统。

例 9-19　已知线性定常连续系统状态方程为

$$\dot{x}_1=x_2,\quad \dot{x}_2=2x_1-x_2$$

试用李雅普诺夫方程判定系统的渐近稳定性。

解　为便于对比，先用特征值判据判断。系统状态方程为

$$\dot{\boldsymbol{x}}=\begin{bmatrix}0 & 1\\ 2 & -1\end{bmatrix}\boldsymbol{x},\quad \boldsymbol{A}=\begin{bmatrix}0 & 1\\ 2 & -1\end{bmatrix}$$

$$|\lambda\boldsymbol{I}-\boldsymbol{A}|=\begin{bmatrix}\lambda & -1\\ -2 & \lambda+1\end{bmatrix}=\lambda^2+\lambda-2=(\lambda-1)(\lambda+2)$$

特征值为–2，1，故系统不稳定。令

$$\boldsymbol{A}^{\mathrm{T}}\boldsymbol{P}+\boldsymbol{P}\boldsymbol{A}=-\boldsymbol{Q}=-\boldsymbol{I}$$

$$\boldsymbol{P}=\boldsymbol{P}^{\mathrm{T}}=\begin{bmatrix}P_{11} & P_{12}\\ P_{12} & P_{22}\end{bmatrix}$$

则有
$$\begin{bmatrix}0 & 2\\ 1 & -1\end{bmatrix}\begin{bmatrix}P_{11} & P_{12}\\ P_{12} & P_{22}\end{bmatrix}+\begin{bmatrix}P_{11} & P_{12}\\ P_{12} & P_{22}\end{bmatrix}\begin{bmatrix}0 & 1\\ 2 & -1\end{bmatrix}=\begin{bmatrix}-1 & 0\\ 0 & -1\end{bmatrix}$$

展开有
$$4P_{12}=-1,\quad 2P_{12}-2P_{22}=-1,\quad P_{11}-P_{12}+2P_{22}=0$$

解得
$$\boldsymbol{P}=\begin{bmatrix}P_{11} & P_{12}\\ P_{12} & P_{22}\end{bmatrix}=\begin{bmatrix}-\dfrac{3}{4} & -\dfrac{1}{4}\\ -\dfrac{1}{4} & \dfrac{1}{4}\end{bmatrix}$$

由于 $P_{11}=-\dfrac{3}{4}<0$，$\det\boldsymbol{P}=-\dfrac{1}{4}<0$，故 $\boldsymbol{P}$ 不定，可知系统非渐近稳定。由特征值判据知系统是不稳定的。

(2) 线性定常离散系统渐近稳定性的判别

设线性定常离散系统状态方程为

$$x(k+1)=\boldsymbol{\Phi}x(k), x(0)=x_0;\quad k=0,1,2,\cdots \tag{9-164}$$

式中，$\boldsymbol{\Phi}$阵非奇异，原点是平衡状态。取正定二次型函数

$$V(x(k))=x^{\mathrm{T}}(k)Px(k) \tag{9-165}$$

以 $\Delta V(x(k))$代替$\dot{V}(x)$有

$$\Delta V(x(k))=V(x(k+1))-V(x(k)) \tag{9-166}$$

考虑到状态方程(9-164)有

$$\begin{aligned}\Delta V(x(k))&=x^{\mathrm{T}}(k+1)Px(k+1)-x^{\mathrm{T}}(k)Px(k)\\&=[\boldsymbol{\Phi}x(k)]^{\mathrm{T}}P[\boldsymbol{\Phi}x(k)]-x^{\mathrm{T}}(k)Px(k)\\&=x^{\mathrm{T}}(k)(\boldsymbol{\Phi}^{\mathrm{T}}P\boldsymbol{\Phi}-P)x(k)\end{aligned} \tag{9-167}$$

令

$$\boldsymbol{\Phi}^{\mathrm{T}}P\boldsymbol{\Phi}-P=-Q \tag{9-168}$$

于是有

$$\Delta V(x(k))=-x^{\mathrm{T}}(k)Qx(k) \tag{9-169}$$

定理 9-6　线性定常离散系统(9-164)渐近稳定的充分必要条件是，给定任一正定对称矩阵 Q，存在一个正定对称矩阵 P 使式(9-168)成立。

$x^{\mathrm{T}}(k)Px(k)$是系统的一个李雅普诺夫函数，式(9-168)称为离散的李雅普诺夫代数方程，通常可取 $Q=I$。

如果 $\Delta V(x(k))$沿任一解的序列不恒为零，则 Q 可取为正半定矩阵。

9-4　线性定常系统的反馈结构及状态观测器

无论是在经典控制理论还是在现代控制理论中，反馈都是系统设计的主要方式。但由于经典控制理论是用传递函数来描述的，它只能用输出量作为反馈量。而现代控制理论由于采用系统内部的状态变量来描述系统的物理特性，因而除了输出反馈外，还经常采用状态反馈。在进行系统的分析综合时，状态反馈将能提供更多的校正信息，因而在形成最优控制规律、抑制或消除扰动影响、实现系统解耦控制等诸方面，状态反馈均获得了广泛应用。

为了利用状态进行反馈，必须用传感器来测量状态变量，但并不是所有状态变量在物理上都可测量，于是提出了用状态观测器给出状态估值的问题。因此，状态反馈与状态观测器的设计便构成了用状态空间法综合设计系统的主要内容。

1. 线性定常系统常用反馈结构及其对系统特性的影响

(1) 两种常用反馈结构

在系统的综合设计中，两种常用的反馈形式是线性直接状态反馈和线性非动态输出反馈，简称为状态反馈和输出反馈。

1) 状态反馈。设有 n 维线性定常系统

线性定常系统常用反馈结构

$$\dot{x}=Ax+Bu,\quad y=Cx \tag{9-170}$$

式中，x，u，y 分别为 n 维、p 维和 q 维向量；A，B，C 分别为 $n\times n$，$n\times p$，$q\times n$ 实数

矩阵。

当将系统的控制量 $\boldsymbol{u}$ 取为状态变量的线性函数

$$\boldsymbol{u}=\boldsymbol{v}-\boldsymbol{K}\boldsymbol{x} \tag{9-171}$$

时，称之为线性直接状态反馈，简称为状态反馈，其中 $\boldsymbol{v}$ 为 p 维参考输入向量，$\boldsymbol{K}$ 为 $p\times n$ 维实反馈增益矩阵。在研究状态反馈时，假定所有的状态变量都是可以用来反馈的。

将式(9-171)代入式(9-170)可得状态反馈系统动态方程

$$\dot{\boldsymbol{x}}=(\boldsymbol{A}-\boldsymbol{B}\boldsymbol{K})\boldsymbol{x}+\boldsymbol{B}\boldsymbol{v},\quad \boldsymbol{y}=\boldsymbol{C}\boldsymbol{x} \tag{9-172}$$

其传递函数矩阵为

$$\boldsymbol{G}_K(s)=\boldsymbol{C}(s\boldsymbol{I}-\boldsymbol{A}+\boldsymbol{B}\boldsymbol{K})^{-1}\boldsymbol{B} \tag{9-173}$$

因此可用{$\boldsymbol{A}-\boldsymbol{B}\boldsymbol{K}, \boldsymbol{B}, \boldsymbol{C}$}来表示引入状态反馈后的闭环系统。由式(9-172)可以看出，引入状态反馈后系统的输出方程没有变化。

加入状态反馈后系统结构图如图 9-18 所示。

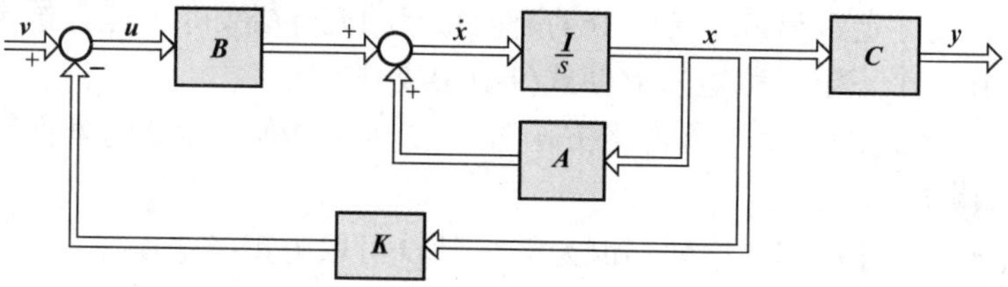

图 9-18　加入状态反馈后的系统结构图

2) 输出反馈。系统的状态常常不能全部测量到，因而状态反馈法的应用受到了限制。在此情况下，人们常常采用输出反馈法。输出反馈的目的首先是使系统闭环成为稳定系统，然后在此基础上进一步改善闭环系统性能。

输出反馈有两种形式：一种是将输出量反馈至状态微分，另一种是将输出量反馈至参考输入。

输出量反馈至状态微分的系统结构图如图 9-19 所示。输出反馈系统的动态方程为

$$\dot{\boldsymbol{x}}=\boldsymbol{A}\boldsymbol{x}+\boldsymbol{B}\boldsymbol{u}-\boldsymbol{H}\boldsymbol{y}=(\boldsymbol{A}-\boldsymbol{H}\boldsymbol{C})\boldsymbol{x}+\boldsymbol{B}\boldsymbol{u},\quad \boldsymbol{y}=\boldsymbol{C}\boldsymbol{x} \tag{9-174}$$

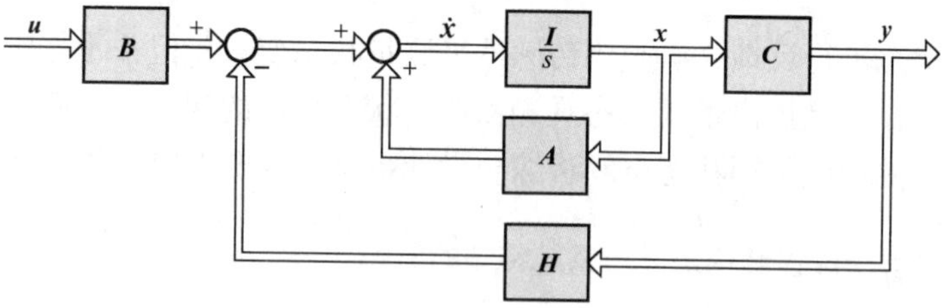

图 9-19　输出反馈至状态微分的系统结构图

其传递函数矩阵为

$$\boldsymbol{G}_H(s)=\boldsymbol{C}(s\boldsymbol{I}-\boldsymbol{A}+\boldsymbol{H}\boldsymbol{K})^{-1}\boldsymbol{B} \tag{9-175}$$

将输出量反馈至参考输入系统结构图如图 9-20 所示。当将系统的控制量 $\boldsymbol{u}$ 取为输出 $\boldsymbol{y}$ 的线性函数

$$u = v - Fy \tag{9-176}$$

时，称之为线性非动态输出反馈，常简称为输出反馈，其中 $\boldsymbol{v}$ 为 p 维参考输入向量，$\boldsymbol{F}$ 为 $p \times q$ 维实反馈增益矩阵。这是一种最常用的输出反馈

将式(9-176)代入式(9-170)可得输出反馈系统动态方程

$$\dot{x} = (A - BFC)x + Bv, \quad y = Cx \tag{9-177}$$

其传递函数矩阵为

$$G_F(s) = C(sI - A + BFC)^{-1}B \tag{9-178}$$

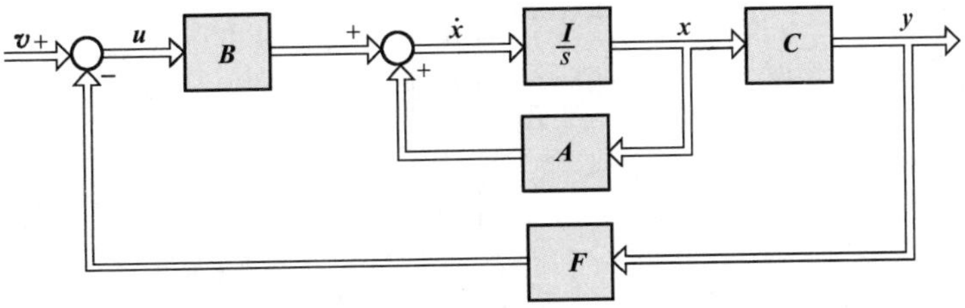

图 9-20 输出反馈至参考输入的系统结构图

不难看出，不管是状态反馈还是输出反馈，都可以改变状态的系数矩阵，但这并不表明二者具有等同的功能。由于状态能完整地表征系统的动态行为，因而利用状态反馈时，其信息量大而完整，当系统完全可控时，可以在不增加系统维数的情况下，自由地支配响应特性。而输出反馈仅利用了状态变量的线性组合进行反馈，其信息量较小，所引入的补偿装置将使系统维数增加，且难以得到任意的所期望的响应特性。一个输出反馈系统的性能，一定有对应的状态反馈系统与之等同，例如对于图 9-20 所示输出反馈系统，只要令 $\boldsymbol{FC}$=$\boldsymbol{K}$ 便可确定状态反馈增益矩阵。但是，对于一个状态反馈系统，却不一定有对应的输出反馈系统与之等同，这是由于令 $\boldsymbol{K}$=$\boldsymbol{FC}$ 来求解矩阵 $\boldsymbol{F}$ 时，有可能因 $\boldsymbol{F}$ 含有高阶导数而无法实现。对于非最小相位被控对象，如果含有在复平面右半平面上的极点，并且选择在复平面右半平面上的校正零点来加以对消时，便会潜藏有不稳定的隐患。但是，由于输出反馈所用的输出变量总是容易测量的，实现起来比较方便，因而获得了较广泛的应用。对于状态反馈系统中不便测量或不能测量的状态变量，需要利用状态观测器进行重构。有关状态观测器的设计问题，后面将作进一步阐述。

(2) 反馈结构对系统性能的影响

由于引入反馈，系统的系数矩阵发生了变化，对系统的可控性、可观测性、响应特性等均有影响。

定理 9-7 对于系统(9-170)，状态反馈的引入不改变系统的可控性。

证明 设被控系统 Σ_0 的动态方程为

$$\dot{x} = Ax + Bu, \quad y = Cx$$

加入状态反馈后系统 Σ_K 的动态方程为

$$\dot{x} = (A - BK)x + Bv, \quad y = Cx$$

首先证明状态反馈系统 Σ_K 可控的充分必要条件是被控系统 Σ_0 可控。

系统 Σ_0 的可控性矩阵为

$$\boldsymbol{S}_c = \begin{bmatrix} \boldsymbol{B} & \boldsymbol{AB} & \cdots & \boldsymbol{A}^{n-1}\boldsymbol{B} \end{bmatrix}$$

系统 Σ_K 的可控性矩阵为

$$\boldsymbol{S}_{cK} = \begin{bmatrix} \boldsymbol{B} & (\boldsymbol{A}-\boldsymbol{BK})\boldsymbol{B} & \cdots & (\boldsymbol{A}-\boldsymbol{BK})^{n-1}\boldsymbol{B} \end{bmatrix}$$

由于

$$\boldsymbol{B} = \begin{bmatrix} \boldsymbol{b}_1 & \boldsymbol{b}_2 & \cdots & \boldsymbol{b}_p \end{bmatrix}, \quad \boldsymbol{AB} = \begin{bmatrix} \boldsymbol{Ab}_1 & \boldsymbol{Ab}_2 & \cdots & \boldsymbol{Ab}_p \end{bmatrix}$$

$$(\boldsymbol{A}-\boldsymbol{BK})\boldsymbol{B} = \begin{bmatrix} (\boldsymbol{A}-\boldsymbol{BK})\boldsymbol{b}_1 & (\boldsymbol{A}-\boldsymbol{BK})\boldsymbol{b}_2 & \cdots & (\boldsymbol{A}-\boldsymbol{BK})\boldsymbol{b}_p \end{bmatrix}$$

式中，$\boldsymbol{b}_i(i=1, 2, \cdots, p)$为列向量。将 $\boldsymbol{K}$ 表示为行向量组

$$\boldsymbol{K} = \begin{bmatrix} \boldsymbol{k}_1 \\ \boldsymbol{k}_2 \\ \vdots \\ \boldsymbol{k}_p \end{bmatrix}$$

则

$$(\boldsymbol{A}-\boldsymbol{BK})\boldsymbol{b}_i = \boldsymbol{Ab}_i - \begin{bmatrix} \boldsymbol{b}_1 & \boldsymbol{b}_2 & \cdots & \boldsymbol{b}_p \end{bmatrix} \begin{bmatrix} \boldsymbol{k}_1\boldsymbol{b}_i \\ \boldsymbol{k}_2\boldsymbol{b}_i \\ \vdots \\ \boldsymbol{k}_p\boldsymbol{b}_i \end{bmatrix}$$

令

$$c_{1i} = \boldsymbol{k}_1\boldsymbol{b}_i, \quad c_{2i} = \boldsymbol{k}_2\boldsymbol{b}_i, \quad \cdots, \quad c_{pi} = \boldsymbol{k}_p\boldsymbol{b}_i$$

式中，$c_{ji}(j=1, 2, \cdots, p)$均为标量。故

$$(\boldsymbol{A}-\boldsymbol{BK})\boldsymbol{b}_i = \boldsymbol{Ab}_i - (c_{1i}\boldsymbol{b}_1 + c_{2i}\boldsymbol{b}_2 + \cdots + c_{pi}\boldsymbol{b}_p)$$

这说明$(\boldsymbol{A}-\boldsymbol{BK})\boldsymbol{B}$ 的列是$[\boldsymbol{B} \quad \boldsymbol{AB}]$列的线性组合。同理有$(\boldsymbol{A}-\boldsymbol{BK})^2\boldsymbol{B}$ 的列是$[\boldsymbol{B} \quad \boldsymbol{AB} \quad \boldsymbol{A}^2\boldsymbol{B}]$列的线性组合，如此等等，故 $\boldsymbol{S}_{cK}$ 的每一列均可表为 $\boldsymbol{S}_c$ 的列的线性组合。由此可得

$$\operatorname{rank}\boldsymbol{S}_{cK} \leqslant \operatorname{rank}\boldsymbol{S}_c \tag{9-179}$$

另一方面，Σ_0 又可看成为 Σ_K 的状态反馈系统，即

$$\dot{\boldsymbol{x}} = \boldsymbol{Ax} + \boldsymbol{Bu} = \left[(\boldsymbol{A}-\boldsymbol{BK}) + \boldsymbol{BK}\right]\boldsymbol{x} + \boldsymbol{Bu}$$

同理可得

$$\operatorname{rank}\boldsymbol{S}_c \leqslant \operatorname{rank}\boldsymbol{S}_{cK} \tag{9-180}$$

由式(9-179)和式(9-180)可得

$$\operatorname{rank}\boldsymbol{S}_{cK} = \operatorname{rank}\boldsymbol{S}_c \tag{9-181}$$

从而当且仅当 Σ_0 可控时，Σ_K 可控。证毕。

应当指出，状态反馈系统不一定能保持可观测性，对此只需举一反例说明。例如，考察

$$\dot{\boldsymbol{x}} = \begin{bmatrix} 1 & 2 \\ 0 & 3 \end{bmatrix}\boldsymbol{x} + \begin{bmatrix} 0 \\ 1 \end{bmatrix}u, \quad y = \begin{bmatrix} 1 & 1 \end{bmatrix}\boldsymbol{x}$$

其可观测性判别阵

$$\boldsymbol{V}_o = \begin{bmatrix} \boldsymbol{c} \\ \boldsymbol{cA} \end{bmatrix} = \begin{bmatrix} 1 & 1 \\ 1 & 5 \end{bmatrix}, \quad \operatorname{rank}\boldsymbol{V}_o = n = 2$$

故该系统可观测。现引入状态反馈，取 $\boldsymbol{k}=[0 \quad 4]$，则状态反馈系统 Σ_K 为

$$\dot{x}=(A-bk)x+bv=\begin{bmatrix}1 & 2\\ 0 & -1\end{bmatrix}x+\begin{bmatrix}0\\ 1\end{bmatrix}v,\qquad y=\begin{bmatrix}1 & 1\end{bmatrix}x$$

其可观测性判别阵

$$V_{oK}=\begin{bmatrix}c\\ c(A-bk)\end{bmatrix}=\begin{bmatrix}1 & 1\\ 1 & 1\end{bmatrix},\qquad \operatorname{rank}V_{oK}=1<n=2$$

故该状态反馈系统为不可观测。若取 k=[0　5]，则通过计算可知，此时它是可观测的。这表明状态反馈可能改变系统的可观测性，其原因是通过状态反馈造成了所配置的极点与零点相对消。

定理 9-8　对于系统(9-170)，输出至状态微分反馈的引入不改变系统的可观测性。

证明　用对偶定理证明。设被控对象 Σ_0 为(A，B，C)，将输出反馈至状态微分的系统 Σ_H 为((A–HC), B, C)，若(A，B，C)可观测，则对偶系统(A^{T}，C^{T}，B^{T})可控，由定理 9-7 可知，系统(A^{T}，C^{T}，B^{T})加入状态反馈后的系统((A^{T}–$C^{\mathrm{T}}H^{\mathrm{T}}$)，$C^{\mathrm{T}}$，$B^{\mathrm{T}}$)的可控性不变，因而有

$$\begin{aligned}&\operatorname{rank}\begin{bmatrix}C^{\mathrm{T}} & A^{\mathrm{T}}C^{\mathrm{T}} & \cdots & (A^{\mathrm{T}})^{n-1}C^{\mathrm{T}}\end{bmatrix}\\ =&\operatorname{rank}\begin{bmatrix}C^{\mathrm{T}} & (A^{\mathrm{T}}-C^{\mathrm{T}}H^{\mathrm{T}})C^{\mathrm{T}} & \cdots & (A^{\mathrm{T}}-C^{\mathrm{T}}H^{\mathrm{T}})^{n-1}C^{\mathrm{T}}\end{bmatrix}\\ =&\operatorname{rank}\begin{bmatrix}C^{\mathrm{T}} & (A-HC)^{\mathrm{T}}C^{\mathrm{T}} & \cdots & ((A-CH)^{\mathrm{T}})^{n-1}C^{\mathrm{T}}\end{bmatrix}\end{aligned}\tag{9-182}$$

上式表明，原系统 Σ_0 与原系统 Σ_H 可观测性判别阵的秩相等，这意味着若 Σ_0 可观测，则 Σ_H 也是可观测的，表明输出至状态微分反馈的引入不改变系统的可观测性。证毕。

显然，由于对偶系统(A^{T}，C^{T}，B^{T})的可观测性判别阵为

$$\begin{aligned}\bar{V}_o&=\begin{bmatrix}(B^{\mathrm{T}})^{\mathrm{T}} & (A^{\mathrm{T}})^{\mathrm{T}}(B^{\mathrm{T}})^{\mathrm{T}} & \cdots & ((A^{\mathrm{T}})^{\mathrm{T}})^{n-1}(B^{\mathrm{T}})^{\mathrm{T}}\end{bmatrix}\\ &=\begin{bmatrix}B & AB & \cdots & A^{n-1}B\end{bmatrix}\end{aligned}$$

加入状态反馈后的对偶系统((A^{T}–$C^{\mathrm{T}}H^{\mathrm{T}}$)，$C^{\mathrm{T}}$，$B^{\mathrm{T}}$)的可观测性判别阵为

$$\begin{aligned}\bar{V}_{oH}&=\begin{bmatrix}(B^{\mathrm{T}})^{\mathrm{T}} & (A^{\mathrm{T}}-C^{\mathrm{T}}H^{\mathrm{T}})^{\mathrm{T}}(B^{\mathrm{T}})^{\mathrm{T}} & \cdots & ((A^{\mathrm{T}}-C^{\mathrm{T}}H^{\mathrm{T}})^{\mathrm{T}})^{n-1}(B^{\mathrm{T}})^{\mathrm{T}}\end{bmatrix}\\ &=\begin{bmatrix}B & (A-HC)B & \cdots & (A-HC)^{n-1}B\end{bmatrix}\end{aligned}$$

由定理 9-7 知，系统加入状态反馈后有可能使得

$$\operatorname{rank}\bar{V}_o\neq\operatorname{rank}\bar{V}_{oH}\tag{9-183}$$

因为 $\bar{V}_o$ 也是系统 Σ_0 的可控性判别阵，$\bar{V}_{oH}$ 又是系统 Σ_H 的可控性判别阵，式(9-183)表明，输出至状态微分的反馈有可能改变系统的可控性。

定理 9-9　对于系统(9-170)，输出至参考输入反馈的引入能同时不改变系统的可控性和可观测性，即输出反馈系统 Σ_F 为可控(可观测)的充分必要条件是被控系统 Σ_0 为可控(可观测)。

证明　首先，由于对任一输出至参考输入的反馈系统都能找到一个等价的状态反馈系统，由定理 9-7 知状态反馈可保持可控性，因而输出至参考输入反馈的引入不改变系统的可控性。

由于 Σ_0 和 Σ_F 的可观测性判别阵分别为

$$V_o=\begin{bmatrix} C \\ CA \\ \vdots \\ CA^{n-1} \end{bmatrix},\quad V_{oF}=\begin{bmatrix} C \\ C(A-BFC) \\ \vdots \\ C(A-BFC)^{n-1} \end{bmatrix}$$

并且

$$C=\begin{bmatrix} c_1 \\ c_2 \\ \vdots \\ c_q \end{bmatrix},\quad CA=\begin{bmatrix} c_1A \\ c_2A \\ \vdots \\ c_qA \end{bmatrix},\quad C(A-BFC)=\begin{bmatrix} c_1(A-BFC) \\ c_2(A-BFC) \\ \vdots \\ c_q(A-BFC) \end{bmatrix}$$

式中，$c_i(i=1, 2, \cdots, q)$为行向量，将F表为列向量组$\{f_j\}$，即$F=[f_1 \quad f_2 \quad \cdots \quad f_q]$，则

$$\begin{aligned} c_i(A-BFC) &= c_iA-c_iB(f_1c_1+f_2c_2+\cdots+f_qc_q) \\ &= c_iA-\left[(c_iBf_1)c_1+(c_iBf_2)c_2+\cdots+(c_iBf_q)c_q\right] \end{aligned}$$

令式中$c_iBf_j=\alpha_j$，α_j为标量，$j=1, 2, \cdots, q$，则有

$$c_i(A-BFC)=c_iA-(\alpha_1c_1+\alpha_2c_2+\cdots+\alpha_qc_q)$$

该式表明$C(A-BFC)$的行是$[C^{\mathrm{T}} \quad A^{\mathrm{T}} \quad C^{\mathrm{T}}]^{\mathrm{T}}$的行的线性组合。同理有$C(A-BFC)^2$的行是$[C^{\mathrm{T}} \quad A^{\mathrm{T}} \quad C^{\mathrm{T}} \quad (A^{\mathrm{T}})^2C^{\mathrm{T}}]^{\mathrm{T}}$的行的线性组合，如此等等。故$V_{oF}$的每一行均可表为$V_o$的行的线性组合，由此可得

$$\operatorname{rank}V_{oF}\leqslant \operatorname{rank}V_o \tag{9-184}$$

由于Σ_0又可看成为Σ_F的输出反馈系统，因而有

$$\operatorname{rank}V_o\leqslant \operatorname{rank}V_{oF} \tag{9-185}$$

由式(9-184)和式(9-185)可得

$$\operatorname{rank}V_o=\operatorname{rank}V_{oF} \tag{9-186}$$

这表明输出至参考输入的反馈可保持系统的可观测性。证毕。

2. 系统的极点配置

状态反馈和输出反馈都能改变闭环系统的极点位置。所谓极点配置，就是利用状态反馈或输出反馈使闭环系统的极点位于所希望的位置。由于系统的性能和它的极点位置密切相关，因而极点配置问题在系统设计中是很重要的。这里需要解决两个问题：一是建立极点可配置的条件，二是确定极点配置所需要的反馈增益矩阵。

(1) 极点可配置条件

这里给出的极点可配置条件既适合于单输入-单输出系统，也适合于多输入-多输出系统。

1) 利用状态反馈的极点可配置条件。

定理 9-10　利用状态反馈任意配置闭环极点的充分必要条件是被控系统(9-170)可控。

证明　下面就单输入-多输出系统来证明本定理。这时被控系统(A, B, C)中的B为一列向量，记为b。

先证充分性。若系统(A, b)可控，则通过非奇异线性变换$x=P^{-1}\bar{x}$可变换为可控标

准型

$$\dot{\bar{x}} = \bar{A}\bar{x} + \bar{b}u \tag{9-187}$$

式中

$$\bar{A} = PAP^{-1} = \begin{bmatrix} 0 & 1 & 0 & \cdots & 0 \\ 0 & 0 & 1 & \cdots & 0 \\ \vdots & \vdots & \vdots & & \vdots \\ 0 & 0 & 0 & \cdots & 1 \\ -a_0 & -a_1 & -a_2 & \cdots & -a_{n-1} \end{bmatrix}, \quad \bar{b} = Pb = \begin{bmatrix} 0 \\ 0 \\ \vdots \\ 0 \\ 1 \end{bmatrix}$$

在单输入情况下，引入状态反馈

$$u = v - kx = v - kP^{-1}\bar{x} = v - \bar{k}\bar{x} \tag{9-188}$$

其中

$$\bar{k} = kP^{-1} = \begin{bmatrix} \bar{k}_0 & \bar{k}_1 & \cdots & \bar{k}_{n-1} \end{bmatrix}$$

则引入状态反馈后闭环系统的状态阵为

$$\bar{A} - \bar{b}\bar{k} = \begin{bmatrix} 0 & 1 & 0 & \cdots & 0 \\ 0 & 0 & 1 & \cdots & 0 \\ \vdots & \vdots & \vdots & & \vdots \\ 0 & 0 & 0 & \cdots & 1 \\ (-a_0 - \bar{k}_0) & (-a_1 - \bar{k}_1) & (-a_2 - \bar{k}_2) & \cdots & (-a_{n-1} - \bar{k}_{n-1}) \end{bmatrix} \tag{9-189}$$

对于式(9-189)这种特殊形式的矩阵，容易写出其闭环特征方程

$$\begin{aligned} \det\left[sI - (\bar{A} - \bar{b}\bar{k})\right] = {} & s^n + (a_{n-1} + \bar{k}_{n-1})s^{n-1} + (a_{n-2} + \bar{k}_{n-2})s^{n-2} \\ & + \cdots + (a_1 + \bar{k}_1)s + (a_0 + \bar{k}_0) = 0 \end{aligned} \tag{9-190}$$

显然，该 n 阶特征方程中的 n 个系数，可通过 $\bar{k}_0$，$\bar{k}_1$，…，$\bar{k}_{n-1}$ 来独立设置，也就是说($\bar{A} - \bar{b}\bar{k}$)的特征值可以任意选择，即系统的极点可以任意配置。

再证必要性。如果系统(A，b)不可控，就说明系统的有些状态将不受 u 的控制，则引入状态反馈时就不可能通过控制来影响不可控的极点。证毕。

2) 利用输出反馈的极点可配置条件。

定理 9-11　用输出至状态微分的反馈任意配置闭环极点的充分必要条件是被控系统(9-170)可观测。

证明　下面以多输入-单输出系统为例给出定理的证明。根据对偶定理可知，若被控系统(A, B, c)可观测，则对偶系统(A^{T}, c^{T}, B^{T})可控，由状态反馈极点配置定理知(A^{T}–$c^{\mathrm{T}}h^{\mathrm{T}}$)的特征值可任意配置，其中 h 为 $n\times1$ 输出反馈向量。由于(A^{T}–$c^{\mathrm{T}}h^{\mathrm{T}}$)的特征值与($A^{\mathrm{T}}$–$c^{\mathrm{T}}h^{\mathrm{T}}$)^{T}=$A$–$hc$ 的特征值相同，故当且仅当系统(A, B, c)可观测时，可以任意配置(A–hc)的特征值。证毕。

为了根据期望闭环极点来设计输出反馈向量 h 的参数，只需将期望的系统特征多项式与该输出反馈系统特征多项式$|\lambda I-(A-hc)|$相比即可。

对于多输入-单输出被控系统来说，当采用输出至参考输入的反馈时，反馈增益矩阵 F 为 $p\times1$ 维，记为向量 f，则

$$u = v - fy \tag{9-191}$$

输出反馈系统的动态方程为

$$\dot{\boldsymbol{x}} = (\boldsymbol{A} - \boldsymbol{Bfc})\boldsymbol{x} + \boldsymbol{Bv}, \quad y = \boldsymbol{cx} \tag{9-192}$$

若令 $\boldsymbol{fc}=\boldsymbol{K}$，该输出反馈便等价为状态反馈。适当选择 $\boldsymbol{f}$，可使特征值任意配置。但是，当比例的状态反馈变换为输出反馈时，输出反馈中必定含有输出量的各阶导数，于是 $\boldsymbol{f}$ 向量不是常数向量，这会给物理实现带来困难，因而其应用受限。可推论，当 $\boldsymbol{f}$ 是常数向量时，便不能任意配置极点。

(2) 单输入-单输出系统的极点配置算法

对于具体的可控单输入-单输出系统，求解实现希望极点配置的状态反馈向量 $\boldsymbol{k}$ 时，不必像定理 9-10 中证明那样去进行可控标准型变换，只需要运行如下简单算法。

第 1 步：列写系统状态方程及状态反馈控制律

$$\dot{\boldsymbol{x}} = \boldsymbol{Ax} + \boldsymbol{b}u, \quad u = v - \boldsymbol{kx}$$

式中，$\boldsymbol{k}=[k_0 \quad k_1 \quad \cdots \quad k_{n-1}]$。

第 2 步：检验$(\boldsymbol{A}, \boldsymbol{b})$的可控性。若 $\operatorname{rank}[\boldsymbol{b} \quad \boldsymbol{Ab} \quad \cdots \quad \boldsymbol{A}^{n-1}\boldsymbol{b}]=n$，则转下步。

第 3 步：由要求配置的闭环极点$\lambda_1,\lambda_2,\cdots,\lambda_n$,求出希望特征多项式 $\boldsymbol{a}_0^*(s) = \prod_{i=1}^{n}(s-\lambda_i)$。

第 4 步：计算状态反馈系统的特征多项式 $a_0(s)=\det[s\boldsymbol{I}-\boldsymbol{A}+\boldsymbol{bk}]$。

第 5 步：比较多项式 $a_0^*(s)$ 与 $a_0(s)$，令其对应项系数相等，可确定状态反馈增益向量 $\boldsymbol{k}$。

应当指出，应用极点配置方法来改善系统性能，有以下方面需要注意：

1) 配置极点时并非离虚轴越远越好，以免造成系统带宽过大使抗扰性降低。

2) 状态反馈向量 $\boldsymbol{k}$ 中的元素不宜过大，否则物理实现不易。

3) 闭环零点对系统动态性能有影响，在规定希望配置的闭环极点时，需要充分考虑闭环零点的影响。

4) 状态反馈对系统的零点和可观测性没有影响，只有当任意配置的极点与系统零点存在对消时，状态反馈系统的零点和可观测性质将会改变。

以上性质适用于单输入-多输出或单输出系统，但不适用于多输入-多输出系统。

例 9-20　已知单输入线性定常系统的状态方程为

$$\dot{\boldsymbol{x}} = \begin{bmatrix} 0 & 0 & 0 \\ 1 & -6 & 0 \\ 0 & 1 & -12 \end{bmatrix}\boldsymbol{x} + \begin{bmatrix} 1 \\ 0 \\ 0 \end{bmatrix}u$$

求状态反馈向量 $\boldsymbol{k}$，使系统的闭环特征值为

$$\lambda_1 = -2, \quad \lambda_2 = -1 + \mathrm{j}, \quad \lambda_3 = -1 - \mathrm{j}$$

解　系统的可控性矩阵为

$$\boldsymbol{S}_c = \begin{bmatrix} \boldsymbol{b} & \boldsymbol{Ab} & \boldsymbol{A}^2\boldsymbol{b} \end{bmatrix} = \begin{bmatrix} 1 & 0 & 0 \\ 0 & 1 & -6 \\ 0 & 0 & 1 \end{bmatrix}$$

$$\operatorname{rank}\boldsymbol{S}_c = 3 = n$$

系统可控，满足极点可配置条件。系统的希望特征多项式为

$$a_0^*(s)=(s-\lambda_1)(s-\lambda_2)(s-\lambda_3)=(s+2)(s+1-j)(s+1+j)$$
$$=s^3+4s^2+6s+4$$

令

$$a_0^*(s)=\det(s\boldsymbol{I}-\boldsymbol{A}+\boldsymbol{bk})=\det\begin{bmatrix} s+k_1 & k_2 & k_3 \\ -1 & s+6 & 0 \\ 0 & -1 & s+12 \end{bmatrix}$$
$$=s^3+(k_1+18)s^2+(18k_1+k_2+72)s+(72k_1+12k_2+k_3)$$

于是有

$$k_1+18=4$$
$$18k_1+k_2+72=6$$
$$72k_1+12k_2+k_3=4$$

可求得

$$k_1=-14,\quad k_2=186,\quad k_3=-1220$$
$$\boldsymbol{k}=\begin{bmatrix} k_1 & k_2 & k_3 \end{bmatrix}=\begin{bmatrix} -14 & 186 & -1220 \end{bmatrix}$$

3. 全维状态观测器及其设计

当利用状态反馈配置系统极点时，需要用传感器测量状态变量以便实现反馈。但在许多情况下，通常只有被控对象的输入量和输出量能够用传感器测量，而多数状态变量不易测得或不可能测得，于是提出了利用被控对象的输入量和输出量建立状态观测器(又称为状态估计器、状态重构器)来重构状态的问题。当重构状态向量的维数等于被控对象状态向量的维数时，称为全维状态观测器。

(1) 全维状态观测器构成方案

设被控对象动态方程为

$$\dot{\boldsymbol{x}}=\boldsymbol{Ax}+\boldsymbol{Bu},\quad \boldsymbol{y}=\boldsymbol{Cx} \tag{9-193}$$

可构造一个动态方程与式(9-189)相同但用计算机实现的模拟被控系统

$$\dot{\hat{\boldsymbol{x}}}=\boldsymbol{A}\hat{\boldsymbol{x}}+\boldsymbol{Bu},\quad \hat{\boldsymbol{y}}=\boldsymbol{C}\hat{\boldsymbol{x}} \tag{9-194}$$

式中，$\hat{\boldsymbol{x}}$，$\hat{\boldsymbol{y}}$ 分别为模拟系统的状态向量和输出向量，是被控对象状态向量和输出向量的估值。当模拟系统与被控对象的初始状态向量相同时，在同一输入作用下，有 $\hat{\boldsymbol{x}}=\boldsymbol{x}$，可用 $\hat{\boldsymbol{x}}$ 作为状态反馈所需用的信息。但是，被控对象的初始状态与设定值之间可能很不相同，模拟系统中积分器初始条件的设置又只能预估，因而两个系统的初始状态总有差异，即使两个系统的 $\boldsymbol{A}$，$\boldsymbol{B}$，$\boldsymbol{C}$ 阵完全一样，也必定存在估计状态与被控对象实际状态的误差($\hat{\boldsymbol{x}}-\boldsymbol{x}$)，难以实现所需要的状态反馈。但是，($\hat{\boldsymbol{x}}-\boldsymbol{x}$)的存在必定导致($\hat{\boldsymbol{y}}-\boldsymbol{y}$)的存在，而被控系统的输出量总是可以用传感器测量的，于是可根据一般反馈控制原理，将($\hat{\boldsymbol{y}}-\boldsymbol{y}$)负反馈至 $\dot{\hat{\boldsymbol{x}}}$ 处，控制($\hat{\boldsymbol{y}}-\boldsymbol{y}$)尽快逼近于零，从而使($\hat{\boldsymbol{x}}-\boldsymbol{x}$)尽快逼近于零，便可以利用 $\hat{\boldsymbol{x}}$ 来形成状态反馈。按以上原理构成的状态观测器及其实现状态反馈的结构图如图 9-21 所示。状态观测器有两个输入，即 $\boldsymbol{u}$ 和 $\boldsymbol{y}$，输出为 $\hat{\boldsymbol{x}}$。观测器含 n 个积分器并对全部状态变量作出估计。$\boldsymbol{H}$ 为观测器输出反馈阵，它把($\hat{\boldsymbol{y}}-\boldsymbol{y}$)负反馈至 $\dot{\hat{\boldsymbol{x}}}$ 处，是为配置观测器极点，提高其动态性能，即尽快使($\hat{\boldsymbol{x}}-\boldsymbol{x}$)逼近于零而引入的，它是前面所介绍过的一

种输出反馈。

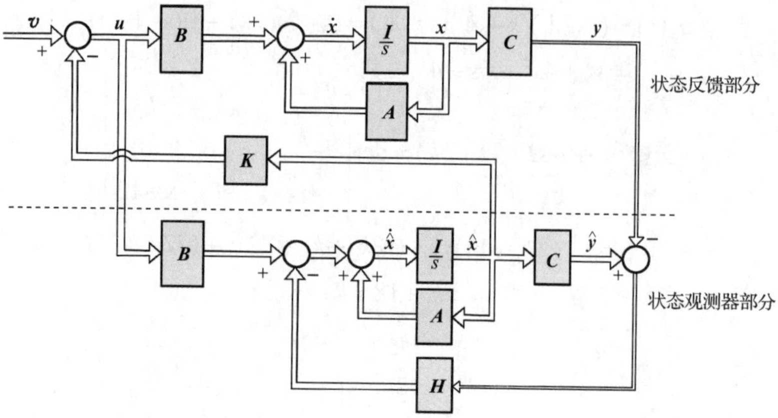

图 9-21　状态观测器及其实现状态反馈的系统结构图

(2) 全维状态观测器分析设计

由图 9-21 可列出全维状态观测器动态方程

$$\dot{\hat{x}} = A\hat{x} + Bu - H(\hat{y} - y), \quad \hat{y} = C\hat{x} \tag{9-195}$$

故有

$$\dot{\hat{x}} = A\hat{x} + Bu - HC(\hat{x} - x) = (A - HC)\hat{x} + Bu + Hy \tag{9-196}$$

式中，$(A-HC)$称为观测器系统矩阵。观测器分析设计的关键问题是能否在任何初始条件下，即尽管 $\hat{x}(t_0)$与 $x(t_0)$不同，但总能保证

$$\lim_{t\to\infty}(\hat{x}(t) - x(t)) = 0 \tag{9-197}$$

成立。只有满足式(9-197)，状态反馈系统才能正常工作，式(9-195)所示系统才能作为实际的状态观测器，故式(9-197)称为观测器存在条件。

由式(9-196)与式(9-193)可得

$$\dot{x} - \dot{\hat{x}} = (A - HC)(x - \hat{x}) \tag{9-198}$$

其解为

$$x(t) - \hat{x}(t) = e^{(A-HC)(t-t_0)}\left[x(t_0) - \hat{x}(t_0)\right] \tag{9-199}$$

显见，当 $\hat{x}(t_0)=x(t_0)$时，恒有 $x(t)=\hat{x}(t)$，所引入的输出反馈并不起作用。当 $\hat{x}(t_0)\neq x(t_0)$时，有 $\hat{x}(t)\neq x(t)$，输出反馈便起作用了，这时只要$(A-HC)$的特征值具有负实部，初始状态向量误差总会按指数衰减规律满足式(9-197)，其衰减速率取决于观测器的极点配置。由前面的输出反馈定理 9-11 知，若被控对象可观测，则$(A-HC)$的极点可任意配置，以满足 $\hat{x}$ 逼近 x 的速率要求，因而保证了状态观测器的存在性。

定理 9-12　若被控系统(A, B, C)可观测，则其状态可用形如

$$\dot{\hat{x}} = A\hat{x} + Bu - HC(\hat{x} - x) = (A - HC)\hat{x} + Bu + Hy \tag{9-200}$$

的全维状态观测器给出估值，其中矩阵 H 按任意配置极点的需要来选择，以决定状态误差衰减的速率。

选择 H 阵参数时，应注意防止数值过大带来的实现困难，如饱和效应、噪声加剧等，通常希望观测器响应速度比状态反馈系统的响应速度要快些。

例 9-21　设被控对象传递函数为

$$\frac{Y(s)}{U(s)}=\frac{2}{(s+1)(s+2)}$$

试设计全维状态观测器，将极点配置在−10，−10。

解 被控对象的传递函数为

$$\frac{Y(s)}{U(s)}=\frac{2}{(s+1)(s+2)}=\frac{2}{s^2+3s+2}$$

根据传递函数可直接写出系统的可控标准型

$$\dot{\boldsymbol{x}}=\boldsymbol{A}\boldsymbol{x}+\boldsymbol{b}u,\quad y=\boldsymbol{c}\boldsymbol{x}$$

其中
$$\boldsymbol{A}=\begin{bmatrix}0 & 1\\ -2 & -3\end{bmatrix},\quad \boldsymbol{b}=\begin{bmatrix}0\\ 1\end{bmatrix},\quad \boldsymbol{c}=\begin{bmatrix}2 & 0\end{bmatrix}$$

显然，系统可控可观测。n=2, q=1，输出反馈向量 $\boldsymbol{h}$ 为 2×1 向量。全维状态观测器系统矩阵为

$$\boldsymbol{A}-\boldsymbol{h}\boldsymbol{c}=\begin{bmatrix}0 & 1\\ -2 & -3\end{bmatrix}-\begin{bmatrix}h_0\\ h_1\end{bmatrix}\begin{bmatrix}2 & 0\end{bmatrix}=\begin{bmatrix}-2h_0 & 1\\ -2-2h_1 & -3\end{bmatrix}$$

观测器特征方程为

$$\left|\lambda\boldsymbol{I}-(\boldsymbol{A}-\boldsymbol{h}\boldsymbol{c})\right|=\lambda^2+(2h_0+3)\lambda+(6h_0+2h_1+2)=0$$

期望特征方程为

$$(\lambda+10)^2=\lambda^2+20\lambda+100=0$$

令两特征方程同次项系数相等可得

$$2h_0+3=20,\quad 6h_0+2h_1+2=100$$

因而有
$$h_0=8.5,\quad h_1=23.5$$

h_0，h_1 分别为由($\hat{y}-y$)引至 $\dot{\hat{x}}_1$ 和 $\dot{\hat{x}}_2$ 的反馈系数。被控对象及全维状态观测器组合系统的状态变量图如图 9-22 所示。

4. 分离特性

当用全维状态观测器提供的状态估值 $\hat{\boldsymbol{x}}$ 代替真实状态 $\boldsymbol{x}$ 来实现状态反馈时，为保持系统的期望特征值，其状态反馈阵 $\boldsymbol{K}$ 是否需要重新设计？当观测器被引入系统以后，状态反馈系统部分是否会改变已经设计好的观测器极点配置，其观测器输出反馈阵 $\boldsymbol{H}$ 是否需要重新设计？为此需要对引入观测器的状态反馈系统作进一步分析。整个系统的结构图如图 9-21 所示，是一个 2n 维的复合系统，其中

$$\boldsymbol{u}=\boldsymbol{v}-\boldsymbol{K}\hat{\boldsymbol{x}}\tag{9-201}$$

状态反馈子系统动态方程为

$$\dot{\boldsymbol{x}}=\boldsymbol{A}\boldsymbol{x}+\boldsymbol{B}\boldsymbol{u}=\boldsymbol{A}\boldsymbol{x}-\boldsymbol{B}\boldsymbol{K}\hat{\boldsymbol{x}}+\boldsymbol{B}\boldsymbol{v},\quad \boldsymbol{y}=\boldsymbol{C}\boldsymbol{x}\tag{9-202}$$

全维状态观测器子系统动态方程为

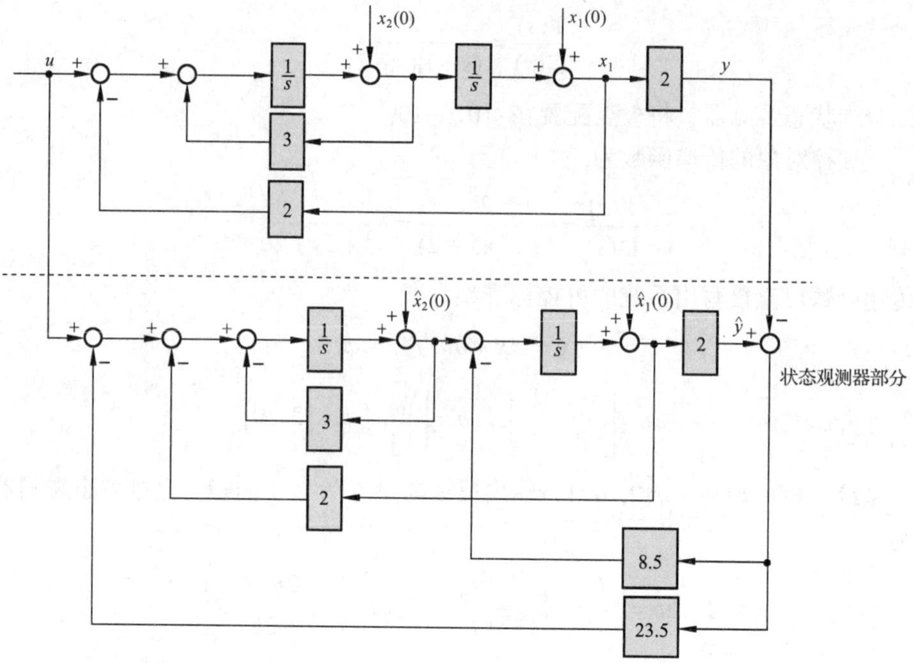

图 9-22　例 9-19 全维状态观测器及被控对象组合系统的状态变量图

$$\dot{\hat{x}} = A\hat{x} + Bu - H(\hat{y} - y) = (A - BK - HC)\hat{x} + HCx + Bv \tag{9-203}$$

故复合系统动态方程为

$$\begin{bmatrix} \dot{x} \\ \dot{\hat{x}} \end{bmatrix} = \begin{bmatrix} A & -BK \\ HC & A - BK - HC \end{bmatrix} \begin{bmatrix} x \\ \hat{x} \end{bmatrix} + \begin{bmatrix} B \\ B \end{bmatrix} v \tag{9-204}$$

$$y = \begin{bmatrix} C & 0 \end{bmatrix} \begin{bmatrix} x \\ \hat{x} \end{bmatrix} \tag{9-205}$$

在复合系统动态方程中，不用状态估值 $\hat{x}$，而用状态误差$(x-\hat{x})$，将会使分析研究更加直观方便。由式(9-202)和式(9-203)可得

$$\dot{x} - \dot{\hat{x}} = (A - HC)(x - \hat{x}) \tag{9-206}$$

该式与 u，v 无关，即$(x-\hat{x})$是不可控的，不管施加什么样的控制信号，只要$(A-HC)$的全部特征值均具有负实部，状态误差总会衰减到零，这正是所希望的，是状态观测器所具有的重要性质。对式(9-204)引入非奇异线性变换

$$\begin{bmatrix} x \\ \hat{x} \end{bmatrix} = \begin{bmatrix} I_n & 0 \\ I_n & -I_n \end{bmatrix} \begin{bmatrix} x \\ x - \hat{x} \end{bmatrix} \tag{9-207}$$

则有

$$\begin{bmatrix} \dot{x} \\ \dot{x} - \dot{\hat{x}} \end{bmatrix} = \begin{bmatrix} A - BK & BK \\ 0 & A - HC \end{bmatrix} \begin{bmatrix} x \\ x - \hat{x} \end{bmatrix} + \begin{bmatrix} B \\ 0 \end{bmatrix} v \tag{9-208}$$

$$y = \begin{bmatrix} C & 0 \end{bmatrix} \begin{bmatrix} x \\ x - \hat{x} \end{bmatrix} \tag{9-209}$$

由于线性变换后系统传递函数矩阵具有不变性，由式(9-208)和式(9-209)可导出系统

传递函数矩阵

$$G(s)=\begin{bmatrix}C & 0\end{bmatrix}\begin{bmatrix}sI-(A-BK) & -BK\\ 0 & sI-(A-HC)\end{bmatrix}^{-1}\begin{bmatrix}B\\ 0\end{bmatrix} \tag{9-210}$$

利用分块矩阵求逆公式

$$\begin{bmatrix}R & S\\ 0 & T\end{bmatrix}^{-1}=\begin{bmatrix}R^{-1} & -R^{-1}ST^{-1}\\ 0 & T^{-1}\end{bmatrix} \tag{9-211}$$

可得

$$G(s)=C\left[sI-(A-BK)\right]^{-1}B \tag{9-212}$$

式(9-212)正是引入真实状态 x 作为反馈的状态反馈系统

$$\dot{x}=Ax+B(v-Kx)=(A-BK)x+Bv \tag{9-213}$$

$$y=Cx \tag{9-214}$$

的传递函数矩阵。这说明复合系统与状态反馈子系统具有相同的传递特性，与观测器部分无关，可用估值状态 $\hat{x}$ 代替真实状态 x 作为反馈。$2n$ 维复合系统导出了 $n\times n$ 传递矩阵，这是由于$(x-\hat{x})$的不可控造成的。

由于线性变换后特征值具有不变性，由式(9-208)易导出其特征值满足关系式

$$\begin{bmatrix}sI-(A-BK) & -BK\\ 0 & sI-(A-HC)\end{bmatrix}=\left|sI-(A-BK)\right|\cdot\left|sI-(A-HC)\right| \tag{9-215}$$

该式表明复合系统特征值是由状态反馈子系统和全维状态观测器子系统的特征值组合而成，且两部分特征值相互独立，彼此不受影响，因而状态反馈矩阵 K 和输出反馈矩阵 H 可根据各自的要求来独立进行设计，故有下述分离定理。

定理 9-13(分离定理)　若被控系统(A，B，C)可控可观测，用状态观测器估值形成状态反馈时，其系统的极点配置和观测器设计可分别独立进行，即 K 和 H 阵的设计可分别独立进行。

9-5　状态空间的分析仿真

1. 控制系统状态空间模型描述

设有 n 个状态、p 个输入和 q 个输出的线性定常系统的状态空间模型为

$$\dot{x}(t)=Ax(t)+Bu(t)$$
$$y(t)=Cx(t)+Du(t)$$

在 MATLAB、Python 中，利用 ss 命令来建立状态空间模型。

命令格式：sys=**ss**(A，B，C，D，Ts)

其中 A，B，C，D 表示状态空间模型的系统矩阵，Ts 表示采样时间，缺省时描述的是连续系统。

2. 系统模型转换

由于传递函数模型描述的是系统的外部特性，而状态空间模型描述的是系统的内部

特性，它们之间存在着内在的等效关系。利用 MATLAB、Python 中的 tf2ss 函数可以实现传递函数模型到状态空间模型的转换，ss2tf 函数实现状态空间模型到传递函数模型的转换，ss2ss 函数实现状态空间模型之间的相似变换。相似变换后的系统状态空间模型矩阵与原模型矩阵关系为

$$\bar{\boldsymbol{A}}=\boldsymbol{TAT}^{-1},\quad \bar{\boldsymbol{B}}=\boldsymbol{TB},\quad \bar{\boldsymbol{C}}=\boldsymbol{CT}^{-1}$$

式中，$\boldsymbol{T}$ 为非奇异变换矩阵，$\boldsymbol{A}$、$\boldsymbol{B}$、$\boldsymbol{C}$ 为原模型系统矩阵，$\bar{\boldsymbol{A}}$、$\bar{\boldsymbol{B}}$、$\bar{\boldsymbol{C}}$ 为变换后模型的系统矩阵。

命令格式：[A，B，C，D] = **tf2ss**(num，den)

[num，den] = **ss2tf**(A，B，C，D)

sysT= **ss2ss**(sys，T)

其中 num，den 分别为分子分母多项式降幂排列的系数向量；T 表示相似变换矩阵。

3. 系统可控性及可观测性分析

系统的可控性及可观性是线性系统分析中必不可少的重要问题。考虑线性定常连续系统

$$\dot{\boldsymbol{x}}(t)=\boldsymbol{Ax}(t)+\boldsymbol{Bu}(t),\quad \boldsymbol{y}(t)=\boldsymbol{Cx}(t)$$

若系统完全可控，则

$$\operatorname{rank}\begin{bmatrix}\boldsymbol{B} & \boldsymbol{AB} & \cdots & \boldsymbol{A}^{n-1}\boldsymbol{B}\end{bmatrix}=n$$

式中，n 为矩阵 $\boldsymbol{A}$ 的维数；$\boldsymbol{S}=\begin{bmatrix}\boldsymbol{B} & \boldsymbol{AB} & \cdots & \boldsymbol{A}^{n-1}\boldsymbol{B}\end{bmatrix}$ 为系统的可控性矩阵。

若系统完全可观，则

$$\operatorname{rank}\begin{bmatrix}\boldsymbol{C}\\ \boldsymbol{CA}\\ \vdots\\ \boldsymbol{CA}^{n-1}\end{bmatrix}=n$$

式中，n 为矩阵 $\boldsymbol{A}$ 的维数；$\boldsymbol{V}=\begin{bmatrix}\boldsymbol{C}\\ \boldsymbol{CA}\\ \vdots\\ \boldsymbol{CA}^{n-1}\end{bmatrix}$ 为系统的可观性矩阵。

在 MATLAB 中可分别使用 ctrb 和 obsv 函数求取系统的可控性阵和可观性阵，再用 rank 命令求取矩阵的秩，与 n 比较后判断系统的可控、可观性。

命令格式：S=**ctrb**(A，B)

V=**obsv**(A，C)

其中 S 为可控性矩阵，V 为可观性矩阵。

4. 李雅普诺夫稳定性分析

(1) 李雅普诺夫第一法(间接法)

李雅普诺夫第一法是利用状态方程解的特性来判断系统稳定性的方法。系统的唯一平衡状态 $\boldsymbol{x}_e=0$ 渐近稳定的充分必要条件是：$\boldsymbol{A}$ 的所有特征根均具有负实部。在 MATLAB

中，求取矩阵的特征根可以采用 eig 命令。

命令格式：e = **eig**(A)

(2) 李雅普诺夫第二法(直接法)

李雅普诺夫第二法是通过构造李雅普诺夫函数来判断系统稳定性的方法。对于线性定常系统 $\dot{\boldsymbol{x}}=\boldsymbol{A}\boldsymbol{x}$ 的原点平衡状态 $\boldsymbol{x}_e=0$ 渐近稳定的充分必要条件是：对于任意给定的一个正定对称矩阵 $\boldsymbol{Q}$，有唯一的正定对称矩阵 $\boldsymbol{P}$ 使式

$$\boldsymbol{A}^{\mathrm{T}}\boldsymbol{P}+\boldsymbol{P}\boldsymbol{A}=-\boldsymbol{Q}$$

成立。在 MATLAB 中可以调用 lyap 函数直接求解对称矩阵 $\boldsymbol{P}$，判断系统稳定性。

命令格式：P = **lyap**(A′,Q)

其中，Q 为选择的正定或半正定矩阵；A′为矩阵 $\boldsymbol{A}$ 的转置；P 为李雅普诺夫方程的解。

5. 系统极点配置

命令格式：K=**acker**(A，b，P)

K=**place**(A，B，P)

其中，K 为状态反馈矩阵；P 为希望配置的极点位置。acker 命令用于 SISO 系统，而 place 命令用于 MIMO 系统。

6. 综合应用

例 9-22　设系统状态方程为

$$\dot{\boldsymbol{x}}(t)=\begin{bmatrix}-2 & 2 & -1\\ 0 & -2 & 0\\ 1 & -4 & 0\end{bmatrix}\boldsymbol{x}(t)+\begin{bmatrix}0\\1\\1\end{bmatrix}u(t),\quad y(t)=\begin{bmatrix}1 & 0 & 1\end{bmatrix}\boldsymbol{x}(t),\quad \boldsymbol{x}(0)=\begin{bmatrix}1\\-2\\3\end{bmatrix}$$

状态空间法综合应用实例

要求：①判断系统的稳定性，并绘制系统的零输入状态响应曲线；②求系统传递函数，并绘制系统在初始状态作用下的输出响应曲线；③判断系统的可控性，如有可能，将系统状态方程化为可控标准型；④判断系统的可观测性。

解　1) 利用李雅普诺夫第二法判断系统的稳定性。选定 $\boldsymbol{Q}$ 为单位阵，求解李雅普诺夫方程，得对称矩阵 $\boldsymbol{P}$。若 $\boldsymbol{P}$ 正定，即 $\boldsymbol{P}$ 的全部特征根均为正数，则系统稳定。

2) 系统的传递函数 $G(s)=\boldsymbol{c}(s\boldsymbol{I}-\boldsymbol{A})^{-1}\boldsymbol{b}$。

3) 系统的可控标准型实现可按如下步骤求解：

① 计算系统的可控性矩阵 $\boldsymbol{S}$，并利用秩判据判断系统的可控性；

② 若系统可控，计算可控性矩阵的逆阵 $\boldsymbol{S}^{-1}$；

③ 取出 $\boldsymbol{S}^{-1}$ 的最后一行构成 $\boldsymbol{p}_1$ 行向量；

④ 构造 $\boldsymbol{T}$ 阵

$$\boldsymbol{T}=\begin{bmatrix}\boldsymbol{p}_1\\ \boldsymbol{p}_1\boldsymbol{A}\\ \vdots\\ \boldsymbol{p}_1\boldsymbol{A}^{n-1}\end{bmatrix}$$

⑤ 利用相似变换矩阵 $\boldsymbol{T}$ 将非标准型可控系统化为可控标准型。

4) 计算系统的可观性矩阵 V，利用秩判据判断系统的可观性。

MATLAB 程序如下：

```
A=[-2 2 -1;0 -2 0;1 -4 0];b=[0 1 1]';c=[1 0 1];d=0;
N=size(A);n=N(1);
Q=eye(3);                                    %选定 Q 为单位阵
P=lyap(A', Q)                                %求对称阵 P
e=eig(P)                                     %利用特征值判断对称阵 P 是否正定
sys=ss(A, b, c, d);                          %建立系统的状态空间模型
[y, t, x]=initial(sys, [1 -2 3]');           %计算系统的零输入响应
figure(1)
plot(t, x); grid                             %绘制系统零输入响应状态曲线
xlabel('t(s)');ylabel('x(t)');title('initial response');
figure(2)
plot(t, y);grid                              %绘制系统零输入响应输出曲线
xlabel('t(s)');ylabel('y(t)');title('initial response');
[num, den]=ss2tf(A, b, c, d)                 %将系统状态空间模型转换成传递函数模型
S=ctrb(A, b);                                %计算可控性矩阵 S
f=rank(S)                                    %通过 rank 命令求可控性矩阵的秩
if f==n                                      %判断系统的可控性
  disp('system is controlled')
else
  disp('system is no controlled')
end
V=obsv(A, c);                                %计算可观测性矩阵 V
m=rank(V)                                    %求可观测性矩阵的秩
if m==n                                      %判断系统的可观测性
  disp('system is observable')
else
  disp('system is no observable')
end
S1=inv(S);                                   %通过 inv 命令求矩阵的逆 S^-1
T=[S1(3, :);S1(3, :)*A;S1(3, :)*A^2];        %求变换矩阵 T
sys1=ss2ss(sys, T)                           %通过相似变换矩阵 T 将系统化为可控标准型
```

Python 程序如下：

```
import control as ctr
import matplotlib·pyplot as plt
import numpy as np
A=np.array([[-2,2,-1], [0,-2,0],[1,-4,0]])
b=np.array(np.transpose([[0,1,1]]))
```

```
c=np.array([[1,0,1]])
d=0
N=A.shape
n=N[0]
Q=np.eye(3)                                  #选定 Q 为单位阵
P=ctr.lyap(np.transpose(A),Q)                #求对称阵 P
e= np.linalg.eig(P)                          #利用特征值判断对称阵 P 是否正定
sys=ctr.ss(A,b,c,d)                          #建立系统的状态空间模型
t= np.arange(0, 7, 0.01)
t,y,x=ctr.forced_response(sys,t, X0=np.transpose([1,-2,3]),return_x =True)
                                             #计算系统的零输入响应

#fig1
plt.plot(t,np.transpose(x))                  #绘制系统零输入响应状态曲线
plt.grid(1)
plt.xlabel('t(s)')
plt.ylabel('x(t)')
plt.title('initial response')
plt.show()
#fig2
plt.plot(t,y)                                #绘制系统零输入响应输出曲线
plt.grid(1)
plt.xlabel('t(s)')
plt.ylabel('y(t)')
plt.title('initial response');
plt.show()
sys2=ctr.ss2tf(sys)                          #将系统状态空间模型转换成传递函数模型
S=ctr.ctrb(A,b);                             #计算可控性矩阵 S
f=np.linalg.matrix_rank(S)                   #求可控性矩阵的秩
if(f==n):                                    #判断系统的可控性
    print('system is controlled')
else:
    print('system is no controlled')
V=ctr.obsv(A,c)                              #计算可观测性矩阵 V
m=np.linalg.matrix_rank(V)                   #求可观测性矩阵的秩
if(m==n):                                    #判断系统的可观测性
    print('system is observable')
else:
    print('system is no observable')
sys1=ctr.canonical_form(sys, form='reachable')     #将系统化为可控标准型
```

运行上述程序，结果如下：

1) 由于对称矩阵 $\boldsymbol{P}=\begin{bmatrix}0.5 & -0.7778 & 0.5\\ -0.7778 & 3.6944 & -2.1111\\ 0.5 & -2.1111 & 1.5\end{bmatrix}$ 正定，可知系统稳定。

2) 系统的传递函数

$$\boldsymbol{\Phi}(s)=\frac{s^2+s}{s^3+4s^2+5s+2}$$

系统零输入响应的状态曲线和输出曲线分别如图 9-23 和图 9-24 所示。

3) 由于可控性矩阵满秩，所以系统完全可控。利用变换矩阵 $\boldsymbol{T}$ 得系统的可控标准型

$$\dot{\boldsymbol{x}}(t)=\begin{bmatrix}0 & 1 & 0\\ 0 & 0 & 1\\ -2 & -5 & -4\end{bmatrix}\boldsymbol{x}(t)+\begin{bmatrix}0\\0\\1\end{bmatrix}u(t),\ y(t)=\begin{bmatrix}0 & 1 & 1\end{bmatrix}\boldsymbol{x}(t)$$

4) 由于可观测性矩阵的秩为 2，非满秩，系统状态不完全可观测。

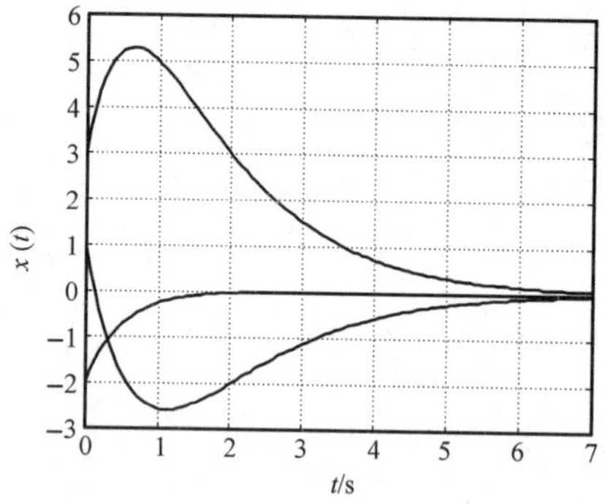

图 9-23　例 9-23 系统零输入时状态响应曲线 (MATLAB)

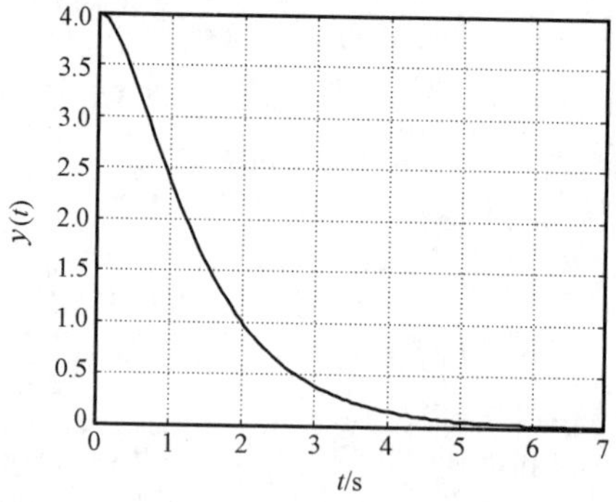

图 9-24　例 9-23 系统零输入时输出响应曲线 (MATLAB)

例 9-23　设线性定常系统的状态方程为

$$\dot{\boldsymbol{x}}(t)=\begin{bmatrix}-2 & -2.5 & -0.5\\ 1 & 0 & 0\\ 0 & 1 & 0\end{bmatrix}\boldsymbol{x}(t)+\begin{bmatrix}1\\0\\0\end{bmatrix}u(t),\quad y(t)=\begin{bmatrix}1 & 4 & 3.5\end{bmatrix}\boldsymbol{x}(t)$$

$$\boldsymbol{x}(0)=\begin{bmatrix}1\\ -0.75\\ 0.4\end{bmatrix}$$

试问：①能否通过状态反馈将系统的闭环极点配置在−1、−2 和−3 处？如有可能，求出上述极点配置的反馈增益向量 $\boldsymbol{k}$；②当系统的状态不可直接测量时，能否通过状态观测器来获取状态变量？如有可能，试设计一个极点位于−3，−5 和−7 的全维状态观测器。

解　本题设计步骤如下：

1) 检查系统的可控、可观性。若被控系统可控可观测，则满足分离定理，用状态观测器估值形成状态反馈时，其系统的极点配置和观测器设计可分别独立进行。

2) 对于系统 $\dot{x}=Ax+bu$，选择状态反馈控制律 $u=-kx+v$，使得通过反馈构成的闭环系统极点，即$(A-bk)$的特征根配置在期望极点处。

3) 构造全维状态观测器 $\dot{\hat{x}}=A\hat{x}+bu-hc(\hat{x}-x)=(A-hc)\hat{x}+bu+hy$，设计观测器输出反馈向量 h，使得观测器极点，即$(A-hc)$的特征根位于期望极点处。

4) 利用分离定理分别设计上述状态反馈控制律和观测器，可得复合系统动态方程为

$$\begin{bmatrix}\dot{x}\\ \dot{\hat{x}}\end{bmatrix}=\begin{bmatrix}A & -bk\\ hc & A-bk-hc\end{bmatrix}\begin{bmatrix}x\\ \hat{x}\end{bmatrix}+\begin{bmatrix}b\\ b\end{bmatrix}v$$

$$y=\begin{bmatrix}c & 0\end{bmatrix}\begin{bmatrix}x\\ \hat{x}\end{bmatrix}$$

MATLAB 程序如下：

```
A=[-2 -2.5 -0.5;1 0 0;0 1 0];b=[1 0 0]';c=[1 4 3.5];d=0;
N=size(A);n=N(1);
sys0=ss(A, b, c, d);                     %建立系统状态空间模型
S=ctrb(A, b)                             %求{A, b}可控性矩阵的秩
f=rank(S);                               %求可控性矩阵的秩
if f==n                                  %判断系统的可控性
   disp('system is controlled')
else
   disp('system is no controlled')
end
V=obsv(A, c)                             %计算系统可观测性矩阵
m=rank(V);                               %求{A, c}可观测性矩阵的秩
if m==n                                  %判断系统的可观测性
disp('system is observable')
else
disp('system is no observable')
end
P-s=[-1 -2 -3];                          %系统的期望配置极点
k=acker(A, b,  P-s)                      %计算系统的反馈增益向量 k
P-o=[-3 -5 -7]                           %观测器的期望配置极点
h=(acker(A', c', P-o))'                  %计算观测器输出反馈向量
A1=[A -b*k;h*c A-b*k-h*c];b1=[b;b];c1=[c zeros(1, 3)];d1=0;
x0=[1 -0.75 0.4]';x10=[0 0 0]';
sys=ss(A1, b1, c1, d1);;                 %建立复合系统动态模型
t=0:0.01:4;
[y, t, x]=initial(sys, [x0;x10], t);     %计算系统的零输入响应
figure(1);
plot(t, x(:, 1:3), '--');grid            %零输入响应系统状态曲线
xlabel('t(s)');ylabel('x(t)');
```

```
figure(2)
plot(t，x(:，4:6));grid;                         %零输入响应观测状态曲线
xlabel('t(s)');ylabel('x(t)');
figure(3)
plot(t，(x(:，1:3)–x(:，4:6)));grid;              %零输入响应状态误差曲线
xlabel('t(s)');ylabel('e(t)');
```

Python 程序如下：

```
import control as ctr
import matplotlib.pyplot as plt
import numpy as np
A=np.array([[-2,-2.5,-0.5], [1,0,0],[0,1,0]])
b=np.array(np.transpose([[1,0,0]]))
c=np.array([[1,4,3.5]])
d=0
N=A.shape
n=N[0]
sys0=ctr.ss(A,b,c,d)                           #建立系统状态空间模型
S=ctr.ctrb(A,b);                               #求{A,b}可控性矩阵 S
f=np.linalg.matrix_rank(S)                     #求可控性矩阵的秩
if(f==n):                                      #判断系统的可控性
    print('system is controlled')
else:
    print('system is no controlled')
V=ctr.obsv(A,c)                                #计算可观测性矩阵
m=np.linalg.matrix_rank(V)                     #求{A,c}可观测性矩阵的秩
if(m==n):                                      #判断系统的可观测性
    print('system is observable')
else:
    print('system is no observable')
P_s=np.array([-1,-2,-3])                       #系统的期望配置极点
k=ctr.acker(A,b,P_s)                           #计算系统的反馈增益向量 k
P_o=[-3,-5,-7]                                 #观测器的期望配置极点
h=np.transpose(ctr.acker(np.transpose(A),np.transpose(c),P_o))   #计算观测器输出反馈向量
A1=np.block([[A, -b * k], [h * c, A - b * k - h * c]])
b1=np.vstack((b, b))
c1=np.hstack((c, np.zeros([1,3])))
d1=0
x0=np.array(np.transpose([[1,-0.75,0.4]]))
x10=np.array(np.transpose([[0,0,0]]))
sys=ctr.ss(A1,b1,c1,d1)                        #建立复合系统动态模型
```

```
t= np.arange(0,4,0.01)
t,y,x=ctr.forced_response(sys,t, X0=np.vstack((x0, x10)),return_x =True)
                                                    #计算系统的零输入响应
#fig1
x=np.transpose(x)
plt.plot(t, x[:,0:3],'--')                          #零输入响应系统状态曲线
plt.grid(1)
plt.xlabel('t(s)')
plt.ylabel('x(t)')
plt.show()
#fig2
plt.plot(t,x[:,3:6])                                #零输入响应观测状态曲线
plt.grid(1)
plt.xlabel('t(s)')
plt.ylabel('x(t)')
plt.show()
#fig3
plt.plot(t,(x[:,0:3]-x[:,3:6]))                     #零输入响应状态误差曲线
plt.grid(1)
plt.xlabel('t(s)')
plt.ylabel('e(t)')
plt.show()
```

运行上述程序，结果如下：

1) 由于系统可控，满足极点配置条件，得状态反馈增益向量 $\boldsymbol{k}$ =[48.55.5]。

2) 由于系统可观测，满足观测器极点配置条件，得观测器输出反馈向量 $\boldsymbol{h}$=[35.2324 −19.8169 16.2958]^{T}。

设初始观测状态 $\hat{\boldsymbol{x}}(0)=[0 \quad 0 \quad 0]^{\mathrm{T}}$，那么系统零输入响应的系统状态曲线、观测状态曲线和状态误差曲线分别如图 9-25～图 9-27 所示。

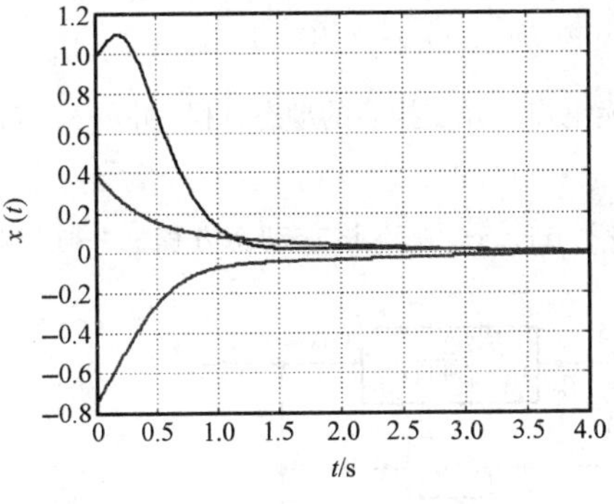

图 9-25 例 9-23 系统零输入状态响应曲线(MATLAB)

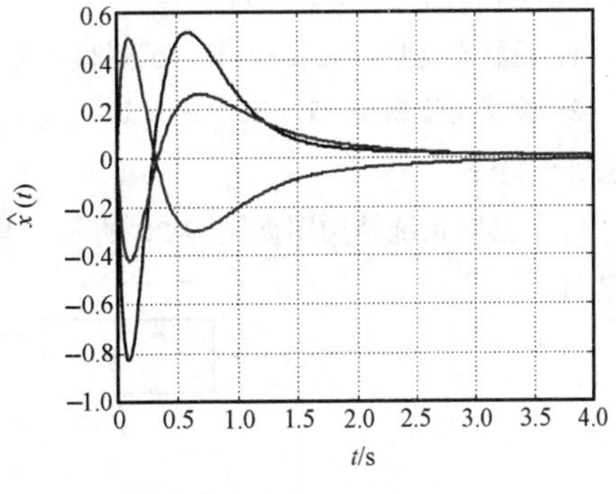

图 9-26 例 9-23 系统零输入时观测器状态响应曲线(MATLAB)

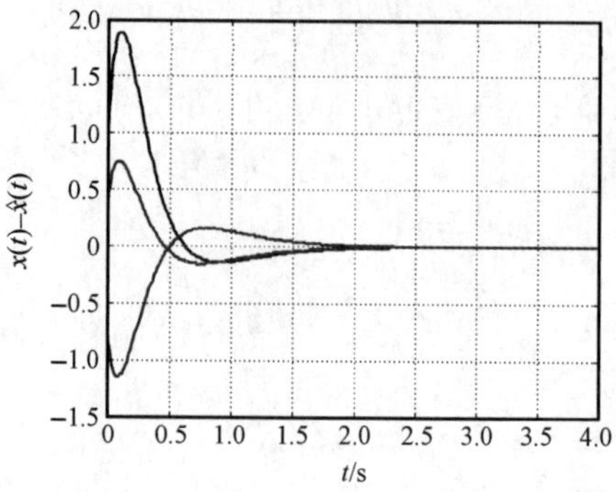

图 9-27　例 9-23 系统零输入时状态误差响应曲线(MATLAB)

习　　题

9-1　已知电枢控制的直流伺服电机的微分方程组及传递函数为

$$u_a = R_a i_a + L_a \frac{\mathrm{d}i_a}{\mathrm{d}t} + E_b$$

$$E_b = K_b \frac{\mathrm{d}\theta_m}{\mathrm{d}t}$$

$$M_m = C_m i_a$$

$$M_m = J_m \frac{\mathrm{d}^2\theta_m}{\mathrm{d}t^2} + f_m \frac{\mathrm{d}\theta_m}{\mathrm{d}t}$$

$$\frac{\Theta_m(s)}{U_a(s)} = \frac{C_m}{s\left[L_a J_m s^2 + (L_a f_m + J_m R_a)s + (R_a f_m + K_b C_m)\right]}$$

(1) 设状态变量 $x_1=\theta_m$，$x_2=\dot{\theta}_m$，$x3=\ddot{\theta}_m$，输出量 $y=\theta_m$，试建立其动态方程；

(2) 设状态变量 $\bar{x}_1=i_a$，$\bar{x}_2=\theta_m$，$\bar{x}_3=\dot{\theta}_m$，$y=\theta_m$，试建立其动态方程；

(3) 设 $\boldsymbol{x}=\boldsymbol{T}\bar{\boldsymbol{x}}$，确定两组状态变量间的变换矩阵 $\boldsymbol{T}$。

9-2　设系统微分方程为

$$\ddot{x} + 3\dot{x} + 2x = u$$

式中，u 为输入量；x 为输出量。

(1) 设状态变量 $x_1=x$，$x_2=\dot{x}$，试列写动态方程；

(2) 设状态变换 $x_1=\bar{x}_1+\bar{x}_2$，$x_2=-\bar{x}_1-2\bar{x}_2$，试确定变换矩阵 $\boldsymbol{T}$ 及变换后的动态方程，并用 MATLAB 方法进行验证。

9-3　已知系统结构图如图 9-28 所示，其状态变量为 x_1，x_2，x_3。试求动态方程，并画出状态变量图。

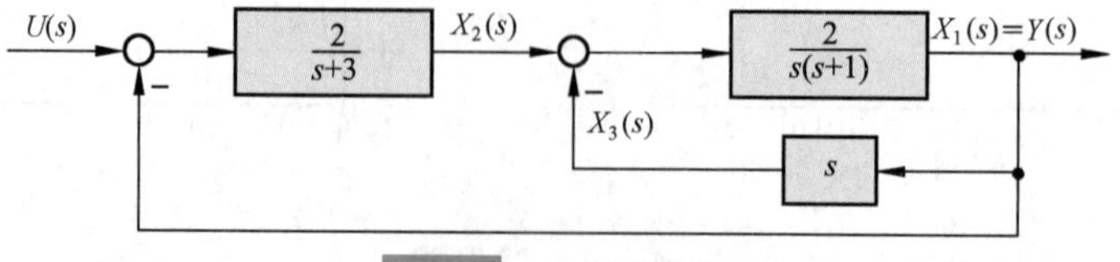

图 9-28　系统结构图

9-4　已知系统传递函数为

$$G(s)=\frac{s^2+6s+8}{s^2+4s+3}$$

试求可控标准型($\boldsymbol{A}$ 为友矩阵)、可观测标准型($\boldsymbol{A}$ 为友矩阵转置)、对角型($\boldsymbol{A}$ 为对角阵)动态方程，并计算三种标准型下的系统传递函数 $G_c(s)$、$G_o(s)$和 $G_A(s)$。

9-5　已知矩阵

$$\boldsymbol{A}=\begin{bmatrix}0&1&0&0\\0&0&1&0\\0&0&0&1\\1&0&0&0\end{bmatrix}$$

试求 $\boldsymbol{A}$ 的特征方程、特征值、特征向量，并求出变换矩阵将 $\boldsymbol{A}$ 对角化为 $\hat{\boldsymbol{A}}$。要求对 $\hat{\boldsymbol{A}}$ 进行 MATLAB 验证。

9-6　试求下列状态方程的解：

$$\dot{\boldsymbol{x}}=\begin{bmatrix}-1&0&0\\0&-2&0\\0&0&-3\end{bmatrix}\boldsymbol{x}$$

并用 MATLAB 方法求出状态转移矩阵 e^{At}。

9-7　已知系统状态方程为

$$\dot{\boldsymbol{x}}=\begin{bmatrix}1&0\\1&1\end{bmatrix}\boldsymbol{x}+\begin{bmatrix}1\\1\end{bmatrix}u$$

初始条件为 $x_1(0)=1$，$x_2(0)=0$。试求系统在单位阶跃输入作用下的响应，并应用 MATLAB 绘出系统的单位阶跃响应曲线 $\boldsymbol{x}(t)$。

9-8　已知线性系统状态转移矩阵

$$\boldsymbol{\Phi}(t)=\begin{bmatrix}6\mathrm{e}^{-t}-5\mathrm{e}^{-2t}&4\mathrm{e}^{-t}-4\mathrm{e}^{-2t}\\-3\mathrm{e}^{-t}+3\mathrm{e}^{-2t}&-2\mathrm{e}^{-t}+3\mathrm{e}^{-2t}\end{bmatrix}$$

试求该系统的状态阵 $\boldsymbol{A}$，并用 MATLAB 方法验证。

9-9　已知系统动态方程

$$\dot{\boldsymbol{x}}=\begin{bmatrix}0&1&0\\-2&-3&0\\-1&1&3\end{bmatrix}\boldsymbol{x}+\begin{bmatrix}0\\1\\2\end{bmatrix}u$$

$$y=\begin{bmatrix}0&0&1\end{bmatrix}\boldsymbol{x}$$

试求传递函数 $G(s)$。

9-10　已知差分方程

$$y(k+2)+3y(k+1)+2y(k)=2u(k+1)+3u(k)$$

试列写可控标准型($\boldsymbol{A}$ 为友矩阵)离散动态方程。

9-11　已知连续系统动态方程为

$$\dot{\boldsymbol{x}}=\begin{bmatrix}0&1\\0&2\end{bmatrix}\boldsymbol{x}+\begin{bmatrix}0\\1\end{bmatrix}u,\qquad y=\begin{bmatrix}1&0\end{bmatrix}\boldsymbol{x}$$

设采样周期 T=1s，试求离散化动态方程。

9-12　试判断下列系统的状态可控性，并进行 MATLAB 验证。

(1) $\dot{\boldsymbol{x}}=\begin{bmatrix}-2 & 2 & -1\\ 0 & -2 & 0\\ 1 & -4 & 0\end{bmatrix}\boldsymbol{x}+\begin{bmatrix}0\\0\\1\end{bmatrix}u$；　(2) $\dot{\boldsymbol{x}}=\begin{bmatrix}1 & 1 & 0\\ 0 & 1 & 0\\ 0 & 1 & 1\end{bmatrix}\boldsymbol{x}+\begin{bmatrix}0 & 0\\ 0 & 1\\ 1 & 0\end{bmatrix}\begin{bmatrix}u_1\\u_2\end{bmatrix}$。

9-13　设系统状态方程为

$$\dot{\boldsymbol{x}}=\begin{bmatrix}0 & 1\\ -1 & a\end{bmatrix}\boldsymbol{x}+\begin{bmatrix}1\\b\end{bmatrix}u$$

设状态可控，试求 a，b。

9-14　判断下列系统的输出可控性：

(1) $\dot{\boldsymbol{x}}=\begin{bmatrix}0 & 1 & 0\\ 0 & 0 & 1\\ -6 & -11 & -6\end{bmatrix}\boldsymbol{x}+\begin{bmatrix}0\\0\\1\end{bmatrix}u,\quad y=\begin{bmatrix}1 & 0 & 0\end{bmatrix}\boldsymbol{x}$；

(2) $\dot{\boldsymbol{x}}=\begin{bmatrix}-a & & & 0\\ & -b & & \\ & & -c & \\ 0 & & & -d\end{bmatrix}\boldsymbol{x}+\begin{bmatrix}0\\0\\1\\1\end{bmatrix}u,\quad y=\begin{bmatrix}1 & 0 & 0 & 0\end{bmatrix}\boldsymbol{x}$。

9-15　试判断下列系统的可观性：

(1) $\dot{\boldsymbol{x}}=\begin{bmatrix}-1 & -2 & -2\\ 0 & -1 & 1\\ 1 & 0 & -1\end{bmatrix}\boldsymbol{x}+\begin{bmatrix}2\\0\\1\end{bmatrix}u,\quad y=\begin{bmatrix}1 & 1 & 0\end{bmatrix}\boldsymbol{x}$；

(2) $\dot{\boldsymbol{x}}=\begin{bmatrix}2 & 0 & 0\\ 0 & 2 & 0\\ 0 & 3 & 1\end{bmatrix}\boldsymbol{x},\quad y=\begin{bmatrix}1 & 1 & 1\end{bmatrix}\boldsymbol{x}$。

9-16　试确定使下列系统可观测的 a，b：

$$\dot{\boldsymbol{x}}=\begin{bmatrix}a & 1\\ 0 & b\end{bmatrix}\boldsymbol{x},\qquad y=\begin{bmatrix}1 & -1\end{bmatrix}\boldsymbol{x}$$

9-17　将下列状态方程化为可控标准型：

$$\dot{\boldsymbol{x}}=\begin{bmatrix}1 & -2\\ 3 & 4\end{bmatrix}\boldsymbol{x}+\begin{bmatrix}1\\1\end{bmatrix}u$$

9-18　设被控系统状态方程为

$$\dot{\boldsymbol{x}}=\begin{bmatrix}0 & 1 & 0\\ 0 & -1 & 1\\ 0 & -1 & 10\end{bmatrix}\boldsymbol{x}+\begin{bmatrix}0\\0\\10\end{bmatrix}u$$

可否用状态反馈任意配置闭环极点？求状态反馈阵，使闭环极点位于-10，$-1\pm \mathrm{j}\sqrt{3}$，并进行 MATLAB 验证。

9-19　设被控系统动态方程为

$$\dot{\boldsymbol{x}}=\begin{bmatrix}0 & 1\\ 0 & 0\end{bmatrix}\boldsymbol{x}+\begin{bmatrix}0\\1\end{bmatrix}u,\qquad y=\begin{bmatrix}1 & 0\end{bmatrix}\boldsymbol{x}$$

试设计全维状态观测器，使闭环极点位于$-r$, $-2r(r>0)$，并画出状态变量图。

9-20　试用李雅普诺夫第二法判断下列线性系统平衡状态的稳定性：

$$\dot{x}_1=-x_1+x_2,\qquad \dot{x}_2=2x_1-3x_2$$

9-21　已知系统状态方程为

$$\dot{\boldsymbol{x}}=\begin{bmatrix}2 & \frac{1}{2} & -3\\ 0 & -1 & 0\\ 0 & \frac{1}{2} & -1\end{bmatrix}\boldsymbol{x}+\begin{bmatrix}1 & 0\\ 0 & 2\\ 1 & 0\end{bmatrix}\begin{bmatrix}u_1\\ u_2\end{bmatrix}$$

试用 MATLAB 方法求出：

(1) 当 $\boldsymbol{Q}=\boldsymbol{I}$ 时，李雅普诺夫方程的解 $\boldsymbol{P}_1$ 阵，并判断系统的稳定性；

(2) 当选

$$\boldsymbol{Q}=\begin{bmatrix}0 & 0 & 0\\ 0 & 1 & 0\\ 0 & 0 & 0\end{bmatrix}\geqslant \boldsymbol{0}$$

时，李雅普诺夫方程的解 $\boldsymbol{P}_2$ 阵，并判断系统的稳定性。

参考文献

陈启宗, 1982. 线性控制系统的分析与综合. 林道恒，胡寿松，林代业, 译. 北京: 国防工业出版社.
陈启宗, 1988. 线性系统理论与设计. 王纪文, 译. 北京: 科学出版社.
DORF R C, BISHOP R H, 2023. 现代控制系统. 13 版. 谢红卫, 译. 北京: 电子工业出版社.
郭雷, 2005. 控制理论导论. 北京: 科学出版社.
胡寿松, 2003. 自动控制原理习题集. 2 版. 北京: 科学出版社.
胡寿松, 2008. 自动控制原理简明教程. 2 版. 北京: 科学出版社.
胡寿松, 2018. 自动控制原理习题解析. 3 版. 北京: 科学出版社.
胡寿松, 2019a. 自动控制原理. 7 版. 北京: 科学出版社.
胡寿松, 2019b. 自动控制原理题海与考研指导. 3 版. 北京: 科学出版社.
黄忠霖, 2001. 控制系统 MATLAB 计算及仿真. 北京: 国防工业出版社.
OGATA K, 2017. 现代控制工程. 5 版. 卢伯英, 佟明安, 译. 北京: 电子工业出版社.
吴麒, 王诗宓, 2006. 自动控制原理. 2 版. 北京: 清华大学出版社.
薛定宇, 2000. 反馈控制系统设计与分析——MATLAB 语言应用. 北京: 清华大学出版社.
张志涌, 杨祖樱, 2015. MATLAB 教程. 北京: 北京航空航天大学出版社.
郑大钟, 2002. 线性系统理论. 2 版. 北京: 清华大学出版社.
ATNERTON D P, 1975. Nonlinear control engineering. Van Nostrand: Rein-Hold Company Limited.
BOWER J L, SCHULTHEISS P M, 1958. Introduction to the design of servomechanisms. New York: John Wiley & Sons, Inc.
JACQUOT R G, 1981. Modern digital control systems. Marcel: Dekker Inc.
JULY E I, 1958. Sampled-data control systems. New York: John Wiley & Sons, Inc.
KUO B C, 1963. Analysis and synthesis of sampled-data control system. New York: Prentice-Hall, Inc.
KUO B C, 1975. Automatic control systems. New York: Prentice-Hall, Inc.
LATHI B P, 1974. Signal, systems, and controls. New York: Text Educational Publishers.
MUNRO N, 1979. Modern approaches to control system engineering. New York: Prentice-Hall, Inc.
THALER G J, 1973. Design of feedback systems. California: Naval Postgraduate School Monterrey.
TORO V D, PARKER S R, 1960. Principles of control systems engineering. New York: McGraw-Hill Company.
TOU J T, 1959. Digital and sampled-data control system. New York: McGraw-Hill Company.

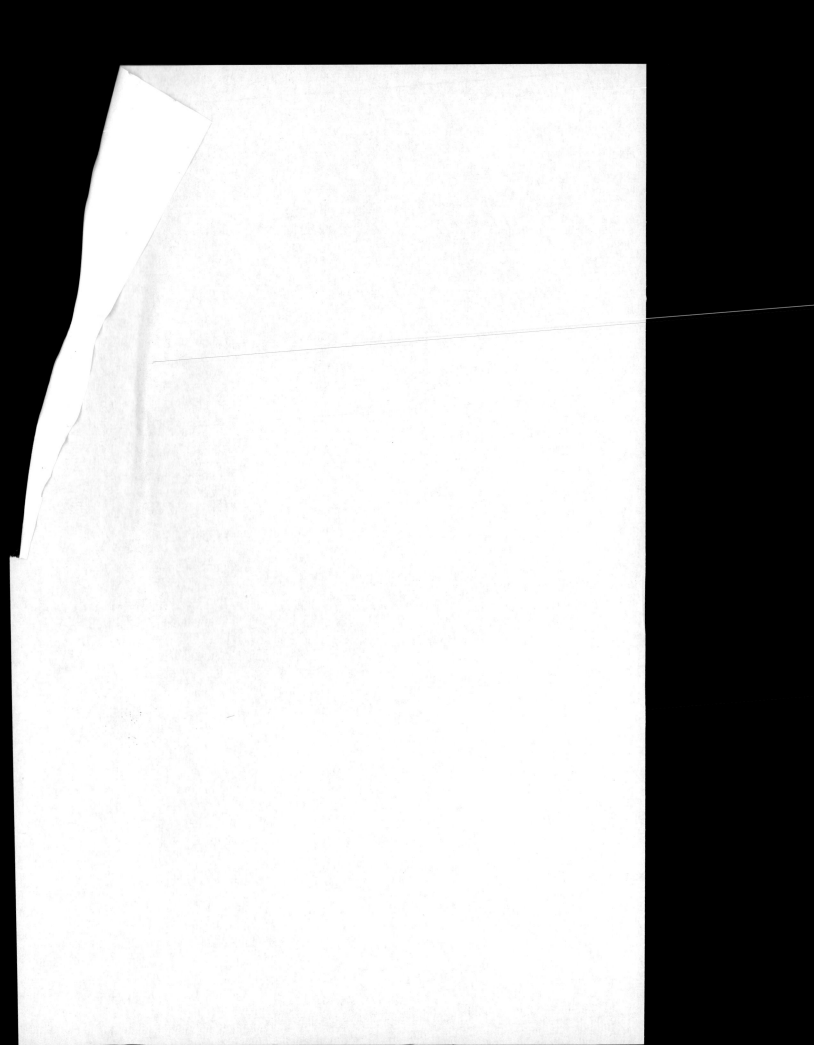